Alter(n) und Gesellschaft
Band 24

Herausgegeben von
G. M. Backes,
W. Clemens,
Berlin, Deutschland

Helga Pelizäus-Hoffmeister

Zur Bedeutung von Technik im Alltag Älterer

Theorie und Empirie aus soziologischer Perspektive

Springer VS

Dr. habil. Helga Pelizäus-Hoffmeister
Universität der Bundeswehr München
Deutschland

ISBN 978-3-658-02137-5   ISBN 978-3-658-02138-2 (eBook)
DOI 10.1007/978-3-658-02138-2

Die Deutsche Nationalbibliothek verzeichnet diese Publikation in der Deutschen Nationalbibliografie; detaillierte bibliografische Daten sind im Internet über http://dnb.d-nb.de abrufbar.

Springer VS
© Springer Fachmedien Wiesbaden 2013
Das Werk einschließlich aller seiner Teile ist urheberrechtlich geschützt. Jede Verwertung, die nicht ausdrücklich vom Urheberrechtsgesetz zugelassen ist, bedarf der vorherigen Zustimmung des Verlags. Das gilt insbesondere für Vervielfältigungen, Bearbeitungen, Übersetzungen, Mikroverfilmungen und die Einspeicherung und Verarbeitung in elektronischen Systemen.

Die Wiedergabe von Gebrauchsnamen, Handelsnamen, Warenbezeichnungen usw. in diesem Werk berechtigt auch ohne besondere Kennzeichnung nicht zu der Annahme, dass solche Namen im Sinne der Warenzeichen- und Markenschutz-Gesetzgebung als frei zu betrachten wären und daher von jedermann benutzt werden dürften.

Springer VS ist eine Marke von Springer DE. Springer DE ist Teil der Fachverlagsgruppe
Springer Science+Business Media.
www.springer-vs.de

Vorwort

Mit dem inzwischen viel diskutierten demografischen Wandel gewinnt auch das Thema „Alter und Technik" in der Wissenschaft und in der Öffentlichkeit immer mehr an Bedeutung. Nicht nur das Bundesministerium für Forschung und Bildung (BMBF) ist überzeugt, dass Technik die – von den Menschen angestrebte – Selbstständigkeit im Alter fördern kann, und macht daher Alter und Technik zu einem Schwerpunkt seiner Forschungsförderung. Auch auf kommunaler Ebene entstehen zahlreiche Projekte, deren Zielsetzung es ist, Ältere über technische Unterstützungsmöglichkeiten in ihrem Alltag zu informieren, um ihnen ein langes Leben in Unabhängigkeit zu ermöglichen. Längst ist vielen klar, dass ein Teil der gesellschaftlichen Herausforderungen, die der demografische Wandel mit sich bringt, mit Technik sinnvoll bewältigt werden kann. Denn mit ihr können altersbedingte Einschränkungen der Menschen kompensiert und vorhandene Kompetenzen unterstützt und gefördert werden. Technische Unterstützung kann mitunter sogar zu einer notwendigen Voraussetzung werden, um im Alter den Alltag in den eigenen „vier Wänden" selbstständig meistern zu können.

Dennoch fehlt es bislang an wissenschaftlichen Arbeiten, die sich diesem vielschichtigen Thema umfassend widmen. Die Mehrheit der existierenden Veröffentlichungen nähert sich ihm aus einer schwerpunktmäßig technikwissenschaftlich orientierten Perspektive und vernachlässigt dabei gesellschaftliche, soziale, individuelle und ethische Aspekte. In den Sozialwissenschaften hingegen findet das Thema kaum Beachtung. Und insbesondere eine Analyse der Wechselbeziehungen zwischen den technischen Bedingungen und den gesellschaftlichen, sozialen und individuellen Bedingungen im Alltag der Älteren fehlt fast ganz. Dabei sind gerade sie es, die mit über den (nicht) erfolgreichen Einsatz von Technik im Alltag Älterer entscheiden. Diese Lücke soll die vorliegende Arbeit schließen. Aus einer soziologischen Perspektive, die die technische Dimension nicht vernachlässigt, soll ein Überblick über den komplexen Charakter des Einsatzes von Technik im Alltag Älterer gegeben werden. Das Thema wird sowohl theoretisch als auch empirisch beleuchtet.

Das Ziel dieser Arbeit ist es, zunächst die gesellschaftlichen Trends des zunehmenden (demografischen) Alterns und der Technisierung im Modernisierungsprozess zu verorten und näher zu charakterisieren. Daran schließt sich ein systematischer und umfassender Überblick über das noch recht junge internationale Forschungsfeld Alter und Technik an, das sehr stark durch die Technikwissenschaften dominiert wird. Mit der Absicht, die Vernachlässigung der sozialwissenschaftlichen Perspektive auf das Phänomen zu überwinden, wird ein soziologisches Rahmenkonzept entworfen, das das komplexe Zusammenspiel von Alter und Technik im Alltag beschreiben und erklären kann. Dadurch wird zugleich ein umfassender Einblick in die Bedingungen des (nicht) gelingenden Einsatzes von Technik im Alltag Älterer ermöglicht. Um aber nicht bei reinen Erklärungsansätzen stehenzubleiben, sondern zugleich neue Perspektiven zu eröffnen, die zu einem erfolgversprechenden Technikeinsatz Älterer beitragen können, wird auf der Basis einer umfangreichen empirischen Untersuchung eine Vielzahl an Handlungsempfehlungen formuliert.

Das Fertigstellen dieser Arbeit, die meine Habilitationsschrift darstellt, wäre ohne die direkte und indirekte Hilfe von Kolleginnen und Kollegen, Freundinnen und Freunden nicht möglich gewesen. Ihnen allen möchte ich an dieser Stelle meinen herzlichen Dank aussprechen. Insbesondere möchte ich Prof. Dr. Wolfgang Bonß danken, der jede der Fassungen dieser Arbeit kennt, sie kommentiert und mir viele Tipps und Anregungen gegeben hat. Mein Dank gilt ebenso meinen betreuenden Mentoren, Herrn Prof. Dr. Günther G. Voß und Herrn Prof. Dr. Rainer Trinczek, die mich vier Jahre bei meiner Arbeit begleitet haben. Besonderer Dank gilt auch den im Rahmen der empirischen Untersuchung befragten Männern und Frauen, die mir detailliert aus ihrem Alltagsleben berichtet und dadurch die empirischen Erkenntnisse überhaupt erst ermöglicht haben.

Widmen möchte ich die Arbeit meinen Kindern Sebastian, Timm und Julian, die erleben werden, dass das 21. Jahrhundert vor allem durch technische Fortschritte und das demografische Altern bestimmt sein wird.

Helga Pelizäus-Hoffmeister

Inhalt

Vorwort 5
Abbildungsverzeichnis 11

I **Einführung in das Thema** 13
1 **Einleitung** 17
   1.1 Problemskizze 17
   1.2 Zielsetzungen 21
   1.3 Aufbau der Arbeit 25
2 **Altern und Technisierung im Kontext der Modernisierung** 27
   2.1 Definitionen und Verortung 27
   2.2 Technisierung der Gesellschaft 31
   2.3 Altern von Individuum und Gesellschaft 37
   2.4 Zusammenfassung 43

II **Internationales Forschungsfeld Alter und Technik** 47
Exkurs: Altern und Technik aus demografisch-historischer Sicht . . . 51
3 **Technik als Hilfsmittel für Ältere** 53
   3.1 Zeitabschnitt I: Zukunftsvisionen 57
      3.1.1 Forschungsschwerpunkte 58
      3.1.2 Disziplinäre Schwerpunkte 64
   3.2 Zeitabschnitt II: Etablierung der Gerontotechnik 65
      3.2.1 Forschungsschwerpunkte 67
      3.2.2 Disziplinäre Schwerpunkte 72
   3.3 Zeitabschnitt III: Intensivierung gerontotechnischer Forschung 73
      3.3.1 Forschungsschwerpunkte 74
      3.3.2 Disziplinäre Schwerpunkte 80
   3.4 Zeitabschnitt IV: Strukturierung, Differenzierung, Transnationalisierung 81
      3.4.1 Forschungsschwerpunkte 83
      3.4.2 Disziplinäre Schwerpunkte 90
   3.5 Zusammenfassung 92
   3.6 Fazit 95

III	**Soziologische Perspektiven auf Alter und Technik**		**99**
4	Theorieangebote der Techniksoziologie		103
4.1	Technik als soziale Institution		108
4.2	Technik im Alltag		113
	4.2.1	Definition Alltag I	114
	4.2.2	Definition Alltagstechnik	115
	4.2.3	Technik als „stählernes Gehäuse"	116
	4.2.4	Technik als „Medium kultureller Sinnsetzungen"	119
	4.2.5	Definition Alltag II	122
	4.2.6	Technisches Handeln als „situative Praxis"	124
4.3	Akteure des technischen gradualisierten Handelns		130
4.4	Zusammenfassung und Fazit		133
5	**Theorieansätze aus der Alter(n)ssoziologie**		137
5.1	Alter(n) aus systemtheoretisch-konstruktivistischer Perspektive		138
5.2	Lebensphase Alter in der Lebenslaufforschung		140
5.3	Zusammenfassung und Fazit		143
6	**Ungleichheitssoziologische Perspektiven auf Alter und Technik**		147
6.1	Soziale Ungleichheiten des Alters und im Alter		148
6.2	Generationszugehörigkeit und Technikkompetenz		154
6.3	Vertikale/horizontale Ungleichheiten, Alter und Technik		156
6.4	Zusammenfassung und Fazit		160
7	**Das Konzept alltäglicher Lebensführung (ALF)**		163
7.1	Theoretische Grundlagen		163
7.2	Zusammenfassung und Fazit		167
8	**Das Rahmenkonzept**		171
IV	**Neue Perspektiven auf Alter und Technik**		**173**
9	Konzeption der empirischen Untersuchung		177
9.1	Konkretisierung des Forschungsvorhabens		177
9.2	Abgrenzung zu existierenden Studien		179
9.3	Methodisches Vorgehen		181
	9.3.1	Leitfragen der Untersuchung	182
	9.3.2	Forschungsdesign	184
	9.3.3	Auswahl der Fälle	185
	9.3.4	Erhebung der Daten	187
	9.3.5	Datenaufbereitung und -auswertung	190

10	Ergebnisse der Expertenbefragung	193
11	Verjüngung des Alters durch Technik	197
11.1	Theoretische Vorannahmen	199
	11.1.1 Definitionen	199
	11.1.2 Wandel der Technikformen	200
	11.1.3 „Self service economy"	204
11.2	Empirische Ergebnisse	207
	11.2.1 Technikbilder der Älteren	207
	11.2.2 Soziale Unterstützungsleistungen	216
11.3	Fazit	222
11.4	Neue Perspektiven	230
12	(Ent-)Strukturierung des Alltags durch Technik	235
12.1	Theoretische Vorannahmen	236
	12.1.1 Entstrukturierende Technik	236
	12.1.2 Struktur der alltäglichen Lebensführung	238
12.2	Empirische Ergebnisse	239
	12.2.1 Zeitliche Handlungsdimension	242
	12.2.2 Räumliche Handlungsdimension	247
	12.2.3 Soziale Handlungsdimension	252
	12.2.4 Sinnhafte Handlungsdimension	257
	12.2.5 Geschlechtliche Handlungsdimension	263
	12.2.6 Sachliche Handlungsdimension	267
12.3	Fazit	271
12.4	Neue Perspektiven	290
13	Handlungsorientierungen beim Technikeinsatz	295
13.1	Theoretische Vorannahmen: kulturelle Modellierung der Technik	296
13.2	Empirische Ergebnisse	299
	13.2.1 Instrumentelle Dimension	300
	13.2.1.1 Technik als Invisible Hand	300
	13.2.1.2 Technik als Spar(s)trumpf	306
	13.2.1.3 Technik als Segen	312
	13.2.1.4 Zusammenfassung	316
	13.2.2 Ästhetisch-expressive Dimension	320
	13.2.2.1 Freude an „schöner" Technik	320
	13.2.3 Kognitive Dimension	324
	13.2.3.1 Herrschaft über Technik	325
	13.2.3.2 Technik aus Leidenschaft	329

		13.2.3.3	Zusammenfassung	334
	13.2.4	Soziale Dimension		336
		13.2.4.1	Technik zur Inszenierung des sozialen Selbst	336
		13.2.4.2	Kommunikation mit Hilfe von Technik	341
		13.2.4.3	Zusammenfassung	345
13.3	Fazit			346
13.4	Neue Perspektiven			349
14	**Technisches Handeln und Genderlogik**			**357**
14.1	Theoretische Vorannahmen			357
	14.1.1	Technik und „Doing Gender"		357
	14.1.2	Geschlechterdifferenzen beim Umgang mit neuer Technik		359
14.2	Empirische Ergebnisse			361
	14.2.1	Klassisches Arrangement		363
	14.2.2	Weibliche Technikkompetenz, männliche Technikaversion		366
	14.2.3	Heimliche Technikkompetenz der Frau		371
	14.2.4	Quer zur Genderlogik		374
14.3	Fazit			377
14.4	Neue Perspektiven			379
15	**Alter und Technik: ein Resümee**			**385**
15.1	Erkenntnisse aus Theorie und Empirie			389
15.2	Neue Perspektiven			405

Literaturverzeichnis	417
Anhang: Realisiertes Sample	455

Abbildungsverzeichnis

Abbildung 1   Modernisierungsprozesse nach van der Loo
              und van Reijen   29
Abbildung 2   Themengebiete der Forschung zu Alter und Technik . . .   56
Abbildung 3   Das Forschungsfeld Alter und Technik
              im historischen Verlauf   96
Abbildung 4   Praxistheoretische Situationsanalytik des Umgangs
              mit Technik 129
Abbildung 5   Einflussgrößen auf das technische Handeln Älterer
              im Alltag 172
Abbildung 6   Verhältnis von Technik- und Selbstbildern 214
Abbildung 7   (Ent-)Strukturierung des technischen Handelns
              im Alltag 288
Abbildung 8   Zentrale Handlungsorientierungen
              beim Technikeinsatz 350
Abbildung 9   Gendering im Umgang mit Technik 380

I Einführung in das Thema

In zweifacher Weise erfolgt in diesem Buch eine Einführung: Einerseits wird in der Einleitung (1) das konkrete Problemfeld „Alter und Technik" skizziert und auf seine enorme gesellschaftliche Bedeutung für die Zukunft hingewiesen (1.1). Daran schließt sich eine Beschreibung der Zielsetzungen dieser Arbeit an (1.2), die durch die Darstellung ihres Aufbaus ergänzt wird (1.3).

Darüber hinaus wird in die unsere heutige Gesellschaft bestimmenden Prozesse des zunehmenden (demografischen) Alterns und der Technisierung aus soziologischer Perspektive eingeführt (2). Denn auch wenn sich beide Themen größter Beliebtheit erfreuen, wird die öffentliche Diskussion dennoch meist durch verkürzte und stereotype Vorstellungen bestimmt. Auf dieser Basis sollte deutlich werden, dass beide Entwicklungen unsere Gesellschaft maßgeblich bestimmen und auch in Zukunft bestimmen werden und dass wir die Chance nutzen sollten, sie zusammenzudenken.

1 Einleitung

1.1 Problemskizze

Zwei Trends bestimmen in modernen Staaten gegenwärtig die gesellschaftliche Entwicklung. Einerseits sind diese Gesellschaften *alternde Gesellschaften*, in denen nicht nur die Individuen immer älter werden, sondern auch die Gesamtbevölkerung altert.[1] Letzteres wird als demografisches Altern bezeichnet und bedeutet einen Anstieg des Durchschnitts- oder Medianalters einer Bevölkerung. Prognosen verweisen auf einen absehbaren Zeitpunkt, zu dem in der Bundesrepublik Deutschland mehr Menschen über sechzig als unter dreißig Jahren alt sein werden.

Eine wichtige, damit verbundene gesellschaftliche Herausforderung ist die Betreuung und Pflege hilfebedürftiger Älterer.[2] Dies umso mehr, als vor dem Hintergrund sich wandelnder Lebensformen das Alleinleben zu einer sowohl angestrebten als auch erzwungenen Lebensform wird (vgl. Huinink, Schröder 2008). Gerade im Alter lässt sich das Ideal des selbstständigen Lebens häufig nicht mehr ohne Weiteres realisieren. Es zeigt sich ein steigender Bedarf an Unterstützungsleistungen, die notwendig sind, um ein sicheres und selbstständiges Leben Älterer angesichts altersbedingter Einschränkungen zu ermöglichen. Hinzu kommt, dass aufgrund der gestiegenen Kinderlosigkeit, gestiegener Ledigenquoten und der gestiegenen Scheidungsrate davon auszugehen ist, dass das familiale Versorgungs- und Pflegepotenzial immer geringer wird. Viele befürchten daher eine Kostenexplosion im Betreuungs- und Pflegebereich.

---

1 Vgl. z. B. BMFSFJ 2010; Statistisches Bundesamt Deutschland 2007; Bundeszentrale für politische Bildung 2007; Tews 1999, S. 139 ff. Dass sich dieser Trend auch in den Entwicklungs- und den Transitionsländern zeigt, und dort z. T. in stark verschärfter Form, darauf verweisen z. B. Menning (2008) sowie Kinsella und Phillips (2005).

2 Als Ältere werden hier – in Anlehnung an die Definition der Weltgesundheitsorganisation und der Standarddefinition der UNO – Menschen angesehen, die sechzig Jahre oder älter sind. Dabei ist zu berücksichtigen, dass das chronologische Alter nur ein unzulänglicher Maßstab ist, denn zwischen gleichaltrigen Menschen bestehen ganz wesentliche Unterschiede, was ihre Gesundheit, die aktive Teilnahme am sozialen Leben und den Grad ihrer Unabhängigkeit betrifft (vgl. WHO 2002, S. 4).

Ein zweiter Trend ist die hochgradige gesellschaftliche *Technisierung*. Nicht nur die Bereiche industrielle Fertigung und Arbeitsorganisation, sondern auch das alltägliche Leben sind heute von Technik durchdrungen; ein Alltagshandeln ohne technische Hilfsmittel ist kaum noch denkbar.[3] Praktisch jeder Haushalt ist an technische Infrastrukturen angeschlossen und mit Standardgeräten wie Elektro- oder Gasherd, Kühlschrank, Waschmaschine, Staubsauger und Telefon bzw. Handy sowie einer Vielzahl weiterer elektrischer Kleingeräte ausgestattet. Technik ist insofern zu einem unerlässlichen Medium des Handelns avanciert. Und die Fähigkeit eines erfolgreichen Umgangs mit ihr ist damit zur notwendigen, grundlegenden Qualifikation geworden, die mit darüber entscheidet, ob die Anforderungen des alltäglichen Lebens effektiv gestaltet und bewältigt werden können. Insbesondere ein kompetenter Umgang mit der neuen, digitalen Informations- und Kommunikationstechnik wird von vielen Wissenschaftlern[4] inzwischen sogar als eine wesentliche Voraussetzung für Vergesellschaftung betrachtet.[5]

Es zeigt sich allerdings, dass nicht alle in gleichem Maße am technischen Fortschritt partizipieren (können). Häufig wird von einer „digitalen Spaltung" (Kubicek und Welling 2000, S. 1), einem „digitalen Bruch" (Europäische Kommission 2000, S. 1) oder einem „digitalen Graben" (Pol 2004, S. 1) gesprochen, der sich durch die gesamte Gesellschaft zieht und diese in „Gewinner" und benachteiligte „Ausgeschlossene" unterteilt. Der erfolgreiche Umgang mit neuer, digitaler Technik wird in diesem Sinne als eine neue Determinante sozialer Ungleichheit verstanden, die Chance der gesellschaftlichen, technikvermittelten Partizipation als eine neue Dimension sozialer Ungleichheit.

Das Zusammenspiel von technischem und demografischem Wandel wird in der Wissenschaft selten untersucht. Gleichwohl ist es dringend geboten, diese Prozesse miteinander in Beziehung zu setzen. Denn einerseits macht die Technik vor den Haustüren Älterer nicht Halt. Andererseits kann durch ihren Einsatz einigen Herausforderungen einer alternden Gesellschaft begegnet werden: Der Einsatz von Technik im Alltag Älterer kann einen wichtigen Beitrag zur Erhaltung und Förderung ihrer Selbstständigkeit und Sicherheit leisten und damit zugleich den gesellschaftlichen Betreuungs- und Pflegeaufwand senken. Mit Hilfe der Technik können altersbedingte Einschränkungen kompensiert und vorhandene Kompetenzen unterstützt und gefördert werden. So ist beispielsweise mo-

---

3 Vgl. z. B. Weyer 2008; Langheinrich, Mattern 2003; Tully 2003; Hennen 1992.
4 Auch wenn ich mich in diesem Buch aus Gründen der besseren Lesbarkeit durchgängig der männlichen Form bediene, sind natürlich dennoch beide Geschlechter gemeint.
5 Vgl. z. B. Weyer 2008; Welsch 2004; Pol 2004; Reichert 2001.

derne Haushaltstechnik in der Lage, körperliche Einschränkungen auszugleichen. Ein Notrufsystem kann im Notfall schnelle Hilfe gewährleisten. Und die neuen Kommunikationsmedien ermöglichen auch bei verringertem Aktionsradius intensive Kontakte (vgl. BMFSFJ 2005; Mollenkopf 2001, S. 225). Technische Unterstützung kann sogar zu einer notwendigen Voraussetzung werden, um den Alltag im Alter selbstständig in den eigenen „vier Wänden" bewältigen zu können (vgl. Spehr 2006).

Speziell mit der Einführung digitaler Informations- und Kommunikationstechnik haben sich vielfältige neue Anwendungsmöglichkeiten ergeben, die einen Gewinn an Autonomie für Ältere versprechen und damit gleichzeitig den Betreuungsaufwand senken. Über das Internet können beispielsweise von der eigenen Wohnung aus Informationen und Orientierungshilfen aus aller Welt abgerufen werden. Durch Online-Shopping und Online-Banking bleibt auch bei Mobilitätseinschränkungen ein gewisser Grad an Unabhängigkeit gewahrt. Mit Hilfe der Videokonferenztechnologie können Netzwerke mit Senioren-Servicezentralen gebildet werden, die im Notfall Hilfe und Unterstützung leisten. Ein telemedizinisches Monitoring zur Überwachung von Vitalparametern und Sturzmelder etc., können Angehörige oder Pflegedienste bei körperlichen Problemen der Älteren sofort informieren (vgl. BMFSFJ 2005; Mix et al. 2000). Und die sogenannten Smart-Homes – die „intelligenten" Häuser – können das Leben älterer Menschen sicherer und komfortabler gestalten (vgl. Schulze 2011; Heusinger 2005; Harke 2003). Die Liste ließe sich endlos verlängern.

Zahlreiche Studien belegen allerdings, dass vielfältige Unterstützungsleistungen, die gerade die neue, digitale Technik bietet, von den Älteren bislang zu wenig angenommen werden (vgl. z. B. Kampmann et al. 2012; Stat. Bundesamt 2011; BMFSFJ 2005). Während „klassische" Haushaltstechnik – wie Geschirrspülmaschine, Waschmaschine, Elektroherd und Bügeleisen etc. – überwiegend positiv bewertet und verwendet wird[6], wird neuen Informations- und Kommunikationstechniken teilweise eher zögerlich begegnet.[7] So zeigt eine repräsentative Erhebung des Statistischen Bundesamtes aus dem Jahre 2011, dass mehr als die Hälfte der über 65-Jährigen noch nie einen Computer genutzt hat (52 %) und sogar 66 % dieser Altersgruppe noch nie im Internet war. Mögliche Gründe sehen Wissenschaftler darin, dass Ältere in der Regel zu wenig Veranlassung sehen, sich mit

---

6   Die Haushalte in Deutschland gehören im internationalen Vergleich traditionell zu den hochtechnisierten Haushalten, was „klassische" Haushaltstechnik angeht (vgl. Krämer 2000, S. 12).
7   Vgl. Kampmann et al.2012; Statistisches Bundesamt 2011, 2004; Mollenkopf 2005; Reichert 2001; Hancock et al. 2001.

neuer Technik zu beschäftigen (vgl. z. B. Kampmann et al. 2012, S. 16 f.). Hinzu kämen zum Teil Ängste, Befürchtungen und Vorurteile gegenüber der neuen Technik. Meist würden auch die anfallenden Kosten überschätzt. Krämer (2000, S. 11) beschreibt diese Situation als eine Art Schwellensituation: Einerseits fehle bislang eine breite öffentliche Diskussion über die Anwendungs- und Nutzungsmöglichkeiten insbesondere der digitalen Technikformen, andererseits seien die Vorbehalte auf der Nutzerseite immer noch verhältnismäßig groß.

Darüber hinaus ist die Entwicklung technischer Geräte bislang in der Regel zu wenig an den konkreten Bedürfnissen älterer Menschen orientiert. Den Markt der Älteren haben Marketing-Fachleute mittlerweile zwar als attraktives Feld erkannt; doch scheinen Hersteller diesen bisher zu wenig zu bedienen. Gleichzeitig ist die Erforschung der Nutzungswünsche älterer Menschen noch nicht sehr weit gediehen. Forschungsarbeiten dazu sind rar.

Anfang der 1990er Jahre hat sich in den Technikwissenschaften – mit angeregt durch die breite öffentliche Debatte zum demografischen Wandel – eine neue Forschungsrichtung etabliert, die gerade hier ansetzen will. Die sogenannte *„Gerontotechnik"* (vgl. Reents 1996) beschäftigt sich mit der Entwicklung und Gestaltung technischer Geräte unter besonderer Berücksichtigung der Kompetenzen und der ergonomischen Voraussetzungen älterer Menschen. Trotz der Betonung ihres multidisziplinären Charakters zeigt sich in den existierenden Forschungsprojekten jedoch meist ein starkes Übergewicht der technischen Perspektiven. Auch wenn programmatisch die Berücksichtigung individueller, sozialer und ethischer Aspekte bei der Entwicklung der Geräte gefordert wird (vgl. z. B. Ikonen et al. 2002; Krämer 2000), so überwiegt dennoch eine technikwissenschaftliche Orientierung. Und bei der Entwicklung neuer Produkte werden darüber hinaus meist nicht die Älteren selbst nach ihren Bedürfnissen, Wünschen, Vorstellungen und Deutungen zur Technik befragt. Vielmehr erstellt der Techniker selbst eine Liste möglicher Problemkreise, „denen wir als älterer Mensch begegnen" (Reents 1996, S. 2), um darauf aufbauend Produktanforderungen zu generieren (vgl. z. B. Breuer 1998).

Mit solch einer alleinigen Fokussierung auf technische Funktionen und auf die Potenziale der Geräte beraubt man sich allerdings der Möglichkeit, den komplexen Charakter des alltäglichen Umgangs mit Technik zu verstehen. Unterbelichtet bleiben aus dieser Perspektive beispielsweise die subjektiven, symbolischen Bedeutungen, die Nutzer mit der Technik verbinden und die einen entscheidenden Einfluss darauf haben, ob Geräte akzeptiert werden oder nicht. Ebenso wird vernachlässigt, dass in jede Technik kulturelle Sinnsetzungen „eingeschrieben" sind, die sich aus den kulturell geteilten Vorstellungen darüber ergeben, wie ein Gerät sinnvoll verwendet wird. Und auch diese allgemeinen Deutungen der Technik bestimmen mit darüber, ob und wenn ja, in welcher Weise ein technisches Gerät im Alltag der Menschen Verwendung findet. Dass soziale Ungleichheitslagen ebenfalls großen Einfluss auf den Umgang mit Technik im Alltag haben, bleibt aus dieser Forschungsperspektive weitgehend ausgeschlossen.

Die Sozialwissenschaften hingegen, die geeignet erscheinen, gerade die von den Technikwissenschaftlern vernachlässigten Aspekte zu beleuchten, behandeln die Themen Technik und Alter meist getrennt, aus unterschiedlichen Forschungsperspektiven. Das gilt auch für die Soziologie. Während die Techniksoziologie das Alter nur selten in ihre Betrachtungen mit einbezieht, schenkt die Alter(n)ssoziologie der Technik im Leben Älterer zu wenig Beachtung.[8] Dabei bietet sich insbesondere die Techniksoziologie zu einer Verknüpfung beider Bereiche an, da sie die Wechselbeziehungen zwischen Technik und Gesellschaft als ihren zentralen Gegenstand begreift.

1.2 Zielsetzungen

Und genau hier setzt diese Arbeit an. Ihr Ziel ist es, die bislang überwiegend technikwissenschaftlich orientierte Bearbeitung des Themas Alter und Technik durch den Einbezug einer soziologischen Perspektive zu erweitern, um damit der Komplexität des Themas gerechter zu werden und die konkreten Bedingungen für einen (nicht) erfolgreichen Technikeinsatz im Haushalt Älterer herauszuarbeiten.

Den Ausgangspunkt bildet die Erarbeitung eines systematischen und umfassenden *Überblicks* über die bislang existierende internationale Forschung zum Thema Alter und Technik. Dabei werden die Forschungsstränge berücksichtigt, die Technik als ein Hilfsmittel verstehen, um altersbedingte physische, kognitive und sensorische Einschränkungen kompensieren und die Lebensqualität Älterer fördern zu können. Es werden sowohl die zeitlich variierenden Forschungsschwerpunkte als auch die daran beteiligten Disziplinen berücksichtigt. Auf der Basis dieser Dokumentationen werden anschließend die bestehenden Forschungslücken präzise herausgearbeitet.

Und gerade diese „blinden Flecken" – das weitgehende Fehlen sozialwissenschaftlicher Forschung – sind der Ausgangspunkt für die Entwicklung eines um-

---

8   Wichtige Ausnahmen bilden hier z. B. die Arbeiten von Schulze 2011; Meyer und Schulze 2009; Mollenkopf 2005, 2001; Mollenkopf und Kaspar 2005, 2004; Reichert 2001 und Sackmann und Weymann 1994.

fassenden *theoretischen Rahmenkonzepts*, das eine soziologisch ausgerichtete Forschungsperspektive auf das Thema eröffnet, ohne dabei die technischen Bedingungen zu vernachlässigen. Hierbei wird auf Theorieangebote der Technik-, der Alter(n)s- und der Ungleichheitssoziologie ebenso zurückgegriffen wie auf theoretische Ansätze zum Phänomen Alltag. Unter Bezug auf techniksoziologische Überlegungen wird beispielsweise einerseits darüber nachgedacht, inwiefern technische Geräte kulturell „kodiert" sind und mit diesen impliziten „Sinnstiftungen" auf den Umgang der Älteren mit Technik einwirken (vgl. Hennen 1992; Linde 1972). Andererseits wird der Techniknutzer als ein Akteur verstanden, der seine Geräte mit einem subjektiven Sinn versieht und sie dementsprechend der sozial konstruierten „Eindeutigkeit" ein Stück weit entheben kann (vgl. Hörning 1988). Auf der Basis alter(n)ssoziologischer, konstruktivistischer Ansätze wird davon ausgegangen, dass den Älteren zugeschriebene Eigenschaften und Merkmale – ebenso wie das Alter selbst – vor allem sozial konstruiert sind, dass ihnen also keine wirkliche „Essenz" zugrunde liegt (vgl. Saake 1998; Ehmer 1990; Kohli 1985). Dennoch können sich diese „Bilder" bzw. Vorstellungen vom Alter, so die Annahme, fördernd oder hinderlich auf den Umgang der Älteren mit Technik auswirken. Wird die Phase des Alters beispielsweise als eine der mangelnden kognitiven Leistungsfähigkeit interpretiert, dann liegt die Vermutung nahe, dass sich diese Überzeugung ungünstig auf ein engagiertes „Sich-Einlassen" auf Technik auswirkt. Darüber hinaus verweisen ungleichheitssoziologische Erkenntnisse darauf, dass bestimmte Ungleichheitslagen gravierenden Einfluss auf die Techniknutzung und -ausstattung der Älteren haben können (vgl. z. B. Reichert 2001; Sackmann und Weymann 1994). Um die konkreten Wirkmechanismen sozialer Ungleichheiten auf den alltäglichen Umgang mit Technik einschätzen zu können, bedarf es allerdings eines Forschungsinstrumentariums, das die Wechselbeziehungen zwischen Handlung und Struktur rekonstruiert. Hier wird das Konzept der alltäglichen Lebensführung (vgl. Voß 1995) gewählt, da es zur Vermittlung zwischen beiden Sphären beitragen kann.

Das auf der Basis dieser und weiterer Theorieangebote entwickelte Modell wird in der Lage sein, das komplexe Zusammenspiel von Alter und Technik im Alltag zu beschreiben und zu erklären. Damit kann es zugleich einen umfassenden Einblick in die Bedingungen eines (nicht) gelingenden Einsatzes von Technik im Alltag Älterer geben. Diese neue Forschungsperspektive mit ihrem umfassenden deskriptiven und analytischen Charakter bedeutet eine ganz eigene Sichtweise auf die Problemstellung, mit der Folge, dass sie keine unmittelbare „Erweiterung" der existierenden, vorwiegend technisch orientierten Forschung darstellt. Denn während Letztere vor allem auf eine Optimierung der konkreten, zu entwickelnden und existierenden gerontotechnischen Produkte ausgerichtet ist, hat das Modell zunächst „nur" erklärende Funktionen hinsichtlich des Umgangs Älterer mit Technik in ihrem Alltag. Gleichwohl wird diese Arbeit nicht bei der reinen *Erklärung* des Phänomens Alter und Technik stehenbleiben. Das theoretische Modell als heuristischen Rahmen nutzend, soll eine anschließende *empirische Untersuchung* dazu beitragen, auch praxisnahe neue Perspektiven auf das Problemfeld zu eröffnen. Von den empirischen Befunden ausgehend werden zum einen die eher allgemeinen Thesen des Rahmenkonzepts präzisiert, das heißt herausgearbeitet, in welcher Weise die oben genannten Bedingungen konkret auf die alltägliche Lebensführung der Älteren einwirken. Zum anderen wird – wiederum darauf aufbauend – über mögliche technikzentrierte, personenzentrierte und verhältniszentrierte Interventionen nachgedacht, die sowohl auf eine bessere Anpassung der Technik und des Technikmarktes an die Bedürfnisse und Kompetenzen der Älteren als auch auf Anpassungsleistungen der Älteren an die Technik abzielen.[9] In diesem Sinne werden Handlungsempfehlungen formuliert, die zu einer besseren Übereinstimmung zwischen Nutzerwünschen, -bedürfnissen und -kompetenzen und den Technikanforderungen führen sollen.

Im Mittelpunkt der empirischen Untersuchung steht der Einsatz von und der Umgang mit Technik im Haushalts- und Wohnbereich der Älteren. Eine Fokussierung allein auf diesen Bereich erfolgt aufgrund seines ausgesprochen hohen Stellenwerts für Ältere (vgl. Kreibich 2004, S. 12). Und hier sind es die Handlungsfelder Gesundheit/Pflege, Freizeit/Kommunikation/Bildung und das Feld Haushalt/Wohnen, die hinsichtlich der (Nicht-)Verwendung technischer Geräte analysiert werden, da diese Bereiche für Ältere quantitativ und qualitativ die größte Bedeutung haben (vgl. ebd.).

Als Technik gilt hier – in Anlehnung an den sogenannten „engen" Technikbegriff (vgl. Rammert 2002, S. 595) – Sachtechnik in Form von Geräten, Maschinen etc. Eine weitere Eingrenzung erfolgt in dem Sinne, dass der Fokus auf die sogenannte „Alltagstechnik" gerichtet wird, also auf Technik, die zum Bewältigen alltäglicher Anforderungen eingesetzt wird. Darüber hinaus soll nur „Laientechnik" betrachtet werden, das heißt Technik, die alltagstaugliche und konsumentengerechte Gebrauchseigenschaften aufweist (vgl. Braun 1993, S. 32). In den Technikwissenschaften wird diese Form der Technik oft auch als *Haushaltstechnik* bezeichnet.

---

9   Zu den Begriffen technik- und personenzentriert vgl. Rudinger (1996), zum Begriff verhältniszentrierter Maßnahmen vgl. Manz et al. (1999).

Um die konkreten Bedingungen eines (nicht) erfolgreichen Umgangs mit Technik umfassend ermitteln zu können, ist es nötig, sowohl die Deutungen der Menschen als auch ihre alltäglichen Handlungspraxen aufzudecken. Daher wird ein qualitatives Forschungsvorgehen gewählt. Die Datenerhebung erfolgt durch narrative, leitfadengestützte Interviews. Das Sample besteht aus Älteren, die im Sinne der UNO-Definition sechzig Jahre und älter sind (siehe Fußnote 2). Die ausgewählten Personen weisen keine gravierenden psychischen und/oder physischen altersbedingten Einschränkungen auf. Diese Auswahl ist den qualitativen Veränderungen des demografischen Strukturwandels (vgl. Tews 2000, 1999) geschuldet, der dadurch charakterisiert ist, dass heute der größte Teil der Älteren nahezu keine schwerwiegenden altersbedingten Probleme hat.[10] Hinzu kommt, dass sich viele der existierenden Studien auf Personen mit Behinderungen konzentrieren, wodurch aus dem Blickfeld gerät, welch gravierende Bedeutung Technik auch für „unproblematische" Ältere hat. Die Anzahl der Befragten wird vorab nicht festgelegt, sondern ergibt sich in Form des „theoretical sampling" (Strauss und Corbin 1996) aus dem Forschungsprozess. Es wird eine eher höhere Fallzahl angestrebt, um der Heterogenität des Forschungsfeldes gerecht zu werden.

Im Mittelpunkt der empirischen Untersuchung stehen die folgenden Forschungsfragen: Es soll erhoben werden, *wie* in den oben genannten Bereichen der (nicht) erfolgreiche Umgang mit Technik realisiert bzw. „hergestellt" wird (1). Zudem sollen die generationellen, lebenslagespezifischen, sozialen, kulturellen und technischen Bedingungen erfasst werden, die diesen Prozess behindern oder fördern (2). Darüber hinaus sollen konkrete Problemgruppen und Problemlagen identifiziert und neue Perspektiven entwickelt werden, die den erfolgreichen Umgang mit Technik im Alltag auch bei den „benachteiligten" Gruppen fördern können (3). Auch wenn die Forschungsfragen zur besseren Übersichtlichkeit getrennt aufgeführt werden, sind sie in der Empirie dennoch unauflöslich miteinander verbunden und können nur im Zusammenhang bzw. parallel bearbeitet werden.

Die Auswertung des Datenmaterials erfolgt mit Hilfe des Verfahrens der Grounded Theory (vgl. Strübing 2004; Strauss, Corbin 1996; Strauss 1991). Ziel ist es, mit einer vergleichenden Analyse von Einzelfällen die verschiedenen Formen des Umgangs mit Technik und ihre Bedingungskonstellationen fallübergreifend und typisierend zu erfassen. Die ermittelten Befunde können keinen Anspruch auf statistische Repräsentativität erheben. Es geht vielmehr darum zu zeigen, wie

---

10 Reents schätzt schon 1995, dass mindestens 85 % der Älteren zu den Woopies, zu den „well-off older people" gezählt werden können. Und diese Zahl wird heute aufgrund der verbesserten Ressourcenlage der Älteren noch höher ausfallen (vgl. Reents 1995, S. 72).

sich der Umgang mit Technik im Alltag konkret gestaltet, welche Rahmenbedingungen in welcher Weise darauf Einfluss nehmen und welche Konsequenzen sich daraus ergeben. Auf diesen Erkenntnissen aufbauend werden Handlungsempfehlungen entwickelt, die dazu beitragen sollen, den erfolgreichen Einsatz von Technik im Alltag Älterer zu fördern.

1.3 Aufbau der Arbeit

Um einführend auf die besondere Bedeutung der Technisierung und des zunehmenden Alterns unserer Gesellschaft aufmerksam zu machen, werden im *Teil I: Einführung in das Thema* beide Prozesse modernisierungstheoretisch eingeordnet – das heißt konkret als Domestizierungsprozesse im Rahmen der Modernisierung interpretiert – und dargestellt (2).

Teil II: Internationales Forschungsfeld Alter und Technik widmet sich den Forschungsrichtungen, die sich mit den Themen Alter und Technik im Zusammenhang beschäftigen. Dabei wird zwischen zwei grundlegend unterschiedlichen Forschungsperspektiven unterschieden: Nur kurz – und der Vollständigkeit halber – wird die demografisch und gleichzeitig historisch orientierte Forschung skizziert, die die Abhängigkeit des steigenden Lebensalters von den Technisierungsprozessen im Zuge der Modernisierung beschreibt (3). Ausführlich dagegen wird die andere, die sogenannte gerontotechnische Perspektive beleuchtet. Sie entspricht der hier verfolgten Forschungsfrage, wie und unter welchen Bedingungen welche Technik erfolgreich zur Unterstützung der Unabhängigkeit Älterer eingesetzt werden kann (4). Die Forschungsbemühungen werden in ihrem zeitlichen Verlauf unter Berücksichtigung der wechselnden Schwerpunktsetzungen und der verschiedenen beteiligten Disziplinen betrachtet. Auf dieser Grundlage wird geprüft, inwiefern die vorhandenen Studien dazu beitragen können, einen umfassenden Einblick in die Möglichkeiten und Bedingungen eines gelingenden Technikeinsatzes im Alltag der Älteren zu geben. Dementsprechend sollen gleichfalls die bestehenden „blinden Flecken" der bisherigen Forschung aufgedeckt und die damit verbundenen praktischen Konsequenzen aufgezeigt werden.

Ziel des *Teils III: Soziologische Perspektiven auf Alter und Technik* ist die Entwicklung eines theoretischen Modells zur systematischen Deskription und Analyse des komplexen Verhältnisses von Technik und Alter im Alltag der Älteren. Hierzu wird auf Theorieansätze der Techniksoziologie (4), Alter(n)ssoziologie (5), sowie auf soziale Ungleichheitstheorien zurückgegriffen, die auf das Thema Alter und Technik bezogen sind (6). Um sie zum Alltag der Älteren in Beziehung zu setzen, wird das Konzept der alltäglichen Lebensführung eingeführt (7). Die genannten Forschungsstränge werden miteinander verknüpft und ergeben das theoretische Rahmenkonzept (8).

Diese Arbeit soll aber nicht nur erklären, sondern auch Anhaltspunkte dafür generieren, wie ein kompetenter Umgang Älterer mit Technik gefördert werden kann. Hierzu wird in *Teil IV: Neue Perspektiven auf Alter und Technik* eine umfassende empirische Untersuchung vorgestellt. Auf der Basis der in Teil III präsentierten theoretischen Ansätze, die nun als sensibilisierende Konzepte genutzt werden, werden empirische Erkenntnisse darüber erarbeitet, wie bzw. in welcher Weise individuelle, soziale, gesellschaftliche, aber auch technische Bedingungen den Technikeinsatz im Alltag Älterer fördern oder behindern. Vor dem Hintergrund dieser Befunde werden dann Handlungsempfehlungen (neue Perspektiven) entwickelt, die auf der Ebene der Technikentwicklung (technikzentriert), auf der Ebene der Älteren selbst (personenzentriert) und an der Schnittstelle zwischen Technik(genese) und Nutzer ansetzen.

2 Altern und Technisierung im Kontext der Modernisierung

Ziel dieses Kapitels ist es, einführend die große Bedeutung, die sowohl Prozesse des zunehmenden Alterns der Individuen und der gesamten Bevölkerung als auch die umfassende Technisierung der Gesellschaft im Rahmen der Modernisierung – als einem spezifischen Entwicklungsprozess westlicher Gesellschaften – haben, aufzuzeigen. Beide Prozesse werden im Folgenden als zwei unterschiedliche Formen der *Domestizierung* beschrieben, die im Zuge der Modernisierung an Bedeutung gewonnen und die gesellschaftlichen und individuellen Wirklichkeiten maßgeblich geprägt hat und auch weiterhin prägen wird. Um diese Argumentation zu präzisieren, werden zunächst die relevanten Begriffe im Rahmen dieses Kapitels geklärt, um dann eine Verortung von Altern und Technisierung im Modernisierungsprozess vorzunehmen (2.1). Anschließend werden die als wesentlich erachteten Wirkungen beider Prozesse knapp – und daher notwendigerweise skizzenhaft – in der frühen und in der späten Moderne dargestellt (2.2 und 2.3).

2.1 Definitionen und Verortung

Altern: Als zunehmendes individuelles Altern wird hier das stetig steigende – tatsächlich realisierte und sozial zu erwartende – Lebensalter verstanden. Dabei ist das tatsächlich erreichte Lebensalter als die Anzahl der Jahre definiert, die Individuen einer gegebenen Population tatsächlich (er)leben. Das zu erwartende Lebensalter – die Lebenserwartung – ist die statistisch zu erwartende durchschnittliche Anzahl der Jahre, die den Individuen einer Population ab einem bestimmten Zeitpunkt bis zum Tode verbleiben. Als *demografisches Altern* wird die Steigerung des Durchschnitts- oder Medianalters der Gesamtbevölkerung bezeichnet (vgl. z. B. Dinkel 1994, S. 69). Es kann durch den Rückgang der Geburtenrate einer Bevölkerung bedingt sein, oder auch aus dem Anstieg des tatsächlich realisierten Lebensalters oder aus beiden Prozessen resultieren.

Technisierung: Darunter wird hier in Anlehnung an Rammert (2007, S. 16) „die besondere formgebende Praxis, Elemente, Ereignisse oder Bewegungen, kunstfertig und effektiv in schematische Beziehungen von Einwirkung und notwendiger Folge zusammenzusetzen" verstanden. Das bedeutet: „Handlungen, natürliche Prozessabläufe oder Zeichenprozesse sind dann technisiert, wenn sie einem festen Schema folgen, das wiederholbar und zuverlässig erwartete Wirkungen erzeugt" (ebd.). Technisierung kann insofern als eine *soziale Strategie* gesehen werden, die sich durch den Einbau technischer Verfahren oder Geräte auszeichnet.

Auch wenn bei der Forschung zu Alter und Technik physikalisch vergegenständlichte Sachtechniken – Rammert bezeichnet sie als Trägermedien – im Mittelpunkt stehen, muss berücksichtigt werden, dass diesen fast immer die sich in Bewegung manifestierende *Handlungstechnik* vorausgeht (vgl. Rammert 2007, S. 17). Und auch *Zeichenprozesse* in Form von Rechenkalkülen oder Anweisungen liegen der Entwicklung von Sachtechnik zugrunde. Hennen bezeichnet die materialisierte Technik daher auch als die am weitesten entwickelte Form, da sie die anderen Dimensionen in sich vereinigt (vgl. Hennen 1992, S. 10).

Modernisierung: Wird der Begriff der Modernisierung betrachtet, zeigt sich, dass es sich um einen schillernden Begriff handelt, der in unterschiedlichen Kontexten auf verschiedenste Art und Weise verwendet wird. In den Sozialwissenschaften bezieht er sich meist auf einen bestimmten, zeitlich genau umschriebenen Entwicklungsprozess der westlichen Gesellschaften. Bendix beschreibt ihn als „einen Typus des sozialen Wandels, der seinen Ursprung in der englischen Industriellen Revolution und in der politischen Französischen Revolution hat" (Bendix 1969, S. 506). Von dieser zeitlichen Verortung wird auch hier ausgegangen. Van der Loo und van Reijen (1997) entwickeln eine systematische und umfassende Definition des Begriffs, die den weiteren Ausführungen als Basis dient. Nach ihnen verweist Modernisierung

> „auf einen Komplex miteinander zusammenhängender struktureller, psychischer und physischer Veränderungen, der sich in den vergangenen Jahrhunderten herauskristallisiert und damit die Welt, in der wir augenblicklich leben, geformt hat und noch in eine bestimmte Richtung lenkt" (Loo und Reijen 1997, S. 11).

Um die verschiedenen Prozesse der Modernisierung und die darauf bezogene schier unbegrenzte Zahl an Modernisierungstheorien systematisieren zu können, entwickeln sie ein konzeptuelles Einordnungsschema. Sie differenzieren zwischen verschiedenen Handlungsfeldern, denen die jeweiligen Prozesse (bzw. Theorien) zugeordnet werden. Als Handlungsfelder beschreiben sie: die Struktur (der Gesellschaft), die Kultur, die Personen und die Natur (vgl. Loo und Reijen 1997, S. 31).

Van der Loo und van Reijen können herausarbeiten, dass Modernisierung aus der Perspektive gesellschaftlicher Strukturen meist als ein Prozess der *Differenzierung* diskutiert wird (vgl. ebd. 33 oder z. B. Durkheim [1893] 1992). Als Differenzierung wird die Aufspaltung eines ehemals homogenen Ganzen in Teile mit eigenem Charakter und eigener Zusammensetzung betrachtet. Rückt hingegen die Kultur in den Mittelpunkt der Betrachtung, dann werden moderne Gesellschaften häufig als dem Prozess der *Rationalisierung* unterworfen beschrieben (vgl. z. B. Weber 1988). Hierunter wird das Ordnen und Systematisieren der Wirklichkeit verstanden, mit dem Ziel, diese berechenbar und beherrschbar zu machen (vgl. Loo und Reijen 1997, S. 34). Aus der Sicht der Personen wird Modernisierung vor allem als ein Prozess der *Individualisierung* interpretiert (vgl. z. B. Simmel [1908] 1992). Dies verweist auf die wachsende Bedeutung des Individuums, das sich zunehmend aus der Kollektivität seiner unmittelbaren Umgebung herauslöst (vgl. Loo und Reijen 1997, S. 34). Und bei der Betrachtung der „inneren und äußeren" Natur wird Modernisierung vielfach als ein Prozess der *Domestizierung* verstanden. Dieser bezieht sich auf das Maß, in dem sich die Individuen ihren biologischen und natürlichen Begrenzungen entziehen können (vgl. ebd. 35). Domestizierung wird nach van der Loo und van Reijen als ein „Zähmen" bzw. das Optimieren der Möglichkeiten verstanden, die Natur und Körper bieten (vgl. ebd. 218). Abbildung 1 soll der Veranschaulichung der genannten Annahmen dienen.

Abbildung 1   Modernisierungsprozesse nach van der Loo und van Reijen*

Struktur: Differenzierung		Kultur: Rationalisierung
	Modernisierung	
Person: Individualisierung		Natur: Domestizierung

* Das Schema entspricht inhaltlich der Darstellung, die van der Loo und van Reijen (1997, S. 31) entwickelt haben.

Vor dem Hintergrund dieses Systematisierungsvorschlags kann sowohl das zunehmende individuelle Altern als auch die zunehmende Technisierung den *Domestizierungsprozessen* zugeordnet werden, so lautet die hier verfolgte These. Es muss vorausgeschickt werden, dass sich die Menschen nicht erst in der Moderne, sondern seit jeher bemühten, den Beschränkungen, die ihnen durch den eigenen Körper und die physische Umgebung auferlegt wurden, zu entgehen. Sie versuchten schon immer, sich von ihren körperlichen und natürlichen Fesseln zu befreien und damit ihre Abhängigkeit von der Natur ein Stück weit zu schmälern. In der Moderne aber beginnt sich das Verhältnis zwischen Mensch und Natur radikal zu verändern. Die Abhängigkeit der Menschen von der Natur wandelt sich im Zuge der Domestizierungsprozesse in eine Beherrschung der Natur durch den Menschen.[1] Zwar bleibt der Mensch de facto weiterhin von der Natur abhängig, aber diese Abhängigkeit wird immer indirekter und abstrakter (vgl. Loo und Reijen 1997, S. 228). Bis heute gilt es als mehr oder weniger selbstverständlich, dass die Menschen immer besser in der Lage sind, unabhängig von ihren natürlichen und körperlichen Beschränkungen zu leben und zu handeln.

Domestizierungsprozesse lassen sich auf unterschiedlichen Ebenen diagnostizieren. Thema der meisten Domestizierungstheorien ist das Beherrschen der natürlichen *Umwelt* einer Gesellschaft. Hier gilt vor allem die zunehmende *Technisierung*, die im Zuge der Modernisierung eine bis dahin unbekannte Geschwindigkeit erhält, als Auslöser des „Zähmens" der Natur. Nach König (1967, S. 324) stellt sie das bedeutendste Mittel der Menschheit zum „Bezwingen" der Natur dar. Die einschneidenden Veränderungen, die mit ihr einhergehen, finden nach Überlegungen von Jokisch, Lindner (1982) und vielen anderen Autoren ihren Ausdruck in der Industriellen Revolution (vgl. z. B. Cipolla 1976; Marx 1867 [1962]; Rostow 1960).

Daneben kann aber auch der *menschliche Körper* als domestiziert begriffen werden. Denn das *zunehmende Lebensalter* der Individuen im Zuge der Modernisierung, ihr zunehmendes Altern, kann als Ausdruck eines zunehmenden Beherrschens des menschlichen Körpers bzw. einer steigenden Kontrolle über die menschliche Lebensdauer verstanden werden.[2] Dies kann als Resultat von Do-

---

1 Vgl. z. B. Ellul 1964; Marcuse 1965; Schelsky 1965; Degele 2002, S. 35.
2 Sucht man in soziologischen Modernisierungstheorien nach dem Körper, wird man allerdings feststellen, dass er bis weit in die 1990er Jahre hinein kaum zu finden ist (vgl. Schroer 2005, S. 7). Zwar schenkt ihm Simmel schon 1907 in seiner „Soziologie der Sinne" Aufmerksamkeit, ebenso wie ihn Elias in seinen „Prozeß der Zivilisation" mit einbezieht (vgl. Simmel [1908]1993; Elias 1997). Dennoch wird überwiegend vernachlässigt, dass unser „irdisches" Leben aufs Engste mit unserem Körper und insbesondere mit seiner Lebenszeit verbunden ist (vgl. Pelizäus-Hoffmeis-

mestizierungsprozessen interpretiert werden, denn die Befunde der (historischen) Demografie verweisen darauf, dass es vor allem gesellschaftliche Bedingungen sind, die ein zunehmendes Altern ermöglichen. Als international anerkannte Faktoren gelten beispielsweise die Steigerung der Lebensmittelproduktion durch bessere Bewirtschaftung des Landes, die Einführung neuer Futterpflanzen und die gezielte Zucht von Milchkühen, der zunehmende Ausbau der Transportwege, die Zunahme an medizinischer Versorgung, die Einführung öffentlicher und privater Hygienemaßnahmen und die Zunahme an Bildung in der Bevölkerung (vgl. z. B. Ehmer 2004; Schimany 2003; Imhof 1988). Auch wenn nicht immer klar ist, welche Ursachen konkret in welcher Phase der Modernisierung und in welcher Region jeweils von besonderer Bedeutung für das steigende Lebensalter sind, so gilt es dennoch unumstritten als Folge gesellschaftlicher Bedingungen bzw. des Grades der Zivilisation einer Gesellschaft (vgl. Schimany 2003, S. 102).

Mit welchen wesentlichen Konsequenzen diese beiden Domestizierungsprozesse verbunden sind, soll in den folgenden Unterkapiteln knapp und skizziert werden. Dabei wird jeweils zwischen der frühen und der späten Moderne unterschieden (Frühmoderne ab ca. 1750, Spätmoderne ab ca. 1970).

2.2 Technisierung der Gesellschaft

Frühmoderne

Die zunehmende *Technisierung* in der Frühmoderne ist nach Meinung einer überwiegenden Zahl von Historikern und Wirtschaftswissenschaftlern – häufig in Anlehnung an Marx (vgl. hierzu auch Müller 1992) – Auslöser für eine der größten Revolutionen, die den Lauf der Geschichte maßgeblich verändert hat, für die „Industrielle Revolution" (vgl. z. B. Hartwell 1972, S. 38; Hahn 1998, S. 60). Cipolla hebt hervor, dass die technischen Entwicklungen dieser Zeit „die Menschen von Bauern und Schafhirten in Betätiger von Maschinen, welche mit lebloser Energie angetrieben wurden", verwandelt haben (Cipolla 1976, S. 1). Und Rostow (1960) beschreibt die zunehmende Technisierung als die Voraussetzung für den anhaltenden wirtschaftlichen Aufstieg der westeuropäischen Staaten. Jokisch und Lindner (1982) betrachten sie darüber hinaus als Ausgangspunkt eines umfassenden Wandlungsprozesses in Wirtschaft, Politik, Kultur und Struktur der sich mo-

---

ter 2011). Denn die Zeit, die unser Körper (er)lebt, ist unsere einzig mögliche Zeit (vgl. Petzold 1982, S. 68).

dernisierenden Gesellschaften. Nach Kuznets (1972, S. 17) sind die technischen Entwicklungen zu Beginn der Moderne die bedeutendsten Erweiterungen unseres Grundstocks an verwertbarem Wissen, da mit ihnen die Umwelt zunehmend beherrscht und dadurch das menschliche Leben bereichert und erleichtert werden kann.

Es muss ergänzt werden, dass dessen ungeachtet eine äußerst kontroverse Diskussion um die Ursachen bzw. den Ursprung der Industriellen Revolution existiert (vgl. Hartwell 1972, S. 36 f.). Denn es werden zahlreiche weitere Faktoren genannt, die den Prozess der Industrialisierung befördert haben sollen, ohne dass Einverständnis darüber herrscht, welches die entscheidenden sind. Smith (1904) beispielsweise betrachtet die *Kapitalakkumulation* in dieser Zeit als den bestimmenden Faktor für die Industrialisierung und darauf aufbauend für das wirtschaftliche Wachstum. Von anderen Autoren wird die Zunahme von *Innovationen* als wesentlich erachtet, deren Generierung allerdings wiederum relativ freier bzw. flexibler sozialer, kultureller und wirtschaftlicher Verhältnisse bedürfe (vgl. Hartwell 1972, S. 47 f.). Und in dieser Hinsicht wird vor allem eine *Veränderung der gesamtgesellschaftlichen Wertvorstellungen* diskutiert, die die Basis dafür bilde, eine „bestimmte Schwelle der Aufgeschlossenheit gegenüber neuen Methoden" zu überschreiten (vgl. ebd. und auch Schumpeter 1951). Aber auch die *steigende Nachfrage* wird als ausschlaggebender Faktor für die Industrialisierung genannt. Insbesondere Smith (1904) weist darauf hin, dass sie eine grundlegende Voraussetzung für Industrialisierung und wirtschaftliche Entwicklung sei.

Dass hier dennoch am Argument der besonderen Wichtigkeit der *Technisierung* für den Industrialisierungsprozess festgehalten wird, liegt darin begründet, dass zu dieser Zeit in vielen Wirtschaftssektoren folgenreiche technische Weiterentwicklungen stattfanden, dass die Zeitspanne zwischen einer Erfindung und ihrer Anwendung nun sehr kurz und eine qualitativ *neue* Form der Technik entstanden ist, die zugleich zahlreiche weitere gesellschaftliche Veränderungen auslöste.[3] So betont beispielsweise Gasky (1982, S. 228), dass der Industrialisierungsprozess zwar eine Verbindung vielfältiger günstiger Umstände voraussetze, aber „only one of the factors represents a sufficient condition, because it alone could have induced the others: That factor is technology". Insofern bleibt diese Argumentation zwar einseitig, ist meines Erachtens aber plausibel und berechtigt.

---

3 Aber auch die Technisierung hat ihre Voraussetzungen, worauf u. a. Weyer (2008) hinweist. Diese sieht er einerseits in der Entstehung eines neuen Weltbilds, das durch Rationalismus, Individualismus und Humanismus geprägt ist, andererseits im Überwinden der Trennung von Theorie und Praxis bzw. von Wissenschaft und Technik (vgl. Weyer 2008, S. 123 und 129).

Paulinyi (1989) beschreibt den qualitativen Unterschied zwischen der neu entstehenden und der vormodernen Technik anhand der Differenzierung zwischen Hand-Werkzeug-Technik und Maschinen-Werkzeug-Technik. Unter *Hand-Werkzeug-Technik* versteht er eine Produktionstechnik, in der das Ergebnis der technischen Handlung *direkt* vom Menschen bestimmt wird, indem entweder das zu bearbeitende Werkstück oder das verwendete Werkzeug durch die Hand eines Menschen geführt und/oder gehalten wird (vgl. Paulinyi 1989, S. 23f.). Bei der Fertigung eines hölzernen Werkzeuggriffs beispielsweise kann sich die Hand-Werkzeug-Technik in der Form zeigen, dass der Mensch das Werkstück in der einen und den Hobel – zur Bearbeitung des Werkstücks – in der anderen Hand hält. Diese Form der Produktionstechnik bestimmt nach Paulinyi bis Mitte des 18. Jahrhunderts die überwiegende Zahl von technischen Handlungen bei der Bearbeitung von Werkstoffen.

Bei der *Maschinen-Werkzeug-Technik* hingegen wird weder das Werkstück noch das Werkzeug von der Hand eines Menschen geführt oder gehalten, sondern diese Funktion auf technische Vorrichtungen übertragen (vgl. ebd. 22). Mit dieser Methode kann die Herstellung eines hölzernen Werkzeuggriffs beispielsweise an einer Drechselbank erfolgen, in der das Werkstück eingespannt wird und seine Bearbeitung durch einen sogenannten „Werkzeug-Schlitten" erfolgt. Der entscheidende Unterschied zwischen beiden Formen der Produktion besteht darin, dass bei der Hand-Werkzeug-Technik der Mensch als Energieträger und -umformer unverzichtbar ist, während bei der Maschinen-Werkzeug-Technik sowohl der Mensch als auch eine „leblose Kraftmaschine" (Paulinyi 1989, S. 28) die Energie liefern können. Die Maschinen-Werkzeug-Technik ist Ausdruck eines neuen Prinzips der Produktionstechnik, des Prinzips der *Maschinenarbeit*. Nach Paulinyi (1989, S. 239) ist diese Veränderung das auslösende und tragende Element der Industriellen Revolution, da mit der folgenden massenhaften Einführung von Arbeitsmaschinen, und damit der Ausweitung der Betriebsanlagen, die Produktion in bislang unbekanntem Maße gesteigert werden kann.[4] Hinzu kommen erhebliche Kostenvorteile der Maschinen-Werkzeug-Technik gegenüber der Hand-Werkzeug-Technik.

Parallel dazu zeigen sich zahlreiche weitere Veränderungsprozesse, die in enger Wechselbeziehung mit den technischen Neuerungen stehen. Da in dieser Zeit

---

4 Daher widerspricht Paulinyi (1989, S. 240) auch der vielfach geäußerten These, dass die Dampfmaschine das wesentliche vorantreibende Element der Industriellen Revolution gewesen sei. Sie wird nach ihm erst in dem Maße wichtig, in dem die menschliche Arbeit durch Arbeitsmaschinen ersetzt werden kann.

die Umwälzungen im Bereich der Technik sofort von der durch die führenden Industriezweige repräsentierten Wirtschaft aufgegriffen werden, kommt es zu einem starken Anstieg der gesamtwirtschaftlichen Leistungen (vgl. Jokisch und Lindner 1982, S. 176). Und dieser wiederum wird zugleich davon mitbestimmt, dass die miteinander im Wettbewerb stehenden Unternehmer auf eine Erhöhung der Arbeits- und Kapitalproduktivität drängen (vgl. Paulinyi 1989, S. 228; Kuznets 1972). Daneben ist die steigende Produktion aber ebenso Folge der (neuen) Bereitschaft der Unternehmer zur Reinvestition des Kapitals und zur Expansion ihrer Fabriksysteme[5] (vgl. Jokisch und Lindner 1982, S. 177). Die Ausbildung einer derartigen, technikfördernden Unternehmerschicht kann nach Landes (1983, S. 29) wiederum auf die Entwicklung eines Rechtssystems zurückgeführt werden, das die Sicherheit des persönlichen Eigentums und seine freie Verfügbarkeit zunehmend gewährleistet.

Der erstarkende Wettbewerb zwischen den Unternehmern führt gleichzeitig zu einer allmählichen Auflösung des Zunftwesens. Dieser Abbau wird wiederum von sozialen Mobilitätsprozessen begleitet, genauer von den steigenden Chancen des Einzelnen zum sozialen Aufstieg (vgl. Jokisch, Lindner 1982, S. 179). Denn nun regulieren privates Vermögen und Einkommen immer eindeutiger die Aufstiegschancen. Folge ist die Individualisierung des ökonomischen Handelns, was nach Jokisch und Lindner (1982, S. 179) mit dem Prozess der Urbanisierung verknüpft ist, der „sich u. a. in der Entwicklung von sozialen Schichten wie Bürgertum und Industriearbeiterschaft kundtut". Innerhalb des kulturellen Bereichs breitet sich immer mehr eine sogenannte „rationale Lebensführung" gegenüber der traditionalen aus (vgl. Weber 1988). In diesem Sinne werden zunehmend solche Handlungen vorgezogen, die sich durch Langsicht und Affektkontrolle auszeichnen (vgl. Elias 1997). Diese Entwicklung steht in engem Zusammenhang mit der Verbreitung der protestantischen Ethik, die eine stark asketische und vorausschauende Lebenshaltung unterstützt (vgl. Weber 1988). Innerhalb dieser von Rationalisierungsbestrebungen durchsetzten geistigen Atmosphäre erfolgt nach Jokisch und Lindner (1982, S. 180) auch die Institutionalisierung der Wissenschaften, deren Ergebnisse nun als Innovationen in den Wirtschaftsprozess einfließen und so zur Kommerzialisierung des Wissens beitragen. Und diese Entwicklung wiederum trägt zu weiteren technischen Fortschritten bei.

Auch wenn die Technisierung demnach nicht als alleiniger Auslöser der Industriellen Revolution gelten kann, ist ihr bedeutender Anteil daran – und in der

---

5 Der dadurch steigende Bedarf an Arbeitskräften kann durch das Bevölkerungswachstum – aufgrund des kontinuierlichen Rückgangs der Sterblichkeit – gedeckt werden.

Folge am wirtschaftlichen Aufstieg der sich modernisierenden Gesellschaften und an ihrer zunehmenden Beherrschung der Umwelt – nicht zu leugnen.

Spätmoderne

Der rasante technische Wandel dieser Zeit wird von vielen Autoren als die „dritte technologische Revolution" bezeichnet (Weyer 2008, S. 115; Castells 2001; Popitz 1995, S. 16 f.).[6] Andere sprechen auch von der dritten industriellen, der digitalen[7] oder der Informationsrevolution.[8] Den Ausgangspunkt dieser Revolution bilden, nach übereinstimmender Meinung, die neuen *Informations- und Kommunikationstechniken,* die als ein qualitativer „Sprung" in der technischen Entwicklung interpretiert werden (vgl. Castells 2001; Popitz 1995). Diese bewirken einen Wandel, der vor allem in der steigenden Komplexität und Vielfalt der Techniken und in einer zunehmenden Vernetztheit technischer Systeme zum Ausdruck kommt (vgl. z. B. Rammert und Schulz-Schaeffer 2002, S. 7; Perrow 1987).

Weyer bezeichnet diese Phase als eine der Durchdringung der Gesellschaft mit „hoch-automatisierten Systemen" und mit sogenannter „autonomer" Technik, die die Grundlage dafür bilden, dass sich moderne Gesellschaften zu den sogenannten Wissens- oder Informationsgesellschaften entwickeln können (vgl. Weyer 2008, S. 23 f.).

Der Einsatz hochautomatisierter Systeme (Automationstechnik) in der industriellen Produktion generiert vor allem einen neuen Typus von Arbeit, Weyer bezeichnet ihn als *Automationsarbeit* (vgl. ebd. 240 ff.). Durch informationstechnisch vernetzte Anlagen können ehemals von Menschen durchgeführte Arbeiten nun von den automatisierten Systemen selbst übernommen werden, die den Menschen damit von z. T. schwerer manueller Arbeit entlasten. Die neuen „menschlichen" Aufgaben bestehen nach Weyer jetzt im Wesentlichen darin,

---

6   Popitz beispielsweise hat die Geschichte der Technik in drei technologische Revolutionen untergliedert. Die *erste* umfasst nach ihm Technologien der Agrikultur, die Feuerbearbeitung und den Städtebau (vgl. Popitz 1995, S. 22 ff.). Unter die *zweite* Revolution subsumiert er die sogenannten Technologien der Maschine, der Chemie und der Elektrizität (vgl. ebd. 28 ff.).
7   Der Prozess der Verbreitung binär-mikroelektronischer Systeme wird häufig als „Digitalisierung" beschrieben (vgl. Sackmann und Weymann 1994, S. 28).
8   Vgl. z. B. Rifkin 2004; Greinert 1999; Hoorn-van Nispen 1999; Vorträge des Studium Generale 1984; Balkhausen 1978.

„vollautomatische Abläufe einer komplexen Maschinerie zu beobachten, die im Normalfall nach vorprogrammierten Routinen funktioniert; Eingriffe des Bedienungspersonals sind lediglich erforderlich, wenn Störfälle oder andere unvorhergesehene Ereignisse auftreten. Die Operateure legen also nicht mehr selbst Hand an, sondern *gewährleisten* im Wesentlichen die Funktionsfähigkeit und Sicherheit des Systems" (Weyer 2008, S. 242, kursiv im Original).

Die Rolle des Menschen bei der Steuerung dieser hochautomatisierten Systeme ist allerdings ambivalent: Zum einen wird er zum passiven Systembeobachter degradiert und zunehmend dequalifiziert, zum anderen werden jedoch gleichzeitig hohe Erwartungen bezüglich eines möglichen Störfallmanagements an ihn gestellt, da er in kritischen Situationen eingreifen soll und muss (vgl. ebd. 244). Begleitet werden diese Störfälle zudem von hohem Zeitdruck, da die modernen Anlagen „Echtzeitsysteme" sind und die Bewältigung des Problems simultan zum Betrieb der Anlage erfolgen muss.

Darüber hinaus dringt nach Weyer ein weiterer Typus von Technik in alle Lebens- und Arbeitsbereiche vor, der das menschliche Leben maßgeblich verändert: die *autonome bzw. „intelligente" oder „smarte" Technik* (vgl. Weyer 2008, S. 251). Der Unterschied zur Automationstechnik ist ihre Adaptivität, die sie in die Lage versetzt, ad hoc situationsgerechte Lösungen zu finden. Sie kann autonom agieren, sich mit anderen Systemkomponenten vernetzen und mit ihnen Inputs austauschen, die sie selbsttätig mittels Sensoren aus der Umwelt gewinnt (vgl. ebd.). Insofern erlaubt sie es den Menschen zunehmend, auf eigene antizipatorische Planung zu verzichten und sich auf die Selbststeuerungsfähigkeit der Technik zu verlassen, selbst wenn es um das Lösen komplexer Probleme geht. Damit wird aus dem ehemals instrumentellen Verhältnis zwischen Mensch und Technik nun (schrittweise) ein *interaktives* Verhältnis, das die Technik zum *Mitentscheider* in kooperativen Prozessen macht (vgl. hierzu auch Rammert und Schulz-Schaeffer 2002). Die hohe Leistungsfähigkeit dieser Technik ermöglicht aber zugleich die totale Kontrolle und Überwachung des Menschen durch diese Systeme und den zunehmenden Zwang, sich mit seinen Verhaltensweisen den technischen Vorgaben anzupassen (vgl. Weyer 2008, S. 261).

Datennetze wie das Internet eröffnen nach Weyer darüber hinaus vielfältige Möglichkeiten der interaktiven Kommunikation, die zugleich neue Kommunikationsformen hervorbringen (vgl. Weyer 2008, S. 238 f.). Für die 1970er Jahre beschreibt er beispielsweise die über das Internet mögliche Kommunikation per E-Mail als *Mensch-Mensch-Kommunikation*. Für die 1980er Jahre diagnostiziert er zusätzlich die *Mensch-Maschine-Kommunikation,* die durch die Server-Architektur des World Wide Web ermöglicht wird. Hierbei werden z. B. Suchanfragen bei Google, Einkäufe bei eBay oder Reiseanfragen von Maschinen beantwortet, woran wir uns mittlerweile gewöhnt haben. Ab dem 21. Jahrhundert entsteht darüber hinaus ein weiterer Typus der Kommunikation: die *Maschine-Maschine-Kommunikation* (vgl. ebd. 239). Sogenannte „intelligente" Geräte interagieren nun untereinander, ohne dass der Mensch dabei aktiv werden muss. Ein Beispiel hierfür ist das automatische Software-Update, das moderne Computer selbstständig „hinter dem Rücken" der Nutzer durchführen. Als Konsequenz dieser Entwicklungen treten technische Geräte nun zunehmend als „Mithandelnde" auf.

Ein wesentlicher Trend unserer Zeit zeigt sich also darin, dass Technik mittlerweile in alle Lebensbereiche vorgedrungen ist und immer mehr die Rolle eines selbstständigen, reflektierend und intentional Handelnden übernimmt, eine Rolle, die üblicherweise exklusiv mit menschlichem Verhalten in Verbindung gebracht wird.

2.3 Altern von Individuum und Gesellschaft[9]

Frühmoderne

Die stetig steigende Lebensspanne seit etwa 1750 im westlichen Europa – in Deutschland setzt diese Entwicklung erst etwas später ein – ist vor allem die Folge verschiedener Domestizierungsprozesse: Zum einen ist sie das Ergebnis struktureller und sozialpolitischer Maßnahmen wie einer verbesserten Ernährungssituation durch den technischen Fortschritt, der öffentlich eingeführten und regulierten Hygienemaßnahmen, der von öffentlicher Hand vorangetriebenen Fortschritte des Transportwesens und des Ausbaus der Infrastruktur, der Entwicklung des Gesundheitswesens etc.[10] Zugleich ist sie aber auch Folge eines veränderten Selbstbilds der Individuen im Zuge der Modernisierung. Denn diese nehmen Krankheiten nun zunehmend nicht mehr als externe Bedrohungen wahr, denen sie sich hilflos ausgeliefert fühlen, sondern begreifen sie als Risiken, die sie einschätzen und durch eigens entwickelte Maßnahmen erfolgreich bewältigen können.

---

9   Diese Kapitel basiert im Wesentlichen auf Erkenntnissen der Autorin, die sie 2011 in der Arbeit „Das lange Leben in der Moderne" veröffentlicht hat.
10 Vgl. hierzu z. B. Ehmer 2004, S. 35; Schimany 2003; Höpflinger 1997, S. 151; Leisering 1992; Imhof 1988.

Gleichzeitig ist die Steigerung des tatsächlichen Lebensalters – und damit verbunden die zunehmend sichere Erwartung eines längeren Lebens – (Mit-)Anstoß für einschneidende Veränderungen auf individueller und institutioneller Ebene. Auf *individueller Ebene*, so lautet die hier verfolgte Argumentation, bildet das nun annähernd einschätzbare und höhere Lebensalter eine wichtige Voraussetzung für die Entwicklung einer eigenen „Persönlichkeit", eines individualisierten Selbstbilds mit einer biografischen (verzeitlichten) Perspektive. Denn ein höheres Lebensalter lässt aus dem eigenen Selbst Gewissheit, Kontinuität und Sinn schöpfen. Dies hat zur Folge, dass sich das Individuum nun zunehmend als *ichzentriertes Subjekt* versteht, das sich als abgegrenzte Einheit von anderen unterscheidet und sich in seinem Denken und Handeln vor allem auf sich selbst bezieht (vgl. Pelizäus-Hoffmeister 2011). Und auch das zunehmende Entwickeln einer biografischen Perspektive – einer Langzeitperspektive auf das eigene Leben – wird auf die höhere Lebenserwartung zurückgeführt. Denn erst dadurch, so die These, dass das Individuum davon ausgehen kann, länger zu leben, entfaltet sich ihm ein gestaltbarer Möglichkeitsraum in der Zukunft, und erst vor diesem Hintergrund wird eine individuelle Lebens- und Karriereplanung sinnvoll.[11] Auch wenn außer Frage steht, dass die zunehmende Konzentration auf die eigene Individualität *(Individualisierungsprozess)* aufs Engste mit der Freisetzung des Menschen aus feudalen Bindungen, der Entwicklung frühkapitalistischer Formen des Handels und der Konkurrenz sowie dem Verlust religiöser Sicherheiten verknüpft ist, muss dennoch betont werden: Erst die sicher erwartbare höhere Lebenszeit bildet die notwendige Basis hierfür.

Auf *institutioneller Ebene* zeigen sich ebenfalls gravierende Veränderungen. Viele Autoren belegen, dass sich durch die längere Lebenszeit zeitliche Standardisierungen bei den relevanten Lebensereignissen ergeben haben, die nun von den meisten Individuen in ähnlicher Weise erlebt werden.[12] Kohli (1983, S. 135) spricht daher in Abgrenzung zur Vormoderne vom „Übergang von einem Muster der Zufälligkeit der Lebensereignisse zu einem des vorhersehbaren Lebenslaufs". Es kommt zur sogenannten „Institutionalisierung des Lebenslaufes" (vgl. Kohli 1985; Mayer und Müller 1986, S. 244 ff.). Der sich herausbildende, im Prinzip standardisierte Lebenslauf wird in der Soziologie als *„Normallebenslauf"* oder als „sozial geregelte Bewegung in der Sozialstruktur oder in ihren Teilbereichen beschrieben (…), welche stark durch Alterszuschreibung gesteuert ist" (Levy 1977, S. 27, vgl. auch Leisering 1992, S. 24). Das chronologische Alter wird nun zum

---

11 Vgl. Höpflinger 1997, S. 175; Spree 1992, S. 10; Dilthey 1989, S. 30; Cole und Winkler 1988, S. 53.
12 Vgl. z. B. Schimany 2003, S. 304; Höpflinger 1997, S. 174; Cole und Winkler 1988; Uhlenberg 1974.

Kriterium einer Reihe von lebenszyklischen Übergängen wie dem Schulbeginn, der Volljährigkeit, der Pensionierung etc. (vgl. Höpflinger 1997, S. 174; Kohli 1983, S. 138).[13] Die Basis dieser Chronologisierung und Verzeitlichung des Lebens bildet zum einen die *Verringerung der Schwankungen der Sterblichkeit*, zum anderen die gleichzeitig zunehmend sichere Erwartung eines *längeren Lebens*. Erst diese Bedingungen lassen es zu, dass gesellschaftliche Normen über den Lebenslauf formuliert und verankert werden können, dass sich eine Standardisierung typischer Lebensereignisse entwickelt (vgl. Schimany 2003, S. 312; Höpflinger 1997, S. 175, 2005, S. 26).

Charakteristisch für den Normallebenslauf ist seine Dreiteilung. Aus der Perspektive der Arbeit ist das Leben in eine Phase der Vorbereitung auf Erwerbsarbeit (Ausbildung), in eine Erwerbsphase, in der das Individuum voll in den Produktionsprozess integriert ist, und in eine Nacherwerbsphase (Ruhestand) unterteilt. Dass diese Einteilung eine so herausragende Bedeutung erhält, ist darauf zurückzuführen, dass sie durch Gesetze (z. B. Konstituierung von Altersgrenzen), staatliche Leistungen (z. B. Bildungswesen) und sozialstaatliche Transferzahlungen (z. B. Renten) verstärkt und reguliert wird (vgl. z. B. Ecarius 1996, S. 90; Kohli 1985, S. 8). Mit dieser Dreiteilung entsteht nun zugleich eine neue Lebensphase, die des *Alters*, die mit der Ruhestandsphase gleichgesetzt und aufgrund des höheren Lebensalters selbstverständlicher Bestandteil jedes Lebenslaufs wird. Da diese Phase als von Erwerbsarbeit befreit gilt[14], die individuelle Existenz in der Moderne aber vor allem durch Erwerbsarbeit gesichert wird, droht Älteren ein Verlust ihrer Chance auf Existenzsicherung. Die Einführung sozialstaatlicher Alterssicherungssysteme soll dieses Problem lösen. Letztere gehen jedoch lange nicht über das niedrige Niveau der Armenfürsorge hinaus. Eine umfassende Existenzsicherung eines Großteils der Älteren zeigt sich in Deutschland erst nach den Rentenreformen in den 1950er Jahren. Finanziert wird die Alterssicherung durch ein sogenanntes Umlageverfahren – den „Generationenvertrag" – zwischen den staatlich konstruierten Altersklassen *Erwerbstätige* und *Rentner*: Die Erwerbstätigen erbringen hier die Leistungen, die Rentner erhalten.

Infolge dieser Institutionalisierung geraten nun sozialpolitische und demografische Prozesse in ein Verhältnis wechselseitiger Abhängigkeit: Jede Änderung der

---

13 Cole und Winkler (1988, S. 54) betonen, dass die Institutionalisierung des – in ihren Worten – „normalen Lebenskreises" ihre populäre Verbreitung schon im 18. und 19. Jahrhundert hat, sich aber erst im 20. Jahrhundert richtig durchsetzt.
14 Diese Lebensphase wird infolge moderner kapitalistischer Arbeitsteilung als weniger produktiv angesehen, so dass Ältere nach Möglichkeit aus dem Produktionsprozess ausgeschlossen werden (vgl. Pelizäus-Hoffmeister 2011, S. 86).

Altersstruktur und der Bevölkerungszahl schlägt sich in veränderten Anforderungen an die Sozialpolitik nieder; umgekehrt werden die demografischen Merkmale in ihrer Entwicklung maßgeblich durch sozialstaatliche Maßnahmen beeinflusst.

Spätmoderne

Spätmoderne Gesellschaften zeichnen sich – aufgrund weiter zunehmender Verwissenschaftlichung und Technisierung – durch einen sehr hohen Grad an (technik-)medizinischer Versorgung aus. Die Lebensmittelversorgung ist bestens. Gleichzeitig trägt ein hohes Bildungsniveau zu einer tendenziell gesundheitsorientierten Lebensweise bei. Diese gesellschaftlichen Rahmenbedingungen – sie können als weitergehende *Domestizierungsprozesse* verstanden werden – gehen mit einer gleichbleibend niedrigen Sterblichkeit und einer weiter kontinuierlich steigenden Lebenserwartung von derzeit ca. 80 bis 84 Jahren einher.[15]

Das bedeutet: Immer mehr Menschen werden immer älter. Ein sehr hohes Alter zu erleben wird zur kollektiven Erfahrung und damit zum Element der Sozialstruktur (vgl. Ehmer 1990, S. 196). Langlebigkeit bzw. Hochaltrigkeit wird ab dem späten 20. Jahrhundert für moderne Gesellschaften zum *Massenphänomen* und damit zur Norm (vgl. Schimany 2003, S. 303). Das steigende Lebensalter kann insofern als in zweifacher Hinsicht radikalisiert beschrieben werden: Einerseits wird von einer auch in Zukunft weiter steigenden Lebenserwartung ausgegangen, andererseits gilt sie nun für die gesamte Bevölkerung. Eine wichtige Folge dieses „Triumphs der Moderne" ist das Altern der Gesamtbevölkerung, das *demografische Altern*.

Nach Tews (2000, 1999, 1993) altert unsere Gesellschaft dreifach: Zum einen nimmt die *absolute Zahl älterer Menschen* kontinuierlich zu. Schon im Jahr 2011 waren 16,9 Millionen Menschen in Deutschland über 65 Jahre alt (vgl. Stat. Bundesamt 2012a). Da der Prozess der demografischen Entwicklung als relativ stabil angesehen werden kann, sind heute Vorausberechnungen bis zum Jahre 2060 üblich.[16] Folgt man den Ergebnissen der 12. koordinierten Bevölkerungsvorausberechnung am Beispiel der Variante 1-W1 („mittlere" Bevölkerung, Untergrenze),

---

15 Die Zahlen differieren geschlechtsspezifisch: Der Anstieg der Lebenserwartung von Frauen verläuft steiler als der von Männern und hat einen beträchtlichen geschlechtsspezifischen Unterschied zur Folge: Gegenwärtig beträgt die Differenz in modernen Gesellschaften ca. sechs Jahre bei der Geburt und vier Jahre im Alter von 60 Jahren (vgl. Pelizäus Hoffmeister 2011, S. 97).

16 Bei den Modellrechnungen muss berücksichtigt werden, dass sie sich je nach ihren Annahmen zur Entwicklung der Geburtenraten, der Sterblichkeit und der Wanderungen unterscheiden.

dann werden 26,2 Millionen Menschen im Jahre 2060 älter als 60 Jahre alt sein (vgl. Stat. Bundesamt 2012b).[17] Die Zahl der älteren Menschen wird also absehbar stetig weiter steigen. Noch gravierender aber ist die Entwicklung *des relativen Anteils älterer Menschen* im Verhältnis zur Zahl der jüngeren. Im Jahre 2011 waren 26,6 % der Gesamtbevölkerung (ca. 81,8 Mio.) über 60 Jahre alt, der Anteil der unter 20-Jährigen betrug 18,2 %, der Anteil der Erwerbsfähigen (zwischen 20 und 60 Jahren) lag bei 55,1 % (vgl. Stat. Bundesamt 2012). 2060 werden hingegen schon etwa 34 % 65 Jahre und älter, 16 % unter 20 und 50 % zwischen 20 und 65 Jahren alt sein (vgl. Stat. Bundesamt 2012b).[18] Das demografische Altern wird zudem noch durch einen dritten Aspekt weiter verstärkt, und zwar durch den starken *Anstieg der Zahl der Hochaltrigen* (80 Jahre und älter). Während es im Jahre 2011 ca. 4,3 Millionen Hochaltrige in Deutschland gab (5,4 % der Gesamtbevölkerung), werden es 2060 etwa 9,1 Millionen sein (ca. 14 % der Gesamtbevölkerung) (vgl. Stat. Bundesamt 2012a, 2012b). Die genannten Aspekte des dreifachen Alterns kennzeichnen einen stabilen und langfristig wirkenden demografischen Wandel, der kurzfristig – zum Beispiel durch eine steigende Geburtenrate – kaum zu beeinflussen ist.

Viele *Institutionen* sind von diesem Wandel betroffen, denn die Erhöhung des Lebensalters geht mit einem erheblichen Anstieg des Rentneranteils in der Bevölkerung einher. In der wissenschaftlichen und öffentlichen Diskussion wird diese Entwicklung mit zahlreichen Problemen assoziiert, die vorhandene Institutionen zunehmend in Frage stellen. Als wichtige Problemlagen werden beispielsweise der Verlust von „Humankapital" für Betriebe und Volkswirtschaft und das sinkende Arbeitskräftepotenzial genannt, was die Institution Arbeitsmarkt gefährdet. Die Nichtfinanzierbarkeit der Institution Alterssicherung steht zu befürchten, mit bisher kaum einschätzbaren notwendigen Steigerungen der Beitragssätze für die Erwerbstätigen. Aber auch die Krankenversicherung könnte durch einen stark

---

17 Annahmen der 12. koordinierten Bevölkerungsvorausberechnung sind, dass die Geburtenhäufigkeit annähernd konstant bei 1,4 Kindern je Frau bleibt, die Lebenserwartung Neugeborener im Jahre 2060 für Jungen bei 85,0 und für Mädchen bei 89,2 Jahren liegt. Zudem wird jährlich von einem positiven Wanderungssaldo ausgegangen, der 100 000 Personen ausmacht.

18 Mit Hilfe dieser Verhältniszahlen kann der sogenannte „Lastenquotient" berechnet werden. Er beschreibt die Summe beider Quotienten (Alters- und Jugendquotient) und gibt die Anzahl der Personen im nicht erwerbsfähigen Alter (unter 20 bzw. über 65 Jahre) an, die auf 100 Personen im erwerbsfähigen Alter kommen. Anders ausgedrückt: Es wird berechnet, wie viele Personen, die nicht aus eigener wirtschaftlicher Kraft ihren Lebensunterhalt bestreiten können, auf 100 Personen im erwerbsfähigen Alter kommen. Die Prognose geht davon aus, dass im Jahre 2060 der Anteil der Erwerbstätigen bei etwa 50 % liegen wird, so dass jeder Person im erwerbsfähigen Alter eine nicht erwerbsfähige Person gegenübersteht.

zunehmenden Anteil der Älteren in der Bevölkerung überfordert sein, da diese die Systeme stärker belasten als Jüngere. Daneben wird auf eine mangelnde Generationengerechtigkeit (vgl. Engstler 2006, S. 85) und auf massive Verschiebungen in der Struktur der politischen Willensbildung hingewiesen (vgl. z. B. Leisering 1992, S. 162 f.; Tews 1987, S. 142). Ein weiteres Problem ergibt sich durch die Zunahme der Hochaltrigen, da sich damit gleichzeitig der gesellschaftliche Pflege- und Betreuungsaufwand erhöht (vgl. Tews 2000, S. 29). Diese Herausforderung wird noch dadurch verschärft, dass sich vor dem Hintergrund wandelnder Lebensformen das Alleinleben zu einer sowohl angestrebten als auch erzwungenen Lebensform wird (vgl. Huinink, Schröder 2008).

Insofern sind einerseits vielfältige Politikfelder von diesem Wandel betroffen: Sozialpolitik, Familienpolitik, Altenpolitik, Bildungspolitik, Arbeitsmarktpolitik, Rentenpolitik, Gesundheitspolitik, Pflegepolitik und Einwanderungspolitik, um hier nur einige zu nennen (vgl. Priddat 2007, S. 357 f.). Und das Schwierige ist, dass diese Politikfelder nicht nur singulär betroffen sind, sondern eine starke Interdependenz für das Problemfeld Altern aufweisen. Andererseits stellt der Wandel Wirtschaft und Gesellschaft aber auch vor Herausforderungen, für deren Bewältigung bislang praktikable Lösungsstrategien fehlen.

Für das *Individuum* selbst bedeutet das sicher zu erwartende sehr hohe Lebensalter, dass es seinen Lebenslauf nun von einem relativ kalkulierbaren Ende her gestalten kann – eine noch nie dagewesene Situation und gleichzeitig eine ungeheure Chance. Seine Lebensspanne wird dabei zu einer festen, nach oben hin abgeschlossenen und damit umso wertvolleren Größe, mit der es relativ sicher rechnen kann. Zugleich ist es aber gefordert, Antworten auf Fragen wie die folgenden zu finden: Wie werde ich alt? Wo werde ich leben? Wie werde ich in hohem Alter betreut? Wann müssen wichtige Weichen dafür gestellt werden? Daueraufmerksamkeit für sich selbst und Dauerarbeit an sich selbst und an der eigenen biografischen Perspektive sind gefordert. Gleichzeitig erschwert die Ausweitung gesellschaftlicher, sozialer und institutioneller Unsicherheiten in allen Lebensbereichen es dem Individuum aber immer mehr, sein gesamtes Leben in seine Planungen einzubeziehen. Hierdurch entsteht Ambivalenz, denn einerseits ist das Individuum stärker denn je für sich und sein Leben verantwortlich, andererseits sieht es sich aufgrund gestiegener Unsicherheiten immer weniger dazu in der Lage, die Verantwortung dafür zu übernehmen.

Zudem wird die nun sehr lange Lebensphase nicht immer als Gewinn erlebt, worauf die steigende Zahl an Alterssuiziden hinweist. Gerade in Ländern mit sehr hoher Lebenserwartung nimmt die Zahl der Selbsttötungen jenseits der 75 rapide zu (vgl. Schmitz-Scherzer 1992). Der Alterssuizid kann als Ausdruck eines weitergehenden *Individualisierungsprozesses* begriffen werden, da sich das Individuum nun nicht nur für sein eigenes (Über-)Leben, sondern auch für seinen Tod verantwortlich fühlt. Die zunehmende Attraktivität der Sterbehilfebewegung und die Diskussion um die Patientenverfügung weisen in die gleiche Richtung. Es kann festgehalten werden, dass das steigende Lebensalter einerseits einen Erfolg der Moderne darstellt, andererseits aber mit vielfältigen Problemen einhergeht, da im Zuge des demografischen Alterns herkömmliche institutionelle und individuelle Umgangsweisen mit dem Alter(n) in Frage gestellt werden.

2.4 Zusammenfassung

Ziel dieses Kapitels war es, einführend einen knappen Überblick über die als wesentlich erachteten Formen und Wirkungen der Technisierung und des Alterns im Zuge der Modernisierung zu geben. Beide Prozesse wurden dabei als Formen der Domestizierung interpretiert, die den sozialen Wandel seit ca. 1750 maßgeblich prägen. Für beide Prozesse wurde skizzenhaft aufgezeigt, in welcher Weise sie die individuelle und die gesellschaftliche Wirklichkeit in der Früh- und in der Spätmoderne formten und weiter formen.

Für die *Technisierung* lässt sich zusammenfassend festhalten: In der Frühmoderne entsteht durch die zunehmende Technisierung ein neues Prinzip der Produktionstechnik, das Prinzip der Maschinenarbeit. Hierbei wird der Mensch als Energieträger und Materialumformer durch eine „leblose Kraftmaschine" (Paulinyi 1989, S. 28) ersetzt. Infolge der massenhaften Einführung von Arbeitsmaschinen kann die Produktion in bislang unbekanntem Maße gesteigert werden, was zu einem immensen Anstieg der gesamtwirtschaftlichen Leistungen führt. Ein Großteil der Historiker sieht die Technisierung als Hauptauslöser der sogenannten Industriellen Revolution. Nebenfolgen dieser Entwicklung sind das allmähliche Auflösen des Zunftwesens, ein Wandel der Arbeitsformen, das Entstehen sozialer Schichten wie Industriearbeiterschaft und Bürgertum, weitergehende Rationalisierungsbestrebungen, die Kommerzialisierung des Wissens etc.

In der Spätmoderne führt der weiter andauernde rasante technische Fortschritt zu einer allmählichen Durchdringung aller Lebensbereiche mit Technik. Den Ausgangspunkt dieser sogenannten „dritten technologischen Revolution" (Popitz 1995, S. 16) bilden die neuen Informations- und Kommunikationstechniken, die als qualitativer Sprung in der technischen Entwicklung interpretiert werden. Dies kommt in einer steigenden Komplexität und Vielfalt der Geräte und in einer zunehmenden Vernetztheit der technischen Systeme zum Ausdruck. Wesentliche Neuerungen sind hochautomatisierte Maschinen und die sogenannte „autonome Technik" (Weyer 2008, S. 23). Der Einsatz hochautomatisierter Maschinen (Automationstechnik) führt nach Weyer (2008, S. 240) zu einem neuen Typus von Arbeit, den er als „Automationsarbeit" bezeichnet, bei der schwere manuelle menschliche Arbeit entfällt. Der Mensch wird nun zum passiven Systembeobachter, was ihn einerseits degradiert und dequalifiziert, andererseits aber mit hohen Erwartungen bezüglich eines möglichen Störfallmanagements in „Echtzeit" konfrontiert. Die „autonome" oder auch smarte oder „intelligente" Technik ist dadurch charakterisiert, dass sie autonom und situationsgerecht (adaptiv) agieren kann, mit der Folge, dass der Mensch zunehmend auf eigene Planung verzichten kann, selbst wenn es um die Lösung komplexer Probleme geht. Damit wird die Technik ihres instrumentellen Charakters enthoben und nach und nach zum selbstständigen und reflektierenden Mitentscheider in kooperativen Prozessen.

Hinsichtlich des Prozesses des *Alterns* wurde auf folgende wesentliche Veränderungen hingewiesen: Das steigende Lebensalter in der Frühmoderne wird als Folge verschiedener Domestizierungsprozesse gesehen und auf strukturelle und sozialpolitische Maßnahmen wie die Verbesserung der Ernährungssituation, öffentliche und private Hygienemaßnahmen, die Entwicklung des Gesundheitssystems, den Ausbau der Infrastruktur etc. zurückgeführt. Für die Individuen bildet die längere sozial zu erwartende und tatsächliche Lebenszeit eine wichtige Voraussetzung zur Entwicklung einer eigenen „Persönlichkeit", mit einem individualisierten Selbstbild und einer biografischen (verzeitlichten) Perspektive. Denn erst mit einem höheren Lebensalter, so wurde argumentiert, kann aus dem eigenen Selbst Gewissheit, Kontinuität und Sinn geschöpft werden und muss nicht auf gesellschaftliche Lebensmuster und Rollen zurückgegriffen werden. Und auch eine biografische Perspektive lässt sich aufgrund der höheren Lebenserwartung entwickeln, da sich erst hierdurch ein gestaltbarer Möglichkeitsraum in der Zukunft entfaltet, der eine individuelle Lebens- und Karriereplanung sinnvoll macht. Eine weitere Folge des längeren Lebens auf institutioneller Ebene ist die Entstehung der sogenannten „Institution des Normallebenslaufs" (Kohli 1983), was bedeutet, dass nun die relevanten Lebensereignisse von den meisten Individuen zu ähnlicher Zeit und in ähnlicher Weise erlebt werden. Zudem entsteht eine Phase des Alters, die als von Arbeit befreit gilt (Ruhestand), woraufhin in Deutschland der Staat nach und nach die Versorgung der Rentner durch ein Umlageverfahren (Generationenvertrag) übernimmt.

Das Lebensalter steigt in der Spätmoderne (in den modernen Gesellschaften) aufgrund eines sehr hohen Grads an (technik-)medizinischer Versorgung, eines hohen Bildungsniveaus und einer eher gesundheitsorientierten Lebensweise

Zusammenfassung

weiter an, was hier als weitergehende Domestizierung begriffen wird. Das hohe Lebensalter wird nun zum Massenphänomen und damit zum Element der Sozialstruktur. Es kann von einem dreifachen Altern gesprochen werden, da einerseits die absolute Zahl der Älteren kontinuierlich steigt, andererseits der relative Anteil der Älteren an der Gesamtbevölkerung und darüber hinaus die Zahl der Hochaltrigen massiv zunimmt (vgl. Tews 2000). Dieser Wandel wird in Wissenschaft und Öffentlichkeit mit vielen Problemen assoziiert, die bestehende Institutionen wie den Arbeitsmarkt, die Rentenversicherung, die Krankenversicherung und das Pflege- und Betreuungssystem zunehmend in Frage stellen. Es entstehen Herausforderungen, für deren Bewältigung bislang praktikable Lösungsstrategien fehlen, so die Annahme. Für das Individuum selbst bedeutet ein hohes Lebensalter, dass es seinen Lebenslauf nun von einem relativ kalkulierbaren Ende her gestalten kann, eine noch nie dagewesene Chance. Dies impliziert zugleich die Notwendigkeit, einen vorausschauenden Lebensplan zu entwickeln, um die unterschiedlichen Lebensphasen mit ihren Stärken und Schwächen aufeinander abzustimmen. Dass gerade dies bislang kaum gelingt bzw. gelingen kann, wird auf die zunehmenden Unsicherheiten und Ungewissheiten in der Spätmoderne zurückgeführt.

Resümierend bleibt festzuhalten, dass sowohl das Altern als auch die Technisierung die individuelle und gesellschaftliche Wirklichkeit maßgeblich geprägt haben und auch weiterhin prägen. Beide Prozesse werden in der Wissenschaft allerdings überwiegend unabhängig voneinander betrachtet. Dennoch ist es dringend geboten, sie miteinander in Beziehung zu setzen, so lautet die hier vertretene Forderung: Denn der Einsatz von Technik im Alltag Älterer kann einerseits einen wichtigen Beitrag zur Förderung ihrer Lebensqualität leisten und andererseits den massiven gesellschaftlichen Herausforderungen durch den steigenden Betreuungs- und Pflegebedarf beggnen.

II Internationales Forschungsfeld Alter und Technik

Ziel der folgenden Ausführungen ist es, zu prüfen, in welcher Weise die Themen Alter und Technik in der existierenden internationalen Forschung verknüpft werden, und zu fragen, inwiefern diese Studien dazu beitragen können, einen umfassenden Überblick über die Möglichkeiten und Bedingungen eines gelingenden Technikeinsatzes im Alltag von Älteren zu geben.

Auch wenn der Fokus insofern auf „Technik als Hilfsmittel für Ältere" (Kapitel 3) gerichtet ist, soll der Vollständigkeit halber dennoch zumindest knapp auf eine weitere Forschungsperspektive eingegangen werden, die sich ebenfalls unter dem Thema „Alter und Technik" subsumieren lässt. Eine demografisch und gleichzeitig historisch orientierte Forschungsdisziplin, die sich mit der Abhängigkeit des steigenden Lebensalters von Technisierungsprozessen im Zuge der Modernisierung beschäftigt, soll in Form eines Exkurses nur angedeutet werden.

Das eigentliche Interesse richtet sich auf die stark technikwissenschaftlich orientierte Forschung zu Alter und Technik: Aus ihrer Perspektive geht es um die Suche nach Möglichkeiten, wie Technik zum Vorteil älterer Menschen genutzt werden kann. Oder konkreter formuliert: Man erhofft sich durch die Entwicklung und den Einsatz technischer Geräte und Verfahren, die Selbstständigkeit und Selbstbestimmtheit sowie die gesellschaftliche Partizipation und Integration Älterer trotz altersbedingter Einschränkungen zu gewährleisten. Dieses Kapitel soll einen umfassenden und systematischen Überblick über das internationale Forschungsfeld, seit Bestehen dieser Forschungsdisziplin, geben.

Exkurs: Altern und Technik aus demografisch-historischer Sicht

Prominentester Vertreter der These eines Zusammenhangs zwischen Lebensalter und technischer Entwicklung eines Landes ist der Wirtschaftshistoriker Fogel (2004), dessen Argumentation hier exemplarisch vorgestellt wird. Er hat sich mit dem Zusammenhang von Körpergewicht, Größe und Lebenserwartung beschäftigt und sieht die steigende Lebenserwartung seit den letzten 300 Jahren als Effekt der verbesserten körperlichen Konstitution und der Gesundheit der Individuen, die sich am Gewicht und an der Größe ablesen lasse. Und dies wiederum führt er auf vielfältige Domestizierungsprozesse wie „scientific, industrial, biomedical, and cultural revolutions" zurück (ebd. XV). Nach Fogel kommt der Technisierung dabei eine herausragende Bedeutung zu. Er spricht sogar von der sogenannten *„technophysio evolution"*, die sich besonders deutlich in Westeuropa, USA und Japan gezeigt habe und gegenwärtig zeige. Außerdem weist er darauf hin, dass:

> „Studies of the causes of the reduction in mortality point to the existence of a synergism between technological and physiological improvements that has produced a form of human evolution that is biological but not genetic, rapid, culturally transmitted, and not necessarily stable" (Fogel 2004, S. 20).

Diesen synergetischen Effekt beschreibt Deaton im Sinne Fogels folgendermaßen: „The escape from hunger and premature death was the escape from a nutritional trap where we could not work to produce food because we were too weak, and we were too weak because we could not work to produce food to make us strong" (Deaton 2006, S. 107). Die verbesserte Versorgung mit Nahrungsmitteln in den letzten 300 Jahren, deren Basis Fogel vor allem in den Technisierungsprozessen sieht, ist demnach das Schlüsselelement, das zu einer starken Zunahme der Lebenserwartung geführt hat. Wenn auch vor dem Hintergrund einer anderen Argumentation, so kommt McKeown (1976) zum gleichen Ergebnis. Er stellt fest, dass die gestiegene medizinische Versorgung und die verbesserten Hygienemaßnahmen nur begrenzten Einfluss auf die Sterblichkeit haben, und schließt daraus auf die große Bedeutung einer verbesserten Ernährungssituation.[1] In der gegenwärtigen Diskussion wird die These zwar von den meisten Demografen als plausibel anerkannt, aber zugleich als reduktionistisch eingestuft, da sie vor allem die Wichtigkeit des medizinischen Fortschritts bei der Bekämpfung von Krankheiten vernachlässigt (vgl. Deaton 2006, Preston 1975).

Auch für die Zukunft sieht Fogel (2004) eine positive Verbindung zwischen technischer Entwicklung und Lebensalter. Er mutmaßt: „The outlook for new and more effective technologies to deal with chronic disabilities through the marriage of biology and microchip technology is very promising" und „Somewhat further off, but even more promising, are advances in genetic engineering that will produce cures for what are now untreatable diseases" (Fogel 2004, S. 111). Seine Argumentation wird hier allerdings etwas widersprüchlich, da er einerseits den Einfluss medizinischen Fortschritts auf die gestiegene Lebenserwartung im Sinne McKeowns (1976) bestreitet (vgl. Fogel 2004, S. 102), diesen aber hinsichtlich seiner These für die Zukunft als wesentlich erachtet.

Dessen ungeachtet wird mit diesem Forschungsstrang auf einen bedeutenden Zusammenhang zwischen Technisierung und Altern hingewiesen. Und mit Blick in die Zukunft gilt, dass insbesondere Vertreter der molekularbiologischen und genetischen Forschung derzeit intensiv daran arbeiten, dem biologischen Prozess des Älterwerdens mit Hilfe technischer Unterstützung in Zukunft direkt entgegentreten zu können (vgl. Knell, Weber 2009).

---

[1] Die These der begrenzten Wirkung hygienischer Maßnahmen auf die Sterblichkeit gilt heute allerdings als widerlegt (vgl. Deaton 2006, S. 110). Ihre herausragende Bedeutung wird heute allgemein anerkannt.

3 Technik als Hilfsmittel für Ältere

Die zweite und in der Wissenschaft stärker vertretene Forschungsperspektive betrachtet den Zusammenhang zwischen Technik und Alter in der Form, dass sie Technik vor allem als ein Hilfsmittel versteht, das in der Lage ist, altersbedingte physische, kognitive und sensorische Einschränkungen zu kompensieren und die Lebensqualität Älterer zu fördern. Bei dieser Forschungsrichtung steht die Sach- bzw. Gerätetechnik[1] im Mittelpunkt, die es den älteren Menschen ermöglichen soll, trotz altersbedingter Einschränkungen weiterhin autonom und sicher (in ihren eigenen vier Wänden) zu leben. Dieses Forschungsgebiet ist noch recht jung, da es erst mit den sich rapide erweiternden Möglichkeiten der Technik entstehen konnte.

Der demografische Wandel hat in den letzten Jahrzehnten vor allem in den USA, Japan und Europa dazu geführt, dass den Bedürfnissen und Problemlagen älterer Menschen größere Aufmerksamkeit geschenkt wird. Das lässt sich u. a. darauf zurückführen, dass es gerade in diesen Ländern schon in naher Zukunft einen besonders starken Anstieg des Anteils der Älteren in der Bevölkerung geben wird. Und insbesondere der damit verbundene steigende Bedarf an Pflege- und Betreuungsleistungen ist für viele Politiker, Wissenschaftler und Produzenten Anlass und Motivation, sich intensiv mit der Entwicklung technischer Unterstützungssysteme für Ältere zu beschäftigen (vgl. Mollenkopf 1998, S. 218). Zugrunde liegt diesem Trend die Hoffnung, dass der Einsatz von Technik im Alltag Älterer einen wichtigen Beitrag zur Erhaltung und Förderung ihrer Selbstständigkeit und Sicherheit leisten und damit zugleich den gesellschaftlichen Pflege- und Betreuungsaufwand senken kann. Die bislang erfolgten Forschungsanstrengungen unterscheiden sich im internationalen Vergleich zum Teil erheblich, da der jeweilige Stand der Forschung mit dem generellen technischen Stand des Landes, mit seiner Alterspolitik, mit seinen kulturellen Deutungen des Alters und mit dem Engagement seiner Hersteller in diesem Bereich korreliert.[2]

---

1 Siehe hierzu die Definition in Kapitel 2.1.
2 Einen gelungenen Überblick über die länderspezifischen Unterschiede bei der Behandlung des Themas gibt Huning (2000).

Bislang gibt es keinen umfassenden und systematischen Überblick über das internationale Forschungsfeld, das sich mit der Techniknutzung Älterer in ihrem Alltag und den daraus erwachsenden Potenzialen, Risiken und Problemen beschäftigt. Ziel der folgenden Ausführungen ist es daher zum einen, das noch recht junge Forschungsfeld nach grundlegenden Unterschieden in zeitlicher Hinsicht zu gliedern (1) und mit seinen wechselnden Schwerpunktthemen (2) und den an der Forschung beteiligten Disziplinen (3) systematisierend und möglichst umfassend darzustellen. Auf dieser Grundlage soll darüber hinaus geprüft werden, ob und wenn ja, inwiefern die vorhandenen Studien dazu beitragen können, einen Überblick über die Möglichkeiten und Bedingungen eines gelingenden Einsatzes von Technik im Alltag der Älteren zu geben.

(1) In zeitlicher Hinsicht wird zwischen vier sich stark voneinander unterscheidenden Forschungsphasen differenziert: Die frühe Phase I (3.1), die in etwa den 1980er Jahren entspricht, ist dadurch gekennzeichnet, dass eine noch geringe Zahl von Forschern einen Blick in die technische Zukunft wagt, um mögliche Potenziale der Technik für den Alltag Älterer zu erschließen. Im Zeitraum II (3.2) etabliert sich als neue Forschungsrichtung die Gerontotechnik, die einen wichtigen Impuls für eine Vielzahl von Forschungsprojekten gibt. Diese Phase kann als eigentlicher Beginn der Forschung zu Technik und Alter bezeichnet werden und lässt sich der ersten Hälfte der 1990er Jahre zuordnen. Zeitabschnitt III (3.3) – von Mitte bis Ende der 1990er Jahre – ist vor dem Hintergrund des rasanten technischen Fortschritts von der Ausweitung der Forschungsbemühungen bestimmt. Zeitabschnitt IV (3.4) – etwa ab dem Jahre 2000 – ist zum einen durch eine stärkere Zusammenarbeit zwischen den Ländern und zum anderen durch eine stärkere Differenzierung und Strukturierung der einzelnen Teilgebiete gekennzeichnet.

(2) Um einen systematischen Überblick über die jeweiligen Schwerpunktthemen der verschiedenen Zeiträume erarbeiten zu können, muss vorab eine sinnvolle Kategorisierungsmöglichkeit gefunden werden. Der dritte Altenbericht der Bundesregierung unterscheidet zwischen Alltagstechnik und Pflege- und Rehabilitationstechnik (vgl. BMFSFJ 2001, S. 262).[3] Alltagstechnik umfasst hier Geräte und Systeme, die grundsätzlich allen Altersgruppen zur Verfügung stehen, insbesondere aber für ältere Menschen zur Bewältigung ihrer alltäglichen Anforderungen geeignet sind. Zur Pflege- und Rehabilitationstechnik zählende Geräte

---

3 Eine vergleichbare Kategorisierung wählt schon früh Haber (1986, S. 350), der zwischen „health care technology" und „ecological technology" unterscheidet und unter Letzterer vor allem unterstützende Technik beim Bewältigen der Anforderungen des alltäglichen Lebens meint (vgl. ebd. 352).

dienen dazu, in geriatrischen Einsatzbereichen „sensorische, motorische und kognitive Beeinträchtigungen zu erkennen, zu behandeln und auszugleichen sowie als Informations- und Kommunikationssysteme rehabilitative Behandlung und Pflege zu erleichtern und zu unterstützen" (ebd.). Informations- und Kommunikationstechniken spielen in beiden Bereichen eine wichtige Rolle. Diese Einteilung erscheint für einen systematischen Überblick aller Forschungsschwerpunkte allerdings etwas grob. Voß (2002, S. 11) stellt demgegenüber die jeweiligen Funktionen der Technik in den Mittelpunkt seiner Kategorisierung. Er unterscheidet beispielsweise zwischen folgenden Funktionen: Sicherheit, Arbeitserleichterung bei nachlassenden Kräften, Kompensation von Einbußen im sensomotorischen Bereich, Freizeitgestaltung/Überbrückung von Zeiten des Alleinseins, Aufnahme und Aufrechterhaltung sozialer Kontakte über räumliche Distanz, Erhaltung der Mobilität außerhalb der Wohnung, Anpassung der Wohnung, Sinngebung für zufriedenes Alter, Unterstützung eigener und Pflegeleistungen Dritter sowie Erhaltung körperlicher und geistiger Fitness. Diese Einteilung ist zwar sehr detailliert, aber wenig zweckmäßig, da sie Überschneidungen impliziert und technische Geräte verschiedene Funktionen gleichzeitig erfüllen können.

Passender erscheint hier eine Einteilung von Fozard et al. (2000, S. 332 ff.), die an den unterschiedlichen Interessen und Bedürfnissen der Älteren ansetzt und sich in vergleichbarer Form auch bei anderen Autoren finden lässt (vgl. z. B. Bouma 1998; Mollenkopf und Hampel 1994). Fozard et al. (2000) teilen Technik in die Bereiche *Wohnen und Haushalt, Kommunikation und Information, Mobilität und Verkehr, Gesundheit, Freizeit und Selbstverwirklichung* auf. Nicht genannt wird allerdings die *Pflege,* im Sinne einer Unterstützung pflegebedürftiger Menschen oder pflegender Personen, die sich vom Aspekt der Gesundheit unterscheidet. Ebenso wird der Arbeitsplatz als ein möglicher Einsatzort für unterstützende Technik vernachlässigt. Daneben lassen sich noch weitere wichtige Forschungsperspektiven erkennen, die diesen Bereichen übergeordnet sind. Hierzu gehören z. B. Forschungen, die sich mit der *Sicherheit,* dem *Design* und der *Ergonomie* der technischen Geräte und der *Technikeinstellung und -akzeptanz* von Seiten der Nutzer beschäftigen (vgl. Wolter 2006, S. 12). Im folgenden Überblick (3.1–3.4) werden auch diese Aspekte berücksichtigt, da es sich hierbei um wichtige Themen handelt, die mehr oder weniger häufig behandelt werden. In Abbildung 2 sind die berücksichtigten Themenbereiche zusammengefasst und anhand exemplarischer Forschungsthemen oder anhand von Gerätetypen veranschaulicht.

(3) Im letzten Systematisierungsschritt werden, wiederum vor dem Hintergrund der vier Zeitabschnitte, die unterschiedlichen Disziplinen aufgelistet, die maßgeblich an den Forschungsprojekten beteiligt sind, um Schwerpunktdiszi-

Abbildung 2 Themengebiete der Forschung zu Alter und Technik*

Übergeordnete Themen	Forschungsthemen, Geräte exemplarisch
Sicherheit	Diskussion über Sicherheit versus Kontrolle
Ergonomie, Design	Design und Bedienbarkeit als wichtige Aspekte gerontotechnischer Produkte
Technikakzeptanz und -einstellung	Analyse der Nutzerperspektive
Anwendungsbereiche	
Wohnen und Haushalt	Haushaltsgeräte, assistive Technologien, Smart-Home, Robotertechnik
Kommunikation und Information	Internet, Telefon
(Außerhäusliche) Mobilität und Verkehr	Öffentliche Verkehrsmittel, Autonutzung durch Ältere
Gesundheit	Assistive Technologien, Hörgeräte, Blutdruckmessgeräte, Telemedizin
Freizeit und Selbstverwirklichung	Unterhaltungstechnik, Hobbytechnik, Technik zur Weiterbildung
Pflege	Technik zur Unterstützung der Gepflegten und der Pflegenden
Arbeitsplatz	Veränderung und Erleichterung der Arbeitsabläufe durch Technik, Nachteile von Technik

* Diese Tabelle wurde in enger Anlehnung an eine Tabelle von Wolter (2006) entwickelt.

plinen und ihre möglichen Verschiebungen herausarbeiten zu können. Diese Betrachtungen sind für die vorliegende Arbeit von besonderer Bedeutung, da sie die „blinden Flecken" bisheriger Forschung in disziplinärer Hinsicht aufdecken will.

Der folgende Überblick ist als eine idealtypisch konstruierte Skizze zu verstehen, die um der Übersichtlichkeit willen einige thematische und zeitliche Überschneidungen und Uneindeutigkeiten vernachlässigt. Darüber hinaus werden vor allem die Forschungsprojekte berücksichtigt, die eine gewisse Größe und Außenwirkung haben – was sich u. a. darin zeigt, dass ihre Ergebnisse in internationalen Sammelbänden veröffentlicht oder vielfach zitiert werden –, da es nicht möglich ist, zu sehr in die Tiefe zu gehen. Zudem können nicht die Forschungsbemühungen aller Länder in die Darstellung einfließen, sondern nur diejenigen, die sich als besonders bedeutsam erwiesen haben.

3.1 Zeitabschnitt I: Zukunftsvisionen

Das Thema Alter und Technik wird insbesondere in den USA schon in den 1980er Jahren als ein wichtiges Forschungsfeld entdeckt. Denn, so formulieren es Bagley und Williams: „The potential of technology for contributing to an improved quality of life for older persons in particular and the population in general is impressive" (Bagley, Williams 1988, S. 19 ff.). Aber auch in anderen Staaten mit hohem Technisierungsgrad und vergleichbar alternden Bevölkerungen, wie Kanada, Japan und den europäischen Staaten, gewinnt das Thema allmählich an Bedeutung.[4]

Die ersten Forschungsanstrengungen rücken die direkten Wechselwirkungen zwischen Personen und ihren Umwelten – in diesem Fall Ältere und Technik – in den Mittelpunkt (vgl. Kruse 1992, S. 669). Aus dieser Perspektive wird angenommen, dass die effektive Auseinandersetzung mit spezifischen Umwelten zum einen von den Fähigkeiten und Fertigkeiten der Personen abhängt, zum anderen von den Merkmalen der Umwelt beeinflusst wird. Lawton und Simon (1968) entwickeln in diesem Sinne schon früh die sogenannte „environmental docility hypothesis", die lautet: „The less competent the individual, the greater the impact of environmental factor on that individual" (Lawton, Simon 1968, zitiert nach Lawton 1980, S. 14). Was die Personen angeht, so wird in dieser Zeit von einer eingeschränkten Kompetenz der Älteren ausgegangen. Insofern dient das *Defizitbild des Alters* als Forschungsgrundlage. Technik wird demgegenüber als Umweltfaktor betrachtet, der dazu beitragen kann und soll, altersbedingte Einschränkungen und -gefährdungen auszugleichen.[5] Hierzu zählt jedes technische Gerät oder System, das – heute im Sinne der ISO 9999[6] – einer Behinderung oder generellen Beschwerden vorbeugt, sie kompensiert, erleichtert oder neutralisiert (assistive Technik). Zu dieser Zeit wird die assistive Technik aber nicht allein hinsichtlich ihrer Vorteile, sondern zugleich auch im Hinblick auf mögliche, teils als gravierend angesehene Nachteile diskutiert.

---

4   Rocheleau (1988) gibt einen bibliografischen Überblick über die existierenden Forschungen zum Thema bis 1988.
5   Diese Perspektive wird heute in etwas veränderter Form vor allem durch die ökologische Gerontologie vertreten, die grundsätzlich vom doppelten Ressourcencharakter ausgeht und dabei sowohl die Umwelt als auch die älteren Menschen als Ressourcen betrachtet (vgl. Wahl 2001; Saup 1993).
6   Die Norm ISO 9999 ist eine europäische Norm, die Hilfsmittel für Menschen mit Behinderungen definiert und klassifiziert (vgl. Wikipedia 2010).

Eine Reihe kleinerer Forschungsprojekte bezieht sich jeweils auf ein konkretes, klar abgegrenztes Praxisfeld. Die Mehrzahl der Forschungen ist allerdings unterschiedlichsten *Zukunftsvisionen* hinsichtlich des Technikeinsatzes im Alltag Älterer gewidmet (vgl. hierzu z. B. Lesnoff-Caravaglia 1988; Robinson et al. 1983). Gerade einer der ersten Aufsätze im „The Gerontologist", von Ramm und Gianturco (1974) zeichnet sich durch seine umfassende Perspektive hinsichtlich des möglichen zukünftigen Einsatzes von Technik bei Älteren und durch seinen verblüffenden Weitblick aus. Ramm und Gianturcos Artikel „Computers and Technology: Aiding Tomorrow's Aged" erscheint in der Rubrik „Looking into the Future" und beschreibt verschiedenste Zukunftsvisionen zum Einsatz moderner Technik im Alltag Älterer. Obwohl die Autoren viele ihrer Vermutungen als „very speculative" bezeichnen (ebd. 325), zeigt sich, dass sie zum großen Teil den heutigen, tatsächlichen Forschungsanstrengungen entsprechen oder bereits umgesetzt sind. Vergleichbares gilt auch für andere Texte, die sich mit möglichen Zukunftsszenarien auseinandersetzen (vgl. z. B. Earl 1984, S. 21 ff.; Bagley, Williams 1988). Auch für den Bereich der Ergonomie[7] bzw. des Designs[8] von Technik gibt es zwei sehr frühe Überblicksartikel, die auf die allgemeine Bedeutung dieser Fachrichtungen für die Gerontologie hinweisen (vgl. Tucker et al. 1975; Chapanis 1974). Ein wesentliches Kennzeichen dieser Frühphase der Forschung zu Technik und Alter ist dementsprechend ihr visionärer Charakter.

3.1.1 Forschungsschwerpunkte

Die Forschungsprojekte dieser Zeit beziehen sich auf unterschiedlichste Themenbereiche und technische Geräte. Schwerpunktmäßig beschäftigen sie sich mit Transporttechnik zur Erhaltung regionaler Mobilität, mit Technik zur Gesunderhaltung, mit Technik am Arbeitsplatz, mit Kommunikationstechnik zur Aufrechterhaltung sozialer Beziehungen über Distanz, mit technischen Unterstützungssystemen im Haushalt und mit Computertechnik. Hinsichtlich der Computertechnik werden unterschiedliche Themengebiete angesprochen. Insofern ist das thematische Spektrum sehr breit, während es eher wenige Forschungsprojekte zu den einzelnen Themengebieten gibt und diese meist keine große Beachtung erhalten.

---

7   In den USA wird zwischen Human Factors Engineering und Ergonomics unterschieden. Diese Trennung ist im deutschsprachigen Raum nicht üblich und wird hier nicht übernommen.
8   Der Begriff Design wird häufig synonym zum älteren Begriff der Ergonomie verwendet.

Fast ganz vernachlässigt werden die Themengebiete: Freizeit und Selbstverwirklichung, Ergonomie, Pflege sowie Technikakzeptanz und -einstellung. Das am häufigsten behandelte Gebiet ist die *außerhäusliche Mobilität*. Ziel der Forschungsbemühungen ist es, durch den Einsatz rollstuhlgeeigneter Taxis und Busse, Autos und anderer Transportmittel und durch private Akteure, den öffentlichen Nahverkehr oder gemeinnützige Organisationen die Mobilität Älterer zu garantieren (vgl. z. B. Jackson 1983; McGhee 1983; Carp 1972). In den USA ist der Anspruch hierauf sogar gesetzlich geregelt (vgl. Jackson 1983, S. 155). Das Thema hat vor allem in den ländlichen Räumen große Bedeutung, da dort die Lebensqualität der Älteren in besonders hohem Maße von den Möglichkeiten zur außerhäuslichen Mobilität abhängt. Ob es sich um alltägliche Besorgungen, den Arztbesuch oder private soziale Aktivitäten handelt, meist sind diese Tätigkeiten nicht ohne den Einsatz von Transportmitteln möglich. Die Forschungen dieser Zeit beschäftigen sich vor allem – und ganz im Sinne der Defizitthese – mit den Ursachen für ein mögliches Fehlverhalten Älterer, meist als Autofahrer, im Straßenverkehr und in potenziellen Gefährdungssituationen.[9] Als Risikofaktoren für Unfälle werden ein vermindertes Sehvermögen, eine nachlassende Hell-Dunkel-Adaptation und Entfernungsakkommodation, eine verlangsamte Reaktionsgeschwindigkeit, ein erhöhter Zeitbedarf, Krankheiten, Medikamenteneinnahme etc. beschrieben (vgl. Kruse 1992, S. 680 f.). Als „Gefahrenzonen" gelten insbesondere Straßeneinmündungen und Kreuzungen. Zur Bewältigung dieser Problemlagen wird beispielsweise über bessere Straßenmarkierungen und Beschilderungen und ausreichende Lichtquellen nachgedacht. Kaum bedacht wird in diesem Zeitraum, ob nicht mögliche Veränderungen am Automobil die Verkehrssicherheit der Älteren erhöhen könnten.

Dass gerade das Thema der außerhäuslichen Mobilität fast ausschließlich in den USA behandelt wird, erscheint naheliegend, da gerade dort das Problem größerer räumlicher Distanzen besonders gravierend ist. Hinzu kommt, dass die USA über ein eher schlecht ausgebautes öffentliches Nahverkehrsnetz verfügen, so dass intensiv über Kompensationsstrategien nachgedacht werden muss. Die einzigen deutschen Forschungsprojekte zu diesem Thema beschäftigen sich mit Älteren als Kraftfahrern und werfen vor dem Hintergrund des Defizitbildes des Alters vor allem die Frage auf, ob Älteren ab einem bestimmten Zeitpunkt die Fahrerlaubnis

---

9   Rudinger und Kocherscheid (2011) können in ihrer Studie zur Rolle älterer Verkehrsteilnehmer hingegen feststellen, dass Ältere nicht schlechter fahren als Jüngere, sondern anders. Denn altersbedingte Einschränkungen werden von ihnen durch besonders vorausschauende Strategien – wie nicht nachts und nur bei schönem Wetter fahren – kompensiert.

entzogen werden sollte oder nicht (vgl. z. B. Hartmann 1981; Händel 1981; Schlag 1986). Forschungen zur Mobilität existieren auch in Japan. Diese beziehen sich allerdings weniger auf außerhäusliche Mobilität und Verkehrssysteme, sondern vor allem auf Mobilitätshindernisse, die sich durch die traditionelle japanische Wohnweise ergeben, die als wenig „altengerecht" beschrieben werden kann (vgl. Huning 2000, S. 98).

Ein ebenfalls häufiger bearbeitetes Themengebiet ist das der *Gesundheit* bzw. das von assistiven Techniken, die in der Lage sind, kognitive, physische und sensorische altersbedingte Einschränkungen auszugleichen. Die Wichtigkeit des Themas kann schon allein daran ermessen werden, dass in einem zusammenfassenden Werk zum Thema Alter und Technik von Lesnoff-Caravaglia (1988) immerhin 11 von den 23 Kapiteln der Gesundheit gewidmet sind. Ein weiteres Indiz ist, dass sich die Zeitschrift „International Journal of Technology & Aging" aus dem Jahre 1988, Band I, Heft 2, mit dem Schwerpunktthema „Sensory Loss" bzw. konkreter mit dem Nachlassen von Hör-, Sehvermögen und Geschmacksempfinden etc. beschäftigt. Ebenso behandelt Band III, Heft 1 (1990) dieser Zeitschrift mit dem Untertitel „Mental Health, Aging and Technology" ein Thema aus dem Gesundheitsbereich.

Das Thema Gesundheit wird schon zu dieser Zeit in allen (technisch) hoch entwickelten Ländern behandelt.[10] So wird z. B. über technische Geräte nachgedacht, die in der Lage sein sollen, dementielle Symptome wie bei der Alzheimer-Krankheit, Hör- und Sehschwächen und Herzprobleme zu kompensieren (vgl. z. B. Melrose 1988; Glass 1988; Svanborg 1984; Derra und Sykosch 1968). Gerade zur Verbesserung technischer Hörhilfen wird in dieser Zeit intensiv geforscht, da vorher entwickelte Geräte das nachlassende Hörvermögen nur unzureichend kompensieren konnten (vgl. z. B. Blosser-Reisen 1990).[11] Viele Veröffentlichungen beschäftigen sich mit der nachlassenden kognitiven Leistungsfähigkeit im Alter und diskutieren verschiedene Techniken zur Kompensation von Leistungseinbußen. Besonders der Einsatz von Computern wird als eine neue, wichtige Strategie

---

10 Das mag u. a. daran liegen, dass es sich hierbei um Forschungen handelt, die sich nicht ausschließlich mit Älteren befassen, sondern die Problemlösungen entwickeln, die allen Altersgruppen zugutekommen. Obwohl beispielsweise Deutschland hinsichtlich des Themas Alter und Technik deutlich hinterherhinkt, ist es in diesem Bereich durchaus vertreten.

11 Diesem Thema widmet die Zeitschrift „International Journal of Technology & Aging" im Jahre 1990 sogar eine ganze Ausgabe (Band III, Heft 2).

erachtet, um die kognitiven Funktionen gesund zu erhalten bzw. das Nachlassen der Leistungsfähigkeit zumindest abzumildern.[12]

Ein weiteres Thema, das schon früh eine gewisse Bedeutung erlangt, ist der *Arbeitsplatz* für Ältere. Insbesondere die Human-Factors-Forschung beschäftigt sich hiermit, da sich im Rahmen ihrer Analyse des Produktionsbereichs Probleme mit älteren Arbeitnehmern zeigten (vgl. z. B. Parsons, McIlavine 1984; Vercchiotti, Small 1984).[13] Sie bevorzugt Betrachtungen aus der Nutzerperspektive, um herauszuarbeiten, wo und wie Ältere im Arbeitsleben mit der Technik in Beziehung treten. Auch bei diesem Themengebiet wird unhinterfragt selbstverständlich vom Defizitbild des Alters ausgegangen. Als Grund für den sinkenden Anteil der Älteren am Arbeitsleben wird beispielsweise häufig deren mangelnde Leistungsfähigkeit angeführt und in den Mittelpunkt der Überlegungen gerückt (vgl. z. B. Andrisani und Sandell 1984; Casey 1984; Hendricks 1984). Eine weitere, hier vertretene implizite Annahme ist die der Homogenität der Gruppe der Älteren. Meist wird davon ausgegangen, dass sich über die Gruppe der Älteren allgemeine Aussagen treffen lassen. Eine Ausnahme bilden Lawton und Simon (1984), die schon recht früh auf die Differenziertheit dieser Gruppe hinweisen.

Der technische Fortschritt am Arbeitsplatz wird in einigen Veröffentlichungen durchaus kritisch bewertet, da davon ausgegangen wird, dass er für Ältere gravierende Nachteile hinsichtlich ihrer Berufslaufbahn wie möglicherweise den Arbeitsplatzverlust, höhere Geschwindigkeiten bei Arbeitsvorgängen und Degradierungen mit sich bringen kann (vgl. z. B. Hendricks 1984; Kuhn 1984; Hoos 1984). Die europäische und amerikanische Forschung kommt dabei zu vergleichbaren Ergebnissen (vgl. Casey 1984).

Ein weiteres, zu dieser Zeit überwiegend in den USA bearbeitetes Themengebiet ist das der *Kommunikation und Information*. Neben einigen allgemeinen, theoretisch gehaltenen Überblicksartikeln zu den zukünftigen Möglichkeiten der modernsten Technik hinsichtlich ihrer Kommunikations- und Informationspotenziale für Ältere (vgl. z. B. Davis, Miller 1983; Ramm, Gianturco 1974) existieren zugleich einige kleinere anwendungsorientierte und empirische Studien. Evans und Jaureguy (1982) entwickeln beispielsweise eine sogenannte „Phone

---

12 Eine stark computerorientierte Forschungsperspektive wird vor allem in den USA verfolgt. Dabei können eher diagnoseorientierte medizinische Forschungsarbeiten von denen unterschieden werden, die den Computer als mögliche Trainingsinstanz zur Förderung der kognitiven Leistungen einsetzen wollen (vgl. z. B. Itil et al. (1990) zur Diagnose mittels Computer und z. B. Stein (1990) zum Computer als „Trainer").

13 Schon im Jahre 1981 erschien eine Sonderausgabe der amerikanischen Zeitschrift „Human Factors" zum Thema Altern.

therapy" für sehbehinderte Ältere, bei der ein telefonunterstütztes Netzwerk zwischen Betroffenen geknüpft wird, das es ihnen ermöglichen soll, in schwierigen Situationen und innerhalb ihrer eigenen vier Wände schnell und problemlos Rat und Unterstützung zu erhalten. Connell und Smyer (1986) entwerfen und realisieren ein sogenanntes „Telephone Conference Network for Training in Mental Health", mit dem Ziel, Älteren durch telefonvermittelte Weiterbildungsprogramme Zugang zu Information und Wissen zu verschaffen, um dadurch ihre mentale Gesundheit zu fördern. Angeregt und realisiert werden diese Studien meist durch Mitarbeiter aus dem Bereich der Sozialen Arbeit. Die gleiche Richtung verfolgen auch einige Projekte aus dem universitären Bereich wie beispielsweise das von Young (1989), das Älteren einen computerunterstützten Zugang zu Weiterbildungsmaßnahmen eröffnen soll. Die wahrgenommene Wichtigkeit dieses Themas zeigt sich u. a. darin, dass die Zeitschrift „International Journal of Technology & Aging" in Heft 2, Band II, die Weiterbildung Älterer zum Schwerpunktthema macht.

Wohnen und Haushalt ist ein Forschungsgebiet, das ebenfalls ein Schwerpunktthema der Zeitschrift „International Journal of Technology & Aging" (Band I, Heft 1, 1988) bildet. Unter diese Kategorie werden unterschiedliche Themen subsumiert: Einen wichtigen Bereich stellen Forschungsprojekte zu den sogenannten „Smarthomes" – auch „Smart Houses" genannt – dar (vgl. z. B. Sampson 1988; Hiatt 1988).[14] Ebenso findet hier das Thema der Robotertechnik und das übergeordnete Thema Sicherheit an einigen Stellen Beachtung (vgl. z. B. Czaja 1988).

Das Thema der *Smarthomes* wird zu dieser Zeit meist als eine eher allgemein gehaltene Zukunftsvision behandelt, wenn auch als eine naheliegende und in den nächsten Jahren für den privaten Wohnungsbau durchaus realisierbare (vgl. z. B. Sampson 1988). In Japan und Amerika existieren bereits erste smarte „Muster-Häuser". Als Ziel dieser Form des Wohnens gilt die „intelligente" (smarte) technische Unterstützung einer selbstständigen Lebensführung Älterer in ihren vertrauten „eigenen vier Wänden" und ihrem gewohnten sozialen Umfeld. Von einem Smarthome wird gesprochen, wenn die im Haushalt vorhandenen technischen Geräte und Systeme kommunikativ miteinander vernetzt und zentral steuerbar sind (vgl. Meyer et al. 1997, S. 21).[15] Hierdurch sollen die häusliche Sicherheit und der Komfort erhöht sowie etwaige Mobilitätseinschränkungen und ein Verlust

---

14 Hinsichtlich der Smarthomes werden auch hin und wieder die Vertriebswege analysiert (vgl. z. B. Harris 1988).
15 Meist sind sie durch ein sogenanntes Bussystem miteinander verbunden.

physischer Leistungsfähigkeit kompensiert werden (vgl. ebd. 18). Auch wenn als konkretes Ziel formuliert wird, die smarte Haustechnik an die besonderen Bedürfnisse der Gruppe der Älteren anpassen zu wollen, so wird dennoch in einigen Publikationen zum einen darauf hingewiesen, dass es sich bei den Älteren um eine durchaus heterogene Gruppe handelt, der keine übereinstimmenden Bedürfnisse unterstellt werden können, zum anderen, dass diese Form der Technik nicht nur den Älteren, sondern allen Altersgruppen das alltägliche Leben erleichtern und angenehmer machen kann (vgl. z. B. La Buda 1988, S. 31 f.).

Auch das Thema *Sicherheit* findet in der Betrachtung von Wohnen und Haushalt hin und wieder Beachtung. Insbesondere vor dem Hintergrund der smarten Technik werden verschiedene Aspekte diskutiert, die zur Sicherheit der Älteren beitragen können. So wird etwa nach technischen Möglichkeiten gesucht, um sensorische altersbedingte Einbußen zu kompensieren, indem z. B. über eine smarte Anpassung der Lichtverhältnisse an die jeweiligen Bedürfnisse der Bewohner eines Hauses nachgedacht wird. Oder es wird nach technischen Möglichkeiten zur Verhinderung der sich mit zunehmendem Alter häufenden Stürze geforscht (vgl. z. B. Czaja 1988). Ebenso werden erste Hausnotruf- bzw. Alarmsysteme entwickelt, die Älteren in ihren eigenen vier Wänden im Notfall schnelle Hilfe von außerhalb garantieren sollen (vgl. z. B. Dibner et al. 1982). Auch in diesem Forschungsbereich werden (noch) überwiegend Zukunftsvisionen formuliert.

Einige Forschungsschwerpunkte aus der Roboterentwicklung können ebenfalls dem Bereich Wohnen und Haushalt zugeordnet werden. Engelhardt und Edwards (1988) beschäftigen sich mit den verschiedenen Forschungsvorhaben zu *Haushalts- oder Dienstleistungsrobotern* (Artificial Intelligence Applications for Health and Human Service Domains). Sie definieren diese als intelligente und programmierbare Geräte, die denken, fühlen und handeln sowie für personenbezogene Dienstleistungen eingesetzt werden können (vgl. Engelhardt, Edwards 1988, S. 37). Ziel dieser Forschungsrichtung ist die zukünftige Entwicklung von Robotern, die in der Lage sind, 1) Kompetenzverluste Älterer zu kompensieren, 2) Pflegepersonen zu unterstützen sowie 3) Ärzte und Krankenhäuser zu unterstützen (vgl. Huning 2000, S. 123). Mit Punkt 1 ist z. B. das Holen und Bringen von Gegenständen und das Anreichen von Mahlzeiten gemeint. Das Heben und die Verlagerung von älteren Personen soll beispielsweise pflegende Angehörige oder Mitarbeiter der Pflegedienste entlasten (Punkt 2). Ziel ist es aber auch, Ärzte in Krankenhäusern durch den Einsatz von Robotertechnik zu unterstützen, indem etwa Mehrzweckgeräte installiert werden, die eine Vielzahl von physiotherapeutischen Maßnahmen übernehmen können.

Zum Themengebiet *Freizeit und Selbstverwirklichung* gibt es kaum Forschungsarbeiten.[16] Gleiches gilt für die *Ergonomie*. Abgesehen von den oben genannten Übersichtsartikeln zum Thema „Relevanz ergonomischer Wissensbestände für die Gerontologie" (vgl. Chapanis 1974; Tucker et al. 1975) findet das Thema nur im Rahmen der Diskussion über Smarthome-Techniken Beachtung.[17] Auch zum Bereich der *Pflege* existieren kaum Forschungen. Ausnahmen bilden die oben genannten, eher visionär angelegten Projekte zur Robotertechnik.[18] Desgleichen lassen sich nur vereinzelt Studien zur *Technikakzeptanz und -einstellung* Älterer finden. So kommt beispielsweise aus Deutschland eine Erhebung zur Einstellung Älterer hinsichtlich der „neuen" Techniken (vgl. Rott 1988). In den USA existieren einige wenige Studien, die mit einer allgemeineren Fragestellung arbeiten (vgl. z. B. Brickfield 1984).

Werden die Forschungen bis zum Jahre 1990 zusammenfassend betrachtet, fällt zum einen die große Vielfalt an Themen auf, die im Einzelnen allerdings nur im Rahmen weniger kleiner Forschungsprojekte bearbeitet werden. Forschungen in den Bereichen Gesundheit, Wohnen und Haushalt sowie Mobilität knüpfen dabei häufig an Erkenntnisse aus der *„Disability-Forschung"* an, was impliziert, dass Ältere größtenteils – im Sinne des Defizitbildes des Alters – auf ihre Behinderungen und Erkrankungen reduziert werden (vgl. z. B. Trencher 1988).[19]

3.1.2 Disziplinäre Schwerpunkte

Wird näher untersucht, welche Disziplinen an den Forschungsprojekten beteiligt sind, dann fällt auf, dass vor allem die visionär orientierten Forschungen fast ausschließlich aus dem Bereich der Technikwissenschaften kommen. Besonders

---

16 Ausnahmen bilden einige Forschungsprojekte, die das Potenzial von Computerspielen für Ältere zur Unterhaltung und zur geistigen Stimulierung diskutieren (vgl. z. B. Weisman 1983; Cutler et al. 1987). Es wird beispielsweise vorgeschlagen, Spiele speziell für Ältere zu entwickeln, die deren altersbedingten Bedürfnissen entsprechen. Auch hier wird vor dem Hintergrund des Defizitbildes des Alters argumentiert.
17 Hier wird es unter dem Aspekt des Designs behandelt (vgl. z. B. La Buda 1988).
18 Einige wenige Forschungsarbeiten diskutieren darüber hinaus den Einsatz von Technik zur Verbesserung der Wohn- und Krankenhausverhältnisse vor dem Hintergrund pflegerischer Anforderungen (vgl. z. B. Bray und Wright 1980).
19 Dies gilt insbesondere für die amerikanische Forschung. Dazu tragen auch die amerikanischen Veteranenorganisationen bei, die sich intensiv mit der Behindertentechnik beschäftigen, da viele ihrer Mitglieder kriegsversehrt sind (vgl. Wolter 2006, S. 17). Da Letztere nun selbst allmählich ein höheres Alter erreicht haben, werden die Ergebnisse aus der Behindertenforschung nach und nach von ihnen auf die gesamte Gruppe der Älteren übertragen.

deutlich zeigt sich dies beim Schwerpunktthema Wohnen und Haushalt. Den Technikwissenschaftlern geht es zu dieser Zeit vor allem darum, die technischen Potenziale zu eruieren, die zukünftig in der Lage sein könnten, sinnvoll im Alltag Älterer eingesetzt zu werden. An der frühen Forschung zur Gesundheit der Älteren sind in der Regel ausschließlich Mediziner beteiligt. Erst um 1990 melden sich hin und wieder auch Psychologen zu Wort.

Anders verhält es sich bei den wenigen praxisnahen und anwendungsorientierten Projekten. Hier sind es vor allem Mitarbeiter im Bereich der Sozialen Arbeit, Psychologen, aber auch beispielsweise mit Konsum beschäftigte Lehrstühle (z. B. School of Consumer and Family Sciences, Purdue University in West Lafayette), die die Forschung bestimmen.

Dass die Sozialwissenschaften zu dieser Zeit fast nicht in die Forschung einbezogen werden, impliziert auch, dass der zukünftige Einsatz von Technik als Hilfsmittel im Alltag Älterer als ein *allein* technisches Problem wahrgenommen wird. Erst weitere technische Fortschritte, so die zugrundeliegende Annahme, erlauben einen erfolgreichen Einsatz von Technik. Kaum berücksichtigt wird die Nutzerperspektive: Die Vorstellungen der Älteren über Technik – z. B. ihre (fehlende) Technikakzeptanz und ihre Interpretationen von Technik – werden ebenso wenig erhoben wie ihre konkreten Wünsche.

3.2 Zeitabschnitt II: Etablierung der Gerontotechnik

Anfang der 1990er Jahre entwickelt sich eine neue, international ausgerichtete Forschungsperspektive, die vor allem in der ersten Hälfte der 1990er Jahre wichtige Impulse für die Forschung liefert. Sie wird als *Gerontotechnik* bezeichnet und ist die Triebfeder für die Veranstaltung internationaler Kongresse, die Durchführung international angelegter Forschungsprojekte, die Gründung der „International Society of Gerontechnology", die Herausgabe einer vierteljährlich erscheinenden Zeitschrift[20] etc. (vgl. Reents 1996; Bouma et al. 2007, S. 192).

Bouma definiert Gerontotechnik als Erster folgendermaßen: „the study of technology and aging for the improvement of the daily functioning of the elderly" (Bouma 1992, S. 1). Fozard erläutert etwas allgemeiner: „Gerontechnology is engineering and technology for the benefit of aging and aged individuals" (Fozard 2002, S. 76). Aus den Technikwissenschaften entstanden, beschäftigt sich

---

20 Seit 1997 erscheint die Zeitschrift Gerontechnology.

die Gerontotechnik nun explizit mit der nutzerfreundlichen Entwicklung und Gestaltung technischer Geräte unter besonderer Berücksichtigung der Kompetenzen und ergonomischen Voraussetzungen der Älteren (vgl. z. B. Reents 1996, Pieper et al. 2002). Pieper bezeichnet die Gerontotechnik sogar als ein neues Forschungsparadigma, das darüber hinaus „a strong normative dimension and the flavor of a ‚philosophy'" beinhalte (vgl. Pieper 2002, S. 2, 5; vgl. hierzu auch Fozard 2002).

Die Gerontotechniker bearbeiten ein *multidisziplinär* ausgerichtetes Forschungsfeld, das sowohl Wissenschaftler verschiedener Disziplinen als auch Designer, Produzenten, soziale Experten etc. mit in den Entwicklungsprozess einbezieht. Die Multidisziplinarität ist aus der Einsicht heraus entstanden, dass nur eine Zusammenarbeit zwischen verschiedenen Disziplinen zum Erfolg bzw. zum Integrieren der Technik in den Alltag Älterer führen kann (vgl. Wolter 2006, S. 17). So soll die Gerontotechnik verschiedenste Wissensvorräte integrieren und den konzeptuellen Rahmen für eine systematische Forschung liefern. Beteiligte Disziplinen sind: Prozesstechnik, Sensorik, Maschinenbau, Logistik, Medizintechnik, neue Werkstoffkunde, Design, Architektur, Kommunikationstechnik sowie die Grundlagenforschung aus der Soziologie, Psychologie und Medizin etc. (vgl. ebd. 18).

Bouma et al. beschreiben das konkrete Ziel der Gerontotechnik später wie folgt:

> „that the ageing persons themselves come first and that their ambitions and needs should define the R&D agenda. If they wish to be independent and autonomous, let us elaborate what this means for the home environment. If they wish to communicate, let us see what internet, the web, and the mobile phone can contribute. If they wish to travel, let us work on easy public and private means of transport and the entire infrastructure that comes with it. (...)" (Bouma et al. 2007, S. 192).[21]

Im Gegensatz zur vorherigen Phase wird nun nicht mehr vom Defizitbild des Alters ausgegangen. Alter wird nach Bouma et al. (2007) nicht mehr mit „Disability" gleichgesetzt. Vielmehr etabliert sich nun die Bezeichnung „people with a certain restriction", um deutlich zu machen, dass das chronologische Alter nicht die ge-

---

21 Der Text von Bouma et al. (2007) ist zwar nicht im Zeitabschnitt II entstanden, fasst aber die Ideen und Überzeugungen der Gerontotechniker aus diesem Zeitraum in einem rückblickenden Grundlagenbeitrag zusammen.

samten Vorlieben, Bedürfnisse und die Identität einer Person bestimmt (vgl. ebd. 192). Dieser Umdeutung liegt die gerontologische Theorie des erfolgreichen Alterns zugrunde, die Altern und Alter als gestaltbar und veränderbar versteht (vgl. z. B. Baltes et al. 1989). Ausgehend vom Postulat der prinzipiellen Gestaltbarkeit will sie erklären, wie sich der ältere Mensch verhält, wie er seine Situation erlebt und auf welchen endogenen und sozialen Bedingungen sein Erleben und Verhalten beruht (vgl. Backes und Clemens 1998, S. 179). Mit dieser „Uminterpretation" wird zugleich auch die Annahme zurückgenommen, dass es sich bei der Gruppe der Älteren um eine homogene Gruppe handelt.

Zusammenfassend hat die Gerontotechnik einen konzeptuellen Rahmen entwickelt, der verschiedene technisch und gerontologisch orientierte Forschungsdisziplinen miteinander verbindet, um die allgemeinen technischen Fortschritte besser für die alternden Gesellschaften nutzen zu können. Darüber hinaus wird eine internationale Perspektive angestrebt, um die Forschungsbemühungen der verschiedenen Staaten besser aufeinander abstimmen und damit effizienter gestalten zu können.

3.2.1 Forschungsschwerpunkte

Schon die Themenschwerpunkte der Zeitschrift „International Journal of Technology & Aging" im Zeitraum von 1990 bis 1995 deuten darauf hin, dass dem Bereich *Gesundheit* nun ein besonders hoher Stellenwert zugewiesen wird. Heft 1 des Jahres 1990 beispielsweise bezieht sich auf „Mental Health". Durch modernste bzw. computergestützte Technik ermögliche Fortschritte bei der Diagnose altersbedingter mentaler Krankheiten stehen im Mittelpunkt (vgl. z. B. Margolin 1990). Ebenso wird über neue Erkenntnisse hinsichtlich der Gehirnaktivitäten berichtet, die durch die verstärkte Zusammenarbeit zwischen Neurowissenschaftlern und Technikern auf dem Gebiet der Künstlichen Intelligenz gewonnen werden können (vgl. z. B. Richelson 1990). Auch technikbasierte Verfahren zum Testen von Medikamenten werden entwickelt. Ein weiteres Forschungsgebiet ist die Entwicklung von zunehmend computergestützten Therapien (vgl. z. B. Finkel 1990). Weitere Schwerpunktthemen in dieser Zeitschriftenreihe aus dem Bereich Gesundheit sind „Hearing Impairment: Technologies for Information Access" in Heft 2 (1990), „Rehabilitation and Technology" in Heft 2 (1991) und „Hospitals and Technology" in Heft 1 (1991). Auch in der Publikation zum ersten internationalen Kongress der „Gerontechnology" im Jahre 1991 in Eindhoven (Niederlande) spielt der Bereich Gesundheit (Part 5) eine wichtige Rolle, die nun verstärkt gleichzeitig aus der Perspektive verschiedener Disziplinen beleuchtet wird (vgl. Bouma, Graafmans 1992).

Das Thema *Wohnen und Haushalt* erfreut sich ebenfalls steigender Beliebtheit. Es wird zudem häufig mit dem Bereich *Kommunikation und Information* in Beziehung gesetzt, indem beispielsweise die Technik als „the communication's ‚glue' in an integrated model of housing and social participation" verstanden wird (Regnier et al. 1992, S. 355). Viele der Ausführungen haben noch den Status des eher Visionären, die praktische Umsetzung der Vorschläge befindet sich noch im Anfangsstadium.

Die Gerontotechnik unterscheidet im Bereich Wohnen und Haushalt zwischen drei Graden technischer Geräte oder Systeme: Unter *„low technology"* werden einfache Hilfen wie Haltestangen und Haltegriffe verstanden. „Mid-level" sind im Sinne der gerontotechnischen Definition schon existierende Produkte wie Rollstühle oder Küchensysteme, die an die Bedürfnisse von Älteren angepasst werden (vgl. Regnier et al. 1992). In die Kategorie des *„third level"* fallen Robotertechniken, das Smarthome etc. Für die Kategorie der „low-technology"-Produkte lassen sich bislang nur rudimentäre Bemühungen belegen, sowohl was die Forschung als auch die praktische Umsetzung betrifft (vgl. ebd. 356). Das dritte Level – die „high-technology"-Produkte – hingegen findet die größte Beachtung.

Insbesondere zum *Smarthome* existiert nun schon eine Vielzahl von Forschungsprojekten (vgl. z. B. Cullen, Moran 1992). Und in Japan und den USA sind sogar schon partikuläre Netzlösungen auf dem Markt (vgl. Meyer et al. 1997, S. 18). Viele Forschungsergebnisse in diesem Bereich haben dennoch eher theoretisch-abstrakten Charakter. So werden beispielsweise theoretisch mögliche Einsatzgebiete der smarten Technik vor dem Hintergrund des gegenwärtigen Standes der Technik ermittelt oder die Vielfalt der zu dieser Zeit existierenden Systeme typologisiert (vgl. z. B. Houben 1992; Bogman 1992). Ein Vergleich mit dem Zeitabschnitt I *„Zukunftsvisionen"* ergibt, dass die Vorstellungen über den zukünftigen Einsatz von smarter Technik nun zurückhaltender formuliert werden. Die erste Euphorie der Anfangsjahre hat sich gelegt. Regnier et al. (1992, S. 359) beispielsweise betonen: „Technology has its limits and maybe this is one of those hard edges we will never penetrate". Dennoch scheint für alle beteiligten Forscher gewiss, dass sich die smarte Technik in Zukunft auch im Wohnungsbau und -design niederschlagen wird (vgl. ebd. 358).

Um umfassende und internationale Informationen über den Stand und die Zukunft der Technik im Bereich Wohnen und Haushalt zu erhalten, wird 1994 erstmals ein internationaler Workshop zum Thema „Potential Technology for Solving Housing Problems of Aged People" in Tokio organisiert. Die Ergebnisse werden in einem Tagungsband publiziert (vgl. Building Research Institute et al. 1994). Der ermittelte Stand der Forschung in Japan, den USA und einigen europäischen Ländern bezieht sich auf alle drei oben genannten „Grade" technischer Systeme. Betrachtet man die Forschungsergebnisse dieses Workshops insgesamt, fällt zum einen auf, dass die Akzeptanz der Technik durch Ältere und deren Vorstellungen hinsichtlich technischer Geräte kaum berücksichtigt werden (vgl. z. B. Moran 1994, S. 14). Zum anderen wird deutlich, dass die Gerontotechnik als ein riesiger Zukunftsmarkt eingeschätzt und ihre Förderung von Politik und Wirtschaft gefordert wird.

Ein weiterer Bereich, dem steigende Bedeutung zugewiesen wird, sind *Information und Kommunikation*.[22] Das erscheint aufgrund der technischen Fortschritte bei den Informations- und Kommunikationstechniken naheliegend. Die Nutzung von Informations- und Kommunikationsmedien wird inzwischen von vielen Wissenschaftlern als eine wesentliche Voraussetzung für Vergesellschaftung betrachtet (vgl. z. B. Schierl 1997; Rilling 1996). Der erfolgreiche Umgang mit Technik wird in diesem Sinne als eine neue Determinante sozialer Ungleichheit verstanden, die Chance der gesellschaftlichen, technikvermittelten Partizipation als eine neue Dimension sozialer Ungleichheit. Und zahlreiche Forschungsergebnisse zeigen, dass gerade die Älteren mit diesen neuen Medien größere Schwierigkeiten haben und sie deshalb häufig meiden (vgl. hier z. B. Iki 1994).

Viele Projekte beschäftigen sich insbesondere mit dem *Internet* als einer der bedeutendsten technischen Errungenschaften dieser Jahre. Da das Internet immer mehr alltagsrelevante Funktionen übernimmt, sind Nutzungshindernisse bei den Älteren besonders folgenreich. Insofern werden vor allem Usability- und Design-Fragen untersucht. Darüber hinaus wird beispielsweise herausgearbeitet, dass Ältere der E-Mail-Nutzung gegenüber aufgeschlossen sind, wenn sich damit ihre soziale Interaktion verbessern lässt (vgl. z. B. Czaja et al. 1993). Ebenfalls in die Forschung einbezogen werden Telefonsysteme, da sie zum einen – ebenso wie das Internet – mobilitätsbedingte Einschränkungen hinsichtlich sozialer Interaktionen kompensieren und zum anderen den Einsatz von Dienstleistungen regeln können. So wird beispielsweise in einem großen Projekt des RACE-I-Forschungsprogramms der EU (Research and Development in Advanced Communication Technologies 1988, 1992) analysiert, inwieweit neue Telefondienste und vor allem Videotelefone sinnvoll zur Betreuung Älterer eingesetzt werden können (vgl. z. B. Erkert 1992). Vernachlässigt werden in den telefonbezogenen Studien allerdings

---

22 Insbesondere in den USA sind die Forschungen zu diesem Thema kaum noch zu überschauen (vgl. Wolter 2006, S. 58).

die Kosten, die mit der Implementierung von Videotelefoniesystemen verbunden sind, und damit die Frage, inwiefern eine solche Anlage privat überhaupt finanziert werden kann (vgl. hierzu Wolter 2006, S. 27).

Das Thema *Mobilität und Verkehr* ist zu dieser Zeit etwas in den Hintergrund getreten. Doch nach wie vor steht bei der außerhäuslichen Mobilität der Ältere als *Autofahrer* mit seinen altersbedingten kognitiven, sensorischen und motorischen Einschränkungen im Mittelpunkt (vgl. z. B. Brouwer et al. 1992). Die häufig psychologisch orientierten Studien zeigen, dass es vor allem physiologische und kognitive Einbußen sind, die sich auf die Fahrtüchtigkeit älterer Menschen auswirken (vgl. z. B. Park 1994). Im Jahre 1994 initiiert die Universität Münster einen großen, interdisziplinären Workshop zu diesem Thema, an dem Experten aus den Bereichen Psychologie, Rechtsmedizin, Verkehrspädagogik, Verkehrsplanung, -recht und -technik teilnehmen (vgl. Tränkle 1994). Ihre Beiträge zielen überwiegend darauf ab, das allgemeine Verkehrssystem altersgerechter zu gestalten, um eine Überforderung der Älteren zu verhindern und die Sicherheit im Straßenverkehr zu erhöhen. Dem damaligen Stand der Technik entsprechend spielen Fahrerassistenzsysteme bei den Forschungsprojekten keine Rolle (vgl. Wolter 2006, S. 28).

Das Thema *Pflege* findet weniger Beachtung. In den meisten Studien zu diesem Bereich geht es insbesondere darum, die personenbezogenen Pflegedienstleistungen durch den Einsatz technischer Hilfsmittel zu verringern. Dabei geht es einerseits darum, Kosten zu sparen und andererseits den Älteren eine möglichst große Unabhängigkeit von Personen und Institutionen zu ermöglichen (vgl. z. B. Matto, Oskam 1993). Ein Spezialgebiet ist hier die Robotertechnik, denn, so formulieren es Korba et al. (1992, S. 7): „Their ability to operate in an unstructured environment, and to adapt intelligently to changing conditions, make advanced robotics of interest for applications in health-care settings." Darüber hinaus werden beispielsweise die Einsatzmöglichkeiten für Computersimulationen bei der zukünftigen Planung der Pflegedienstleistungen und bei der Dokumentation anfallender Pflegearbeiten geprüft (vgl. z. B. Hämäläinen, Vaarama 1993; Gassert 1992), oder es wird etwa nach technischen Hilfsmitteln gesucht, die Pflegenden die körperliche Arbeit erleichtern können (vgl. z. B. Kimbro 1992).

Ergonomie bzw. Design sind – ebenso wie das Thema *Sicherheit* – Forschungsschwerpunkte, die weniger behandelt werden und wenn, dann vor allem im Rahmen der Studien zu Wohnen und Haushalt bzw. zum Smarthome. Insbesondere das Smarthome ist beispielsweise darauf ausgelegt, viele Sicherheitsanforderungen zu erfüllen, etwa durch ein integriertes Alarmsystem, durch ein Display, das anzeigt, welche Geräte eingeschaltet sind, oder auch durch die Möglichkeit, Teledienstleistungen zu bestellen oder mittels Fernsteuerung Geräte zu bedienen, um bei Mobilitätsproblemen gefährliche Situationen – wie das Treppensteigen – vermeiden zu können (vgl. z. B. Huning 2000, S. 115 f.). Interessanterweise wird das Thema Sicherheit im Smarthome länderspezifisch z. T. unterschiedlich diskutiert: Während Forscher aus Japan vor allem den Schutz der körperlichen Unversehrtheit von Älteren im Blick haben, wird in Europa Sicherheit häufig als Schutz vor Einbrechern (durch Alarmsysteme) konzeptualisiert (vgl. Huning 2000).

Ebenfalls seltener lassen sich Studien zum Thema *Arbeit* finden. Die vorhandenen Forschungsprojekte gehen im Vergleich zum vorherigen Zeitabschnitt I von veränderten Grundannahmen aus: Während früher die Arbeitsanforderungen als statisch angesehen und die unzulänglichen Kompetenzen der älteren Arbeitnehmer mit altersbedingten körperlichen und kognitiven Einschränkungen erklärt wurden (Defizitbild des Alters), wird nun von einer dynamischen Arbeitsstruktur ausgegangen (vgl. z. B. Cremer, Meijman 1993, S. 216). Cremer und Meijman beschreiben sie folgendermaßen: „In an alternative ‚dynamic' work structure the demand-capacity relation may be evaluated in an early (anticipatory) stage in order to restructure the work and work environment to the capacities and abilities of the worker" (ebd.). Die Studien beschäftigen sich vor allem mit den wechselnden funktionalen Kompetenzen der Arbeitnehmer im Laufe ihrer Lebensspanne und versuchen, den Arbeitsablauf darauf abzustimmen. Ilmarinen (1993, S. 233) zum Beispiel erklärt: „The purpose of job redesign is to create optimal work conditions, including work content and work environment, by emphasizing the changes due to aging" (ebd.). Dabei finden nun zunehmend auch positive Aspekte des älteren Arbeitnehmers wie seine langjährige Berufserfahrung und seine im Durchschnitt höhere emotionale Stabilität Beachtung (vgl. ebd. 218). Neben den Forderungen nach Anpassung der Arbeitsbedingungen an die älteren Arbeitnehmer wird zudem über Möglichkeiten zur Förderung der Gesundheit, der Arbeitsleistung und des Wohlbefindens der Älteren nachgedacht.

Der Bereich *Freizeit und Selbstverwirklichung* wird nur selten in den Veröffentlichungen dieser Zeit behandelt. Und die wenigen Publikationen verweisen wiederholt auf die besondere Rolle von elektronischen Geräten oder „Gadgets" zur Unterhaltung und Beschäftigung Älterer (vgl. z. B. Stein 1990, S. 63). Da die Vielzahl an Gadgets überwiegend auf die Bedürfnisse junger Konsumenten abgestimmt ist, wird erörtert, welche Geräte und Funktionen auch zur Unterhaltung, Anregung, Zufriedenheit und zum Vergnügen von Älteren beitragen können. Computerspielen wird dabei größere Aufmerksamkeit geschenkt, weil deren unterschiedliche „Levels" höchst unterschiedliche Nutzerkompetenzen ansprechen können.

Betrachtet man die Forschungsergebnisse zusammenfassend, fällt zum einen auf, dass es sich bei vielen technischen Entwürfen oder Entwicklungen um – mit den Worten Hunings gesprochen – „Retorten-Entwicklungen" (Huning 2000, S. 113) handelt, über deren Markttauglichkeit und (Nicht-)Akzeptanz durch den Nutzer nichts ausgesagt wird. Zum anderen zeigt sich, dass langsam von der Vorstellung Abstand genommen wird, allein „alten"-gerechte technische Produkte entwickeln zu wollen. Zunehmend häufiger sprechen Forscher von „menschen"-gerechter Technik oder einem „Design for All", um deutlich zu machen, dass ihre Entwicklungen *allen* Menschen das Leben und die täglichen Anforderungen erleichtern sollen.

3.2.2 Disziplinäre Schwerpunkte

Mit der Etablierung der Gerontotechnik zeichnen sich die Forschungsbemühungen durch zunehmende Multi- bzw. Interdisziplinarität aus. Vor allem die regelmäßige Berücksichtigung der neuesten gerontologischen Erkenntnisse bei der Entwicklung technischer Systeme wird nun angestrebt. Bouma et al. (2007, S. 200) entwickeln im Jahre 2007 die sogenannte „Cross-fertilization matrix", die aufzeigen soll, wie sich die verschiedenen Disziplinen – auch schon im Zeitabschnitt II – miteinander kombinieren lassen. Dabei wird zwischen technischen und gerontologischen Disziplinen unterschieden: Der technischen Seite werden die Disziplinen (Bio-)Chemie, Architektur, IuK-Technologie, Mechatronik, Robotertechnik, Ergonomie/Design und Betriebswirtschaft zugeordnet, der gerontologischen Seite die Disziplinen Ernährungslehre, Physiologie, Psychologie, Sozialpsychologie, Soziologie, Demografie, Medizin und Rehabilitation (vgl. ebd.).

Betrachtet man zur damaligen Zeit existierende Studien vor dem Hintergrund dieser Matrix, wird zum einen sichtbar, dass eine verstärkte Zusammenarbeit zwischen verschiedenen technischen Disziplinen – zum Beispiel im Bereich Wohnen und Haushalt – zu wichtigen Erfolgen geführt hat. Zum anderen zeigen sich im Bereich Gesundheit Fortschritte, da nun medizinische, neurowissenschaftliche und technische Disziplinen enger zusammenarbeiten. Darüber hinaus wird allerdings auch deutlich, dass die (sozial)psychologischen und soziologischen Perspektiven weitgehend aus den Forschungsbemühungen ausgeblendet bleiben. Das führt zum einen dazu, dass die Nutzerperspektive weitgehend ausgespart wird. Eine an den Bedürfnissen, Wünschen und konkreten Problemlagen der potenziellen Nutzer orientierte Technikentwicklung erfolgt nicht. Zum anderen wird vernachlässigt, dass es sich bei technischen Artefakten zugleich um soziale Konstruktionen handelt, die sich – mit je kulturspezifischen symbolischen Bedeutungen versehen – gravierend auf die (Nicht-)Akzeptanz der Technik auswirken können. Die Nichtbeachtung dieses Bereichs bedeutet beispielsweise, dass zu wenig geklärt werden kann, warum bestimmte Produkte von den Älteren nicht angenommen werden (vgl. Regnier et al. 1992, S. 356).

Insofern bleibt zu resümieren, dass sich die Inter- bzw. Multidisziplinarität zunehmend zur wesentlichen Forschungsstrategie entwickelt hat, wobei allerdings bestimmte Fächer wie Soziologie und Sozialpsychologie oder bestimmte Fächerkombinationen vernachlässigt werden.

3.3 Zeitabschnitt III: Intensivierung gerontotechnischer Forschung

Durch weitreichende Fortschritte in der allgemeinen technischen Entwicklung kommt es seit Mitte der 1990er Jahre zu einer Ausweitung der gerontotechnischen Forschungsbemühungen (vgl. Bouma 1998, S. 93). Insbesondere die Informations- und Kommunikationstechniken haben sich so fundamental weiterentwickelt, dass manche Autoren sogar von einer Informations*revolution* sprechen (vgl. Castells 2001). Diese Techniken haben nun ihre „Pilotphase" beendet und können von der breiten Öffentlichkeit genutzt werden, so beschreibt es beispielsweise Placencia-Porrero (2007, S. 125). Damit steigen auch ihre Einsatzmöglichkeiten für Ältere, was einen Grund für die Expansion gerontotechnischer Forschungsperspektiven und -schwerpunkte bildet. Darüber hinaus sorgen die Miniaturisierung von Computerchips sowie von technischen Produkten allgemein, die rasanten Fortschritte in der Entwicklung smarter Technik, die Miniaturisierung von Robotern und die Fortschritte in der Biotechnologie für weitere Forschungsschübe in der Gerontotechnik (vgl. Bouma 1998, S. 95).

Ein zunehmendes Interesse am Thema Alter und Technik spiegelt sich in den deutlich gestiegenen Besucherzahlen der zweiten internationalen Gerontotechnik-Konferenz im Jahre 1996 in Helsinki wider (vgl. Wolter 2006, S. 32). Dort herrscht eine euphorische Stimmung, da die neuesten technischen Entwicklungen ein großes Potenzial für das Leben der Älteren versprechen. Graafmans und Taipale betonen: „It is only now that study has been extended to functional enhancement of the more subtly challenged, those individuals who are well but are confronting alternations in locomotion, perception and cognition due to normal aging" (Graafmans und Taipale 1998, S. 4). 1997 wird die International Society for Gerontechnology (ISG) gegründet, die als zukünftiges Dach und Diskussionsforum der Forschung konzipiert wird (vgl. Graafmans et al. 1998). Schon 1998 findet eine weitere Gerontotechnik-Konferenz – diesmal in München – statt, die von der neu gegründeten ISG ausgerichtet wird. Als Ziel der Gerontotechnik wird nun die Umgestaltung und Anwendung der neuen Technik, angepasst an die speziellen Bedürfnisse Älterer, und nicht die Neuentwicklung technischer Artefakte angegeben. Fragen hinsichtlich der Akzeptanz der Nutzer und nach der Art und Weise, in der sich der Technikeinsatz an ihren konkreten Bedürfnissen orientiert, bleiben allerdings weitgehend ausgespart (vgl. Huning 2000, S. 113).

Außerdem zeigt sich in vielen Ländern auf politischer Ebene eine steigende Motivation, sich auch finanziell für das Thema Alter und Technik einzusetzen. In Europa beispielsweise finanziert die Europäische Kommission ab 1998 für drei Jahre das Ausbildungsnetzwerk GENIE (Gerontechnology Education Network In Europe). Mehr als 40 Institute beteiligen sich daran, Ausbildungsmaterialien für Studierende an Hochschulen und beruflich Interessierte zu erarbeiten (vgl. IGS 1999).

3.3.1 Forschungsschwerpunkte

Zu fast allen Themengebieten liegt nun eine beträchtliche Zahl an Studien vor, so dass kaum Schwerpunktthemen bzw. Prioritätensetzungen erkennbar sind. Darüber hinaus trägt die große Menge an Forschungsprojekten dazu bei, dass an dieser Stelle kein tieferer Einblick in sämtliche neuen Forschungsperspektiven gegeben werden kann. Im Folgenden werden daher exemplarisch einige besonders wichtige Forschungslinien bzw. -projekte zu jedem Thema vorgestellt.

Beim Thema *(außerhäusliche) Mobilität und Verkehr* zeigt sich nun eine größere Vielfalt an Forschungsfragen: Zentral ist nach wie vor die Frage nach einem funktionierenden öffentlichen Nahverkehrssystem, das es den älteren Nicht-(mehr-)Autofahrern gestattet, relativ zeitnah ihren Bedürfnissen nach Fortbewegung im öffentlichen Raum nachzukommen (vgl. z. B. Tacken, Rosenboom 1998). Ebenso wird weiterhin diskutiert, inwiefern der öffentliche Raum umgestaltet werden muss (Verbesserung der Verkehrswege durch Optimierung der Beschilderungen, der Kreuzungsdesigns, der Verkehrsflussregelungen etc.), um den Bedürfnissen und Kompetenzen der Älteren gerecht zu werden (vgl. z. B. Flaschenträger et al. 1998; Vercruyssen 1998). Aufgrund der technischen Fortschritte der letzten Jahre ist darüber hinaus eine neue Forschungsperspektive entstanden: Ein Teil der Forschungsprojekte beschäftigt sich nun mit der Entwicklung sogenannter Fahrer-Assistenz-Systeme (Telematik-Systeme), die komplexe Anforderungen an den Autofahrer reduzieren sollen (vgl. z. B. Marin-Lamellet 1998). Vercruyssen

(1998, S. 226) versteht darunter beispielsweise „systems for (autonomous/automatic) cruise control (for lane-keeping, longitudinally and laterally), collision warning/avoidance, feed-forward (advanced) sensors and displays, parking aids, and satellite navigation and communication". Voraussetzung für die erfolgreiche Entwicklung derartiger Systeme ist nach Meinung der beteiligten Forscher eine interdisziplinäre Bearbeitung des Themas unter besonderer Berücksichtigung der neuesten gerontologischen Erkenntnisse.

Ebenfalls erstmalig wird nun auch die Frage nach dem konkreten Mobilitätsverhalten der Älteren gestellt. Diese Fragestellung, die beim Nutzer ansetzt und soziale, kulturelle und strukturelle Aspekte des Mobilitätsverhaltens impliziert, wird aus einer sozialwissenschaftlichen Perspektive bearbeitet (vgl. Mollenkopf et al. 1998). Dieses Forschungsprojekt[23] betreibt Grundlagenforschung, denn bislang lagen beispielsweise keine Erkenntnisse darüber vor, „ob Senioren ihr Mobilitätsverhalten wegen äußerer Gegebenheiten oder physischer Einschränkungen reduzieren, ob überhaupt ein Wunsch nach größerer Mobilität besteht und woran die Verwirklichung scheitern kann" (Wolter 2006, S. 46).

Andere Themen, die ebenfalls unter dem Schlagwort Mobilität bearbeitet werden, sind zum Beispiel die Entwicklung technischer Assistenz-Systeme, die visuell stark eingeschränkten bzw. blinden Älteren außerhäusliche Mobilität ermöglichen sollen (vgl. z. B. Strothotte et al. 1998), oder etwa die Entwicklung von sogenannten „intelligenten" Rollstühlen (vgl. z. B. Katevas 1998).

Zum Thema *Wohnen und Haushalt* existiert nun eine fast unüberschaubare Menge an Forschungsprojekten, die sich auf alle drei Grade technischer Systeme beziehen (low technology, mid-leveltechnology, high technology). 1995 wird die deutschsprachige Zeitschrift „Gerontotechnik" vom privatwirtschaftlich organisierten Förderverein für Gerontotechnik e. V. in Iserlohn ins Leben gerufen, die sich schwerpunktmäßig den aktuell entwickelten „low-technology"-Geräten widmet. Ihr Anliegen ist es, praxisnah und einfach über kleinere und größere praktische technische Alltagshilfen für Ältere zu informieren. Das können beispielsweise altengerechte „Komfort"-Steckdosen, Schließsysteme für Verpackungen, Liftstühle, Sturzmelder oder Haltegriffe für den sanitären Bereich sein, ebenso wie altengerechte, in der Höhe bewegliche Küchenschränke oder einfach zu bedienende Küchengeräte. In dieser Zeitschrift finden die bedeutendsten technischen

---

23 Hierbei handelt es sich um ein im Rahmen des COST-A5-Programms (Coopération européenne dans le domaine de la recherche scientifique et technique) gefördertes europäisches Forschungsprojekt.

Entwicklungen aus dem europäischen Raum Beachtung. Wichtig ist darüber hinaus, dass der Förderverein für Gerontotechnik e. V. ein Prüfsiegel für altengerechte Produkte entwickelt hat, mit dessen Hilfe er von nun an regelmäßig die Qualität der auf dem Markt angebotenen technischen Geräte bewertet.

Die meisten Forschungsbemühungen konzentrieren sich jedoch – wie schon im vorherigen Zeitabschnitt II – auf den Bereich von High-level-Technologien. Insbesondere Forschungen zum *Smarthome* gewinnen weiter an Bedeutung.[24] Unterschiedlichste Prototypen von Smarthomes werden (weiter)entwickelt und nun auch hinsichtlich ihrer Zweckdienlichkeit für Ältere evaluiert. Dabei geht es um Fragen wie:

„Kann die implementierte Technik die selbstständige Lebensführung älterer und behinderter Menschen unterstützen? Gibt es Grenzen für den Einsatz moderner Technologien? Wie empfinden die Bewohner der Modellprojekte ihre intelligente Umgebung?" (Meyer et al. 1997, S. 44).

Es zeigt sich, dass durch die Netztechnik Wohnklima und Beleuchtung optimiert werden können. Eine Verbesserung der häuslichen Sicherheit können Sensoren, Überwachungssysteme, Alarmanlagen, Notrufsysteme etc. bewirken (vgl. ebd. 62). Auch wird die Selbstständigkeit der Älteren stark erhöht. Dennoch wird deutlich, dass die Smarthome-Prototypen hinsichtlich ihrer „Sozialverträglichkeit" bislang nicht ausreichend geprüft wurden. Weder die Erfahrungen der Nutzer sind hinreichend ausgewertet noch ethische Fragen hinsichtlich der Überwachungsmöglichkeiten der Netztechnik untersucht worden (vgl. ebd. 63). Zudem sind derartige Netztechniken bislang nicht standardisiert auf dem Markt erhältlich und die Kosten einer Netzlösung sehr hoch.

Auch ein Teilbereich der Robotertechnik, der *Haushalts- oder Dienstleistungsroboter* umfasst, kann dem Bereich Wohnen und Haushalt zugeordnet werden. Im Rahmen des dritten TIDE-Kongresses in Helsinki im Jahre 1997 beschäftigt sich eine ganze Sektion mit dem Thema Robotertechnik, wobei sich der überwiegende Teil der Projekte auf Haushaltsroboter richtet (vgl. z. B. Topping et al. 1998; Takahashi et al. 1998). Bei der Überprüfung möglicher Einsatzgebiete der Robotertechnik zur Kompensation von Kompetenzdefiziten Älterer werden vor allem zwei Bereiche in die Überlegungen einbezogen: Zum einen soll der Roboter per-

---

24 In Europa wird die Forschung hierzu vor allem durch verschiedene EU-Förderprogramme wie TIDE (Technology Initiative for Disabled and Elderly People) angeregt und ermöglicht.

sonenbezogene Pflegeaufgaben und alltägliche Verrichtungen übernehmen, zum anderen soll er den Älteren zur Unterhaltung dienen (vgl. Huning 2000, S. 124). Es zeigt sich allerdings, dass sich nur wenige Projekte kommerziell durchsetzen können (vgl. ebd. 123). Zu dieser Zeit existieren vor allem Prototypen wie beispielsweise MAid (Mobility Aid for Elderly and Disabled People), ein selbst fahrender Rollstuhl, der sich zentimetergenau durch enge Wohnungen manövriert und einen Roboterarm besitzt, Care-O-bot, ein anthropomorpher Roboter, der Essen servieren, Puls fühlen und mit Hilfe von Bildschirm und Kamera eine Verbindung zur Außenwelt herstellen kann, oder HERMES, ein Dienst- und Assistenzroboter, der Hol- und Bringdienste erledigt und der Informationsweitergabe dient (zum Care-O-bot vgl. Fraunhofer/IPA 2010, zum HERMES Universität der Bundeswehr München 2010).

Auch das Thema *Sicherheit* spielt vor allem im Rahmen der Forschung zu Wohnen und Haushalt eine wichtige Rolle. Im Mittelpunkt stehen hier zum einen Sicherheitssysteme wie Hausnotrufsysteme, zum anderen Low-technology-Lösungen, um die Gesundheit der Älteren zu schützen. Während im zweiten Bereich zum Beispiel über die Potenziale von Low-technology-Geräten wie Haltegriffen im sanitären Bereich nachgedacht wird (vgl. z. B. Berlo 1998), stehen im ersten Bereich vor allem „intelligente" Notruf- bzw. Sicherheitssysteme im Zentrum der Forschung (vgl. z. B. Yoshimura et al. 2002). Auch diese Forschungslinie hat sich erst mit den Fortschritten der Informations- und Kommunikationstechniken etabliert. Intelligente Notrufsysteme stellen eine Erweiterung der schon seit langem verbreiteten klassischen Notrufsysteme dar. Ihr Vorzug besteht darin, dass sie nicht durch die Älteren selbst ausgelöst werden müssen, sondern Gefahrensituationen selbstständig erkennen und in Sekundenschnelle einen Alarm bei entsprechenden Call Centern auslösen können. Als Gefahrensituationen registrieren sie beispielsweise austretende Wassermengen, Rauchentwicklung, die Überhitzung von Herdplatten etc. (vgl. Huning 2000, S. 136).[25] Da derartige Geräte recht einfach zu bedienen und zugleich kostengünstig sind, ist davon auszugehen, dass sie sich zukünftig relativ schnell verbreiten werden.

Zusammenfassend zeigt sich für den Bereich Wohnen und Haushalt allerdings, dass überwiegend an technischen Einzellösungen gearbeitet wird und weniger an ganzheitlichen Lösungen, die das ganze Spektrum des Wohnens im Alter erfassen (vgl. Krämer 2000a, S. 250). Ebenso entsteht der Eindruck, dass sich eine große

---

25 Der Übergang dieser Sicherheitssysteme zu einer Vernetzung des Haushalts im Sinne der Smarthome-Konzepte ist fließend.

Zahl technischer Projekte und Produkte noch in einer eher frühen Entwicklungsphase befindet. Die Forschung mag intensiv und dynamisch erscheinen, aber wesentliche Rahmenbedingungen für eine erfolgreiche Umsetzung der Erkenntnisse – wie die Finanzierung und der Vertrieb der entwickelten Produkte – sind noch nicht geklärt (vgl. ebd. 244, Vermeulen, Berlo 1998).

Fragen des *Designs* bzw. der *Ergonomie* werden zu dieser Zeit – wie auch schon im Zeitabschnitt II – vielfach im Zusammenhang mit dem Thema Wohnen und Haushalt und bezogen auf Low-technology-Produkte diskutiert (vgl. z. B. Berlo 1998; Pichert 2002). Darüber hinaus spielt nun aber auch das Design der neuen Kommunikations- und Informationstechniken eine herausragende Rolle. Viele Forschungsprojekte haben sich darauf spezialisiert, die Bedienoberflächen der „intelligenten" technischen Geräte und der durch sie vermittelten Dienste altengerecht bzw. „menschengerecht" (Design for All) zu gestalten. Dabei kann es sowohl um die Verbesserung der Nutzeroberfläche eines Computers als auch um die einer Internetseite für Ältere gehen (vgl. z. B. Kato et al. 1998).

Eine kaum zu überschauende Menge an Forschungsprojekten existiert ebenso zum Thema *Gesundheit*. Auch die Anzahl der hierbei bearbeiteten Themen ist groß. So wird beispielsweise über Ernährungsprobleme dementer Älterer geforscht (vgl. z. B. Colombo, Vitali 1998), über die Nutzbarmachung der allgemeinen technischen Fortschritte für die Entwicklung verbesserter Hörgeräte (vgl. z. B. Tesch-Römer 2002), über den Einsatz von Computertechnik zur Förderung der psychischen Gesundheit Älterer (vgl. z. B. Kroutko und Potemkina 1998), über die Möglichkeiten elektronischer Erinnerungshilfen für die Medikamenteneinnahme (vgl. z. B. Creedon et al. 1998) oder über verbesserte Möglichkeiten der Prothesenentwicklung (vgl. z. B. Kyberd, Evans 1998). Eine aufgrund allgemeiner Weiterentwicklungen im Bereich der Informations- und Kommunikationstechniken neu entstandene Forschungsperspektive ist die der *Telemedizin* bzw. der Telecare (vgl. z. B. Tamura et al. 1998). Von den Forschern wird in diesem Bereich zwischen der sogenannten Selfcare und der Telecare unterschieden. Selfcare bedeutet eine Ausweitung der bereits weit verbreiteten eigenen gesundheitlichen Vorsorgemaßnahmen (vgl. Huning 2000, S. 128). In diesem Sinne wird beispielsweise der Blutdruck nicht mehr mit einem isolierten, sondern mit einem vernetzten Gerät gemessen, so dass die Daten direkt an einen Computer übertragen werden können, der sie auswertet und aus den Ergebnissen Handlungsvorschläge ableitet. Die Telecare geht noch einen Schritt weiter: Hier werden gesundheitsbezogene Daten an einen Gesundheitsdienst weitergeleitet, der dem Patienten daraufhin eine medizinische und auch psychosoziale Fernbetreuung und Fernpflege (Telemonitoring) zukommen lässt (vgl. ebd. 129). Telemedizinische Anwendungen werden zu dieser Zeit in den Bereichen Teleradiologie, Teledermatologie, Telepsychologie und Telepathologie erprobt (vgl. z. B. Goossen 1998). Von dieser Form der Betreuung verspricht man sich Einsparungen bei den Gesundheitsausgaben in Milliardenhöhe (vgl. Huning 2000, S. 133).

Zum Thema *Information und Kommunikation* gibt es nun ebenfalls eine kaum zu überschauende Menge an Forschungsarbeiten. Insbesondere das Internet steht dabei – vor allem in den USA – im Mittelpunkt, da es immer mehr der Informationsgewinnung dient. Die Informationssuche über das Internet ist ein komplexer Prozess, der mit diversen Anforderungen an das Gedächtnis, das räumliche Vorstellungsvermögen, an Logik und Problemlösungskompetenzen verbunden ist (vgl. Wolter 2006, S. 34). Die Studien zeigen, dass Ältere sich zwar Informationen in elektronischen Umgebungen beschaffen können, dabei aber mehr Schwierigkeiten haben als Jüngere (vgl. ebd.). Ziel der Forschungen ist es daher überwiegend, die Benutzerfreundlichkeit der Bedienoberflächen zu verbessern, um damit eine Kompensation altersbedingter Einschränkungen zu ermöglichen (vgl. z. B. Hutchison et al. 1997). Auch die Kommunikation per E-Mail gewinnt als Forschungsthema zunehmend an Bedeutung (vgl. z. B. Berlo, Valen 1998). Aber das Telefon hat als Forschungsgegenstand keineswegs an Attraktivität verloren. Technische Neuerungen wie die Sprachwahl oder speziell für Ältere entwickelte Telefone mit großen, beleuchteten Tasten und einer besseren Lautstärkeregelung bieten hier wichtige Ansatzpunkte (vgl. z. B. White 1998). Auch hinsichtlich möglicher Telekommunikationsdienstleistungen existiert eine Vielzahl von Forschungsbemühungen (vgl. z. B. Moniz-Pereira, Lebre 1998).

Und beim Thema *Freizeit und Selbstverwirklichung* rücken nun gleichfalls die Informations- und Kommunikationsangebote von Computer und Internet in den Mittelpunkt der Forschung. Zu dieser Zeit haben zum einen Internet-Weiterbildungsangebote für Ältere stark zugenommen (vgl. z. B. Huning 2000, S. 119; Mayhorn et al. 2004). Zum anderen werden auf lokaler Ebene immer mehr Fortbildungen für Ältere angeboten, um sie in die Anwendung der neuen Techniken einzuführen. Mit Angeboten auf Senioren-Websites, in Chatrooms oder Diskussionsforen befasst sich ebenso eine Vielzahl von Forschungsprojekten. Ein weiteres Themenfeld bilden die kommerziellen Angebote des Internets wie Teleshopping, Telebanking und sonstige Beratungsdienste (vgl. z. B. Huning 2000, S. 119). Hier zeigt sich, dass sich deren Anwendung bei den Älteren noch nicht konsolidiert hat, obwohl sie gerade für diese Gruppe aufgrund möglicher altersbedingter Mobilitätseinschränkungen von besonderer Bedeutung sind.

Mit dem Thema *Pflege* beschäftigt sich ebenfalls eine Vielzahl von Projekten (vgl. z. B. Pieper, Riederer 1998). Eine neue und wichtige Forschungsperspektive bildet hier – wie oben schon genannt – die sogenannte Telecare, „die multimediabasierte Fernbetreuung bzw. Fernpflege von Patienten bzw. Pflegebedürftigen in ihrem privaten Umfeld" (Erkert 1999, S. 2; vgl. z. B. Tamura et al. 1998). Daneben sind auch technisch basierte Erleichterungen bei den Pflegetätigkeiten ein wichtiges Forschungsthema (vgl. z. B. Barron, McMahon 1998). Wesentliche Informationen hierzu liefert beispielsweise die Zeitschrift Gerontotechnik, die sich schwerpunktmäßig mit Low-technology-Produkten befasst, die auch für Pflegende und Betreuende eine wichtige Hilfestellung bedeuten. Dennoch überwiegen auch in diesem Bereich die Forschungen zu High-technology-Produkten.

Zum Thema *Arbeitsplatz* der Älteren findet sich eher wenig in den einschlägigen Werken zur Gerontotechnik (vgl. z. B. Barkvik, Martensson 1998). Aber auch hier stehen nun die neuen Informations- und Kommunikationstechniken im Mittelpunkt. Es wird vor allem darüber nachgedacht, wie Ältere befähigt werden können, erfolgreich mit den neuen Medien umzugehen.

Erstmals findet zu dieser Zeit das Thema *Technikakzeptanz und -einstellung* der Älteren einige Beachtung. In einer wenn auch kleinen Zahl von Forschungsprojekten werden technische Geräte nun – vor allem im europäischen Raum – auch aus der Nutzerperspektive untersucht (vgl. z. B. Flaschenträger et al. 1998). Die Erhebung zur Einstellung der Älteren bezieht unterschiedliche Technikgebiete wie Mobilitätstechnik, Computertechnik, Haushaltstechnik etc. mit ein (vgl. Huning 2000, S. 131).

Ein weiteres Thema, das nun an Bedeutung gewinnt, aber aus der oben erarbeiteten Kategorisierung (S. 49) herausfällt, ist das der *Vermarktung* gerontotechnischer Produkte. Diesem Komplex widmen sich auf dem TIDE-Kongress 1997 in Helsinki einige Forscher (vgl. z. B. Barak 1998, Francois 1998). Es wird zunehmend erkannt, dass nicht nur die Entwicklung technischer Produkte, sondern auch ihre gelungene Vermarktung eine Voraussetzung für ihren Markterfolg ist.

3.3.2 Disziplinäre Schwerpunkte

Bei der Betrachtung der an der Forschung beteiligten Disziplinen dieses Zeitabschnitts fällt zum einen auf, dass die Multi- bzw. Interdisziplinarität weiterhin ein wichtiges Ziel der Gerontotechnik ist, das kontinuierlich verfolgt und weiter ausgebaut wird. Viele bedeutsame Forschungsergebnisse werden durch diese Kooperationen überhaupt erst möglich.

Zum anderen wird nun auch die Betriebswirtschaftslehre nach und nach mit in die Forschungsüberlegungen einbezogen, da sich allmählich deutlich abzeichnet, dass gerade bei den Vertriebswegen und bei der Vermarktung altersgerechter Geräte große Probleme bzw. viele offene Fragen existieren. Darüber hinaus wird ein nach wie vor starkes Übergewicht der technischen Perspektiven sichtbar. Auch wenn beispielsweise programmatisch die Berücksichtigung individueller, sozialer und ethischer Aspekte bei der Entwicklung altersgerechter Geräte gefordert wird (vgl. z. B. Ikonen et al. 2002; Krämer 2000), überwiegt dennoch eine technikwissenschaftliche Fokussierung. Bei der Entwicklung neuer Produkte werden die älteren Menschen meist nicht zu ihren Bedürfnissen, Vorstellungen und Deutungen der Technik befragt. Vielmehr wird häufig „am Schreibtisch" eine Liste möglicher Problemkreise erstellt, „denen wir als älterer Mensch begegnen" (Reents 1996, S. 2), um daraus Produktanforderungen zu generieren (vgl. z. B. Breuer 1998). Unterbelichtet bleiben aus dieser Perspektive die symbolischen Bedeutungen von Technik, ihre soziale Konstruiertheit und ihre individuellen Bedeutungszuschreibungen, so dass nicht eingeschätzt werden kann, ob die entwickelten Geräte tatsächlich den Wünschen und Bedürfnissen der Älteren entsprechen oder nicht.[26] Nur der Einbezug einer sozialwissenschaftlich orientierten Forschung könnte diese weiteren wesentlichen „Rahmenbedingungen" offenbaren, die für eine erfolgreiche Integration technischer Geräte im Alltag der Älteren unabdingbar sind.

Wie wesentlich gerade diese Forschungsperspektive ist, zeigen einige sozialwissenschaftliche Projekte aus dem europäischen Raum, die sich explizit mit der Nutzerperspektive beschäftigen (vgl. z. B. Flaschenträger et al. 1998). Hier wird deutlich, dass vor den gewiss sehr wichtigen technischen Innovationen vor allem der Zugang und die Akzeptanz von Technik durch die Älteren stehen.

3.4 Zeitabschnitt IV: Strukturierung, Differenzierung, Transnationalisierung

Seit ca. 2000 kann die Gerontotechnik als gereifter Forschungsbereich bezeichnet werden (vgl. Wolter 2006, S. 53). Mit den Publikationen „Gerontechnology. Why and How" von Harrington und Harrington (2000) und „Gerontechnology: Research and Practice in Technology and Aging. A Textbook and Reference for Mul-

---

26 Riederer (1999) beispielsweise beschreibt sehr deutlich die Technikentwicklung als einen sozialen Prozess und verweist zugleich auf die symbolische Bedeutung von Technik und deren soziale Konstruiertheit. Dennoch bezieht er die potenziellen Nutzer erst nachträglich durch eine „Versuchsreihe" in seine Studie mit ein, die zudem den persönlichen Kontext der Probanden vernachlässigt.

tiple Disciplines" von Burdick und Kwon (2004) existieren erste Lehrbücher, so dass die Forderungen nach einem Lehrcurriculum ansatzweise erfüllt sind. Darüber hinaus kommt im September 2001 die erste Ausgabe der nun vierteljährlich erscheinenden Zeitschrift der ISG „Gerontechnology. International journal on the fundamental aspects of technology to serve the ageing society" heraus. Im Jahre 2002 findet die vierte Gerontotechnik-Konferenz in Miami Beach statt. Die nächste Konferenz folgt 2005 in Nagoya, die sechste Konferenz 2008 in Pisa. Es wird erkennbar, dass sich die Gerontotechnik langsam zu einem eigenständigen und dynamischen Forschungsbereich entwickelt hat.

Das Thema Alter und Technik wird seit etwa 2000 aber auch in anderen Kontexten verstärkt diskutiert. Sowohl die *International Ergonomics Association* als auch die *Human Factors and Ergonomics Society* beschäftigen sich nun nachdrücklicher mit dem Thema und sind auch auf den Kongressen in Miami und Nagoya vertreten, so dass eine inhaltliche Auseinandersetzung mit der Gerontotechnik erfolgt. Mit dieser Entwicklung kann die ISG nun keinen Alleinanspruch auf das Thema mehr erheben (vgl. Pieper 2002), sondern allenfalls bestimmte Forschungsnischen wie z. B. pflegetechnische Anwendungen besetzen (vgl. Wolter 2006, S. 55). Dass das Thema auch außerhalb der Gerontotechnik auf steigendes Interesse stößt, zeigt sich auch daran, dass im Jahre 2006 in Florida die *International Conference of Aging, Disability, and Independence* stattfindet. Ziel der Veranstalter ist es, Forscher, Praktiker, Wirtschaftsführer und Personen aus der Politik zusammenzubringen und ihnen die Möglichkeit zu bieten, sich gemeinsam mit dem Thema Alter und Technik zu befassen (vgl. ebd. 79). Dabei wird kein gemeinsames Dach für eine akademische Diskussion angestrebt, sondern lediglich ein Ideenaustausch zwischen den Beteiligten. Auch bei der *2nd International Conference on Technology and Aging* 2007 in Kanada geht es weniger um gemeinsames Forschen als vielmehr darum, Forscher, Politiker und auch die Konsumenten über neueste technische Entwicklungen zu informieren.

Die Gerontotechnik zeichnet sich nun auf inhaltlicher Ebene durch eine stärkere *Strukturierung* und *Differenzierung* des gesamten Problemfeldes aus. Der ersten Ausgabe der Zeitschrift „Gerontechnology" aus dem Jahre 2001 sind die für die Zukunft als relevant anerkannten Forschungskategorien zu entnehmen, nämlich: „health, housing, mobility, communication, leisure and work" (Gerontechnology 2001, im Vorwort „Aims and Scope"). Die zentralen Fragestellungen und neue Forschungstrends werden nun systematisch erfasst und den einzelnen Kategorien zugeordnet. Darüber hinaus lässt sich eine zunehmende Differenzierung der Themen feststellen, was sich beispielsweise beim Kongress in Miami 2002 deutlich zeigt: Dort finden zwar mehrere große thematisch orientierte Symposien statt; diese werden dann aber wiederum in einzelne Sessions unterteilt, um der Vielfalt an unterschiedlichen Themen gerecht zu werden. Es werden beispielsweise nicht mehr die Informations- und Kommunikationstechniken im Allgemeinen, sondern getrennt nach Themenfeldern wie Web-Usability, Computer-Eingabegeräten oder Navigation im Internet aufbereitet. Darüber hinaus werden neue Fragen und Forschungsperspektiven entwickelt, die die bisherigen Forschungsschwerpunkte ergänzen. Beispielsweise werden nun ethische Aspekte und hin und wieder auch soziale Rahmenbedingungen beim Einsatz von Technik im Alltag Älterer mit in die Überlegungen einbezogen.

Zudem zeigt sich die Forschung nun noch stärker als zuvor *transnational ausgerichtet*. Während die einzelnen Forschungsprojekte zuvor tendenziell eher innerhalb der Ländergrenzen bearbeitet wurden – und meist nur die Gerontotechnik-Konferenzen Gelegenheit zum gegenseitigen Austausch länderspezifischer Erkenntnisse boten –, werden nun die einzelnen Projekte, vor allem innerhalb der EU, verstärkt transnational besetzt durchgeführt (vgl. Wolter 2006, S. 52). Ein anderes Beispiel ist eine finnisch-japanische Kooperation zur Entwicklung eines Pflegekonzepts (vgl. Gerontechnology 2002, S. 244). Darüber hinaus zeigen nun – neben der EU, Nordamerika und Japan – auch Länder wie beispielsweise China, Brasilien, Argentinien etc. ein zunehmendes Interesse am Thema Alter und Technik, was sich u. a. in Publikationen in der Zeitschrift *Gerontechnology* widerspiegelt.

Und ein weiterer Unterschied zur vorherigen Phase wird deutlich: Ziel der Forschung ist zwar nach wie vor: „creating technological environments for innovative and independent living and social participation of older persons in good health, comfort, and safety" (Gerontechnology 2001, im Vorwort „Aims and Scope"), aber nun wird ganz klar in den Mittelpunkt gerückt, dass es sich bei den technischen Neuerungen um ein „Design for All" bzw. ein „Universal Design" handeln soll, dass die entwickelten Geräte also allen Menschen – und nicht nur den Älteren – das Leben und die täglichen Anforderungen erleichtern sollen (vgl. z. B. Atsumi et al. 2005; Harrison 2005).

3.4.1 Forschungsschwerpunkte

Die erhebliche Kostenreduktion bei technischen Geräten, ihre Miniaturisierung und die verbesserten Möglichkeiten zur Übertragung großer Datenmengen tragen dazu bei, dass sich die Forschungsbemühungen zum Thema Alter und Technik weiter intensivieren und dass zudem viele neue Teilbereiche entstehen, die erst durch diese technischen Neuerungen möglich werden. Aufgrund des Umfangs der Forschungsbemühungen können im Folgenden nicht alle wesentlichen Forschungsperspektiven erläutert werden. Daher sollen schwerpunktmäßig die durch die neuen Techniken induzierten Weiterentwicklungen berücksichtigt werden.

Als eine der bedeutendsten Herausforderungen dieser Zeit wird die Entwicklung von Techniken zur Unterstützung pflegender Familienangehöriger und professionell Pflegender *(Pflege)* angesehen. Denn Untersuchungen haben gezeigt, dass die Pflege älterer Familienangehöriger allmählich zu einem großen Problem sehr vieler Arbeitnehmer wird (vgl. z. B. Coughlin 1999). Im Zentrum der Forschungsprojekte steht die (Weiter-)Entwicklung verschiedenster *Telecare-Konzepte* (vgl z. B. Sixsmith et al. 2005). Ihr Ziel ist es, durch den Einsatz von „pervasive computing"[27] (ebd.) den Gesundheitszustand gebrechlicher Älterer regelmäßig zu prüfen. Mit Hilfe der Technik werden pflegende Angehörige oder der Pflegedienst so frühzeitig über gesundheitliche Veränderungen informiert und können zeitnah passende Pflegemaßnahmen einleiten. Das übergeordnete Ziel ist eine Kostenreduktion der Pflegedienstleistungen bei gleichzeitiger Gewährleistung einer möglichst hohen Lebensqualität der Älteren. Weitere häufig behandelte Fragen in diesem Bereich richten sich z. B. darauf, wie die Produktivität von professionellen Pflegediensten durch die Informationstechnik erhöht werden kann (vgl. z. B. Pirnes 2005), wie pflegende Familienangehörige von Demenz- oder Krebskranken durch virtuelle Unterstützung entlastet werden können (vgl. z. B. Marziali 2005; Rubert et al. 2002), wie sich durch modernste Technik die Kapazitäten von Pflegeeinrichtungen optimieren lassen oder wie durch die elektronische Verschreibung von Medikamenten („e-prescription") die Medikamentengabe sowohl in Krankenhäusern und Pflegeheimen als auch in den eigenen vier Wänden verbessert werden kann (vgl. z. B. Lindeman, Maijala 2005). Hervorzuheben ist, dass die größten Hoffnungen auf die Unterstützung bei der Pflege in die neuen Informations- und Kommunikationstechniken gesetzt werden. An manchen Stellen wird allerdings auch kritisch die Frage gestellt, inwiefern assistive Technologien zum Substitut für die Betreuung und Pflege durch Menschen werden und mit welchen (negativen) Konsequenzen dies für die Älteren selbst verbunden ist (vgl. z. B. Agree et al. 2002).

Das Thema *Gesundheit* nimmt schon allein deswegen stark an Bedeutung zu, weil sich nun eine Vielzahl von Forschungsprojekten dem immer wichtiger wer-

---

27 Pervasive Computing meint in diesem Zusammenhang die rechnergestützte permanente Kontrolle verschiedener physiologischer Werte bei Älteren.

denden Thema der *Demenz* widmet (vgl. z. B. Ross, Sanford 2002; Kautz et al. 2002). Auch hier sind es vor allem die Informations- und Kommunikationstechniken, die verbesserte Möglichkeiten des Umgangs mit der Krankheit versprechen. So werden z. B. unterschiedlichste Trainingsmethoden – meist computerbasiert – entwickelt, die eine Verschlechterung des Krankheitsbilds verhindern oder zumindest verzögern sollen (vgl. z. B. Sterns, Sterns 2005). Auch das Wissen über Alzheimer- oder Demenzerkrankungen soll den Älteren und ihren Angehörigen durch Informations- und Kommunikationstechniken nähergebracht werden: Mahony et al. (2002) beispielsweise entwickeln ein computerbasiertes Testverfahren, mit dem die Unterschiede zwischen „normaler" Vergesslichkeit und Alzheimer-Krankheit aufgezeigt werden können. Darüber hinaus wird zum Beispiel getestet, inwiefern Unterhaltungsroboter eine sinnvolle Beschäftigung für Demenzkranke ermöglichen können. Roboter als Therapeuten und Altenpfleger sind seit 2000 das Thema zahlreicher Projekte japanischer Roboter-Entwickler. Die Roboter-Robbe *Paro* beispielsweise, die nun schon seit mehreren Jahren auf dem Markt ist, gilt als der „therapeutischste Roboter der Welt" und feiert weltweit bei Demenzkranken die größten Erfolge (Wagner 2000, S. 285). Ebenso wird *Aibo* – ein Roboterhund – in Anlehnung an tiertherapeutische Ansätze mit großem Erfolg zur Anregung und Unterhaltung Demenzkranker eingesetzt (vgl. z. B. Yonemitsu et al. 2002).

Aber auch bei anderen chronischen Erkrankungen soll insbesondere die verstärkte Nutzung der neuen Techniken in Form weiterentwickelter assistiver Techniken oder telemedizinischer Anwendungen zur Verbesserung der Lebensqualität und zum Sicherheitsgefühl der Betroffenen beitragen. Während ein intensivierter Einsatz *assistiver Techniken* – wie Rollstühle, Rollatoren, Sauerstoffgeräte etc. – vor allem dem Ausgleich körperlicher Einschränkungen dienen soll, soll die *Telemedizin* bzw. das *Tele-Monitoring* vor allem zur gesundheitsbezogenen Überwachung der Älteren eingesetzt werden (vgl. z. B. Russo 2002). Indem relevante physiologische Daten rund um die Uhr erfasst und zu telemedizinischen Dienstleistern übertragen werden, kann im Notfall automatisch ein Alarm ausgelöst, Medikation angepasst und die Therapie optimiert werden (vgl. Wolter 2006, S. 76).[28] Diese Lösungen sind vielversprechend, da hiermit lange Krankenhausaufenthalte und ständige Arztbesuche reduziert werden können. Insbesondere die Krankenkassen sind an dieser Form des Technikeinsatzes sehr interessiert, da sie sich davon große Kosteneinsparmöglichkeiten versprechen.

---

28 In diesem Bereich gibt es starke Überschneidungen zum Bereich Telecare, denn häufig sind es die Pflegenden, die im Bedarfsfall automatisch informiert werden.

Interessanterweise gibt es kaum Forschungsergebnisse zu den Auswirkungen derartiger Techniken im Leben der Älteren, gerade wo doch davon auszugehen ist, dass diese mit einschneidenden Veränderungen verbunden sind. Hinzu kommt, dass mögliche Nutzer der Techniken eher nicht in die Entwicklung der Geräte einbezogen werden, sondern erst nach Fertigstellung eines Prototyps und dann nur in sehr geringer Zahl hierzu befragt werden.

Das wichtigste Stichwort zum Bereich *Wohnen und Haushalt* ist nach wie vor das „intelligente" oder smarte Wohnen. *Smarthomes,* von denen nun nahezu in allen entwickelten Ländern eine Vielzahl von Prototypen existiert, werden kontinuierlich auf der Basis der neuesten technischen Errungenschaften weiterentwickelt. Die konkreten Anwendungsfelder der smarten Technik sind dabei sehr heterogen, aber für Ältere stehen insbesondere Aspekte wie verbesserte Alltagsorganisation, höhere Sicherheit und eine verbesserte Kommunikation im Mittelpunkt (vgl. Huning 2000, S. 117; Schulze 2011).[29] Diese Aufgaben sollen im Rahmen einer „Smarthome-Lösung" beispielsweise durch folgende Funktionen erfüllt werden: Steuerung und Kontrolle des Geräteparks von einem Punkt aus (Fernsteuerung), um Mobilitätsproblemen zu beggnen, das Erstellen elektronischer Informationen über den Status der Geräte (ein/aus) per Display oder als Voice-Message als Gedächtnisstütze, die Organisation von Teledienstleistungen (z. B. technische Defekte an Handwerksbetriebe übermitteln, Teleshopping und Telebanking ermöglichen, eine Verbindung zu Telecare-Dienstleistern schaffen, an die Medikamenteneinnahme erinnern), das Bereitstellen programmierbarer Telefone, die eine Anwahl immer wiederkehrender Nummern erleichtern, die Übersicht über den Eingangsbereich auf einem Bildschirm und eventuell das Umsetzen akustischer Signale (Klingeln) in visuelle, so dass auch schwerhörige Bewohner über das Betätigen der Türklingel informiert werden etc. (vgl. ebd.).

Obwohl die meisten Smarthome-Modelle ganzheitliche Lösungen darstellen sollen, fehlen bisher umfassende Erkenntnisse über das Leben Älterer mit Funktionseinbußen in ihrer Wohnumgebung, so dass kaum angemessene technische Lösungen entwickelt werden können. In zunehmendem Maße weisen Forscher aus diesem Bereich auch darauf hin, dass es zu einem erfolgreichen Einsatz neuer Technik der Akzeptanz der Älteren bedarf und dass insofern zuerst bei den Nutzern mit ihren Wünschen und Bedürfnissen angesetzt werden muss, um erfolgreiche technische Lösungen zu generieren (vgl. z. B. Sponselee et al. 2008; Schulze 2011). Es wird dementsprechend verstärkt auf die fehlende Bearbeitung

---

29 Bei der Entwicklung von Smarthomes ist Technik und Alter nur ein Forschungsgebiet neben vielen anderen.

des Problemfeldes der Technikakzeptanz und -einstellung der Älteren, gerade bei Smarthome-Anwendungen, hingewiesen. Neben den High-level-Techniken spielen aber auch einfache Haushaltsgeräte weiterhin eine – wenngleich eher untergeordnete – Rolle. Pichert (2002, S. 91) beispielsweise entwirft wissenschaftlich begründet eine Liste von Anforderungen, die bei der Entwicklung und Gestaltung altersgerechter Geräte berücksichtigt werden sollten. Krämer betrachtet Haushaltsgeräte eher auf der Makroebene und kommt zu dem Schluss, dass es noch keine umfassende Verbreitung der technischen Angebote gibt und auch die Vorbehalte hinsichtlich ihrer Zuverlässigkeit sehr groß sind (vgl. Krämer 2000, S. 11). Problematisch erscheint ihm darüber hinaus, dass die meisten Produkte zunächst für einen anderen Verwendungszweck entwickelt und erst später und ohne Befragung der Älteren an deren Bedürfnisse angepasst werden (vgl. ebd. 17). Gerade in diesem Bereich offenbart sich ein großer Bedarf an weiterführender Forschung. Zumindest ansatzweise wird in Deutschland versucht, diese Lücke zu schließen. Das Institut für Haushaltstechnik und Ökotrophologie in Kranzberg hat zum Beispiel 2005 die Bedürfnisse älterer Menschen als Konsumenten erhoben, um bessere Informationen über seniorengerechte technische Produkte für den Haushalt zu erhalten (vgl. Baier, Blechinger-Zahnweh 2005). Und auch der Förderverein für Gerontotechnik e. V. führt weiterhin Untersuchungen mit Älteren durch, um die Tauglichkeit unterschiedlichster „altengerechter" Haushaltsgeräte zu prüfen (vgl. Zeitschrift für Gerontotechnik).

Im Rahmen der Betrachtung von Wohnen und Haushalt hat der Bereich *Sicherheit* nach wie vor große Bedeutung. Meist werden bisherige Problemlösungsansätze zur Sicherheitserzeugung durch die neuen Techniken erweitert oder verbessert. Wichtige Forschungsperspektiven sind hier beispielsweise die (Weiter-)Entwicklung von Fall-Detektoren (vgl. z. B. Bianchi et al. 2008) oder Monitoring-Systemen, die in der Lage sind, unterschiedlichste Kriterien wie physiologische Werte, Aktivitäten der Älteren oder auch Aspekte der Wohnumgebung (Temperatur, Lichtverhältnisse etc.) zu erfassen (vgl. z. B. Sixsmith et al. 2005; Kutzik, Glascock 2004). Fragen hinsichtlich ethischer Aspekte dieser „Überwachungssysteme" werden hingegen eher vernachlässigt.

Während der Bereich des *Designs* bislang vor allem im Zusammenhang mit dem Thema Wohnen und Haushalt und sehr praxisnah diskutiert wurde, steht nun eine eher allgemeine Betrachtung der Anforderungen an das Design für Ältere im Mittelpunkt. Insbesondere Japan setzt sich intensiv dafür ein, dass internationale Standards entwickelt werden, die eine länderübergreifende Zusammenarbeit und eine Optimierung des Kenntnisstandes erleichtern sollen (vgl. z. B. Kurakata, Sagawa 2005).

Nicht nur in vielen anderen Bereichen, sondern auch für sich genommen haben die Informations- und Kommunikationstechniken weiter an Bedeutung gewonnen. Die Forschung zur *Information und Kommunikation* ist sehr vielseitig geworden, weil versucht wird, die ungeheure Vielfalt neuer Techniken auch für Ältere nutzbar zu machen. Im Mittelpunkt stehen aber nach wie vor die Computer- und Internetnutzung, die Telefonie hingegen hat – zumindest in den zentralen Publikationen der Gerontotechnik – an Bedeutung verloren. Hinsichtlich der Computer- und Internetnutzung Älterer ist die Forschung unüberschaubar geworden. Dass das Internet derart im Mittelpunkt steht, ist darauf zurückzuführen, dass es immer mehr alltagsrelevante Funktionen erfüllt, so dass Nutzungshindernisse bei Älteren besonders folgenreich sind. Daher ist es naheliegend, dass insbesondere Usability- und Design-Fragen derzeit intensiv bearbeitet werden (vgl. z. B. Pak et al. 2002; Ownby, Czaja 2002). Auffällig ist, dass Themen wie die Nutzung von E-Mail-Systemen (vgl. z. B. Chen, Umemuro 2005), Trainingsprogramme für Ältere zum Arbeiten mit dem Computer (vgl. z. B. Chung, Lam 2005) oder die „Angst" vor dem Computer (vgl. z. B. Hussain et al. 2008) nun auch in Ländern bearbeitet werden, die sich ihnen vorher aufgrund ihres allgemein geringeren technischen Standes kaum oder gar nicht gewidmet haben. Zu allen Themengebieten finden sich nun Studien aus einer Vielzahl von Ländern. Zusammenfassend zeigt sich die Forschung meist mit derart differenzierten Teilaspekten des Internets beschäftigt, dass ein umfassendes Bild über ältere Internetnutzer nicht erstellt werden kann.

Forschungsthemen zur telefonvermittelten Kommunikation sind beispielsweise der Umgang mit den derzeit immer wichtiger werdenden sogenannten „Telephone Voice Menue Systems" (vgl. z. B. Czaja, Sharit 2002), mit denen Ältere häufig Probleme haben, eine telefonvermittelte Unterstützung der Pflegekräfte (vgl. z. B. Perdomo et al. 2002), das Verschicken medizinischer Anordnungen per SMS (vgl. z. B. Calcagnini et al. 2008), alles Themen, die die neuesten Fortschritte in der Technik berücksichtigen. Die sinkende Anzahl an Forschungsprojekten zum Telefon lässt sich vermutlich auf die steigende Bedeutung des Computers als zentrales Kommunikationsmedium zurückführen.

(Außerhäusliche) Mobilität und Verkehr bilden auch deswegen weiter ein Schwerpunktthema, weil sie für ein aktives und sozial integriertes Leben der Älteren unverzichtbar sind. Und da die Anzahl älterer Autofahrer in den nächsten Jahren stark zunehmen wird, ist das Thema Fahrtauglichkeit von besonderem Interesse. Durch Weiterentwicklungen in der Informatik, Bildverarbeitung und Sensortechnik kann nun mit Hilfe interaktiver Fahrsimulatoren – die annähernd reale Fahrsituationen nachahmen – das Fahrverhalten von Älteren mit

Funktionseinbußen gemessen werden (vgl. z. B. Rebok, Keyl 2004). Darüber hinaus gibt es erste Bemühungen, Fahrsimulatoren zum Training der Fahrtüchtigkeit zu nutzen (vgl. z. B. Wolter 2006, S. 62). In diesem Bereich wird eindeutig am Defizitbild des Alters festgehalten. Ein weiteres, viel behandeltes Thema sind Fahrerassistenzsysteme, die sich allerdings weniger an den Bedürfnissen der Älteren orientieren, aber dennoch gerade für sie von großem Nutzen sein können. Typische Entwicklungen sind hier Einparkhilfen, Navigationsgeräte, Systeme zur Sichtverbesserung, Distanzmessung und Steuerung der Fahrdynamik etc. (vgl. z. B. Färber 2000). Einen weiteren Forschungstrend bildet hierbei die Frage, wie Ältere mit diesen Systemen umgehen können und inwiefern sich ihr Sicherheitsgefühl und ihr Fahrverhalten dadurch verändern (vgl. ebd.). Sehr viele Forschungsstudien existieren auch zu Rollstühlen, die – nun ausgestattet mit neuester Technik – einen großen Zuwachs an inner- und außerhäuslicher Mobilität (nicht nur) für Ältere bedeuten (vgl. z. B. Okumoto, Fujiwara 2005).

Auch zum Thema *Arbeit* nehmen die Forschungsbemühungen in allen hochtechnisierten Ländern stark zu, denn es zeichnet sich schon jetzt ab, dass deren Wirtschaft aufgrund des sinkenden Arbeitskräftepotenzials in Zukunft verstärkt auf ältere Arbeitnehmer angewiesen sein wird. Hier steht zum einen das Redesign von Arbeitsplätzen im Mittelpunkt, das auch Menschen mit altersbedingten Einschränkungen ermöglichen soll, produktiv zu sein. Ergebnisse aus Japan beispielsweise lassen erkennen, dass ein erfolgreiches „Job Redesign" – wie das Erleichtern körperlich anstrengender Tätigkeiten durch Maschinen – nicht nur die Produktivität fördert, sondern auch die Gesundheit und die Zufriedenheit der älteren Arbeitnehmer maßgeblich steigert (vgl. z. B. Nishino, Nagamachi 2002). Zum anderen wird lebenslanges Lernen zum zentralen Stichwort, das – mit technischer Unterstützung – praktiziert werden soll. Hier zeigt sich, dass nicht das Defizitbild des Alters die Grundlage der Forschung bildet, sondern dass nun verstärkt eine Betrachtung der „Person-Umwelt-Konstellationen"[30] erfolgt, die optimiert werden sollen. Die Bemühungen gehen darüber hinaus dahin, Ältere nicht mehr als Last oder Bürde, sondern als Ressource für den Arbeitsmarkt zu deuten. Guillemard und Cornet (2002, S. 117) betonen daher auf der Basis ihrer Untersuchungen: „The mental ability to learn and performance capacity (…) is individual and not related with age."

Ein Thema, das vor allem in Deutschland an Bedeutung gewinnt, aber dennoch weiterhin unterbelichtet bleibt, ist das der *Technikakzeptanz und -einstellung*

---

30 Bei der Analyse von Person-Umwelt-Konstellationen werden die Wechselbeziehungen zwischen älteren Menschen und ihrer Umwelt untersucht (vgl. z. B. Mollenkopf et al. 2004).

Älterer. Das Thema ist allerdings von hoher Wichtigkeit, da eine Technik, die ihren Zweck im Alltag der Älteren erfüllen soll, überhaupt erst von ihnen anerkannt und eingesetzt werden muss. Eine Erforschung der Nutzerperspektive ist daher grundlegend. Becker und Mollenkopf (2002) beispielsweise setzen im Rahmen des SENTHA-Projekts (1997 – 2003) gerade hier an. Ihr Ziel ist es, in einem ersten Schritt die Problemlagen und Bedürfnisse der Älteren in Bezug auf Technik (im Haushalt) zu untersuchen und daran anschließend innovative Verfahren zur Beteiligung von Nutzern an der Produktentwicklung zu erproben (vgl. Wolter 2006, S. 48). Damit soll die Akzeptanz des Technikeinsatzes im Haushalt erhöht werden. Hammel (2004) und Gitlin (2003) betonen dennoch, dass es bislang kaum Informationen über die Gründe für das (Nicht-)Nutzungsverhalten Älterer in Bezug auf technische Geräte gibt und dass in dieser Richtung die dringende Notwendigkeit einer einheitlichen Theorieentwicklung besteht.

Auch das Thema *Freizeit und Selbstverwirklichung* gewinnt in den Forschungsprojekten langsam an Bedeutung. In diesem Bereich liegt der Fokus wieder auf den Informations- und Kommunikationsmedien. Insbesondere die Potenziale von Video- und Computerspielen bzw. von Spielekonsolen zur Unterhaltung Älterer werden untersucht (vgl. z. B. Fernandez, Martinez 2008). Aber auch der Roboterhund Aibo oder die Roboter-Robbe Paro werden zum Vergnügen und zum Zeitvertreib (u. a. bei Demenzkranken) eingesetzt (vgl. z. B. Yonemitsu et al. 2002). Dennoch wird dieser Forschungsbereich noch stark vernachlässigt, obwohl das Thema Unterhaltung und Zeitvertreib gerade für Ältere einen hohen Stellenwert hat.

3.4.2 Disziplinäre Schwerpunkte

Auch diese Phase zeichnet sich durch ihre stark multidisziplinären Forschungsperspektiven aus. Nach wie vor werden weitere Disziplinen, allerdings überwiegend mit technik- und naturwissenschaftlicher Orientierung, in den Forschungsprozess einbezogen.

Hinzu kommt nun auch eine bewusst systematische Verknüpfung der verschiedenen Disziplinen, um die Forschungsergebnisse zu optimieren. So werden nach Bouma, Fozard, Bouwhuis und Taipale (2007, S. 190) die simultanen Prozesse des Alterns und der Technisierung der Gesellschaft nun koordinierter aufeinander bezogen, um die Möglichkeiten der Technik in einer alternden Gesellschaft besser nutzen zu können. In welcher Weise diese Verknüpfungen in den letzten Jahren erfolgt sind und welche zukünftig angestrebt werden, veranschaulichen sie anhand ihrer „Cross-Fertilization Matrix" (ebd. 198), die sie folgendermaßen beschreiben: „The combined disciplines of ageing and of technology lead to a matrix of disciplines, the cells of which provide the positions where the actual new insights and innovations for ageing people can be visualized" (ebd.).

Dass auch in dieser Phase eine sozialwissenschaftlich orientierte Perspektive nach wie vor weitgehend fehlt, lässt sich an dieser Matrix erkennen: Beispielsweise fließen dort allein die von Sackmann und Weymann (1994) herausgearbeiteten sogenannten „Technikgenerationen" als soziologische Erkenntnisse mit ein (vgl. ebd. 200). Sozialstrukturelle, kulturelle, soziale, individuelle und ethische Aspekte beim Einsatz technischer Geräte im Alltag Älterer bleiben nach wie vor überwiegend aus der Forschung ausgeblendet.

Die Forderung nach einer stärkeren Berücksichtigung gerade dieser Faktoren hat in den letzten Jahren allerdings stark zugenommen, besonders deutlich von Seiten der potenziellen Geldgeber. Für zukünftige Forschungsprojekte wird die Berücksichtigung einer sozialwissenschaftlichen Perspektive, die sich den potenziellen Nutzern widmet, daher immer mehr zur Voraussetzung für deren Bewilligung. Aber auch von den Forschern selbst wird ein fehlendes Wissen über soziale, kulturelle und individuelle Faktoren inzwischen beklagt, da sie in diesen Bereichen vielfältige Gründe für das Ablehnen technischer Produkte vermuten. Darüber hinaus wird von ihnen in steigendem Maße bemängelt, dass eine nutzerzentrierte Produktentwicklung nur in wenigen Bereichen erfolgt (vgl. z. B. Vincente 2006; Ikonen et al. 2002). Eine sich an den Bedürfnissen, Wünschen und konkreten Problemlagen der potenziellen Nutzer vorbei entwickelnde und aufgrund dessen auch nicht nachgefragte Technik wird insofern inzwischen von vielen Seiten kritisiert. Daher wird u. a. vorgeschlagen, die Methoden einer nutzerzentrierten Forschung, wie sie bislang in der Ergonomie erfolgreich umgesetzt werden, auch auf andere Bereiche zu übertragen (vgl. z. B. Pew, Hemel 2003: 5). Außerdem werden für die Zukunft verstärkt Studien gefordert, die klären, wie sich Nutzung und Technikakzeptanz über die Zeit wandeln und mit welchen Folgen die Techniknutzung verbunden ist (vgl. Fugger et al. 2008; Wolter 2006, S. 68). Hinzu kommen Forderungen nach weiteren Forschungsperspektiven wie die Betrachtung der Älteren als eine gut ausgestattete und wachsende Konsumentengruppe (Silbermarkt oder goldenes Marktsegment, vgl. z. B. Meyer-Hentschel, Meyer-Hentschel 2004, S. 7) oder die geeignete Ansprache der Älteren durch Werbung (vgl. z. B. Voß 2002), die insbesondere von den Wirtschaftswissenschaften bearbeitet werden könnten. Es zeigt sich insofern für die Zukunft die Notwendigkeit eines verstärkten Einbezugs sozialwissenschaftlicher Disziplinen.

3.5 Zusammenfassung

Das Forschungsfeld Alter und Technik wurde in vier Zeitabschnitte unterteilt, die sich erheblich voneinander unterscheiden:
(1) Die erste Phase, die sogenannte Frühphase, beginnt mit den 1980er Jahren. Sie zeichnet sich durch ihren stark visionären Charakter aus. Die überwiegende Zahl der bedeutenderen Veröffentlichungen beschäftigt sich nicht mit der Entwicklung von konkreten technischen Produkten, sondern mit „Zukunftsvisionen" über den möglichen Einsatz von Technik zur Kompensation altersbedingter Einschränkungen. Interessant ist die Treffsicherheit dieser Visionen, denn viele werden in den nächsten Jahrzehnten tatsächlich vor dem Hintergrund des rasanten technischen Fortschritts – zumindest als Prototypen im Rahmen der Forschungsprojekte – verwirklicht.

Zu dieser Zeit bestimmt das Defizitbild des Alters die Forschung. Zwar wird von Wechselwirkungen zwischen Personen und ihren Umwelten ausgegangen („environmental docility hypothesis"), aber dennoch steht die eingeschränkte Kompetenz der Älteren im Mittelpunkt, die durch die Technik (als Umwelt) ausgeglichen werden soll.

Es existiert eine eher kleine Zahl von Forschungsprojekten, die sich auf unterschiedlichste Themen wie Mobilität, Gesundheit, Arbeitsplatz, Information und Kommunikation sowie Wohnen und Haushalt beziehen. Studien zu Freizeit und Selbstverwirklichung, Ergonomie, Technikakzeptanz und -einstellung hingegen gibt es fast nicht.

Auffällig ist, dass die Forschungen fast ausschließlich den technikwissenschaftlichen Disziplinen entstammen, was sich beim Thema Wohnen und Haushalt besonders deutlich zeigt. Allein bei den sehr wenigen praxisnahen Studien sind es Mitarbeiter des Bereichs der Sozialen Arbeit, die zu Forschungen anregen und deren Erkenntnisse auch praktisch umsetzen.

(2) Die zweite Phase wird durch die Etablierung einer neuen und zugleich international ausgerichteten Forschungsperspektive Anfang der 1990er Jahre eingeleitet, der *Gerontotechnik*. Diese wird definiert als „the study of technology and aging for the improvement of the daily functioning of the elderly" (Bouma 1992, S. 1). Sie markiert den eigentlichen Beginn der Forschung zu Alter und Technik. Nun entsteht nach und nach ein multidisziplinär orientiertes Forschungsfeld, in das sowohl Wissenschaftler als auch Designer, Produzenten und soziale Experten einbezogen werden. Ziel der Gerontotechnik ist es, die unterschiedlichsten Wissensvorräte in einen konzeptuellen Rahmen zu integrieren und damit eine systematische Forschung voranzutreiben.

Im Gegensatz zur vorherigen Phase rückt nun das Bild des „erfolgreichen Alterns" (Baltes et al. 1989) in den Mittelpunkt. Alter wird nicht mehr mit „Disability" gleichgesetzt, sondern es etabliert sich die Bezeichnung „people with a certain restriction" (Bouma 2007, S. 192). Damit soll deutlich gemacht werden, dass das chronologische Alter nicht die gesamten Vorlieben, Bedürfnisse und die Identität einer Person bestimmt. Die Bedingungen des Alters werden nun als gestaltbar und veränderbar wahrgenommen. Mit dieser Neuinterpretation geht zum einen die Annahme der Heterogenität der Gruppe der Älteren einher. Zum anderen wird – logisch konsequent – nun weniger nach einer „altengerechten" Technik, sondern verstärkt nach einem technischen „Design for All" gesucht.

Auch in dieser Phase ist das Spektrum der behandelten Themen breit. Die wichtigsten Forschungsprojekte beziehen sich auf die Bereiche Gesundheit, Wohnen und Haushalt, Information und Kommunikation sowie Mobilität. Eher weniger behandelte Themen sind Pflege, Ergonomie, Sicherheit, Freizeit und Selbstverwirklichung und das Thema Arbeit. Es fällt auf, dass es sich bei sehr vielen technischen Entwicklungen eher um „Retorten-Entwicklungen" (Huning 2000, S. 113) handelt, über deren Markttauglichkeit nichts ausgesagt werden kann.

Verstärkt wird – wie oben erläutert – Multidisziplinarität bzw. die Berücksichtigung gerontologischer Erkenntnisse bei der Entwicklung technischer Produkte angestrebt. Betrachtet man die existierenden Studien allerdings genauer, dann zeigt sich, dass nun vor allem verschiedene technische Disziplinen enger zusammenarbeiten. Sozialpsychologische und soziologische Perspektiven oder auch die Nutzerperspektive bleiben weitgehend aus den Forschungsbemühungen ausgeblendet, mit der Folge, dass z. B. nicht geklärt werden kann, warum bestimmte Produkte von den Älteren nicht angenommen werden.

(3) In der dritten Phase, ab Mitte der 1990er Jahre, werden die *Forschungsbemühungen weiter intensiviert.* Dies ist vor allem auf große technische Fortschritte bei den Informations- und Kommunikationsmedien zurückzuführen, die nun aufgrund ihres hohen Entwicklungsstands zunehmend auch für das Thema Alter und Technik fruchtbar gemacht werden können. Aber auch die Miniaturisierung technischer Produkte, die Entwicklung smarter Systeme und die Fortschritte in der Biotechnologie tragen zur Expansion des Forschungsgebiets bei. Ebenso führt ein wachsendes Interesse der Politiker und Forscher am Thema zu einem starken Anstieg gerontotechnischer Studien.

Nun existieren Studien zu allen wichtigen Themengebieten. Auffällig ist, dass in allen Bereichen die Informations- und Kommunikationstechniken eine herausragende Rolle spielen. Allein das Thema Technikakzeptanz und -einstellung bleibt unterbelichtet. Als eine neue wirtschaftswissenschaftlich orientierte Forschungsrichtung hat sich die Frage nach der Vermarktung technischer Produkte für Ältere etabliert.

Hinsichtlich der beteiligten Disziplinen zeigt sich nach wie vor ein sehr starkes Übergewicht der technisch orientierten Perspektiven, auch wenn programmatisch die Berücksichtigung sozialer und individueller Aspekte gefordert wird. Einige kleinere sozialwissenschaftlich orientierte Studien im europäischen Raum beziehen die Nutzerperspektive mit ein und machen deutlich, wie wichtig gerade dieser Ansatz ist, da vor den technischen Innovationen insbesondere der Zugang und die Akzeptanz von Technik durch die Älteren stehen.

(4) Ab etwa 2000 kann die Gerontotechnik als ein gereifter Forschungsbereich bezeichnet werden, was u. a. daran sichtbar wird, dass nun Lehrbücher zum Thema vorliegen, dass häufig und regelmäßig Kongresse stattfinden, dass vierteljährlich eine Zeitschrift zur Gerontotechnik erscheint etc. Die wesentlichen Charakteristika dieser vierten Phase werden durch die Stichworte *Strukturierung, Differenzierung und Transnationalisierung* treffend gekennzeichnet: Die zahlreichen Forschungsprojekte werden nun systematischer erfasst und einzelnen vorab festgelegten Kategorien (health, housing, mobility, communication, leisure and work, Gerontechnology 2001) zugeordnet. Darüber hinaus werden die Themen immer differenzierter bearbeitet, um der Vielfalt an (neuen) Fragestellungen und Techniken gerechter zu werden. Wichtig ist nun auch das Ziel, die Forschung noch stärker transnational auszurichten. Während in den vorherigen Phasen Projekte eher innerhalb der Ländergrenzen bearbeitet wurden und die Konferenzen nur Gelegenheit zur gegenseitigen Mitteilung der länderspezifischen Erkenntnisse boten, werden Projekte nun auch verstärkt transnational besetzt durchgeführt.

Ein weiterer Unterschied zu den vorherigen Phasen besteht darin, dass nun ganz klar das „Design for All" oder „Universal Design" im Mittelpunkt steht, dass die zu entwickelnden Geräte also allen Menschen – und nicht nur den Älteren – das Leben und die alltäglichen Anforderungen erleichtern sollen.

Die erhebliche Kostenreduktion bei technischen Geräten, ihre weitergehende Miniaturisierung und die verbesserten Möglichkeiten der Übertragung großer Datenmengen tragen zur weiteren Intensivierung der Forschungsbemühungen und zum Entstehen vieler neuer Forschungsrichtungen bei. Nun wird in fast allen Bereichen eine Vielzahl von Forschungsprojekten durchgeführt, die sich insbesondere durch den Einbezug der neuesten technischen Entwicklungen auszeichnen. Nur die Schwerpunktsetzung hat sich im Vergleich zur letzten Phase etwas verschoben: Aufgrund des gestiegenen Bedarfs an Pflegedienstleistungen (durch Angehörige und professionell Pflegende) und aufgrund der starken Zunahme an

Demenzerkrankungen stehen nun die Themen Pflege und Gesundheit ganz oben auf der Liste der bearbeiteten Themen. Das Thema Technikakzeptanz und -einstellung bleibt weiterhin unterbelichtet. Einzig beim sogenannten SENTHA-Projekt spielt es eine herausragende Rolle.

In disziplinärer Hinsicht zeigen sich im Vergleich zur vorherigen Phase kaum Veränderungen. Auch diese Phase zeichnet sich durch ihre stark multidisziplinären Forschungsrichtungen aus. Dennoch fehlt nach wie vor weitgehend der Einbezug sozialwissenschaftlich orientierter Forschung, mit der sich die Bedeutungen sozialstruktureller, kultureller, individueller, sozialer und ethischer Aspekte beim Einsatz technischer Geräte im Alltag Älterer erheben ließen. Interessant ist, dass gerade diese Forschungsperspektiven nun verstärkt von Geldgebern und Forschern eingefordert werden, da vermutet wird, dass nur die Kenntnis dieser Faktoren dazu beitragen kann, befriedigende und zweckmäßige technische Produkte zu entwickeln, die auch von den Älteren angenommen werden.

Abbildung 3 gibt einen zusammenfassenden Überblick über das Forschungsfeld Alter und Technik.

3.6 Fazit

Die Analyse des Forschungsstands hat ergeben, dass die Forschung zu Alter und Technik bislang stark auf technikwissenschaftlich orientierte Fragen bezogen bleibt, mit der Folge, dass man sich der Chance beraubt, den komplexen Charakter des technischen Handelns im Alltag Älterer zu verstehen. Vernachlässigt wird dementsprechend beispielsweise, dass die Nutzer Technik mit symbolischen Inhalten versehen, die entscheidenden Einfluss darauf haben, ob sie die Technik akzeptieren oder nicht. Ebenso bleibt unterbelichtet, dass jede Technik mit kulturellen „Sinnsetzungen" verbunden ist, die einen bestimmten Umgang mit der Technik nahelegen. Darüber hinaus wird außer Acht gelassen, dass sozialstrukturelle Ungleichheitslagen mit über den (nicht) gelingenden Einsatz von Technik im Alltag Älterer bestimmen, ebenso wie individuelle und soziale Ressourcen der Älteren. Die Liste ließe sich noch enorm erweitern.

Um einen umfassenden Einblick in die Möglichkeiten und Bedingungen des Technikeinsatzes Älterer zu erhalten, ist es daher notwendig, die existierenden „blinden Flecken" des Forschungsfeldes zu beseitigen. Dies impliziert für die Zukunft eine stärker sozialwissenschaftlich ausgerichtete Forschungsperspektive, die dennoch nicht auf den Einbezug der technischen Bedingungen verzichtet. Als Grundlage für die empirische Forschung müsste ein theoretisches Modell ent-

Abbildung 3 Das Forschungsfeld Alter und Technik im historischen Verlauf

	Zeitabschnitt I: **Zukunftsvisionen** (1980er Jahre)	Zeitabschnitt II: **Etablierung der Gerontotechnik** (Anfang bis Mitte der 1990er Jahre)	Zeitabschnitt III: **Intensivierung gerontotechnischer Forschung** (Mitte bis Ende der 1990er Jahre)	Zeitabschnitt IV: **Strukturierung, Differenzierung, Transnationalisierung** (ab etwa 2000)
Forschungsschwerpunkte	• Mobilität • Gesundheit • Arbeitsplatz • Kommunikation und Interaktion • Wohnen und Haushalt	• Gesundheit • Wohnen und Haushalt (Smarthome, Robotertechnik, Sicherheit) • Information und Kommunikation	• Mobilität • Wohnen und Haushalt (Low-technology-Produkte, Smarthome, Roboter, Sicherheit) • Design • Gesundheit • Information und Kommunikation • Freizeit, Selbstverwirklichung • Pflege • (marginal Technikakzeptanz und -einstellung)	• Pflege • Gesundheit • Wohnen und Haushalt (Smarthome, Low- and Mid-level-technology-Produkte, Sicherheit etc.) • Design (Ergonomie) • Information und Kommunikation • Mobilität • Arbeit • Technikakzeptanz und -einstellung • Freizeit, Selbstverwirklichung
Forschungsdisziplinen	• Schwerpunktmäßig technikwissenschaftliche Disziplinen • Medizin (im Bereich Gesundheit)	• Multidisziplinarität • Schwerpunktmäßig technikwissenschaftliche Disziplinen • Vernachlässigung sozialpsychologischer und soziologischer Perspektiven	• Starke Multidisziplinarität • Schwerpunktmäßig technikwissenschaftliche Disziplinen • Erste kleinere Ansätze sozial- und wirtschaftswissenschaftlicher Forschung	• Sich weiter verstärkende, systematisch eingesetzte Multi-Disziplinarität • Schwerpunktmäßig technikwissenschaftliche und naturwissenschaftliche Disziplinen • Wenig sozialwissenschaftliche Disziplinen, kaum Verknüpfung mit anderen Disziplinen

Fazit

wickelt werden, das in der Lage ist, das komplexe Zusammenspiel von Alter und Technik im Alltag Älterer zu beschreiben.

Auch wenn die Themen Alter und Technik in der Soziologie kaum in Zusammenhang betrachtet werden – die Techniksoziologie vernachlässigt das Thema Alter, während die Alter(n)ssoziologie der Technik im Leben Älterer zu wenig Beachtung schenkt[31] –, so bieten meiner Meinung nach dennoch gerade aktuelle soziologische Theorien beider Gebiete ein großes Repertoire an Konzepten, mit denen eine Umorientierung in der Forschung eingeleitet werden kann. Darüber hinaus gab und gibt es gerade in Deutschland einige vielversprechende sozialwissenschaftlich orientierte Forschungsprojekte zum Thema, an die sinnvoll angeknüpft werden kann (vgl. z. B. Schulze 2011; Meyer, Schulze 2009; Berndt et al. 2009; Mollenkopf, Kaspar 2005). Insofern müsste in Zukunft verstärkt der Forderung potenzieller Geldgeber gefolgt werden, in der Forschung bei den Nutzern selbst anzuknüpfen.

Ziel der folgenden Ausführungen ist es daher, mit Hilfe soziologischer Theorieangebote einen umfassenden konzeptuellen theoretischen Rahmen zu entwickeln, der den komplexen Charakter des technischen Handelns im Alltag Älterer zu veranschaulichen und zu erklären vermag. Dieses Vorgehen impliziert allerdings eine ganz eigene Sichtweise auf das Phänomen Alter und Technik, die nicht unmittelbar als Ergänzung zur existierenden, eher technisch orientierten Forschung verstanden werden kann. Ziel dieser Forschungsrichtung kann es nicht in erster Linie sein, konkrete Verbesserungsvorschläge für technische Geräte zu machen. Vielmehr hat sie vornehmlich *erklärende Funktion*. Sie will aufzeigen, in welcher Weise Technik im Alltag der Älteren eingesetzt oder auch gemieden wird, welche Folgen dies hat und welche Bedingungen zu einem gelingenden oder nicht gelingenden Einsatz von Technik beitragen können.

---

31 Dem Mangel in der Alter(n)ssoziologie versuchen in den letzten Jahren einige deutsche Forschungsprojekte wie z. B. SENTHA (vgl. Mollenkopf et al. 2000; Meyer et al. 1997; Mollenkopf, Hampel 1994) zu begegnen. Sie werden meist der technikorientierten ökologischen Gerontologie zugeordnet.

III Soziologische Perspektiven auf Alter und Technik

Die Themen Alter(n) und Technik[1] werden in der Soziologie überwiegend unabhängig voneinander betrachtet. Daher wird in den folgenden Kapiteln zunächst thematisch getrennt nach theoretischen Ansätzen gesucht, die sich anbieten, die Komplexität des technischen Handelns Älterer in ihrem Alltag analytisch zu durchdringen, um darauf aufbauend ein zusammenhängendes theoretisches Rahmenkonzept zu entwickeln.[2]

Begonnen wird mit der Techniksoziologie, da sie die Wechselbeziehungen zwischen Technik und Gesellschaft als ihren zentralen Gegenstand begreift (4). Insofern müssten mit ihrem theoretischen Instrumentarium auch die Wechselbeziehungen zwischen Technik und der Gruppe der Älteren erfasst werden können. Eine sinnvolle Verknüpfung beider Themen zur Entwicklung eines übergreifenden theoretischen Rahmens kann daher sinnvoll an der techniksoziologischen Perspektive ansetzen. Daran anschließend werden die Theorieansätze aus der Alter(n)ssoziologie herangezogen, die beschreiben und erklären können, inwiefern die Lebensphase „Alter" für das technische Handeln im Alltag der Älteren eine Rolle spielt (5). Insbesondere konstruktivistisch orientierte Modelle scheinen für die hier verfolgte Fragestellung besonders geeignet zu sein. Eine Vielzahl quantitativ orientierter Studien belegt zudem einen Zusammenhang zwischen sozialen Ungleichheitsfaktoren und der Techniknutzung bzw. -kompetenz, so dass auch eine ungleichheitssoziologische Perspektive in das Rahmenkonzept integriert wird (6). Um das *„wie"* der Techniknutzung – die konkreten Handlungspraxen im Alltag der Älteren – einschätzen zu können, ist zudem eine Konzeptualisierung für die Mikroebene erforderlich. Hier wird das Konzept der alltäglichen

---

1   Der Begriff „Technik" wird hier in bewusster Abgrenzung zum Begriff der Technologie verwendet, da Letzterer häufig eher undifferenziert benutzt wird (vgl. z. B. Schäfers 1993, S. 170; Straka et al. 1988, S. 3).

2   Dass sich die folgenden Ausführungen vor allem auf die Disziplin der Soziologie beziehen, ist dem Problem geschuldet, dass das Thema des praktischen Umgangs mit Technik im Alltag in anderen sozialwissenschaftlichen Disziplinen noch seltener behandelt wird. Betrachtet man die Themenfelder der einzelnen Disziplinen, dann würde sich auf den ersten Blick die *Volkskunde* – mit ihrem Spezialgebiet der *Sach*kulturforschung – anbieten, das Thema zu bearbeiten. Denn ihr Anliegen ist es, sich der kulturellen Aspekte des Alltagslebens zu widmen (vgl. Beck 1997, S. 11). Und insbesondere die ab den 1970er Jahren aus der deutschsprachigen Volkskunde entstandenen Fächer „Empirische Kulturwissenschaft", „Kulturanthropologie" und „Europäische Ethnologie" haben explizit zum Ziel, die historische und gegenwärtige Alltagskultur der Moderne zu analysieren (vgl. ebd.). Dennoch zeigen sich dort bislang nur sehr wenige Bemühungen, sich dem Thema Technik zu nähern. Diese Zurückhaltung ist nach Beck auf besondere disziplinspezifische Probleme zurückzuführen, die eine Beobachtung des alltagskulturellen Umgangs mit Technik tendenziell verhindert haben (vgl. Beck 1997). Erst in neuerer Zeit wird versucht, insbesondere durch die Anknüpfung an bereits existierende, vor allem soziologische Technikkonzepte eine eigene Perspektive zu entwickeln (vgl. ebd.).

Lebensführung verwendet, da es den Blick insbesondere auf die Handlungspraxen der Menschen richtet (7).

In Kapitel 8 werden die einzelnen Theoriebausteine zusammengefügt und in einem Schaubild dargestellt. Damit werden zusammenfassend die Bedingungen aufgezeigt, die auf den Umgang Älterer mit Technik in ihrem Alltag Einfluss nehmen. Das entstandene theoretische Rahmenkonzept soll gleichfalls als heuristischer Rahmen dazu dienen, empirische Untersuchungen zu erleichtern, indem es den Fokus der Forschenden auf relevante Daten und Zusammenhänge lenkt.

4 Theorieangebote der Techniksoziologie

In der Techniksoziologie wird Technik meist – mit den Worten Schäfers' ausgedrückt – als ein „Totalphänomen" der Gesellschaft begriffen, da sie „auf allen Stufen der Menschheitsgeschichte nachweisbar ist" (Schäfers 1993, S. 171).[1] Und insbesondere in modernen Gesellschaften wird Technik häufig als so zentral betrachtet, dass beispielsweise Rammert (2007, S. 11) von einer sogenannten „*Technostruktur*" moderner Gesellschaften spricht. Technikphilosophen gehen noch weiter, indem sie betonen, dass neben der Biosphäre und der Atmosphäre auch eine „Technosphäre" (Ihde 1979, S. 15) existiert. Auch wenn sich alle darüber einig sind, dass das Leben in der Moderne ohne Technik nicht vorstellbar ist (vgl. z. B. Hennen 1992, S. 1), gibt es dennoch – im historischen Verlauf – sehr unterschiedliche Ansichten darüber, was unter Technik verstanden werden kann und in welcher Weise sie sozialwissenschaftliche Relevanz erhält. Bevor allerdings – idealtypisch und stark vereinfacht – zwischen drei differierenden Perspektiven auf Technik und Gesellschaft, und insofern zwischen drei Technikbegriffen, unterschieden wird, soll vorab eine knappe allgemeine Definition präsentiert werden.

Die Bestimmung des Begriffs der Technik hängt grundsätzlich davon ab, wie weit oder eng er gefasst wird. Bei der Formulierung eines *weiten Technikbegriffs* wird Technik häufig entweder als *Instrument* – als materielle „Verlängerung" menschlicher Organe – oder als *Handlung* – als eine besondere Form der Handlungsrationalität – verstanden (vgl. Halfmann 1996, S. 11). Rammert fasst

---

1 Gerade weil das Leben ohne Technik nicht vorstellbar ist, ist es umso verwunderlicher, dass sie in der Soziologie lange Zeit nur eine untergeordnete Rolle spielte (vgl. Hennen 1992, S. 1). Degele (2002, S. 7) begründet diese Tendenz mit disziplinären Regulierungen und Vorannahmen und daraus abgeleiteten Konstruktionen ihrer Forschungsgegenstände. Indem es der Anspruch der Soziologie war und ist, Soziales durch Soziales zu erklären (Durkheim) und nicht etwa durch Psychisches, Biologisches oder Technisches, würden zugleich auch „blinde Flecken" – wie die Technik – produziert. Auch Linde führt die „Technikabstinenz" der Soziologie auf wissenschaftsgeschichtliche und theorietechnische Gründe zurück. Es sei „die gemeinsame Kehrseite der unterschiedlichen Versuche (…), die Soziologie als eine Einzelwissenschaft neben oder zwischen älteren Sozialwissenschaften zu etablieren, welche schließlich auf (a) analytisch formale, (b) interaktionistische Social-Systems-Konzepte konvergierten" (Linde 1972, S. 13). Damit sei jedoch der Forschungsgegenstand der Soziologie um einen zentralen Bereich beschnitten, nämlich dem Handeln mit Sachen und Sachsystemen.

unter den weiten Technikbegriff „die Gesamtheit derjenigen kreativ und kunstfertig hervorgebrachten Verfahren und Einrichtungen ..., die in Handlungszusammenhängen als Mittler eingebaut werden, um Tätigkeiten in ihrer Wirksamkeit zu steigern, um Wahrnehmungen in ihrer Intensität zu stärken und um Abläufe in ihrer Verlässlichkeit zu sichern" (Rammert 2002, S. 595). Hennen (1992, S. 7) differenziert grundlegend zwischen drei verschiedenen Gegenstandsbereichen der Technik. Er unterscheidet zwischen Technik als Verfahren, Technik als Wissen und Technik als Gerät (bzw. technisches Artefakt oder System technischer Artefakte). *Technik als Verfahren* umfasst hier – ganz im Sinne Webers (1976, S. 32) – jede rationale Verwendung von Mitteln, die auch nichttechnischer Art sein können (vgl. Hennen 1992, S. 8). *Technik als Wissen* umfasst „den Fundus (wissenschaftlichen) Wissens oder auch das institutionalisierte System der Hervorbringung dieses Wissens zur Herstellung oder Steuerung technischer Verfahren oder Apparate" (ebd.). Unter *Technik als Gerät* versteht Hennen – ähnlich wie auch Gottl-Ottilienfeld (1923) – „Real"- oder Sachtechnik im Sinne von Werkzeugen, Maschinen, Apparaten etc. (vgl. ebd.). Technik wird hier auf das Materielle beschränkt.

Ein *eng gefasster Technikbegriff* bezieht sich allein auf den letzten der von Hennen (1992) beschriebenen Gegenstandsbereiche. Rammert beispielsweise versteht unter Technik im engen Sinne technische Artefakte, die dadurch gekennzeichnet sind, dass sie

> „künstlich hergestellt und ihnen in einem Handlungskontext dauerhaft instrumentelle Funktionen zugewiesen werden. Artefakte der Kategorie Gerät, Maschine, Apparatur und gebaute Anlagen fallen unter diesen Begriff der Sachtechnik, der in der älteren Literatur auch als Realtechnik bezeichnet wird" (Rammert 2002, S. 595).

Dieser enge Technikbegriff ist nach Hennen zugleich die am weitesten entwickelte Form eines sozialwissenschaftlichen Begriffs der Technik, da er die beiden erstgenannten Dimensionen in sich vereinigen kann (vgl. Hennen 1992, S. 10). Für das Thema Alter und Technik ist gerade er zentral, da die technischen Geräte im Alltag der Älteren im Mittelpunkt des Interesses stehen.

Im historischen Verlauf existieren drei differierende Perspektiven auf Technik und Gesellschaft: Eine wird meist als „techniksoziologischer Determinismus" bezeichnet, eine zweite als „techniksoziologischer Konstruktivismus", während die dritte und aktuellere häufig „Technik als soziale Institution" genannt wird (vgl. z. B. Hennen 1992). Zur Bearbeitung des Themas Alter und Technik bietet sich vor allem die letzte Perspektive an. Bevor hierauf näher eingegangen wird, sollen zunächst knapp die anderen vorgestellt werden, da sie wichtige Grundlagen für Letztere bilden.

Dem bis in die 1970er Jahre vorherrschenden *techniksoziologischen Determinismus* liegen die Annahmen zugrunde, dass Technik die sozialen Verhältnisse verändert, aber auch dass eine Anpassung sozialer Verhältnisse an die Anforderungen der Technik erzwungen wird (vgl. z. B. Beck 1997, S. 175).[2] Technische Entwicklung selbst wird dabei als unabhängig vom gesellschaftlichen Wandel, als „autonom" begriffen (vgl. Winner 1977).[3] Als Umwelt der Gesellschaft habe sie eigene Gesetze und folge einer eigenen Logik. Diese ergibt sich beispielsweise nach Ogburn und Thomas (1922) durch die Eigendynamik ihrer Entwicklung. Technische Erfindungen, so lautet deren Argumentation, setzen dadurch, dass sie mit anderen technischen Entwicklungen verknüpft werden können, stets einen neuen Schub technischer Innovationen in Gang. Technik wird also als ein System verstanden, das unabhängig vom Menschen – und daher außerhalb seiner Kontrolle – einer eigenen Rationalität folgt (vgl. auch Degele 2002, S. 24). Dieser Perspektive liegt ein sehr weit gefasster Technikbegriff zugrunde: Technik wird hier überwiegend mit *Rationalisierung* gleichgesetzt. Der Einfluss der Technik auf die Gesellschaft wird dabei unterschiedlich – positiv wie negativ – beschrieben: beispielsweise als „kolonisierende Landnahme" mit „zersetzender Wirkung", als Prozess des „Maschinewerdens" des Menschen (Bammé et al. 1983) oder als das „Dominantwerden technischer Kategorien in der Lebenswelt" (Freyer 1960). Popitz (1995) geht davon aus, dass die Technik die Entwicklungsmöglichkeiten ganzer Epochen und Gesellschaftsformen bestimmt. Und Degele (2002, S. 23) fragt provokant nach der subversiven Kraft der Technik.

Kritik an der Vorstellung von Technik, die sich unabhängig von der Gesellschaft entwickelt, üben schon früh die Vertreter der sogenannten „*Technokratiethese*", wie beispielsweise Ellul (1964), Marcuse (1965) und Schelsky (1965). Sie begreifen Technik nicht als jenseits gesellschaftlicher Bedingungen, sondern als ein gesellschaftliches Produkt, als ein Mittel zur Realisierung sozialer Zwecke

---

2   Es lassen sich in der Literatur zwei Formen des Zwangs zur Anpassung unterscheiden: Einmal wird auf die technischen Geräte selbst verwiesen, die adäquate menschliche Verhaltensweisen erfordern, um zu funktionieren. Hierzu zählt beispielsweise die These Ogburns vom „Cultural lag", nach der technische Neuerungen als unabhängige und die gesellschaftlichen Produktionsweisen als abhängige Variablen begriffen werden (vgl. Ogburn 1967). Ropohl (1988, S. 136) bezeichnet dies als konsequentiellen Determinismus. Zum anderen wird argumentiert, dass die Technik den Menschen eine bestimmte technische Denkweise auch in außertechnischen Bereichen aufzwingt.

3   Dieser Technikbegriff liegt meist der sozialwissenschaftlichen Technikfolgenabschätzung zugrunde und war bis Ende der 1970er Jahre auch bestimmend für die Industriesoziologie (vgl. Lutz 1987, S. 37).

wie beispielsweise zum Ausüben von Macht und Herrschaft (vgl. Degele 2002, S. 35).[4] Technik ist in diesem Sinne das Ergebnis eines interessengeleiteten gesellschaftlichen Handelns. Damit wird die Analyseperspektive der anderen Ansätze aufgegeben, um die Technik selbst in ihrer sozialen Bedingtheit zum Untersuchungsgegenstand zu machen. Dennoch implizieren auch diese Ansätze ein deterministisches Konzept des Zusammenhangs von Technik und Gesellschaft, da auch hier von einer der Technik innewohnenden Tendenz zur Selbststeigerung und zur Ausweitung ihres Anwendungsbereichs ausgegangen wird, mit Folgen für die sozialen Verhältnisse (vgl. Hennen 1992, S. 13).

Die deterministische Perspektive impliziert, dass materielle und nichtmaterielle Technik als *zweckrationales Instrument* zur Kontrolle der Umwelt eingesetzt werden kann. In diesem Sinne dient sie der Entlastung und Erweiterung der menschlichen Handlungsmöglichkeiten (vgl. Hennen 1992, S. 23; Winner 1986, S. 5 f.), ein Aspekt, der auch beim Einsatz von Technik im Alltag Älterer große Bedeutung erhält. Allerdings bleibt hier unberücksichtigt, dass Technik immer in soziale Handlungskontexte – in soziales Handeln mit der ihm eigenen Rationalität – eingebunden ist. Und ein Technikbegriff, der dies nicht berücksichtigt, kann nicht klären, in welchen Motiven der Handelnden der Einsatz von Technik begründet liegt. Ebenso kann ein derart abstrakter und weit gefasster Technikbegriff, wie er hier vorliegt, allenfalls die besonderen Charakteristika der technischen Entwicklung aufzeigen, nicht aber ihre Bedingtheit durch einen je spezifischen historischen Kontext (vgl. Rammert 1982, S. 50). Insofern ist dieser Ansatz für die Beschreibung des komplexen Wechselverhältnisses zwischen Technik und den Älteren zu einseitig.

In neueren Ansätzen, die dem *techniksoziologischen Konstruktivismus* zugeordnet werden können, wird Technik in einem weit differenzierteren Sinne als Produkt der Gesellschaft bzw. als Produkt konkreter Bedingungen der Technikgenese und Technikdiffusion verstanden (vgl. Hennen 1992, S. 26 ff). Aus dieser Perspektive rücken die sozialen, kulturellen, wirtschaftlichen und politischen Bestimmungsgründe technischer Entwicklung in den Mittelpunkt (vgl. hier z. B. Pinch, Bijker 1984; Knorr-Cetina 1988). Insofern wird hier der Einwand der oben genannten Vertreter der Technokratiethese aufgegriffen und die These der Autonomie technischer Entwicklung in Frage gestellt. Kennzeichen dieses Technikverständnisses sind die Annahmen, dass technischer Wandel ein evolutionärer, nicht

---

4 Marcuse (1965, S. 127) beispielsweise formuliert es folgendermaßen: „Technik ist jeweils ein geschichtlich-gesellschaftliches Projekt; in ihr ist projektiert, was eine Gesellschaft und die sie beherrschenden Interessen mit dem Menschen und mit den Dingen zu machen gedenken."

zielgerichteter Prozess ist, dass Technik immer Elemente sozialer Organisation beinhaltet und dass technische Entwicklung daher in vielfältiger Weise vom sozialen Kontext mit bestimmt wird (vgl. Hennen 1992, S. 29). Diese Merkmale eines nichtdeterministischen Konzepts des technischen Wandels hat in ersten Ansätzen schon früh Gilfillan (1935) entwickelt.

Sie werden allerdings erst spät in neueren Untersuchungen wieder aufgegriffen.[5] Zu diesen zählt beispielsweise das Konzept von Pinch und Bijker (1984), das eine radikal konstruktivistische Perspektive beinhaltet. Nach Pinch und Bijker ist Technik nicht durch objektive Eigenschaften der Natur bestimmt, sondern ist das Ergebnis sozialer Aushandlungsprozesse (vgl. ebd. 401). Am Beispiel des Fahrrads etwa können sie aufzeigen, dass das heutige Fahrrad das Resultat einer sozialen Dynamik zwischen relevanten sozialen Gruppen und nicht das Ergebnis seiner notwendig technischen Überlegenheit ist. Sie gehen davon aus, dass die technische Entwicklung keiner eigenen Logik folgt, sondern dass sie allein von der gesellschaftlichen Entwicklung abhängig ist. Technik wird demzufolge als eine soziale Konstruktion begriffen, die durch die Bedeutungen bestimmt wird, die ihr die Akteure zuschreiben (vgl. hierzu auch Hennen 1992, S. 40). Darüber hinaus – und logisch konsequent – wird von ihnen eine Grenzziehung zwischen technischen Artefakten und sozialen Handlungsweisen aufgegeben und *von soziotechnischen Systemen* bzw. von einem „seamless web of technology and society" gesprochen (Bijker et al. 1987, S. 10). Ebenso betrachtet auch Callon (1987) eine Trennung zwischen Technik und Gesellschaft als verfehlt. Er spricht von sogenannten „actor-networks", in die technische und soziale Elemente eingebunden sind (vgl. ebd. 92).

Der hier vertretene Technikbegriff hat den Vorteil, dass er die enge Verzahnung von Gesellschaft und technischer Entwicklung verdeutlicht. Allerdings werden aus dieser Perspektive vor allem die Konstruktionsprozesse von Technik in den Mittelpunkt gerückt, die dem Produkt vorausgehen. Aus dem Blickfeld gerät, dass die Technik selbst als Artefakt in soziale Beziehungen eingefügt ist. Die Betrachtung der mit der Technik verbundenen Handlungszwänge im alltäglichen Leben bleibt bei dieser Konzeption ausgeschlossen. So entsteht der Eindruck, dass der Einsatz von Technik keine sozialen Folgen hat (vgl. Hennen 1992, S. 41). Es

---

5   Hier kann zwischen Ansätzen unterschieden werden, die eher das technisch-wissenschaftliche System als Produzent des technischen Wissens betrachten (vgl. z. B. Weingart 1982, S. 135; Constant 1980), und denen, die eher außertechnische Faktoren bzw. nichttechnische Akteure mit ihrer Wirkung auf die technische Entwicklung in den Mittelpunkt rücken (vgl. z. B. Noble 1978; Pinch, Bijker 1984). Insbesondere bei Letzteren erscheint Technik besonders stark sozial konstruiert.

fehlt die theoretische Auseinandersetzung mit den Technikwirkungen, die gerade für die Bearbeitung der Forschungsfrage zu den Wechselbeziehungen zwischen Älteren und ihren technischen Geräten wesentlich ist.

Neuere und komplexere Theorieansätze verknüpfen beide oben genannten Theoriestränge, indem sie das technische Artefakt durchaus als sozial konstruiert begreifen, zugleich aber berücksichtigen, dass es selbst wiederum durch seine Materialität und durch seine im Rahmen der Technikgenese sozial konstruierten Bedeutungen soziale Verhältnisse stiftet und bestehende soziale Beziehungen verändert (vgl. ebd. 44, auch Dolata 2008). Diese Perspektive wird mit „*Technik als Institution*" beschrieben (vgl. z. B. Hennen 1992). Welche Charakteristika diese Konzeptionen aufweisen und inwiefern gerade sie zur Behandlung des Problemfeldes Alter und Technik beitragen können, ist das Thema des folgenden Kapitels.

4.1 Technik als soziale Institution

Ansätze, die dieser Perspektive zugeordnet werden können, beschäftigen sich mit der Wirkung von Technik, betonen aber zugleich ihre soziale Konstruiertheit. Im Mittelpunkt der Analyse steht das technische Artefakt selbst, also das materielle Objekt (vgl. Hennen 1992, S. 43). Es wird dementsprechend ein am *Artefakt* ansetzender soziologischer Begriff der Technik entwickelt. Gemeinsamer Kern der dieser Perspektive zugehörigen Ansätze ist die Annahme, dass das technische Artefakt ein soziales Phänomen sui generis ist (vgl. ebd.). Es sei sozial konstruiert und konstituiere zugleich soziale Verhältnisse. Oder konkreter formuliert: Nach Hennen ist es ein „Produkt menschlicher Aktivität und menschlichen Wissens, das aber selbst wieder, gegenüber diesem Wissen verselbstständigt, soziale Verhältnisse stiftet und bestehende soziale Beziehungen verändert" (ebd. 44). Technik ist aus dieser Perspektive nicht isoliert von ihrer Nutzung und ihren Nutzern interpretierbar, „die für die Analyse zu ziehenden Grenzen zwischen Objekt und Nutzer fallen nicht einfach mit der Außenhaut des jeweiligen technischen Objektes resp. des humanen Subjektes zusammen", wie Beck (1997, S. 190) betont. Insofern steht hier nicht mehr die Technik selbst im Fokus der Erklärung, sondern das *technische Handeln*. Auf der Basis dieser Annahmen rücken technische Artefakte gleichzeitig als Phänomene des alltäglichen Handelns ins Zentrum[6], eine Ausrichtung, die der Fragestellung dieses Forschungsvorhabens entspricht. Das

---

6 Daher wird in den theoretischen Überlegungen zur Technisierung des Alltags auch häufig auf diesen Ansätzen aufgebaut.

ist einer der Gründe, warum gerade dieser Ansatz in das theoretische Rahmenkonzept einfließt.

Winner ist einer der Vertreter dieser Richtung. Er begreift Technik auf eher philosophisch-abstrakter Ebene als Struktur des gesellschaftlichen Lebens, als materiellen Ausdruck einer kulturellen Konstruktion von Wirklichkeit (vgl. Winner 1986, S. 9). Nach ihm sind technische Artefakte gesellschaftliche Institutionen, die über soziokulturelle Lebensformen, über Deutungsmuster, Wertordnungen und die Organisation des sozialen Lebens mitbestimmen. Seine Beschreibungen, wie sich der Prozess der Institutionalisierung konkret vollzieht, bleiben allerdings sehr vage und liefern kaum Anhaltspunkte für eine präzise soziologische Analyse. Bei Dickinson (1974), einem anderen Vertreter dieser Richtung, erscheint die Technik vor allem als eine Form der Herrschaftssicherung, als eine Institution zur Sicherung kapitalistischer Herrschaftsinteressen. Den Begriff der Technik interpretiert Dickinson in Analogie zur Sprache (vgl. Dickinson 1974, S. 32). Wie in der Sprache sind nach ihm auch in der Technik soziale Ideen und Handlungsmuster verankert, die soziales Handeln festlegen. In diesem Sinne erzwingen beispielsweise Maschinen bestimmte Formen des Handelns und schließen damit zugleich andere aus. Da die Konstruktion der Maschinen durch die herrschende Klasse bestimmt sei, würden allein deren Interessen durchgesetzt. Mit dieser ideologiekritischen, aber einseitigen Auslegung des Begriffs von Technik werden viele der in diesem Ansatz steckenden Möglichkeiten vernachlässigt, was den Ansatz für die hier vorliegende Fragestellung eher ungeeignet macht.

Auch Latour (1988) betrachtet die Wirkungen von Technik auf menschliches Handeln in Analogie zur Institutionenthese. Ebenso wie Bijker et al. (1987) beschreibt auch er technische Artefakte als eigenständige Akteure. Dieses Vorgehen dient ihm dazu, Techniken als materielle Substitute mit menschlichem Handeln gleichzusetzen, so dass sie dementsprechend als sachliche Dimensionen sozialer Verhältnisse beschrieben werden können. Bei seiner Argumentation hinsichtlich der Wirkung von Technik ist zentral, dass er die Vorstellung entwickelt, in die technischen Artefakte seien sogenannte „scripts" eingeschrieben, die den menschlichen Akteuren bestimmte Verhaltensweisen abverlangten. Insofern sei mit jeder Technik eine spezifische Definition adäquaten Verhaltens verbunden, unabhängig davon, ob die Nutzer diese „scripts" befolgten oder nicht. Problematisch an diesem Ansatz ist für die Bearbeitung der Forschungsfrage, dass es nicht möglich ist, das spezifische, soziologisch Relevante der technischen Artefakte herauszuarbeiten, da sie mit menschlichen Akteuren gleichgesetzt werden.

Eine in die gleiche Richtung gehende soziologische Konzeptualisierung technischer Artefakte wie die von Latour, aber ohne dessen Gleichsetzung von Technik und Mensch, vertritt Linde (1972, 1982). Und gerade dieser Ansatz bietet für die vorliegende Untersuchung einen Anknüpfungspunkt, da er an grundsätzlichen, handlungstheoretischen Überlegungen ansetzt. Linde betrachtet die moderne Soziologie als unzureichend, da sie ihren Forschungsgegenstand nur im sozialen Handeln und in sozialen Beziehungen sieht (vgl. Linde 1972, S. 34 f.). Durch diese immer noch gängige Konzentration auf den – wie er es nennt – „psychischen Bereich" werde die Untersuchung von Technik ausgeklammert. Technik werde allenfalls indirekt als Ergebnis sozialen Handelns analysierbar. Die Vernachlässigung von „Sachen" bezeichnet er als einen Rückfall hinter die Gründerväter der Soziologie. Denn schon Marx (1962) weise auf die gesellschaftlichen Wirkungen der *sach*vermittelten Produktionsweisen hin, ebenso wie Durkheim auf die entstehenden Zwänge durch „Sachen", die er mit nichtmateriellen institutionalisierten Verhaltensregeln gleichsetzt (Durkheim 1961, S. 140). An die Klassiker der Soziologie anknüpfend definiert Linde „Sachen" als Geräte bzw. als „vergegenständlichte Teilstücke aus einem zwecktätig gerichteten Handlungszusammenhang", die „erst durch notwendig hinzutretende objektspezifische profane Akte der Verwendung ihren Zweck erfüllen" (Linde 1972, S. 12). Diese Definition ist präziser als die von Latour, da Linde Sachen nicht einfach als Akteure, sondern als spezifische Instrumente im Rahmen menschlicher Handlungen begreift. Das Besondere der technischen Artefakte sei ihre „verhaltensregelnde" bzw. „verhaltensbestimmende soziale Qualität" (Linde 1972, S. 59), die demnach

> „als eigenständige und zur Analyse gesellschaftlicher Wirklichkeiten unentbehrliche Klasse von Regelungskomplexen neben (a) Institutionen und (b) Ritualen in die Soziologie Eingang finden müßte" (Linde 1972, S. 29).

In Erweiterung der Weberschen Konzeptualisierung von „sozialen Beziehungen" erklärt Linde „das soziale Verhältnis" zum Grundbegriff der Soziologie, um dadurch auch technische Artefakte mit in die Analyse einbeziehen zu können (vgl. ebd. 36). Er knüpft darüber hinaus an Webers frühe Überlegungen zum sogenannten regelgeleiteten Verhalten an (vgl. Weber 1976, S. 15). Weber bezeichnet dieses als „schlichte Fügung in das Gewohnte", das sich aus der regelmäßigen Übung und der Gewohnheit ergebe. In modernen Gesellschaften sind nach Weber aber nicht nur Bräuche und Sitten Grundlage dieses regelgeleiteten Verhaltens, sondern ebenfalls eine Orientierung an „Artefakten", zu denen er auch Dinge wie die Trambahn zählt (Weber 1988, S. 449). In gleicher Weise beschreibt Linde technische Artefakte nun als institutionalisierende Dimensionen der Vergesellschaftung. Dementsprechend führt er regelhaftes, gewohnheitsmäßiges Verhalten nicht allein auf Bräuche, Sitten und andere sozial geteilte Handlungsmaximen, sondern gleichberechtigt auch auf technische Artefakte zurück (vgl. hierzu auch Hennen 1992, S. 53).

Linde gibt neben dem „gewohnheitsmäßigen Gebrauch" einen zweiten Grund für die handlungsdeterminierende Kraft der Technik an: Hier unterscheidet er zunächst zwischen der Herstellung und der Verwendung von Technik und verbindet dann beide Sphären durch den Kaufakt. Dabei, so argumentiert er, werde dem Käufer mit dem Kauf – den er als eine „rationale Wahl" konzipiert – nicht nur das Gerät übergeben, sondern zugleich ein vom Hersteller *in das Gerät „eingeschriebener"* Zweck-Mittel-Zusammenhang offeriert (vgl. Linde 1972, S. 68 f.). In diesem Sinne wird der Käufer bei der Anwendung der Technik auf ein zu realisierendes Handlungsmuster festgelegt. Mit der Folge, dass er bei Missachtung dieser Vorgaben das Risiko technischer Sanktionen – in Form einer „Verminderung der Effizienz, Nichterreichung des Handlungsziels, (...) Gefährdung des Handelnden" etc. (Linde 1972, S. 70) – eingeht.[7] Insofern kann Technik auch in dieser Hinsicht – und mit den Worten Lindes ausgedrückt – als „total vergegenständlichte Institution" begriffen werden (ebd.).

Zwar beschäftigt sich Linde im Rahmen der „sozialen Verhältnisse" schwerpunktmäßig mit den Wirkungen der Technik auf soziale Positionen und Rangaspekte[8], dennoch erkennt er ihre determinierende Kraft auch für positionsneutrale Verhaltensmuster, Vorstellungen und Erwartungen an. Technik kann daher zusammenfassend in seinem Sinne als eine materialisierte Institution verstanden werden, die ihre institutionalisierende Wirkung durch den gewohnheitsmäßigen Gebrauch und durch die in das technische Artefakt eingeschriebenen „Handlungsprogramme" erhält. Diese Annahmen implizieren einen am technischen Artefakt ansetzenden Technikbegriff des *technischen Handelns,* der für das Thema Alter und Technik gut geeignet ist, da er den Verwendungskontext der Technik in die Analyse einbezieht. So können technische Dinge als Elemente des gesellschaftlichen Alltags in den Blick genommen werden.

Die von Linde beschriebene Institutionalisierung durch technische Artefakte bedarf allerdings einer weiteren Konkretisierung, um den Forschungsgegenstand präziser erfassen zu können. Eine in den Kulturwissenschaften entwickelte Kon-

---

7   Linde spricht hier von einer „Zweck-Mittel-*Sanktions*-Kombination" (Linde, 1972, S. 70, kursiv nicht im Original).
8   Beispielsweise beschreibt Linde eine zunehmende „Trivialisierung" der Technikverwendung im Alltag – die Bedienung der Geräte sei häufig auf einen Knopfdruck reduziert – mit der Folge, dass die Anwender nun in zunehmendem Maße auf ein mit hochqualifizierten Arbeitskräften ausgestattetes Wartungs- und Service-System angewiesen sind (vgl. Linde 1972, S. 72).

zeptualisierung von Beck (1997) bietet sich hierfür an. Beck unterscheidet zwischen den

> „Nutzungs*bedingungen*, die durch technische Gegenstände und ihre Einbindung in technologische Strukturen geschaffen werden, und den sozial-kulturellen Nutzungs*anweisungen*, die den Nutzern diskursiv vorgegeben werden" (Beck 1997, S. 169, kursiv im Original).[9]

Nutzungsbedingungen sind nach Beck sozial konstruierte, „harte" Handlungsumgebungen, die materiell und institutionell ausgeformt werden (vgl. ebd.). Er bezeichnet sie als *Kon-Texte* der Nutzung, die sich stark auf Handlungsoptionen, -zumutungen und -beschränkungen auswirken. Letztere – die sogenannten Nutzungsanweisungen – charakterisiert er als „weiche" Faktoren in Form kultureller Orientierungen, Dispositive und Habitualisierungen, die das Feld sozial legitimer Nutzungsweisen einer Technik diskursiv abstecken. „Diese *Nutzungsanweisungen* (bezogen auf die konkrete Handhabung) ebenso wie der *angewiesene Nutzen* (bezogen auf die legitim verfolgbaren Zwecke) spezifischer technischer Gegenstände" nennt er den *Ko-Text* der Technik (vgl. ebd.).[10]

Ein weiterer Aspekt in Lindes Konzeption erscheint unterbelichtet und bedarf der genaueren Analyse: Bei Linde bleibt relativ unklar, wie sich der Prozess der Aneignung technischer Artefakte konkret vollzieht. Oder in den Worten Becks ausgedrückt: Es ist zu klären, „wie Technik – als soziales und kulturelles Konstrukt – durch die Praxis der Nutzer zur ‚Tat-Sache' (M. Faßler) wird" (Beck 1997, S. 169 f.). Darüber hinaus hat es bei Linde den Anschein, als ob er die in die technischen Artefakte „eingeschriebenen Handlungsprogramme" als stark deterministisch begreift und zu wenig berücksichtigt, dass die Nutzer Technik auch in einem anderen als dem vorgegebenen Sinn verwenden können.[11] Ihre Nutzung mag sich zwar an kulturellen Bedeutungssystemen und technischen Objekteigenschaften orientieren, muss jedoch nicht durch sie determiniert sein. Lindes und andere Ansätze, die diese Perspektive verfolgen, negieren nach Rammert die Frage nach

---

9 Näheres hierzu in Kapitel 4.2.6 „Technisches Handeln als ‚situative Praxis'".
10 Eine ähnliche Differenzierung führt auch Braun (1993) ein, indem er zwischen kulturellen und formalen institutionellen Strukturen der Technik unterscheidet. Bei ihm ist die Differenzierung allerdings auf die Technik*genese* und nicht auf den Verwendungskontext bezogen.
11 Dass die Nutzung technischer Artefakte vor allem eine strukturierende Wirkung auf das Handeln entfaltet, wird von den sachtheoretischen Ansätzen hervorgehoben, die eng an Lindes Ansatz anknüpfen. Hier wird betont, dass Technik zur Institutionalisierung stabiler Verhaltensformen beiträgt. Vgl. dazu auch den Ansatz von Joerges (1988a).

den Bedingungen, unter denen soziale Akteure sich technische Artefakte aneignen und „eigen"-sinnig in ihren alltäglichen Lebensstil einbauen (vgl. Rammert 1988, S. 174). Damit errichteten sie theoretisch eine „Black Box", so dass Handeln allein durch ein einfaches „Stimulus-Reponse-Modell" beschreibbar würde.

Fragen nach der *Aneignung* von Technik werden in der Techniksoziologie zunehmend in neueren Konzepten zum Verhältnis von *Technik und alltäglichem Handeln* betrachtet. Diese werden im Folgenden daraufhin geprüft, inwieweit sie zur theoretischen Klärung der Forschungsfrage beitragen können.

4.2 Technik im Alltag

Anfang der 1980er Jahre beginnt die Techniksoziologie allmählich, sich neben der Betrachtung von Technik im Produktionsbereich auch für das Thema „Technik im Alltag" zu interessieren.[12] Dieser neuen Forschungsrichtung liegt die Frage nach einer möglichen Rationalisierung des Alltagshandelns entsprechend technisch-rationaler Prinzipien zugrunde. Oder konkreter und auch differenzierter formuliert: Es soll das Spannungsverhältnis zwischen der Anpassung des Alltagshandelns an die in den technischen Artefakten eingeschriebenen Handlungsanweisungen und den Möglichkeiten eigensinniger Interpretation und eigensinniger Verwendung technischer Artefakte analysiert werden (vgl. Hennen 1992, S. 64).

Technisches Handeln im Alltag wird gegenwärtig meist aus zwei – teilweise nur schwer voneinander unterscheidbaren – Perspektiven betrachtet: Zum einen wird von den Strukturierungs- und Formalisierungsbedingungen des Alltags durch die Technik ausgegangen *(Technik als „stählernes Gehäuse"*[13]*)* (vgl. Joerges 1988, S. 9).[14] Zum anderen wird der Alltag als ein Bereich definiert, der durch eigensinnige, vielsinnige und auch widerständige Verwendungsmöglichkeiten von Technik bestimmt wird *(Technik als „Medium kultureller Sinnsetzungen")*. Hier werden die erheblichen Spielräume und Innovationspotenziale der Nutzer hervorgehoben.[15] Während die erste Perspektive eher die strukturellen Bestimmungen in den Mittelpunkt rückt, stehen bei der zweiten kulturelle Aspekte im Zentrum (vgl. Beck 1997, S. 195). Da beide Perspektiven wichtige Thesen für das Thema Alter und

---

12 Hintergrund der Aktualität des Themas Technik im Alltag ist nach Hennen (1992) die empirisch feststellbare zunehmende Ausstattung der Haushalte mit technischen Geräten.
13 Der Begriff ist in Anlehnung an Becks (1997) Terminologie gewählt worden.
14 Vertreter dieses Ansatzes sind beispielsweise Bievert und Monse (1988).
15 Ein Vertreter dieses Ansatzes ist zum Beispiel Hörning (1988).

Technik liefern, werden sie im Folgenden nicht als sich ausschließende Konzepte interpretiert, sondern als sich gegenseitig ergänzende.

Bevor beide Konzeptionen genauer analysiert werden können, muss zum einen erläutert werden, welche Definition von Alltag bzw. alltäglichem Handeln diesen Ansätzen zugrunde liegt (4.2.1).[16] Zum anderen wird präzisiert, was hier unter Technik im Alltag bzw. unter Alltagstechnik verstanden wird (4.2.2).

4.2.1 Definition Alltag I

Der Begriff des Alltags wird in den Anfängen der Forschung zu Technik und Alltag vor allem durch seine Abgrenzung zur Produktionssphäre bestimmt. Lenk und Ropohl (1978) etwa definieren den Alltag als eine Residualkategorie in Abgrenzung zur Arbeitswelt, und auch Rammert (1993, S. 179) begreift Alltag als den räumlich und zeitlich klar abgegrenzten Bereich, der nicht „Arbeitsalltag in Behörden und Betrieben", sondern das „soziale Leben außerhalb der Erwerbsarbeit" sei. Dabei wird das Alltagshandeln meist als weniger rational gesteuert angesehen (vgl. Beck 1997, S. 194). Schon bald erweist sich diese These jedoch als wenig tragfähig, da auch im Alltag (Kontroll-)Probleme auftauchen, auf die mit rationalen Problemlösungsstrategien reagiert wird. Dennoch bleibt die Grenzbestimmung „Fabrikmauer" weiterhin bestehen.

Je nach theoretischer Ausrichtung gibt es eine Vielzahl unterschiedlicher Alltagsbegriffe (vgl. Degele 2002, S. 112). Ihnen ist gemeinsam, dass sie Alltag auf drei Ebenen näher bestimmen:[17] Einmal wird Alltag als eine besondere *Wissens- und Handlungsform* begriffen. Braun (1993) beispielsweise unterscheidet in dieser Hinsicht zwischen dem laienhaften und dem professionellen Handeln in Bezug auf Technik und konzeptualisiert den Alltag als Laienkontext. Oder Alltag wird als eine *spezielle Form der Institutionalisierung des Handelns* beschrieben. Für Joerges (1988, S. 30) zum Beispiel ist alltägliches Handeln ein relativ schwach formalisiertes Handeln, für Bievert und Monse (1988, S. 99) ist Alltag der Teil der sozialen Lebenswelt, der „keiner formalen Steuerung" unterliegt, und Ropohl (1988, S. 121) schließlich beschreibt alltägliches Handeln als das, „was regelmäßig und andauernd, eben ‚alle Tage' geschieht". Weber begreift den Alltag als durchdrungen von

---

16 Dieser Abschnitt wird „Definition von Alltag I" genannt, da in einem späteren Unterkapitel ein praxistheoretisches Konzept in Anlehnung an Beck (1997) präsentiert wird (technisches Handeln als „*situative Praxis*"), das die obigen Perspektiven verbinden soll, dazu aber einer anderen Definition des Alltags (II) bedarf.

17 Vgl. Degele 2002, S. 112; Braun 1993, S. 28 ff.; Hennen 1992, S. 106 f; Joerges 1988, S. 9.

rationalem, traditionalen Regeln gehorchendem, unpersönlichem und versachlichtem Handeln und daher als formalisiert (vgl. Weber, zitiert nach Seyfahrth 1979). Darüber hinaus werden dem Alltag häufig *sozial-räumliche Lebens- und Tätigkeitsbereiche* zugeordnet wie die Konsumsphäre, die Privatsphäre, der Haushalt, die Freizeit und die Öffentlichkeit (vgl. Degele 2002, S. 113). Sozial-räumliche Abgrenzungen werden dabei meist pragmatisch gerechtfertigt und können am wenigsten begrifflich begründet werden. Allerdings lässt sich argumentieren, dass gerade hier „jene Wissens-, Handlungs- und Institutionalisierungsformen prototypisch ausgeprägt sind, auf die unterschiedliche Alltagsbegriffe abzielen" (Joerges 1988, S. 9).

Überwiegend wird das Handeln im Alltag aber als ein organisatorisch und institutionell weniger verfestigtes Handeln begriffen, wobei das „weniger" auf den Gegenhorizont der Erwerbsarbeit verweist. Diese Definition liegt auch den folgenden Ansätzen zugrunde. Problematisch ist, dass meist a priori eine wechselseitige Fremdheit zwischen der Rationalität der Technik und dem Alltagshandeln unterstellt wird (vgl. Hennen 1992, S. 108), so dass folgende Zusammenhänge sichtbar werden: Wird Technik als stark institutionalisierend konzipiert, so erscheint das Alltagshandeln als subjektiv, wenig rational und gering formalisiert. Steht hingegen das Alltagshandeln der Nutzer mit ihren Deutungs- und Handlungskontexten im Mittelpunkt, erscheint Technik als durchaus formbar und in eigensinnige Verwendungsweisen integrierbar.

4.2.2 Definition Alltagstechnik

In dieser Arbeit steht die sogenannte Sach- bzw. Realtechnik im Mittelpunkt, im Sinne von Werkzeugen, Maschinen, Apparaten etc. (vgl. Gottl-Ottilienfeld 1923). Insofern wird hier vom eng gefassten Technikbegriff ausgegangen. Ausgenommen werden die „Human-, Sozial- und Organisations- und die kognitiven Techniken, wie sie im *weiten* Technikbegriff als geregelter, planvoller und zielgerichteter Verwendung von Mitteln stecken" (Hörning 1988, S. 54; vgl. auch Rammert 2002, S. 595).

Als wesentliches Kriterium der Alltagstechnik gilt zum einen, dass die technischen Artefakte in Form von Sach- bzw. Realtechnik zum *Bewältigen „alltäglicher" Anforderungen* eingesetzt werden. Darüber hinaus müssen sie in eher *laienhafter Form* verwendet werden. Mit dem zweiten Aspekt wird eine grundlegende Konzeption von Braun (1993) aufgegriffen. Unter der laienhaften Nutzung von Technik wird *nicht*, wie die umgangssprachliche Verwendung des Begriffs nahelegt, auf einen Mangel an spezifischen Kompetenzen verwiesen. In Abgrenzung zum professionellen Handeln erfordert laienhaftes Handeln – im hier verstandenen Sinne – andere Kompetenzen und einen anderen Typus von Verhaltensweisen. Diese Annahme impliziert, dass sich das laienhafte Handeln im Rahmen sozial definierter Rollen- und Kompetenzzuweisungen vollzieht (vgl. ebd. 31 f.). Mit dieser Begriffsbestimmung gelingt es, professionelle Kompetenzen wie Fachkenntnisse und Verhaltensstandards, die an den Leistungsnormen der Berufswelt orientiert sind und eine spezielle Ausbildung erfordern, zu vernachlässigen und den Fokus ganz auf die mit technischen Artefakten zu bewältigenden praktischen Probleme im Alltag zu lenken. Darüber hinaus wird davon ausgegangen, dass ein laienhafter Umgang mit Technik nur dann vorliegt, wenn es sich um *Laientechnik*, also um Technik für Laien handelt (vgl. ebd. 32). Darunter wird nach Braun Verbrauchertechnik verstanden, die spezifische alltagstaugliche und konsumentengerechte Gebrauchseigenschaften aufweist (vgl. ebd.). In den Ingenieurswissenschaften wird diese Technik oft auch als *Haushaltstechnik* bezeichnet.

4.2.3 Technik als „stählernes Gehäuse"

Vertreter dieser – sogenannten *sachtheoretisch argumentierenden* – Forschungsperspektive knüpfen häufig an Lindes (1972) Differenzierung zwischen dem Erzeugungs- und dem Verwendungskontext von Technik an. Sie gehen dabei von je unterschiedlichen Handlungsrationalitäten in diesen Bereichen aus und vermuten einen Übergriff der Handlungsrationalitäten des Erzeugungskontextes auf den Verwendungskontext. Das bedeutet hier, dass „Technik zur Institutionalisierung relativ stabiler, der Willkür des einzelnen entzogener, überindividueller Verhaltens- und Wissensformen [im Alltag] beiträgt" (Beck 1997, S. 206). Ganz im Sinne der Habermasschen (1981) These einer „Kolonialisierung der Lebenswelt" wird Technik beispielsweise von Bievert und Monse (1988) als ein Medium interpretiert,

> „mit dessen Hilfe die Funktionslogik des ökonomischen und politischen Subsystems, auf die sich die Technikanwendung historisch konzentriert hat, ganz oder teilweise in alltägliche Handlungszusammenhänge übertragen wird" (Bievert, Monse 1988, S. 113).

Das heißt, es kommt zu einer „Übertragung industrieller Arbeits- und Handlungsformen auf den Haushalt" (ebd. 109). Wie diese Übertragung allerdings konkret erfolgt, da der Alltag bei Bievert und Monse per definitionem als technikfremd bzw. als widerständig gegenüber Technik konzipiert wird, bleibt ungeklärt.

Ebenso können die Autoren nicht erklären, warum – was empirisch feststellbar ist – Technik im Alltag häufig als unproblematisch erlebt und angewendet wird.

Auch Joerges (1988), als weiterer Vertreter dieser Forschungsperspektive, knüpft an Lindes (1972) Konzeption eines am Artefakt ansetzenden Technikbegriffs an. Seine Konzeption ist hinsichtlich des Themas Alter und Technik eher geeignet – und wird darum ausführlicher diskutiert –, da sich Joerges um die theoretische Herausarbeitung des Prozesses der Handlungsinstitutionalisierung bemüht. Das Besondere an der *technischen* Handlungsinstitutionalisierung sieht er darin, dass die Technik zum einen Handlungen materialisiert und dadurch selbst ein nach formalen Regeln ablaufendes Handlungssystem darstellt und zum anderen bestimmte Anschlusshandlungen verlangt (vgl. Joerges 1988, S. 38 ff.). Letztere können sowohl technischer (Rückgriff auf technische Infrastruktur) als auch nicht-technischer (Umgang mit der Maschine, Orientierung an DIN-Normen etc.) Art sein. Die Anforderungen an anschließende Handlungsmuster, Joerges nennt sie *technischen Normen,* ergeben sich nach ihm – und hier schließt er an Einsichten konstruktivistischer Ansätze zur Technikgenese an – aus dem professionellen Ingenieurswissen sowie allgemeinen sozialen Maximen wie Sicherheit und Zuverlässigkeit und werden durch das allgemeine Vertrauen in ebendiese legitimiert. In diesem Sinne können Techniken auch als sozial legitimierte Verhaltensanweisungen begriffen werden. Oder in Anlehnung an Hennen formuliert: „Technische Normen regulieren über technische Artefakte die sozialen Beziehungen derjenigen, die sie herstellen, betreiben und benutzen" (Hennen 1992, S. 76). Ein Beispiel hierfür beschreibt Joerges:

> „Schon ein einigermaßen kompetentes maschinelles Waschen im Haushalt setzt die routinierte Abstimmung von Waschgängen, Waschmitteldosierung, Wäschecharakteristiken und Füllmengen voraus. Unter Umständen muß auf die Strom- und Wasserversorgung sowie auf die Verfügbarkeit und Art von Anschlußgeräten (Trockner, Bügeleisen, Fleckmittel) Rücksicht genommen werden und so fort" (Joerges 1988, S. 35).

Joerges begreift Technik genauer als *instrumentelle Handlungen,* die in menschliche Handlungszusammenhänge eingebunden sind und dadurch auch die sozialen Verhältnisse bestimmen. In Erweiterung des Lindeschen Ansatzes sieht er technische Artefakte in unterschiedliche Handlungskontexte (personale, organisatorische, kollektive, technische etc.) eingebunden und spricht daher auch von ihrer Mehrfachintegration (vgl. Joerges 1989, S. 70 ff). Zudem unterscheidet er zwischen technischen und nichttechnischen Modi der Handlungsintegration. Technik kann in diesem Sinne zum einen als Instrument dienen, das zum Erreichen bestimmter Zwecke eingesetzt wird (Mittelfunktion), ebenso aber kann sie ein Repräsentant spezifischer sozialer oder subjektiver Bedeutungen (Zeichenfunktion) sein (vgl. ebd. 61).[18] Ihm zufolge entscheidet insofern allein die *Form der Integration* über den technischen oder nichttechnischen Charakter des Artefakts.

Nach Joerges besteht nun das Problem darin, dass technische Artefakte tendenziell eine technische Handlungsintegration forcieren bzw. nahelegen, die sich dann beispielsweise im „Streben nach Effizienz, nach Sicherheit, nach Wirtschaftlichkeit, nach Planbarkeit und Berechenbarkeit, nach Perfektion" ausdrückt (Joerges 1985, S. 214). Er geht von einer „*Formalisierung*" der alltäglichen Handlungsstrukturen aus, da technische Artefakte Handeln „gemäß einem relativ geschlossenen, formalisierten Regelsystem rigide und auf einige Dauer" festlegen (Joerges 1988, S. 65). Das Handeln werde damit berechenbar, vereinheitlicht und lasse keine Kontingenzen zu (vgl. Hennen 1992, S. 73). Die zunehmende Formalisierung des Alltags führt nach ihm zu einer allmählichen „Entfremdung", die sich in Wertkonflikten („Unbehagen in der Modernität"), Überforderungen und einer „Verarmung" der Alltagswelt durch den Verlust einer symbolisch integrierbaren dinglichen Welt ausdrücke (Joerges 1981, S. 144).

Das *Verhältnis von Technik und Alltag* begreift Joerges insofern als eine Formalisierung des Alltagshandelns durch Technik, bei der das Alltagshandeln selbst als grundsätzlich wenig formalisiert gilt. In jüngeren Arbeiten beschreibt er neben der vereinheitlichenden Rationalisierung des Alltags allerdings zugleich die Möglichkeit, Technik entsprechend expressiver Orientierungen eigensinnig in das Alltagshandeln einzubauen und so den Handlungsspielraum zu erweitern (vgl. Joerges 1988, S. 32). Welche der Tendenzen dominiert, lässt er zwar offen. Dennoch erscheint die Technisierung des Alltags bei ihm als Zwang, dem sich die Individuen nur in manchen Situationen entziehen können.

Es gelingt Joerges, Lindes Begriff von Technik als sozialer Institution weiter zu präzisieren, indem er ihm Überlegungen zur alltagspraktischen Integration hinzufügt. Da er den „Umgang mit Sachen" als vermittelndes Moment zwischen dem technischen Artefakt und menschlichen Handlungszusammenhängen einführt, kann er den Charakter eines Artefakts nicht allein am Gegenstand festmachen. Weil er aber der *Aneignung von Technik* eine alltagspraktische „diffuse" und „affektiv-moralische" Rationalität unterstellt, bleibt die Frage nach der *Vermittlung* zwischen technischer Struktur und Alltagshandeln dennoch offen.

---

18 Das Besondere technischer Artefakte ist in seinem Sinne aber ihre Mittelfunktion, durch die sie sich von anderen Artefakten unterscheiden.

4.2.4 Technik als „Medium kultureller Sinnsetzungen"

Demgegenüber nehmen Vertreter der *kulturalistischen Perspektive* – wie Hörning (1988), Rammert (2007, 1988) und Woolgar (1991) – den Techniknutzer zum Ausgangspunkt ihrer theoretischen Überlegungen. Bei ihnen stehen die subjektiven Aneignungsweisen von Technik im Mittelpunkt. Technik wird dabei als ein Element der kulturellen Sphäre von Wertpräferenzen und Lebensweisen verstanden, so dass sie als abhängige Variable begriffen werden kann (vgl. Hennen 1992, S. 79).

Bei Hörning steht, ebenso wie bei Joerges, das technische Artefakt im Zentrum. Allerdings betrachtet er es nicht hinsichtlich seiner praktisch-funktionalen Aspekte, sondern als Träger von Bedeutungen – ebenso wie beispielsweise Zeichen und Sprache – als Elemente einer materiellen Kultur. Für ihn erlangt Technik nur dann Handlungsrelevanz, wenn sie mit der „symbolischen" Kultur wie Sprache, Normen, Werte, Traditionen etc. verbunden wird (vgl. Hörning 1989, S. 99). Technische Artefakte sind damit Produkt und Gegenstand sinnhaften Handelns und erhalten dadurch ihre handlungstheoretische Relevanz. Sie sind nach ihm:

> „Träger für kollektive Wertvorstellungen, wirken selbst an kulturspezifischen Stilprägungen mit und befördern Weltbilder. Sie sind auch offen für neue Zwecksetzungen, liefern Optionen, können unterschiedlichen ‚Herren' (Absichten, Gebrauchserwartungen) dienen. Keinesfalls alles, was mit der Hervorbringung, Verbreitung und Gebrauch von Technik zu tun hat, kann auf technisch funktionale Nutzererwartungen zurückgeführt werden. Gefallen am Material oder Design, Lust an Bewegung und Geschwindigkeit, Neugierde, Suche nach sozialer Anerkennung, aber auch Unsicherheit, Missfallen, Überdruß – all diese Freuden und Leiden sind mit der Alltagstechnik verbunden" (Hörning 1988, S. 65 f.).

Hier wird der Technikbegriff also von seiner technischen Funktionalität abgelöst und als Element sozialer Interaktion verstanden. Dennoch verfällt Hörning nicht in das andere Extrem einer Auflösung von Technik in ihre reine Zeichenfunktion. Vielmehr erkennt er den materiellen Charakter der Technik und dessen einschränkende Wirkung an, wenn auch diese Konzeption etwas randständig bleibt.

Die Kategorie *Alltag* umfasst für Hörning die Deutungen und Handlungsrationalitäten, die Menschen bei der Bewältigung ihres Alltags verfolgen. Dabei wird die Grenze zwischen der Erwerbsarbeit und der Privatsphäre etwas aufgeweicht. Wie die Arbeit nicht ohne eigensinnige Sinnsetzungen der Handelnden denkbar ist, so ist bei ihm auch der Alltag nicht allein symbolisch und interpretativ offen strukturiert (vgl. ebd. 55 f.). Hörning lehnt die These der Kolonialisierung und

Formalisierung des Alltags ab und betont demgegenüber die Wichtigkeit von Bedeutungszuschreibungen der Nutzer für die Aneignung von Technik im Alltag. Er unterscheidet vier Kategorien alltagspraktischer, technikrelevanter Handlungsorientierungen, die sowohl symbolische, expressive als auch instrumentelle Orientierungen einschließen (vgl. ebd. 72 ff.). Noch am ehesten setzt die sogenannte *Kontrollorientierung* am funktionalen Aspekt von Technik an. Technik wird hier zur Kontrolle von Umweltaspekten wie der sozialen Umwelt eingesetzt. In *ästhetisch-expressiver Handlungsorientierung* wird Technik als Gegenstand emotionaler Freude und Wohlgefallen bedeutsam (vgl. ebd. 75). In *kognitiver Handlungsorientierung* gilt Technik als Möglichkeit der Aneignung von persönlicher Kompetenz und Wissen (vgl. ebd.). Und in *kommunikativer Handlungsorientierung* ist Technik Mittler grundlegender sozialer Bedürfnisse. Technik wird hier zur Integration in soziale Interaktionszusammenhänge genutzt. Die drei letztgenannten Orientierungen dienen nach Hörning der Ausbildung sozialer Identität und der Integration in soziale Kontexte. Und ihre Konkretionen seien selbst wiederum Ausdruck gruppenspezifischer Formen der Lebensführung (vgl. ebd. 81 f.).

Für die Perspektive Hörnings kann zusammenfassend festgehalten werden, dass die Nutzer die Technik durch ihre alltäglichen Handlungsorientierungen zu „modellieren" scheinen und nicht die Technik die Struktur ihres Alltagshandelns bestimmt.

Auch Rammert (1988, S. 173, 2007) betrachtet das Spannungsfeld zwischen der Vermittlung technischer Rationalität und der „eigensinnigen" Rationalität der alltäglichen Organisation des Lebens. Für ihn sind – ähnlich wie bei Hörning – die Deutungsmuster der Techniknutzer zentral. Allerdings betont er – in Anlehnung an den Habitus-Begriff von Bourdieu (1987) – stärker die soziale Bedingtheit der jeweiligen Formen der Aneignung von Technik. Dass der Eigensinn alltäglicher Handlungsmuster entscheidend für die Aneignung von Technik ist, begründet Rammert mit der Unterscheidung zwischen *Technisierung* und *Habitualisierung*. Während die Substitution menschlicher Handlungen durch Technik (Technisierung) den Menschen aufgezwungen werden könne, spiele der Mensch bei der Habitualisierung immer selbst eine entscheidende Rolle (vgl. Rammert 1988, S. 173 f.).

Insofern gilt sowohl für Rammert als auch für Hörning, dass sie die Technik als offen für verschiedene Bedeutungszuschreibungen und Verwendungen begreifen. Dennoch erkennen beide die Macht der Universalisierung von spezifischen, rationalen Denk- und Handlungsweisen an, die mit der zunehmenden Technisierung verbunden ist (vgl. Hennen 1992, S. 88). Hörning macht dafür weniger die Materialität der Technik als deren kulturelle Kodierung bzw. deren implizite „scripts" (Latour) verantwortlich, die bei der Technikentwicklung mit einfließen.

Es stellt sich dennoch die Frage, wie es bei einer Trennung von Technikentwicklung und -nutzung zu einer Vermittlung zwischen beiden Bereichen kommen kann bzw. warum Technik in den Alltag integriert wird. Rammert (1988, S. 191 ff.) und Hörning (1989, S. 104) beschreiben vor allem den *Markt* und die *technischen Gewährleistungssysteme* als notwendige Vermittler. Denn der Markt vermittelt zwischen den Technikangeboten mit ihren impliziten Problemlösungsstrategien der Technikhersteller – die sich in Konstruktion und Marketing ausdrücken – und den Bedeutungen, die die Techniknutzer an die Technik herantragen. Auch die Service- und Infrastrukturnetze und die rechtlichen Normierungen zur Technikkonstruktion und zum Gebrauch vermitteln zwischen der Technikentwicklung und -nutzung. Dennoch sieht Rammert das Grundmotiv der Techniknutzung in einer sogenannten *„technologischen Mentalität"*, die sich im Zuge technischer Entwicklung in der Moderne herausgebildet hat. Er erklärt den Einzug der Technik in den Alltag („normale Veralltäglichung neuer Techniken", Rammert 1988, S. 192) mit einem „gemeinsam geteilten und gebilligten kulturellen Modell technischer Praxis" (ebd. 192 f.), mit einem „Sog zur Mechanisierung und Elektrifizierung aller Tätigkeiten" (ebd. 193). Er geht davon aus, dass technische Effizienz, Schnelligkeit, die Ästhetik technischer Produkte, Leistungssteigerung etc. zum Selbstzweck, zum kulturellen Wertbestand werden. Hiermit kann er beispielsweise auch die private Anschaffung von schnellen deutschen „Spitzenfahrzeugen" in Ländern mit strengen Geschwindigkeitsbegrenzungen begründen, die nicht durch ökonomisches Kalkül oder Nützlichkeit erklärbar sei. Nach ihm existiert ein sogenannter „technischer Habitus", den er als ein Grundvertrauen in die von der Technik symbolisierten nichttechnischen, ästhetischen Werte und auch Werte wie Sicherheit und Schnelligkeit definiert.

Für Hennen (1992, S. 91) wirkt diese Konzeption allerdings etwas kurz gegriffen. Denn das Motiv der Aneignung von Technik wird nach ihm nicht in der Struktur des Alltagshandelns selbst gesucht, sondern diesem wird nach dem Muster der Weberschen Rationalisierungsthese von außen ein „Überbau" übergestülpt. Aus seiner Perspektive ist damit die Frage des Verhältnisses von Freiheit und Zwang in der Aneignung von Technik nicht hinreichend beantwortet (vgl. Hennen 1992, S. 98). Zudem berücksichtigt nach ihm insbesondere Rammert viel zu wenig das der Technik innewohnende „Zweck-Mittel-Schema", so dass die Technik allein in Symbolen, Zeichen und Kommunikation aufgeht (vgl. hierzu Rammert 1988). Aber wie kann, so fragt Hennen, der Umgang mit Technik verstanden werden, wie können Intentionen und Motive der Nutzer nachvollzogen werden, wenn die alltäglichen Handlungsprobleme, die durch Technik gelöst werden können, ausgeklammert bleiben (vgl. Hennen 1992, S. 102)? Und Beck (1997,

S. 275) sieht bei den obigen Vertretern vor allem eine Verkürzung auf die Frage nach dem Sinn und der Bedeutung der Technik, ohne dass dabei zugleich ihr Praxisbezug berücksichtigt werde. Er weist darauf hin, dass sich spezifische Umgangsweisen mit technischen Artefakten wie auch die technikbezogenen Bedeutungszuweisungen insbesondere durch Erfahrungs- und Konstruktionsprozesse auf der Basis konkreter Handlungen entwickeln und verfestigen (vgl. ebd. 280).

Ein Konzept, das beide oben erläuterten Perspektiven verbindet und zugleich eine praxistheoretische Ebene einbezieht, wird im Folgenden in Anlehnung an Beck (1997) als „Technisches Handeln als situative Praxis" bezeichnet. Dieser Ansatz berücksichtigt, dass technische Artefakte in vielfältiger, aber keineswegs beliebiger Form gebraucht werden können, dass sie vielfältige, aber keine beliebigen Wahrnehmungsmöglichkeiten nahelegen und dass sich ihre Anwendung vor dem Hintergrund praktischer, sensomotorischer Erfahrung vollzieht. Dieser Ansatz setzt allerdings eine andere Definition von Alltag voraus, die in Abschnitt 4.2.5 präsentiert wird.

4.2.5 Definition Alltag II

Um einen für die vorliegende Fragestellung passenderen Alltagsbegriff zu entwickeln, muss an erster Stelle die Bedeutung von „Alltag" als *Gegenbegriff* zu System und Technik aufgegeben werden. Es ist wesentlich, dabei an den grundsätzlichen Handlungsproblemen und Aufgaben der Individuen bei der Bewältigung ihres Alltags anzusetzen. Und diese lassen sich nicht allein – wie bei Hörning und Rammert immer wieder angedeutet – auf Kultur, Lebensstil und Kommunikation reduzieren, denn auch instrumentelles, zweckrationales und erfolgsorientiertes Handeln sind wesentliche Bestandteile alltagspraktischer Orientierungen (vgl. Hennen 1992, S. 110). Die Bewältigung empirisch-kausaler Handlungsprobleme steht häufig im Vordergrund, und hierbei können technische Artefakte mit ihren Zweck-Mittel-Schemata wichtige Dienste leisten.[19]

Darüber hinaus ist es von zentraler Bedeutung, die Perspektive der ihr Alltagsleben bewältigenden Individuen mit ihren Handlungsorientierungen einzu-

---

19 Insofern muss zunächst bei den *Leistungen* der Technik für die Alltagsnutzer angesetzt werden, die diese zur Technikaneignung motivieren, und an deren sich aus unterschiedlichen Problemlagen ergebenden Nutzungserwartungen. Techniknutzung und Technikakzeptanz werden in diesem Sinne als abhängig vom wahrgenommenen Nutzen bzw. von der Leistung der Technik im Hinblick auf ein individuelles Handlungsproblem betrachtet. Erst durch diese Annahme lässt sich begreifen, „wie" Technik in den Alltag kommt.

nehmen. Denn erst das gleichzeitige Berücksichtigen von Merkmalen der Akteure und ihrer Einschätzung des technischen Nutzens und der Technik mit ihren Problemlösungskapazitäten erlauben Aussagen über den Einsatz von Technik im Alltag. Der Begriff des Alltags muss sich in diesem Sinne auf die Wahrnehmungen der Individuen beziehen (vgl. Glatzer, Ostner 1987, S. 199).

Alltag wird im Folgenden dementsprechend – in Anlehnung an Hennen (1992), der sich wiederum stark auf Schütz bezieht (vgl. Schütz, Luckmann 1979, S. 62 ff, aber vgl. auch Lüdtke et al. 1994) – konzeptualisiert als: physisch wahrnehmbare Wirklichkeit, zu der physische Dinge ebenso gehören wie Mitmenschen und kulturelle Objektivationen (vgl. Hennen 1992, S. 122). Er umfasst den Ausschnitt der Lebenswelt, dem der „*Realitätsakzent*" zukommt (ebd.). In dieser Sphäre bewältigt der Einzelne sein praktisches Leben. Sie ist die „Welt der Reichweite", die dem Einzelnen zugänglich ist und in der er sich notwendigerweise orientieren muss. Denn „schließlich ist die Lebenswelt des Alltags die Welt, in der der Mensch mit anderen in Kontakt treten und mit anderen kooperieren kann, in der er eine mit anderen geteilte Umwelt hat" (Hennen 1992, S. 122). Diese Alltagswelt ist für den Menschen grundlegend, da sich hier sein unmittelbares Leben vollzieht. Sie umfasst alle Formen praktischer Lebensbewältigung (vgl. ebd. 126).

Den für den Alltag typischen Erlebens- und Erkenntnisstil nennt Schütz die „*natürliche Einstellung*" (Schütz, Luckmann 1979, Bd. I, S. 25 f.). Hiermit werden die elementaren Strukturen der Handlungsorientierung umschrieben. Die natürliche Einstellung impliziert, dass die Welt des Alltags als „*fraglos gegeben*" und „*selbstverständlich wirklich*" hingenommen wird. Sie ist – bis auf Weiteres – der *unhinterfragte, konstante* Rahmen des Handelns (vgl. ebd. 62 ff.). Darüber hinaus wird die Lebenswelt des Alltags als eine *intersubjektiv geteilte Welt* wahrgenommen, in der grundsätzlich eine sozial kongruente Wahrnehmung alltagsweltlicher Situationen unterstellt wird (vgl. ebd. 88 ff.). Handeln im Alltag wird durch diese Grundannahmen entproblematisiert und die Umwelt zugleich als alltägliche und typische Lebenswelt konstituiert (vgl. Hennen 1992, S. 123).

Das Medium zur Bewältigung des Alltags ist der *subjektive Wissensvorrat*, der sich aus vergangenen Erfahrungen und aus gelernten, von den Mitmenschen übernommenen Erfahrungen speist (vgl. Schütz, Luckmann 1979, Bd. I, S. 314 f.). Diese Erfahrungen werden, wenn sie in den Wissensvorrat eingehen, „idealisiert, anonymisiert und typisiert" (ebd. 132). Damit besteht das Wissen vor allem aus Typisierungen, also aus vorausgesetzten Sinnzusammenhängen. Durch die Wahrnehmung von Ereignissen als „Typus" konstituiert sich die Alltagswelt als eine unhinterfragte, gegebene Wirklichkeit. Das typisierte Wissen bildet damit eine „relativ natürliche Weltanschauung" (ebd. 23). Dem subjektiven Wissensvorrat liegen darüber hinaus sogenannte *Relevanzstrukturen* zugrunde (vgl. ebd. 224 ff.). Das sind biografisch angeeignete Selektionskriterien der Erfahrung, die sich in den Einstellungen, Plänen und den subjektiv bedeutsamen Themen der Menschen zeigen.[20] Diese Relevanzstrukturen steuern das „Problemlösungsverhalten" im alltäglichen, praktischen Leben. Was als relevant wahrgenommen wird, ist durch die Relevanzstrukturen des Einzelnen festgelegt.

Die natürliche Einstellung sowie die im Wissensvorrat angelegten Relevanzstrukturen und Typisierungen stellen für Schütz die grundsätzlichen, allgemeinen Strukturen des Handelns in der Lebenswelt „Alltag" dar (vgl. Hennen 1992, S. 125). Alltag umfasst insofern alle Formen „praktischer Lebensbewältigung", was für die zu behandelnde Forschungsfrage den Vorteil bietet, dass darunter sowohl kommunikatives als auch instrumentelles Handeln gefasst werden kann. So wird technisches Handeln nicht schon vorab als Gegenposition zum alltäglichen Handeln verstanden. Die Fokussierung des Alltags in diesem Sinne ermöglicht es, die Wechselbeziehungen zwischen technischem und sozialem Handeln, die Transformation und Reproduktion sozialer Strukturen durch konkrete Akteure sowie beabsichtigte und unbeabsichtigte Folgen technischen und sozialen Handelns zu erkennen und bietet damit ein geeignetes Instrumentarium zur Behandlung der Forschungsfrage (vgl. auch Lüdtke et al. 1994, S. 7).

4.2.6 Technisches Handeln als „situative Praxis"

In Anlehnung an Beck (1997, S. 294) wird nun ein theoretischer Ansatz vorgestellt, der die Möglichkeiten der Nutzer beim Umgang mit technischen Artefakten fokussiert, deren Handlungsoptionen aus dieser Perspektive zwar gerichtet, aber nicht determiniert durch Technik erscheinen. Hierzu wird – in Anlehnung an obige Definition II – die Beobachterperspektive gewechselt: Nun steht der Akteur mit der von ihm entfalteten *Praxis* im Mittelpunkt. Als Praxis werden dabei die alltäglichen Handlungsmuster der Nutzer im Umgang mit Technik verstanden, die zwischen den extremen Polen von Determination und Kreativität liegen (vgl. ebd. 296). Praxis – „verstanden als körper- und situationsgebunden, als prozessual und reflexiv, als handelndes und erkennendes Tätigsein in der alltäglichen Lebenswelt" – wird dabei verknüpft mit den vorab entwickelten Konzepten der

---

20 Die Relevanzstruktur wird nach Luckmann konkret definiert als „der lebensweltlich bestimmte Gesamtzusammenhang seiner Interessen, Wichtigkeiten und Dringlichkeiten" (Luckmann 1992, S. 32).

Technik, um ein komplexes Modell des „Umgangs mit Technik" zu entwerfen (ebd. 298). Technik wird in diesem Sinne als Faktor *„sozialkulturellen Kontingenzmanagements, als individuell und kollektiv wirksame Bedingung und Ermöglichung des alltäglichen Handelns"* verstanden (ebd. 296, kursiv im Original).

Ziel dieses Ansatzes ist es, auf der Basis einer umfassenden Situationsanalyse sowohl soziale (interaktive) als auch normative, „objektive" und reflexive Orientierungen der Handelnden gleichzeitig zu berücksichtigen (ebd. 310). Dabei werden notwendigerweise die Annahmen vieler klassischer Handlungstheorien, die die Praxis allein als Reaktionen auf vorhergehende Bedingungen wie Normen, Rollen (Parsons) oder zweckrationales Kalkül (Weber) betrachten, aufgegeben. In den Mittelpunkt rückt die Frage nach der möglichen Veränderung und Transformation von Strukturen durch die Akteure, während die klassische soziologische Frage nach der Ordnung eher in den Hintergrund tritt.

Auch Bourdieu (1979) geht mit seinem praxeologischen Modell in diese Richtung. Er sieht Handlungen als bestimmt durch *Situationen* und *Dispositionen*. Dabei bilden für ihn Situationen kontingente Handlungs*optionen* aus, während Dispositionen – durch den (klassenspezifischen) Habitus geprägt – die eher statischen Handlungs*umstände* ergeben. Da er aber den Fokus insbesondere auf den Habitus und damit auf die „Strukturen" legt, blendet er die für das Handeln konstitutive Situativität und zugleich die darin implizierten Unsicherheiten und Unbestimmtheiten aus. Das bedeutet allerdings auch, dass er nicht erfassen kann, dass die Handelnden diese Uneindeutigkeiten durchaus im eigenen Interesse kreativ nutzen oder dass sie sich solche „rechtsfreien" Räume zum eigenen Vorteil aktiv schaffen. Insofern kann sein Ansatz kaum Variabilitäten und Veränderungen der Handlungen herausarbeiten. Darüber hinaus ist der Habitus selbst – definiert als strukturierende Struktur – weitgehend unbestimmt. Es wird nicht klar, in welcher Form welches Wissen, Modelle, Konzepte etc. darin aufgehoben sind. Daher wird auch nicht klar, nach welcher Logik die situationsunspezifischen und zeitstabilen Dispositionen von den Handelnden auf konkrete Handlungsprobleme angewendet werden.

Giddens (1988) stellt ebenfalls die Situation des Handelns in den Mittelpunkt seiner Argumentation. Er betont in seiner Theorie der Strukturierung sowohl den *regel*haften Charakter der Praxis als auch die Tatsache, dass ebendiese Strukturen erst durch die Praxis reproduziert oder möglicherweise transformiert werden. In diesem Sinne stellt die Struktur eine Ordnung dar, die erst in dem Moment – in der Situation – existiert, in dem sie von den Akteuren „praktiziert" bzw. angewendet oder abgewandelt wird. Giddens bezieht sich damit – im Gegensatz zu Bourdieu – viel stärker auf die jeweilige *Situation* des Handlungsvollzugs. Darüber hinaus ist nach ihm das soziale Handeln durch das *praktische* Bewusstsein charakterisiert:

„Dieses praktische Bewußtsein *(practical consciousness)* umfaßt all das, was Handelnde stillschweigend darüber wissen, wie in den Kontexten des sozialen Lebens zu verfahren ist, ohne daß sie in der Lage sein müssten, all dem einen direkten diskursiven Ausdruck zu verleihen" (Giddens 1988, S. 36, kursiv im Original).

Allerdings berücksichtigt Giddens – nach Beck – durch das routinierte Tun in seinem Modell nicht bzw. zu wenig den „Sinn" bzw. die „Sinnproduktion", so dass kulturelle Bedeutungen – beispielsweise der Technik – zu wenig Beachtung finden (vgl. Beck 1997, S. 332f.). Darüber hinaus ist Giddens, ebenso wie Bourdieu, stärker an der Rekonstruktion der *limitierenden* Faktoren des Handelns interessiert als an der Rekonstruktion der Kreativität der Handelnden.

Ausgehend von diesen neueren Theorievorschlägen entwickelt Beck eine Theorie der situativen Praxis. Bei ihm stellen die *Situativität* und die *Prozessualität* zentrale analytische Kategorien dar (vgl. Beck 1997, S. 339). Er berücksichtigt zugleich

„die situativen/gesellschaftlichen wie biographischen/historischen Kontexte der Praxis als Schnittpunkt *synchroner Relationen* der Akteure zu ihrer Umwelt und *diachroner Entwicklungen*. Durch diese doppelte Perspektive wird besonderes Augenmerk auf das alltägliche Praxen in besonderer Weise prägende *Spannungsverhältnis von Stabilität und Variation* gerichtet" (ebd., kursiv im Original).

Beck will damit erreichen, dass auch menschliches Routinehandeln, das einen wesentlichen Anteil des Alltagshandelns ausmacht, mit erfasst wird und nicht als bloße Residualkategorie neben dem zweckrationalen, teleologischen und kommunikativen Handeln erscheint. Denn nur so können laut Beck die kreativen und aktiven Anteile der Akteure am Alltagsgeschehen sichtbar gemacht werden (vgl. ebd. 340).

Becks Modell impliziert zwei Vorannahmen. Erstens gilt, dass

„Strukturen, Normen, Regulative oder Dispositionen von den Handelnden nicht einfach *ausgeführt*, sondern *im Handeln aktualisiert* werden (...). Zweitens wird (...) davon ausgegangen, daß von den Handelnden die Wirklichkeit in einem aktiven Prozeß konstruiert werden muß" (ebd. 341).

Bei dem (bedeutungs- und handlungsermöglichenden) *Kontext* der Handlung unterscheidet Beck – wie schon in Kapitel 4.1, auf Technik bezogen, angedeutet – zwei verschiedene Ebenen, die beide weit über die unmittelbare Handlungssituation hinausreichen: den Ko-Text und den Kon-Text. Diese Begriffe konzeptualisieren die Faktoren, die weder situativ entstanden noch situativ kontrollierbar sind. Damit wird eine prozessuale Sicht der Ko- und Kon-Textbildung etabliert (vgl. ebd. 344).

Als *Ko-Text* bezeichnet Beck die *Bedeutungs*dimension, hier im Umgang mit technischen Artefakten. Dabei verweist er nicht nur auf sprachliche Diskurse, sondern auch auf nicht-sprachliche „meaning-making resources" (Lemke 1995) wie Gesten, symbolische und funktionale Werte etc. Er geht davon aus, dass in unterschiedlichen Situationen für Menschen verschiedenen Alters, Geschlechts und sozialer Position jeweils unterschiedliche Bedeutungen existieren und dass diese auf verschiedene Art „genutzt" werden können. Allerdings existieren nach ihm in jeder Situation für jeden zugleich auch differierende Bedeutungen (Heteroglossie, Beck 1997, S. 343), so dass auf unterschiedliche Diskurse zurückgegriffen werden kann. Diskurse bzw. Bedeutungen sind in seinem Sinne nicht determinierend, da sie bestätigt, verworfen oder modifiziert und den eigenen Bedürfnissen angepasst werden können (vgl. ebd. 343).[21]

Ähnlich dynamisch ist bei Beck auch das Konzept des *Kon-Textes,* der die *Handlungs*dimension, hier im Umgang mit technischen Artefakten beschreibt. Unter dem Kon-Text versteht Beck die konkrete, gegenständliche Dimension der Praxis, die Handlungsoptionen in Situationen nutzt (vgl. ebd. 342). In Anlehnung an Joerges ergeben sich aus dem Kon-Text technischer Artefakte beispielsweise „Anschlusshandlungen", „mit denen die unmittelbaren, in technische Artefakte eingelassenen *affordances* realisiert werden" (ebd. 342, kursiv im Original). Auch der Kon-Text bietet nach Beck verschiedene Handlungsmöglichkeiten an, die situativ, je nach Fähigkeiten und Fertigkeiten des Akteurs, realisiert werden können.

Aber die konkrete Praxis ist nicht nur abhängig von den situativ gültigen Ko- und Kon-Texten. Darüber hinaus spielen die konkrete Situations*wahrnehmung*, die *Disposition der Akteure* und ihre *Fähigkeiten und Fertigkeiten* eine große Rolle, die ebenfalls wieder ko- und kon-textuell gebunden sind. Der oben genannten historischen Komponente von Ko- und Kon-Text wird hier eine biografische Perspektive an die Seite gestellt (vgl. ebd. 344), aus der sich ergibt, dass den vielfältigen, aber nicht beliebigen Handlungsoptionen – etwa technischer Artefakte –

---

21 Diskurse haben nach Beck (1997, S. 343) und in Anlehnung an Lemke drei Bedeutungsebenen: eine repräsentative, eine orientierende und eine organisierende. Auf der *repräsentativen* Ebene erfolgt die Repräsentation der „objektiven" Welt. Auf der *orientierenden* Ebene wird u. a. das Verhältnis des Akteurs zu den Repräsentationen festgelegt. Auf der organisierenden Ebene wird der Diskurs mit anderen Diskursen in Beziehung gesetzt.

durchaus vielfältige, aber ebenfalls nicht beliebige Handlungsmöglichkeiten der Akteure gegenüberstehen.

Wichtig bei der Konzeption Becks ist, dass sie zweifache „*Unvollständigkeit*" zulässt, „erstens in der Annahme, daß Akteure in Handlungssituationen weder alle Handlungs*bedingungen* völlig überschauen, noch – zweitens – über alle Handlungs*folgen* vollständig informiert sein müssen, bevor sie handeln" (ebd. 345, kursiv im Original). Denn gerade die Unschärfe alltäglicher Handlungspläne und -strategien ermöglicht es nach Beck, in der Praxis auch unsichere und widersprüchliche Situationen zu meistern. Erst vor diesem Hintergrund können günstige Gelegenheiten genutzt und kurzfristige Vorteile erzielt werden. Dieser Ansatz geht insofern von einem erweiterten Wissenskonzept aus, „bei dem Wissen nicht ausschließlich sprach-analog, objektiv und kontextfrei konzipiert wird, sondern gerade sein meist situativer, lokaler und performativer Charakter herausgearbeitet wird" (ebd.).

Im Folgenden werden die obigen, eher allgemeinen theoretischen Überlegungen Becks im Hinblick auf die Problematik des *Umgangs mit Technik* konkretisiert.

Aus der praxistheoretischen Perspektive kommen die technischen Artefakte als „*Nutzungskomplexe*" in den Blick, deren Handlungspotenziale erst in konkreten Gebrauchsakten aktualisiert werden können (vgl. ebd. 347). Aus der sachtheoretischen Perspektive erscheinen sie hier als starke, „mit der Macht des Faktischen ausgestattete sozial-kulturelle *Orientierungskomplexe* und somit als wirkungsvolle Form des Kontingenzmanagements" (ebd., kursiv nicht im Original). Insofern kann durch die kreativen Potenziale der Praxis und die Situationsabhängigkeit sowohl eine deterministische als auch eine voluntaristische Sicht vermieden werden.

Der Technik gehen in dieser Konzeption spezifische Ko- und Kon-Texte voraus, die den Umgang mit Technik beeinflussen. Erst vor diesem Hintergrund und unter Berücksichtigung der je spezifischen Anpassungsarbeit der Nutzer kann beispielsweise die scheinbare Normalität der gebrauchsanweisungsmäßigen Nutzung eines technischen Artefakts hinterfragt werden. Insofern werden zeitliche und räumliche Zusammenhänge in die Untersuchung mit einbezogen. Darüber hinaus gilt: Ebenso wie sich im Zuge der Konventionalisierung bestimmte „legitime" Gebrauchsweisen der Technik „institutionalisiert" haben, muss von einer „nicht minder dauerhaften *Kon-Figuration der Nutzer und ihrer Praxen* [ausgegangen werden], die nicht nur in einer Einschränkung ihrer Handlungs*optionen* besteht, sondern den Körper der Akteure nachhaltig einer *techno*-logischen, zeitlich-räumlichen Ordnung unterwirft und die ‚habits' und Wahrnehmungsweisen der Nutzer ‚technologisch infiziert'" (ebd. 348, kursiv im Original).

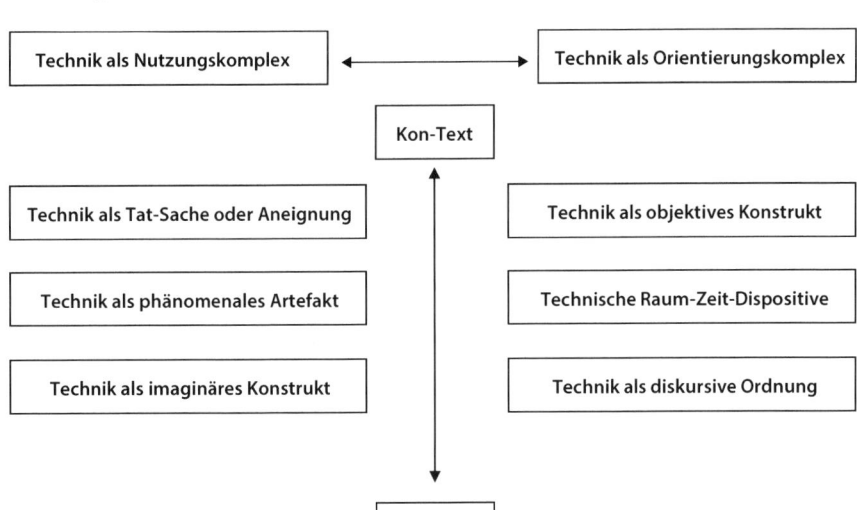

Abbildung 4 Praxistheoretische Situationsanalytik des Umgangs mit Technik

```
┌─────────────────────────────┐              ┌─────────────────────────────┐
│ Technik als Nutzungskomplex │ ◄──────────► │ Technik als Orientierungskomplex │
└─────────────────────────────┘              └─────────────────────────────┘
                                    ┌─────────┐
                                    │ Kon-Text│
                                    └─────────┘
                                         ▲
┌─────────────────────────────────┐      │      ┌─────────────────────────────┐
│ Technik als Tat-Sache oder Aneignung │  │      │ Technik als objektives Konstrukt │
└─────────────────────────────────┘      │      └─────────────────────────────┘

┌─────────────────────────────────┐      │      ┌─────────────────────────────┐
│ Technik als phänomenales Artefakt │    │      │ Technische Raum-Zeit-Dispositive │
└─────────────────────────────────┘      │      └─────────────────────────────┘

┌─────────────────────────────────┐      │      ┌─────────────────────────────┐
│ Technik als imaginäres Konstrukt │     │      │ Technik als diskursive Ordnung │
└─────────────────────────────────┘      │      └─────────────────────────────┘
                                         ▼
                                    ┌─────────┐
                                    │ Ko-Text │
                                    └─────────┘
```

Abbildung in Anlehnung an Beck (1997, S. 349).

Beck fasst die erarbeiteten Analysekategorien in einem Schaubild zusammen (Abbildung 4) und unterscheidet darüber hinaus drei verschiedene Aspekte bei der Betrachtung der Technik als Nutzungs- wie auch als Orientierungskomplex. Letztere werden im Folgenden näher erläutert.

Nach dieser Systematik unterscheidet Beck drei Aspekte der Technik als *Orientierungskomplex:*

a) Als objektives Konstrukt gilt Technik im Sinne eines ingenieurstechnisch erwünschten „Verlaufssouveräns" des Handelns, eine Annahme, die nach Beck aber bislang stets an der Wirklichkeit scheitert (vgl. ebd. 350).
b) Technische raum-zeitliche Dispositive zielen nach Beck auf die Kon-Figuration der Nutzer bzw. die Definition der Position der Nutzer (Subjekt-Objekt-Verhältnis). Das Verhältnis zwischen technischer Figuration und nutzender Kon-Figuration ist allerdings kein Determinationszusammenhang, sondern als rückbezügliche Relation konzipiert.
c) Technik als diskursive Ordnung meint hier die normative Vermittlung von „legitimen" Gebrauchsanweisungen, während abweichende Umgangsformen

marginalisiert und negativ sanktioniert werden (z. B. kulturspezifische Definition eines Mindestalters für Autofahrer, normative Ächtung PS-starker Autos in Öko-Kreisen, verschiedene Technikstile, die als Sinnangebote zur Verfügung stehen, Technikbilder, vgl. ebd. 352).

Ebenso unterscheidet Beck drei Aspekte bei der Betrachtung von Technik als Nutzungskomplex:

a) Unter Technik als Aneignung versteht Beck die Reziprozität von Handlungsmitteln und -zwecken, wobei aber berücksichtigt wird, dass der Nutzer mittels der Technik durchaus eigene Strategien verfolgen kann, die den konventionalisierten Nutzungsanweisungen widersprechen. Gleichzeitig wird davon ausgegangen, dass der Umgang mit Technik überwiegend routinisiert verläuft und auf impliziten Wissensformen aufbaut (z. B. tacit knowledge) (vgl. ebd. 353).
b) Das Verständnis von Technik als phänomenales Artefakt verweist auf die im Umgang mit Technik entstehende „technologisch infizierte" Raum-, Zeit- und Körpererfahrung der Nutzer und damit auf sozial und kulturell differente Technikstile (ebd. 354).
c) Technik als imaginäres Konstrukt verweist auf die zentrale Rolle, die Diskurse für den Umgang mit Technik spielen. Denn je nachdem, ob beispielsweise ein Auto vor allem als Vehikel individueller Freiheit oder als Klima-Killer thematisiert wird, werden unterschiedliche Umgangsweisen mit dem Auto nahegelegt.

Mit dieser praxistheoretisch orientierten Situationsanalyse sollte es möglich sein, den alltäglichen Umgang mit Technik zu erfassen.

4.3 Akteure des technischen gradualisierten Handelns

Ergänzend sollen einige weitere theoretische Vorbestimmungen des Untersuchungsgegenstands in Anlehnung an die Rammertsche Technik- und Sozialtheorie (2007, 1988) vorgenommen werden. Zum einen soll Technik hier – ebenso wie der Mensch – als ein Akteur konzeptualisiert werden. Aber im Gegensatz zur Latourschen Konzeption sollen hier die Handlungen mit ihren unterschiedlichen Qualitäten berücksichtigt werden, so dass die Unterschiede zwischen menschlichen und technischen Akteuren nicht verschwimmen. Deswegen wird auf den gradualisierten Handlungsbegriff von Rammert zurückgegriffen.

Nach Rammert sind verschiedene Instanzen – er nennt sie auch *Handlungsträger* (vgl. Rammert 2007, S. 98) – an den technischen Handlungen beteiligt. Dies können verschiedene menschliche, aber auch nichtmenschliche Instanzen sein. Rammert spricht daher von einer *verteilten Handlungsträgerschaft* (oder auch „*agency*"), die auf technische und menschliche Akteure verteilt ist. Quer zur traditionellen Trennung zwischen technisch-dinglicher Welt und menschlich-sozialer Welt werden von ihm insofern die „konkrete[n] Kollektive aus menschlichen und nicht-menschlichen Elementen" analysiert (Rammert 2007: 39). Ähnlich wie bei Knorr-Cetina (1998), Latour (1998) und Hughes (1986) bilden Technik und Gesellschaft aus dieser Perspektive ein nahtloses Geflecht („seamless web", Hughes 1986), so dass die „Ko-Konstruktion von technischer und gesellschaftlicher Wirklichkeit" in den Mittelpunkt gerückt werden kann (Rammert 2007, S. 40).[22]

Dass auch Technik als ein *Akteur* konzeptualisiert werden kann, ist der hier vertretenen *Nutzerperspektive* geschuldet, genauer dem Argument, dass es für den Nutzer häufig keinen Unterschied macht, ob Handlungen durch menschliche Subjekte oder durch technische Artefakte ausgeführt werden. Ob beispielsweise Zahlungsanweisungen in der Bank von Bankangestellten oder Bankcomputern durchgeführt werden, ist für den Nutzer meist irrelevant, sofern die gewünschte Transaktion stattfindet.

Rammert führt darüber hinaus einen *gradualisierten Handlungsbegriff* ein, um unterschiedliche Qualitäten des Handelns berücksichtigen zu können. Dabei nimmt er Abstand von der gängigen Annahme, dass *Handeln* nur bewusstseinsfähigen menschlichen Subjekten vorbehalten ist und dass technische Objekte nur nach Regeln der kausalen Wirkung *operieren* können. In Anlehnung an Giddens (1988) entwickelt er ein Drei-Ebenen-Modell des Handelns und beschreibt es folgendermaßen: Auf der untersten Ebene ist Handeln die Fähigkeit, einen Unterschied zum vorher existierenden Zustand herzustellen (vgl. Rammert 2007, S. 112 f.). Hierbei handelt es sich um einen sehr schwachen Handlungsbegriff, denn eine Veränderung lässt sich sehr einfach bewirken. In diesem Sinne ist auch die Straßenschwelle, die nach von Latour (1988) den Autofahrer zum Verlangsamen des Tempos veranlasst, eine Handlung.[23]

---

22 Insofern ist es eine empirisch zu beantwortende Frage, welche technischen und menschlichen Akteure auszumachen und welche Instanzen zu welcher Handlung fähig sind.
23 Dieses Verständnis von Handlung ähnelt dem von Latour. In seiner „Soziologie der Verknüpfungen" geht es ihm darum, Soziales und Nichtsoziales durch die Verwicklung von Aktanten unterschiedlichster Herkunft und Konstitution zu erklären (vgl. Latour 1995). Kritisch siehe hierzu Keller und Lau (2008, S. 325 ff.).

Handlungen auf der zweiten Ebene sind dadurch bestimmt, dass der jeweilige Akteur (Technik oder Mensch) in jeder Phase des Handelns auch anders hätte handeln können (vgl. Rammert 2007, S. 113). Hier wird die Fähigkeit angesprochen, auf wechselnde Gegebenheiten der Umwelt eingehen und sein Handeln ändern zu können. Das impliziert zugleich einen geringeren Grad an Berechenbarkeit für andere Akteure. Die Spannung in interaktiven Computerspielen beispielsweise entsteht gerade durch eine virtuelle Kontingenz, die für die Anwender wenig durchschaubar ist. Das „Lernen im Sinne der Fähigkeit, Situationsmerkmale identifizieren und die Aktivitätsrahmen ändern zu können, sind typische Qualitäten des Handelns auf der mittleren Ebene" (ebd. 114).

Auf der dritten Ebene geht es um die Reflexivität und Intentionalität des Handelns. Angesichts der Begriffe erscheint es naheliegend, dass sie nur auf menschliche Subjekte bezogen sind, die ihr Verhalten sinnvoll steuern. Diese Gewissheit sieht Rammert aber in dem Maße schwinden, wie die Nutzer mit avancierter komplexer Technik konfrontiert werden, die dieses Vokabular selbst verwendet, um ihre Abläufe zu organisieren und interaktiv zu koordinieren (vgl. ebd. 115). Er argumentiert hier, dass auch die nicht direkt beobachtbaren inneren Zustände unserer menschlichen Gegenüber – ebenso wie die avancierter Technik – für uns eine Art „Black Box" darstellen, die von uns interpretiert und gedeutet werden. Im Sinne einer pragmatistischen Wendung plädiert er also dafür, sich bei unseren Interpretationen auf die empirisch beobachtbaren gesellschaftlichen Praktiken bei der Verwendung intentionaler Begriffe zu konzentrieren, unabhängig davon, ob sie nun auf menschliches oder technisches Handeln beziehen.[24]

Entgegen Latours Annahmen (1998) beschreibt Rammert mit seinem gradualisierten Handlungsbegriff Technik zwar als integralen Bestandteil gesellschaftlicher Wirklichkeit, wobei er dennoch ihre spezifische Differenz zum Menschen aufrechterhalten kann. Mit seinem begrifflichen Instrumentarium ist es möglich, empirisch beobachtbare Wechselwirkungen gegenseitiger Einwirkung, Substitution und Delegation innerhalb sozio-technischer Arrangements zu erfassen. Rammert entwickelt insofern ein „Werkzeug", „um die verschiedenen Techniken nach dem Grad ihres (Mit-)Handelns innerhalb sozio-technischer Zusammenhänge zu unterscheiden" (ebd. 116). So lässt sich beispielsweise klären, welche Handlungen

---

24 Die Frage nach der Normativität bzw. Deskriptivität seines Ansatzes, also die Frage, ob das Handeln der Technik ein Resultat von Zuschreibungen oder eine Eigenschaft der Artefakte selbst darstellt, beantwortet Rammert damit, dass er jegliches Handeln als über Zuschreibungsprozesse konstituiert sieht und die obige Differenz als „eine Differenz hinsichtlich des Grades der Konventionalisierung von Mustern der Handlungszuschreibung auf Technik" betrachtet (Rammert 2007, S. 121).

in welchem Umfang auf welche technischen und menschlichen Akteure verteilt sind, welche Handlungspotenziale verwirklicht werden können und welche nicht. Es kann herausgearbeitet werden, wie viel Eigensinnigkeit, Widerständigkeit und Flexibilität die verschiedenen Handlungsträger besitzen, welche Bedingungen deren Aktivitäten begrenzen oder erweitern etc. (vgl. ebd. 123).

Auf das Thema dieser Arbeit bezogen sind mit einem *gradualisierten Handlungsbegriff* sowohl die Aktivitäten klassischer Haushaltstechnik als auch moderner Kommunikations- und Informationsmedien in ihrer Wechselwirkung mit dem menschlichen Handeln auf der Mikroebene systematisch erfassbar. Insofern können die unterschiedlichen Grade der technischen Unterstützung herausgearbeitet werden. Außerdem kann das „wie" der technischen Handlung und damit auch das (nicht) erfolgreiche Bewältigen alltäglicher Herausforderungen beschrieben werden. Und insbesondere durch die Annahme des *verteilten Handelns* ergibt sich die Möglichkeit, das Bewältigen alltäglicher Anforderungen aus der Perspektive einer Interaktion zwischen verschiedensten Akteuren zu analysieren. Dadurch werden Probleme nicht als isolierte Probleme des Menschen oder der Technik, sondern als Probleme der Beziehungen zwischen allen am technischen Handeln beteiligten Akteuren betrachtet. Es kommen dadurch auch Akteure in den Blick, die vermittelnde Funktionen erfüllen, wie beispielsweise das persönliche soziale Netzwerk der Älteren oder Servicezentren. Strategien zur Bewältigung von Problemlagen müssen dann vor allem an der Optimierung des Zusammenspiels aller Akteure ansetzen statt an der Optimierung eines einzelnen Akteurs. Eine gelungene Verwendung von Technik im Alltag ist dann ein kollektives Phänomen, sie entsteht in einem interaktiven Prozess.

4.4 Zusammenfassung und Fazit

Schlussendlich soll auf den vorab erläuterten Theorieansätzen aufbauend der techniksoziologische Teil des Rahmenkonzepts entworfen werden. Indem die für die Forschungsfrage wesentlichen theoretischen Konzepte in Thesen „übersetzt" werden, lässt sich konkretisieren, wie das Verhältnis von Technik im Alltag Älterer verstanden und erklärt werden kann.

Grundlegend für das Problemfeld Alter und Technik ist ein Verständnis von Technik als einer *„sozialen Institution"* (vgl. Hennen 1992; Linde 1972). Denn Technik kann einerseits als sozial konstruiert, zugleich aber auch als sozial einwirkend verstanden werden. Insofern ist Technik zum einen durch die sozialen, kulturellen, ökonomischen und politischen Verhältnisse bestimmt. Zum anderen aber

stiftet Technik – auch durch ihre Materialität – soziale Verhältnisse und/oder verändert sie.
Die institutionelle Dimension der Technik wird hier als ein in das technische Gerät eingeschriebenes, zu realisierendes Handlungsmuster verstanden. Diese „scripts" (Latour) können sich auf zwei verschiedene Ebenen beziehen: In Anlehnung an Beck (1997) wird zwischen der *Bedeutungsdimension* – die Beck als Ko-Text bezeichnet – und der *Handlungsdimension* – er nennt sie Kon-Text – unterschieden. *Kon-Texte* sind nach ihm sozial konstruierte, „harte" Handlungsumgebungen, die materiell und institutionell ausgeformt werden (vgl. Beck 1997, S. 169). Sie wirken sich stark auf Handlungsoptionen, -zumutungen und -beschränkungen aus. *Ko-Texte* hingegen sind nach Beck Nutzungsanweisungen – er charakterisiert sie als „weiche" Faktoren – wie kulturelle Orientierungen, Dispositive und Habitualisierungen, die das Feld der sozial legitimen Nutzungsweisen einer Technik und ihren angewiesenen Nutzen diskursiv abstecken und auch kulturelle Überzeugungen verändern können.[25] Diese Faktoren wirken sich nach Beck sowohl auf die konkrete Nutzung des technischen Artefakts (Nutzungskomplex) als auch auf die technikbezogenen Orientierungen der Älteren (Orientierungskomplex) aus. Aus diesen theoretischen Überlegungen lassen sich folgende Thesen ableiten:

- Die mit dem Artefakt verbundenen kulturellen Sinnsetzungen und Maßstäbe *(Ko-Texte)* können in mehrfacher Weise auf ihre älteren Nutzer einwirken: Sie können durch die konkrete Vorgabe von Problemlösungen zum Gebrauch des technischen Artefakts anregen. Sie können Handlungsabläufe im Alltag routinisieren und den älteren Nutzer entlasten. Sie können aber auch eigene Handlungsentwürfe der Älteren verhindern, indem diese auf die standardisierten Vorgaben zurückgreifen. In diesem Sinne kann das technische Artefakt die alltägliche Lebensführung einschränken, aber auch erweitern. Darüber hinaus kann es zu Veränderungen in den Handlungszielen führen, zu neuen Zielsetzungen anregen, anderen ihre Bedeutung nehmen etc.
- Die mit dem Artefakt verbundenen materialen und institutionellen Nutzungsbedingungen *(Kon-Texte)* können Zwang auf das alltägliche Handeln ausüben, indem sie genau vorgeben, wie mit einem Gerät umgegangen werden muss. Druck kann auch dadurch entstehen, dass Probleme möglicherweise eine intensive Beschäftigung mit dem Gerät erzwingen. Doch die Vorgaben können

---

25 Braun (1988) zeigt beispielsweise, wie sich die Reinlichkeitsstandards durch das technische Artefakt Waschmaschine verändert haben.

zugleich auch als Halt gebende Strukturen verstanden werden, die Sicherheit und eine Entlastung von der Notwendigkeit eigener Handlungsentwürfe erzeugen.

Der Verwendungskontext von Technik im Alltag verweist auf eine weitere Dimension, die in dieser Arbeit berücksichtigt werden muss, die *Perspektive der subjektiven Sinnsetzungen der Älteren*. Im Sinne Hörnings (1988) und Rammerts (1988), die aus einer eher kulturalistischen Forschungsperspektive argumentieren, wird davon ausgegangen, dass die Deutungsmuster der Techniknutzer entscheidend für ihren Umgang mit Technik sind. Die Technik wird insofern auch als Produkt und Gegenstand sinnhaften Handelns verstanden und damit ihrer instrumentellen Eindeutigkeit enthoben. Es werden in Anlehnung an Hörning (1988, S. 72 ff.) vier Kategorien technikrelevanter Handlungsorientierungen unterschieden, die sowohl symbolische, expressive, soziale als auch instrumentelle Orientierungen der Nutzer einschließen: die *Kontrollorientierung*, bei der Technik zur Kontrolle von Umweltaspekten dient, die *ästhetisch-expressive Handlungsorientierung*, bei der Technik zur Steigerung des persönlichen Wohlbefindens und aus Freude eingesetzt wird, die *kognitive Handlungsorientierung*, bei der Technik die Aneignung persönlicher Kompetenz erleichtert, und die *kommunikative Handlungsorientierung*, bei der Technik zur Befriedigung grundsätzlicher sozialer Bedürfnisse beiträgt. Daraus wird für die Untersuchung folgende These abgeleitet:

- Die handlungsleitenden Orientierungen der Nutzer und ihre Deutungen der Technik haben maßgeblichen Anteil daran, welche Technik im Alltag eingesetzt und in welcher Weise sie genutzt wird.

In Anlehnung an Rammerts pragmatistische Sozial- und Techniktheorie (2007) wird zum einen die traditionelle Trennung zwischen technisch-dinglicher und menschlich-sozialer Welt aufgegeben. Denn aus der Nutzerperspektive können sowohl Personen als auch technische Geräte als *handelnde Akteure* gesehen werden. Darüber hinaus wird der erfolgreiche Umgang mit Technik als Folge einer gelungenen Vernetzung der Handlungen unterschiedlichster Akteure verstanden. Es wird insofern vom *verteilten Handeln* ausgegangen (vgl. Rammert 2007, S. 109). Als Akteure kommen der Nutzer selbst, die verwendete Technik, aber auch das private soziale Netzwerk, Service- und Beratungszentren, das Internet etc. in Frage. Der Umgang mit Technik bildet damit – in den Worten Rammerts ausgedrückt – ein hybrides Geflecht „sozio-technischer Konstellationen" (Rammert 2007, S. 109). Zudem wird Rammerts (2007, S. 112 ff.) *gradualisierter Handlungsbe-*

griff eingeführt, um zwischen verschiedenen Qualitäten des Handelns unterscheiden zu können. So können Handlungen danach eingeteilt werden, ob sie allein einfache Veränderungen bewirken oder sich an sich verändernde Gegebenheiten der Umwelt anpassen können oder ob sie in der Lage sind, sehr komplexe Handlungsabläufe zu organisieren und interaktiv zu koordinieren. Mit diesem Instrumentarium kann geklärt werden, welche Handlungen sich in welchem Umfang auf welche menschlichen und technischen Akteure verteilen, welche Handlungspotenziale verwirklicht werden und welche nicht. Hieraus ergeben sich folgende Thesen für das Problemfeld Alter und Technik:

- Sowohl die Älteren als auch die technischen Geräte wirken aktiv – im Sinne handelnder Akteure – auf den (nicht) erfolgreichen Umgang mit Technik ein.
- Menschliche und technische Akteure können aufgrund ihrer unterschiedlichen „Intelligenzgrade" auf verschiedene Weise und in unterschiedlichem Maße zum (nicht) gelingenden alltäglichen Umgang mit Technik beitragen.
- Der erfolgreiche Umgang mit Technik ist bestimmt durch ein verteiltes Handeln in dem Sinne, dass das gesamte Interaktionsnetzwerk von Älteren, der Technik, ihrem persönlichen sozialen Netzwerk, Service-Zentren, der Umwelt etc. daran beteiligt ist. Vorstellbar ist hier, dass insbesondere dem privaten sozialen Netzwerk große Bedeutung zukommt. Denn möglicherweise werden Ältere eher bereit sein, sich mit für sie neuen und wenig vertrauten Techniken zu beschäftigen, wenn sie fest mit Unterstützungsleistungen durch ihre Bezugspersonen rechnen können.

Diese Aspekte sind Bestandteil des umfassenden theoretischen Rahmenkonzepts, das in Kapitel 8 vorgestellt wird.

5 Theorieansätze aus der Alter(n)ssoziologie

Neben der Betrachtung der Technik muss auch darüber nachgedacht werden, inwiefern das Lebensalter der Älteren Einfluss auf ihren Umgang mit Technik haben könnte. In dieser Arbeit wird zum einen angenommen, dass die Vorstellungen des Einzelnen von seinem Alter(n) – sein Selbstbild – Bedeutung für seine alltäglichen Handlungspraxen und damit auch für sein technisches Handeln haben. Zum anderen wird von der sozialen Konstruiertheit des Alter(n)s ausgegangen, was auf die gesellschaftliche Bedingtheit vorhandener Vorstellungen über das Alter und darauf aufbauender Institutionen verweist. Aus diesen Annahmen wird die These entwickelt, dass die gesellschaftlichen Vorstellungen vom Alter auf die jeweiligen Selbstbilder der Älteren einwirken und dadurch vermittelt auch einen Einfluss auf ihren Umgang mit Technik haben.[1]

Zwei Theorieperspektiven, in denen das Alter als soziale Konstruktion beschrieben wird, scheinen für das vorliegende Thema relevant und werden im Folgenden erläutert. Saake (1998) beschäftigt sich allgemein, aus systemtheoretischer Perspektive, mit der Konstruktion von „Altersbildern", also den Vorstellungen über das hohe Erwachsenenalter (5.1).[2] Sie geht davon aus, dass dem Altersphänomen keine „wirkliche Essenz" zugrunde liegt, sondern „nur die Plausibilität, die die Unterscheidung von ‚Alter und anderem' eröffnet" (Saake 1998, S. 12). Altersbilder werden nach ihr in unterschiedlichen gesellschaftlichen „Einheiten" entwickelt und wirken sich zugleich auf die individuellen Vorstellungen über das eigene Alter und das der anderen aus.

---

1 Neben dieser *Wahrnehmungs*ebene muss auch die *biologische* Ebene berücksichtigt werden. Denn auch wenn sich gravierende Unterschiede zwischen den Gesundheitszuständen älterer Menschen zeigen, ist dennoch unbestritten, dass sich mit zunehmendem Alter physisch-psychische Veränderungen zeigen, von denen alle mehr oder weniger betroffen sind. Diese Dimension wird im Rahmen des Lebenslagekonzepts (6.1) diskutiert, da (mangelnde) körperliche Gesundheit ein ungleichheitsrelevanter Faktor ist.

2 Altersbilder werden hier konkreter – in Anlehnung an den 3. Altenbericht des BMFSFJ (2003, S. 64) – als „allgemeinere Vorstellungen über das Alter, über die im Alternsprozess zu erwartenden Veränderungen und über die für ältere Menschen mutmaßlich charakteristischen Eigenschaften ..." verstanden (ebd.). Sie sind bildhafte Vorstellungen, die in vereinfachter Form Meinungen über alte Menschen vermitteln (vgl. Schmitz-Scherzer et al. 1994, S. 89).

Nach der Darstellung dieses eher allgemeinen konstruktivistischen Ansatzes wird an zweiter Stelle darüber nachgedacht, mit welchen konkreten Vorstellungen vom Alter sich Ältere in unserer Gesellschaft konfrontiert sehen. Hierzu wird ein Theorievorschlag aus der Lebenslaufforschung – der von Kohli (1985) – aufgegriffen, der die gesellschaftliche Rolle der Älteren mit den daran anknüpfenden normativen Erwartungen thematisiert (5.2). Kohlis Ansatz hat hier deswegen so große Bedeutung, weil sich mit ihm die wesentlichen altersrelevanten gesellschaftlichen Institutionen unserer Gesellschaft erklären lassen, die sich maßgeblich in den Wissensbeständen und Handlungspraxen der Älteren wiederfinden.

Beide Ansätze verweisen insofern auf das Vorhandensein gesellschaftlich konstruierter Annahmen über das Alter, mit denen Ältere in ihrer alltäglichen Lebenspraxis und auch im Umgang mit Technik konfrontiert werden.

5.1 Alter(n) aus systemtheoretisch-konstruktivistischer Perspektive

Vorstellungen über das Alter und über Ältere gibt es viele: Letztere werden heute beispielsweise einerseits als wirtschaftlich potent, vital, aktiv, konsum- und reisefreudig angesehen, andererseits aber auch als nicht mehr leistungsfähig, krank, isoliert, einsam, vergesslich, arm etc. (vgl. BMFSFJ 2010; Schroeter 2008; Göckenjan 2000). Wie schon die Vielzahl sich gegenseitig widersprechender Vorstellungen über das Alter zeigt, scheint es überaus schwierig zu sein, sich über das, was das Alter ausmacht, zu verständigen. Was wir für das Alter halten, stellt sich aus unterschiedlichen Perspektiven und zu unterschiedlichen Zeiten immer wieder anders dar.[3]

In dieser Studie wird in Anlehnung an Saakes systemtheoretisch-konstruktivistische Alter(n)stheorie die These vertreten, dass es keine adäquate Beschreibung dieser heterogenen Altersgruppe geben kann, da dem Phänomen Alter keine „wirkliche Essenz" zugrunde liegt (vgl. Saake 1998, S. 12). Nach Saake gibt es keine typischen Charakteristika des Alters und der Älteren, so dass es auch nicht gelingen kann, „Altsein zu messen und eindeutige Gruppenmerkmale zu benennen" (ebd. 14). Aus konstruktivistischer Perspektive wird insofern die Frage danach, was das Alter ausmacht, aufgegeben.

---

[3] Trotz der Vielfalt an Altersbildern kann dennoch zusammengefasst werden, dass Alter aus individueller Perspektive *überwiegend* als „an unwelcome movement out of personhood, as something to be hidden or disguised" konstruiert wird (Hockes, James 1993, S. 87). Alter „is often equated with being no longer young and thus no longer physically and mentally competent" (Mollenkopf 1993, S. 5).

Dass dennoch eine Vielfalt an Vorstellungen über das Alter – an sozialen Konstruktionen – in der Gesellschaft existiert, begründet Saake damit, dass diese Altersbilder eine wichtige gesellschaftliche Funktion erfüllen können, da sie zur Stiftung von Ordnung beitragen können (vgl. ebd. 12). Denn indem zwischen dem Alter und dem „anderen" differenziert wird, werden nach Saake Schablonen geschaffen, die Personen in bestimmten Kontexten bestimmte Plätze zuweisen und damit für ihre Inklusion sorgen können (vgl. ebd. 285).

Altersbilder lassen sich aus dieser Forschungsperspektive nur über den Kontext ihrer Entstehung erklären. Saake unterscheidet zwischen verschiedenen Ebenen, auf denen Altersbilder entwickelt werden: den Teilsystemen der Gesellschaft (wie Wirtschaft, Politik etc.), den Organisationen und den Interaktionen.

Die *Teilsysteme* erzeugen nach ihr relativ stabile Altersbilder, die gleichzeitig für die Organisationen und Interaktionen einen übergeordneten Orientierungsrahmen liefern (vgl. ebd. 163). Sie beschreiben das Alter vor dem Hintergrund ihrer je eigenen „Logik". Für die Wirtschaft beispielsweise, so lautet Saakes Argumentation, in der es um Zahlung oder Nichtzahlung geht, sei es zunächst unerheblich, ob ein alter oder ein junger Mensch zahle. Seniorenangebote gäbe es erst, wenn Nichtzahlungen von Älteren registriert würden, sei es aufgrund von Armut oder von Geiz. Mit dieser Maßnahme könne die Inklusion der Älteren in die Wirtschaft verbessert werden. Für die Politik ist nach Saake Macht oder Ohnmacht die entscheidende Frage, so dass die gesellschaftliche Gruppe der Älteren als eine große Wählergruppe ihre Bedeutung und die Aufmerksamkeit der Politiker erhält.

Aber auch in *Organisationen* wird vor dem Hintergrund ihrer je eigenen „Funktionslogiken" über spezifische Altersbilder entschieden (vgl. ebd. 197). So erklärt Hohmeier (1978, S. 24) beispielsweise ‚dass das Bild vom Alter in den Altenheimen als „passiv, dankbar, bescheiden und zurückgezogen" dadurch entsteht, dass es dem Interesse des Pflegepersonals entspricht, da auf der Basis dieser – auch von den Älteren selbst übernommenen – Überzeugungen die alltäglichen Routinen und das reibungslose Funktionieren des Heimalltags am besten gewährleistet werden können. In systemtheoretischer Terminologie ausgedrückt ist es der selbstreferentielle Verweisungszusammenhang, der ein an den Funktionen der Organisation orientiertes spezifisches Altersbild hervorbringt. Insofern sagen die entstehenden Altersbilder auch mehr über die Besonderheiten der jeweiligen Organisation als über alte Menschen aus (vgl. Saake 1998, S. 191).

Bei *Interaktionen* werden Altersbilder vor dem Hintergrund des jeweiligen situativen und zeitlichen Kontextes konstruiert. Statt von Alter müsste man insofern besser vom „doing age" sprechen (vgl. Saake 2002, S. 288). Um die Altersbilder verstehen und erklären zu können, muss der Prozess der situativen Erzeugung von Sinn nachvollzogen werden (vgl. Saake 1998, S. 175). Insofern gilt auch hier das Alter nicht als Merkmal einer Person, sondern als ein Darstellungs- und Einordnungsphänomen, das für die jeweilige Interaktion funktional ist (vgl. auch Gubrium 1993). Degnen (2007) kann beispielsweise in ihrer ethnografischen Studie über eine Peergroup Älterer sehr anschaulich zeigen, *wie* das Alter erst im Rahmen der sozialen Interaktion konstruiert wird, wie Personen in spezifischen Situationen aufgrund bestimmter Verhaltensweisen, die sich je nach Kontext unterscheiden können, die Lebensphase Alter zugeschrieben wird.

Zusammenfassend kann festgehalten werden: Selbstreferentielle Zusammenhänge von Teilsystemen, Organisationen und Interaktionen „produzieren eine Vielzahl von Altersbildern, die mit der jeweiligen Perspektive auch ihre Berechtigung finden" (Saake 1998, S. 198). Und auch wenn diese Altersbilder keine „objektive Wirklichkeit" beschreiben, so existieren sie dennoch und üben ihren Einfluss auf die alltägliche Handlungspraxis der Älteren und auf ihre Selbstbilder aus. Insofern kann davon ausgegangen werden, dass sie auch für das technische Handeln der Älteren Bedeutung haben werden.

5.2 Lebensphase Alter in der Lebenslaufforschung

Kohli (1985) gilt als einer der Hauptvertreter der Lebenslaufforschung. Hier wird vor allem sein Ansatz aufgegriffen, da er zum einen die von den Teilsystemen Wirtschaft und Politik hervorgebrachten und gesellschaftlich höchst relevanten Altersbilder mit ihren dazugehörigen Institutionen darstellt und zum anderen stark handlungstheoretisch ausgerichtet ist, so dass eine Anknüpfung an die Mikroebene gelingen kann.[4]

Die Lebensphase Alter, wie sie in der Lebenslaufforschung thematisiert wird, kann als eine relativ *stabile* gesellschaftliche Konstruktion verstanden werden, die in ihrer Bedeutung für die alltäglichen Handlungspraxen der Älteren nicht unterschätzt werden darf. In den Teilsystemen Wirtschaft und Politik entstanden, ordnet sie den Menschen höheren Alters eine Position außerhalb des Erwerbssystems zu. Damit einhergehend wird die Existenzsicherung der Älteren nun als Aufgabe des Sozialstaats betrachtet (vgl. auch Ehmer 1990, S. 11).

---

4 Im Gegensatz zu weiten Bereichen der Alter(n)ssoziologie betrachtet Kohli das Altern nicht aus der Perspektive sozialer Probleme, sondern als Dimension der Gesellschaftsstruktur, präziser als das Altern in der „Arbeitsgesellschaft" (vgl. auch Backes, Clemens 2003, S. 162 f.).

Die Grundlage für die Konstruktion einer Lebensphase Alter bildet die sogenannte „Institution des Normallebenslaufs"[5], eine in der Moderne von Menschen künstlich geschaffene Gliederung der Gesellschaft (vgl. Kohli 1985). Sie beinhaltet eine klare Differenzierung nach Lebensphasen und Altersgruppen. Durch ihren Rekurs auf etwas Biologisches – das chronologische Alter – präsentiert sie sich als „natürlich", ist aber dennoch sozial konstruiert (vgl. ebd. 1). Der Begriff der sozialen Konstruktion bezieht sich nach Kohli auf zwei Dimensionen: zum einen darauf, dass das Lebensalter nicht einfach vorgegeben, sondern das Ergebnis eines *Konstruktionsprozesses* ist, zum anderen darauf, dass es sich dabei um einen *sozialen* Prozess handelt (vgl. Kohli 1992, S. 234). Die erste Dimension verweist darauf, dass es sich hier eben nicht um die „Kodifizierung des natürlichen Rhythmus des Lebens" handelt (ebd.), die zweite, dass es sich nicht um eine individuelle, subjektive Gestaltbarkeit des Lebensalters handelt, sondern um eine „soziale Definition". Damit steht der Lebensverlauf den Menschen nicht einfach frei gestaltbar zur Verfügung, sondern wird zentral durch die Gesellschaftsstruktur bestimmt (vgl. ebd.). Alter ist aus dieser Sicht eine spezifische Phase des Lebens, die nicht am biologischen, psychischen oder funktionalen Alter festgemacht wird, sondern an der Position im Lebensverlauf.

Die Institutionalisierung des Lebenslaufs ist nach Kohli (1985) eine Folge des Modernisierungsprozesses. Sie ist das Ergebnis der gesellschaftlichen Tendenz der Freisetzung von Individuen aus ständischen und lokalen Bindungen und der Umgestaltung des Erwerbssystems (vgl. Kohli 1985). So ist der Ablauf von Lebenszeit in der Moderne zum zentralen Strukturierungsprinzip des gesamten Lebens geworden (vgl. ebd. 2). Diese *Verzeitlichung* ist weitgehend am Lebensalter als Grundkriterium orientiert, was einen chronologisch standardisierten „Normallebenslauf" zur Folge hat (vgl. ebd.). Der Lebenslauf ist um das *Erwerbssystem* herum organisiert. Dies bedeutet neben der Regelung des sequenziellen Ablaufs des Lebens zugleich auch die „Strukturierung der *lebensweltlichen Horizonte bzw. Wissensbestände*, innerhalb derer sich die Individuen orientieren und ihre Handlungen planen" (ebd., 3, kursiv im Original). Kohli (1985) beschreibt die Institution des Lebenslaufs als ein Regelsystem, das das individuelle Leben zeitlich ordnet, indem es bestimmte Lebensphasen normiert. Der Lebenslauf verweist damit auf eine Ordnung der richtigen Zeit und des richtigen Zusammenhangs, wie Wohlrab-Sahr (1993, S. 63) es ausdrückt.

---

5   Zu der Vielfalt an theoretischen Konzepten zur Institution des Normallebenslaufs vgl. Ecarius (1996).

Zentral für ihn ist, dass er das Leben in eine Phase der Vorbereitungszeit auf die Erwerbstätigkeit, in die Phase der Erwerbstätigkeit selbst und in eine nachgelagerte Ruhephase gliedert (vgl. auch Willke 1999, S. 155 f.). Dieses sogenannte „Drei-Phasen-Modell" erhält besonderes Gewicht dadurch, dass es durch Gesetze, staatliche Leistungen und Zahlungen reguliert wird. Denn der Staat sorgt durch die Einführung chronologischer „Altersmarken" für die Konstituierung verbindlicher Altersgrenzen (vgl. Kohli 1985, S. 8). Darüber hinaus werden die drei Phasen des Lebenslaufs mit staatlichen Leistungen wie den Bildungsausgaben und sozialstaatlichen Transferzahlungen wie der Rente verbunden (vgl. Ecarius 1990, S. 90; Leisering 1992).

Für das höhere Alter ist die Herausbildung des modernen *Ruhestands* die entscheidende soziale Konstruktion (vgl. Kohli 1995, S. 2). Der Beginn des Alters wird – mit der zunehmenden Durchsetzung der Alterssicherungssysteme – mit dem *Renteneintrittsalter* gleichgesetzt.[6] Die Ruhestandsgrenze wird damit zur gesellschaftlichen Wirklichkeit, die das Alter auch in seiner individuellen Ausprägung mitbestimmt.

Normativ und kulturell impliziert diese Statuspassage „den Austritt aus den verpflichtenden und legitimierenden Wertungen der Arbeitsgesellschaft (…), wodurch zugleich die folgende Lebensphase als Ruhe und Erholung determiniert ist" (Göckenjan und Hansen 1993, S. 726). Viele Alter(n)ssoziologen heben hervor, dass die Altersphase seit ihrem Entstehen durch eine gesellschaftliche „*Funktionslosigkeit*" gekennzeichnet ist, was in den Begriffen Pensionierte, Rentner und Ruhestand zum Ausdruck kommt (vgl. z. B. Böhnisch 1999, S. 121; Höpflinger 1997, S. 177). Für Kohli bedeutet das Paradoxon der sogenannten „rollenlosen Rolle" (Tartler 1961) im Alter beispielsweise ein „Herausfallen" aus der Gesellschaft; König beschreibt es als eine Form der „Entgesellschaftung" oder der „Desozialisation" (Kohli et al. 1985, S. 22, 1994, König 1965, S. 144). Und Tews (1990) spricht von der „Entberuflichung" und der „Entpflichtung". Für Ältere gibt es in diesem Sinne keine gesellschaftlichen Aufgaben mehr. Sie entwickeln kein soziales Milieu, so argumentiert beispielsweise Mader (1994, S. 96), aus dessen Zugehörigkeit sie Lebensstile, Gesellungsformen und Sinngebungen gewinnen könnten. Insofern

---

6 Kohli weist darauf hin, dass mit der zunehmenden Bedeutung der Erwerbsarbeit im Zuge der Modernisierung paradoxerweise auch die Lebensphase jenseits der Arbeit – der Ruhestand – an Gewicht gewinnt. Das liegt zum einen darin begründet, dass sich der Anteil derer, die die Altersgrenze zum Ruhestand erreichen, aufgrund der längeren Lebenserwartung stark erhöht. Zum anderen verschiebt sich die Altersgrenze zwischen Erwerbsleben und Ruhestand stetig nach unten, so dass sich auch hierdurch der Anteil der Ruheständler – und damit der Älteren – an der Gesamtbevölkerung vergrößert (vgl. Kohli 1992, S. 239).

fehlen dieser Lebensphase schon zu Beginn ihres Entstehens klare, identitätsstiftende normative Vorgaben. Heute gilt die einst fixe berufliche Altersgrenze durch Frühverrentungen, gleitende Übergänge in den Ruhestand, Berufs- und Erwerbsunfähigkeiten sowie Arbeitslosigkeit vieler Älterer zunehmend als „zerfasert". Kohli spricht hier von Tendenzen zur De-Institutionalisierung des Lebenslaufs (vgl. Kohli 1995, S. 4). An die Stelle einer klaren Altersgrenze sei eine längere Phase getreten, „innerhalb derer die Bevölkerung ihren Übergang vollzieht" (ebd.). Dennoch bleiben das Erwerbsleben und der Ruhestand strukturell klar unterschieden, ebenso wie die dazugehörigen normativ aufgeladenen Deutungsmuster, die Kohli als „lebensweltliche Horizonte bzw. Wissensbestände" beschreibt (Kohli 1985, S. 3).

Gegenwärtig werden allerdings vielfältige politische Anstrengungen unternommen, um das oben beschriebene Altersbild – der „Funktionslosigkeit" Älterer – aufzulösen. Vor dem Hintergrund des demografischen Wandels mit seinen gesellschaftlichen Herausforderungen halten es Vertreter der Politik nun für angebracht, die Älteren zu einem aktiven, erfolgreichen und vor allem produktiven Altern zu motivieren, eine Aufforderung, die insbesondere im 6. Altenbericht sehr deutlich formuliert wird (BMFSFJ 2010). So wird dort die Auffassung vertreten, dass Ältere durch ihre selbst- und mitverantwortliche Lebensführung zum Gelingen der gesellschaftlichen Entwicklung und zur Wahrung intergenerationeller Solidarität beitragen sollen. Es wird betont, dass Ältere nicht nur das Recht haben, eigene Potenziale zu entwickeln und zu verwirklichen, sondern auch die Pflicht, sich im Rahmen ihrer bestehenden Möglichkeiten für das Gemeinwohl und die Gesellschaft einzusetzen. Insofern hat hier ein grundlegender Perspektivenwechsel stattgefunden. Altersspezifische gesellschaftliche Erwartungscodes wie Erfolg, Aktivität und Produktivität bestimmen nun zunehmend die Lebensphase Alter, und es stellt sich die Frage, inwiefern diese auf die Selbstbilder und Handlungspraxen der Älteren einwirken.

Für diese Untersuchung bedeuten die oben erläuterten Erkenntnisse, dass der Technikeinsatz Älterer möglicherweise auch durch deren Position im Lebenslauf – mit den daran anknüpfenden kulturellen und normativen Erwartungen – beeinflusst wird.

5.3 Zusammenfassung und Fazit

Neben dem techniksoziologischen Instrumentarium müssen auch alter(n)ssoziologische Konzepte Berücksichtigung finden, um den (nicht) gelingenden Technikeinsatz Älterer in ihrem Alltag umfassend zu erklären. Denn insbesondere die jeweiligen gesellschaftlichen Vorstellungen vom Alter bzw. von der Gruppe der Älteren, die sich in den Selbstbildern der Älteren widerspiegeln, können erheblichen Einfluss auf ihre Handlungspraxen und damit auch auf ihren Umgang mit Technik haben.

Aus *konstruktivistischer Perspektive* wird davon ausgegangen, dass das chronologische Alter selbst keine aussagekräftige Kategorie ist (vgl. Saake 1998). Allgemeine Aussagen über das Alter werden als das Ergebnis gesellschaftlicher Konstruktionen verstanden. Diese spiegeln sich in gesellschaftlichen Altersbildern wider, die vereinfachte, bildhafte Vorstellungen über alte Menschen vermitteln (vgl. Schmitz-Scherzer 1994). Sie sagen nichts über die tatsächlichen Eigenschaften und Merkmale der Älteren aus, sondern erhalten ihre Plausibilität allein durch ihre ordnungsstiftende gesellschaftliche Funktion und sind nur vor dem Hintergrund ihres Entstehungskontextes zu verstehen (vgl. Saake 1998). Doch auch wenn diese Altersbilder keine typischen Charakteristika älterer Menschen wiedergeben, ihnen also keine „wirkliche Essenz" (Saake 1998) zugrunde liegt, müssen sie dennoch berücksichtigt werden, da sie von den Menschen wahrgenommen werden und in ihre Selbstbilder einfließen. Insofern wird folgende These formuliert:

- Das eigene Bild der Älteren – ihr Selbstbild – wird mitbestimmt durch die jeweils existierenden Altersbilder, die durch gesellschaftliche Teilsysteme und Organisationen geschaffen werden oder im Rahmen von Interaktionen entstehen. Damit wirken sich die Altersbilder zugleich auf die alltäglichen Handlungspraxen der Älteren und folglich auch auf ihren Umgang mit Technik aus.

Dem Älteren wird auf der Basis der gesellschaftlichen Konstruktion des „*Normallebenslaufs*" (Kohli 1985), die sich im Drei-Phasen-Modell (Vorbereitung auf die Erwerbstätigkeit, Erwerbstätigkeit, Ruhephase) ausdrückt, eine spezifische gesellschaftliche Position – die des Rentners – zugeordnet. Das Alter wird insofern mit der nachberuflichen Ruhephase gleichgesetzt. Mit dieser Position sind spezifische Vorstellungen und Erwartungen verbunden. Lange Zeit konnten diese unter dem Begriff der „rollenlosen Rolle" (Tartler 1961) subsumiert werden, was von vielen Soziologen als ein „Herausfallen" der Älteren aus der Gesellschaft interpretiert wurde. Seit den 1990er Jahren jedoch wird politisch ein Altersbild propagiert, das die Potenziale der Altersphase in den Mittelpunkt rücken soll. Das Alter gilt nun als eine Phase der Aktivität, des Erfolgs und der Produktivität.

Hieraus ergeben sich folgende Thesen:

Zusammenfassung und Fazit

- Das alltägliche Handeln Älterer – und damit auch ihr Umgang mit Technik – wird mit beeinflusst durch ihre Position im Lebenslauf und die daran anknüpfenden gesellschaftlichen normativen Erwartungen.
- Im Sinne des „alten" Altersbildes könnte erwartet werden, dass sich Ältere – im Ruhestand – zunehmend aus Rollen, Aktivitäten und evtl. auch von ehemals beruflich erforderlichen technischen Herausforderungen zurückziehen, die ihr mittleres Lebensalter geprägt haben. Dies könnte es mit sich bringen, dass sie sich zugleich auch von den ständig wachsenden Anforderungen an die Aneignung von Technikkompetenz distanzieren.
- Auf der Basis des „neuen" Altersbildes könnte erwartet werden, dass Ältere das Feld der Technik als einen möglichen „Raum" für sich begreifen, in dem sie ihre Kompetenzen und Potenziale (weiter) entwickeln und sich dadurch selbst verwirklichen können. So könnte ihre technische Kompetenz zu einem Gefühl von Integration in die „technisierte Welt" führen und zu individueller Sinnstiftung und sozialer Identität beitragen.

Welche der Thesen zutrifft, hängt jeweils von den Überzeugungen der älteren Menschen und denen ihres sozialen Kontextes ab.

6 Ungleichheitssoziologische Perspektiven auf Alter und Technik

Eine wichtige Erkenntnis vieler statistischer Erhebungen zum Einsatz von Technik im Alltag ist, dass – schon lange und immer noch – ein Zusammenhang zwischen spezifischen Ungleichheiten und der Technikkompetenz besteht.[1] Insofern darf das Thema Ungleichheit in dieser Arbeit nicht fehlen. Es wird weitere fördernde und verhindernde Einflussfaktoren auf einen erfolgreichen Umgang Älterer mit Technik liefern (vgl. hierzu auch Clemens 2004; Reichert 2001; Hradil 1987). Welche Ungleichheitsfaktoren konkret *wie* auf die Praxis des (nicht) gelingenden alltäglichen Umgangs mit Technik einwirken, konnte bislang allerdings nicht zufriedenstellend geklärt werden. Darüber hinaus existieren unterschiedliche Thesen darüber, welche Einflussfaktoren dominierend sind.

Es kann zwischen differierenden Formen der Ungleichheit *des* Alters und der Ungleichheit *im* Alter unterschieden werden. Um die vielfältigen Ungleichheitsfaktoren umfassend präsentieren zu können, werden sie hier insbesondere aus der Perspektive eines Lebenslagekonzepts betrachtet, das sowohl vertikale als auch horizontale, materielle wie auch immaterielle Ungleichheiten berücksichtigt. Dabei wird auf das Lebenslagekonzept von Clemens (2004) Bezug genommen, das sich explizit auf Ältere bezieht (6.1). In diesem Zusammenhang wird zu diskutieren sein, ob der (nicht) erfolgreiche Umgang mit Technik als eine „neue" ungleichheitsrelevante Dimension konzeptualisiert werden kann. Anschließend wird anhand theoretischer Überlegungen von Sackmann und Weymann (1994) der Frage nachgegangen, inwiefern die jeweilige Generationszugehörigkeit der Älteren ungleichheitsrelevanten Einfluss auf ihren Umgang mit Technik hat (6.2). Darüber hinaus werden existierende, meist statistisch erfasste empirische Ergebnisse zum Zusammenhang von Technikkompetenz und -ausstattung und Ungleichheit vorgestellt (6.3).

---

1 Vgl. hierzu z. B. Statistisches Bundesamt 2011; Mollenkopf 2005; Mollenkopf und Kaspar 2004, S. 194; Reichert 2001; Wahl et al. 1999, S. 73; Hampel 1994, S. 131 ff.; Lüdtke et al. 1994, Kruse 1992; Schatz-Bergfeld 1990, S. 29.

6.1 Soziale Ungleichheiten des Alters und im Alter

Das Alter kann sich zur Grundlage gesellschaftlicher Ungleichheit verfestigen. Es ist allerdings nur ein Kriterium neben vielen weiteren, wie dem Geschlecht, der Ethnizität, der Bildung, dem Beruf etc., so dass nur wenige allgemeine Aussagen über die Ungleichheitsbedingungen *des* Alters getroffen werden können.

Soziale Ungleichheiten werden hier im Sinne Hradils verstanden als „gesellschaftlich hervorgebrachte, relativ dauerhafte Lebensbedingungen, die es bestimmten Menschen besser und anderen schlechter erlauben, so zu handeln, dass allgemein anerkannte Lebensziele für sie in Erfüllung gehen" (Hradil 1987, S. 9). Sie können sich auf unterschiedliche Dimensionen wie beispielsweise ökonomische Ressourcen (Besitz, Einkommen), symbolische Ressourcen (Status, Prestige) oder politische Ressourcen (Macht, Herrschaft) beziehen (vgl. Kohli 1992, S. 245).

Da für wesentliche Ungleichheitsdimensionen die Positionierung im Erwerbssystem zentral ist, ergeben sich bei der Betrachtung von sozialer Ungleichheit im Alter allerdings Schwierigkeiten (vgl. Kohli 1992). Schon hinsichtlich des *allgemeinen Status* von Älteren wird deutlich, wie wenig einheitlich die Situation beschrieben werden kann (vgl. ebd. 246). Einerseits ist die Hochachtung vor Älteren nach Kohli noch in Ansätzen erkennbar – z. B. durch das Anrecht auf gewisse Höflichkeitsbezeugungen –, andererseits können diese Normen durchaus auch als Schutz gesellschaftlich Unterlegener gelesen werden. Zudem müsse eine Differenzierung zwischen den „jungen Alten" und den „alten Alten" vorgenommen werden, da ihnen unterschiedliche Grade an Ansehen entgegengebracht würden, so Kohli (vgl. ebd.).

Wird die bei der Betrachtung sozialer Ungleichheit nach wie vor wesentliche Ungleichheitsdimension *Einkommen* beleuchtet, ergibt sich nur auf den ersten Blick – durch den dreigeteilten Lebenslauf (vgl. Kapitel 5.2 bzw. Kohli 1985) – ein relativ eindeutiges Ungleichheitsschema. Die Konstruktion des dreigeteilten Lebenslaufs ist orientiert an den konkreten Verwertungsmöglichkeiten von Arbeitskraft, so dass den nicht dem Erwerbssystem zugehörigen Altersgruppen eine deutlich geringere Versorgung zugesichert wird (vgl. Backes, Clemens 2000, S. 7). Das bedeutet für die Älteren, die durch die Institutionalisierung des Ruhestands zur Aufgabe ihrer Erwerbstätigkeit „gezwungen" werden, dass sie erhebliche Einbußen im Einkommen hinnehmen müssen (vgl. Kohli 1992, S. 249). Diese relativ eindeutige Ungleichheitsstruktur kann allerdings die plurale Situation der Älteren nicht angemessen beschreiben, denn durch die vorrangige Darstellung der Ungleichheit *des* Alters wird die Ungleichheit *im* Alter vernachlässigt.

Aber gerade die einkommensbezogene Ungleichheit *im* Alter, die vor allem durch eine Kontinuität der im Erwerbssystem bestehenden Ungleichheiten hervorgerufen wird, darf aufgrund ihrer Relevanz nicht vernachlässigt werden. Kohli (1992, S. 248) und auch Mayer und Wagner (1996, S. 254) betonen mit ihrem „*Kontinuitätsargument*", dass die bestehenden Ungleichheiten im Erwerbssystem „chronifiziert" werden und damit auch das Leben im Alter dominieren. Konkreter: Da die Rentensysteme an die Erwerbsarbeit gekoppelt sind, ergibt sich eine hohe Korrelation zwischen Erwerbs- und Ruhestandseinkommen. Dieses Argument trifft allerdings nicht überall zu und steht darüber hinaus mit anderen Ungleichheitskriterien in Wechselbeziehung: Zum einen gibt es Gruppen, für die das Transfereinkommen im Alter anders strukturiert ist als das frühere Arbeitseinkommen. Ein Beispiel hierfür sind die Selbstständigen. Zum anderen führt beispielsweise die geschlechtsspezifische Ungleichheit zu einer einschneidenden Benachteiligung der Frauen beim Renteneinkommen. Einerseits haben ehemals erwerbstätige Frauen aufgrund ihrer in der Regel schlechteren Entlohnung und der im Durchschnitt geringeren Kontinuität ihrer Erwerbsarbeit im Lebenslauf drastisch niedrigere Renten im Vergleich zu den Männern (vgl. Allmendinger et al. 1991). Andererseits werden die Ansprüche der von ehemals erwerbstätigen Männern „abhängigen", aber nicht mehr mit ihnen zusammenlebenden Frauen – Geschiedenen und Hinterbliebenen – nur unzureichend erfüllt (vgl. Kohli 1992, S. 252).[2] Schon aus diesen Gründen ist ein einfaches Kontinuitätsmodell vom Erwerbsleben zum Ruhestand nicht brauchbar.[3]

Aus *einer* Ungleichheitsperspektive lassen sich die Lebensbedingungen der Älteren nicht einheitlich erfassen. Insbesondere durch den Strukturwandel des Alters (vgl. Tews 2000, 1993, siehe auch Kapitel 2.3) sind sie heute uneinheitlicher denn je. Wesentliche Differenzierungen innerhalb der Altersphase ergeben sich aufgrund der wachsenden disponiblen Lebenszeit des Einzelnen, des Geschlechts, der Zugehörigkeit zu unterschiedlichen Geburtskohorten, sozialstruktureller Ungleichheiten, unterschiedlicher biografischer Entwicklungen sowie unterschiedlicher biologischer und psychischer Grundbefindlichkeiten. Erst durch die Berücksichtigung einer Konfiguration der verschiedensten Variablen werden die beträchtlichen Ungleichheiten individuellen Alterns deutlich. Und auch die sich

---

2 Zudem bleibt offen, an welchem Status ihre Ansprüche gemessen werden sollen. Sollen sie, wie die „alte Schichtungstheorie" es praktiziert, am Status des Ehemanns gemessen werden (vgl. auch Schroeter 2000, S. 38)?
3 Vgl. hierzu auch Amann (1993, S. 105), der zudem grundlegendere Einwände gegen das Kontinuitätsmodell vorbringt.

ändernde Altersschichtung bzw. -struktur (vgl. Riley et al. 1988) – mit ihren Folgeproblemen auf allen gesellschaftlichen Ebenen – wirkt auf die Lebenssituation im Alter zurück (vgl. Backes, Clemens 2000, S. 11). Sowohl die Lebensphase Alter als auch die Lebensbedingungen der Älteren sind einem enormen gesellschaftlichen Wandel unterworfen, mit der Folge steigender Unbestimmtheit und Pluralität des Alters.

Diesen Pluralisierungstendenzen muss bei der Betrachtung sozialer Ungleichheit Rechnung getragen werden. Konventionelle, am vertikalen Aufbau der Gesellschaft orientierte Klassen- und Schichtansätze können die Unterschiede im Alter nicht erklären, so dass hier auf den differenzierteren *Ansatz der Lebenslage*[4] zurückgegriffen wird (vgl. z. B. Hradil 1987; Amann 1994; Clemens 2004). Dieser setzt problemorientierter an und kann auch die horizontalen Ungleichheiten erfassen (vgl. Backes 1997a). Lebenslagen werden hier als Ausdruck gesellschaftlicher Ungleichheiten betrachtet, die sich über den ganzen Lebenslauf ausbilden, wobei „Start- und Entwicklungsbedingungen in der Gesellschaft sehr verschieden verteilt sind" (Backes, Clemens 2003, S. 20). Dieser Ansatz erfasst die „Gesamtheit ungleicher Lebensbedingungen eines Menschen, die durch das Zusammenwirken von Vor- und Nachteilen in unterschiedlichen Dimensionen sozialer Ungleichheit zustande kommen" (Hradil 2005, S. 44).

Das Lebenslagekonzept bezieht sowohl materielle als auch immaterielle Dimensionen mit ein und verweist auf deren Interdependenzen (vgl. Dieck, Naegele 1993, S. 46). Diese Dimensionen basieren auf drei Grundbedürfnisarten und daraus resultierenden ungleichen Lebensbedingungen: den *ökonomischen Bedürfnissen* mit Ungleichheiten infolge von Einkommen, Bildung, Prestige und Macht, den *wohlfahrtsstaatlichen Bedürfnissen* mit Ungleichheiten hinsichtlich der Risiken der sozialen Sicherung, der Wohn- und Partizipationsbedingungen und der Armut und den *sozialen Bedürfnissen* mit Ungleichheiten in den verfügbaren sozialen Beziehungen, den sozialen Rollen und Diskriminierungen oder Privilegien (vgl. Hradil 1987, S. 147).[5] Mit der Berücksichtigung dieser Dimensionen sollen die Lebensverhältnisse der Menschen in ihrer Gesamtheit erfasst werden.

---

4 Der Lebenslageansatz ist kein einheitliches, geschlossenes Konzept auf der Grundlage einer stringenten Theoriebildung, sondern vielmehr ein in unterschiedlicher Weise ausbuchstabiertes und praktiziertes Verfahren zur Erfassung sozialer Ungleichheiten (vgl. Schroeter 2001, S. 31; Barkholdt 2001). Einen Überblick über die Ursprünge und Entwicklungen des Konzepts geben z. B. Schroeter (2001) oder Amann (1983).

5 Hradil verwendet hier allerdings eine andere Terminologie. Er spricht nicht von Lebenslagen, sondern von sozialen Lagen.

Ein Kernpunkt des Konzepts ist, dass Lebenslagen als ein *dialektisches Verhältnis zwischen „Verhältnissen" und „Verhalten"* verstanden werden können (vgl. Backes, Clemens 2000, S. 12). Es bezieht „objektive gesellschaftliche Gegebenheiten wie deren Verarbeitung auf der Ebene der subjektiven Befindlichkeit" mit ein (Dieck, Naegele 1993, S. 44). Lebenslagen sind demnach nach Amann

> „die historisch entstandenen und sich entwickelnden Strukturbeziehungen, die sich aus den äußeren Lebensbedingungen ergeben, die Menschen im Ablauf ihres Lebens vorfinden, sowie die mit diesen äußeren Bedingungen in wechselseitiger Abhängigkeit sich entwickelnden Wahrnehmungen, Deutungen und Handlungen, die diese Menschen hervorbringen" (Amann 1994, S. 323 f.).

Lebenslagen drücken insofern gesellschaftlich produzierte Ungleichheitslagen aus, die soziohistorisch wie individuell-biografisch „strukturell und handlungsgenerierend wirksam werden und die Lebenslage Alter als Produkt lebenszeitlicher Entwicklung prägen" (Clemens 2004, S. 47).

Lebenslagen können im Sinne Clemens' (2004) auch als *Handlungsspielräume* konzeptualisiert werden, die individuell unterschiedlich genutzt werden. Diese Spielräume bezeichnet Schulz-Nieswandt beispielsweise als „optionalen Raum für die lebensgeschichtlichen Entfaltungschancen von Individuen", Nahnsen beschreibt sie als „Spielraum, den die gesellschaftlichen Umstände dem einzelnen zur Entfaltung und Befriedigung seiner wichtigsten Interessen bieten" (Schulz-Nieswandt 1997, S. 111 f.; Nahnsen 1975, S. 148). Nach Clemens verweisen die Handlungsspielräume auf die gesellschaftliche Bedingtheit von Interessenentfaltung und Interessenbefriedigung (vgl. Clemens 2004, S. 47).[6] In einem solchen Verständnis sind Lebenslagen eingeschränkte Spielräume zur Realisierung von Lebenschancen. Sie beinhalten einerseits *Optionen* bzw. Handlungsalternativen und Wahlmöglichkeiten, die in den sozialen Strukturen angelegt sind. Andererseits wird das individuelle Handeln zugleich durch die in den sozialen Strukturen ebenfalls verankerten *Ligaturen* auf strukturell vorgezeichnete Felder begrenzt (vgl. Dahrendorf 1979, S. 55). Lebenslagen sind zusammengefasst mehrdimensionale Gefüge, die materielle, immaterielle, objektive und subjektive Dimensionen miteinander verbinden (vgl. Schroeter 2000, S. 38; Backes 1997a).

---

6 An dieser Stelle soll darauf verzichtet werden, auf all jene Studien zu verweisen, die mit dem Lebenslagekonzept arbeiten. Es soll der Hinweis genügen, dass sich bezogen auf die ältere Bevölkerung insbesondere Clemens (1994, 2004), Naegele (1998); Backes (1997), Dieck (1991) und Amann (1983) damit beschäftigt haben.

Es gibt unterschiedliche Möglichkeiten, Lebenslagen zu operationalisieren. Hier soll ein Vorschlag von Clemens (2004) und Naegele (1998) aufgegriffen werden, die das Konzept auf die Situation Älterer beziehen, da sie von einer Lebensphasenspezifik ausgehen.[7]
Es werden folgende Handlungsspielräume (mit ihren lebenslagespezifischen Grenzen) unterschieden:

1. der *Vermögens- und Einkommensspielraum* (vgl. Clemens 2004, S. 47);
2. der *materielle Versorgungsspielraum,* der „sich auf den Umfang der Versorgung mit übrigen Gütern und Diensten, insbesondere des Wohnbereichs, des Bildungs- und Gesundheitswesens einschl. Art und Ausmaß infrastruktureller Einrichtungen" bezieht (ebd.);
3. der *Kontakt- und Kooperationsspielraum:* Dieser umfasst die sozialen Netzwerke, in denen Möglichkeiten der Kommunikation, der Interaktion, des Zusammenwirkens und der Betätigung gegeben sind. Soziale Netzwerke erhalten in dieser Studie besondere Aufmerksamkeit, denn mit Amann (2004, S. 32) wird davon ausgegangen, dass sie sich einerseits in das Konzept der Lebenslage einfügen, zugleich aber auch eine Brücke zur alltäglichen Lebensführung schlagen. Denn sie können als ein gesellschaftlicher Teilbereich verstanden werden, der aus individueller Perspektive auf ego-zentrierte Netzwerke verweist, aus struktureller Perspektive aber einen intermediär-institutionellen Charakter hat (vgl. ebd. 27 f.);
4. der *Lern- und Erfahrungsspielraum:* „Er steckt die Möglichkeiten der Entfaltung, Weiterentwicklung und der Interessen ab, die durch Sozialisation, schulische und berufliche Bildung, [und] Erfahrungen in der Arbeitswelt" determiniert sind (Clemens 2004, S. 48);
5. der *Dispositions- und Partizipationsspielraum:* „Er beschreibt das Ausmaß der Teilnahme, der Mitbestimmung und der Mitgestaltung in den verschiedenen Lebensbereichen" (ebd.);
6. der *Muße- und Regenerationsspielraum sowie der Spielraum, der durch alterstypische psycho-physische Veränderungen bestimmt wird*: Sie werden vor allem durch den Gesundheitszustand und durch die körperliche Konstitution bestimmt.[8]

---

7   Lebenslagen im Alter betreffen in dieser Studie nicht nur die Lebensphase nach der Erwerbsarbeit. Auch die späte Erwerbsarbeit wird unter diesem Thema gefasst, da sie für das Altern und eine Vielzahl von Handlungsoptionen im weiteren Lebensverlauf entscheidend sein kann.
8   Clemens (2004) nennt eine weitere Dimension, die hier vernachlässigt wird, da sie sich eher auf

Diese Handlungsspielräume überschneiden sich in der sozialen Wirklichkeit und beeinflussen sich gegenseitig. Ihre Nutzung ist an erlernte Muster erfolgreichen Handelns gebunden und an Gewohnheiten des Wahrnehmens und Handelns, die schichten-, milieu- und geschlechtsspezifisch differieren. Damit werden nicht nur *biografische Erfahrungen,* sondern vor allem *schichten- und geschlechtsspezifische Ausprägungen* dieser Erfahrungen bei der „subjektiven" Ausgestaltung „objektiver" Lebenslagen bedeutsam (vgl. Clemens 2004, S. 48). Aber auch Region, Ethnie und Alter spielen hier, nach Backes, eine wichtige Rolle (vgl. Backes 1997a, S. 717). Mayer und Blossfeld (1990) weisen darauf hin, dass die Nutzung der Handlungsspielräume zudem von der *Zugehörigkeit zu spezifischen Geburtskohorten* abhängt, ein Aspekt, der gerade beim Umgang mit Technik im Alltag von Bedeutung ist. Sie betrachten die mit dem Geburtsjahrgang verbundenen Gelegenheitsstrukturen für Bildung und Ausbildung neben den unterschiedlichen Startchancen als entscheidend.

Will man der im Lebenslagekonzept angedachten Zusammenführung von objektiver Lage und subjektiver Lebensweise gerecht werden (Dualität der Struktur, vgl. Giddens 1988), muss ein begriffliches Instrumentarium gefunden werden, mit dem sich das wechselseitige Verhältnis von Handlungsspielräumen und konkreter Lebenspraxis erfassen lässt. Dieser immer wieder geforderte „missing-link" zwischen Strukturebene und individueller Handlungsebene wird hier im *Konzept der alltäglichen Lebensführung* (Voß 1995) gesehen, das in Kapitel 7 erläutert wird. An dieser Stelle sollen jedoch vorab noch einige Überlegungen zur Technik im Alltag vor dem Hintergrund sozialer Ungleichheit dargelegt werden.

Eine These in dieser Arbeit ist, dass heute auch der (nicht) erfolgreiche Umgang mit Technik großen Einfluss auf die Nutzung von Handlungsspielräumen hat und selbst als ein Handlungsspielraum konzeptualisiert werden kann, denn Technik ist zum unerlässlichen Medium der Vergesellschaftung geworden. Damit ist die Fähigkeit des erfolgreichen Umgangs mit Technik zu einer notwendigen und grundlegenden Qualifikation geworden, die mit darüber entscheidet, ob die Anforderungen des alltäglichen Lebens effektiv gestaltet und bewältigt werden können. Viele befürchten, dass insbesondere die neuen Medien wie Computer und Internet zu einer *„informationellen Zweiklassen-Gesellschaft"* (Schierl 1997, S. 79) führen, die in die Klasse der Gewinner – die Zugang zur modernen Technik haben – und die der Ausgeschlossenen – die an der virtuellen Gesellschaft nicht teilhaben – unterteilt werden kann (vgl. z. B. Reichert 2001). Welsch (2004)

---

das sehr hohe Alter mit seinen spezifischen Problemlagen bezieht, die in dieser Arbeit nicht relevant sind.

spricht von einer digitalen Spaltung, die wesentlicher Bestandteil der Debatte über soziale Ungleichheiten werden muss. Durch die mangelnde Verfügbarkeit moderner Techniken bei den Ausgeschlossenen würden neben anderen bestehenden Ungleichheiten ihre Lebenschancen noch weiter eingeschränkt, so dass es gleichsam zu einer „Verdopplung realer Ungleichheit" (Rilling 1996) kommen könne (vgl. Reichert 2001). Im (N)Onliner Atlas 2007 wird sogar von einer Topographie des digitalen Grabens durch Deutschland gesprochen (tns infratest, Initiative D21 2007). Ein (nicht) erfolgreicher Umgang mit Technik kann in diesem Sinne als eine *neue Determinante sozialer Ungleichheit verstanden werden,* die Chance der gesellschaftlichen, technikvermittelten Partizipation als eine *neue Dimension von Handlungsspielräumen.*

Es existieren unterschiedliche Thesen darüber, von welchen Aspekten sozialer Ungleichheit es konkret abhängt, ob jemand einen erfolgreichen Umgang mit Technik einüben kann. Viele Autoren gehen davon aus, dass insbesondere das Geschlecht und die Bildung verantwortlich für die unterschiedliche Ausbildung technischer Kompetenz sind.[9] Andere Autoren heben die entscheidende Rolle der Generationszugehörigkeit hervor.[10] Die Schlüsseltechnologien, durch die Menschen in ihrer Jugend geprägt werden, bestimmen nach diesem Erklärungsansatz ihr Verhältnis zur Technik ein Leben lang. Insofern zeige sich eine generationstypische Zeitgebundenheit von Technikkompetenz.[11] Während im nächsten Abschnitt – zumindest knapp – auf die Folgen der Generationszugehörigkeit für den Umgang mit Technik eingegangen wird, widmet sich der übernächste Abschnitt verschiedenen vertikalen und horizontalen Ungleichheiten mit Bezug zur Technikkompetenz.

6.2 Generationszugehörigkeit und Technikkompetenz

Sackmann und Weymann (1994) verweisen darauf, dass die jeweilige Generationszugehörigkeit eine bedeutende Rolle bei der Ausbildung von Technikkompetenz spielt. Heutige Unterschiede sowohl in der Technikakzeptanz als auch in der Technikkompetenz der Älteren beruhen nach ihnen auf den je unterschiedlichen Erfahrungen, die die aufeinanderfolgenden Generationen in ihren Lebensverläufen mit technischen Innovationen gemacht haben.

---

9 Vgl. z. B. Statistisches Bundesamt 2011; Reichert 2001, Meyer et al. 1997; Glatzer et al. 1991.
10 Vgl. z. B. Mollenkopf und Kaspar 2004, Tully 2003; Sackmann und Weymann 1994.
11 Vgl. z. B. Tews 2000, S. 75; Mollenkopf, Gäng, Mix, Kwon 1998, S. 47.

Unter (gesellschaftlichen) Generationen verstehen sie „Gruppen von Geburtskohorten, deren Erfahrungsräume und soziale Lagen durch den gesellschaftlichen Wandel bedingte Unterschiede aufweisen" (ebd. 19). Je größer der Wandel, desto stärker unterscheiden sich die Generationen, so lautet ihre Argumentation. In Anlehnung an Mannheim (1980) gehen sie davon aus, dass die Erfahrungen jeder Generation perspektivisch sind. Sie seien durch bestimmte Ereignisse, Zustände, Objekte oder kulturelle Diskurse geprägt und ergäben so das spezifische Feld ihrer „konjunktiven" Erfahrungen (vgl. Sackmann, Weymann 1994, S. 16). Durch die Teilhabe an diesen Erfahrungsgemeinschaften würden die eigenen Erfahrungen zu geteilten Bedeutungen. Und dementsprechend müsste eine Bedeutung nicht jeweils individuell neu entwickelt werden, sondern könne sich auf generationsspezifische Begriffe und Erfahrungen stützen (vgl. ebd. 17).

Nach Sackmann und Weymann werden auch im Bereich der technischen Entwicklungen konjunktive Erfahrungen gemacht. In diesem Sinne zeichnet sich jede Generation durch ihre eigenen Ereignisse wie besondere technische Erfindungen, die Verbreitung spezifischer Geräte im Alltag und durch besondere öffentliche Diskurse zum Thema Technik aus.

Und die sogenannten „Schlüsseltechnologien", durch die die Menschen in ihrer Jugend und im jungen Erwachsenenalter geprägt würden, bestimmen nach Sackmann und Weymann ihr Verhältnis zur Technik ein Leben lang. Das in jungen Jahren erlernte technische Wissen beeinflusse ihre Beurteilungsmaßstäbe und Orientierungen und sorge dafür, dass auch neue Techniken mit diesen „alten" Maßstäben gemessen würden. Als Konsequenz würden die mit neuen Techniken einhergehenden Veränderungen wie beispielsweise die Notwendigkeit neuer Formen der Technikaneignung von älteren Generationen häufig nicht gesehen oder abgelehnt.

Und gerade im Zuge eines schnellen technischen Wandels würde die jeweils folgende Generation die neuen Techniken besser beherrschen, argumentieren Sackmann und Weymann. Zwar könne der Umgang mit Technik auch im höheren Alter noch gelernt werden, aber je früher dieses Lernen erfolge, desto leichter scheine es zu fallen und desto selbstverständlicher werde die Technik genutzt; ein Befund, den auch Mollenkopf (2001, S. 227) bestätigt.

Sackmann und Weymann konnten in ihren Studien vier differierende „Technikgenerationen" identifizieren, die jeweils durch andere Schlüsseltechnologien geprägt sind (vgl. Sackmann, Weymann 1994, S. 41 ff.). Für die „vortechnische Generation" (geboren vor 1939) spielen technische Geräte im Alltag in der eigenen Wahrnehmung eine eher untergeordnete Rolle. Für die Kohorte von 1939 bis 1948 – die „Generation der Haushaltsrevolution" – sind das erste Auto und die erste Waschmaschine entscheidende Erlebnisse, während die „Generation der zunehmenden Haushaltstechnisierung" (1949 – 1964), die in ihrem frühen Erwachsenenalter einsetzende umfassende Haushaltstechnisierung als selbstverständlich hinnimmt. Die ab 1964 bis 1978 Geborenen werden von Sackmann und Weymann der „Computergeneration" zugeordnet, zu deren wichtigster Technikerfahrung die digitale Modernisierungswelle gehört.

Zusammenfassend zeigt sich eine generationstypische Zeitgebundenheit von Technikkompetenz und -akzeptanz mit der Folge, dass Ältere bei der Nutzung neuerer Technik eher benachteiligt sind. Die möglichen Probleme Älterer im Umgang mit Technik werden im Sinne dieser Argumentation nicht über das individuelle Alter, sondern über ihre Zugehörigkeit zu einer bestimmten Technikgeneration erklärt. Die fehlende Technikkompetenz ist in diesem Fall Ausdruck einer mangelnden Passung zwischen dem in der Jugend erworbenen Technikwissen und den gegenwärtig dominierenden Technikformen.

6.3 Vertikale/horizontale Ungleichheiten, Alter und Technik

Andere Erklärungsansätze nehmen mehr Rücksicht auf die individuellen Lebensverläufe. Hier wird unterschiedliche Technikkompetenz und ein differierender Technikeinsatz durch die Ermöglichung bzw. Verhinderung von technischer Erfahrung im Lebensverlauf und dies wiederum durch vertikale und horizontale Ungleichheitsfaktoren erklärt.[12] Zu den Ungleichheitsfaktoren zählen vor allem Alter, Geschlecht, Beruf, Bildung, soziale Herkunft und Einkommen.

Dass sich mangelnde Technikkompetenz besonders bei *Älteren* zeigt, wird durch die sogenannte *Kumulationsthese* erklärt. Diese besagt, dass sich allgemeine lebenslaufbezogene Benachteiligungen im Alter verschärfen.[13] Und da Letztere als Basis mangelnder technischer Kompetenz betrachtet werden, ist eine Verstärkung dieses Problems im Alter anzunehmen. Verschärft werde der Mangel an Technikkompetenz benachteiligter Gruppen noch zusätzlich durch den Umfang und die Schnelligkeit des technischen Fortschritts, was dazu führe, dass die von jeher Benachteiligten immer weiter „ins Abseits" gedrängt würden. Empirische Studien können Belege für diese Annahme liefern.[14] Wie sich die Ungleichheiten aller-

---

12 Vgl. z. B. Mollenkopf 2005; Mollenkopf und Kaspar 2004, S. 194; Reichert 2001; Wahl et al. 1999, S. 73; Hampel 1994, S. 131 ff; Lüdtke et al. 1994; Kruse 1992; Schatz-Bergfeld 1990, S. 29.
13 Vgl. Reichert 2001, Mayer 1998, S. 439; Dieck und Naegele 1993, S. 46.
14 Vgl. z. B. Mollenkopf 2005; Mollenkopf und Kaspar 2004; Wahl et al. 1999, S. 73.

dings konkret auf das *wie* des Umgangs mit Technik im Alltag auswirken, ist bislang weitgehend ungeklärt.

Einen Anhaltspunkt für den Zusammenhang zwischen Alter und Technikkompetenz bzw. dem Technikeinsatz kann der Vergleich der Ausstattungen von Haushalten mit technischen Geräten unterschiedlicher Altersgruppen liefern. Nach Erhebungen des Statistischen Bundesamts aus dem Jahre 2008[15] ist zwar eine Sättigung hinsichtlich klassischer Haushaltsgeräte wie Waschmaschine, Fernseher, Kühlschrank, Telefon (Festnetzanschluss) etc. auch bei den Älteren erreicht (vgl. Statistisches Bundesamt 2008). Hinsichtlich der Ausstattung mit einem Computer sind die Haushalte Älterer allerdings stark unterrepräsentiert. Während beispielsweise 89,3 % der Haushalte mit Haupteinkommensbeziehern unter 35 Jahren einen PC besitzen, haben nur 52,1 % der Haushalte mit Haupteinkommensbeziehern zwischen 65 und 80 Jahren und nur 21,8 % der Haushalte von über 80-Jährigen einen PC (vgl. ebd.). Einen Internetzugang haben nur 40 % der zwischen 65- und 80-Jährigen und von den über 80-Jährigen besitzen nur 13,8 % einen Internetanschluss.[16] Bei den 35–45-Jährigen liegt die Zahl dagegen beispielsweise bei 82,8 % (vgl. ebd.). Ältere bilden damit eher die Nachhut beim Besitz von neuen, digitalen Geräten. Auch bei der Ausstattung unterschiedlicher Altersgruppen mit einem Handy zeigt sich eine vergleichbare Tendenz: Einer Presseinformation des Bundesverbandes Informationswirtschaft, Telekommunikation und neue Medien e. V. (BITKOM) von 2010 zufolge besitzen nur 61 % der Bundesbürger ab 65 Jahren ein Handy, während 85 % aller Deutschen ab 14 Jahren ein Handy ihr Eigen nennen und bei den Jüngeren ein Trend zum Zweit- oder zum Dritthandy zu verzeichnen ist (vgl. auch Statistisches Bundesamt 2008).

Empirisch lassen sich ebenfalls zahlreiche Belege dafür finden, dass die Technikkompetenz bzw. der Umgang mit Technik *geschlechtsspezifisch* differiert.[17] Beispielsweise zeigt sich in allen Altersgruppen über 30 Jahren, dass Männer das Internet wesentlich häufiger nutzen als Frauen (vgl. Deutsches Zentrum für Altersfragen 2007, S. 2). Erhebungen des Statistischen Bundesamts aus dem Jahre 2011 haben ergeben, dass Frauen den Computer in allen Altersgruppen nicht so häufig nutzen wie Männer. Dabei verschärfen sich die Unterschiede mit zunehmendem Alter. Bedenkt man in diesem Zusammenhang, dass das Alter überwie-

---

15 Leider stehen hierzu keine aktuelleren Daten vom Statistischen Bundesamt zur Verfügung.
16 Hier muss zudem berücksichtigt werden, dass ein Internetzugang noch nichts über die Qualität seiner Nutzung aussagt.
17 Vgl. z. B. Statistisches Bundesamt 2011; Ahrens 2009; Mollenkopf 2005; Mollenkopf und Kaspar 2004; Zachmann 2003; Tully 2003; Reichert 2001; Collmer 1997; Lüdtke et al. 1994; Wajcman 1994; Dörr 1993; Jaufmann 1991, S. 72 f.

gend „weiblich" ist (vgl. Tews 2000), werden die Probleme der älteren Bevölkerung im Umgang mit Technik besonders deutlich.

In der Forschung zu „Technik und Geschlecht" werden mindestens drei Theorieansätze angeboten, die das Verhältnis von Frauen und Technik erklären sollen. Das beispielsweise von Mies (1980, 1985) und Jansen (1986) vertretene *Differenzmodell* sieht die Ursache unterschiedlichen Umgangs mit Technik in den leiblichen Unterschieden zwischen Männern und Frauen und ihren unterschiedlichen Formen der Aneignung von Natur und Technik. Aus dieser Perspektive zeichnen sich Frauen durch eine besondere Technikskepsis aus, da sie diese als menschen-, natur- und frauenfeindlich wahrnehmen. Es wird ein Dualismus des „Weiblichen" und „Männlichen" ins Zentrum gerückt, auf den die Menschen deterministisch festgelegt sind (vgl. z. B. Mies 1980, S. 64 ff.). Voneinander abweichende Sozialisationsmuster von Jungen und Mädchen hingegen bilden beim *Defizit-/Distanzmodell* die Erklärungsbasis. Metz-Göckel (1990) und Schorb (1990) sehen beispielsweise geschlechtsspezifische Sozialisationsmuster und Erziehungspraxen als Ursache für spezifisch „weibliche Zugangsweisen" und insbesondere eine dezidierte „Technikdistanz" von Frauen. Auch hier zeigt sich eine Polarisierung von Geschlechterstereotypen. Das neuere *Ambivalenzmodell* argumentiert quer zu den vorhergehenden Ansätzen. Es bezieht weibliche Ambivalenzerfahrungen beim Umgang mit Technik in die Analyse ein und wendet sich strikt gegen eine „binäre Codierung" (Wagner 1991, S. 2). Aus dieser Perspektive erleben Frauen Technik aufgrund unvereinbarer Rollenanforderungen (aus beruflicher und privater Sphäre) in widersprüchlicher Weise, so dass sie mit der Verweigerung der Technikaneignung reagieren können (vgl. z. B. Kahle 1989; Wagner 1986).

Die Analyse einer geschlechtsspezifisch unterschiedlichen Technikkompetenz, die nicht nur beschreibend, sondern auch erklärend vorgehen soll, muss allerdings gleichzeitig auch das „doing gender" (Hagemann-White 1992) berücksichtigen, so lautet die hier verfolgte Annahme. Im empirischen Teil dieser Arbeit wird dies durch die Analyse einer Prozessperspektive erreicht.

Auch die Annahme, dass *Bildung* einen bestimmenden Einfluss auf die Technikkompetenz der Älteren hat, ist empirisch vielfach belegt worden.[18] Von den über 50-Jährigen mit einem abgeschlossenen Studium sind im Jahre 2007 beispielsweise immerhin 65 % regelmäßig im Internet „unterwegs", bei Gleichaltrigen mit Volksschulabschluss und Lehre sind es 28 % und bei denen mit Volksschulabschluss ohne Lehre sind es nur 10 % (vgl. Deutsches Zentrum für Altersfragen

---

18 Vgl. z. B. Statistisches Bundesamt 2011; Korupp et al. 2006; Reichert 2001; Marcellini et al. 2000; Kruse 1992.

2007). Auch Erhebungen des Statistischen Bundesamts aus dem Jahre 2011 können vergleichbare Differenzen belegen.

Als Erklärung hierfür bieten beispielsweise Lüdtke et al. (1994) und Bühl (1997) die These an, dass Menschen mit einem niedrigen Bildungsgrad insbesondere bei der Nutzung neuester Techniken benachteiligt sind, da ihnen häufig die nötige Kompetenz im Umgang mit der mikroelektronischen „Logik" fehle. Dass gerade „Bildungsferne" und insbesondere diejenigen, die beruflich keine Erfahrungen mit neuen, modernen Techniken sammeln konnten, nur ein geringes Maß an technischer Kompetenz entwickeln, kann aber auch *relevanztheoretisch* erklärt werden:[19] Die moderne Technik ist in diesem Sinne für Unerfahrene mit einer Vielzahl an Ungewissheiten über Sinn, Nutzen, über potenzielle Gefahren und Risiken etc. belegt. Aufgrund dieser Uneindeutigkeiten sind die technischen Geräte wissensmäßig nicht anschlussfähig an die Routinen ihres Alltags. Und da gerade bei uneindeutigen Bedeutungen die „problematischen Aspekte" für die potenziellen Nutzer eine wichtige Rolle spielen, wird dem Gerät keine Relevanz eingeräumt (vgl. Deutsches Zentrum für Altersfragen 2007, S. 3). Das Sammeln von neuen technischen Erfahrungen wird abgelehnt. Das Bildungsniveau scheint dementsprechend ein wichtiger, den Umgang mit Technik ermöglichender oder behindernder Faktor zu sein.

Dass auch *soziale Netzwerke* eine wichtige Rolle beim Umgang mit Technik spielen, ist eine wichtige These dieser Arbeit, zu der es bislang allerdings kaum Forschung gibt. Allein eine Korrelation zwischen Haushaltsgröße und der Ausstattung mit technischen Geräten konnten Lüdtke et al. (1994) nachweisen. Je größer der Haushalt, so ihr Befund, desto besser die technische Ausstattung. Da die Mitglieder eines Haushalts als Teil des privaten sozialen Netzwerks gesehen werden können, lässt sich dieser Befund zumindest als ein, wenn auch schwaches Indiz für diese These interpretieren.

Die hier vertretene Annahme lautet, dass Menschen umso eher bereit sind, sich mit für sie ungewissen und wenig durchschaubaren neuen Techniken zu beschäftigen, wenn sie fest mit Unterstützungsleistungen durch ihre Bezugspersonen rechnen können. Der Begriff Unterstützung wird hier im Sinne Diewalds (1991, S. 70 f.) verstanden: als praktische Hilfeleistungen im Alltag, als Vermittlung kognitiver Orientierungen oder als Vermittlung emotional-expressiver Inhalte. Auf Technik bezogen bedeuten praktische Hilfen im Alltag z. B. Unterstützung beim Kauf oder bei der Installation eines neuen PCs, das Beheben technischer Probleme etc. Kognitive Unterstützung kann im Erläutern von Nutzungs- und

---

19 Vgl. Sackmann 1993; Hennen 1992; Schütz 1981; Schütz, Luckmann 1979.

Anwendungsmöglichkeiten von Technik im Alltag oder in Informationen über neue Produkte bestehen.[20] Emotionale Unterstützung könnte sich in Form einer Motivierung oder als Vertrauen in die Fähigkeit der Älteren etc. zeigen.

Auch wenn bislang eine Vielzahl an Korrelationen zwischen sozialen Ungleichheitsfaktoren und dem Umgang mit Technik belegt werden konnte, bleibt dennoch nach wie vor unterbelichtet, wie diese Ungleichheitsaspekte konkret in welcher Form zum (nicht) erfolgreichen technischen Handeln im Alltag insbesondere bei Älteren beitragen. Nur unter Einbezug der Mikroebene (vgl. Voß 1995) können Aussagen darüber getroffen werden, wie ein Zusammenhang gedacht und erklärt werden kann.

6.4 Zusammenfassung und Fazit

Einen weiteren Baustein des zu entwickelnden theoretischen Rahmenkonzepts bilden die sozialen Ungleichheitsfaktoren, denn eine Vielzahl statistischer Erhebungen belegt eine Korrelation zwischen dem Technikeinsatz und der Technikkompetenz und sozialen Ungleichheitslagen. Um genauere Aussagen darüber machen zu können, welche vertikalen und horizontalen Ungleichheiten Einfluss auf den alltäglichen Umgang Älterer mit Technik nehmen, wird hier auf der Basis des Konzepts der *Lebenslage* argumentiert (vgl. Hradil 1987; Clemens 2004, Amann 1994). Das Konzept wird gewählt, weil es sowohl materielle als auch immaterielle Strukturen miteinander verbindet. Lebenslagen werden dabei im Sinne ermöglichender *Handlungsspielräume* verstanden, die durch biografische Erfahrungen, bildungs- und geschlechtsspezifische Ausprägungen sowie durch die Zugehörigkeit zu bestimmten Geburtskohorten zugleich auch beschränkt werden können.

Die Operationalisierung von Lebenslagen erfolgt in Anlehnung an einen Entwurf von Clemens (2004) und Naegele (1998, S. 110), da sie ihr Konzept auf die Situation Älterer beziehen. Sie berücksichtigen folgende Handlungsspielräume: den Vermögens- und Einkommensspielraum, den materiellen Versorgungsspielraum, den Kontakt- und Kooperationsspielraum, den Lern- und Erfahrungsspielraum, den Dispositions- und Partizipationsspielraum und den Muße- und Regenerationsspielraum. Diese Handlungsspielräume wirken im Sinne des Lebenslagekonzepts auf das alltägliche Handeln ein, woraus sich die folgende These ableiten lässt:

---

20 Auch Mollenkopf (2005, S. 42) vermutet, dass „other persons living in the household or children may probably introduce new ICT applications that would otherwise remain unnoticed".

Zusammenfassung und Fazit

- Die jeweiligen Lebenslagen bzw. Handlungsspielräume haben Einfluss darauf, wie und in welchem Umfang Technik im Alltag verwendet wird.

Gleichzeitig wird der (nicht) erfolgreiche Umgang mit Technik als eine weitere Dimension sozialer Ungleichheit begriffen und kann insofern als ein weiterer Handlungsspielraum gelten, der zudem Einfluss auf die anderen Handlungsspielräume ausüben kann.

Es gibt unterschiedliche Thesen darüber, wovon die (Nicht-)Nutzung der oben genannten Spielräume abhängt. Vor dem Hintergrund der Kumulationsthese wird vermutet, dass sich allgemeine *lebenslaufbezogene Benachteiligungen* mit zunehmendem Alter verschärfen. Und da diese häufig als Basis mangelnder technischer Kompetenz angesehen werden, ist auch von einer Verschärfung dieses Problems im Alter auszugehen. Das bedeutet:

- Das Problem des nicht erfolgreichen Umgangs mit Technik verschärft sich möglicherweise mit zunehmendem Alter durch kumulierte Benachteiligungen.

Auf der Basis verschiedener Theorieansätze, wie dem „Differenzmodell" (vgl. Mies 1980), dem „Defizit-/Distanzmodell" (vgl. Schorb 1990) und dem „Ambivalenzmodell" (vgl. Wagner 1991), wird darüber hinaus davon ausgegangen, dass der Umgang mit Technik *geschlechtsspezifisch differiert,* so dass vermutet wird:

- Das sozial konstruierte Geschlecht (Gender) beeinflusst den (nicht) erfolgreichen Umgang mit Technik im Alltag und zwar in der Hinsicht, dass vermutlich eher Frauen Probleme mit Technik beschreiben als Männer.

Weiterhin besteht die Annahme, dass auch *Bildung* einen bestimmenden Einfluss auf die technische Kompetenz Älterer hat. Dass „Bildungsferne" und gerade diejenigen, die beruflich keine Erfahrungen mit den neuen Techniken sammeln konnten, nur ein relativ geringes Maß an technischer Kompetenz entwickeln, wird meist relevanztheoretisch erklärt (vgl. Hennen 1992). Gerade die neueste Technik ist in diesem Sinne für Unerfahrene mit einer Vielzahl von Ungewissheiten über Sinn, Nutzen und potenzielle Gefahren belegt. Aufgrund dieser Uneindeutigkeiten sind die technischen Geräte nicht anschlussfähig an die Routinen des Alltags und werden gemieden. Damit berauben sich die Menschen zugleich der Chance, den Umgang mit ihr erlernen zu können. Daraus lässt sich ableiten:

- Der Umgang mit Technik im Alltag wird vom Bildungsniveau mit beeinflusst.

Nach einer anderen These, hängt es auch von der *Generationszugehörigkeit* ab, ob jemand in der Lage ist, Technik kompetent in seinem Alltag einzusetzen (vgl. Sackmann und Weymann 1994). Hiernach bestimmen die Schlüsseltechnologien, durch die Menschen in ihrer Jugend geprägt wurden, ein Leben lang ihr Verhältnis zur Technik. Mit der Folge, dass die jeweils folgende Generation die neue Technik besser beherrscht. Insofern kann folgende These formuliert werden:

- Die Generationszugehörigkeit hat einen bestimmenden Einfluss auf den Umgang mit Technik im Alltag. Dass gerade Ältere vor diesem Hintergrund benachteiligt sein können, ist auf Passungsprobleme zwischen ihrem „alten" technischen Erfahrungswissen und den Anforderungen neuer Techniken zurückzuführen.

Dass *soziale Netzwerke* eine wichtige Rolle beim (erfolgreichen) technischen Handeln im Alltag spielen, ist eine wichtige These, zu der es bislang wenig Forschung gibt. In dieser Arbeit wird davon ausgegangen, dass Ältere umso eher bereit sind, sich mit für sie neuen Techniken zu beschäftigen, wenn sie fest mit der Unterstützung durch ihr privates soziales Umfeld oder durch andere Bezugspersonen wie Angestellte von Servicezentren rechnen können. Unterstützungsleistungen werden im Sinne Diewalds (1991) als praktische Hilfestellungen, als Vermittlung kognitiver Orientierungen und als emotional-expressive Zuwendung verstanden. Das soziale Netzwerk wird als ein ganz wesentlicher Aspekt der Lebenslage angesehen, da es einen gesellschaftlichen Teilbereich bildet, der zwischen dem Individuum und der Gesellschaft vermittelt (vgl. Amann 2004). Daraus wird die folgende These abgeleitet:

- Wie und in welcher Weise Ältere technische Geräte nutzen, hängt auch davon ab, welche Unterstützungsleistungen sie durch ihr soziales Netzwerk erfahren bzw. erwarten.

7 Das Konzept alltäglicher Lebensführung (ALF)

7.1 Theoretische Grundlagen

Erst durch eine Betrachtung der Mikroebene ist es möglich, die subjektiven Handlungspraxen – in Bezug auf den Einsatz von Technik – vor dem Hintergrund unterschiedlicher Lebenslagen, gesellschaftlicher, sozialer und technischer Vorgaben und biografischer Erfahrungen zu erfassen und zu erklären. Zur Konzeptualisierung dieser Ebene bietet sich ein theoretisches Modell der *subjektorientierten Soziologie* (vgl. Bolte 1983) an, das Konzept der alltäglichen Lebensführung[1] (ALF) (vgl. Voß 1995).

Dieses Konzept wird deswegen gewählt, weil es aus einer subjektorientierten Perspektive den personalen Konstruktionscharakter von Lebensführung betont, zugleich aber auch ihre hochgradige soziale Bedingtheit und Formung anerkennt (vgl. ebd. 39). Lebensführung wird hier als ein Handlungssystem verstanden, das einer eigenen Logik folgt, eine eigene Form besitzt und sich quasi zwischen Person und Gesellschaft „schiebt". Und in dieser Zwischenstellung kann es zur Vermittlung zwischen beiden Sphären beitragen. Das Konzept der Lebensführung ist damit der „missing link", um Makro- und Mikroebene miteinander zu verknüpfen. Darüber hinaus ist das technische Handeln der Älteren unabänderlich in die alltägliche Lebensführung „eingelassen". Es kann nicht als ein singulärer Akt, sondern muss als Teil der gesamten Lebensführung und des gesamten Alltagslebens verstanden werden. Erst aus dieser ganzheitlichen Perspektive heraus, so die These, können die Konsequenzen des (nicht gelingenden) technischen Handelns erkannt und erklärt werden. Darüber hinaus bietet sich das Konzept an, weil es aufgrund seiner Praxiorientiertheit erfolgreich mit der „situativen Praxis" von Beck (1997) hinsichtlich des Umgangs mit Technik verknüpft werden kann.

Als Lebensführung wird hier „die Gesamtheit aller Tätigkeiten im Alltag von Personen angesehen, die das Leben eines Menschen ausmachen" (Voß 1995,

---

[1] Der Begriff der Lebensführung geht auf Weber zurück, der ihn allerdings an keiner Stelle systematisch und explizit entwickelt (vgl. Voß 1995, S. 29). Näheres zum Begriff findet sich bei Schluchter 1988.

S. 30). Damit ist der Fokus vorrangig auf die *Praxisebene* gerichtet und weniger auf die Sinnkonstruktionen der Menschen. Die „alltägliche Synchronie des Lebens" (ebd. 31) wird in ihrem Zusammenhang in den Blick genommen, „das was ‚tagaus-tagein' oder ‚jeden Tag immer wieder', die sprichwörtliche ‚Tretmühle des Alltags' bildet" (ebd.).

Das Handlungssystem Lebensführung ist den Menschen nicht einfach gegeben, so argumentiert Voß. Es wird von ihnen in Auseinandersetzung mit ihren Lebensbedingungen *aktiv konstruiert*, „alltäglich praktiziert und erhalten sowie gegebenenfalls an sich ändernde Bedingungen angepasst" (ebd.). Damit ist es ein dynamisches Gebilde, das allerdings dennoch einen strukturierten „Handlungsrahmen" bildet, der für gewisse Zeit stabil bleibt. Denn obwohl sie von den Menschen jeden Tag neu aktiv „hergestellt" wird, bekommt die Lebenspraxis eine gewisse *strukturelle Eigenständigkeit*, eine „Eigenlogik", da sie auf vielfältigen verbindlichen Arrangements beruht, die nicht umstandslos geändert werden können. Voß (1995, S. 36) spricht hier von einer „‚nicht-intendierten Strukturbildung' in Folge der Verknüpfung und des Austauschs komplexer Alltagsaktivitäten" (vgl. auch Voß 2001, S. 207). Insofern kann der Mensch seine Lebensführung nicht mehr beliebig modifizieren, sondern bewegt sich in seinem Tätigkeitsstrom überwiegend in diesem „Rahmen".

Darüber hinaus wird die Lebensführung aus dieser Perspektive als zugleich hochgradig *geprägt durch gesellschaftliche, soziale Umstände* betrachtet (vgl. Voß 1995, S. 37). Sowohl objektive Verhältnisse, soziokulturelle Einflüsse als auch die Formen des Zusammenlebens werden hier als nichtdeterministische Aspekte der Vergesellschaftung angesehen. Diese objektiven Verhältnisse und die Formen des Zusammenlebens entsprechen im Wesentlichen den Dimensionen, die (in Kapitel 6.1) mit dem Konzept der Lebenslage beschrieben werden. Die soziokulturelle Dimension, die nach Voß ebenfalls Einfluss auf die alltägliche Lebensführung nimmt, spielt in dieser Arbeit vor allem im Hinblick auf die jeweiligen Altersbilder eine große Rolle.

Obwohl diese Umstände auf die Lebensführung im Alltag einwirken, wird im Sinne des Konzepts nicht davon ausgegangen, dass sie determinierend sind. Vielmehr werden sie als Impulse interpretiert, die erst vermittelt über die je individuelle Verarbeitung Wirkung entfalten (vgl. ebd. 38). Dennoch kann davon ausgegangen werden, dass sie systematisch wirken, denn die Lebenslage „bildet gesellschaftlich typische Bedingungskonstellationen, durch die die Lebensführungen in charakteristischer Weise sozialen Einflüssen unterliegen" (ebd.). Das bedeutet, dass typische Formen individueller Lebensführungen erwartet werden können, ebenso wie typische Formen des technischen Handelns Älterer.

Theoretische Grundlagen

In der Alter(n)ssoziologie wurde angemerkt, dass dieses Konzept für ihre Forschungsrichtung wenig geeignet sei, da es vor allem auf „Arbeit und Leben" fokussiere und sich daher nicht umstandslos für die Analyse nicht erwerbstätiger Personen verwenden lasse (vgl. Amann 2004, S. 26). Erfolgreich hat Clemens (2004) jedoch gezeigt, dass sich alle dem Konzept der alltäglichen Lebensführung entsprechenden impliziten Thesen auch auf die Lebensformen im Alter beziehen lassen.

Die möglichen Wechselbeziehungen zwischen Technik und der alltäglichen Lebensführung bleiben in diesem Modell unterbelichtet, Voß hat sie aber an einer Stelle immerhin angedeutet. In einem Artikel von 2001 versucht er den institutionalisierenden Charakter der ALF – der empirisch vielfach belegt, aber bislang wenig theoretisch reflektiert wurde – auch theoretisch zu erfassen und verweist darauf, dass die alltägliche Lebensführung in vielerlei Hinsicht strukturiert ist. Als eine der Dimensionen zeigt nach ihm die *mediale* auf, „mit welchen Verfahrensformen oder artefact-haften Hilfsmitteln/Techniken eine Person ihre Tätigkeiten unterstützt" (Voß 2001, S. 205).

Voß unterscheidet in diesem Artikel zwischen drei Ebenen, die zur strukturellen und funktionalen Eigenlogik des Handlungssystems Lebensführung beitragen, der sozialen, der personalen und der strukturalen Ebene (vgl. Voß 2001, S. 207 ff.). Dadurch, dass im Alltag Arrangements bzw. „Vertragsbeziehungen" mit anderen Personen hergestellt werden, die nicht jederzeit wieder aufkündbar sind, bildet sich nach Voß eine *soziale* Eigenlogik heraus, die nicht beliebig einseitig von einer Person geändert werden kann. Zugleich treffen die Personen Arrangements „mit sich selbst", durch die sich Routinen, Gewohnheiten und stabile Praktiken etablieren. Diese *personale* Eigenlogik bildet nach Voß einen „Grundmechanismus alltäglichen praktischen Lebens", der zur Entlastung von Entscheidungs- und Strukturierungsanstrengungen beiträgt (ebd. 209). Aber auch die *strukturale* Eigenlogik des Gesamtsystems ALF, seine äußere Form, trägt in diesem Sinne zu einer Stabilisierung des alltäglichen Lebens bei.

Eine Ergänzung aus der Perspektive dieser Arbeit ist unerlässlich: Der explizite Einbezug der *(materialen) Technik mit ihren strukturierenden Eigenschaften* ist notwendig, so die These, da die Eigenlogik der ALF zugleich als in hohem Maße durch technisch vermittelte Strukturen geprägt verstanden werden kann. Insofern kann auch der Einsatz von Technik – als weitere Ebene – zu einer Routinisierung und Stabilisierung alltäglicher Praktiken und damit zu einer Entlastung von Entscheidungszwängen beitragen.

Um den Umgang mit Technik im Rahmen der ALF angemessen – und in Anlehnung an den Beckschen (1997) Ansatz zur „situativen Praxis" – herausarbeiten zu können, ist es ebenfalls wichtig, vorab den Begriff des *Handlungs*systems ALF weiter zu präzisieren. Im Sinne gängiger klassischer Handlungstheorien – wie beispielsweise bei Weber, Durkheim und Parsons – verweist *Handeln* auf ein menschliches Tun, wenn die Akteure mit ihm einen Sinn verbinden bzw. wenn es auf eine geltende Ordnung bezogen ist (vgl. Weber 1976, S. 1 und 16; vgl. auch Durkheim 1961 und Parsons 1964). Diese Definition impliziert, dass die Handlungsfähigkeit der Akteure den vorgängigen Normen untergeordnet ist. Handlungstheorien, die nach den Voraussetzungen sozialer Ordnung fragen, tendieren zu einer theoretischen Vernachlässigung innovativen, unkonventionellen und abweichenden Verhaltens (vgl. Beck 1997, S. 303). Der Umgang mit technischen Geräten wäre nach Weber demnach nur dann analysierbar, wenn er in Bezug auf seinen Sinn – hier verstanden als deren Verwendung als „Mittel" oder „Zweck" in instrumenteller Hinsicht – interpretiert werden könnte (vgl. Weber 1976, S. 3). Er könnte insofern nicht als sinn*konstituierend,* sondern allein der vorgängige Sinn kann als konstitutiv für die Handlung betrachtet werden.[2] Ähnliches gilt für Durkheim. Obwohl er „Sachen" – und damit auch technischen Geräten – den gleichen konzeptionellen Rang wie Normen einräumt (vgl. Durkheim 1961, S. 126), wird gerade durch diese Gleichbehandlung deren zentraler Unterschied verwischt. Während die Materialität technischer Geräte vielfältige Handlungsoptionen bereitstellt, so dass der Akteur neue Gebrauchsweisen „erfinden" kann, sind Normen bei Durkheim „besondere Arten des Handelns, Denkens und Fühlens, die außerhalb des Einzelnen stehen und mit zwingender Gewalt ausgestattet sind" (ebd. 107). Durch seine Gleichsetzung von Techniken und Normen verschwinden gerade die Möglichkeiten, dass Menschen die Technik in besonderer, abweichender und kreativer Weise nutzen können.

Diese einseitige Betrachtungsweise von Handlungen gilt es zu überwinden, will man den Umgang mit Technik adäquat analysieren und verstehen. Und Voß

---

2 Darüber hinaus impliziert gerade das idealtypische Handlungsmodell von Weber, dass moderne Gesellschaften vorrangig durch *zweckrationales Handeln* geprägt sind. Es wird davon ausgegangen, dass versucht wird, die Handlungsziele mit adäquaten Mitteln zu erreichen. Dagegen kann mit Joas (1992, S. 231) eingewendet werden, dass auch die Handlungssituationen konstitutiv sind für die Bildung von Handlungsoptionen. Ebenso bleiben die unbeabsichtigten Nebenfolgen des Handelns unberücksichtigt. Allenfalls werden sie als Fehler des Akteurs thematisiert. Der zentrale Stellenwert, den die *Intention* in diesem Handlungskonzept einnimmt, erweist sich für diese Arbeit als problematisch, da sie nicht nur die unbeabsichtigten Nebenfolgen vernachlässigt, sondern zudem auch die Masse des alltäglichen Handelns zur Residualkategorie erklärt (vgl. Beck 1997, S. 308). Insbesondere Handlungsroutinisierungen, -habitualisierungen, ritualisiertes und traditionales Handeln erscheinen vor dem Hintergrund des zweckrationalen Modells als defizitär. Sie sind nach Webers Definition als Grenzfall des Handelns anzusehen.

(1995) trägt mit seinem Konzept der ALF dazu bei, denn er verwendet den Begriff der Handlung synonym für den Begriff von Alltagstätigkeiten, „der nicht auf intentionale oder gar soziale *Handlungen* und auch nicht auf produktive *Tätigkeiten* im engeren Sinne (z. b. einer materialistischen Psychologie) eingeschränkt werden soll" (Voß 1995, S. 33, kursiv im Original). Im Vordergrund steht in dieser Konzeption insofern eine praxistheoretische Ausrichtung, mit anderen Worten die „Pragmatik der konkreten Alltagstätigkeiten" (ebd. 31). Erst vor dem Hintergrund dieses Verständnisses von alltäglicher Lebensführung ist es möglich, das alltägliche technische Handeln im Sinne Becks (1997) als „situative Praxis" zu konzeptualisieren und in diesen Ansatz zu integrieren.

7.2 Zusammenfassung und Fazit

Um erfassen zu können, *wie* sich die Vielzahl an einflussnehmenden Bedingungen auf den Umgang Älterer mit Technik auswirkt, ist ein Instrumentarium nötig, das auf der Mikroebene ansetzt und den Prozess des alltäglichen Umgangs mit Technik begrifflich fassen kann. In dieser Arbeit wird dazu das *Konzept der alltäglichen Lebensführung* (vgl. Voß 1995) gewählt, da es geeignet ist, die Vermittlung zwischen Struktur- und Handlungsebene sichtbar zu machen. Hinzu kommt, dass es vorrangig auf die Praxisebene gerichtet ist, was seine Verbindung mit dem Beckschen Ansatz (1997) der *situativen Praxis* erlaubt, mit dessen Hilfe die konkreten Wechselbeziehungen zwischen Mensch und Technik erfasst werden können.

Das Konzept der alltäglichen Lebensführung (ALF) zeichnet sich dadurch aus, dass es von einer *aktiven Konstruktion der Lebenspraxis* durch den Einzelnen ausgeht, gleichzeitig aber seine hochgradige *kulturelle und soziale Bedingtheit* berücksichtigt. Konkreter: Die oben genannten Lebenslage-Aspekte, die verschiedenen Altersbilder und die der Technik eingeschriebenen Ko- und Kon-Texte können so als Einfluss nehmende Bedingungen auf die alltägliche Lebensführung und damit auch auf das technische Handeln im Alltag angesehen werden. Der Einbezug der technischen Artefakte ist im ursprünglichen Konzept zwar nicht vorgesehen, wird hier aber ergänzt, da Technik im Alltag ebenfalls eine wichtige strukturierende Funktion erfüllen kann. Diese Bedingungen werden im Sinne des Konzepts als nicht determinierend angesehen, sondern als Impulse interpretiert, die erst vermittelt über die je individuelle Verarbeitung Wirkung erlangen (vgl. Voß 1995, S. 38).

Darüber hinaus wird davon ausgegangen, dass die Lebensführung zwar aktiv konstruiert wird, zugleich aber eine gewisse *strukturelle Eigenständigkeit* bzw.

„Eigenlogik" entwickelt, die dann auf den Menschen zurückwirkt und ihn in seinem Handeln beeinflusst. Insofern kann der Mensch seine Lebensführung und damit auch seinen Umgang mit Technik nicht mehr beliebig modifizieren, sondern bewegt sich überwiegend in diesem „Rahmen". Für die Untersuchung lassen sich aus diesem Konzept folgende Thesen ableiten:

- Der Umgang mit Technik im Rahmen der alltäglichen Lebensführung ist einerseits bestimmt durch die aktive Konstruktion der Handelnden, andererseits durch seine sozialstrukturelle Einbettung, die sich in den Lebenslage-Dimensionen widerspiegelt. Damit können ermöglichende und einschränkende Bedingungen der Lebenslage bei der Betrachtung der Alltagspraxis sichtbar gemacht werden.
- Zudem können die durch die Lebenslage bestimmten Handlungsspielräume durch die strukturelle Eigenlogik der Lebensführung eingeschränkt werden. Gleichzeitig können diese Strukturen aber auch Sicherheit vermitteln.
- Auch wenn vom individuell unterschiedlichen Umgang mit Technik gesprochen wird, so kann dennoch davon ausgegangen werden, dass die Lebenslage-Aspekte, die technischen Artefakte und die Altersbilder systematisch wirken, denn sie spiegeln typische gesellschaftliche Bedingungskonstellationen wider. Das bedeutet, dass zugleich typische Formen des Umgangs mit Technik erwartet werden können.

Die Annahmen zur ALF müssen durch das Konzept der *situativen Praxis* von Beck (1997) ergänzt werden, um die Wechselbeziehungen zwischen den Menschen und den technischen Artefakten in ihrem Alltag differenziert erfassen zu können. Im Sinne Becks wird der Fokus darauf zu richten sein, wie sich die jeweiligen Kon- und Ko-Texte der technischen Artefakte auf die jeweilige Orientierung des Älteren und auf seine Nutzungspraxis auswirken. Es wird zu fragen sein, mit welchen Nutzungsanweisungen der Ältere das technische Artefakt verbunden sieht, wie er sich hierzu verortet und welche normativen Orientierungen er daraus ableitet. Darüber hinaus muss nach den Nutzungsbedingungen gefragt werden, die mit dem Einsatz der jeweiligen Technik verbunden sind. In diesem Sinne ergeben sich folgende Thesen:

- Die Nutzungsbedingungen (Kon-Texte), die durch technische Artefakte und ihre Einbindung in technische Strukturen geschaffen werden, wirken sich stark auf die von Älteren wahrgenommenen Handlungsoptionen, -zumutungen und -einschränkungen und auf ihre Handlungspraxis aus.

- Die Nutzungsanweisungen (Ko-Texte) technischer Artefakte in Form kultureller Orientierungen stecken das Feld sozial legitimierter Nutzungsweisen der Technik ab und wirken sowohl auf die Orientierungen als auch auf das Nutzungsverhalten der Älteren ein.

Mit diesen Annahmen ist der letzte Baustein des Rahmenkonzepts formuliert, das im folgenden Kapitel mit einer detaillierten Grafik veranschaulicht wird.

8 Das Rahmenkonzept

In dem folgenden Schaubild werden die Themen Alter und Technik nun zusammengeführt oder konkreter: zusammenfassend die Bedingungen aufgezeigt, die auf den Umgang Älterer mit Technik in ihrem Alltag Einfluss nehmen. Sie wurden aus den verschiedensten Theorieangeboten der Soziologie abgeleitet. Damit wird ein soziologisches Rahmenkonzept entwickelt, das zur Durchdringung und Systematisierung des Problemfeldes beitragen kann. So zeigt sich, dass die Soziologie einen wichtigen Beitrag zur Entwicklung der Forschungsrichtung Alter und Technik im Hinblick auf die Beschreibung und Analyse des komplexen Charakters des technischen Handelns leisten kann.

Im Zentrum des Erkenntnisinteresses dieser Arbeit steht allerdings nicht allein die Durchdringung des Problemfeldes Alter und Technik im hier verstandenen Sinne. Zugleich soll mit dem entwickelten theoretischen Rahmenkonzept ein Beitrag dazu geleistet werden, empirische Untersuchungen zu ermöglichen, die zum Ziel haben, Anhaltspunkte für eine bessere Integration von Technik in den Alltag Älterer zu liefern. Das theoretische Modell lässt sich hierzu als *heuristischer Rahmen* nutzen, der es den Forschenden erleichtert, den Fokus auf relevante Daten und Zusammenhänge zu richten. Es soll ihnen zum einen ermöglichen, ein passendes Erhebungsinstrument zu entwickeln – bzw. in Interviews die „richtigen" Fragen zu stellen – und zum anderen, ihre Erkenntnisse in theoretischen Begriffen zu reflektieren und für ihre jeweiligen Zielsetzungen zu nutzen. In Abbildung 5 werden die erläuterten theoretischen Konzepte in einer Abbildung zusammenfassend veranschaulicht.

Abbildung 5 Einflussgrößen auf das technische Handeln Älterer im Alltag

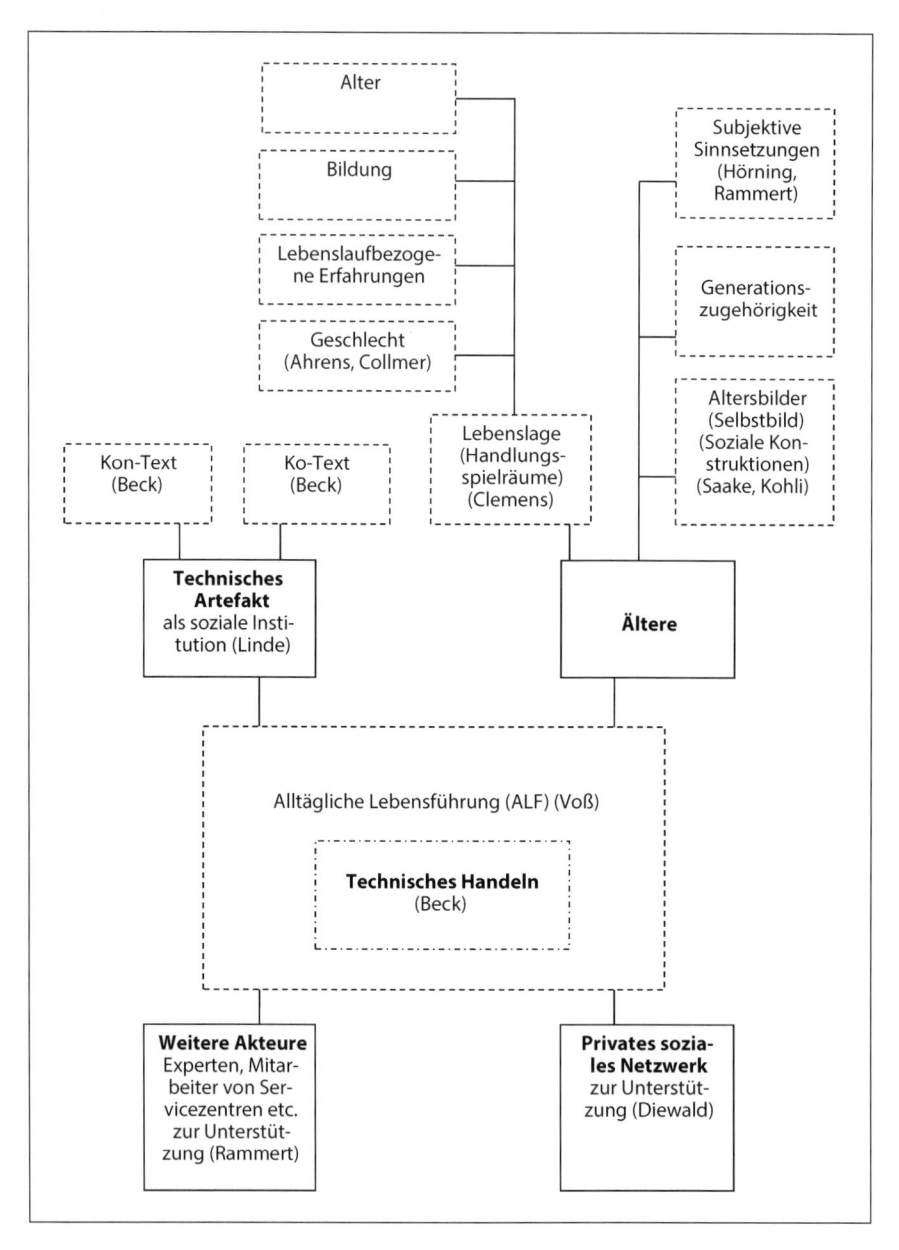

- Alter
- Bildung
- Lebenslaufbezogene Erfahrungen
- Geschlecht (Ahrens, Collmer)
- Subjektive Sinnsetzungen (Hörning, Rammert)
- Generationszugehörigkeit
- Altersbilder (Selbstbild) (Soziale Konstruktionen) (Saake, Kohli)

- Kon-Text (Beck)
- Ko-Text (Beck)
- Lebenslage (Handlungsspielräume) (Clemens)

Technisches Artefakt als soziale Institution (Linde)

Ältere

Alltägliche Lebensführung (ALF) (Voß)

Technisches Handeln (Beck)

Weitere Akteure Experten, Mitarbeiter von Servicezentren etc. zur Unterstützung (Rammert)

Privates soziales Netzwerk zur Unterstützung (Diewald)

IV Neue Perspektiven auf Alter und Technik

Mit dem theoretischen Konzept aus Kapitel 8 als heuristischem Rahmen, wird eine umfangreiche empirische Untersuchung durchgeführt. Der Einbezug des theoretischen Vorwissens wird als notwendig erachtet, um die Aufmerksamkeit des Forschenden auf verborgene bzw. auf den ersten Blick unbemerkte Zusammenhänge zu richten und ihn für die sozialen, gesellschaftlichen, technischen und individuellen Bedingungen des (nicht) erfolgreichen technischen Handelns zu sensibilisieren (vgl. zur Methode auch Kelle und Kluge 1999, S. 25 ff.). Als Bindeglied zwischen Theorie und Empirie fließen daher die im *Teil III: Soziologische Perspektiven auf Alter und Technik* generierten Thesen als Leitfragen in das Erhebungsinstrument der empirischen Untersuchung ein.

Die Befunde der empirischen Untersuchung werden zum einen dazu genutzt, die eher allgemeinen Thesen des Rahmenkonzepts zu präzisieren, das heißt, es wird herausgearbeitet, *in welcher Weise* die oben genannten Bedingungen konkret auf die alltägliche Lebensführung der Älteren einwirken. Zum anderen wird – wiederum darauf aufbauend – über mögliche technikzentrierte, personenzentrierte und verhältniszentrierte Interventionen nachgedacht (neue Perspektiven), die zu einem erfolgreichen Technikeinsatz Älterer in ihrem Alltag beitragen können.

Zunächst wird in Kapitel 9 die Konzeption der empirischen Untersuchung vorgestellt. Daran schließen sich die Ergebnisse einer Expertenbefragung an, die durchgeführt wurde, um sich dem Thema Alter und Technik nicht allein durch eine Literaturrecherche zu nähern, sondern auch einen alltags- und praxisnahen Eindruck zu gewinnen (10). Im Mittelpunkt dieses Teils der Arbeit stehen die Kapitel 11–14, die sich umfänglich den individuellen, sozialen, gesellschaftlichen und auch technischen Bedingungen widmen, die sich im Rahmen der empirischen Untersuchung als besonders wichtig für den Technikeinsatz im Alltag der Älteren erwiesen haben. Jedes Kapitel beginnt zunächst mit einem theoretischen Teil, der über das theoretische Vorwissen aus Teil III hinaus einen differenzierten Blick auf die jeweils zu bearbeitende Forschungsfrage wirft. Daran schließen sich ausführliche empirische Ergebnisse – überwiegend in typologisierter Form – an, die dann im Fazit vor dem Hintergrund anderer existierender Erkenntnisse reflektiert werden. Darauf aufbauend werden im Abschnitt „Neue Perspektiven" jeweils Handlungsempfehlungen entwickelt, die einen erfolgreichen Umgang Älterer mit Technik fördern könnten.

Kapitel 11 widmet sich der Frage, wovon es konkret abhängt, dass sich ältere Menschen im Umgang mit Technik häufig als „alt" wahrnehmen, während sie sich ansonsten deutlich jünger fühlen, als es ihrem chronologischen Alter entspricht. Es wird also die sogenannte „Verjüngung des Alters" in den Blick genommen, was auf eine Vorverlegung „angeblicher" Altersprobleme in eine Lebensphase verweist, in der sich die Älteren selbst im Allgemeinen nicht den „Alten" zurechnen würden.

Thema in Kapitel 12 ist die Frage, inwiefern die entstrukturierenden und strukturierenden Wirkungen des Technikeinsatzes auf die alltägliche Lebensführung mit darüber entscheiden, wie und in welchem Umfang Technik in den Alltag integriert wird. Forschungsleitend ist hier die Vermutung, dass Ältere insbesondere dann den Einsatz technischer Geräte eher ablehnen, wenn er ihre alltäglichen Routinen und Gewohnheiten durcheinanderzubringen bzw. zu entstrukturieren droht.

Kapitel 13 geht den Fragen nach, mit welchen Bedeutungen die Älteren Technik versehen und wie sich dies auf ihren alltäglichen Umgang mit Technik auswirkt. Es soll dementsprechend darum gehen, ihre je unterschiedlichen Handlungsorientierungen herauszuarbeiten, auf deren Grundlage Technik (nicht) in den eigenen Alltag integriert wird.

In Kapitel 14 wird der Umgang mit Technik aus der Genderperspektive analysiert. Es wird nach Indizien gesucht, die auf eine Veränderung, Abschwächung oder gleichbleibende Stabilität der „klassischen Genderlogik" – die Frauen als technikskeptisch und -distanziert, Männer hingegen als technikaffin und -kompetent beschreibt – hinweisen könnten. Die gewonnenen Befunde werden aus einer Prozessperspektive heraus analysiert.

Abschließend werden die wesentlichen Erkenntnisse aus dieser Arbeit in Kapitel 15 zusammengefasst und ein kleiner Ausblick auf zukünftig notwendige Forschung gegeben.

9 Konzeption der empirischen Untersuchung

Zunächst wird präzisiert, welche Lebensbereiche und Handlungsfelder der Älteren in der folgenden Untersuchung in den Mittelpunkt gerückt werden und was konkret unter Alltagstechnik verstanden wird (9.1). Darüber hinaus wird eine Abgrenzung zu bereits existierenden Studien vorgenommen (9.2). Im Anschluss daran wird das methodische Vorgehen erläutert, was die Präsentation der forschungsleitenden Fragen, die Auswahl der Fälle, die Datenerhebung und ihre Auswertung einschließt (9.3).

9.1 Konkretisierung des Forschungsvorhabens

Die Untersuchung wird räumlich auf den *Wohnbereich* der Älteren eingegrenzt. Diese Fokussierung erfolgt zum einen aufgrund des hohen Stellenwertes, den dieser Bereich für Ältere einnimmt (vgl. Kreibich 2004, S. 12). Denn in der Wohnung wird ein großer, bei manchen Älteren der größte Teil ihrer Zeit verbracht (vgl. Backes, Clemens 2003, S. 230). Damit gewinnt die innerhäusliche Lebensführung zwangsläufig an Bedeutung. Oder wie es Saup und Reichert formulieren: „Der Alltag im Alter heißt vor allem Wohnalltag" (Saup, Reichert 1999, S. 245). Zum anderen wird dadurch das umfassende Thema bearbeitbar gehalten.

Darüber hinaus wird der Wohnalltag weiter eingegrenzt auf die Handlungsfelder, die im Alter von wesentlicher Bedeutung sind. Berücksichtigt werden die Bereiche Gesundheit/Pflege, Freizeit/Kommunikation/Bildung und der Bereich Haushalt/Wohnen, da diese für die Älteren sowohl quantitativ als auch qualitativ die größte Bedeutung haben (vgl. Kreibich 2004; Mollenkopf 2004, S. 211 ff.).

In Umfragen hat sich gezeigt, dass das Handlungsfeld *Gesundheit/Pflege* wesentliche Bedeutung für die Lebensqualität Älterer hat und daher zentral für ihre alltägliche Lebensführung ist (vgl. Kreibich 2004). Das ist naheliegend, da mit zunehmendem Alter biologisch-körperliche und psychische Veränderungen stattfinden, die mit einer Abnahme der Leistungsfähigkeit des Organismus und seiner Regulationsmodelle einhergehen und das Risiko von akuten und altersbedingten

Erkrankungen erhöhen (vgl. Backes, Clemens 2003, S. 202 f.).[1] Der Bereich *Freizeit/Kommunikation/Bildung* hat im Leben der Älteren ebenfalls einen hohen Stellenwert. Ältere Menschen verfügen durch ihre Freisetzung aus der Erwerbsarbeit meist über einen sehr hohen Anteil an freier Zeit, die sie – wie Befragungen ergeben haben (vgl. Kreibich 2004) – zunehmend mit interessanten und sinnstiftenden Tätigkeiten auszufüllen versuchen. Da bei ihnen eine zentrale Form der Vergesellschaftung – die Erwerbsarbeit – wegfällt, die einen wichtigen institutionellen, zeitlichen und räumlichen Rahmen für soziale Beziehungen darstellt, werden über Freizeitbeschäftigungen neue Formen der Vergesellschaftung gesucht und gefunden (vgl. Backes, Clemens 2003, S. 207 ff.). Der Bereich *Haushalt/Wohnen* ist deswegen von so hoher Bedeutung, da – wie oben erwähnt – Ältere einen großen Teil ihres Zeitbudgets in der Wohnung verbringen.

Dem Handlungsfeld *Gesundheit/Pflege* werden Geräte wie die Waage, das Blutdruck-/Pulsmessgerät, das Hörgerät, der Fön, das Ergometer etc. zugeordnet, dem Bereich *Freizeit/Kommunikation/Bildung* der Computer, Internetzugang, das Fernsehen, die Stereoanlage, die Kamera, das Handy etc. Für den Bereich *Haushalt/Wohnen* stellen Geräte wie der Herd, die Waschmaschine, die Mikrowelle, der Schnellkochtopf, das Bügeleisen, die elektrische Küchenmaschine etc. die wesentlichen technischen Artefakte dar. Im Sinne der Definition von Kapitel 4.2.2 zählt jedes technische Produkt, Instrument, Gerät oder System zur Alltagstechnik, das dem Menschen zur Bewältigung seiner *alltäglichen* Probleme dient (vgl. Huning 2000).

Die Gesamtheit der Alltagstechnik kann danach unterschieden werden, ob sie für alle oder speziell für Ältere entwickelt wurde. Es gibt heute eine Vielzahl an verfügbaren Alltagstechniken, die speziell auf die Bedürfnisse Älterer abgestimmt sind.[2] Diese wurden ursprünglich meist für andere Zielgruppen entwickelt (vgl. Krämer 2000). Die Motivation zur Produktion sogenannter „altengerechter" Geräte entstand in Deutschland erst in den letzten Jahren, mit der verstärkten öffentlichen Diskussion zum demografischen Wandel.[3]

---

1 Bislang existierende Aussagen zu den Ursachen des Alterungsprozesses können allerdings nicht als gesichertes Wissen, sondern nur als Hypothesen und Theorien gelten (vgl. Vömel 1991, S. 47). Und es gibt auch unter den Experten bisher keine allgemein akzeptierte Definition des Alterns (vgl. Backes, Clemens 2003, S. 93).

2 Altengerechte Technik hat unterschiedliche Zielgruppen. Sie kann neben den Älteren selbst auch die Angehörigen oder Dienstleistungsanbieter bei ihren Pflege- und Betreuungsdiensten unterstützen. In dieser Studie stehen aber die technischen Geräte im Mittelpunkt, die von den Älteren selbst genutzt werden.

3 Problematisch bei den speziell für Ältere entwickelten technischen Geräten ist bislang – darauf verweist u. a. Mollenkopf (1998a, S. 83) –, dass sie häufig als stigmatisierend erlebt werden. Als

Zugleich rücken dadurch Angebote in den Vordergrund, die nicht speziell für Ältere entwickelt wurden, ihnen aber dennoch gute Dienste erweisen können. Telebanking, Teleshopping, Online-Information oder -Beratung beispielsweise können wichtige Beiträge zur Erleichterung einer selbstständigen Lebensweise im Alter leisten. Als Technik für alle gelten hier in Anlehnung an Kapitel 4.2.2 die sogenannten Sach- und Realtechniken in Form von Werkzeugen, Apparaten, Maschinen etc., aber auch die zugrundeliegenden technischen Infrastrukturen wie der Anschluss an Strom- und Gasleitungen.

In dieser Untersuchung werden beide Formen der Alltagstechnik berücksichtigt, um insbesondere negativ geprägte Perzeptionen der altengerechten Technik systematisch erfassen und erklären zu können.

9.2 Abgrenzung zu existierenden Studien

Es existieren einige empirische, sozialwissenschaftlich orientierte Projekte, deren Forschungsfragen denen der vorliegenden Untersuchung zumindest ähneln. Zu nennen sind hier vor allem die deutschen bzw. europäischen Projekte von Schulze (2011), Mollenkopf (2004, 2001, 1998, 1994), Rama und van der Kaaden (2002), Sackmann und Weymann (1994), Meyer et al. (1997), Reichert (2001) und Zapf (1994) etc., die explizit die technisierten Umwelten Älterer im Alltag zum Thema haben. Insbesondere vom Berliner Institut für Sozialforschung wurden zahlreiche Untersuchungen zum Thema, wie beispielsweise die SENTHA-Studie, initiiert. Im Rahmen des DFG-geförderten Projekts SENTHA (Seniorengerechte Technik im häuslichen Alltag) wurde während seiner sechsjährigen Laufzeit (1997–2003) Technik im Haushalt untersucht, die zur Unterstützung einer selbstständigen Lebensführung Älterer dienen kann. Auf der Basis einer interdisziplinären Herangehensweise wurden neue technische Produkte und darauf bezogene Dienstleistungen entwickelt sowie bestehende Produkte optimiert. Die Bedürfnisse älterer

---

altengerecht wahrgenommene Technik wird vielfach als Ausdruck menschlicher Unzulänglichkeit, als Prothese bzw. als „Sinnbild für die Enthumanisierung des Lebens" interpretiert (ebd.). Diese Perzeption hängt unmittelbar mit den allgemeinen Vorstellungen zum Alter zusammen, die unabhängig von der Vielfalt der Altersbilder dennoch häufig negativ geprägt sind. Wird das Alter z. B. mit Unzulänglichkeit und körperlicher und geistiger Unbeweglichkeit gleichgesetzt, erscheint es naheliegend, dass ältere Menschen, selbst wenn sie den Nutzen altengerechter Technik kennen, ihren Einsatz nach Möglichkeit vermeiden, um nicht als alt, unfähig oder behindert stigmatisiert zu werden.

Menschen in Bezug auf Technik wurden untersucht und innovative Verfahren der Beteiligung von Nutzern an der Produktentwicklung erprobt. Der Fokus dieser Projekte war vor allem auf die Kompetenz fördernden und behindernden Merkmale einer technisierten Umwelt im Alltag Älterer gerichtet. Zapf, Mollenkopf und Hampel (1994) untersuchten darüber hinaus, auf welchen Wegen seniorengerechte Produkte zu ihren Endverbrauchern gelangen. Ziel der meisten Studien und insbesondere des SENTHA-Projekts (vgl. Mollenkopf, 2000, 2005; Mollenkopf, Kaspar 2004) war das „optimizing existing devices and developing innovative products" (Mollenkopf 2005, S. 44). Im Mittelpunkt der Arbeiten stand demnach fast immer die Frage, wie Technik gestaltet sein muss, um älteren Menschen ein möglichst selbstständiges und sicheres Leben zu ermöglichen. Problemlösungen wurden vor allem in besonders altengerechten Anforderungen an das Design und die Ergonomie technischer Produkte gesehen.

In der vorliegenden empirischen Studie stehen hingegen viele weitere Zielsetzungen im Zentrum: Zunächst werden auf der Basis der empirischen Befunde die im theoretischen Rahmenkonzept entwickelten, eher allgemeinen Thesen weiter präzisiert. Es wird konkretisiert, wie bzw. in welcher Weise sich welche Bedingungen förderlich oder hinderlich auf den Technikeinsatz Älterer auswirken. Dabei werden nicht nur die technisierten Umwelten, sondern auch die gesellschaftlichen, institutionellen, sozialen und individuellen Bedingungen mit berücksichtigt. Ein Schwerpunkt der Untersuchung liegt insofern auf dem *Wie* des Technikeinsatzes in der alltäglichen Lebensführung der Älteren, auf der Erklärung der konkreten Wirkungen der im Rahmenkonzept benannten Bedingungen. Im Mittelpunkt steht das Verstehen des komplexen interaktiven Prozesses zwischen Technik, Mensch, Umwelt und sich daraus möglicherweise ergebenden „Passungsproblemen".

Zum anderen wird – darauf aufbauend – über mögliche technikzentrierte, personenzentrierte und verhältniszentrierte Interventionen (neue Perspektiven) nachgedacht, die zu einem erfolgreichen Technikeinsatz Älterer in ihrem Alltag beitragen können. Insofern münden die Ergebnisse dieser Studie nicht allein in konkreten Verbesserungsvorschlägen für einzelne technische Geräte, sondern es werden die gesamten Bedingungen für einen erfolgreichen Technikeinsatz Älterer in den Blick genommen. Im Gegensatz zu vielen bereits existierenden Studien wird damit das gesamte Interaktionsnetzwerk von Individuum, Technik, privaten und professionellen sozialen Netzwerken und der alltäglichen Umwelt mit berücksichtigt.

Diese Untersuchung geht zudem durch ihre Analyse der praktischen alltäglichen Lebensführung über eine Befragung zur Technikeinstellung hinaus, so dass auch deren zentrales Problem – der mangelnde Zusammenhang zwischen Technikeinstellung und individueller Nutzung von Technik (Noelle-Neumann, Hansen 1991, S. 32) – vermieden werden kann. In vielen Projekten wurde bislang überwiegend nach Einstellungen zur Technik gefragt, der konkrete Prozess des technischen Handelns dagegen blieb häufig eher unterbelichtet.

Ein großer Teil der bisherigen Studien konzentrierte sich darüber hinaus auf demente oder gebrechliche Personen, bei denen die eingeschränkte Kompetenz mit Hilfe technischer Unterstützung ausgeglichen werden soll (vgl. z. B. Riederer 1999; Mollenkopf 1998; Zapf et al. 1994; Kruse 1992; ZfGG 1996). So betont Mollenkopf (1993, S. 1) z. B. die Wichtigkeit: „of increasing prevalence of the health impairments which go along with old age, and the question of how the quality of life of the elderly can be preserved under these circumstances". Werden allerdings die qualitativen Veränderungen des demografischen Strukturwandels – wie sie beispielsweise Tews (1999, 2000) beschreibt – ernst genommen, dann macht die Zahl der altersbedingt eingeschränkten Älteren nur einen kleinen Teil der Gesamtgruppe der Älteren aus. Ein Großteil weist keine gravierenden physischen und psychischen Probleme auf. Reents (1995, S. 72) geht sogar davon aus, dass mindestens 85 % der Älteren den sogenannten „Woopies" zugerechnet werden können, den „well-off older people". Durch die notwendige, sehr wichtige Ausrichtung der existierenden Studien auf die Problemfälle gerät allerdings aus dem Blickfeld, welch bedeutsame Rolle die Technik gerade auch bei den (bislang) „unproblematischen" Älteren spielt, die die Mehrheit der älteren Bevölkerung ausmachen.

In dieser Untersuchung steht daher die letztgenannte Gruppe der „unproblematischen" Älteren im Mittelpunkt. Diese Auswahl erfolgte einmal aufgrund ihrer Größe, zum anderen aufgrund der Annahme, dass ein möglichst frühes Heranführen der (noch) nicht eingeschränkten Älteren an modernste Technik nötig ist, damit sie später im Bedarfsfall über erfolgreiche Strategien im Umgang mit Technik verfügen.

9.3 Methodisches Vorgehen

Ziel dieses Kapitels ist es, die Forschungsfragen, die sich aufgrund der theoretischen Vorüberlegungen im Rahmenkonzept ergeben haben, für die empirische Untersuchung zu präzisieren (9.3.1). Anschließend wird ein Überblick über das Forschungsdesign gegeben (9.3.2) und die Auswahl der Fälle erläutert (9.3.3). In Kapitel 9.3.4 wird das Verfahren der Datenerhebung beschrieben, im Anschluss daran die Datenaufbereitung und -auswertung (9.3.5).

9.3.1 Leitfragen der Untersuchung

Auf der Basis der Thesen, die im *Teil III Soziologische Perspektiven auf Alter und Technik* formuliert wurden, lässt sich die allgemeine Forschungsfrage nach den Bedingungen eines (nicht) erfolgreichen Technikeinsatzes durch Ältere in ihrem Alltag in konkretere „Leitfragen" übersetzen. Diese Leitfragen bilden dementsprechend ein Bindeglied zwischen den theoretischen Vorüberlegungen und dem empirischen Vorgehen. Sie zielen darauf ab, die Informationen zu benennen, die erhoben werden müssen, um alle wichtigen Fragen beantworten zu können (vgl. auch Gläser, Laudel 2006). Die Leitfragen sollen zwei Bereiche abdecken: In einem ersten Schritt (1) geht es darum, den Umgang mit Technik im Alltag eher deskriptiv zu erfassen, um dann darauf aufbauend die sich dahinter verbergenden bestimmenden Bedingungen (2–5), die für den (nicht) erfolgreichen Umgang mit Technik konstitutiv sind, herausarbeiten zu können.

1) Der erste Fragenkomplex bezieht sich in deskriptiver Weise auf die Strategien der Gestaltung und Bewältigung der Anforderungen des Alltags unter (Nicht-)Einbezug technischer Geräte.

- Bei welchen alltäglichen Tätigkeiten wird Technik genutzt, bei welchen nicht?
- Welche technischen Geräte kommen zum Einsatz, welche nicht?
- Welche Aufgaben erfüllt die Technik im Alltag?
- In welcher Form erweitert oder begrenzt der Einsatz von Technik die erfolgreiche alltägliche Lebenspraxis?
- Treten Probleme im Umgang mit Technik auf und wie sehen diese aus?
- Wie werden die Probleme gelöst?

2) Der zweite Fragenkomplex befasst sich mit Technik als *sozialer Institution*. Er hat eher erklärenden Charakter. Hier wird die Aufmerksamkeit auf die der Technik inhärenten Nutzungsbedingungen und Nutzungsanweisungen gerichtet, um deren mögliche Wirkungen auf das alltägliche Leben zu erfassen.

- Welcher Sinn wird mit den jeweiligen technischen Geräten verbunden?
- Wie und in welcher Weise wirken sich diese Vorstellungen und Überzeugungen auf die Handlungsziele und Handlungspraxen der Menschen aus?
- Wie wirken sich die mit dem Gerät verbundenen materialen und institutionellen Nutzungsbedingungen auf das alltägliche Handeln aus?

3) Der dritte Fragenkomplex bezieht sich auf die *individuellen Bedingungen*, die voraussichtlich Einfluss auf den alltäglichen Umgang mit Technik nehmen.

- Welchen persönlichen Nutzen verbinden die Befragten mit der jeweiligen Technik bzw. welche handlungsleitenden Orientierungen verbergen sich hinter ihrer (mangelnden) Techniknutzung?
- Wie wirken sich die jeweiligen Lebenslagen, die bestimmt sind durch biografische Erfahrungen, bildungs-, geschlechts- und gesundheitsspezifische Ausprägungen und durch die Zugehörigkeit zu bestimmten Geburtskohorten, auf das technische Handeln im Alltag aus?
- Wie beeinflussen die Vorstellungen der Befragten über das Alter den alltäglichen Umgang mit Technik?
- Wie beschreiben sich die Älteren selbst? Und welche Auswirkungen hat ihr Selbstbild als „alter Mensch" auf ihren Umgang mit Technik?

4) Der vierte Fragenbereich befasst sich mit der *sozialen Ebene*. Hierunter werden das private soziale Netzwerk und weitere Bezugspersonen mit technischer Kompetenz (Laien-Experten-Verhältnisse) gezählt.

- Wie tragen die unterschiedlichen Bezugspersonen des privaten sozialen Netzwerks oder Mitarbeiter in Servicezentren etc. zum (nicht) gelingenden Einsatz von Technik im Alltag Älterer bei?
- Geben sie praktische Hilfestellungen, kognitive Orientierungshilfen oder emotionale Unterstützung?
- Wie werden die sozialen Akteure selbst als durch Altersbilder beeinflusst wahrgenommen und welche Wirkung hat dies auf die Handlungen der Befragten?

5) Der letzte Fragenkomplex behandelt das Thema der *alltäglichen Lebensführung*.

- Wie beeinflussen bzw. beschränken welche strukturellen Eigenlogiken der alltäglichen Lebensführung den Umgang mit Technik?

9.3.2 Forschungsdesign

Im ersten Schritt erfolgte eine Befragung von Experten aus der „Praxis", die mit dem Thema „Ältere und ihr Umgang mit Technik" – aus *sozialer* Perspektive[4] – besonders vertraut sind. Die Expertenbefragung sollte dazu beitragen, verdichtete Informationen über praktische, alltagsnahe Probleme, Hemmnisse und Unsicherheiten der Älteren im Umgang mit Technik zu erhalten; Informationen, die eine reine Literaturrecherche möglicherweise nicht offenbaren würde.

Mit einer größeren Zahl Älterer wurden im Anschluss daran themenzentrierte, verstehende Interviews im Sinne Kaufmanns (1999) durchgeführt. Diese ermöglichten die Rekonstruktion des individuellen Umgangs mit Technik im Alltag und die je individuellen Alltagstheorien, in die die subjektiv erlebten Erfahrungs- und Orientierungsbestände der Älteren hinsichtlich der Technik mit einfließen. Die erste Phase des Interviews bestand aus einem offenen, narrativen Teil, eingeleitet durch eine Erzählaufforderung. In der zweiten Interviewphase stellte die Interviewerin leitfadengestützt Nachfragen zu den Aspekten, die in der ersten Phase zu kurz kamen. Zur Erfassung allgemeiner sozialstatistischer Daten diente ein Fragebogen. Auf einem Dokumentationsbogen wurden nach Abschluss des jeweiligen Interviews wichtige Aspekte zur konkreten Situation der Erhebung festgehalten.

Die Anzahl der Befragten wurde vorab nicht festgelegt, sondern ergab sich in Form des „theoretical samplings" aus dem Forschungsprozess (vgl. Strauss, Corbin 1996; Strauss 1991). Es wurde aber eine eher höhere Fallzahl angestrebt, um der Heterogenität des Forschungsfeldes möglichst gerecht zu werden. Im Sinne des theoretischen Samplings wurden auf der Grundlage erster Ergebnisse – sukzessive und parallel zur Auswertung – weitere Fälle ausgewählt, bei denen die Kriterien Berücksichtigung fanden, die sich in den vorherigen Analysen als relevant erwiesen hatten.[5] Die Datenerhebung wurde abgebrochen, als zusätzliches Material

---

4   Nicht befragt werden „technische Experten", das heißt Personen, die mit altengerechten technischen Geräten besonders vertraut sind, da in dieser Untersuchung der Ältere selbst mit seinem Technikeinsatz im Alltag im Mittelpunkt steht.
5   Das hier verwendete Verfahren des „theoretical sampling" beruht auf der Überlegung, dass erst auf der Basis erster erarbeiteter Konzepte und „Ad hoc-Hypothesen" nach weiteren geeigneten Fällen gesucht werden kann, die dazu beitragen können, diese ersten Thesen zu prüfen (vgl. Strauss, Corbin 1996, S. 148 ff.). Insofern entsprechen die Schritte der Fallauswahl, der Datenerhebung, der Analyse und der Theorieproduktion keiner Abfolge, sondern können als zirkulärer Forschungsprozess verstanden werden.

nicht mehr grundsätzlich Neues liefern konnte (theoretische Sättigung). Die Auswertung erfolgte mit Hilfe des Verfahrens der „Grounded Theory" (vgl. Strauss, Corbin 1996; Strauss 1991).

Ziel der Untersuchung war es, mit einer vergleichenden Analyse von Einzelfällen die verschiedenen Formen des Umgangs mit Technik und ihre Bedingungskonstellationen fallübergreifend und typisierend zu erfassen.[6] Die ermittelten qualitativen Befunde wollen und können keinen Anspruch auf statistische Repräsentativität erheben. Es ging vielmehr darum, eine Gegenstandstheorie zu generieren, die aufzeigen kann, wie und unter welchen Bedingungen welche Strategien im Umgang mit Technik gewählt werden und wie diese aussehen (vgl. auch Steinke 1999, S. 75). Konkreter: Es sollte gezeigt werden, wie sich der Umgang mit Technik im Alltag konkret gestaltet, welche Rahmenbedingungen in welcher Weise darauf Einfluss nehmen und welche Konsequenzen sich daraus ergeben.[7]

9.3.3 Auswahl der Fälle

Zum einen mussten für die Expertenbefragung geeignete Personen gefunden werden, die mit dem Thema „Alter und Technik" besonders vertraut sind. Zum anderen musste eine größere Zahl Älterer gefunden werden, die in ihrer Gesamtheit in etwa der Heterogenität der Gruppe der Älteren entspricht.

Sample: Soziale Experten

Das Sample der sozialen Experten umfasste zehn Personen. Als Experten werden hier Personen verstanden, die aufgrund ihres Berufs oder eines besonderen Engagements mit der Situation der Älteren und ihrem Umgang mit Technik beson-

---

6   Typen werden hier verstanden als symbolische Konstruktionen, die pointiert dargestellt werden, um ihre besonderen Charakteristika besonders deutlich zu machen. Ihre Bildung erfolgt nach Weber in der Form, dass wichtige Aspekte eines Phänomens in widerspruchslos gedachten Zusammenhängen konstruiert werden, durch gedankliche Steigerung der Elemente, die als besonders wichtig erachtet werden, durch Zusammenschluss diffuser Aspekte und durch Vernachlässigung als unwichtig angesehener Elemente (vgl. Weber 1922, S. 191).

7   Die Grundlage für diese Zielsetzung bildet die dem Auswertungsverfahren zugrundeliegende erkenntnistheoretische Position des Pragmatismus, der davon ausgeht, dass Theorien immer nur unter Einbezug der jeweiligen raum-zeitlichen und sozialen Bedingungen entwickelt werden können (vgl. Strübing 2002, S. 322).

ders vertraut sind. Beispiele hierfür sind Personen, die technikorientierte Kurse und Weiterbildungen für Senioren anbieten (z. B. in Volkshochschulen), oder Personen, die in Alten- und Servicezentren arbeiten und zumindest ansatzweise mit den Problemen Älterer mit Technik konfrontiert werden. Aus forschungspraktischen Gründen wurden die Interviewpartner im Großraum München gesucht. Es wurden Kontakte zur Volkshochschule, zu Alten- und Seniorenzentren geknüpft, deren Aufgabe u. a. darin besteht, Ältere im Umgang mit Technik zu fördern, zu schulen bzw. sie darin zu unterstützen.

Überblick über das Sample:

- Zwei Mitarbeiter einer kommunalen Einrichtung, die sich die Weiterbildung und Information von Senioren zum Ziel gesetzt hat,
- vier Mitarbeiter einer Volkshochschule und
- vier Mitarbeiter eines Alten- und Servicezentrums in München.

Sample: Ältere

Auch wenn vor dem Hintergrund der bisherigen Ausführungen deutlich geworden sein sollte, dass das chronologische Alter keine aussagekräftige Kategorie ist, musste dennoch aus pragmatischen Gründen eine Grenze zwischen Menschen mittleren Alters und den Älteren selbst gezogen werden. Hier wird der Beginn der Lebensphase Alter mit dem 60. Lebensjahr gleichgesetzt. Diese Einteilung erfolgt in Anlehnung an die Definition der Weltgesundheitsorganisation und der Standarddefinition der UNO (vgl. WHO 2002, S. 4).

Das Sample sollte die Varianz und Heterogenität der Gruppe der Älteren möglichst weitgehend abbilden. Dieses Ziel wurde erreicht, indem eine gezielte Auswahl möglichst unterschiedlicher, z. T. extremer Fälle, getroffen wurde. Dabei unterschieden sich die Fälle nicht nur in sozialstruktureller Hinsicht, sondern insbesondere hinsichtlich ihres Umgangs mit und ihrer Deutung von Technik (z. B. technikavers – technikaffin). Die Anzahl der befragten Frauen betrug 18, die der befragten Männer 13. Auch wenn die Geschlechter nicht in gleich großer Zahl vertreten sind, reichen die Interviews dennoch aus, um geschlechtsspezifische Unterschiede deutlich herausarbeiten zu können. Es wurde zudem auf eine große Varianz hinsichtlich des Bildungsgrads der Befragten geachtet. Elf der Befragten können einem niedrigen Bildungsgrad zugeordnet werden, zehn einem mittleren und zehn einem höheren. Auch eine große Spannbreite zwischen den jeweiligen Lebensaltern wurde berücksichtigt, damit die verschiedenen „Technikgenerationen" erfasst werden konnten. Der älteste Befragte war bei der Interviewdurchführung 86 Jahre, die jüngste Befragte war gerade 60 Jahre geworden.[8]

9.3.4 Erhebung der Daten

Bei der Darstellung der Datenerhebung wird zwischen den Experten- und den narrativen Interviews mit den Älteren unterschieden.

Experteninterviews

Ziel der Experteninterviews war es, verdichtete Informationen aus der Praxis zu den Problemen, Hemmnissen und Unsicherheiten der Älteren beim Umgang mit Technik zu erhalten. Diese Erkenntnisse sollen in den Leitfaden für die Befragung der Älteren einfließen und diesen vervollständigen. Im Rahmen der Experteninterviews wurden Informationen zu folgenden Bereichen erhoben:

- *Allgemeine Situation* älterer Menschen im Umgang mit Technik: allgemeine Problemlagen und -gruppen, Beurteilung der künftigen Entwicklung, Aufgaben für Politik und Forschung
- *Angebot der Institution*: Kursangebote, fördernde und behindernde Faktoren für die Teilhabe am Angebot des jeweiligen Instituts, Zielsetzungen der Älteren bei der Belegung von Kursen (Nutzen der Geräte, ihre Bedienung etc.?), konkreter Kursverlauf (Vorgehensweisen, Nachfragen etc.)
- *Konkrete Problemlagen*, die in den Kursen deutlich werden: möglicherweise besonders „problembehaftete" Technikformen, fehlende berufliche Erfahrungen im Umgang mit Technik, geschlechts- und bildungsspezifische Unterschiede, sonstige behindernde Rahmenbedingungen etc.
- Bei den Älteren wahrgenommene *Alters- und Technikbilder*: Technikbilder der Älteren (Vor-/Nachteile, Widerstände/Akzeptanz), Altersbilder, der Zusammenhang zwischen Alters- und Technikbildern.

---

8 Ein Überblick über das realisierte Sample befindet sich in Anhang A.

Narrative Interviews mit Älteren

Es wurden narrative, verstehende und teilstandardisierte Interviews mit Älteren durchgeführt, verstehend im Sinne Kaufmanns (1999)[9] und teilstandardisiert im Sinne leitfadengestützter Interviews (vgl. Hopf 1991, S. 177). Nach den Interviews wurde den Älteren ein Fragebogen zu sozialstatistischen Daten zur Beantwortung vorgelegt.

Zur Erstellung des *Leitfadens* wurde einerseits auf schon existierende Leitfäden zurückgegriffen: Der des Sonderforschungsbereichs 333 zur alltäglichen Lebensführung diente dabei als Ausgangspunkt (vgl. Sonderforschungsbereich 333 1986; Behringer 1998). Hinzugenommen wurden technisch orientierte Fragen, wie sie in den Studien von Reichert (2001) und Mollenkopf und Hampel (1994) verwendet wurden. Darüber hinaus flossen eigens entwickelte Fragen ein, die auf der Basis der theoretischen Vorüberlegungen generiert wurden, und einige, die sich aus der Befragung der Experten ergeben hatten.

Insgesamt umfasst der Leitfaden zehn Fragenkomplexe, die jeweils mit einer offenen, erzählgenerierenden Frage eingeleitet werden. Sie decken folgende Bereiche ab: 1. Tätigkeiten der alltäglichen Lebensführung, bei denen technische Geräte eingesetzt werden, 2. Technikausstattung und -nutzung, 3. Zeit im Umgang mit Technik, 4. Arbeitsteilung beim Umgang mit technischen Geräten, 5. Ressourcen (materielle, immaterielle, körperliche), 6. Probleme im Umgang mit Technik und Bewältigungsstrategien, 7. Einstellungen zu Technik, 8. Interesse an Technik, 9. Technikbilder und 10. Einstellungen zum Alter (und zur Technik im Zusammenhang).

Die Erhebung war insgesamt in drei Teile gegliedert. Sie bestand aus der Haupterzählung, der Nachfragephase und der Fragebogenerhebung.

---

9 Kaufmanns Methode der Datenerfassung weist vielfältige Parallelen zum narrativen Interview von Schütze (1987) auf, setzt sich aber auch in bestimmter Hinsicht davon ab. Parallelen zeigen sich insbesondere in Bezug auf das Prinzip der Offenheit bei der Befragung. Aber während Schütze auf die Wichtigkeit verweist, jedes persönliche Einbringen von Seiten der Interviewer zu vermeiden, betont Kaufmann gerade die Relevanz ihrer persönlichen Präsenz, um einen möglichst intensiven Austausch zu entwickeln (vgl. Kaufmann 1999, S. 77 ff.). Denn wenn die Interviewer ausgeprägte Zurückhaltung üben, seien die Befragten nicht in der Lage, sie einzuordnen und damit Anhaltspunkte für ein Gespräch zu generieren, mit der Folge, dass keine intensive Interaktion entstehen könne. Kaufmann spricht hier von einer „Enthumanisierung der Beziehung" (ebd. 77), die bei den Befragten verhindere, sich allzu sehr auf das Interview einzulassen. Auch Straub betont die Wichtigkeit der Schaffung einer vertrauenswürdigen und Sympathie erzeugenden Situation, um die Befragten zum Sprechen zu ermuntern (vgl. Straub 1989, S. 194). Und das kann nur gelingen, wenn sich die Interviewer bis zu einem gewissen Grade selbst einbringen.

Methodisches Vorgehen

Zur Haupterzählung: Die Befragten wurden durch einen „*einfachen* Erzählstimulus" aufgefordert, über ihren alltäglichen Tagesablauf zu berichten und darüber, wie sie dabei mit technischen Geräten in Berührung kommen, um eine möglichst lange, narrative und „offene" Gesprächsphase zu initiieren.[10] Die Interviewerin bekundet damit ihr Interesse am Einsatz technischer Geräte im Alltag, ohne dabei die Fragestellung zu sehr zuzuspitzen. So wurde erreicht, dass die Befragten in ihrer Erzählung auf den Gegenstand Bezug nahmen, ohne jedoch in ihrer Darstellung zu sehr eingeschränkt zu sein.

Ein möglichst offenes Vorgehen ist wichtig, um die individuellen Gewichtungen gut erfassen zu können. Um den Erzählfluss entlang des subjektiven Relevanzsystems nicht zu unterbrechen, wurden in diesem Teil möglichst keine Zwischenfragen gestellt. Mimische oder parasprachliche Äußerungen wie „Hm" oder „Aha" signalisierten die Aufmerksamkeit der Interviewerin und halfen, den Erzählfluss aufrechtzuerhalten. Gelegentlich wurden auch aktivierende Fragen wie „Wie ging es dann weiter?" gestellt, um die Erzählung in Gang zu halten und den Erinnerungsprozess zu fördern.

Zur Nachfragephase: Als die erste offene Erzählung eindeutig abgeschlossen war, wurde damit begonnen, Nachfragen zu stellen. Im ersten Teil wurden „*erzählinterne"* Nachfragen gestellt, die sich auf angedeutete Erzählungen und Informationen aus der narrativen Phase bezogen. Hier galt es, zusätzliche Aspekte und Hintergrundereignisse, die bereits in der Anfangserzählung thematisiert wurden, aufzugreifen und auszuschöpfen. In diesem Zusammenhang wurden auch Verständnisfragen gestellt, die die Lücken der Hauptdarstellung schließen sollten. Die Frage nach dem *Wie* von Ereignisabläufen hatte dabei einen zentralen Stellenwert. Anschließend wurden mit Hilfe des Leitfadens dort „*erzählexterne"* Nachfragen gestellt, wo wichtige Aspekte unerwähnt blieben. Dabei war der Leitfaden eher als eine Gesprächsanregung gedacht, die weitere Erzählungen generieren sollte.

Zur Fragebogenerhebung: In der dritten Phase wurde den Befragten ein Fragebogen zu persönlichen Lebensdaten wie Alter, Geschlecht, Schulbildung und Beruf, Status der Eltern etc. vorgelegt, der möglichst vollständig ausgefüllt werden sollte. Die dort abgefragten Lebenslage-Kriterien sollten es ermöglichen, die betreffende Person sozial zu verorten.

Die Interviews wurden digital aufgezeichnet. Direkt nach Abschluss des jeweiligen Interviews erfolgte eine Situationsbeschreibung. Neben Zeit, Ort und Dauer

---

10 Das Thema Alter bleibt hier unerwähnt, um die Erzählung nicht durch möglicherweise existierende Altersbilder der Befragten schon zu Beginn des Interviews in eine bestimmte Richtung zu drängen.

des Interviews wurden der subjektive Eindruck hinsichtlich des Interviewverlaufs und der -atmosphäre festgehalten sowie sonstige Besonderheiten vermerkt, da diese Gesichtspunkte möglicherweise zur Interpretation des Interviews beitragen könnten.

9.3.5 Datenaufbereitung und -auswertung

Die digital gespeicherten Interviews wurden vollständig transkribiert. Der Auswertungsprozess erfolgte mit der „*Grounded Theory*", da mit dieser Methode eine gegenstandsorientierte Theorie auf der Basis empirischer Daten entwickelt werden kann.[11]

Grundsätzlich galt für die gesamte Untersuchung, dass die drei Verfahrensschritte Datenerhebung, Analyse und Theorieproduktion nicht als Abfolge aufeinander aufbauender Schritte, sondern eher als dynamisch miteinander verknüpfte, parallel stattfindende Schritte vollzogen wurden. Dahinter steckte die Absicht wechselseitiger Steuerung und Kontrolle. Das bedeutet: Zunächst wurden bei nur wenigen Fällen Daten zu einer eher unspezifischen Fragestellung – in Anlehnung an die theoretischen Vorüberlegungen – erhoben und dann nach deren Analyse erste theoretische Konzepte entwickelt (vgl. hierzu auch Strübing 2002, S. 329). Diese „Ad hoc-Hypothesen" wurden anschließend vor dem Hintergrund weiterer Fälle – die Auswahl erfolgte mit Hilfe des theoretischen Samples – einer empirischen Prüfung unterzogen. Durch diesen zyklisch-iterativen Forschungsprozess wurde die Zuverlässigkeit und Angemessenheit der Ergebnisse auf jeder Stufe erneut geprüft und bewertet.

Die Strauss'sche Variante der Grounded Theory, die hier eingesetzt wurde, sieht einen dreistufigen Prozess des Kodierens vor. Der erste Schritt des *offenen Kodierens* diente dem „Aufbrechen" der Daten durch das Erfassen wichtiger Phänomene und Eigenschaften (vgl. Strauss, Corbin 1996, S. 43 ff.). Dabei wurde auch auf die theoretischen Vorüberlegungen Bezug genommen. Durch das Kodieren der Transkripte ließen sich relevante Konzepte mit ihren dazugehörigen Eigenschaften (Dimensionen) herausarbeiten. Mit Hilfe dieser Konzepte konnten systematische, fallvergleichende und fallkontrastierende Analysen durchgeführt werden. Ziel dieser Vergleiche war es, zu jedem „Thema" unterschiedliche Varianten zu finden. Die zentrale Frage bei diesem ersten Schritt lautete: Unter welchen Bedingungen tritt ein bestimmtes Phänomen in immer gleicher Weise

---

11 Vgl. Strauss, Corbin 1996, Glaser, Strauss 1998; Strübing 2002.

auf, und welche veränderten Bedingungen führen zu abweichenden Phänomenen? In der zweiten Phase, dem *axialen Kodieren,* wurde ein phänomenbezogenes Zusammenhangsmodell entwickelt, d.h. es wurden Beziehungen zwischen den Konzepten herausgearbeitet und im Rahmen des kontinuierlichen Vergleichens geprüft (vgl. Strauss, Corbin 1996, S. 75 ff.; Strübing 2002, S. 331). Das *selektive Kodieren,* als dritter Schritt des Kodiervorgangs, diente der Integration der erarbeiteten theoretischen Konzepte in wenige Hauptkategorien, die die Basis der erarbeiteten Theorie bilden (vgl. Strauss, Corbin 1996, S. 94 ff.). Eine „gegenstandsorientierte" Theorie entwickelte sich dann in dem Maße, wie die Kategorien und Dimensionen zueinander in Beziehung gesetzt wurden (Kategorienschema).

Zur Erhöhung der eigenen „theoretischen Sensibilität" wurden zudem verschiedene Verfahren verwendet, die Strauss und Corbin (1996, S. 57) vorgeschlagen haben. Dabei handelt es sich um das Verfahren des *„Fragestellens an den Text"* (Warum so und nicht anders?), um das *„Zeile-für-Zeile-Analysieren"*[12] und um das *„sequenzielle Analysieren"* auch kleinerer Einheiten des Textes wie eines Wortes, einer Phrase oder eines Satzes (vgl. ebd. 61 ff.). Darüber hinaus bot der permanente Vergleich – der zentrale Arbeitsschritt der gesamten Methode – eine der wichtigsten Möglichkeiten, Neues im Text zu entdecken, das die eigenen Vorannahmen unterlief (vgl. ebd. 64).

Die Einzelfälle wurden nun in ihrer inneren Logik nachvollzogen. Diese Einzelfallrekonstruktionen sind nicht mit der Einzelfallforschung im Sinne einer Idiografik zu verwechseln. Ein Fall im Kontext der fallrekonstruktiven Sozialforschung ist Allgemeines und Besonderes zugleich. Daher können im Extremfall aus einem einzigen Fall allgemeine Strukturen herausgearbeitet werden.

---

12 Dieses Zeile-für-Zeile-Vorgehen ist in einigen Elementen vergleichbar mit dem Vorgehen der objektiven Hermeneutik. Dazu gehören das ständige Kontrastieren, die extensive Sinnauslegung und das Heranziehen von Kontextwissen. Allerdings wird weniger Wert auf die interaktive Organisation von Redebezügen gelegt, im Vordergrund steht die Semantik von Wortbedeutungen.

10 Ergebnisse der Expertenbefragung

Die Befragung der sozialen Experten trug dazu bei, Informationen über praktische, alltagsnahe Probleme und Fähigkeiten Älterer im Umgang mit Technik zu erhalten. Interessanterweise widersprachen einige Aussagen der Experten auf den ersten Blick den Ergebnissen vorliegender, empirischer Studien über den Einfluss sozialer Ungleichheitslagen auf die Technikkompetenz Älterer. Darüber hinaus wurden einige Aspekte aus der Alltagspraxis erwähnt, die in der Literatur so nicht zu finden waren. Diese Ergebnisse flossen in die Erstellung des Interviewleitfadens für Ältere mit ein.

Einige Erkenntnisse aus den Befragungen werden hier – stichpunktartig – wiedergegeben:

Nach Aussage aller Experten gibt es *innerhalb* der Gruppe der Älteren wesentlich größere Unterschiede hinsichtlich der Technikkompetenz als zwischen den Jüngeren und den Älteren.[1] Dies kann als ein erstes Indiz dafür gelesen werden, dass das chronologische Alter keinen validen Hinweis auf die jeweilige Technikkompetenz zulässt. Und es ist zugleich ein Hinweis auf die beträchtliche Heterogenität der Gruppe der Älteren.[2]

Darüber hinaus wurde übereinstimmend angegeben, dass Ältere *mehr Übung und Wiederholung* beim Aneignen neuen Wissens brauchen als jüngere Kursteilnehmer. Die Aufnahmefähigkeit insbesondere für Neues scheint mit zunehmendem Alter etwas abzunehmen. Diese Tendenz lässt sich durch empirische Studien belegen: Ergebnisse der Berliner Altersstudie von 1996 beispielsweise besagen, dass die kognitiven Fähigkeiten – wie Denkfähigkeit, Wahrnehmungsgeschwindigkeit, Gedächtnis, Wissen und Wortflüssigkeit – mit zunehmendem Alter abnehmen (vgl. Reischies, Lindenberger 1996, S. 351). Dennoch können massive interindividuelle Unterschiede belegt werden, die bis ins höchste Alter erhalten bleiben.

---

1   Gleiches gilt für die Gruppe der Jüngeren: Auch hier können innerhalb der Gruppe der Jüngeren extreme Unterschiede hinsichtlich ihrer Technikkompetenz ausgemacht werden.
2   Alterssoziologen verweisen darauf, dass sich die Heterogenität der Gruppe der Älteren durch die zunehmende Ausdehnung der Lebensphase Alter – durch steigendes Lebensalter und immer frühzeitigere Verrentungen – und durch die absolute und relative Zunahme der Älteren massiv verstärkt (vgl. z. B. Pelizäus-Hoffmeister 2011, S. 113; Backes 1998, S. 28 f.).

Eine ausgeprägte *Scheu* der Älteren vor neuer, digitaler Technik scheint als wichtiges Merkmal ihren Umgang mit dieser Technik zu prägen. Sie scheint das Ergebnis einer besonderen Furcht vor den „Gefahren" zu sein, die sie mit der neuen Technik verbinden. Ihre Sorgen übersteigen dabei deutlich den Grad der Befürchtungen, die jüngere Generationen hegen (vgl. hierzu auch Tully 2003).

Ältere fühlen sich nach Aussage einiger Experten zudem häufig von der *Schnelligkeit* moderner Technik überfordert. In ihrer Wahrnehmung zwingt ihnen die Technik einen zu schnellen (Re-)Aktionsmodus auf, dem sie nicht entsprechen können oder auch nicht wollen. Sie reagieren auf diese Situation mit einer geringeren Stressresistenz als Jüngere, mit der Konsequenz, dass sie häufiger verunsichert sind und sich als unfähig zu adäquatem technischen Handeln erleben.

Darüber hinaus erklärten die Experten, dass die *Funktionsvielfalt* moderner Technik von vielen Älteren als verwirrend wahrgenommen wird. Das mag insbesondere daran liegen, dass die „klassischen" Geräte aus früherer Zeit nur wenige Funktionen hatten. Hinzu kommt, dass bei modernen Geräten eine Funktion häufig auf verschiedene Weise ausgeführt werden kann, was ebenso als verwirrend empfunden wird.

Für viele Ältere ist nach Aussage der Experten der Besitz moderner Geräte mit einem besonderen, positiv bewerteten *sozialen Status* verbunden. Insofern kann ihr Umgang mit moderner Technik auch darauf zurückgeführt werden, dass sie für sich selbst diesen sozialen Status in Anspruch nehmen wollen.

Interessanterweise zeigt sich in allen Kursen, dass die *Frauen* im Durchschnitt über eine höhere Technikkompetenz verfügen als die Männer. Wenn Probleme auftreten, die die Kursteilnehmer gemeinsam – ohne Hilfe des Dozenten – lösen, dann sind es mehrheitlich Frauen, die anderen Hilfestellung und Unterstützung geben. Dies scheint den gängigen Studien zur geschlechtsspezifischen Ungleichheit beim Umgang mit Technik zu widersprechen, denn diese betonen gerade das Gegenteil. Sie belegen für Frauen eine größere Technikdistanz und Technikskepsis, die dazu führt, dass sie im Vergleich zu Männern über eine geringere Technikkompetenz verfügen (vgl. z.B. Metz-Göckel 1990; Schorb 1990). Dieser Widerspruch kann möglicherweise auf einen systematischen „Bias" in der Gruppe der Teilnehmer von technischen Weiterbildungskursen zurückgeführt werden, in dem Sinne, dass sich das technische Vorwissen der Teilnehmer geschlechtsspezifisch unterscheidet. Die höhere Technikkompetenz der weiblichen Kursteilnehmer liegt darin begründet, dass Frauen in der Regel über gewisse grundlegende Technikkenntnisse verfügen, bevor sie einen Kurs besuchen. Männliche Kursteilnehmer hingegen betreten bei ihrem Kursantritt meist technisches „Neuland". Männer mit technischem Vorwissen hingegen scheinen grundsätzlich wenig daran interessiert, Weiterbildungskurse zu belegen, sondern sind in der Regel bemüht, sich das fehlende Wissen selbstständig zu Hause und ohne „offizielle" Unterstützung anzueignen.

Ein von den Experten berichtetes, aber in den existierenden Studien wenig untersuchtes Phänomen sind die *motorischen Einschränkungen*, von denen Ältere beim Umgang mit dem PC hin und wieder betroffen sind. Einige der Befragten stellten gerade dieses Problem in den Vordergrund: Nach ihrem Eindruck führen die Schwierigkeiten Älterer im Umgang mit Mouse oder Mousepad zu gravierenden Hindernissen bei ihrer Aneignung von Technikkompetenz.

Interessant ist, dass keiner der Experten *schichtspezifische Unterschiede* hinsichtlich der Technikkompetenz der Kursteilnehmer feststellen konnte. Das mag allerdings z. T. darauf zurückzuführen sein, dass den Dozenten der sozialstrukturelle Status der Kursteilnehmer nicht immer bekannt ist. Darüber hinaus steht zu vermuten, dass die Kursteilnehmer vorzugsweise aus bestimmten, eher höheren Bildungsschichten stammen, so dass ein Vergleich zwischen allen Bildungsschichten für die Kursleiter kaum möglich ist.

Ein weiterer Aspekt, den die Experten benannten und der in den Interviewleitfaden für Ältere einfloss ist ein höheres *Sicherheitsbedürfnis* der Älteren im Vergleich zu den Jüngeren, was sich insbesondere beim Umgang mit dem Internet zeigt. Ältere gehen demnach zum einen weniger gern vermeintliche Risiken ein, zum anderen bedürfen sie eines stärker strukturierten Vorgehens, um sich sicher und kompetent zu fühlen.

Als letzter Punkt soll die *problematische Kommunikation* zwischen Älteren und Jüngeren erwähnt werden. Einige der Experten sehen ein deutliches Problem darin, dass sich die Form der Technikaneignung zwischen den Generationen offenbar stark unterscheidet, so dass sich größere Generationsunterschiede zwischen Dozenten und Kursteilnehmern nachteilig auf die Wissensvermittlung auswirken.

11   Verjüngung des Alters durch Technik

Auf den ersten Blick erscheint es paradox, der These nachgehen zu wollen, dass sich Ältere heute schon früh zu den „Alten" zählen, wo doch zahlreiche Studien belegen, dass sie sich gegenwärtig deutlich jünger fühlen, als sie es ihrem chronologischen Alter nach sind.[1] Umfragen zufolge empfinden sie sich im Durchschnitt mindestens zehn Jahre jünger, als es ihrem tatsächlichen Alter – in ihrer Wahrnehmung – entspricht. In der wissenschaftlichen Literatur wird diese Selbsteinschätzung darauf zurückgeführt, dass sich ihre Ressourcenlage stark verbessert hat.[2]

Dennoch lassen sich im Rahmen dieser empirischen Untersuchung zahlreiche Belege dafür finden, dass sich Ältere heute in bestimmter Hinsicht schon in relativ jungen Jahren als „alt" erleben, mit anderen Worten, dass ihr Selbstbild schon früh durch „Alterserfahrungen" geprägt wird. Auf der Basis dieser Studie lässt sich zeigen, dass der Umgang mit digitaler, sogenannter „neuer" Technik (Tully 2003) im Alltag bei der Mehrzahl der Älteren dazu führt, dass sie sich – unabhängig vom eigenen chronologischen Alter – zumindest in dieser Hinsicht als „alt" wahrnehmen.[3] Auch viele der sogenannten „jungen Alten" sehen sich durch die neue Technik nachhaltig mit „Alterserfahrungen" konfrontiert, und einige bezeichnen sich sogar schon zu einer Zeit weit vor ihrem Übergang in den Ruhestand als „alt" (vgl. hierzu auch Möller 1990, S. 149).

Diese Entwicklung kann in Anlehnung an Tews' (1993, 2000) Beschreibung des Altersstrukturwandels als eine Form der *„Verjüngung des Alters"* interpretiert werden. Sie verweist auf die Vorverlegung „angeblicher" Altersprobleme in eine Lebensphase, in der sich die Älteren selbst im Allgemeinen nicht den „Alten"

---

1   Vgl. z. B. Weisbrod 2004, S. 29; Filipp, Mayer 1999; Wilkening 1999; Tews 1993, S. 24; Schneider 1995, S. 18.
2   Kohli und Künemund betonen beispielsweise: „Jede jüngere Kohorte weist beim Übergang in den Ruhestand ein höheres Ausbildungsniveau, eine bessere Gesundheit und (...) eine bessere materielle Absicherung auf, verfügt also über mehr Ressourcen für eine eigenständige Lebensführung" (Kohli, Künemund 2005, S. 368). Diese Bewertung basiert auf Auswertungen zum Alters-Survey, einem Sozialbericht, der auf repräsentativer Basis erarbeitet wurde. Vgl. hierzu auch Schimany 2003, Tews 1993, S. 34 ff.
3   Siehe hierzu beispielsweise auch Mollenkopf 2001, Reichert 2001, Sackmann, Weymann 1994.

zurechnen würden. Im Folgenden sollen die technischen und gesellschaftlichen Veränderungen aufgezeigt werden, die in ihren Wechselbeziehungen zu diesem Selbstbild bzw. zu diesem subjektiven Altersbild führen.

Da sich das beschriebene Phänomen beim Umgang mit der neuen Technik einstellt, war zum einen die Frage forschungsleitend, ob bzw. inwiefern der qualitative Sprung in der technischen Entwicklung durch Digitalisierung, Vernetzung, Miniaturisierung etc. und die damit einhergehenden veränderten Nutzungsanforderungen das Selbstbild der Älteren beeinflussen. Der technische Fortschritt der letzten Jahrzehnte hat dazu geführt, dass dem Individuum heute einerseits eine unendliche Vielzahl an frei wählbaren, technikbezogenen Handlungsoptionen zur Verfügung steht, ihm andererseits aber – daraus resultierend – ein hohes Maß an technikbezogenen Entscheidungen abverlangt wird. Die Konsequenz ist, so die Vermutung, ein erhöhter Beratungs- und Unterstützungsbedarf beim Einsatz neuer Technik, der sich auch im Selbstbild der Älteren widerspiegelt. Vor diesem Hintergrund müsste gleichzeitig das vielfach diagnostizierte zunehmende Wegfallen betrieblicher Beratungs- und Serviceleistungen in der sogenannten „Dienstleistungswüste Deutschland" zum Problem werden, lautete die zweite forschungsleitende These. Wer den Älteren in dieser Situation unterstützend und beratend zur Seite steht, war eine weitere Frage, der im Rahmen der Untersuchung nachgegangen wurde. Es wurde vermutet, dass Ältere auf die Hilfe ihrer Kinder angewiesen sind, ein Zustand, der üblicherweise erst im hohen Alter eintritt. Insofern könnten sowohl die technische Entwicklung als auch eine Abhängigkeit von der jüngeren Generation dazu beitragen, dass sich Ältere heute schon relativ früh als „alt" erleben.

Dieser Ergebnisbericht ist wie folgt gegliedert: Zunächst werden in den theoretischen Vorannahmen (11.1) die Begriffe definiert, die bei der Bearbeitung dieser These relevant sind (11.1.1). Anschließend werden die Veränderungen der Technik seit den letzten Dekaden des 20. Jahrhunderts beschrieben, um zu zeigen, wie sich dadurch gleichzeitig die Anforderungen an die Techniknutzer verändert haben (11.1.2). Danach wird die These der „Selbstbedienungswirtschaft" mit dem darin implizierten Wegfallen betrieblicher Serviceleistungen entwickelt, da Letzteres nicht ohne Konsequenzen für einen möglichen Unterstützungsbedarf der Älteren bleiben kann (11.1.3). Im empirischen Teil (11.2) werden – auf der Basis der durchgeführten Interviews – zum einen die Deutungen der Älteren zur Technik (ihre „Technikbilder") mit deren Auswirkungen auf ihr Selbstbild beschrieben (11.2.1). Zum anderen werden die Strategien präsentiert, die die Älteren wählen, um notwendige Unterstützungsleistungen im Umgang mit Technik zu erhalten. Auch diese Strategien werden in ihrer Wirkung auf das Selbstbild der Älteren betrachtet (11.2.2). Im Fazit (11.3) werden die wichtigsten empirischen Ergebnisse theoretisch reflektiert und im Anschluss daran – und darauf aufbauend – Handlungsempfehlungen (neue Perspektiven) entwickelt, die dazu beitragen können, Älteren den Umgang mit neuer Technik zu erleichtern (11.4).

11.1 Theoretische Vorannahmen

11.1.1 Definitionen

Selbstbild der Älteren (bzw. Altersbild): In der wissenschaftlichen Diskussion wird zwischen dem generalisierten und dem personalisierten Altersbild differenziert (vgl. Lehr, Schneider 1984). Während das generalisierte Altersbild die allgemeinen Vorstellungen einer Gesellschaft über das hohe Erwachsenenalter erfasst (vgl. Göckenjan 2000, S. 14 ff.), bezieht sich das personalisierte Altersbild auf die individuellen Erwartungen hinsichtlich des Alters. Letzteres steht hier im Vordergrund, da auf der Basis der Interviews allein hierüber Aussagen gemacht werden können. Das personalisierte Altersbild wird üblicherweise als durch Aspekte der gesamten Biografie wie Lebensalter, Geschlecht, Bildung etc. beeinflusst betrachtet (vgl. Weisbrod 2004). Die These dieses Beitrags ist, dass auch der Umgang mit neuer, digitaler Technik maßgeblichen Einfluss auf das personalisierte Altersbild hat (vgl. hierzu auch Rudinger und Kruse 1998). Beim personalisierten Altersbild wird zudem zwischen dem Fremdbild – Altersvorstellungen bezogen auf andere Personen – und dem Selbstbild – Vorstellungen zum eigenen Alter – differenziert. Während sich Ersteres also auf die Auffassungen einer Person über *das* Alter bezieht (gesellschaftliches Altersbild), konzentriert sich Letzteres auf die Erwartungen an das eigene Alter (persönliches oder subjektives Alters-/Selbstbild) (vgl. Weisbrod 2004, S. 27; Oswald 1991; Wilkening 1999). Hier steht Letzteres im Mittelpunkt.

Generationen: Generationen können auf unterschiedlichen Ebenen betrachtet werden. Eine zeitgeschichtliche Generation z. B. lässt sich als eine Gruppe von Geburtskohorten definieren, „deren Erfahrungsräume und soziale Lagen durch gesellschaftlichen Wandel bedingte Unterschiede [zu anderen Geburtskohorten] aufweisen" (Sackmann et al. 1991, S. 8). Die konjunktiven Erfahrungen einer gemeinsam geteilten technischen „Umwelt" beispielsweise kennzeichnen zeitgeschichtliche Technikgenerationen (vgl. z. B. Glatzer, Hartmann 1993, S. 374; Sackmann, Weymann 1994). Altersgenerationen hingegen bestehen nebeneinander (vgl. Glatzer, Hartmann 1993, S. 378). Meist wird von einer drei-generationellen Gesellschaft ausgegangen (Kinder- und Jugendgeneration, Erwachsenengeneration und die Generation der älteren Personen). Nach Glatzer und Hartmann (1993, S. 378) zeigt sich, dass jeweils die mittlere Generation über die beste technische Ausstattung verfügt, eine These, die in diesem Beitrag für die Gegenwart angezweifelt wird. Die dritte Ebene, die in diesem Beitrag im Mittelpunkt steht, ist die der innerfamilialen Generationen, der Generationen also, die im Rahmen von Familienbeziehungen Bedeutung haben (vgl. Kohli, Szydlik 2000, S. 11). Insofern handelt es sich hier um die Generation der Kinder, der Eltern und der Großeltern. Es soll geprüft werden, ob und wenn ja welche intergenerationellen Unterstützungsleistungen beim Umgang mit Technik innerhalb der Familien ausgetauscht werden.

Soziale Unterstützungsleistungen: Dieses Konzept hat in der Netzwerkforschung (vgl. z. B. Diewald 1991; Hollstein 2003; Keupp, Röhrle 1987) und in Untersuchungen über Transferleistungen zwischen Familiengenerationen (vgl. Szydlik 2000; Lüscher, Schultheis 1993) große Bedeutung. Auch wenn unterschiedliche Begriffe gewählt werden, differenzieren dennoch alle damit arbeitenden Autoren zwischen drei Dimensionen sozialer Unterstützung (vgl. z. B. Diewald 1991; Klusmann 1989; Szydlik 2000): Klusmann (1989, S. 24) unterscheidet beispielsweise zwischen instrumenteller Hilfe, kognitiver Orientierung und emotionaler Unterstützung, Diewald (1991, S. 71) zwischen konkreten Interaktionen, der Vermittlung von Kognitionen und der von Emotionen. Unter instrumenteller Hilfe (oder auch konkreten Interaktionen) werden konkrete Arbeitshilfen und die „praktische" Unterstützung im Alltag verstanden, unter kognitiver Orientierung (oder auch Vermittlung von Kognitionen) Informations- und Beratungsleistungen, soziale Anerkennung etc. Und als emotionale Unterstützung wird die Vermittlung von Motivationen, Zuneigung, Liebe etc. aufgefasst. Es wird angenommen, dass Älteren beim Umgang mit Alltagstechnik Hilfe auf allen drei Ebenen zukommt, dass aber die instrumentellen Hilfeleistungen in Form konkreter Arbeitshilfen hier von besonderer Bedeutung sind.

11.1.2 Wandel der Technikformen

Bevor der Frage nachgegangen wird, ob und wenn ja, inwiefern der „qualitative Sprung" in der technischen Entwicklung Einfluss auf das Selbstbild der Älteren nimmt, werden die typischen Charakteristika der Techniken „davor" und „danach" dargestellt.[4]

---

4 In übertragenem Sinne könnte hier auch von unterschiedlichen Technikgenerationen gespro-

Der stete und gleichzeitig rasante Wandel in der technischen Entwicklung lässt sich kaum in einem Kapitel darstellen[5]. Das ist an dieser Stelle aber auch nicht nötig, denn um die interessierende Frage zu beantworten, ist allein die von Popitz und weiteren Autoren sogenannte „dritte technologische Revolution" von Bedeutung (vgl. Popitz 1995, S. 16 f.; Weyer 2008, S. 115; Castells 2001).[6] Andere sprechen auch von der dritten industriellen, der digitalen[7] oder der Informationsrevolution.[8] Den Ausgangspunkt dieser Revolution bilden, so ist die übereinstimmende Meinung, die neuen Informations- und Kommunikationstechniken, die als qualitativer „Sprung" in der technologischen Entwicklung interpretiert werden (vgl. z. B. Popitz 1995; Castells 2001; Rifkin 2004).[9] Diese bewirken einen technischen Wandel, der vor allem in einer steigenden Komplexität und Vielfalt und einer zunehmenden Vernetztheit technischer Systeme zum Ausdruck kommt (vgl. z. B. Perrow 1992; Rammert und Schulz-Schaeffer 2002, S. 7).

In der Soziologie wird dieser „qualitative Sprung" unterschiedlich beschrieben. Tews (2000, S. 74 f.) hebt beispielsweise die neuen Tendenzen zur Miniaturisierung, Automatisierung und Integration von Systemen (Stichwort „intelligentes Haus") und zu „lernenden" Systemen hervor. Rammert unterscheidet idealtypisch zwischen „jeglicher" und speziell „avancierter" Technik wie Roboter, Software-Agenten etc. und erklärt, dass die avancierte Technik in der Gegenwart stark an Bedeutung gewinnt (vgl. Rammert 2007, S. 101).

Da in dieser Untersuchung die Veränderungen der „Alltagstechnik" mit ihrer Wirkung auf das Selbstbild der Älteren im Mittelpunkt stehen, muss hier eine Beschreibung gewählt werden, die für die Nutzer relevante Charakteristika hervorhebt. Diese Bedingung erfüllt die Konzeption von Tully (2003), der eine Unterscheidung zwischen „klassischer Technik I" und „neuer Technik II"[10] ent-

---

chen werden, die nach technischen Standards und Gerätetypen differenziert werden können (vgl. hierzu auch Richard, Krüger 1998).

5   König (1997) benötigt immerhin fünf Bände, um die Epochen der Technikgeschichte zu beschreiben.
6   Popitz (1995) hat die Geschichte der Technik in drei technologische Revolutionen gegliedert. Die erste umfasst nach ihm Technologien der Agrikultur, die Feuerbearbeitung und den Städtebau (vgl. Popitz 1995, S. 22 ff.). Unter die zweite Revolution subsumiert er die sogenannten Technologien der Maschine, der Chemie und der Elektrizität (vgl. ebd. 28 ff.).
7   Der Prozess der Verbreitung binär-mikroelektronischer Systeme wird häufig als „Digitalisierung" beschrieben (vgl. Sackmann und Weymann 1994, S. 28).
8   Vgl. z. B. Rifkin 2004; Hoorn-van Nispen 1999; Greinert 1999; Balkhausen 1978; Vorträge des Studium Generale 1984.
9   Die Basis dieser Entwicklung legten Fortschritte in der Mikroelektronik, der elektrischen Nachrichtentechnik und der Datenverarbeitung (vgl. Folberth 1984, S. 35).
10 Im Folgenden wird hier vereinfachend nur von klassischer und neuer Technik gesprochen.

wickelt[11] und den „qualitativen Sprung" als einen Übergang von spezieller hin zu universeller Technik beschreibt (vgl. Tully 2003, S. 193). Er unterscheidet „idealtypisch" (Weber 1922) zwischen der klassischen und der neuen Technik, um den „Bruch" seit der Einführung der digitalen Technik deutlich zu machen. Während die klassische Technik nach ihm eindeutige und klar abgrenzbare Funktionen und Zwecke in vorgegebenen Einsatzfeldern erfüllt, sind die neuen Techniken in ihren Funktionen und Anwendungsbezügen nicht fixiert.[12]

In der klassischen Technik sieht Tully einen Ausdruck der modernen Industriegesellschaft (vgl. Tully 2003, S. 68 ff.). Sie ist zur Erfüllung ganz spezieller Zwecke und Funktionen wie zum Beispiel zur Steigerung der Produktivität konzipiert. Ihr Einsatz erfolgt vor dem Hintergrund klarer und eindeutiger Anwendungsbezüge. Eine Nähmaschine beispielsweise ist nur zum Nähen geeignet, ein Bügeleisen nur zum Bügeln. Das Leitbild für klassische Technik sieht Tully im rationellen, effizienten und reibungslosen Erfüllen spezifischer, genau festgelegter Funktionen (vgl. ebd. 57). Diese Form der Technik ist inflexibel und zeichnet sich durch Gleichförmigkeit und die Berechenbarkeit ihrer Abläufe aus.

Die neue Technik hingegen beschreibt er als handlungs- und ergebnisoffen. Klare Zweckbezüge und eindeutige Funktionen sind bei ihr immer weniger gegeben. Sie ist in vielen Situationen anwendbar, da sie Multioptionalität anstatt Eindeutigkeit offeriert. Unter dynamischen Bedingungen stellt sie beständig neue Handlungsoptionen zur Verfügung. Klare Verwendungsabsichten sind daher nicht mehr notwendige Bedingung ihrer adäquaten Nutzung.

Zur Illustration von neuer Technik verwendet Tully das Beispiel der „Universalmaschine" Computer (vgl. ebd. 84 ff.). Die Universalität des Computers besteht darin, dass er viel weniger als andere Maschinen festlegt, wie und was an ihm gearbeitet wird. Die Hardware ist aufgabenunspezifisch und damit für fast jede Aufgabe tauglich. Auf diese Weise eröffnet der PC die Freiheit, immer neue Anwendungsbereiche zu finden. Er kann beispielsweise zugleich Kommunikationsmedium, Informationssystem, Unterhaltungsmaschine und Produzent virtueller Welten sein. Und durch die zahlreichen Vernetzungsmöglichkeiten mikroelektronischer Systeme entstehen vielfältige Anwendungsmöglichkeiten, die in ihrer

---

11 Mollenkopf (2005, S. 43) unterscheidet in vergleichbarer Weise zwischen allgemeinen Techniken und modernen Informations- und Kommunikationstechniken, da ihre empirischen Studien ergeben haben, dass sich die Umgangsweisen mit diesen verschiedenen Technikformen stark unterscheiden.

12 Er betont dabei, dass nicht die klassische Technik durch die neue Technik abgelöst wird, sondern spricht von einer Koexistenz beider Formen, wobei die neue Technik allerdings eine immer größere Bedeutung erhält (vgl. Tully 2003, S. 57).

Komplexität bisher kaum durchschaut werden (vgl. Rilling 1996). In diesem Sinne liegt bei der neuen Technik die Initiative bei den Nutzern, da die Kontexte, in denen die Anwendung stattfindet, offen sind. Ist allerdings eine einfache zweckrationale Benutzung gefragt, trifft diese oft auf eine chaotische Vielfalt nicht standardisierter Möglichkeiten (vgl. Tully 2003, S. 90).

Und was bedeutet dieser „qualitative Bruch" in der technischen Entwicklung – von einer klaren, eindeutigen und zweckorientierten hin zu einer handlungs- und ergebnisoffenen Technik – für die Nutzer? Mit welchen Nutzeranforderungen gehen die jeweiligen Technikformen einher?

Der kompetente Umgang mit klassischer Technik gründet nach Tully vor allem auf dem Erlernen eindeutiger technischer Funktionen und der Kenntnis der technischen Zusammenhänge. Denn für die Verwendung von klassischer Technik gibt es klare funktionale Bezüge. Was durch ihre Anwendung bewirkt werden kann und was nicht, oder warum sich bestimmte Ergebnisse einstellen und andere nicht, muss unter der Bedingung klarer funktionaler Abhängigkeiten gewusst werden (vgl. ebd. 62). Der sachadäquate Einsatz der Technik wird auf der Basis dieser Kenntnisse eingeübt.

Die Aneignung von Technikkompetenz bezogen auf neue Technik hingegen weicht deutlich von diesem Muster ab. Ob sie mehr voraussetzt, wird kontrovers diskutiert. Einerseits wird betont, dass viele der neuen Geräte durch ihre benutzerfreundliche Oberfläche – wie beispielsweise übersichtliche Menüstrukturen – sehr einfach zu bedienen sind, so dass sogar das „Studieren" einer Bedienungsanleitung entfallen kann. Durch selbsterklärende, insbesondere auch visuelle Darstellungen, die häufig besser verständlich sind als Worte, kann der Nutzer fast intuitiv erfassen, welche Funktionen er mit welchen Tasten auslöst. Selbst die erste Benutzung des PCs ist aus dieser Perspektive mit wenig Lernaufwand verbunden. Wer heute einen PC benutzt, muss weder über differenzierte Kenntnisse seiner Arbeitsweise noch über komplexe Programmierkenntnisse verfügen, so lautet diese Argumentation (vgl. Tully 2003, S. 185). Selbst aufwändige Aufgaben wie das Erstellen von Grafiken oder das Bearbeiten von Fotos lassen sich beispielsweise ohne spezifische Fachkenntnisse realisieren.

Von der Mehrheit der Autoren hingegen werden die steigenden Anforderungen im Umgang mit der neuen Technik hervorgehoben. Denn durch die steigende Vielfalt an neuen Techniken und die damit verbundenen Nutzungsmöglichkeiten nimmt die Unübersichtlichkeit der Verwendungsbezüge zu. Darüber hinaus entstehen durch das Schwinden klarer Zweckbezüge der „Universalmaschinen" weitere Uneindeutigkeiten und Unklarheiten für die Nutzer. Mit der Optionalität und den wachsenden Freiheitsgraden, die sich durch die Geräte eröffnen, steigen zugleich auch die Anforderungen an ihre Einschätzung und Beurteilung. Zudem ergibt sich die Notwendigkeit, aus der Vielzahl an Möglichkeiten die für sich „passenden" auszuwählen, was eine ständige Auseinandersetzung mit der Differenz zwischen „Wirklichkeit" und „Möglichkeit" bedeutet (vgl. ebd. 194). Es wird zur persönlichen Herausforderung, dabei den Überblick nicht zu verlieren.

Neben der Fähigkeit, ein Gerät sachgemäß bedienen zu können, so wird argumentiert, muss der Nutzer von neuer Technik in steigendem Maße die Vielfalt der Funktionen, den Aufbau der Geräte (Komponenten der neuen Technik und ihre Terminologie, die Geräte- und Softwarelogik etc.) und die möglichen Folgen, Risiken und potenziellen Gefährdungen bei ihrer Anwendung durchschauen. Für Ropohl (1985, S. 134) beginnt erst hier die sogenannte Technikkompetenz. Nach ihm reicht es nicht mehr, wenn Nutzer nur die Anwendung der Technik erlernen, sondern sie müssen sich in Form eines lebenslangen Lernens ständig aktiv mit der jeweils neuen Technik und ihren Handlungsoptionen auseinandersetzen. Die Vermittlung von künftig relevantem Handlungswissen fußt dabei immer weniger auf einmal erlernten Strukturen, sondern erfolgt erst dadurch, dass der Nutzer die ständig neuen technischen Möglichkeiten aufgreift und mit ihnen umzugehen lernt, lautet Ropohls Argumentation (vgl. hierzu auch Lüdtke et al. 1994, S. 47 f.; Tully 2003, S. 24).

Ob die Nutzer die neue Technik als voraussetzungsvoller erleben oder nicht, und mit welchen Schwierigkeiten sie sich bei ihrem Einsatz konfrontiert sehen, werden die späteren empirischen Ergebnisse zeigen.

11.1.3 „Self service economy"

Da vermutet wird, dass der vielfach diagnostizierte Abbau betrieblicher Serviceleistungen für die Älteren beim Einsatz neuer Technik zu Problemen führt, wird in diesem Abschnitt die These der *„Self service economy"* entwickelt, die diese Veränderung erklären kann. Anschließend wird gezeigt, wie sich der Abbau der Serviceleistungen im konkreten Alltag bei den Kunden manifestiert, in welcher Weise er sich im Bereich der Alltagstechnik offenbart und welche Konsequenzen sich daraus für die (älteren) Nutzer ergeben.

Gershuny formuliert als einer der Ersten die These von der sogenannten „Selbstbedienungswirtschaft" (vgl. Gershuny 1981, S. 86 ff.). Seine Beobachtung ist, dass Dienstleistungen etwa seit den 1960er Jahren in steigendem Maße außerhalb des eigentlichen Wirtschaftsprozesses von den Konsumenten selbst erbracht werden, und zwar mit Hilfe des Einsatzes der „neuen" Haushaltsmaschinen (z. B. Benutzung einer eigenen Waschmaschine anstatt die Wäsche in Wäschereien reinigen zu lassen). Diese Entwicklung beschreibt er als einen Substitutionsprozess, bei dem „Dienstleistungen, die früher außerhalb des Haushalts erbracht wurden, (...) zunehmend durch Eigenproduktion innerhalb des Haushalts verdrängt [werden]" (ebd. 162).[13] Gründe für diese Entwicklung sieht er im Wandel des Produktionssystems (technischer Fortschritt und organisatorische Veränderungen), in Verschiebungen zwischen den Industriezweigen (Verdrängung der Dienstleistungsindustrie durch Verbrauchsgüterindustrie) und in einer Veränderung der Haushaltsorganisation (Veränderungen im Arbeitsangebot an die Erwerbswirtschaft) (vgl. ebd. 169).

Der Substitutionsprozess bleibt allerdings nicht auf die Eigenproduktion von Verbrauchsgütern begrenzt, wie zahlreiche weitere Autoren diagnostizieren (vgl. z. B. Voß, Rieder 2005; Bauer et al. 2005; Grün und Brunner 2002). Nach ihnen wird in zunehmendem Maße und in immer weiteren Bereichen die Tendenz erkennbar, Arbeiten vom Unternehmen auf den Kunden selbst zu übertragen. Das fängt schon früh mit der „Selbstbedienung" im Lebensmitteleinzelhandel an, die zur Verdrängung der Tante-Emma-Läden führt, zeigt sich im Bezug von Selbstbaumöbeln (z. B. Ikea) und spiegelt sich heute im Internet-Shopping und im Selbstkonfigurieren einer PC-Bestellung wider, so lautet die aktuelle Diagnose von Voß und Rieder (2005). Und insbesondere die Entwicklung verschiedenster, von den Kunden selbst zu bedienender Automaten („stumme Verkäufer", Grün und Brunner 2002), die immer mehr in Banken, Bahnhöfen und Flughäfen Einzug halten, ermöglicht es, dass Kunden die Aufgaben erledigen (müssen), die zuvor von Angestellten der Unternehmen getätigt wurden (vgl. Salomon 2008).

Diese Entwicklung ist aus betriebswirtschaftlicher Sicht ein anzustrebender Trend, denn sie führt beim Produzenten – vor allem durch den Abbau von Personal – zu Kostensenkungen (vgl. Grün, Brunner 2002, S. 32). In der Managementliteratur finden sich daher zahlreiche Hinweise darauf, dass der Trend, den Kunden zum „Dienstleister für die Dienstleister" zu machen, ausdrücklich erwünscht ist (vgl. z. B. Salomon 2008; Bauer et al. 2005; Grün, Brunner 2002).[14] Aber auch

---

13 Damit widerspricht er der gängigen These des Entstehens einer „Dienstleistungsgesellschaft", wie sie z. B. Bell (1975) formuliert.
14 Um die frühen Formen der „Selbstbedienung" von den neueren Entwicklungen unterscheiden zu können, wird in den Betriebswissenschaften heute meist von „Co-Produktion" gesprochen und der Kunde als „Prosumer" bezeichnet (vgl. Grün, Brunner 2002).

für den Kunden hat diese Entwicklung Vorteile: Die Automatennutzung beispielsweise bietet ihm die Möglichkeit, die Leistung zu einem ihm genehmen Zeitpunkt und ohne Rücksicht auf Geschäftszeiten zu erhalten, und kann so zu Zeitersparnis und Zeitsouveränität beitragen (vgl. Grün, Brunner 2002, S. 33).

In dieser Untersuchung steht allerdings die „Kehrseite" der „Selbstbedienungswirtschaft" im Mittelpunkt, denn der zunehmende Abbau unternehmerischer Serviceleistungen kann für den Kunden ein gravierendes Problem bedeuten. Aktuell weisen vor allem Voß und Rieder (2005) auf diese Entwicklung hin. Sie stellen fest, dass beispielsweise beim Kauf von Produkten zunehmend nicht mehr mit einer Unterstützung durch kompetente und beratende Verkäufer gerechnet werden kann (vgl. ebd. 31 f. und auch Walgenbach 2007, S. 17). Daher wird es nötig, dass sich der Kunde schon vor der Kaufaktion ausgiebig über das gewünschte Produkt informiert. Das kann durch die Lektüre einer Fachzeitschrift oder von Beratungsbüchern geschehen, aber auch durch die Recherche auf Webseiten der Anbieter oder bei den Verbraucherzentralen. Insofern muss sich der Kunde nun zunehmend „qualifizieren", um auch ohne beratende Unterstützung einen adäquaten Kauf tätigen zu können. Er wird veranlasst, vor dem Kauf – in Abhängigkeit vom Produkt – ein gewisses Maß an (Fach-)Wissen, an (Arbeits-)Zeit und an Sachmitteln (z. B. PC) zu investieren. Diese „Kundenarbeit" wird von den Betrieben „gefördert", da sie sich bei ihnen als Kostenersparnis niederschlägt. Die „Förderung" erfolgt beispielsweise dadurch, dass für personalintensive Serviceleistungen Preisaufschläge verlangt werden, die Kunden „abschrecken"[15] oder indem vom Kunden selbst übernommene Leistungen – wie Internetbuchungen oder Automatenkauf – durch Rabatte belohnt werden (vgl. Voß, Rieder 2005, S. 127).

Nach Voß und Rieder werden insbesondere in der Informations- und Kommunikationsindustrie – dem zentralen Bereich der neuen Technik – schon lange umfangreiche Eigenleistungen vom Kunden erwartet (vgl. ebd. 61). Allein schon die beim Kauf eines komplexen Geräts nötigen informatorischen Vorarbeiten von Seiten des Kunden sind beachtlich. Und eine angemessene Unterstützung bei Anwendungsproblemen durch die „berüchtigten" Hotlines wird oftmals nicht gewährleistet. Auch bei den regelmäßig anfallenden Instandhaltungsarbeiten (Updates und Softwareergänzungen) bleibt der Kunde häufig sich selbst überlassen. Zum einen werden ihm ein hoher Zeiteinsatz und zum anderen eine umfang-

---

15 In der Regel muss der Konsument die Vorzüge einer qualifizierten Beratung und eines freundlichen Kundenservice mit höheren Verkaufspreisen bezahlen (vgl. Walgenbach 2007, S. 17).

reiche Sachkenntnis abverlangt (vgl. ebd. 64). Für Voß und Rieder lässt sich der sogenannte „digitale Graben" (vgl. z. B. Pol 2004), der die gesamte Gesellschaft durchzieht, in hohem Maße auf diese Anforderungen zurückführen (vgl. Voß, Rieder 2005, S. 64).

Die durch mangelnde technische Kompetenz des Kunden entstehenden Probleme bleiben aber nicht nur auf den Bereich der neuen technischen Geräte beschränkt. Denn die kompetente Anwendung gerade dieser Technik (z. B. in Form der PC- und Internetnutzung) ist inzwischen auch in zahlreichen anderen Bereichen Voraussetzung für den erfolgreichen Kauf von Produkten und Dienstleistungen. Und nicht nur in der Privatwirtschaft, sondern auch in Bereichen der „öffentlichen Versorgung wie Gesundheits- und Sozialwesen, Arbeitsmarkt- und Sozialverwaltung sowie Bildungs- und Erziehungswesen" wird ein kompetenter Umgang mit der neuen Technik immer mehr zu einem „Muss" (ebd. 54). Insofern können fehlende unternehmerische Serviceleistungen gerade im Bereich der neuen Technik mit weitreichenden Konsequenzen für den Alltag der Älteren verbunden sein.

11.2 Empirische Ergebnisse

Nach der Erläuterung der theoretischen Vorannahmen werden nun die empirischen Ergebnisse präsentiert. In der Empirie hat sich zum einen gezeigt, dass ein enger Zusammenhang zwischen den Interpretationen verschiedener Technikformen – den Technik*bildern* – und dem jeweiligen Selbstbild der Älteren besteht, ein Zusammenhang, der in Kapitel 11.2.1 entfaltet wird. Zum anderen wurden verschiedenste Strategien der Älteren sichtbar, um notwendige Unterstützungsleistungen im Umgang mit Technik zu erhalten. Auch diese Strategien werden insbesondere hinsichtlich der Wirkungen auf das Selbstbild der Älteren betrachtet (11.2.2).

11.2.1 Technikbilder der Älteren

Im empirischen Material lassen sich umfangreiche Belege dafür finden, dass der Großteil der Befragten die sie umgebende Alltagstechnik in ähnlicher – aber nicht identischer – Weise unterscheidet wie Tully (2003). Die Älteren konstruieren fast durchweg eine Dichotomie zwischen der „Technik von früher" und der „von heute" und beschreiben damit den Unterschied zwischen einer einfachen Technik

("von früher") mit klaren Zweckbezügen und einer neuen, komplexen und wenig durchschaubaren Technik ("von heute").[16]
Unter *Technik von früher* subsumieren sie beispielsweise die Waschmaschine, den Wasserkocher, den Trockner, den Staubsauger etc., technische Geräte also, die sie schon lange Zeit in ihrem Alltag begleiten. Dass diese Form der Technik auch heute noch eine wichtige Rolle in ihrem Leben spielt, zeigt sich im Rahmen der Interviews allerdings meist erst durch explizites Nachfragen. In Beantwortung der Einführungsfrage, wie denn der „normale" Alltag so ablaufe und wie bei der Verrichtung der üblichen Tätigkeiten technische Geräte zum Einsatz kämen, werden sie häufig „unterschlagen". Zwar wird morgens bei fast allen Befragten Kaffee oder Tee gekocht. Dass dabei aber regelmäßig ein technisches Gerät zum Einsatz kommt, wird kaum erwähnt.[17]

An diesem Umstand offenbart sich, dass die *Technik von früher* nicht (mehr) als besonderer *technischer* Bestandteil des Alltags wahrgenommen wird. Dies kann zum einen darauf zurückgeführt werden, dass sie inzwischen den Rang einer unhinterfragten Selbstverständlichkeit angenommen hat. Die Bewältigung der alltäglichen Anforderungen ist ohne diese Technik heute kaum noch denkbar. Zum anderen werden mit ihr in der Regel keine Schwierigkeiten verbunden. Ihre Funktionalität wird meist positiv – vor allem als „Zeitsparer" – hervorgehoben, doch eine weitere Beschäftigung mit ihr erscheint aufgrund ihrer Zuverlässigkeit in den Augen der Befragten unnötig. Es zeigt sich, dass diese technischen Geräte so selbstverständlich und fest in die alltäglichen Gewohnheiten, Routinen und Praktiken eingebaut sind, dass sie nicht mehr wahrgenommen werden. Die sich über lange Zeit eingestellte Vertrautheit mit ihnen und ihrem Problemlösungspotenzial, so kann geschlossen werden, lassen sie aus der bewussten Wahrnehmung der Individuen verschwinden, ein Routinisierungsvorgang, auf dem der Entlastungseffekt der Technik beruht (vgl. hierzu auch Hennen 1992, S. 183 ff.).

In der Wahrnehmung der Älteren hat diese Technik vor allem instrumentellen Charakter. Ihr werden spezifische Aufgaben zur Erleichterung der Hausarbeit zugewiesen, die sie im Allgemeinen problemlos erfüllt. In der Terminologie Rammerts (2007, S. 84) ausgedrückt, werden die klassischen Geräte meist als passive Werkzeuge perzipiert, gehandhabt und genutzt.

---

16 Ich verzichte im Folgenden bewusst auf Interviewzitate zugunsten einer dichten und dezidierten Beschreibung der Handlungs- und Deutungslogiken.
17 Ausnahmen zeigen sich bei den Befragten, die sich aus spezifischen Gründen wie Neuanschaffung, technische Probleme etc. derzeit intensiv mit dem Thema Kaffeemaschine beschäftigt haben.

Zugleich werden sie als Artefakte interpretiert, die in ihrer „Logik" und Arbeitsweise entweder durchschaut werden oder durchschaubar sind. Mit ihnen werden klare und eindeutige Gesetzmäßigkeiten und Regeln verbunden, nach denen sie dauerhaft und unveränderlich funktionieren. *Durchschaubarkeit* bedeutet hier: Nicht der oder die Befragte selbst muss in der Lage sein, das Gerät zu durchschauen. Wichtig ist vielmehr die Überzeugung, dass es grundsätzlich durchschaut werden kann.[18] Diese Kompetenz wird in den Interviews meist denen zugeschrieben, die sich für Technik interessieren.[19]

Vor dem Hintergrund dieser Durchschaubarkeit dient die *Technik von früher* einigen Befragten dazu, eigene Kreativität zu entfalten. Denn die begriffenen – materiellen und nicht materiellen – Strukturen bieten ihnen Anknüpfungspunkte für eigene technische Erweiterungen, Ergänzungen, Ausbauten etc.

Wird das Verhältnis zwischen der *Technik von früher* und dem Selbstbild der Älteren untersucht, dann zeigt sich folgender Befund: Der Umgang mit dieser Technik geht einher mit dem Gefühl der eigenen Überlegenheit, der eigenen Kompetenz. Diese Form der Technik wird als beherrschbar wahrgenommen. Alle Befragten fühlen sich in der Lage, den instrumentellen Einsatz dieser Geräte im Alltag kompetent zu veranlassen und zu steuern. Bei Problemen wird nicht die eigene Kompetenz in Frage gestellt. Als mögliche Ursachen werden einerseits technische Defekte vermutet, die als eindeutig identifizierbar interpretiert werden. Und wenn das Problem mit eigenem mangelndem Wissen in Zusammenhang gebracht wird, dann in der Form, dass dieses Wissen problemlos angeeignet werden könnte, wenn der Wille zur Aneignung besteht und wenn es zur Verfügung gestellt wird. Diese „Kontrollüberzeugung" vermittelt den Befragten im Umgang mit technischen Geräten „von früher" ein deutliches Sicherheitsgefühl. Auch wenn einige geschlechtsspezifische Unterschiede im Grad der technischen Kompetenz konstruiert werden – Frauen, die in Partnerschaften leben, beschreiben sich meist als weniger kompetent als ihren Partner –, so zeigt sich dennoch bei allen, dass der Umgang mit dieser Technik durch ein Gefühl unhinterfragt

---

18 Interessant erscheint an dieser Überzeugung, dass vermutlich die wenigsten wirkliche Kenntnis der technischen Grundausstattung und der Konstruktionsregeln beispielsweise einer Waschmaschine besitzen, obwohl sie dieser Technikform zugeordnet wird. Hier lässt sich vielmehr mit Weber (1922/1968, S. 473) vermuten, dass es der „Glaube" daran ist, dass „Technik von früher" prinzipiell der Kontrolle zugänglich ist.
19 In Studien von Löchel (1995) wird diese Kompetenz von den Befragten zum Teil geschlechtsspezifisch gedeutet: Männern wird eine größere Kompetenz beim „Durchschauen" der Technik zugesprochen als Frauen.

selbstverständlicher Kompetenz geprägt ist. Eine Verbindung zum eigenen Alter bzw. zum eigenen Altern wird im Rahmen dieses Verhältnisses nicht hergestellt.

Im Mittelpunkt aller Interviews stand aber die von den Befragten sogenannte komplizierte *Technik von heute*. Hierunter subsumieren die Älteren beispielsweise das Handy, den PC und das Internet. Hin und wieder werden auch ehemals klassische Geräte darunter gefasst, die nun mit digitaler Technik versehen sind (z. B. Kaffeemaschinen oder Mikrowellen mit digitaler Steuerung). Auf die allgemeine Frage nach Technik im Haushalt werden sogleich technische Geräte genannt, die sich regelmäßig dieser Kategorie zuordnen lassen. Alle Befragten scheinen von der Notwendigkeit überzeugt, sich mit ihnen auseinandersetzen zu müssen, unabhängig davon, ob in Form der Ablehnung, des Interesses oder der Herausforderung. Dass die subjektiven Interpretationen der neuen Technik, die nun präsentiert werden, von den Befragten nie ohne ein gewisses Maß an Emotionalität vorgetragen wurden, ist ein Anhaltspunkt für ihre intensive „Betroffenheit" von diesem Thema.

Als wichtigstes Merkmal der *Technik von heute* galt in fast allen Interviews ihre Undurchschaubarkeit. Sie wird nahezu ausnahmslos als eine Art „Blackbox" wahrgenommen. Überwiegend wird diese Undurchschaubarkeit auf die unübersichtliche Funktionsvielfalt und auf die für den Laien meist unklaren Arbeitsweisen zurückgeführt. Aber auch ihre vielfältigen Vernetzungsmöglichkeiten werden häufig als verwirrend und unklar erlebt. Weitere Auslöser von „Blackbox"-Konstruktionen sind Bedienungsanleitungen, die von den Befragten als konfus und nicht anwenderadäquat erlebt werden. Darüber hinaus sorgen die Bedienoberflächen mancher Geräte bei einigen Befragten für Verwirrung, da sie nicht den gewohnten Standards klassischer Geräte entsprechen und infolgedessen als fremd wahrgenommen werden (vgl. hierzu auch Pelizäus-Hoffmeister 2007; Rudinger 1996). Es tragen insofern verschiedenste Aspekte dazu bei, dass die Älteren vor allem Undurchschaubarkeit und Rätselhaftigkeit mit der *Technik von heute* assoziieren. Grundlegend bei dieser Charakterisierung ist, dass die Undurchschaubarkeit als ein „Problem" wahrgenommen wird.[20]

Darüber hinaus betont ein Teil der Befragten – teils sehr nachdrücklich – die *Nutzlosigkeit* dieser Geräte für das alltägliche Leben.[21] Sie erklären, in ihrem Alltag keinen Nutzen mit ihnen verbinden zu können. Um diese Überzeugung zu

---

20 Tully (2003) kann demgegenüber zeigen, dass Jugendliche die Geräte zwar häufig auch als undurchschaubar wahrnehmen, dies aber nicht als problematisch erleben.
21 Einige der Befragten bekräftigen diese Nutzlosigkeit wie aus einer „Verteidigungsposition" heraus, was darauf schließen lässt, dass sie ihre Überzeugung in der Vergangenheit schon häufiger gegenüber Andersdenkenden rechtfertigen mussten.

plausibilisieren, differenzieren sie zwischen „früher" und „heute" und stellen fest, dass das alltägliche Leben „früher" – also ohne *Technik von heute* – auch ohne jegliche Einschränkungen möglich war. Zudem begreifen sie die *Technik von heute* als störend. Sie erleben sie als etwas, das den Ablauf des Tages hemmt und notwendige und wichtige Beschäftigungen verhindert bzw. einschränkt. Ein Beispiel hierfür sind die von vielen als wichtig erachteten ausgiebigen Face-to-Face-Kontakte, die durch die zeitraubende Beschäftigung mit den neuen technischen Geräten verkürzt würden, die durch die neuen Möglichkeiten vermittelter Kommunikation (E-Mail, Handy etc.) ersetzt oder sogar durch neue intelligente Technik (Geldautomaten, Online-Banking, etc.) ganz beseitigt würden.

Entgegen ihrer „offiziell" stark ablehnenden Haltung zeigt sich dennoch, dass auch diese Befragten in bestimmten Situationen *Technik von heute* – meist vermittelt – nutzen. Sei es, dass sie nahe Bezugspersonen um Internet-Recherchen bitten, sei es, dass sie sich in problematischen Situationen eines Handys, das sie sich ausleihen, bedienen. Gerade dieser Zwiespalt – einerseits ihre Erfahrung, in gewissen Situationen ohne neue Technik benachteiligt zu sein, andererseits ihre strikte Ablehnung –, in Verbindung mit der ständigen Präsenz von neuer Technik im sozialen Umfeld trägt dazu bei, dass das Thema bei diesen Befragten emotional hoch besetzt und ständig präsent ist.

Der andere Teil der Befragten hingegen schätzt die Möglichkeiten, die ihnen diese Technik bietet. Sie beschreiben sie als sinnvoll und integrieren sie in ihren Alltag. Bei der Betrachtung der konkreten Einsatzfelder zeigt sich allerdings, dass die neue Technik ausschließlich im Bereich Freizeit/Kommunikation eingesetzt wird. In den Bereichen Gesundheit/Pflege und Wohnen/Haushalt wird sie nicht oder kaum von den Befragten genutzt. Insofern muss von ihrem begrenzten Einsatz gesprochen werden, der viele Möglichkeiten und Leistungen, die die neue Technik bietet, ausspart.

Darüber hinaus beschreiben die Befragten die *Technik von heute* häufig mit Hilfe von personifizierendem Vokabular. Die technischen Geräte werden weniger als Werkzeuge denn als frei agierende „Personen" bzw. als „eigenwillige" Instanzen konstruiert (vgl. hierzu auch Tietel 1995, S. 205 ff.). Es wird ihnen mehr oder weniger ein „Eigenleben" zugesprochen, das von den Älteren nicht durchschaut werden kann. Bei den technischen „Aktionen" werden ihnen beispielsweise Intentionalität und Reflexivität unterstellt, Eigenschaften, die üblicherweise exklusiv mit menschlichem Verhalten in Verbindung gebracht werden (vgl. hierzu auch Rammert 2007, S. 114 ff.). Diese Personifizierung zeigt sich vor allem dann, wenn die Interaktion zwischen Mensch und Gerät als problematisch erlebt wird. Wenn der – Anschein von – Dialog nicht klappt, werden personifizierende Vorstellungen, Erwartungen und Wünsche generiert.[22] *Technik von heute* wird dann als ein persönlicher Gegner inszeniert.

Wird nun das Verhältnis zwischen der *Technik von heute* und dem Selbstbild der Älteren betrachtet, dann ergeben sich folgende Befunde: Grundlegend offenbart sich bei allen Befragten die Einschätzung, diese Technik nicht ausreichend beherrschen zu können. Zwar zeigen sich sehr große Unterschiede im Grad der wahrgenommenen eigenen Unzulänglichkeiten.[23] Dennoch betont jeder und jede, sie nicht ganz „im Griff" zu haben. Die Befragten fühlen sich überwiegend nicht in der Lage, die Undurchschaubarkeit der Technik durch eigene Strategien aufzulösen, was sich in einem Gefühl mangelnder eigener Kompetenz niederschlägt.

Neben der unübersichtlichen Vielfalt der Funktionen der *Technik von heute* werden vor allem Situationen, in denen die technischen „(Re-)Aktionen" nicht den Absichten der Nutzer entsprechen, als Überforderung der eigenen Kompetenz erfahren. In diesen problematischen Situationen ist das Selbstbild zumeist durch Ambivalenz geprägt: Einerseits wird die eigene Macht beschrieben, umfassende technische Effekte auszulösen, gleichzeitig aber die Ohnmacht, sie in gewünschte Bahnen lenken zu können. Dass technische Defekte Auslöser einer Diskrepanz zwischen Nutzerwunsch und technischer Aktion sind, wird meist nicht in die Betrachtung mit einbezogen. Insofern werden Schwierigkeiten meist nicht der Technik zugerechnet, sondern der mangelnden eigenen Kompetenz.

Dieser Umstand wird von allen als problematisch erlebt, was zum einen darauf zurückgeführt werden kann, dass er ihren Erfahrungen – und damit auch ihrem Selbstbild – im Umgang mit der *Technik von früher* widerspricht. Diese Vergleichsmöglichkeit zwischen beiden Technikformen und den damit verbundenen Selbstbildern bildet insofern eine Basis des Problematischwerdens.[24] Ein weiterer Grund mag sein, dass alle Befragten – selbst wenn sie programmatisch und teils sehr provokant eine ablehnende Haltung gegenüber der *Technik von heute* demonstrieren – die Notwendigkeit verspüren, mit dieser Technik bis zu einem gewissen Grad umgehen zu müssen, um nicht benachteiligt zu sein.

---

22 Tietel (1995, S. 205 f.) kann belegen, dass Personifizierungen vor allem von technischen „Anfängern" vorgebracht werden.
23 Die großen Differenzen in der wahrgenommenen technischen Kompetenz der Befragten lassen sich vor allem auf gravierende Unterschiede hinsichtlich beruflicher Erfahrungen mit der neuen Technik zurückführen.
24 Tully (2003) kann zeigen, dass mangelnde eigene Kompetenz im Umgang mit neuer Technik für Jugendliche unhinterfragt selbstverständlich und damit „normal" ist und infolgedessen nicht zwangsläufig als Problem erscheint.

Die Überzeugung mangelnder eigener Kompetenz wird häufig von einem Gefühl des Ausgeliefertseins bzw. der Hilflosigkeit begleitet (vgl. hierzu auch Sackmann et al. 1991, S. 42). Dies kommt besonders bei den Befragten zum Ausdruck, die diese Technik als einen personifizierten „Gegner" beschreiben (technische „Anfänger", vgl. Tietel 1995). Denn aus ihrer Perspektive wird sie weniger als ein passives Werkzeug denn als ein „Akteur" wahrgenommen, dem man hoffnungslos unterlegen ist.

Vor dem Hintergrund der wahrgenommenen mangelnden eigenen Kompetenz und der Notwendigkeit des Umgangs mit dieser Technik fühlt sich ein Großteil der Befragten überfordert. Die Deutung dieser Überforderungssituation ist in bestimmten Hinsichten jedoch höchst unterschiedlich: Während ein Teil der Befragten sie als eine Herausforderung begreift, die sie engagiert – mit sozialer Unterstützung – bewältigen möchten und können, sehen sich viele nicht in der Lage, sich in irgendeiner Form aktiv an der Problemlösung zu beteiligen. Und auch der Grad der Betroffenheit ist unterschiedlich bei den Befragten: Insbesondere die Befragten, die bereits feste Problemlösungsroutinen in ihrem Alltag institutionalisiert haben, erleben derartige Situationen als weniger belastend. Die Älteren hingegen, die kaum über eingespielte Lösungsstrategien verfügen, fühlen sich meist stark betroffen. Ihnen bleibt oft vermeintlich nur eine Strategie: Um ihre Betroffenheit abzuschwächen, verweisen sie auf die Sinnlosigkeit der für sie als problematisch erlebten technischen Artefakte – meist unter Verweis darauf, dass sie ihrer „früher" auch nicht bedurften – und versuchen sie aus ihren Alltag zu „verbannen".

Sucht man in den Interviews nach Indizien für eine Wechselbeziehung zwischen dem Selbstbild als „alter Mensch" und der *Technik von heute*, dann zeigt sich zunächst Folgendes: In fast allen Interviews wird im Zusammenhang mit dieser Technik eine Dichotomie zwischen „jung" und „alt" entwickelt, eine Dichotomie, die hinsichtlich der *Technik von früher* nicht existiert. Während für die „Jungen" die Notwendigkeit konstruiert wird, der *Technik von heute* in ihrem Alltag zu bedürfen, wird für die „Alten" – und darunter zählen sich die Befragten in diesem Fall – von der Überflüssigkeit vieler neuer technischer Artefakte ausgegangen. Auch hier gilt der Vergleich zwischen früher und heute der Plausibilisierung ihrer Argumentation.

Darüber hinaus vermuten die Befragten, dass nur „Alte" durch die *Technik von heute* überfordert werden, ganz im Gegensatz zu den „Jungen". Und dies gelte insbesondere dann, wenn die „Alten" kein besonderes Interesse für die Funktions- und Arbeitsweisen neuer technischer Geräte entwickelten. Dabei wird die Altersgrenze meist schon recht früh angesetzt, in einem Interview sogar schon bei

40 Jahren, was eine markante „Verjüngung des Alters" signalisiert. Dennoch gilt gleichzeitig, dass sich alle Befragten (auch die weit über 80-Jährigen) allgemein nicht zu den Älteren zählen oder sich zumindest als wesentlich jünger einordnen, als sie es ihrem chronologischen Alter nach sind (vgl. hierzu auch Oswald 1991, S. 276). Zusammenfassend bedeutet dies, dass die Befragten beim Umgang mit der *Technik von heute* einen signifikanten Unterschied zwischen „Jungen" und „Alten" konstruieren und sich in dieser Hinsicht den „Alten" zugehörig – und damit verbunden den Jüngeren unterlegen – fühlen, ohne sich selbst allerdings explizit als „alt" zu bezeichnen.[25]

Die Abbildung 6 fasst die empirischen Ergebnisse dieses Abschnitts zusammen.

Abbildung 6   Verhältnis von Technik- und Selbstbildern

Technik- und Selbstbilder	Charakteristika
„Technik von früher" = einfache Technik	• wenig beachtenswert • passives Werkzeug mit instrumentellem Charakter • einem spezifischen Nutzen genügend • durchschaubar, daher eigene Kreativität ermöglichend
Selbstbild im Kontext der „Technik von früher"	• Überlegenheits- und Kompetenzgefühl • Schwierigkeiten werden technischen Defekten zugerechnet, nicht mangelnder eigener Kompetenz • Kontrollüberzeugung • kein Bezug zum Alter
„Technik von heute" = komplizierte Technik	• wichtiges Artefakt der alltäglichen Auseinandersetzung (in Form von Ablehnung, Interesse oder Herausforderung) • undurchschaubar, „Blackbox" (als problematisch erlebt) • teils nutzlos und störend, bei einem Teil der Befragten sinnvoll im Freizeitbereich • mit „Eigenleben" versehen, wie agierende Personen
Selbstbild im Kontext der „Technik von heute"	• unzureichende eigene Kompetenz • Schwierigkeiten werden mangelnder eigener Kompetenz zugerechnet, nicht der Technik • Gefühl der Hilflosigkeit (des „Ausgeliefertseins") • Überforderung • Gleichsetzung von Überforderung mit „Altsein"

---

25 Oswald (1991, S. 282) kann herausarbeiten, dass „alt" immer nur die anderen sind und nicht man selbst, was darauf verweist, dass andere Menschen offenbar auf eine andere Weise als „alt" betrachtet werden, als man sich das „Altsein" für die eigene Person vorstellt.

Ergänzend muss hinzugefügt werden, dass einige der Befragten die oben dargestellte Dichotomisierung zwischen der *Technik von früher* und der *von heute* nicht vollziehen. Diese zeichnen sich zum einen durch eine hohe technische Kompetenz aus, zum anderen durch langjährige berufliche Erfahrungen mit der neuen Technik. Ihre beständige berufliche Auseinandersetzung mit den immer weitergehenden technischen Neuerungen ist einerseits die Basis ihrer technischen Kompetenz. Andererseits ist sie die Grundlage dafür, dass die Befragten die vielfältigen technischen Entwicklungen nicht durch eine scharf gezogene Trennlinie „vereinfachen" (müssen), sondern sie sehr viel differenzierter beschreiben (können).

Die von der Mehrheit der Befragten entwickelte Dichotomisierung scheint diesen einen hohen Grad an Orientierungs- und Handlungssicherheit zu vermitteln. Kognitive oder Orientierungssicherheit im Sinne von Eindeutigkeit verschafft sie ihnen durch die Möglichkeit, den Bereich der Technik, der ihnen Probleme bereitet, klar und eindeutig als *Technik von heute* zu identifizieren. Der Begriff *Technik von heute* steht insofern vor allem für problematische Technik. Diese Zuordnung führt dazu, dass dieser Kategorie auch als problematisch erlebte – im Sinne Tullys – „klassische" technische Geräte zugerechnet werden.[26] Die Folge ist zudem eine große Eindeutigkeit hinsichtlich des eigenen Selbstbildes: Die Befragten erleben sich hinsichtlich der so konstruierten *Technik von früher* als kompetent, hinsichtlich der restlichen Geräte nicht, was sie auf die für den Laien undurchschaubaren technischen Entwicklungen zurückführen.

Die Dichotomisierung bietet ihnen darüber hinaus Handlungssicherheit, denn aufbauend auf dieser eindeutigen Unterscheidung – mit den dazugehörigen Selbstbildern – können klare Handlungsroutinen entwickelt werden: So wird beispielsweise die Lösung von Problemen mit der *Technik von heute* oft unhinterfragt selbstverständlich an andere delegiert, da davon ausgegangen wird, dass die eigenen technischen Kompetenzen dazu nicht ausreichen. Oder die als *Technik von heute* definierte Technik wird nach Möglichkeit gemieden, weil sie mit zu vielen Problemen assoziiert wird. Insofern trägt die Dichotomisierung dazu bei, dass sich die Befragten in alltäglichen technikbezogenen Entscheidungssituationen schnell ein Urteil bilden und darauf aufbauend Entscheidungen treffen können.

Abschließend bleibt festzuhalten, dass in der entwickelten Dichotomisierung *eine* Ursache für das Selbstbild der Befragten als „alt" liegt und dass sie insofern zur „Verjüngung des Alters" beiträgt. Das entwickelte Bild der *Technik von heute* impliziert eine Differenz zwischen „jung und technikkompetent" und „alt und nicht technikkompetent", die die Befragten selbst schon früh den „Alten" zuord-

---

26 Hier wird die Differenz zu der von Tully (2003) entwickelten Unterscheidung deutlich.

net. Eine zweite Ursache wird – vor dem Hintergrund der empirischen Befunde – in den mit der neuen Technik verbundenen notwendigen Unterstützungsleistungen gesehen, die heute immer weniger von Fachleuten (Verkäufer, Experten etc.), sondern überwiegend von den eigenen Kindern kommen. Dieser Aspekt wird im folgenden Abschnitt beleuchtet.

11.2.2 Soziale Unterstützungsleistungen

In allen Interviews offenbart sich, dass die Befragten beim Umgang mit der *Technik von heute*[27] auf soziale Unterstützung angewiesen sind. Wenn auch in unterschiedlichem Umfang, so geben dennoch alle Befragten an, sich nicht kompetent genug zu fühlen, um alle mit ihr verbundenen Probleme allein bewältigen zu können (vgl. hierzu auch Baldin, 2008). Insofern wird mit der *Technik von heute* ein – mitunter hoher – *Betreuungsbedarf* assoziiert. Zugleich wird ein gewisses Maß an dieser Technikform im Alltag von allen Befragten als unvermeidlich oder als erforderlich erachtet – auch wenn hin und wieder eher programmatisch das Gegenteil behauptet wird –, so dass bei jedem Befragten ein Bedarf an Unterstützungsleistungen existiert.

Dieser wird von allen als – mehr oder weniger – problematisch erlebt. Das mag einerseits darauf zurückzuführen sein, dass eine derartige Notwendigkeit bei der *Technik von früher* für sie eher die Ausnahme denn die Regel ist. Ein weiterer Grund scheint aber bedeutsamer: Im Rahmen eines Vergleichs zwischen „früher" und „heute" führen die Befragten als Grund des „Problematischwerdens" die fehlenden betrieblichen Serviceleistungen in der Gegenwart an. Seinen Ausdruck findet der mangelnde Service nach ihnen beispielsweise in kaum verständlichen, zum Teil widersprüchlichen und damit undurchschaubaren Bedienungsanleitungen, vor allem aber in inkompetenten und/oder beratungsunwilligen Verkäufern und anderen Serviceleistenden. Insbesondere das Angewiesensein auf sogenannte „beratende Hotlines" wird als stark unbefriedigend erlebt, da nicht adäquat auf ihre Bedürfnisse eingegangen werde.[28] Zusammengefasst: Vor allem vor dem Hintergrund fehlender oder ungenügender Serviceleistungen von Seiten der Betriebe

---

27 Hierzu werden von den Befragten – wie oben erwähnt – auch einige als problematisch angesehene klassische Geräte gezählt.
28 Dahinter steckt die Strategie der Unternehmen, so die Vermutung von Voß und Rieder (2005), die Kunden vor personalintensiven und damit teuren Serviceleistungen abzuschrecken.

und Händler wird die Unterstützungsnotwendigkeit beim Umgang mit der *Technik von heute* als problematisch erlebt.

Das beginnt schon beim Kauf der zum Teil recht komplexen technischen Artefakte, der von vielen als eine Überforderung wahrgenommen wird. Denn die Produkte sind häufig eher Basisbausteine, die an individuelle Nutzerwünsche angepasst werden müssen, als Geräte mit schon vorab fest definierten und eindeutigen Anwendungs- und Funktionsbezügen (vgl. hierzu auch Tews 2000, S. 75).

Dies setzt voraus, dass sich die Älteren schon vor dem Kauf mit den Optionen der Technik von heute vertraut gemacht und aus der Vielzahl an technischen Möglichkeiten die für sie passende ausgewählt haben. Diese Form der „Selbst-Qualifizierung" ist allerdings nur bei wenigen der Befragten zu finden. Bei vielen fehlt die innere Bereitschaft hierzu, bei einigen die fachliche Kompetenz (z. B. in Form der Kenntnis der meist englischen Fachausdrücke). Der dadurch entstehende Beratungs- und Betreuungsbedarf, so ist die Überzeugung aller Befragten, müsste durch kompetente Verkäufer gedeckt werden. Meist in Vergleichen zwischen „früher" und „heute" stellen sie allerdings fest, dass die beratende Unterstützung von Seiten des Verkäufers heute in der Regel nicht (mehr) gewährt wird. Das beratende Gespräch vor der Kaufentscheidung wird als eine Ausnahme dargestellt. Vor diesem Hintergrund entwickeln die Befragten folgende Problemlösungsstrategien:

1) *Verweigerung des Kaufs:* Dieser wird zum einen mit der mangelnden Beratung in der Kaufsituation begründet, zum anderen mit der Nutzlosigkeit der *Technik von heute* für den eigenen Alltag. Die geschilderte Nutzlosigkeit kann sich dabei auf einzelne Geräte beziehen oder allgemein für die gesamte *Technik von heute* formuliert werden. Bei Letzterer zeigt sich allerdings, dass die „programmatische" Ablehnung in ihrem umfassenden Anspruch im Alltag nicht umgesetzt wird. Denn alle Befragten greifen in irgendeiner Form auf diese Technik zurück.

2) *Kauf von technischen Artefakten, deren konkreter Nutzen vorab nicht richtig eingeschätzt werden kann:* Aufgrund mangelnder oder schlechter Beratung, oder weil das Eingeständnis der eigenen fehlenden fachlichen Kompetenz vor dem Verkäufer als beschämend empfunden und daher vermieden wird, werden Geräte gekauft, deren Funktionen und deren Kompatibilität mit anderen technischen Geräten nicht durchschaut werden. Dies hat häufig zur Folge, dass die Befragten nach den ersten Einsätzen der Geräte unzufrieden sind.

3) *Akzeptanz eines höheren Kaufpreises, der eine adäquate Beratung beinhaltet:* Ein Teil der Befragten ist bereit und materiell auch dazu in der Lage, sich für einen gewissen Aufpreis sachverständige Beratung und Betreuung zu leisten. Diese Strategie findet in der Regel im Besuch eines teureren Fachgeschäfts ihren Ausdruck.

4) *Delegation des Kaufs an die eigenen Kinder:* Mit dem Kauf werden die Kinder beauftragt, weil sie als „Experten" auf diesem Gebiet wahrgenommen werden und ihnen zugetraut wird, die richtige Produktwahl zu treffen. Diese letzte Lösungsstrategie wird vom Großteil der Befragten bevorzugt.

Aber nicht nur der Kauf, sondern insbesondere der alltägliche Umgang mit der *Technik von heute* wird – in unterschiedlichem Maße – als unterstützungsbedürftig erlebt. Während ein Teil der Befragten über vergleichsweise wenig technische Kompetenz verfügt – was einerseits auf mangelnde Gelegenheiten zur Aneignung (im biografischen Verlauf) und andererseits auf mangelndes Interesse zurückgeführt werden kann – und damit stark von sozialer Unterstützung abhängig ist, sind andere bemüht, durch ein hohes Engagement beim Aneignen von technischer Kompetenz möglichst viele anstehende Probleme allein zu lösen.

Ersteren fehlt eine grundlegende „Anwenderkompetenz" (Rammert), so dass selbst einfache Bedienungen häufig als problematisch erlebt werden. Diese Befragten können zwar einige wenige, spezifische Anwendungen der *Technik von heute* allein durchführen (z. B. mit dem Handy telefonieren), dennoch sind sie auch bei einfachen, alltäglichen Verwendungen der Technik (z. B. beim Versenden von Kurzmitteilungen) auf Unterstützung angewiesen (vgl. hierzu auch Baldin 2008, S. 71f.). Eine Vielzahl von Aufgaben und Problemen in Zusammenhang mit dieser Technik wird von ihnen daher zur Bewältigung delegiert.

Letztere hingegen bedürfen nur (noch)[29] in Ausnahmefällen der Hilfe von anderen. Sie arbeiten aktiv mit Bedienungsanleitungen und machen sich eigene Aufzeichnungen (z. B. die Reihenfolge verschiedener Arbeitsschritte, Bedeutungen der Computertasten), um Probleme in Zukunft möglichst eigenständig lösen zu können. Ein Teil der Befragten befindet sich zwischen diesen beiden „Kompetenz-Polen": Für ihren alltäglichen Umgang mit der *Technik von heute* benötigen sie keine Unterstützung (mehr)[30] und sind auch in der Lage, sich selbstständig in kleinen Schritten weitere technische Kompetenz anzueignen. Nur bei größeren Problemen, wie z. B. bei der Installation und Einrichtung von Programmen und Updates auf dem PC, sind sie auf Unterstützung angewiesen. Nichtsdesto-trotz berichten alle Befragten, grundsätzlich – wenn auch teilweise nur hin und wieder – auf Hilfe angewiesen zu sein.

---

29 Es ist den Interviews zu entnehmen, dass auch diese Befragten in ihrer Zeit als „technische Anfänger" einen hohen Bedarf an Unterstützung hatten, der sich aber aufgrund ihrer Fortschritte bei der Aneignung technischer Kompetenz schnell reduzierte.
30 Vgl. Fußnote 29.

Aber wer erfüllt diesen Unterstützungsbedarf, wenn mangelnde Serviceleistungen die Regel geworden sind? Ein Großteil der Befragten erhält die nötige Unterstützung von den eigenen (Enkel-)Kindern.[31] Wie oben erwähnt, spielen sie zum einen bei der Anschaffung neuer technischer Geräte eine wichtige Rolle. Während die *Technik von früher* fast durchweg von den Älteren selbst bzw. von ihren Partnern besorgt wird – der Beratungsbedarf wird hier als sehr gering eingeschätzt –, sind es bei der *Technik von heute* in vielen Fällen die Kinder oder auch die Enkel- oder Patenkinder. Dabei werden den (Groß-)Eltern (bzw. Paten) einerseits die „veralteten" Geräte der Kinder zur Nutzung „überlassen" bzw. „vererbt", andererseits bekommen sie *Technik von heute* in Form von Geschenken überreicht. Darüber hinaus werden die Kinder auch ausdrücklich von den Älteren damit beauftragt, adäquate Geräte für sie zu besorgen. Hier offenbart sich ein gewandeltes Verhältnis zwischen den (Familien-)Generationen: Während noch vor einigen Jahrzehnten eher die Älteren den Jüngeren aufgrund ihrer zum Teil langjährigen Erfahrungen beim Kauf technischer Geräte beratend „zur Seite" stehen konnten oder ihnen ihre alten Geräte „vererbten", zeigt sich heute eine Abhängigkeit der Älteren von den Jüngeren. Konkreter und in der Terminologie der Netzwerkforscher ausgedrückt: Die Älteren sind heute beim Umgang mit Technik vermehrt auf soziale Unterstützungsleistungen von ihren Kindern in Form kognitiver Orientierungshilfen (Beratung) und der Vermittlung von praktischen Arbeitshilfen (Einkauf) angewiesen.[32]

Diese neue Form eines Abhängigkeitsverhältnisses[33] zwischen den Familiengenerationen ist im alltäglichen Umgang mit der *Technik von heute* noch sehr viel stärker. Aufgrund fehlender, schwer zu erreichender oder zu kostspieliger Beratungsangebote von professioneller Seite (Produzenten, Händler, Berater) fühlen sich die Älteren meist auf Dauer auf die Hilfe ihrer Kinder angewiesen. Zwar unterscheidet sich – wie oben erwähnt – der jeweilige Umfang des Hilfebedarfs, dennoch erhalten fast alle Befragten mit Kindern von ihnen Unterstützungsleistungen beim Einsatz dieser Technik. Auch hier – wie beim Kauf – stehen kogni-

---

31 Wenn im Folgenden von Kindern gesprochen wird, sind damit die *Jugendlichen und jungen Erwachsenen* aus der Familie des Befragten gemeint. Es können, je nach Alter des Befragten, entweder die eigenen Kinder oder die Enkelkinder sein.

32 Dieser Befund, der sich auch durch andere Studien belegen lässt, veranlasst einige Autoren dazu, von einer „*Umkehrung der Generationenbeziehungen*" bezogen auf Technik- und Medienkompetenz zu sprechen (vgl. Lüscher, Liegle 2003, S. 176; Weymann 2000; Richard, Krüger 1998).

33 Als Abhängigkeit wird hier in Anlehnung an Lüscher und Schultheis (1993, S. 358) „eine Situation von Personen definiert, die die Fähigkeit verloren haben, [spezifische] Handlungen des täglichen Lebens allein auszuführen und die Hilfe Dritter benötigen".

tive und instrumentelle Hilfeleistungen im Vordergrund. Darüber hinaus hat aber auch die emotionale Unterstützung durch die Kinder große Bedeutung: Denn indem sie den Älteren Mut machen und sie motivieren, sich mit der *Technik von heute* zu beschäftigen, tragen sie dazu bei, dass diese die Technik verstärkt in ihren Alltag integrieren.

Dass gerade die eigenen Kinder um Unterstützung gebeten werden, ist an verschiedene Voraussetzungen geknüpft und für die Befragten mit unterschiedlichen Konsequenzen verbunden. Insbesondere die Befragten, deren Kind oder Kinder (noch) im eigenen Haushalt wohnen, erwarten am ehesten und am selbstverständlichsten Hilfe von ihnen. Das ist naheliegend, da sie schnell erreichbar sind und die nötige Unterstützung meist umgehend leisten können. Es kann insofern angenommen werden, dass räumliche Nähe *ein* Kriterium bei der Auswahl der Hilfspersonen ist. Kinder, die weiter entfernt wohnen, werden in der Regel weniger zu Rate gezogen. Als besonders problematisch werden in dieser Hinsicht große Distanzen zwischen Eltern und Kindern wahrgenommen, so dass Hilfeleistungen nur vermittelt – über Kommunikationsmedien wie das Telefon – erfolgen können, was den Erfolg der Unterstützungsleistung in den Augen der Befragten stark schmälert.[34]

Darüber hinaus gehen alle Älteren unhinterfragt selbstverständlich davon aus, dass ihre Kinder grundsätzlich für diese Betreuungsleistungen geeignet sind. Sie sind überzeugt, in den Kindern fachlich kompetente Ansprechpartner für Probleme mit der *Technik von heute* zu haben. Diese „Gewissheit" kommt in ihrer Dichotomisierung zwischen „jung" und „alt" zum Ausdruck: Während sie Ältere als von dieser Technikform eher überfordert betrachten, inszenieren sie Jüngere als technikaffin und -kompetent. Sie gehen davon aus, dass Jüngere die *Technik von heute* beherrschen und durchschauen können, was sie darauf zurückführen, dass diese quasi mit ihr „aufgewachsen" sind. Hinsichtlich dieser Überzeugung wird allerdings ein geschlechtsspezifischer Bias sichtbar: Während Jungen durchweg als technikkompetent perzipiert werden, wird bei Mädchen gelegentlich vermutet, dass diese selbst mit technischen Problemen zu kämpfen haben.

Aber noch ein weiterer Grund spricht dafür, die eigenen Kinder um Unterstützung zu bitten: Aufgrund der in der Regel sehr engen emotionalen Verbundenheit erscheint es den Älteren naheliegend, ihre Kinder (neben dem Partner, falls vorhanden) als primäre Unterstützungspersonen anzusehen (vgl. hierzu auch Küne-

---

34 Dass räumliche Nähe allerdings kein zentrales Kriterium ist, zeigt sich daran, dass beispielsweise Nachbarn fast nie als potenzielle Unterstützungspersonen bei technischen Problemen genannt werden.

mund, Hollstein 2005; Kohli et al. 2005). Darüber hinaus verbinden die Älteren ihren Hilfebedarf häufig mit einem Gefühl der „Peinlichkeit" oder einem Verlust an sozialem Prestige, was bei dieser Form der Unterstützung zumindest keine „weiten Kreise" ziehen muss. Dennoch ist es einem Teil der Befragten auch vor den eigenen Kindern unangenehm, Hilfebedarf zu offenbaren.

Sind die eigenen Kinder die zentralen Unterstützungspersonen, müsste sich bei den Befragten ein Problem ergeben, die entweder keine Kinder haben oder deren Kinder so weit entfernt wohnen, dass instrumentelle Hilfeleistungen kaum möglich sind. Aber auch diese Älteren haben Strategien entwickelt, mit ihren technischen Problemen umzugehen. Insbesondere für die ohne Kinder ist es unhinterfragt selbstverständlich, dass sie auf unterschiedliche – mehr oder weniger – professionelle Hilfe zurückgreifen, die sie in vielgestaltiger Form entgelten. Sei es, dass sie ihre technischen Probleme an „Fachleute" delegieren und für die Problemlösung angemessen bezahlen, dass sie hilfs- bzw. beratungsbereite und kompetente Verkäufer durch ein kleines zusätzliches Entgelt „belohnen" oder dass sie Hilfe von Seiten technikversierter Bekannter durch andersartige „Dienstleistungen" von ihrer Seite ausgleichen. Ähnliche Strategien verwenden auch die Befragten, deren Kinder nicht in erreichbarer Nähe wohnen oder deren Hilfeleistungen sie aufgrund innerfamiliärer Konflikte nicht nachfragen wollen. Dennoch zeigt sich bei Letzteren die Tendenz, auf die Frage nach potenzieller Unterstützung spontan zuerst die eigenen Kinder oder Enkelkinder zu erwähnen.

Eine Konsequenz der starken Abhängigkeit der Befragten von im eigenen Haushalt lebenden Kindern ist ihre Sorge, wie sie technische Probleme nach dem abzusehenden Auszug der Kinder bewältigen können. Hier sieht sich ein Teil der Befragten vor größere Probleme gestellt, da sie ihre eigene Technikkompetenz auch für die Zukunft als nicht ausreichend einschätzen.

Eine andere und weitaus schwerer wiegende Konsequenz ist aber bei ausnahmslos allen Befragten das Gefühl, zu den „Alten" zu gehören. Aufgrund ihrer Dichotomisierung zwischen „den Jungen" – die als technisch kompetent angesehen werden – und „den Alten" – die als nicht ausreichend technikkompetent erachtet werden – wird ein Abhängigkeitsverhältnis der „Alten" von den „Jungen" konstruiert, das sie selbst in die Rolle der „Alten" drängt. Damit sehen sie sich in einer Situation, die üblicherweise erst im *hohen* Alter – durch altersbedingte Autonomie- und Kompetenzverluste – einsetzt. Im Rahmen der Dichotomisierung gibt es darüber hinaus auch keine Möglichkeit, Abstufungen vorzunehmen, die es ihnen gestatten würden, sich selbst zwar nicht mehr als jung, aber dennoch auch noch nicht als alt und abhängig betrachten zu müssen. Das bedeutet: Auch wenn sich diese Befragten im Allgemeinen nicht als „alt" erleben, empfinden sie sich dennoch beim Umgang mit der *Technik von heute* aufgrund ihres Abhängigkeitsgefühls durchgängig als „alt". Und dieses Gefühl ist unabhängig vom jeweiligen chronologischen Alter der Befragten, so der Befund aus der Empirie. Sowohl 60-Jährige als auch 86-Jährige schildern diese Überzeugung in vergleichbarer Weise. Daraus lässt sich schließen, dass sich bei den Älteren vor dem Hintergrund veränderter Abhängigkeitsverhältnisse zwischen den Familiengenerationen schon relativ früh das Gefühl einstellt, „alt" zu sein, was zur sogenannten „Verjüngung des Alters" beiträgt.

Da sich die Überzeugung des „Altseins" in direktem Zusammenhang mit dem veränderten Abhängigkeitsverhältnis zwischen den Familiengenerationen ergibt, ist unmittelbar nachvollziehbar, dass sie sich nicht bei den Befragten einstellt, die entweder keine eigenen Kinder haben oder die – aus unterschiedlichen Gründen – keine Unterstützung durch ihre Kinder nachfragen. Diese Älteren konstruieren keinen Zusammenhang zwischen dem Alter und technischer Kompetenz. Nach ihnen hängt Technikkompetenz vor allem vom eigenen Interesse, vom beruflichen Werdegang und von den Möglichkeiten des Zugangs zur *Technik von heute* ab. Insofern entwickeln diese Befragten keine Dichotomie zwischen „jung und technisch versiert" und „alt und technisch wenig kompetent", so dass sie sich darin auch nicht verorten (müssen).

Abschließend bleibt zusammenfassend festzuhalten, dass sich die Mehrheit der Befragten hinsichtlich ihrer technischen Kompetenz als „alt" bezeichnet, was darauf zurückgeführt werden kann, dass sie sich beim Umgang mit der *Technik von heute* auf Unterstützung angewiesen fühlen, auf Unterstützung, die überwiegend von den eigenen Kindern geleistet wird. Damit sehen sich die Älteren in einem Abhängigkeitsverhältnis zu ihren Kindern, eine Situation, die üblicherweise erst im hohen Alter eintritt.

11.3 Fazit

Dass sich Ältere vor dem Hintergrund des – mitunter auch verweigerten – Einsatzes der *Technik von heute* in ihrem Alltag häufig schon früh als „alt" erleben, ist ein zentraler Befund dieser Studie. Diese neue Dimension einer *„Verjüngung des Alters"* in der subjektiven Wahrnehmung der Älteren, die so ganz den gegenwärtig vorherrschenden Altersbildern vom „erfolgreichen Altern", „produktiven Altern" und den „aktiven Alten" widerspricht, schreibt eine strukturelle Entwicklung fort, so ist meine These, die sich schon lange im Produktionsprozess bzw. auf dem Arbeitsmarkt abzeichnet. Schon seit Beginn des Modernisierungsprozesses (mit sei-

Fazit

nen Rationalisierungsbestrebungen) werden Arbeitnehmer mit steigendem Alter aufgrund ihrer (scheinbar[35]) nachlassenden Leistungsfähigkeit immer früher als „alt" klassifiziert und vom Arbeitsmarkt ausgeschlossen (vgl. z. B. Ehmer 1990, S. 66; Engstler 2006, S. 85).[36] Und auch hier trägt der technische Fortschritt zur Verjüngung des Alters bei. Denn, so lautet die gängige Argumentation in der Arbeitswelt: Ältere sind von den vielfältigen technischen Innovationen bei den Produktions- und Arbeitsprozessen körperlich und geistig überfordert (vgl. Laslett 1995, S. 55; Niederfranke, Weidmann 1994, S. 350).[37] Und dieses negative Altersbild „der Überforderung" weitet sich, so meine These, mit dem Eindringen der *Technik von heute* in den Bereich des Alltags auch auf die private Sphäre aus.

Eine weitere Entwicklung scheint diesen Prozess zu beschleunigen: Beim Einsatz der neuen Technik bedingt ihre Funktionsoffenheit und ihre Komplexität in der Wahrnehmung (nicht nur) der Älteren einen hohen Bedarf an Beratung, um sie an die spezifischen Nutzerwünsche anzupassen. Und gerade dieser Bedarf wird zunehmend nicht mehr durch die Betriebe gedeckt, da sie aus Kostengründen ihre Beratungs- und Serviceleistungen immer weiter einschränken. Eine Kompensation der fehlenden Unterstützungsleistungen erfolgt bei den Älteren nun überwiegend durch die jungen Generationen, meist durch die eigenen (Enkel-)Kinder, was für die Älteren – mitunter schon früh – eine Abhängigkeit von den eigenen Kindern und damit eine Umkehr der Generationenverhältnisse bedeutet. Diese Abhängigkeit trägt bei den Älteren mit zur Selbsteinschätzung als „alt" bei.

---

35 Zwar gibt es durchaus Hinweise dafür, dass sich das Alter negativ auf die Arbeitsfähigkeit auswirkt. Nach Rosenmayr (1969, S. 322) kann in Laborexperimenten nachgewiesen werden, dass kognitive und physiologische Leistungen eine gewisse Schwächung erfahren. Diese Veränderungen setzen allerdings schon vor dem 30. Lebensjahr ein. Zudem sind, so argumentiert Rosenmayr, diese Ergebnisse kaum für die Praxis relevant, da „in einer gegebenen Arbeitssituation die Leistungsfähigkeit kaum je bis zum äußersten beansprucht wird und überdies Ältere vielfach durch ihre Erfahrung und die Tendenz zu größerer Genauigkeit Kompensationsmöglichkeiten haben" (ebd.). Darüber hinaus wird angenommen, dass ältere Arbeitnehmer oft stark motiviert sind, ihre bestehende Leistungsfähigkeit zu beweisen.

36 Als Arbeitnehmer gilt man heute meist schon Anfang des vierten Lebensjahrzehnts als alt (vgl. Filipp und Mayer 1999, S. 182; Tews 1993, S. 24). Berufstätigkeit und Arbeitswelt sind damit Lebensbereiche, so Tews (2000: 33), in denen überdeutlich Alter markiert wird. In einer Übersicht aller einschlägigen, im Zeitraum zwischen 1992 und 1996 publizierten Arbeiten haben Hansson et al. (1997) diese Grenze bestätigt.

37 Das wird zum einen darauf zurückgeführt, dass Ältere im Verlauf ihres Arbeitslebens häufig durch Spezialisierungen eine Einschränkung ihrer Qualifikation erfahren haben, zum anderen nehmen Ältere deutlich seltener an betrieblichen Weiterbildungen teil, da die Opportunitätskosten der Bildungsteilnahme für sie höher sind und/oder sie häufig nicht mehr dem primären Arbeitsmarkt angehören (vgl. Schimany 2003, S. 443).

Das Selbstbild der Älteren als – mehr oder weniger – „überfordert" in Zusammenhang mit der *Technik von heute* kann mit Sackmann und Weymann (1994) durch ihre Zugehörigkeit zu einer älteren „Technikgeneration" erklärt werden. Die Autoren verweisen darauf, dass die jeweilige Generationszugehörigkeit eine wichtige Rolle bei der Ausbildung von Technikkompetenz spielt (vgl. hierzu auch Mollenkopf, Kaspar 2004). Denn die Schlüsseltechnologien, durch die Menschen in ihrer späten Jugend und im frühen Erwachsenenalter geprägt werden, bestimmen nach ihnen ihr Verhältnis zur Technik ein Leben lang, indem sie Beurteilungsmaßstäbe und Orientierungen der Menschen beeinflussen (vgl. Sackmann, Weymann 1994, S. 9). Heutige Unterschiede in der Technikakzeptanz und -kompetenz beruhen demnach auf den unterschiedlichen „konjunktiven" Erfahrungen, die die aufeinanderfolgenden (zeitgeschichtlichen) Generationen in ihren Lebensverläufen mit technischen Innovationen gemacht haben.

Sackmann und Weymann können in ihren Studien vier differierende „Technikgenerationen" identifizieren, die jeweils durch andere Schlüsseltechnologien geprägt sind (vgl. Sackmann, Weymann 1994, S. 41ff.). Für die „vortechnische Generation" (geboren vor 1939) spielen technische Geräte im Alltag in der eigenen Wahrnehmung eine eher untergeordnete Rolle. Für die Kohorte von 1939 bis 1948 – die „Generation der Haushaltsrevolution" – sind das erste Auto und die erste Waschmaschine entscheidende Erlebnisse, während die „Generation der zunehmenden Haushaltstechnisierung" (1949–1964), die in ihrem frühen Erwachsenenalter einsetzende umfassende Haushaltstechnisierung als selbstverständlich hinnimmt. Die ab 1964 bis 1978 Geborenen werden der „Computergeneration" zugeordnet, zu deren wichtigster Technikerfahrung die digitale Modernisierungswelle gehört.

Im Zuge des schnellen technischen Wandels, so lautet die Argumentation von Sackmann und Weymann (1994), wird die jeweils folgende Generation die neuen Technologien besser beherrschen. Zwar kann der Umgang mit Technik auch im höheren Alter noch gelernt werden, aber je früher dieses Lernen erfolgt, desto leichter scheint es zu fallen und desto selbstverständlicher wird die Technik genutzt (vgl. hierzu auch Mollenkopf 2001, S. 227). Insofern zeigt sich eine generationstypische Zeitgebundenheit von Technikkompetenz. Hieraus lässt sich nach Sackmann und Weymann (1994) ableiten, dass gerade die Älteren bedeutendere Probleme mit der neuen Technik haben als Jüngere, was nicht über das Alter selbst erklärt wird, sondern über ihre Zugehörigkeit zu einer bestimmten Technikgeneration. Die fehlende Technikkompetenz ist in diesem Fall Ausdruck einer mangelnden Passung zwischen dem in der Jugend erworbenem Technikwissen und den gegenwärtig dominierenden Technikformen mit ihren spezifischen Nutzungsanforderungen.[38]

Der Argumentation von Sackmann und Weymann wird in einer Hinsicht zugestimmt. Es kann durch die empirischen Befunde belegt werden, dass die Techniken, die die Menschen in ihrer späten Jugend kennenlernten, ihr Verhältnis zur Technik ein Leben lang bestimmen, indem sie ihre Beurteilungsmaßstäbe beeinflussen. Dieser Sachverhalt drückt sich besonders deutlich in den von den Befragten konstruierten Dichotomisierungen zwischen „früher" und „heute" aus. Im Rahmen von Vergleichen zwischen früher und heute stellen sie technische Veränderungen fest, die sie regelmäßig anhand ihrer „früher" entwickelten Maßstäbe beurteilen.

Beispielsweise beschreiben sie die *Technik von heute* für ihren Alltag häufig als sinnlos, da sie mit ihr keinen spezifischen, eindeutigen Nutzen verbinden können. Diese Überzeugung wird vor dem Hintergrund eines Vergleichs mit der *Technik von früher* plausibel. Denn bei dieser steht gerade ihr konkreter Nutzen im Vordergrund. Klassische technische Geräte werden als Werkzeuge interpretiert, die nur auf der Basis ihres ganz speziellen Nutzens – im Sinne der Erleichterung der Hausarbeit – eingesetzt werden. Bei ihrem Einsatz stehen Zielgerichtetheit, Zweckmäßigkeit und Rationalität im Vordergrund. Insofern muss den Älteren die *Technik von heute* mit ihrer Ergebnisoffenheit sinnlos erscheinen, so die These. Tullys (2003) Untersuchungen zum jugendlichen Umgang mit neuer Technik liefern ein weiteres Indiz für diese These: Er kann zeigen, dass Jugendliche – denen die Beurteilungsmaßstäbe der Älteren nicht zu eigen sind – in ihrem Alltag Technik bevorzugen, die möglichst ergebnisoffen, also wenig nutzenfixiert ist (vgl. Tully 2003, S. 127). Denn nur mit dieser verbinden sie vielfältige Möglichkeiten der Ausgestaltung eines eigenen Lebensstils und der sozialen Integration (vgl. ebd. 128). Der Nutzen hingegen spielt bei ihnen eine untergeordnete Rolle.

Ein weiteres Beispiel für die Relevanz „früherer" Beurteilungsmaßstäbe bei den Befragten ist ihre Problematisierung der wahrgenommenen „Undurchschaubarkeit" der *Technik von heute* und das damit verbundene, häufig geschilderte

---

38 Diese mangelnde Passung zeigt sich beispielsweise daran, dass die mehrfach belegten Bedienungselemente bei digitalen Geräten der bei älteren Benutzern der von früheren Geräten bekannten „Tasten-Funktions-Einheit" widersprechen. Dass z. B. eine „Shift-Taste" nach kurzem Druck einen Zustand für wenige Sekunden speichert, entzieht sich häufig dem technologischen Verständnis Älterer, die davon ausgehen, dass eine nicht arretierende Taste permanent gedrückt werden muss, um ein gewünschtes Ergebnis zu erreichen. Die Charakteristika neuer elektronischer Geräte sind in der „technologischen Grammatik" (Rudinger 1996, S. 253) älterer Benutzer oft nicht enthalten.

Gefühl der Hilflosigkeit bzw. des „Ausgeliefertseins" (Selbstbild). Die problematisierenden Beschreibungen entstehen durch einen Vergleich mit der *Technik von früher*, die als grundsätzlich durchschaubar wahrgenommen wird und der sich die Befragten „überlegen" fühlen. Erst vor diesem Hintergrund erscheinen ihnen beispielsweise die kaum überschaubare Funktionenvielfalt der *Technik von heute* und ihre zahlreichen Vernetzungsmöglichkeiten als Problem. Auch dieser Befund kann durch Studien gestützt werden, die den Fokus auf Jugendliche im Umgang mit neuer Technik richten (vgl. z. B. Tully 2003; Schatz-Bergfeld et al. 1995). Tully (2003, S. 128) und Schatz-Bergfeld et al. (1995, S. 42) können zeigen, dass Jugendliche im Umgang mit der neuen Technik keinerlei „Ohnmachtsgefühle" entwickeln. Auch artikulieren sie die „Undurchschaubarkeit" der Technik nicht als Problem, sondern nehmen diesen Umstand als unhinterfragt selbstverständlich hin und begreifen ihn darüber hinaus als handlungs- und erfahrungsermöglichend.

Zusammenfassend lässt sich festhalten, dass die technischen Veränderungen von den Älteren aufgrund ihres Wissens aus der Vergangenheit beurteilt werden.[39] Dies kann als ein wichtiger Auslöser für ihr Gefühl angesehen werden, die *Technik von heute* nicht ausreichend beherrschen zu können bzw. – je nach technischer Kompetenz – überfordert zu sein. Das Gefühl der „Überforderung" wird dabei zugleich mit dem „Altsein" in Verbindung gebracht. Die Grundlage hierfür bildet ihre Konstruktion einer Dichotomie zwischen „jung" und „alt". Während mit der jungen Generation vor allem Technikkompetenz assoziiert wird, wird der älteren Generation, der sie sich in diesem Fall zurechnen, unzureichende technische Kompetenz zugeschrieben. Insofern bildet die Beschäftigung mit der *Technik von heute* einen Grund dafür, sich selbst – in dieser Hinsicht – als alt wahrzunehmen.

Aufgrund der empirischen Ergebnisse muss eine weitere These von Sackmann und Weymann (1994) allerdings kritisch hinterfragt werden: Es können keine signifikanten Unterschiede zwischen den hier untersuchten Altersgruppen, im Sinne verschiedener kultureller Technikgenerationen, ausgemacht werden.[40] Hinsichtlich der technischen Kompetenz beispielsweise, die nach Weymann und Sackmann (1994) bei der jeweils jüngeren Generation größer sein müsste, zeigen sich in der empirischen Untersuchung keine Unterschiede. Unabhängig davon, ob die Befragten der „vortechnischen Generation", der „Generation der Haushaltsrevolution" oder der „Generation der umfassenden Haushaltstechnisierung" an-

---

39 Insofern kann dieser These Sackmanns und Weymanns (1994) zugestimmt werden.
40 Untersucht wurden hier Ältere, die der „vortechnischen Generation", der „Generation der Haushaltsrevolution" und der „Generation der umfassenden Haushaltstechnisierung" zugeordnet werden können.

gehören, kann ihre Technikkompetenz ganz wesentlich auf persönliches Interesse an der technischen Entwicklung und auch auf eigene (berufs)biografische, technikbezogene Erfahrungen zurückgeführt werden. Aber auch hinsichtlich der Charakterisierungen der Technik – ihrer Technikbilder – zeigen sich keine generationsspezifisch unterschiedlichen Beschreibungen. Vielmehr liegen die unterschiedlichen Deutungen der *Technik von heute* quer zu den Technikgenerationen und müssen daher auf andere Faktoren zurückgeführt werden.

Als Grund für ein „Verschwinden" der von Weymann und Sackmann (1994) diagnostizierten Grenzen zwischen den älteren „Technikgenerationen" wird angenommen, dass die „dritte technologische Revolution" eine so gravierende Zäsur für die Nutzer darstellt, dass dahinter alle früheren Unterschiede in der technischen Entwicklung „verblassen". Ein Indiz hierfür ist die von den Befragten entwickelte Dichotomisierung zwischen der *Technik von früher* und der *von heute*, die mögliche Unterscheidungen zwischen früheren Technikformen vernachlässigt. Die neue Technik, so ist meine These, macht jegliches technisches Erfahrungswissen überflüssig, so dass damit heute alle Älteren – unabhängig von der jeweiligen Technikgeneration – vor gleiche technische Herausforderungen gestellt werden. Herausforderungen, so muss ergänzt werden, die ihnen das Gefühl vermitteln, „alt" zu sein.

Neben der technischen Entwicklung trägt – wie oben erläutert – aber noch eine weitere Bedingung dazu bei, dass sich ein Großteil der Befragten als „alt" erlebt: Aufgrund des mit der *Technik von heute* assoziierten hohen Betreuungsbedarfs und der gleichzeitig unzureichenden oder fehlenden betrieblichen Service- und Beratungsleistungen fühlen sich fast alle Älteren mit eigenen (Enkel-)Kindern mehr oder weniger dauerhaft auf deren Unterstützungsleistungen angewiesen. Sowohl beim Kauf als auch beim alltäglichen Einsatz dieser Technik greifen sie regelmäßig auf die Hilfe der jüngeren Generationen zurück.

Insbesondere im Bereich der Informations- und Kommunikationstechnik – als wichtiger Teilbereich der neuen Technik – werden hohe Anforderungen an die technische Kompetenz der Käufer gestellt (vgl. Voß, Rieder 2005, S. 61), so dass sich die Befragten überwiegend schon bei der Anschaffung dieser Technik auf Hilfe angewiesen fühlen. Vornehmlich sind es die eigenen Kinder, die ihnen beim Gerätekauf beratend zur Seite stehen, ihnen *Technik von heute* in Form von Geschenken zukommen lassen oder ihnen ihre „alten" Geräte „vererben". Diese Abhängigkeit zeigt sich meist noch sehr viel ausgeprägter beim alltäglichen Einsatz der Technik. Auch wenn der Grad an Unterstützungsbedarf schwankt, so empfangen dennoch fast alle Befragten mit Kindern mehr oder weniger regelmäßig Unterstützungsleistungen von ihnen.

Dass die „jungen Generationen" für diese Form der Unterstützungsleistungen besonders geeignet sind, gilt für alle Älteren als unhinterfragt selbstverständlich.[41] Das ist naheliegend, da u. a. aufgrund der stark gesunkenen Gerätekosten heute die meisten Kinder und Jugendlichen über neueste technische Geräte verfügen, mit denen sie sich in ihrer Freizeit umfänglich beschäftigen (vgl. Tully 2003). Während in früheren Generationen vor allem die 30- bis 40-Jährigen überproportional am Gerätebesitz beteiligt waren, zeigt sich der erste Zugriff auf neue Technik heute immer stärker bei den Jugendlichen (vgl. Glatzer, Hartmann 1993, S. 376; Richard, Krüger 1998, S. 159).[42]

Die Situation der Älteren kann als eine – von den Befragten so erlebte – Abhängigkeit von den jüngeren Generationen bzw. als eine „Umkehrung der Kompetenzverhältnisse zwischen den Generationen" interpretiert werden. Lüscher und Liegle (2003, S. 175) machen den Vorschlag, bezüglich der neuen Technik vom Auflösen des traditionellen, altersklassenbezogenen Autoritätsgefälles zu sprechen. Denn die junge Generation sei den Älteren in vielen Aspekten der Medienbeherrschung und -nutzung überlegen. Damit verliere die traditionelle Wissensübergabe von den Älteren hin zu den Jüngeren ihre funktionale Bedeutung und kehre sich um (vgl. hierzu auch Glatzer, Hartmann 1993, S. 376). Die „Ratgeberkompetenz der Alten" aus kumulierter Erfahrung schwindet in diesem Bereich, betont auch Weymann (2000, S. 37).

Damit befinden sich die heute Älteren – teilweise schon früh – in einer Situation, die sonst eher mit dem hohen Alter assoziiert wird: Sie sind auf instrumentelle und kognitive Unterstützungsleistungen durch ihre Kinder angewiesen, was sich in ihrem Selbstbild in der Form niederschlägt, dass sie sich „alt" fühlen. Denn instrumentelle Unterstützungsleistungen erbringen Kinder und Enkelkinder gewöhnlich als Reaktion auf Autonomie- bzw. Kompetenzverluste der Eltern bzw. der Großeltern im hohen Alter (vgl. Attias-Donfut 2000, S. 229; Künemund, Hollstein 2005, S. 261). Das Gefühl des „Altseins" zeigt sich dabei unabhängig vom eigenen chronologischen Alter, da es auf das Angewiesensein auf die jüngeren Generationen zurückgeführt wird.[43] Insofern werden angebliche „Alterspro-

---

41 Während Leu beispielsweise noch 1990 vermutete, dass diejenigen Kinder eine höhere Computerkompetenz aufweisen, deren Eltern über gute Computerkenntnisse verfügen, kann heute eher umgekehrt argumentiert werden: Nur wenn die Kinder über ausreichende Erfahrungen mit neuer Technik verfügen, werden auch die Eltern ihre technische Kompetenz erhöhen können.
42 Vgl. hierzu die These von Glatzer und Hartmann (1993).
43 Und aufgrund der Dichotomisierung der Befragten zwischen „jung und technikkompetent" und „alt und unzureichend technikkompetent" werden alle graduellen Unterschiede zwischen „jung und alt" und zwischen „technikkompetent und nicht technikkompetent" aufgehoben.

bleme" in eine Lebensphase vorverlegt, in der sich die Befragten subjektiv noch nicht den Alten zurechnen würden (vgl. hierzu auch Tews 1993, S. 26). Ursache des hier vorliegenden Unterstützungsbedarfs ist allerdings kein Kompetenz*verlust*, sondern das Problem der mangelnden Passung zwischen dem vorhandenen technischen Erfahrungswissen und den neuen technischen Nutzungsanforderungen. Insofern entstehen die Probleme gerade dadurch, dass das „überholte" Wissen nicht vergessen wird.

Der Befund einer *Verjüngung des Alters* – bezogen auf das Selbstbild der Älteren – gilt allerdings nicht für die gesamte Untersuchungsgruppe. Denn als „alt" – im Umgang mit Technik – beschreiben sich nur die Personen, die auf die Unterstützung ihrer Kinder zurückgreifen. Ganz anders hingegen zeigt sich das Selbstbild der Befragten, die entweder keine eigenen Kinder haben, die aufgrund familiärer Konflikte auf die Hilfe ihrer Kinder verzichten oder deren Kinder in so großer Distanz wohnen, dass instrumentelle Hilfeleistungen nicht möglich sind. Bei ihnen wird kein Zusammenhang zwischen dem Umgang mit *Technik von heute* und einem Selbstbild als „alt" entwickelt. Diese Befragten delegieren ihre technischen Probleme meist an mehr oder weniger „professionelle" Dienstleister, die dafür angemessen entlohnt werden. Infolgedessen kann auch die Konstruktion einer „Umkehr der generationellen Kompetenzverhältnisse", die – wie oben beschrieben – eine wichtige Ursache der Selbsteinschätzung als „alt" ist, hier nicht greifen. In der Wahrnehmung dieser Befragten ist ein kompetenter Umgang mit neuer Technik vor allem abhängig vom eigenen Interesse, von beruflichen Erfahrungen und von den Möglichkeiten des Zugangs zur neuen Technik.

Der Unterstützungsbedarf beim Einsatz der *Technik von heute* wird von ihnen als ein Problem begriffen, das von „Experten" gelöst werden muss. Und als Experten gelten ihnen Personen, die sich in beruflicher Hinsicht mit dieser Technik beschäftigen. Bei PC-Problemen beispielsweise muss dies aber nicht unbedingt ein expliziter EDV-Berater sein, sondern es kann ebenso eine Informatikstudentin, ein kompetenter Verkäufer oder auch ein Nachbar sein, der beruflich im EDV-Bereich tätig ist. Wichtig ist den Befragten allein die berufliche Qualifikation ihrer Hilfeleistenden. Vor dem Hintergrund dieser „*berufsbezogenen*" Deutung des Unterstützungsbedarfs ist es naheliegend, dass die eigene mangelnde technische Kompetenz als die Konsequenz einer andersartigen beruflichen Ausbildung verstanden wird. Sie wird insofern als „Fachproblem" und nicht als „subjektive Überforderung" interpretiert, die sich in einem Selbstbild als „alt" niederschlagen könnte.

Im Gegensatz dazu sind die Befragten, die auf die Unterstützung ihrer Kinder zurückgreifen, mit der Situation konfrontiert, dass ihre Kinder als interessierte

Laien einen sehr kompetenten Umgang mit der *Technik von heute* pflegen. Dies impliziert zugleich, dass es sich hier um ein Technikwissen handeln muss, das nicht an berufsbezogene, fachliche Qualifikation geknüpft ist, sondern das sich jeder Laie aneignen kann. Insofern kann die fehlende eigene Kompetenz nicht auf eine andere berufliche Ausrichtung, sondern „muss" auf die eigene mangelnde Leistungsfähigkeit zurückgeführt werden, die dann mit dem „Altsein" begründet wird.

Werden nun abschließend die Ergebnisse vor dem Hintergrund der theoretischen Vorannahmen betrachtet – insbesondere der in Kapitel 5.3 –, dann fällt auf, dass zwischen dem Umgang mit Technik und den (subjektiven) Altersbildern wie erwartet ein Zusammenhang besteht. Vermutet wurde, dass die jeweiligen Vorstellungen über das eigene Alter auf den Umgang mit Technik einwirken: Würde beispielsweise das eigene Alter mit verringerter Leistungsfähigkeit assoziiert, dann könnte sich diese Überzeugung möglicherweise negativ auf die Motivation zur Technikaneignung auswirken, so war die Annahme. Gezeigt hat sich vor dem Hintergrund der hier verfolgten Forschungsfrage aber auch die eher umgekehrte Richtung der Einflussnahme: Der Umgang mit *Technik von heute* ist für viele Ältere der Ursprung für Gefühle der Überforderung und des Ausgeliefertseins, die sie mit der Überzeugung verbinden, – zumindest in dieser Hinsicht – alt zu sein. Insofern wird durch ihre Konfrontation mit der *Technik von heute* ein Selbstbild erzeugt, das das eigene Alter überhaupt zum Thema macht.

An diesem Phänomen wird weiterhin deutlich, dass die jeweiligen Vorstellungen über das Alter – die Altersbilder – nur aus dem jeweiligen Kontext ihrer Entstehung verstanden und erklärt werden können (vgl. Saake 1998). Das Altersbild sagt im Hinblick auf die hier verfolgte Fragestellung nichts über die typischen Charakteristika des Alters aus, sondern erhält seine Plausibilität nur über seine Funktion als Orientierungs- und Handlungsrahmen für die Älteren.

11.4 Neue Perspektiven

Bleibt zum Schluss darüber nachzudenken, welche Strategien entwickelt werden können, um den Älteren den Zugang zur neuen Technik zu erleichtern und so ihren Gefühlen entgegenzuwirken, schon früh zu den „Alten" zu gehören und von den jüngeren Generationen abhängig zu sein. In der Forschung zu Alter und Technik wird gewöhnlich zwischen den sogenannten „technikzentrierten" und „personenzentrierten Interventionen" unterschieden (vgl. Rudinger 1996; Reichert 2001): Sowohl eine bessere Anpassung der Technik an die Bedürfnisse der Älteren als auch Anpassungsleistungen der Älteren an die Technik zielen in diesem Sinne auf eine Übereinstimmung zwischen den Technikanforderungen und den Nutzerkompetenzen.

Einer „technikzentrierten Intervention" zur Überwindung der mangelnden Passung widmet sich seit den 1990er Jahren vor allem die „Gerontotechnik" (vgl. Reents 1996). In multi-disziplinären Arbeitszusammenhängen wird darüber nachgedacht, wie Technik gestaltet sein muss, damit sie mit dem Wissen und den Voraussetzungen der Älteren kompatibel ist. Aus dieser Perspektive könnte beispielsweise das Vermeiden von Tasten-Doppel-Belegungen bei einfachen Geräten ein Ziel sein, um die für klassische Geräte typische „Tasten-Funktions-Einheit" wieder einzuführen. Oder es könnte ein Vermeiden benutzerunterstützender Nebenfunktionen moderner Geräte angestrebt werden, da sie von Älteren häufig nicht als solche erkannt werden. Auch könnten die Bedienelemente so konstruiert werden, dass bei ihrer Betätigung ein mechanischer Widerstand spürbar wird (z. B. beim Tastendruck), was von den Älteren häufig erwartet wird, da dies bei klassischen Geräten üblich ist. Die Liste ließe sich endlos verlängern.

Problematisch ist eine allein technikzentrierte Intervention allerdings dann, wenn man davon ausgeht, dass *vor* diesen sicher sehr wichtigen Interventionen der Zugang und die Akzeptanz von Technik durch Ältere stehen. Insofern erscheint mir eine „personenzentrierte Intervention" sehr viel grundlegender und mindestens ebenso wichtig. Unerlässlich ist aus dieser Perspektive, Ältere zu einer „Umdeutung" der neuen Technik und ihres eigenen Selbstbilds in deren Kontext anzuregen. Dies könnte beispielsweise in Weiterbildungs- und Serviceeinrichtungen für Senioren erfolgen. Eine derartige Veränderung hat zur Voraussetzung, dass die Älteren ihre „alten" Beurteilungsmaßstäbe von „früher" *bewusst* aufgeben.

Beispielsweise müsste versucht werden, die Undurchschaubarkeit der neuen Technik nicht länger als ein Problem zu betrachten, denn die Nutzung neuer Technik ist teilweise gar nicht mehr an ein umfassendes Wissen um ihre Arbeitsweise und an fachliche Qualifikation gebunden. Um ein Handy zu bedienen, muss nicht gewusst werden, wie es funktioniert. Damit verbunden müsste auch der Anspruch aufgegeben werden, ein neues technisches Gerät vollständig begreifen und beherrschen zu wollen, denn erst vor diesem Hintergrund entsteht ein Selbstbild, das durch Überforderung und in der Folge durch das Gefühl des „Altseins" gekennzeichnet ist. Es muss erkannt werden, dass die neuen Geräte aufgrund ihrer Komplexität und der Vielzahl an Vernetzungsmöglichkeiten selbst von Experten nie gänzlich durchschaut werden können. Die Jugendlichen haben das längst begriffen und nehmen es als Selbstverständlichkeit hin.

Auch hinsichtlich der von den Älteren vielfach betonten mangelnden Zweckdienlichkeit neuer Technik müssten die alten Maßstäbe zumindest relativiert werden. Neue Technik mag den Älteren zwar auf den ersten Blick sinnlos erscheinen. Diese Überzeugung lässt sich aber vor allem darauf zurückführen, dass eine Beschäftigung mit ihr nicht, kaum oder nur auf der Basis vorwiegender Zweckorientiertheit stattfindet. Dadurch wird ein spielerisches Ausprobieren neuer Funktionen verhindert, die vielen Potenziale der neuen Technik bleiben unerkannt. Auch hier wäre eine bewusste Distanzierung von „früheren" Bewertungskriterien vonnöten, um in den Genuss der Vielfalt an technikbezogenen Handlungsoptionen zu kommen. In diesem Sinne könnten beispielsweise Seniorenbegegnungsstätten das Ausprobieren neuer technischer Geräte anbieten, um den Älteren die Möglichkeit zu geben, sich ihnen rein spielerisch zu nähern.

Aber nicht nur ein verändertes Technikbild, auch eine neue Form der Techniksozialisation scheint für die Älteren entscheidend zu sein. Aufgrund der dynamischen Entwicklung der neuen Techniken veralten die erworbenen Wissensbestände immer schneller. In der Vergangenheit gemachte Erfahrungen und erprobte Routinen werden entwertet und können mit den neuen technischen Anforderungen nicht mehr mithalten (vgl. Bonß 2007; Tully 2003). Dies erfordert zum einen ein lebenslanges Lernen bzw. die Bereitschaft, sich ständig mit den neuen technischen Entwicklungen auseinanderzusetzen, und zum anderen die Bereitschaft zum Verlernen bzw. zum Vergessen ehemaliger Wissensbestände.

Darüber hinaus kann die Aneignung von Technikkompetenz aufgrund der Komplexität und der Ergebnisoffenheit der neuen Technik immer weniger über ein systematisches und strukturiertes Erlernen spezifischer Fähigkeiten erfolgen, sondern muss aus einem offenen und spielerischen Ausprobieren und Experimentieren resultieren. Nach Tully hat sich beispielsweise bei der Computer-Qualifizierung gezeigt, dass trotz aller Anstrengungen hinsichtlich einer planvollen pädagogischen Koordination der Computer nur wenig zu einer geordneten Wissensvermittlung passt (vgl. Tully 2003, S. 121).

Die notwendig werdende neue Form der Technikaneignung sollte darüber hinaus immer weniger in klassischen, starren Bildungsinstitutionen wie der Volkshochschule erfolgen, sondern muss sich vermehrt in Kontexten etablieren, die einen eher informellen Charakter haben. Das nötige Wissen kann beispielsweise im Freundeskreis oder auch in privat organisierten Interessengruppen vermittelt werden. Denn diese Kontexte zeichnen sich dadurch aus, dass sie wenig oder nicht durch starre Regelungen bestimmt sind. Sie erlauben Improvisationen und spontane (Um-)Entscheidungen und ermöglichen damit ein eher bedürfnisgerechtes und spielerisches Lernen. Auch muss den Älteren klar werden, dass der

Umgang mit neuer Technik für alle – und damit auch für die jüngeren Generationen – immer mit einem gewissen Bedarf an Unterstützung einhergeht, was in der Komplexität der Technik selbst begründet liegt und nicht in der mangelnden eigenen Kompetenz.

In dem Maße, wie es den Älteren gelingt, ihre „alten" technikbezogenen Routinen und Wissensbestände zu vergessen, in dem Maße werden sie sich – wie die „Jungen" – offen, spielerisch und experimentell der neuen Technik nähern und sie erfolgreich in ihren Alltag integrieren können. Und dies ist notwendig, da die neue Technik heute zum unerlässlichen Medium der Vergesellschaftung avanciert ist (vgl. Reichert 2001). Ihre erfolgreiche Nutzung entscheidet mit über die Integration oder den Ausschluss aus der Gesellschaft: Stichwort „digitaler Graben". Die Fähigkeit eines kompetenten Umgangs mit ihr ist daher zu einer notwendigen und grundlegenden Voraussetzung für gesellschaftliche Einbindung geworden.

12 (Ent-)Strukturierung des Alltags durch Technik

Wird nach Gründen für eine ungleiche Verteilung des Technikeinsatzes im Alltag gefragt, dann werden regelmäßig vertikale und horizontale Ungleichheitsfaktoren wie Alter, Beruf, Bildung, soziale Herkunft und Einkommen zur Erklärung herangezogen, die auch durch repräsentative Studien statistisch belegt werden können.[1] Daher erscheint es auf den ersten Blick zumindest ungewöhnlich, nach weiteren Anhaltspunkten zu suchen, die eher quer zu den gängigen Antworten liegen. Dennoch wird hier genau dieser Weg eingeschlagen, denn in der Empirie haben sich zahlreiche Hinweise darauf ergeben, dass der Umfang und die Form des Technikeinsatzes – unabhängig von den „klassischen" Ungleichheitsfaktoren – maßgeblich davon abhängen, *wie* Technik in die bestehenden Strukturen der alltäglichen Lebensführung eingebaut werden kann. Viele Indizien sprechen dafür, dass die eingesetzte Technik sowohl *strukturierende* als auch *entstrukturierende Wirkungen* auf die alltägliche Lebensführung hat und dass diese mit darüber bestimmen, wie und in welchem Umfang Technik in den Alltag integriert wird.

In der Techniksoziologie des Alltags wird das Phänomen der *strukturierenden* Wirkung von Technik auf das alltägliche Handeln schon lange diskutiert.[2] Hier kann zwischen zwei konträren Positionen unterschieden werden: Aus der Perspektive der sachtheoretischen Ansätze – denen beispielsweise Joerges (1988) zugeordnet werden kann – wird vor allem die stark strukturierende Wirkung der Technik auf das alltägliche Handeln betont, die zur Institutionalisierung stabiler Handlungsformen beitrage („Technik als stählernes Gehäuse"). Demgegenüber vertreten z. B. Hörning (1988) und Rammert (2007) die Ansicht, dass der Alltag durch eigensinnige, vielsinnige und auch widerständige Verwendungsmöglichkeiten von Technik durch die Nutzer bestimmt wird („Technik als Medium kultureller Sinnsetzungen"). Auch wenn bei der zweiten These die stark strukturierende Wirkung der Technik angezweifelt wird, stehen dennoch auch hier ihre strukturierenden Merkmale im Mittelpunkt.[3] Hier zeigt sich ein „blinder Fleck" der For-

---

1 Vgl. hierzu z. B. Mollenkopf, Kaspar 2004; Reichert 2001; Kruse 1992; Rott 1988 und Statistisches Bundesamt 2011. Siehe hierzu auch Kapitel 6.3.
2 Siehe hierzu auch Kapitel 4.2.3.
3 Das ist naheliegend, berücksichtigt man, dass sich viele Studien mit klassischen Technikformen

schung: Der strukturierende Aspekt der Technik wird als das Gesellschaftsbestimmende angesehen, ohne über Tendenzen der Entstrukturierung nachzudenken. In der empirischen Untersuchung haben sich allerdings viele Hinweise darauf ergeben, dass eine Ausweitung der Analyse sinnvoll ist: Insbesondere hinsichtlich der *neuen* Technik scheint es überaus wichtig, auch ihre *entstrukturierenden* Wirkungen auf die alltäglichen Handlungen in den Blick zu nehmen, da gerade diese von den Älteren häufig negativ, als *verunsichernd* und *desorientierend*, aber auch positiv, als *handlungsermöglichend*, erlebt werden. Ein Ziel dieser Untersuchung ist es daher, neben den strukturierenden vor allem die entstrukturierenden Aspekte bei der Techniknutzung mit ihrer Wirkung auf das alltägliche Deuten und Handeln der Älteren auf unterschiedlichen Ebenen der alltäglichen Lebensführung differenziert herauszuarbeiten und zu erklären.

Um sich dem bislang wenig behandelten Phänomen der Entstrukturierung durch Technik zunächst knapp aus theoretischer Perspektive zu nähern, wird auf Überlegungen von Tully (2003) zur neuen Technik zurückgegriffen (12.1.1). Zur systematischen Erfassung verschiedener Strukturebenen des Alltags wird eine Dimensionalisierung vorgestellt (12.1.2), die von Voß (2001) entwickelt wurde und die den theoretischen Rahmen für die Empirie bildet. Daran schließen sich die empirischen Ergebnisse an (12.2).

12.1 Theoretische Vorannahmen

12.1.1 Entstrukturierende Technik

Nach Tully (2003, S. 166) ist es ein wichtiges Kennzeichen der neuen, „ergebnisoffenen" Technik, dass sie dazu beitragen kann, alltägliche Organisationsleistungen zu entstrukturieren. Er spricht vom Entstehen informeller Handlungsmuster durch technische Entstrukturierungsprozesse bzw. von einer zunehmenden *Informalisierung* der Gesellschaft, wobei er Informalisierung als einen Gegenbegriff zur Institution begreift.[4]

Tully unterscheidet zwischen lokalen und sachlichen Bezügen, die „in Auflösung begriffen" seien (Tully 2003, S. 196). Eine „Verflüssigung der *lokalen* Bezüge"

---

beschäftigen, denen im Sinne Tullys (2003) eindeutige und genau festgelegte Funktionen zugeordnet werden können, die in immer gleicher Weise durch die Technik erfüllt werden.
4 Auch Breuer stellt fest, dass die Ordnung des eigenen Lebens durch Technik durcheinandergebracht wird, wobei er diese Aussage allerdings auf klassische Technik bezieht (vgl. Breuer 1995, S. 124 f.).

(ebd., kursiv nicht im Original) bedeutet nach ihm die Aufhebung von Distanzen und zeitliche Synchronisation. „[D]as Handy als Repräsentant der modernen Technik hat deshalb keine Ortsvorwahl mehr; das Internet kennt keine Postanschrift" (ebd. 197), so seine Begründung. Der Ort der Handlung werde beliebig und die Kommunikation mit entfernt lebenden Personen werde beispielsweise weniger durch die faktische Entfernung als durch Kommunikations- und Transporttarife bestimmt (vgl. ebd. 198). Die Distanzüberwindung und die Teilhabe an vielschichtigen Erlebniswelten seien durch moderne Technik jedem möglich. Und das bleibt nach Tully – der hier in Anlehnung an Giddens (1988) argumentiert – nicht ohne Wirkung auf den Alltag, da die alltäglichen Handlungsroutinen nun durch entfernte soziale Einflüsse geprägt oder auch gestört würden (vgl. ebd. 198). Letztere können insofern ebenfalls zur Entstrukturierung bisheriger alltäglicher Handlungspraxen beitragen.

Die Aufhebung bzw. Entstrukturierung *sachlicher Bezüge* sieht Tully darin begründet, dass die neue Technik in verschiedenen Situationen und für verschiedene Zwecke genutzt werden kann. Mit der Folge, so Tully, dass beispielsweise Arbeit und Freizeit immer weniger unterschieden werden können, ebenso wie „Fakt und Ästhetik, Symbol und Zweck" (ebd. 199). Für ihn geht die Entstrukturierung sachlicher Bezüge zugleich mit einer Auflösung von Authentizität einher (vgl. ebd.). Er schränkt zwar ein, dass diese Veränderungen weniger das Arbeitsleben betreffen, da dieses noch überwiegend durch systematische Formen der Techniknutzung bestimmt sei, aber für den Alltag beschreibt er eine bedeutende entstrukturierende Wirkung der neuen Technik.

Eine Folge der Entstrukturierungsprozesse, die zugleich als Störungen der Alltagsroutinen erlebt werden können, ist nach ihm die größere Verantwortlichkeit des Einzelnen für die erfolgreiche Bewältigung des Alltags. Mit anderen Worten: Die neue Technik entlässt die Menschen aus engen Vorgaben und zwingt zur eigenverantwortlichen und engagierten „Selbststeuerung" (ebd. 172).

Auf der Basis dieser eher allgemeinen Überlegungen zur entstrukturierenden Wirkung von Technik im Alltag ist es das Ziel des folgenden Unterkapitels aufzuzeigen, auf welchen konkreten Dimensionen des Alltagshandelns sich strukturierende und entstrukturierende Wirkungen zeigen können. Diese bilden den heuristischen Rahmen für die Bearbeitung der Forschungsfrage.

12.1.2 Struktur der alltäglichen Lebensführung

Nach Voß ist die alltägliche Lebensführung „ein System zur dimensionalen Strukturierung und Koordination der alltäglichen Tätigkeiten einer Person" (Voß 2001, S. 206). Sie ist eine *Methode* zur „Herstellung, Stabilisierung und Veränderung" des Handelns im Alltag (Voß 2001, S. 206, vgl. hierzu auch Voß, Pongratz 1997; Weihrich 1998). Die zentrale Funktion des Systems besteht nach ihm darin, die Tätigkeiten des Alltags in allen Bereichen „in bezug auf zentrale Handlungsdimensionen (...) zu *strukturieren*" (Voß 2001, S. 206, kursiv nicht im Original). Darüber hinaus trägt es dazu bei, dass „eine geschlossene und integrierte alltagspraktische Gesamtsystematik des Handelns entsteht" (ebd.).

Auch wenn dieses System aktiv von einer Person hervorgebracht und reproduziert wird, entwickelt es nach Voß dennoch eine *strukturelle Eigenlogik*, die einen problemlosen Handlungs- und Tagesablauf sichert und dazu beiträgt, dass keine „aufwendigen Steuerungsinterventionen" erforderlich sind, dass der Alltag nicht als „holprig und anstrengend" erlebt wird (Voß 2001, S. 210).[5] Die Lebensführung ist damit eine „*Ultra-Stabilisierung* des alltäglichen Handelns: eine Stabilisierung des alltäglichen Gesamtzusammenhangs jenseits der alltäglichen Leistungen der Stabilisierung von Handeln in den verschiedenen sozialen Sphären" (ebd. 211, kursiv im Original). Insofern dient sie nach Voß der Stabilität, der Kontinuität und der Identität des Lebens und trägt zur Handlungssicherheit und -entlastung bei (vgl. ebd. 212).

Wichtige Handlungsdimensionen der Strukturierung sind dabei:

- die *zeitliche,* „d. h. wie lange, in welchem Zeitmodus, mit welchem Beginn und welchem Ende, mit welcher zeitlichen ‚Lage' innerhalb eines Tages, einer Woche, eines Monats, eines Jahres usw. eine Person tätig ist" (ebd. 205),
- die *räumliche,* „d. h. wo, mit welcher räumlichen Logik, mit welcher räumlichen Orientierung usw. eine Person tätig ist" (ebd.),
- die *soziale,* „d. h. nach welchen Normen, mit welchen Erwartungen, in welcher Arbeitsteilung und Kooperationslogik usw. eine Person tätig ist" (ebd.),
- die *sinnhafte,* „d. h. mit welchen Motivationen, Deutungen und Begründungen eine Person tätig ist" (ebd.),
- die *geschlechtliche,* „d. h. mit welcher Geschlechter- oder Genderlogik Tätigkeiten codiert werden" (ebd.),

---

5 Das bedeutet aber zugleich, dass der Alltag nicht ohne Weiteres verändert werden kann.

- die *sachliche*, „d. h. nach welcher Sachlogik, mit welchen Qualifikationen usw. eine Person tätig ist" (ebd.),
- die *körperliche*, „d. h. mit welchem Körpermodus, mit welcher Strukturierung der körperbezogenen Sinnlichkeit usw. eine Person ihre Tätigkeit organisiert" (ebd., 206) und
- die *emotionale*, „d. h. mit welcher Gefühlslage Tätigkeiten betrieben werden" (ebd.).[6]

Geht man nun, wie anfangs formuliert, von der These der *(ent)strukturierenden Wirkungen* der Technik auf das alltägliche Handeln aus, dann müssten diese sich – theoretisch formuliert – auf das System der alltäglichen Lebensführung niederschlagen. Mit der Folge, dass die unhinterfragte Selbstverständlichkeit der alltäglichen Lebensführung verändert, in Frage gestellt oder verhandlungsoffen wird.

Die (Ent-)Strukturierungen, so die weitere Annahme, müssten dann in den oben präsentierten Dimensionen sichtbar werden. Insofern war es das Ziel der empirischen Untersuchung zu prüfen, inwiefern Technik auf diesen Ebenen zur Strukturierung oder zur Entstrukturierung beiträgt, wie diese Prozesse von den Älteren wahrgenommen werden und wie sie damit umgehen.

12.2 Empirische Ergebnisse

Es lassen sich zahlreiche Strukturierungsprozesse durch den Technikeinsatz in der alltäglichen Lebensführung feststellen. Aber besonders die *Ent*strukturierungstendenzen – die insbesondere durch den Einsatz *neuer* Technik hervorgerufen werden – scheinen in der Alltagspraxis der Älteren für Veränderungen und Irritationen zu sorgen.

Es gilt vorauszuschicken, dass auch der Einsatz von neuer Technik – ebenso wie der von klassischen Geräten – im Alltag Älterer häufig eher unspektakulär abläuft. Meist erfolgt ein eher „lautloser" Prozess der Eingewöhnung und Normalisierung, der für den Betrachter nicht immer auf den ersten Blick zu erkennen ist. Seine Aufgabe besteht dementsprechend darin, das Nicht-Offensichtliche oder das anscheinend Nicht-Bedeutsame zu erkennen und herauszuarbeiten. Dabei

---

[6] Die von Voß genannte mediale Dimension, unter die er „artefact-hafte Hilfsmittel/Techniken" (ebd. 205) fasst, wird hier vernachlässigt, da ja gerade die Wirkung von Technik auf die anderen Strukturen geprüft werden soll.

muss er gerade das als „fraglos gegeben" bzw. als „unhinterfragt selbstverständlich" Erscheinende – die „*natürliche Einstellung*"[7], wie Schütz und Luckmann (1979, S. 25 f.) es bezeichnen – aufdecken, um so den Prozess der Technikaneignung und -nutzung mit seinen (ent)strukturierenden Wirkungen kenntlich zu machen.

Im Sinne einer *Prozessualität* des Handelns – nach Beck (1997, S. 341) – wurde in dieser Untersuchung davon ausgegangen, dass sich strukturierende und entstrukturierende Wirkungen aus den Wechselbeziehungen zwischen Nutzer (N), Technik (T) und der alltäglichen Lebensführung (ALF) ergeben. Dennoch kann meist der als maßgeblich wahrgenommene auslösende „Akteur" des Handlungsprozesses aufgespürt und können die mit seinem „Handeln" verbundenen Folgen herausgearbeitet werden. Präziser: Es kann danach unterschieden werden, ob sich der ältere Mensch in der Rolle sieht, die Technik bewusst zu individuellen Zwecken der Strukturierung oder Entstrukturierung einzusetzen (N → T → ALF), oder ob er sich durch den (unumgänglichen) Einsatz von Technik ihren strukturierenden und entstrukturierenden Wirkungen auf die Alltagspraxen hilflos ausgeliefert fühlt (T → ALF). Letzteres kann beispielsweise dann der Fall sein, wenn ein Arbeitgeber auf dem Einsatz von neuer Technik besteht oder wenn ein selbst angeschafftes Gerät mit unerwarteten und als nicht einschätzbar erlebten Nebenfolgen verbunden ist. Ebenso aber kann auch die Lebensführung durch ihre „*Ultra-Stabilisierung*" (Voß 2001, S. 211, kursiv im Original) des alltäglichen Gesamtzusammenhangs dazu beitragen, dass der (weitere) Einbezug von Technik erschwert wird (ALF → T). Durch die Berücksichtigung dieser Differenzierungen kann beispielsweise erklärt werden, warum Strukturierungs- und Entstrukturierungstendenzen durch den Einsatz von Technik einmal als Wohltat und einmal als Bedrohung erlebt werden, warum sie einmal den Alltag „rahmen" und ihn ein anderes Mal durcheinanderbringen.

Zu zwei der von Voß (2001) aufgeführten Handlungsdimensionen, und zwar der körperlichen und der emotionalen, lassen sich durch die vorliegende Untersuchung nur wenige Erkenntnisse gewinnen, so dass sie im Folgenden ausgespart bleiben. Das liegt darin begründet, dass sich hierzu mit der verwendeten Erhebungsmethode des narrativen, verstehenden Interviews kaum verwertbare Daten erheben lassen. Denn Emotionen drücken sich vor allem in Mimik, Gestik und der Stimmlage der interviewten Person aus, alles Aspekte, die im Rahmen des Interviews und der darauf gründenden Transkription kaum oder gar nicht erfasst werden können. Hinzu kommt, dass bei einer Thematisierung von Gefühlen im Rahmen des „Gesprächs" diese nie so beschrieben werden können, wie sie

---

[7] Siehe hierzu Kapitel 4.2.5.

erlebt werden. Es handelt sich insofern immer um vermittelte Daten, da die Gefühle vorher kognitiv erfasst werden (vgl. z. B. Laucken 1989). Dementsprechend können die Äußerungen nur begrenzte Informationen zur emotionalen Dimension liefern. Auch zur Erfassung von körperlichen Phänomenen sind Interviews ungeeignet. Hierfür böte sich die teilnehmende Beobachtung an, mit der konkrete Bewegungsabläufe im Umgang mit Technik, auftretende Probleme etc. erfasst werden könnten.

Vor der Präsentation der detaillierten Erkenntnisse zu den einzelnen Ebenen aus Kapitel 12.1.2 werden die Wechselbeziehungen zwischen der Lebensführung als einer „alltagspraktischen *Gesamt*systematik des Handelns" (Voß, 2001, S. 206, kursiv nicht im Original) und dem Einsatz von Technik geprüft.

Es zeigt sich, dass Technik von den Älteren an vielen Stellen und unhinterfragt selbstverständlich in das alltagspraktische Handeln eingebaut wird und ihnen dadurch einen reibungslosen, störungsfreien Handlungs- und Tagesablauf in seiner Gesamtheit garantiert. Das beginnt schon mit dem Wecker am Morgen, der den Beginn des Alltags „einläutet", und endet bei den meisten Älteren mit dem Ausschalten des Fernsehers, der regelmäßig den Verlauf des Abends gestaltet. Insbesondere die klassische Technik kann durch ihre eindeutige und klar abgrenzbare Funktionalität in besonderem Maße dazu beitragen, den Alltag in seinem Gesamtzusammenhang zu *strukturieren* und dadurch Handlungssicherheit und -entlastung erzeugen. Vor dem Hintergrund dieser Eigenschaften wird Technik von den Älteren allgemein gutgeheißen, für sich selbst akzeptiert und angenommen.

Als problematisch erleben Ältere den Einsatz von Technik häufig erst dann, wenn ein Gerät *neu* in die bestehende Gesamtheit der Alltagspraxis integriert werden soll. Aber auch hier muss differenziert werden: Immer dann, wenn das Gerät die gewohnten Alltagsroutinen zu stören, zu *entstrukturieren* scheint, stehen die Älteren ihm eher ablehnend gegenüber. Das ist naheliegend, da sein Einsatz die mit dem System der alltäglichen Lebensführung einhergehende Stabilität, Kontinuität und Handlungsentlastung gefährdet, so dass die gesamte Alltagsstruktur zusammenzubrechen droht.

Ganz anders hingegen ist die Reaktion der Älteren, wenn der Einsatz eines neuen Geräts *nicht* die gewohnten Routinen durchbricht: Dann zeigen sie häufig eine große Bereitschaft, es in den Alltag zu integrieren.[8] Der Austausch einer defekten Mikrowelle oder Kaffeemaschine durch eine intakte stellt beispielsweise kein Problem dar, weil der gewohnte Tagesablauf davon unberührt bleibt, Ände-

---

8   Vorausgesetzt ist in allen Fällen, dass der Zweck des Geräts als sinnvoll erachtet wird.

rungen der entlastenden Handlungsroutinen dementsprechend nicht nötig sind. Aber auch in einer anderen Situation wird der Einsatz neuer Technik akzeptiert: Wenn durch eine Umstellung des Tagesablaufs freie Zeit „entsteht" – z. B. wenn ein Hobby aufgegeben oder die Ausübung einer gewohnten Beschäftigung durch äußere Umstände verhindert wird –, dann steigt zugleich die Bereitschaft, sich mit neuen technischen Geräten zu beschäftigen. Auch in diesem Fall sind die üblichen Alltagsroutinen durch die Technik nicht gefährdet, was mit steigender Akzeptanz und der Bereitwilligkeit, sich mit ihr auseinanderzusetzen, einhergeht.

Bevor nun nacheinander systematisch die verschiedenen Ebenen erläutert werden, muss vorausgeschickt werden, dass sich viele technische Handlungen im Alltag gleichzeitig mehreren Ebenen zuordnen lassen. Um Wiederholungen möglichst zu vermeiden, werden sie dort erläutert, wo die (ent)strukturierenden Wirkungen der Technik als besonders wichtig angesehen werden.

12.2.1 Zeitliche Handlungsdimension

Der Technikeinsatz geht in zeitlicher Hinsicht zugleich mit strukturierenden wie mit entstrukturierenden Wirkungen einher, denn mit ihm sind weder nur standardisierte zeitliche Lagen bzw. deren Entstrukturierung verbunden, noch ermöglicht die Technik den Älteren per se Zeitgewinne oder nur Zeitverluste etc. (vgl. hierzu auch Hörning et al. 1996). Es gilt genau zu differenzieren und das *wechselseitige* Verhältnis zwischen den individuellen, zeitlichen Arrangements der Lebensführung, den Handlungsorientierungen der Älteren und dem Einsatz von Technik zu erfassen, wenn man konkrete Aussagen zu den (ent)strukturierenden Wirkungen der Technik machen will.

Strukturierung

Technik trägt in verschiedener Hinsicht dazu bei, die zeitlichen Ausrichtungen des Alltags Älterer zu bestimmen bzw. zu strukturieren. So dient sie sehr vielen Befragten zur regelmäßigen Zeitersparnis und strukturiert somit die *Zeitdauer* von Tätigkeiten (N → T → ALF). In diesem Fall wird das menschliche durch technisches Handeln ersetzt oder mit Hilfe der Technik erleichtert, rationalisiert und dadurch beschleunigt. Ein Beispiel für Ersteres ist der Einsatz einer Geschirrspülmaschine, ein Beispiel für Letzteres der Gebrauch eines Mixers. Aber auch beim Planen von Reisen nutzen viele das Internet zur Rationalisierung und Beschleunigung des Prozesses der Reisevorbereitung. Die Älteren setzen Technik bewusst ein, um die Dauer bestimmter Tätigkeiten zu verkürzen und dadurch zeitliche Freiräume zu gewinnen. Dass vor allem die klassische Technik mit ihren eindeutigen Funktionen Zeiteinsparungen ermöglicht, ist naheliegend. Aber am Beispiel der Reisevorbereitung zeigt sich, dass auch neue Technik in diesem Sinne verwendet wird. Technik wird hier mit ihren instrumentellen Eigenschaften eingesetzt, um kontrolliert und schnell spezifische Ergebnisse hervorzubringen (Kontrollorientierung, vgl. Hörning 1988, S. 72 ff.). Insofern ist Technik hier erwünscht und trägt aus Sicht der Älteren zur verbesserten zeitlichen Organisation ihres Alltags bei.[9]

Technik determiniert zudem bei vielen Älteren den regelmäßigen Beginn und/oder das Ende bestimmter Handlungen. Mit anderen Worten: Die *zeitliche Lage* spezifischer Tätigkeiten im Alltag wird durch Technik festgelegt (T → ALF). Ein Beispiel hierfür ist der sogenannte Nachtstrom, der es bestimmten Personen ermöglicht, in den Abend- und Nachtstunden preislich günstigeren Strom zu beziehen. Die Verfügbarkeit von Nachtstrom bestimmt bei einigen Älteren darüber, wann sie ihre Wasch- oder Spülmaschine einschalten und wann daran anschließende Tätigkeiten (z. B. Ausräumen) erfolgen. Ein weiteres Gerät, das viele Ältere benutzen und das den Verlauf ihres Abends in ganz besonderer Weise festlegt bzw. strukturiert, ist der Fernseher. Die Mehrzahl der Befragten schaltet ihn jeden Abend, einem Ritual gleich, immer zur gleichen Zeit ein (vgl. hierzu auch Ahrens 2009). Der Fernseher erzeugt eine zeitliche Strukturierung des Abends, die vor allem durch Nachrichtensendungen und die individuellen Genrepräferenzen der Älteren geprägt ist. Häufig zeigt sich eine ausgeprägte Bindung an bestimmte Sendungen, die entweder der Unterhaltung, der Information oder der „Flucht aus dem ‚Alltag'" dienen bzw. als „Fenster zur Welt" erlebt werden. Auch die Dauer und der Abschluss des Abends werden häufig durch das Fernsehprogramm festgelegt, indem das Ende einer Sendung meist mit dem Ende des Abends gleichgesetzt wird und die Älteren anschließend schlafen gehen.

An den genannten Beispielen wird deutlich, dass zwischen unterschiedlichen Graden der Handlungsfestlegung differenziert werden kann: Während die Fernsehnutzung jederzeit individuell verändert werden kann, gilt für die Nutzung des

---

9 Demgegenüber kann Technik aber auch die Zeit, die zur Ausführung einer Tätigkeit benötigt wird, ausdehnen. Ein Älterer benutzt beispielsweise einen Fotoapparat immer – sehr zeitintensiv – mit Stativ,, um so besonders brillante Fotos zu machen. Andere hingegen lehnen dies ab, um beim Fotografieren möglichst flexibel und schnell zu sein. Wird eine „zeitintensive" Technik eingesetzt, entspricht dies in der Regel dem Wunsch des Nutzers, der in diesem Fall eine zeitliche Ausdehnung der Tätigkeit akzeptiert, um bessere Fotos machen zu können.

Nachtstroms, dass man sich strikt nach den zeitlichen Vorgaben des Stromanbieters richten muss, um günstigere Stromtarife zu erhalten. Es muss aber zugleich berücksichtigt werden, dass nicht nur „externe Akteure" wie der Stromanbieter, sondern auch das System der alltäglichen Lebensführung selbst stark strukturierende Wirkung haben: Je länger beispielsweise das „Ritual" des abendlichen Fernsehens fest in die Alltagsroutinen institutionalisiert ist, desto schwerer fällt es den Älteren, es zu verändern oder gar abzuschaffen (ALF → T). Es kann festgehalten werden, dass der Einsatz von Technik ein zeitliches „Korsett" hervorbringen kann, das den alltäglichen Handlungsablauf der Betroffenen mehr (Nachtstrom) oder weniger (Fernseher) bestimmt.

Dieses zeitliche „Korsett" wird positiv, aber auch negativ wahrgenommen: Den meisten Älteren dient es zur Ausbildung und Unterstützung von Handlungsroutinen und wird deshalb positiv als entlastend erlebt. Andere hingegen sehen sich dadurch in ihrer Handlungsfreiheit und Flexibilität eingeschränkt und versuchen dem zu entgehen, indem sie bestimmte, zeitlich stark strukturierende Techniken meiden.

Technik kann insofern einerseits die zeitlichen Lagen der alltäglichen Handlungen festlegen, andererseits wird sie aber auch bewusst von den Älteren eingesetzt, um ihre Alltagsroutinen zu strukturieren (N → T → ALF). Ein Beispiel hierfür ist der Einsatz eines Weckers. Viele Ältere benutzen den Wecker, um durch sein Klingeln regelmäßig an den von ihnen festgelegten Beginn des Tages erinnert zu werden und im Anschluss daran mit ihren alltäglichen Tätigkeiten zu starten. Ein anderes Beispiel betrifft die Bestimmung der zeitlichen Lagen des Technikeinsatzes: Viele Ältere beschäftigen sich insbesondere *dann* mit für sie neuen Formen der Technik, wenn sie dadurch nicht ihre gewohnten Alltagsroutinen gefährden. Das ist beispielsweise der Fall, wenn ihnen unerwartet Zeit zur Verfügung steht: Wenn der übliche Nachmittagsspaziergang bei schlechtem Wetter ausfallen muss, wird die Beschäftigung mit dem PC durchaus als anregend und unterhaltsam empfunden, Computerspiele können in diesem Falle der Langeweile vorbeugen. Die PC-Nutzung fungiert hier als „Zeitfüller" (Ahrens 2009, S. 115). Der Einsatz von Technik wird insofern aktiv an die bestehenden zeitlichen Arrangements des Alltags angepasst. Technik lässt sich in diesem Sinne als individuelles „*Produkt* und Gegenstand sinnhaften Handelns" (Hörning 1989, S. 99, kursiv nicht im Original) interpretieren und erhält dadurch Relevanz für den Alltag. Hörning würde hier von einer „Veralltäglichung" der Technik sprechen (Hörning 1988, S. 51), Ahrens (2009) davon, dass die Technik hier keine technische, sondern eine alltagskulturelle Rahmung erhalten hat.

Entstrukturierung

Von vielen befürchtet werden die zeitlich entstrukturierenden Wirkungen der Technik auf den Alltag. Die Mehrzahl der Älteren erlebt beispielsweise die *neue Technik als einen potenziellen „Zeiträuber", da die Dauer ihrer Nutzung oft nicht einschätzbar sei* (T → ALF). Das Problem besteht für sie zum einen in der Aneignung von Technikkompetenz, die nötig ist, um adäquat mit dem Gerät umgehen zu können. Es erscheint vielen kaum einschätzbar, wie viel Zeit erforderlich ist, um sich mit den Arbeitsweisen, Funktionen und Bedienvorschriften der Technik vertraut zu machen. Aufgrund von eigenen Erfahrungen und denen aus ihrem sozialen Umfeld gehen sie davon aus, dass eine dafür eingeplante Zeit meist um ein nicht einschätzbares Vielfaches überschritten wird. Zum anderen wird die Techniknutzung selbst oft als „ungewollt" ausufernd erlebt, dem Gerät wird in ihrer Wahrnehmung zu viel Zeit gewidmet, die anders sinnvoller genutzt werden könnte. Das zeitlich leicht ausufernde Spielen von Computerspielen erleben einige Ältere einerseits als unterhaltend und spannend, andererseits beurteilen sie es aber zugleich als „sinnlos". Schaut man genauer hin, zeigt sich jedoch, dass es nicht nur die fehlende Zeit ist, die als problematisch erlebt wird, sondern dass es zugleich und vor allem die Gefährdung der alltäglichen, zeitlich fest strukturierten Routinen ist, die als bedenklich wahrgenommen wird. Auch eine nicht eingeplante, ausufernde Suche im Internet kann beispielsweise den „normalen" Tagesablauf schnell entstrukturieren und wird daher als störend erlebt.

Um diese Probleme zu bewältigen, werden (mindestens) zwei Strategien gewählt: Zum einen bemühen sich viele Ältere, den Gebrauch neuer Techniken ganz bewusst auf eher kurze Zeitspannen zu beschränken, zum anderen wird ihre Nutzung nach Möglichkeit auf Zeiträume verschoben, in denen sie zu geringeren Unvereinbarkeiten mit anderen alltäglichen Handlungspraxen führt. Fühlt sich beispielsweise der Partner durch den intensiven Gebrauch neuer Technik vernachlässigt, werden meist Zeiträume für die Techniknutzung gewählt, in denen der Partner anderweitig beschäftigt ist. Oder es wird z. B. dann Zeit am Computer verbracht, wenn schlechtes Wetter die Gartenarbeit verhindert. Zusammenfassend lässt sich festhalten, dass Ältere meist aktiv „zeitliche Regelungen" entwickeln, um den Gebrauch der Technik in ihrem Sinne in den Alltag zu integrieren und so den technikimpliziten Entstrukturierungstendenzen entgegenzuwirken.[10]

---

10 Siehe hierzu auch die vorherigen Ausführungen zur zeitlichen *Strukturierung*.

Ein weiteres Phänomen, das sich aus Sicht der Älteren entstrukturierend auf die zeitlichen Arrangements ihrer Lebensführung auswirkt, ist die wahrgenommene „Fehleranfälligkeit" der neuen Technik. Durch die damit verbundene Notwendigkeit der fallweisen Hinzuziehung von „Experten" sehen sich die Älteren in ihren alltäglichen Handlungspraxen z. T. massiv gestört (T → ALF). Ist beispielsweise geplant, eine dringende E-Mail zu schreiben, die Verbindung zum Internet aber gestört, dann muss erst die Instandsetzung durch den Experten abgewartet oder ein anderer Weg der Informationsübermittlung gefunden werden. Die Älteren assoziieren damit ein „Ausgeliefertsein" an die jeweilige Verfügbarkeit des Experten, mit der Folge, dass die *zeitliche Lage* der Instandsetzung nicht eingeschätzt bzw. nicht eigenständig geplant werden kann, was mit einer Gefährdung ihrer Alltagsroutinen einhergeht. Insofern gilt für viele Ältere: Je mehr neue technische Geräte in den Alltag eingebaut werden, desto stärker empfinden sie ihr „Ausgeliefertsein" im Falle von technischen Defekten. Diesem Problem begegnen einige dadurch, dass sie neue Technik nach Möglichkeit meiden oder auf ein möglichst geringes Maß reduzieren. Aus ihrer Sicht lässt sich so die gewohnte Struktur ihres Alltags am einfachsten und besten aufrechterhalten.

Eine Entstrukturierung der *zeitlichen Lagen* durch Technik wird von einigen Älteren aber zugleich bewusst herbeigeführt (N → T → ALF). Insofern kann durch Technik „Zeithoheit" (zurück)gewonnen werden. Beispielsweise nutzen viele regelmäßig DVDs und Videos, um sich von zeitlich fixierten Fernsehsendungen unabhängig zu machen und Filme dann anzuschauen, wenn sie in geeigneter Weise in die alltäglichen Routinen eingepasst werden können. Ebenso dient einigen das Handy zur zeitlichen Entstrukturierung, da es die Notwendigkeit zur Pünktlichkeit bis zu einem gewissen Grade lockert: Ein geplantes Treffen kann beispielsweise jederzeit und sehr zeitnah durch neue Absprachen in seiner zeitlichen Lage verschoben werden. Desgleichen nutzen einige das Handy, um jederzeit erreichbar zu sein. Hier muss allerdings ergänzt werden, dass dies eher eine Ausnahme darstellt. Die Mehrheit der Befragten zieht es vor, nicht immer erreichbar sein. Auch in diesen Fällen kann von einer alltagskulturellen Rahmung (Ahrens 2009) der Technik gesprochen werden.

Noch eine weitere – allerdings altbekannte – Form der Entstrukturierung auf zeitlicher Ebene spielt darüber hinaus für die Älteren eine wichtige Rolle: Mit Hilfe von Film- und Fotoaufnahmetechniken lassen viele aktiv die Grenze zwischen Vergangenheit und Gegenwart verschwimmen. Indem sie die Vergangenheit auf Fotos und Filmen festhalten, sind sie in der Lage, diese in die Gegenwart hineinzuholen. So können sie quasi eine *Gleichzeitigkeit beider Zeiträume* erreichen und in der Gegenwart Ereignisse genießen, die schon längst der Vergangenheit angehören. Auch wenn es sich hierbei um kein neues technikinduziertes Phänomen handelt, ist es nichtsdestotrotz für viele Ältere äußerst wichtig.

12.2.2 Räumliche Handlungsdimension

Mollenkopf, Oswald und Wahl (2004) beschreiben das Verschwimmen der Grenze zwischen „drinnen" und „draußen", zwischen Wohnung und Umwelt, als ihre Zukunftsvision. Sie erhoffen: „Vernetzte elektronische Kommunikations-, Informations- und Kontrollsysteme ermöglichen ein interaktives Hinaustreten in die Welt und zugleich Hereinholen der Außenwelt in die Wohnung, ohne diese verlassen zu müssen" (Mollenkopf, Oswald, Wahl 2004, S. 308). Und ebendieses Phänomen, eine deutliche Entgrenzung bzw. Entstrukturierung der Räume durch Technik, hat sich in der vorliegenden Studie gezeigt. Dennoch ergeben sich auch Strukturierungszwänge durch Technik.

Strukturierung

In verschiedenen Situationen werden Ältere durch den Einsatz von Technik an *spezifische Orte gebunden* (T → ALF). Sei es, dass der Bügelautomat sie zwingt, dass sie sich zum Bügeln im Keller aufzuhalten, sei es, dass der fest in den Schrank eingebaute Fernseher eine bestimmte Sitzposition im Wohnraum festlegt. Sind die Geräte räumlich wenig flexibel, ist es gemeinhin auch ihre Nutzung. Das führt bei den Älteren dann zu Problemen, wenn die räumlichen Verhältnisse bestimmte Technikstandorte erzwingen. Hat beispielsweise der große Bügelautomat nur im Keller Platz, der kein bevorzugter Aufenthaltsort ist, erscheint es naheliegend, dass die Gerätenutzung möglichst eingeschränkt und durch das Bügeln mit einem Handbügeleisen im Wohnraum ersetzt wird. Insofern haben bestimmte Geräte gravierenden Einfluss auf den Ort ihrer Nutzung, was von den Älteren als negativ bewertet wird, wenn sie den Ort nicht frei wählen können.

Aber auch eine aktive Anpassung der Technik an die vorgegebenen räumlichen Verhältnisse (Strukturen) durch die Älteren lässt sich belegen (N → T → ALF). Ein begrenzter Wohnraum hat beispielsweise großen Einfluss auf die Anschaffung neuer Geräte: Erscheint er sehr klein, dann wird nach Möglichkeit auf weitere Geräte verzichtet oder nach „kleinen" Geräte-Alternativen gesucht. Lässt sich z. B. ein PC nicht problemlos in die Wohnung integrieren, wird der Laptop als eine adäquate Alternative gewählt. Auch die Größe des Fernsehers und die Entscheidung für oder gegen ein Küchengerät werden oft in Abhängigkeit vom verfügbaren Raum getroffen.

Neben diesen strukturierenden Effekten sind es aber vor allem die räumlich entstrukturierenden Wirkungen der Technik, die für die Älteren besondere Bedeutung haben, positiv wie negativ.

Entstrukturierung

In den meisten Fällen wird eine räumliche Entstrukturierung, oder präziser formuliert: die „Entgrenzung" des Raums durch Technik, positiv erlebt und Technik daher bewusst in diesem Sinne eingesetzt (N → T → ALF). Dies ist insbesondere dann der Fall, wenn sie (weitere) *Kontaktmöglichkeiten* zu entfernt lebenden Freunden und Verwandten impliziert (interpersonale Kommunikation). Schon das klassische Telefon spielt hierbei eine besondere Rolle: Die Möglichkeit, in den eigenen „vier Wänden" jederzeit mit in räumlicher Distanz lebenden Bezugspersonen sprechen zu können, hat sich für alle zu einem grundlegenden Bedürfnis entwickelt und ist inzwischen unhinterfragt selbstverständlich geworden. Und auch die Chance, durch die Lautsprechanlage des Telefons gleichzeitig mehrere Personen – in räumlichem Abstand zum Telefon – am Gespräch teilhaben zu lassen, wird weithin geschätzt.

Durch den Einsatz des Handys lässt sich darüber hinaus auch außerhalb des eigenen Wohnraums eine Verbindung zu Personen in räumlicher Distanz aufbauen. Insofern wird durch die neue Technik ein weiterer räumlicher Fixpunkt aufgelöst: Es wird möglich, von *jedem* Ort der Welt technisch vermittelt mit entfernten Bezugspersonen in Kontakt zu treten. Diese neu hinzugekomme technische Möglichkeit wird von den Älteren allerdings häufig kritisch betrachtet: Während fast alle Befragten über ein Handy verfügen und es jederzeit im Notfall einsetzen würden, stehen sie einer weitergehenden Nutzung eher ablehnend gegenüber. Die Mehrheit der Befragten möchte nicht an jedem Ort erreichbar sein. Mit dem Argument, dass nichts so wichtig sei, dass es nicht bis „zu Hause" warten könne, wollen sie in ihren außerhäuslichen Aktivitäten nicht gestört werden. Hieran wird deutlich, dass eine Unterbrechung des „*Wohn*alltags" durch Telefonanrufe für die Älteren kein Problem darstellt, während eine medienvermittelte Unterhaltung außer Haus für sie eher nicht in Frage kommt. Diese Differenzierung kann einerseits darauf zurückgeführt werden, dass die Älteren ihren Wohnalltag als weniger bedeutungsvoll als außerhäusliche Tätigkeiten erleben, so dass dieser eher Unterbrechungen „verträgt". Andererseits sehen sie sich durch einen

Handyanruf „außer Haus" in Alltagsstrukturen gestört bzw. beeinträchtigt, die sie meist sehr viel bewusster und ausdrücklicher geplant haben als ihren Wohnalltag. Und die Störung einer aktiv konstruierten Struktur wird problematischer erlebt als eine Unterbrechung alltäglicher Routinearbeiten. Steht beispielsweise der Besuch eines Museums auf dem Plan, dann wird eine gleichzeitige Unterhaltung über private Probleme am Handy als unpassend empfunden, will man – vielleicht mit anderen – die Landschaft genießen, dann stört die handyvermittelte Bitte um Unterstützung an einem anderen Ort. Insofern zeigt die räumlich entstrukturierende Wirkung der Technik unterschiedliche Effekte: Sie wird begrüßt, wenn sie das Alltagshandeln nicht allzu sehr durcheinanderbringt, und sie wird abgelehnt, wenn dadurch eine bewusst geplante Alltagsstruktur außer Kraft gesetzt wird. Auch hier ist das Ziel der Älteren demzufolge, eine Gefährdung der Struktur der alltäglichen Lebensführung durch Technik zu vermeiden.

Eine weitere Möglichkeit der räumlich entstrukturierten – und damit im hier verstandenen Sinne enträumlichten – technikvermittelten Kommunikation liefert das *E-Mailschreiben*. Für die Älteren, die einen Computer und das Internet in ihre alltäglichen Handlungspraxen einbeziehen, hat sich gerade E-Mails zu einer wichtigen (zusätzlichen) Kommunikationsform entwickelt. Als das Besondere wird ihre gleichzeitige zeitliche Entstrukturierung geschätzt. Anders als beim Telefonieren können per E-Mail Mitteilungen an entfernt lebende Bezugspersonen verschickt werden, ohne dass der Adressat sie zeitgleich empfangen muss. Insofern kann von einer gleichzeitigen Entgrenzung von Raum und Zeit gesprochen werden. Für die Älteren bedeutet diese doppelte Entstrukturierung, dass sie kommunizieren können, ohne dass ihre Alltagsroutinen und die der Adressaten gestört werden. Die Älteren entscheiden selbst darüber, wann sie das Schreiben und Beantworten von E-Mails in ihren Alltag integrieren. Gerade durch diese Eigenschaft ist das E-Mail-Schreiben bei vielen beliebt, selbst wenn es – aus ihrer Perspektive – nicht das persönliche (auch technikvermittelte) (Telefon-)Gespräch ersetzen kann.

Vergleichbares gilt für das Schreiben von Kurzmitteilungen mit dem Handy, das Schreiben von *SMS*. Auch an ihnen wird zum einen geschätzt, dass sie geschrieben werden können, wenn der Absender sich die Zeit dazu nehmen will und dass zum anderen der Adressat dann antworten kann, wenn es bei ihm „passt". Darüber hinaus wird es im Vergleich zum Anruf als zeitsparend erlebt, wenn nur eine kurze Nachricht übermittelt werden soll. Dennoch muss ergänzt werden, dass nur ein kleiner Anteil der Älteren diese Handyfunktion nutzt. Mit dem oben erwähnten Argument, dass nichts so dringend sei, dass es nicht bis „zu Hause" warten könne, wird das SMS-Schreiben von vielen abgelehnt.

Eine weitere wichtige Form der räumlichen Entgrenzung im Sinne einer *globalen Entgrenzung* bietet der von sehr vielen Älteren genutzte Fernseher (N → T → ALF). Durch seinen Einsatz können sie sich die „Welt" in den eigenen Wohnraum holen, oder wie Mollenkopf, Oswald und Wahl es formulieren: Er ermöglicht ein „Hereinholen der Außenwelt in die Wohnung, ohne diese verlassen zu müssen" (Mollenkopf, Oswald, Wahl 2004, S. 308). Der Fernseher wird gerade wegen dieser Funktion hoch geschätzt. Er ermöglicht eine „Flucht aus dem Alltag" und bietet Unterhaltung und Information, ohne die Notwendigkeit der eigenen räumlichen Bewegung. Insofern können die Älteren gleichzeitig die Behaglichkeit der eigenen „vier Wände" *und* die Anregungen der „Außenwelt" genießen. Es können gleichzeitig sinnliche Erfahrungen in zwei „Welten" gemacht werden. Enträumlichung wird in diesem Sinne von den Älteren durchweg positiv bewertet und durch den Einsatz des Fernsehers aktiv gestaltet.

Noch einen Schritt weiter gehen die Älteren mit der *Internetnutzung*. Während beim Fernsehen das „Hereinholen der Welt" in die eigene Wohnung nach den festgelegten zeitlichen Strukturen der Sender verlaufen muss, können sie die Inhalte im Internet zu jeder Zeit abrufen. Insofern ist hier eine gleichzeitige Entstrukturierung auf zeitlicher Ebene zu verzeichnen, die von den Älteren als positiv erlebt wird, da sie eine bessere Integration in ihre Alltagsroutinen ermöglicht. Darüber hinaus bietet das Internet – im Vergleich zum Fernsehen – eine sehr viel größere Vielfalt an „Räumen", die von den Älteren eingesehen werden können. Neben den geografischen existieren auch „virtuelle" Räume, die von ihnen zur Unterhaltung, zur Information und zum Zeitvertreib genutzt werden.

Eine weitere, schon im Zusammenhang mit der zeitlichen Entstrukturierung erwähnte, altbekannte Technik, die eine globale Entgrenzung einschließt und für die Älteren eine wichtige Rolle spielt, ist die *Film- und Fotoaufnahmetechnik*. Mit ihrer Hilfe werden räumliche Distanzen in gewisser Weise aufgelöst, und es lassen sich an einem Ort zugleich andere Orte vergegenwärtigen. Diese Form der Distanzüberwindung ist für die Älteren vergleichsweise wichtig, da sie es ihnen ermöglicht, sich im eigenen Wohnraum an früher besuchte, entfernte Orte zu erinnern. Im Bewusstsein, dass man bestimmte Orte nur einmal im Leben bereist und sie daher in Zukunft nicht mehr „real" erleben wird, sehen die Älteren Fotos und Filme als ideale Möglichkeit, zu Hause das räumlich Entfernte immer wieder zu genießen.

Aber Technik ermöglicht nicht nur ein „Hereinholen der Welt" in die eigenen „vier Wände", sondern durch das Internet zugleich auch ein „Hinaustreten" in die Welt, ohne die Wohnung verlassen zu müssen. Dieses durch das Web 2.0 möglich gewordene interaktive „Heraustreten" in eine virtuelle Welt wird von den Älteren allerdings eher ambivalent erlebt: Wertgeschätzt wird es, weil es z. B. als „Zeitsparer" oder zur Handlungsentlastung eingesetzt werden kann. Das Internet dient in diesen Fällen als Instrument, mit dem beispielsweise lästiges „Schlangestehen" beim Kauf einer Fahrkarte durch eine Online-Bestellung vermieden werden kann. Oder es werden „online" Medikamente bestellt, um sich den Gang zur Apotheke zu ersparen. Dennoch wird gerade diese Funktion gleichzeitig eher zwiespältig betrachtet, da sie aus der Perspektive der Älteren zugleich soziale Kontakte und physische Bewegung verhindert. Denn eine Unterhaltung mit dem Apotheker oder dem Schalterbeamten wird als eine Abwechslung vom Alltagstrott und der (Spazier-)Gang zur Apotheke als gesunderhaltend und wichtig erlebt. Insofern wird mit dieser Form der Internetnutzung zum einen die Gefahr der sozialen Isolation und der Vereinsamung assoziiert. Man befürchtet, den Kontakt zur nahen Außenwelt zu verlieren, wenn man sich nicht auch physisch darin aufhält. Zum anderen ist für viele Ältere die körperliche Bewegung ein selbst auferlegtes „Muss", das durch „Online-Aktivitäten" verhindert wird. So werden beispielsweise von vielen regelmäßige tägliche Besorgungsgänge – zum Bäcker, zur Bank oder zum Lebensmittelgeschäft – aktiv in den Alltag eingebaut, um damit ihr körperliches Wohlbefinden und ihre Gesundheit zu steigern.

Diese ambivalente Betrachtungsweise des „Hinaustretens in die Welt" mit Hilfe des Internets verschwindet allerdings sofort, wenn sich erste körperliche Mobilitätseinschränkungen bemerkbar machen. Vor diesem Hintergrund bewerten Ältere die Möglichkeit, ohne physische Bewegung „mobil" zu sein, durchweg positiv. So sehen sie sich in der Lage, autonom und unabhängig von anderen weiterhin ihre alltäglichen Anforderungen bewältigen zu können. Insofern steht der Wunsch nach Autonomie hier an oberster Stelle. Darüber hinaus nutzt ein Teil der Älteren die virtuellen Räume – wie beispielsweise „Second Life" oder Foren – zur Kommunikation und verbindet damit das Gefühl, auch innerhalb ihrer eigenen vier Wände aktiv am „Leben draußen" teilhaben zu können.

Die Möglichkeit einer *lokalen Entgrenzung* des Raums durch „nomadisierende Medien" (Höflich und Hartmann 1997, S. 219) (T → ALF), um beispielsweise mit Hilfe des Laptops die räumlichen Begrenzungen eines PC-Standgeräts innerhalb des eigenen Wohnraums aufzuheben, wird von den Älteren kaum genutzt (vgl. hierzu auch Ahrens 2009). Auch ein Laptop wird überwiegend am gleichen Ort verwendet, sein räumlich flexibler Einsatz ist die Ausnahme. Zurückführen lässt sich dieses Muster auf das starke Bedürfnis der Älteren nach einer klaren räumlichen Strukturierung des eigenen Wohnraums. Die Computernutzung wird bewusst an einen festen Ort gebunden, um dieser Alltagsaktivität auch in räumlicher Hinsicht Struktur und Abgrenzung zu verleihen. Hier zeigen sich Parallelen zur ablehnenden Haltung der Älteren gegenüber der Handynutzung. Technik wird nur in der Form genutzt, in der sie die bewusst geschaffenen Strukturen des Alltags nicht durcheinanderbringt: Je stärker die Gefahr ihrer Auflösung, desto ablehnender wird die Haltung der Älteren.

Dem Computer wird darüber hinaus meist wenig Platz eingeräumt. Wenn es der Wohnraum erlaubt, wird er zudem häufig in ein wenig genutztes Zimmer „ausgelagert". Es ist bemerkenswert, dass ein PC das Gesamtbild des Wohnzimmers zu stören scheint, während der Fernseher darin häufig sogar im Zentrum steht. Diese unterschiedlichen Wertschätzungen können darauf zurückgeführt werden, dass die Älteren mit dem PC eher Arbeit und Konzentration verbinden, der Fernseher bei ihnen hingegen für Freizeitgestaltung und Entspannung steht und daher gut in ihr Wohnzimmer „passt".

Anders als beim Fernseher impliziert die räumliche Fixierung des Computers bei den Älteren meist die gleichzeitige Abgrenzung von anderen Bezugspersonen – wie z. B. dem Partner –, was darauf verweist, dass sie die Beschäftigung mit dem Computer als rein individuelle Handlung betrachten. Das mag zum einen darauf zurückzuführen sein, dass der PC viel mehr als andere Geräte auf die individuellen Wünsche des jeweiligen Nutzers ausgerichtet ist. Zum anderen mag es der äußeren Form des Geräts – kleiner Bildschirm – geschuldet sein, die ein gemeinsames Nutzen zumindest erschwert. Die Separierung des PC-Nutzers hat z. T. Auswirkungen auf die Form des partnerschaftlichen Zusammenlebens, da bei starker PC-Nutzung – und räumlicher Abgrenzung – gleichzeitig die gemeinsam verbrachte Zeit abnimmt. Zudem können sich die sogenannten „Raumhoheiten" (Röser 2007, S. 167) in dem Sinne verschieben, dass die PC nutzende Person den Raum quasi „besetzt", in dem sich das Gerät befindet.

12.2.3 Soziale Handlungsdimension

Die (ent-)strukturierenden Wirkungen der Technik auf die Interaktionen der Älteren, auf ihre sozialen Erwartungen und die ihrer Bezugspersonen und auch auf notwendig werdende Arbeitsteilungen sind vielfältig. Gerade auf dieser Ebene gibt es zahlreiche Überschneidungen mit der Raum- und der Zeitebene, so dass viele der hier aufgeführten Phänomene schon an anderer Stelle behandelt wurden. Daher werden hier vornehmlich ihre *sozialen* Wirkungen präsentiert.

Strukturierung

Die stabile Einbindung in ein soziales Netzwerk wird hier als eine Form der Strukturierung betrachtet, die damit verbundenen Interaktionen und Erwartungen bilden in diesem Sinne die soziale Struktur der alltäglichen Lebensführung. Und diese kann durch Technik weiter verfestigt werden, so lautet ein Ergebnis der Untersuchung (T → ALF). Durch den Raum und Zeit entgrenzenden Einsatz des Handys können beispielsweise die Bezugspersonen der Älteren zu jeder Zeit und an jedem Ort Kontakt zu ihnen aufnehmen. Sie können jederzeit in das Leben der Älteren „eindringen" und Erwartungen an sie herantragen, ohne physisch anwesend zu sein. Hiermit verstärken sich gleichzeitig ihre Möglichkeiten der sozialen Einflussnahme und der sozialen Kontrolle, worauf die Älteren überwiegend mit Missbilligung reagieren. Sie fühlen sich insbesondere durch die vom Handy erzeugte allgegenwärtige Präsenz des sozialen Netzwerks teilweise unter Druck gesetzt. Um dieses Problem zu vermeiden, schalten sie das Handy meist nur in Ausnahmefällen ein, und zwar dann, wenn sie es für eigene Zwecke nutzen wollen. Ähnliches gilt für andere Kommunikationsmedien. Auch die ständige Erreichbarkeit durch das Telefon wird von einigen Älteren als belastend erlebt. So schalten sie hin und wieder den Anrufbeantworter ein, um nicht ständig in ihren alltäglichen Routinen gestört zu werden. Dennoch kann die Einstellung der Älteren zur technikinduzierten Verfestigung der sozialen Strukturierung insgesamt als ambivalent bezeichnet werden, denn gleichzeitig erleben sie die technikvermittelte Kontaktaufnahme durch die Bezugspersonen auch im positiven Sinne als eine Form der Zuwendung und der Aufmerksamkeit. Das zeigt sich beispielsweise in der Form, dass sich ein Älterer beim „Nachhausekommen" jedes Mal über das rote Blinklicht seines Anrufbeantworters freut, das ihm signalisiert, dass jemand Kontakt zu ihm aufnehmen wollte.

Während die technikvermittelte soziale Strukturierung, die von „außen" auf die Älteren einwirkt, ambivalent erlebt wird, wird der selbst initiierte, bewusste Einsatz von Kommunikationsmedien zur Stabilisierung des sozialen Netzwerks ausschließlich gutgeheißen (N → T → ALF). Wie schon im Kapitel zur Raumdimension deutlich wurde, nutzen sie gerade die technischen Möglichkeiten des E-Mail-Schreibens und des Telefonierens intensiv dazu, den Kontakt zu entfernt wohnenden Bezugspersonen zu pflegen. Dass diese Form der technisch vermittelten Kommunikation ausschließlich positiv bewertet wird, ist naheliegend, da sie aus eigenem Antrieb erfolgt und daher ihre Alltagsstrukturen – auch auf anderen Ebenen – nicht gefährdet. Vergleichbares gilt beispielsweise für den Einsatz des Anrufbeantworters. Wie oben erwähnt, wird er von einigen Älteren selbst dann eingeschaltet, wenn sie zu Hause sind. Um nicht in ihren alltäglichen Routinen gestört zu werden, hören sie sich zwar die Nachricht des Anrufers an, antworten aber bzw. rufen erst dann zurück, wenn sie es für sich sinnvoll in ihre Alltagsstruktur einbauen können.

Eine weitere Form der sozialen Strukturierung wird insbesondere durch den Einsatz der *neuen* Technik vorgegeben, und zwar die zunehmende *Abhängigkeit des Nutzers vom Experten* (T → ALF). Da sich die neue Technik für Ältere vielfach als eine Art „Blackbox" darstellt, deren Funktionsweise, Bedienungsanleitungen und Anwendungen sie nicht durchschauen, sind in der Regel alle – zumindest in bestimmten Abständen – dazu gezwungen, jemanden um Unterstützung zu bitten. Das können Personen aus dem eigenen sozialen Umfeld, ebenso aber auch „Professionelle" aus Servicezentren, Verkaufsstellen, Volkshochschulen etc. sein. Meist wird die Unterstützung allerdings im privaten Umfeld gesucht, bei den (Enkel-)Kindern, dem Partner, technikversierten Freunden oder Bekannten. Die entstehende „Arbeitsteilung" zwischen Nutzer und „Experte" kann verschiedene Formen annehmen: Während Ältere mit einem höheren Grad an Technikkompetenz eher durch vereinzeltes Nachfragen ihre Probleme im Anschluss daran selbst lösen können, sind wenig technikversierte Personen auf umfangreiche Unterstützung angewiesen. Allen Älteren ist gemein, dass sie diese von der Technik „erzwungene" soziale Interaktion nicht als eine (weitere) gemeinschaftsfördernde Möglichkeit des Austauschs, sondern als lästig und unangenehm erleben, da sie ihre mangelnde technische Kompetenz sozial sichtbar macht. Und das gilt besonders häufig in den Fällen, in denen der Partner die Rolle des „Experten" übernimmt. Das entstehende „Lehrer-Schüler-Verhältnis" wird meist von beiden Partnern als unbefriedigend wahrgenommen, da ein Partner durch die „Vorträge" des anderen seine eigenen Defizite vor Augen geführt bekommt, während der „Experte" häufig nicht mit den Umgangsformen des anderen mit dessen Defiziten einverstanden ist (vgl. hierzu auch Ahrens 2009).

Anders ist die Situation, wenn die Älteren von Außenstehenden – auch meist Älteren – um Unterstützung gebeten werden. In diesem Fall stellt der Austausch zwischen Nutzer und Experte kein Problem für sie dar. Sie helfen gerne, sei es beispielsweise in Form einer Internetrecherche oder als Unterstützung bei Anwenderproblemen. Diese positive Konnotation ist naheliegend, da hier die eigene technische Kompetenz im Mittelpunkt steht.

Eine weitere Form der sozialen Strukturierung, die oben schon angedeutet wurde, ist darin zu sehen, dass sich durch eine meist stark personalisierte Nutzung des PCs zugleich persönliche „Rückzugsräume" eröffnen (N → T → ALF). Die PC-Nutzung wird damit zum symbolischen Rückzug gegenüber anderen Familienmitgliedern. Es werden insofern technikbasierte „Systeme der Abgrenzung" (Hirsch 1998) geschaffen, die den Nutzer von anderen Personen – meist dem Partner – distanzieren. Diese Absonderung wird durch eine Installierung des PCs in meist eher „abgelegenen" Räumen noch unterstrichen. Da es sich hier um eine aktive Strategie der Älteren handelt, wird sie gutgeheißen, wenn auch nicht unbedingt von Seiten des Partners, wie man vermuten kann. Daraus resultierende partnerschaftliche Konflikte werden von den PC-Nutzern selbst regelmäßig bagatellisiert.

Entstrukturierung

Entstrukturierung wird hier im Sinne einer Entgrenzung sozialer Strukturen verstanden, also als ein technikvermittelter „grenzenloser" sozialer Austausch.

Schon die Begriffsbestimmung verweist auf Überschneidungen mit der Raumdimension, denn die Grenzenlosigkeit kann sich u. a. auf die Überwindung des Raums beziehen. Insbesondere durch die *neue* Technik werden neue und vielfältige Möglichkeiten des sozialen Kontakts zu bislang unbekannten, entfernt lebenden Personen geschaffen, die dazu beitragen können, die Grenzen des bestehenden sozialen Netzwerks – leichter als durch „Face-to-Face"-Interaktionen – zu überwinden (T → ALF). Mit Hilfe des Internets kann beispielsweise in Foren, Chatrooms und anderen „Netzgemeinschaften" leicht Kontakt aufgenommen werden, ohne die eigenen „vier Wände" verlassen zu müssen. Man kann neue Freundschaften knüpfen, Meinungen austauschen und sich an Diskussionen beteiligen.

Allerdings zeigt sich bei den Älteren, dass sie diese Möglichkeiten kaum nutzen. Foren und Netzgemeinschaften werden allenfalls dazu verwendet, um schon bestehende Kontakte weiter zu pflegen. Die Möglichkeiten des Internets werden insofern vor allem zur Stabilisierung und nicht zur Entgrenzung des eigenen sozialen Netzwerks eingesetzt. Die Älteren lehnen neue „Internetbekanntschaften" meist ab, weil sie befürchten, dass ihr real existierendes – sogenanntes „richtiges" – soziales Netzwerk darunter leidet. Mit Verweis auf die Jugend mutmaßen sie beispielsweise, dass deren intensive Beschäftigung mit „virtuellen" Freunden ihnen nicht mehr die nötige Zeit lässt, sich ein „reales" soziales Netzwerk aufzubauen bzw. ihr bestehendes Netzwerk zu pflegen. Dabei gilt es ihnen als unhinterfragt selbstverständlich, dass nur das „reale" Netzwerk für das eigene Leben grundlegende Bedeutung hat und dass „Face-to-Face"-Kontakte allen anderen Kontaktformen vorzuziehen sind. Ein weiterer Grund für die Ablehnung von Internetbekanntschaften liegt in den wahrgenommenen fehlenden Möglichkeiten zur Überprüfung der Glaubwürdigkeit des Gesprächspartners. Ein Großteil der Älteren bezweifelt die Ehrlichkeit der im Internet verkehrenden „fremden" Personen und lehnt daher jeglichen persönlichen Kontakt mit ihnen ab.

Darüber hinaus kann durch die Vervielfältigung der Kommunikationsmedien von einer Entgrenzung der Kommunikations*formen* gesprochen werden, die von den Älteren bewusst eingesetzt werden (N → T → ALF). Denn die Formen der sozialen Interaktion können sie nun an ihre jeweiligen konkreten Bedürfnisse anpassen: Besteht der Wunsch nach einem ausführlichen Gespräch, greifen sie zum Telefon, soll nur eine kurze Nachricht – wie „ich komme später" – übermittelt werden, wählen einige hierzu die SMS. Wollen sie über etwas berichten, ohne dass der entsprechende Adressat ausreichende Zeit zum Zuhören hat, bedienen sich viele Ältere einer E-Mail zur Informationsübermittlung. Diese Vielfalt an Kommunikationswegen wird von den Älteren durchweg gutgeheißen und – in Abhängigkeit von den eingesetzten Technikformen – intensiv genutzt. Sie wird als Bereicherung erfahren und erhöht darüber hinaus ihren Umfang an sozialen Interaktionen, ohne physische Mobilitätserfordernisse. Überdies bieten die neuen Kommunikationsmedien die Möglichkeit, auch zu Personen Kontakt aufzunehmen, die ständig auf Reisen sind. Und dieses Phänomen betrifft eine immer größere Gruppe der „jungen Alten", da sie – im Vergleich zu älteren Kohorten – über eine bessere Gesundheit, eine bessere materielle Absicherung etc., also über mehr Ressourcen für eine mobile Lebensführung verfügen (vgl. Kohli und Künemund 2005, S. 368). Per Handy, SMS oder E-Mail können nun auch diese Personen erreicht werden, was zur weiteren Stabilisierung des bestehenden Netzwerks beiträgt. Wie wichtig die verschiedenen, in ihren Alltag integrierten Wege der technikvermittelten Kommunikation für viele Ältere inzwischen geworden sind, zeigt sich u. a. daran, dass sie technische Defekte, die sie beispielsweise vom Internet und damit von ihrem E-Mail-Zugang „abschneiden", häufig als Katastrophe erleben.

Eine weitere Form der technikinduzierten Entgrenzung sozialer Kommunikation wird von allen Befragten als störend oder zumindest als unangenehm erlebt: das ungewollte Eindringen „fremder" Kommunikation in die eigene persönliche Sphäre (T → ALF). Das ist beispielsweise dann der Fall, wenn die Älteren unfreiwillig die mit dem Handy geführten Gespräche anderer im öffentlichen Raum – wie etwa in öffentlichen Verkehrsmitteln – mit anhören müssen. In dieser Situation empfinden sie einen „Zwang", diesen einseitigen – und oft über terminliche Belanglosigkeiten nicht hinausgehenden – Gesprächen zu lauschen, ohne dass es ihrem eigentlichen Wunsch entspricht. Das Zuhören wird vor allem deswegen als sehr unangenehm empfunden, weil es der kulturell eingespielten „Regel" der Trennung von Privatheit und Öffentlichkeit widerspricht. Nun wird mit dem Handy an Orten über Privates gesprochen, wo es bisher zur üblichen Praxis gehörte, zu schweigen. Nach Höflich und Hartmann (2007, S. 215) werden die Personen damit „einerseits Zeugen eines ‚unzivilisierten' Verhaltens im Sennett'schen Sinne, andererseits wird zugleich deren Befähigung zur höflichen Gleichgültigkeit auf die Probe gestellt".

Desgleichen werden Handyanrufe als störend empfunden, wenn sie an eine Person gerichtet sind, mit der sich der Ältere gerade in einer „Face-to-Face"-Interaktion befindet (T → ALF). Auch hier wird das Handygespräch unfreiwillig – quasi „gezwungenermaßen" – verfolgt, und auch hier wird die Einseitigkeit des Gesprächs als störend empfunden wird. Viel stärker wiegt in diesem Fall aber, dass nun auch die eigene Anwesenheit mehr oder weniger ignoriert wird. Der Interaktionspartner mag zwar physisch anwesend sein, mental wendet er sich aber einem nicht präsenten Anderen zu. Auch diese Handlung verstößt gegen kulturelle „Regeln" und bedeutet für den Älteren zudem eine Provokation und eine Unterbrechung bzw. Entstrukturierung seiner sozialen Interaktion.

12.2.4 Sinnhafte Handlungsdimension

Sucht man nach (ent)strukturierenden Wirkungen der Technik auf der Sinnebene, muss das Augenmerk auf die Deutungen, Motive und Begründungen der Älteren zum technischen Handeln gelegt werden. Es ist danach zu fragen, inwiefern technikinduziert Struktur oder Verwirrung in ihrer „natürlichen Einstellung" (Schütz und Luckmann 1979, S. 25 f.) erzeugt wird, inwiefern das bislang „fraglos gegebene" und das „selbstverständlich wirkliche" (ebd.) stabilisiert oder „untergraben" wird. Anders formuliert: Es muss der *subjektive* Wissens- bzw. Deutungsvorrat der Älteren auf mögliche Veränderungen hin untersucht werden.

Strukturierung

Technik wird überwiegend auf der Basis ganz konkreter, bewusster Handlungsorientierungen strukturiert und im eigenen Sinne in den Alltag integriert (N → T → ALF). Ein großer Teil der Älteren stellt vergleichbare Erwartungen an die Technik. Sie soll konkrete, vorab festgelegte und eindeutige Funktionen erfüllen. Technik soll zur „*Kontrolle*" der Umwelt eingesetzt werden, so würde es Hörning (1988, S. 72 ff.) formulieren. Kontrolle meint hier, dass die Umwelt im eigenen

Sinne (um)gestaltet werden soll. Und Technik kann dazu beitragen, dass die dazu erforderlichen Tätigkeiten rationalisiert, erleichtert und beschleunigt oder überhaupt erst möglich gemacht werden. Technik wird hier rein instrumentell verwendet. Sie soll eindeutige und klar abgegrenzte Funktionen erfüllen, um die alltäglichen Anforderungen – in Auseinandersetzung mit der Umwelt – einfacher bewältigen zu können.

Diese Kontrolle kann sich dabei auf unterschiedliche Aspekte beziehen: Ein häufiger Einsatz von Technik dient der *Effizienzsteigerung* und damit zusammenhängend meist einer Beschleunigung der alltäglichen Handlungsroutinen. Ein Beispiel hierfür ist der Einsatz einer Waschmaschine. Kontrolle kann sich aber auch auf die *Wirtschaftlichkeit* einer Tätigkeit beziehen. Eine Geschirrspülmaschine kann beispielsweise helfen, Strom und Wasser zu sparen, ist die Überzeugung einiger Älterer, die dieses Gerät nutzen. Darüber hinaus setzen viele Ältere Technik zur *Handlungsentlastung* ein. Viele Geräte erleichtern ihnen körperlich anstrengende Arbeiten. Dieser Aspekt gewinnt gerade für die Älteren an Bedeutung, die mit körperlichen Einschränkungen zu kämpfen haben. Auch hier kann die Waschmaschine als Beispiel gelten, ebenso wie eine elektrische Küchenmaschine oder der elektrische Dosenöffner. Ein weiterer nachgefragter Zweck ist die *Informationsvermittlung*. Viele Ältere nutzen das Radio, den Fernseher, aber auch das Internet, um sich zu informieren. Für die Erfüllung dieser „Kontrollfunktionen" ist ein Großteil der Haushaltsgeräte besonders gut geeignet und wird daher von den Älteren in diesem Sinne wertgeschätzt und in ihr alltägliches Handeln integriert.

Mit dem „Kontrollziel" knüpfen die Älteren an ihre (alten) Vorstellungen zur klassischen Technik an, denn gerade diese zeichnet sich durch einen engen Zusammenhang zwischen Artefakt und Funktion aus (vgl. Tully 2003). Dementsprechend sehen Ältere dann Probleme, wenn sie mit der Technik keinen konkreten Zweck verbinden können, wenn diese „ergebnisoffen" ist. Und das trifft insbesondere auf die neue Technik zu, die vielfältigste Handlungsoptionen zur Verfügung stellt. Insofern wird sie von den Älteren auf der Grundlage ihrer „alten" Überzeugungen z. T. auch abgelehnt.[11]

Darüber hinaus dient die von den meisten Älteren getroffene *Unterscheidung zwischen der Technik von früher und der Technik von heute* der Strukturierung ihrer Interpretationen von Technik und kann dadurch deutungs- und handlungser-

---

11 Die These, dass es ihre „alten" Überzeugungen sind, die hier wirken, kann durch einen Vergleich mit Jugendlichen erhärtet werden. Bei Letzteren zeigt sich nach Tully (2003, S. 127), dass sie Technik bevorzugen, die ergebnisoffen und wenig nutzenfixiert ist. Vgl. auch Kapitel 11.3.

leichternd wirken (N → T → ALF).[12] Kognitive Orientierung verschafft diese Dichotomisierung, weil sie den Älteren ermöglicht, den Bereich der Technik, der ihnen Probleme bereitet, schnell und eindeutig als *Technik von heute* zu identifizieren. Hiermit verbinden sie eine mangelnde eigene Kompetenz, die sie auf undurchschaubare technische Entwicklungen zurückführen. Technik von heute ist insofern eine „problematische" Technik, während die *Technik von früher* mit einem Selbstbild als technikkompetent verbunden wird. Aus der Dichotomie resultiert insofern zugleich eine große Eindeutigkeit hinsichtlich des technikbezogenen eigenen Selbstbildes.

Die Dichotomisierung verschafft den Älteren ebenfalls *Handlungs*sicherheit. Denn aufbauend auf dieser Unterscheidung können klare Handlungsroutinen entwickelt werden: Beispielsweise wird die Lösung von Problemen mit der *Technik von heute* häufig unhinterfragt selbstverständlich an „Experten" delegiert, während bei Problemen mit der *Technik von früher* selbst versucht wird, diese in Ordnung zu bringen. Die Unterscheidung trägt dementsprechend dazu bei, dass sich die Älteren in technikbezogenen Entscheidungssituationen schnell ein Urteil bilden und darauf aufbauend Entscheidungen treffen können. Diese Dichotomisierung wird von den Älteren wertneutral betrachtet, da sie in deren subjektiven „fraglos gegebenen" Wissensvorrat eingegangen ist und insofern als „natürlich" wahrgenommen wird (Schütz, Luckmann 1979, S. 25 f.).

Entstrukturierung

Mit dem Begriff Entstrukturierung werden hier sinn- bzw. deutungsbezogene Uneindeutigkeiten, Undurchschaubarkeiten, insofern unstrukturierte, amorphe Sinnbezüge bezeichnet.

Als problematisch erlebt ein größerer Teil der Älteren, dass sie der neuen Technik häufig *keinen eindeutigen, konkreten Sinn bzw. Zweck* zuordnen können (T → ALF). Von der klassischen Technik gewohnt, dass jedes Gerät klar bestimmbare Funktionen erfüllt, sind sie von den neuen, multioptionalen und daher uneindeutigen Geräten verwirrt. Verstärkt wird dieses Erleben insbesondere durch die Werbung, die meist weniger Auskunft über die Nutzungsmöglichkeiten eines Geräts als über technische Details liefert.[13] Und da die Älteren Technik nur dann

---

12 Siehe hierzu auch Kapitel 11.2.1.
13 Dabei sind gerade diese Techniken erklärungsbedürftig und benötigen eine kundengerechte Ansprache.

aktiv in ihre alltägliche Lebensführung einbauen, wenn diese für sie sichtbare, spezifische Zwecke erfüllt, erleben viele die neue Technik als überflüssig und lehnen sie ab.

Darüber hinaus nehmen die Älteren die neue Technik häufig als eine *undurchschaubare „Blackbox"* wahr (T → ALF). Deren Arbeitsweisen, die Bedienanforderungen, aber auch die dazugehörigen Bedienungsanleitungen – als Kontaktstellen zwischen Person und Technik – werden meist als verwirrend und unklar und damit als unstrukturierte „Sinnhorizonte" wahrgenommen.[14] Unstrukturiert wirken sie für die Älteren deswegen, weil sie meist nicht mit ihrem vorhandenen Vorrat an technischem Wissen kompatibel sind und daher nicht in die alten „Denkmuster" integriert werden können. Wenn sich Ältere beispielsweise an der „Tasten-Funktions-Einheit" der klassischen Technik orientieren, dann erscheinen ihnen umfangreiche Menüs, die bei neuer Technik hinter einer Taste „verborgen" sein können, eher unklar und uneindeutig. Wollen sie jedem Gerät eine eindeutige Funktion zuordnen, wie es bei klassischen Geräten üblich ist, dann stoßen sie bei der neuen Technik oft an ihre Grenzen. Oder wollen sie sich auf der Basis ihres vorhandenen Wissens und mit Hilfe einer Bedienungsanleitung mit neuer Technik vertraut machen, dann stoßen sie oft auf Probleme, da Letztere meist einen gewissen Grad an Fachwissen und -kompetenz hinsichtlich neuer Technik – und auch Englischkenntnisse – voraussetzen, um verstanden werden zu können.

Wesentlich ist hier, dass Ältere in der Regel *nicht* an ihre „alten" technikbezogenen Wissensbestände anknüpfen können, um sich mit der neuen Technik vertraut zu machen. Vielmehr ist es geradezu hinderlich, die neue Technik mit „veralteten" Maßstäben und Denkmustern zu messen, denn diese genügen anderen Logiken und verhindern eine unvoreingenommene Betrachtung.[15] Insofern ist es vor allem die mangelnde Passung zwischen dem notwendigen neuen und dem „alten", klassischen Technikwissen, die bei den Älteren den Eindruck der Unstrukturiertheit der neuen technischen „Sinnhorizonte" hervorruft.

Überdies kann technische Kompetenz bezüglich neuer Technik kaum mit den herkömmlichen, den Älteren vertrauten Methoden eines *systematischen und strukturierten Lernens* erreicht werden (T → ALF). Die Aneignung des nötigen Wissens bedarf eines spielerischen und improvisierten Umgangs mit der

---

14 Es muss betont werden, dass hier grundsätzlich die Perspektive der älteren Nutzer wiedergegeben wird. Die an der Technikgenese beteiligten Ingenieure würden ein anderes Urteil über neue Technik fällen.
15 Vgl. hierzu auch die Ergebnisse in Kapitel 11.3.

neuen Technik, eines Ausprobierens und Experimentierens mit den verschiedenen Funktionen des Geräts (vgl. Tully 2003, S. 121). Und gerade diese Vorgehensweise wird von vielen Älteren – vor dem Hintergrund ihres Erfahrungswissens – als unmethodisch und konfus abgelehnt. Beispielsweise legen es die meist weit über einhundert Seiten umfassenden Bedienungsanleitungen von Handys nahe, dass sie *nicht* vor Inbetriebnahme des Geräts systematisch und vollständig durchgearbeitet, sondern nur bei Bedarf genutzt werden. Ein spielerisches Ausprobieren der Funktionen ist gefragt, um mit dem neuen Gerät vertraut zu werden. Die Älteren, gewohnt, eine Bedienungsanleitung erst umfassend und systematisch durchzuarbeiten, bevor das neue Gerät eingeschaltet wird, werden von den umfassenden und z. T. schwer verständlichen Bedienungsanleitungen abgeschreckt, was sie letztendlich daran hindern kann, das Handy in ihrem Alltag zu nutzen.

Die aus der Perspektive der Älteren unklaren Bedingungen der Technikaneignung führen auch dazu, dass eine größere Zahl der Älteren Volkshochschulkurse zum Einarbeiten in die neuen Technikformen bewusst vermeidet, selbst wenn sie sie grundsätzlich als sinnvoll erachten. Die Angst vor dem eigenen Versagen ist groß, da befürchtet wird, dass die gewohnten Lernmuster hier nicht greifen. So ist es weniger ein Problem, im Rahmen der Kurse die eigene mangelnde Technikkompetenz offenbaren zu müssen, denn hiermit haben mehr oder weniger alle Kursteilnehmer zu kämpfen. Die große Besorgnis vieler Älterer besteht vielmehr darin, dass möglicherweise die eigenen Lernkompetenzen – sozial sichtbar – in Frage gestellt werden, dass sie mit der Situation konfrontiert werden, den „neuen" Wegen des Lernens nicht (so) folgen zu können (wie die anderen). Interessant ist, dass die befragten Frauen hier weniger Probleme sehen als Männer. Das scheint zum einen darin begründet zu liegen, dass die Frauen weniger Probleme haben, auch vor Publikum zu ihren eigenen „Schwächen" zu stehen, bezogen auf technische wie auch auf Lernkompetenzen. Zum anderen scheinen sie grundsätzlich eher bereit, sich Unterstützung durch Experten zu holen, während die Männer vor allem versuchen, sich ohne Unterstützung durch „offizielle" Experten das fehlende Wissen selbst anzueignen.

Ein weiteres Problem sieht ein Teil der Älteren darin, dass die Gültigkeit des erworbenen „neuen" Technikwissens von unbestimmter Dauer ist (T → ALF). Mit der Erfahrung konfrontiert, dass es häufig sehr schnell veraltet und damit entwertet wird, sinkt ihre Motivation, weiter zu lernen. Sie fühlen sich vom „lebenslangen Lernen" überfordert. Auch hier sind es die „alten" Maßstäbe – wie „man lernt für's Leben" –, die durch eine unklare Gültigkeitsdauer des Wissens irritiert bzw. dekonstruiert werden, mit der Folge, dass einige Ältere wenig bereit sind, technische Neuentwicklungen in ihre alltägliche Lebensführung einzubauen, selbst wenn sie sie als sinnvoll erachten. Beispielsweise versuchen viele Ältere, ein veraltetes Computerprogramm, das sie „beherrschen", möglichst lange zu nutzen, um so an ihrem einmal strukturierten Wissensvorrat festhalten und ein „lebenslanges Lernen" vermeiden zu können.

Aber nicht nur der Umgang mit neuer Technik erscheint den Älteren in verschiedener Hinsicht diffus und unstrukturiert. Vor allem die impliziten Wissensbestände der neuen Technik, speziell die des „grenzenlosen" Internets, werden meist als höchst unklar, uneindeutig und dementsprechend als unstrukturiert wahrgenommen (T → ALF). Dies bezieht sich auf unterschiedliche Eigenschaften, die als *sich auflösende – und damit entstrukturierte – Dichotomien* beschrieben werden können. So wird es von den Älteren als verwirrend und zugleich als bedenklich erlebt, dass das Internet nicht deutlich hierarchisch strukturiert ist, mit der Folge, dass alle Informationen das gleiche „Gewicht" erhalten. So können sie nicht zwischen wichtigen und unwichtigen Informationen unterscheiden, der Stellenwert der einzelnen Information bleibt ihnen unklar. Darüber hinaus beklagen Ältere, dass sie nur schwer zwischen für sie „gefährlichen" und ungefährlichen Internetseiten unterscheiden können. Gerade diese Uneindeutigkeit spielt für sie eine herausragende Rolle und führt dazu, dass viele das Internet aus Vorsicht und Besorgnis kaum nutzen oder nur wenige Seiten „anklicken", von deren Unbedenklichkeit sie überzeugt sind. Als gravierend erleben die Älteren überdies, dass sich aus ihrer Sicht im Internet die Dichotomie zwischen Wahrheit und Lüge auflöst. Sie fühlen sich nicht in der Lage, Aussagen über die Zuverlässigkeit einer Internet-Quelle zu machen bzw. diese zu überprüfen. Dies führt u. a. zur oben erwähnten Ablehnung von „Internetbekanntschaften". Da nicht geklärt werden kann, ob das „Gegenüber" im Internet glaubwürdig ist oder nicht, wird meist jeglicher Kontakt zu Fremden im Internet verweigert. Damit zusammenhängend wird eine weitere sich auflösende Dichotomie von den Älteren als problematisch erlebt, und zwar die zwischen noch gültig und nicht mehr gültig. Denn auch die Dauer der Gültigkeit von Informationen aus dem Internet steht für die Älteren in Frage, da sie häufig nicht erkennen können, wann die Information ins „Netz" gestellt wurde.

Neben diesen Dichotomien ist es zugleich die *Entgrenzung* der medienvermittelten Informationen – besonders die des Internets –, die die Älteren häufig als verwirrend erleben (T → ALF). Durch die Vielfalt an Informationen fällt es ihnen zunehmend schwerer, darauf aufbauende Entscheidungen zu treffen. Lieber wählen sie zwischen einer begrenzten Anzahl von Alternativen als zwischen unendlich vielen, so dass sie das Internet in bestimmten Fällen zur Informationsvermittlung meiden. Dies betrifft insbesondere die Älteren, die Technik auf der Basis einer starken Kontrollorientierung nutzen. Da sie sich durch entgrenzte Wissensbestände in ihrer Handlungskompetenz eingeschränkt sehen, vermeiden sie in bestimmten Situationen neue, informationsvermittelnde Techniken.

12.2.5 Geschlechtliche Handlungsdimension

Im Gegensatz zu den bereits präsentierten Dimensionen zeichnet sich diese dadurch aus, dass weniger technikimplizite Bedingungen auf die alltägliche Lebensführung einwirken, sondern dass die (ent)strukturierenden Wirkungen insbesondere auf die existierenden Überzeugungen der Älteren zur Genderlogik zurückzuführen sind. Grundsätzlich können die Wirkungen danach unterschieden werden, ob sie sich auf der Deutungs- oder auf der Praxisebene zeigen. Ein interessantes Ergebnis ist, dass sich die Überzeugungen der Älteren nicht zwangsläufig auf der Praxisebene technischen Handelns widerspiegeln. Es muss darüber hinaus vorausgeschickt werden, dass sich die jeweilige Genderlogik der Älteren auch danach unterscheiden kann, ob sie sich auf die Nutzung klassischer oder neuer Technik bezieht. Vielfach lässt sich feststellen, dass die Älteren differierende Deutungen für unterschiedliche Technikformen entwickelt haben.

Strukturierung

Hinsichtlich der klassischen Technik zeigt sich bei dem größten Teil der Älteren – und insbesondere bei denen, die in einer Partnerschaft leben – auf der Deutungsebene das „alte", geradezu klassische Muster einer dichotomen Genderlogik (Differenzmodell, vgl. hierzu z. B. Jansen 1986): Den Männern wird, unabhängig von ihren beruflichen Erfahrungen, eine hohe Technikkompetenz und ein großes Technikinteresse zugesprochen. Frauen hingegen werden als eher technikskeptisch bzw. technikdistanziert beschrieben und in der Folge als insgesamt weniger technikkompetent angesehen als Männer. Diese Überzeugung, die sowohl von Männern als auch von Frauen geteilt wird, führt zu einer eindeutig strukturierten Arbeitsteilung (N → T → ALF): Während Frauen beispielsweise die klassischen technischen Geräte im Alltag vor allem nutzen, sind die Männer für deren Reparaturen verantwortlich. Das ist naheliegend, da die Gerätenutzung den Älteren einfach und unproblematisch erscheint, während Reparaturen einen höheren Grad an technischer Kompetenz erfordern.

Ebenfalls einem Aspekt der „klassischen" Genderlogik – dem Differenzmodell[16] – entsprechend, ist der Einsatz technischer Geräte bezogen auf unterschiedliche Lebensbereiche geschlechtsspezifisch dichotom strukturiert: Frauen fühlen sich vor allem für Küchen- und Reinigungsgeräte – wie Mixer, Kaffeemaschine, Staubsauger, Waschmaschine etc. – zuständig, Männer hingegen für das Auto und Gartengeräte.[17] Diese Form der Arbeitsteilung wird meist auf die unterschiedlichen körperlichen Anforderungen der einzelnen Tätigkeiten zurückgeführt, wobei als unhinterfragt selbstverständlich gilt, dass Männer stärker sind als Frauen. Interessant ist, dass an dieser Deutung häufig auch dann festgehalten wird, wenn der männliche Partner von körperlichen Einschränkungen betroffen ist. Selbst in diesem Falle ist er weiterhin „offiziell" für die schwereren körperlichen Arbeiten zuständig, obwohl ihn die Partnerin regelmäßig dabei unterstützt. Hieran zeigt sich, wie stabil einmal „eingeübte" Deutungen sind und wie schwer es ist, sie zu verändern.

Diese geschlechtsspezifisch strukturierten Zuständigkeiten in verschiedenen Lebensbereichen spiegeln sich auch bei der Anschaffung technischer Geräte wider: Während sich die Frauen vor allem für den Kauf von Küchen- und Reinigungsgeräten zuständig fühlen, kümmern sich die Männer überwiegend um die Anschaffung von Geräten, die außerhalb des Wohnraums eingesetzt werden. Dieses Vorgehen wird von beiden Geschlechtern befürwortet. Interessant ist, dass den Männern zwar grundsätzlich eine höhere Technikkompetenz zugeschrieben wird, der Kauf von Küchengeräten aber dennoch den Frauen überlassen bleibt. Das kann damit begründet werden, dass die Geräte in der Regel als so einfach angesehen werden, dass sie keiner größeren Kompetenz bedürfen.

Die von beiden Geschlechtern vertretene „klassische" Genderlogik ist schon lange Bestandteil des subjektiven Wissensvorrats der Älteren, so dass sie als „natürlich" angesehen und daher neutral beurteilt wird.

Die dichotom strukturierte Genderlogik wird von einigen auch auf die neue Technik übertragen (N → T → ALF). In dieser Hinsicht wird also die Unterscheidung zwischen klassischer und neuer Technik aufgehoben. Davon überzeugt, dass Männer eine grundsätzlich größere Technikkompetenz besitzen als Frauen, wird bei einem Teil der – in Partnerschaft lebenden – Frauen der Umgang mit neuen Techniken vor allem den Männern überlassen. Das geht sogar so weit, dass eine Frau, die aufgrund ihrer beruflichen Erfahrung über mehr Kenntnisse hinsicht-

---

16 Vgl. hierzu auch Kapitel 6.3.
17 Die letztgenannten Geräte wurden zwar nicht abgefragt, aber dennoch von vielen Älteren im Zusammenhang mit der Geschlechterlogik genannt.

lich neuer Technik verfügt als ihr Mann, die Nutzung des PCs ihrem Mann überlässt. Oder dass ein Ehemann betont, dass er seine Frau langsam und behutsam an den PC „heranführen" will, obwohl ihre berufliche Praxis – im Gegensatz zu seiner – einige Jahre durch den Computer geprägt war. Insofern wird von beiden Seiten an der „alten", klassischen Genderlogik bzw. -struktur festgehalten. Das Stereotyp der Ungeeignetheit von Frauen im Umgang mit Technik wird meist dadurch weiter verfestigt, dass das Know-how der Frauen im Umgang mit Technik nicht als Technikkompetenz konstruiert wird (vgl. hierzu auch Singh 2001). Dennoch zeigt sich, dass viele der befragten Frauen einen selbstverständlichen Umgang mit der neuen Technik pflegen, auch wenn sie ihrem Partner die Rolle des Experten zuweisen.

Ältere mit dieser Überzeugung sprechen auch ihren Töchtern weniger Technikkompetenz zu als den Söhnen, mit der Folge, dass sie bei Problemen im Umgang mit neuer Technik immer an erster Stelle ihre Söhne um Unterstützung bitten. Auch hier zeigt sich die Stabilität einmal eingeführter Überzeugungen.

Diese Ergebnisse sind wenig überraschend, da es sich bei den Älteren um Kohorten handelt, die einen sehr großen Teil ihres Lebens mit den klassischen, dichotom strukturierten Geschlechterstereotypen konfrontiert wurden, im Gegensatz zu jüngeren Kohorten, bei denen sich diese einst unhinterfragten Selbstverständlichkeiten allmählich auflösen.

Als ein interessanter Befund kann aber gelten, dass die dichotome Genderlogik bei den Alleinlebenden keine Rolle spielt. Diese sind gewohnt, ohne partnerschaftliche Arbeitsteilung mit ihren technischen Herausforderungen umzugehen, so dass eine geschlechtsbezogene Typisierung für sie keinen Sinn ergibt. Zur notwendigen Unterstützung ziehen sie – unabhängig vom Geschlecht – die Personen heran, die ihnen aufgrund ihrer beruflichen Erfahrung oder ihres besonderen Interesses an neuer Technik geeignet erscheinen. Ihre Einteilung zwischen Technikkompetenten und Nicht-Technikkompetenten liegt also quer zur Geschlechterdimension.

Entstrukturierung

Bemerkenswert ist, dass sich bei einem nicht zu geringen Teil der – in Partnerschaft lebenden – Älteren die klassische Geschlechterdichotomie bezogen auf die *neue* Technik „aufgelöst" hat. Diese Form der Entstrukturierung zeigt sich nur bei *Frauen*. Diese sind davon überzeugt, dass Männer nicht über mehr Technikkompetenz hinsichtlich neuer Technik verfügen als Frauen (N → T → ALF). Inwieweit jemand erfolgreich mit ihr umgehen kann, führen sie auf seine individuellen Erfahrungen zurück. Und diese wiederum werden dann gemacht, so lautet ihre Argumentation, wenn ein Interesse an neuer Technik besteht.

In der Praxis zeigt sich, dass diese Frauen nach ihrem Kauf eines neuen technischen Geräts selbstständig dafür Sorge tragen, dass sie sich die nötige Technikkompetenz aneignen. Und bei größerem Unterstützungsbedarf fragen sie „Experten" um Rat und nicht ihren Partner. Das ist aus ihrer Perspektive logisch konsequent, da sie davon ausgehen, dass die Technik für *alle* Älteren neu und unbekannt ist. Sie mutmaßen oder haben die Erfahrung gemacht, dass die „alten" Muster des Umgangs mit klassischer Technik nicht auf die neuen Geräte übertragen werden können. Insofern ist hier der „qualitative Sprung" in der Technikentwicklung (vgl. z. B. Popitz 1995) Auslöser für das „Auflösen" der klassischen Geschlechterdifferenz hinsichtlich technischer Artefakte. Technikkompetenz ist aus dieser Perspektive immer an eine intensive Auseinandersetzung mit dem neuen Gerät gebunden und nicht an alte Wissensbestände, mit der Konsequenz, dass der Techniknutzer unabhängig vom Geschlecht allein dafür verantwortlich ist, sich die nötige Technikkompetenz anzueignen. Insofern wird hier eine „Arbeitsteilung" entwickelt, die *quer* zur Geschlechterdichotomie liegt: Die Person, die das Gerät anschaffen und nutzen möchte, fühlt sich gleichzeitig zuständig für seinen erfolgreichen Einsatz.[18]

Dieses Ergebnis lässt sich auf der Basis der durchgeführten Expertenbefragung weiter bestätigen, denn die Experten – Dozenten von Volkshochschulkursen, die insbesondere für die Einführung in neue Techniken verantwortlich sind – sind sich darin einig, dass Frauen in ihren Kursen nicht weniger technikkompetent sind als Männer.[19] Vielmehr zeigt sich, dass sich die Frauen in den Kursen im Durchschnitt durch ihr ausgeprägtes Technikinteresse und durch eine eher höhere Technikkompetenz auszeichnen als die Männer und dass mehrheitlich sie den anderen Kursteilnehmern Hilfestellung und Unterstützung geben können.[20]

Es kann festgehalten werden, dass die neue Technik gerade durch ihre „Neuheit" und ihre „Unbekanntheit" die alte Geschlechterdichotomie „Mann und technikkompetent" versus „Frau und technisch unbegabt" verschwimmen lässt und insofern die traditionelle Genderlogik entstrukturiert. Wie groß die Gruppe

---

18 Vgl. hierzu ausführlicher Kapitel 14.
19 Vgl. hierzu auch Kapitel 10.
20 Diese Ergebnisse könnten allerdings auch dafür sprechen, dass die Teilnehmer der Kurse einen systematischen „Bias" aufweisen, wie schon in Kapitel 10 vermutet wurde.

der Älteren ist, bei denen die „alte" Logik an Bedeutung verloren hat, kann allerdings aufgrund der begrenzten Stichprobe nicht gesagt werden. Aufschlussreich ist, dass gerade die Frauen die „alte" Logik anzweifeln.

Auf der Geschlechterdimension hat sich hinsichtlich neuer Technik bislang keine „neue" spezifische Deutung etabliert. Vielmehr zeigt sich, dass die „alte" Dichotomie nun häufig von der zwischen „jung und technikkompetent" versus „alt und technisch unbegabt" abgelöst wird.

12.2.6 Sachliche Handlungsdimension

Auf der Sachebene gilt es zum einen herauszuarbeiten, welche spezifischen Sachlogiken das technische Handeln der Älteren strukturiert und wie diese wahrgenommen werden. Zum anderen muss gezeigt werden, inwiefern der Einsatz von Technik (ent)strukturierend auf die Grenzen zwischen den verschiedenen Lebensbereichen bzw. Tätigkeiten (Sachbezüge) der Älteren wirkt. Oder präziser gefragt: Trägt technisches Handeln dazu bei, dass sich die Grenzen zwischen differierenden Lebensbereichen auflösen oder verfestigen? Darüber hinaus muss geklärt werden, in welcher Weise technisches Handeln die Ausführung anderer Tätigkeiten beeinflusst.

Strukturierung

An erster Stelle zeigt sich, dass die Technik den Älteren konkrete *Handlungsregeln* (Sachlogiken) aufzwingt und damit deren Handeln festlegt bzw. strukturiert. Im Sinne der Kon-Texte, wie sie Beck (1997) beschreibt, sind bestimmte – bei der Technikgenese generierte – Sinnsetzungen in die Technik „eingelassen", die den Umgang mit ihr beeinflussen und steuern (T → ALF). Der Ältere sieht sich in der Situation, dass er diese Bedeutungen oder Handlungsanweisungen – zumindest zum Teil – übernehmen und in ihrem Sinne agieren muss, wenn er das Gerät zweckmäßig nutzen will. Einer der Älteren ärgert sich beispielsweise darüber, dass er gezwungen ist, den „Start"-Button seines PCs zu drücken, um ihn auszuschalten, was ihm unlogisch erscheint. Dennoch muss er diesem Befehl entsprechen, will er sein Ziel erreichen. Eine andere ist davon irritiert, dass sie insgesamt *zweimal* auf „Senden" drücken muss, um ihre E-Mails *einmal* zu verschicken. Auch sie interpretiert es als widersinnig, muss sich aber dennoch an die vorgeschriebenen Nutzungsanweisungen halten. Ebenso bezeichnet ein Älterer seine neue Kaffeemaschine als absurd, da sie keinen Ausschalter besitzt und sich insofern nach Inbetriebnahme nicht stoppen lässt, was er für völlig inakzeptabel hält. Demnach müssen hier eigene „Deutungsmuster" aufgegeben und die technikinduzierten Vorgaben akzeptiert werden, um das Gerät erfolgreich bzw. im dafür vorgesehenen Sinne zu nutzen.

Die technikimpliziten Sachlogiken werden sowohl negativ – wie an obigen Beispielen erkennbar – als auch positiv betrachtet. Ein Teil der Älteren ist dankbar, wenn das Gerät für sie genau identifizierbare Angaben zu den erforderlichen Handlungsschritten macht. In diesem Fall wird Technik im Sinne eines Akteurs betrachtet, der konkret vorgibt, was zu tun ist. Das kann beispielsweise das Display einer komplexen digitalen Kaffeemaschine sein, auf dem die einzelnen Bedienungsschritte – wie Wasser nachfüllen, Filter leeren etc. – als schriftliche Befehle erscheinen. Die Vorgaben werden hier als handlungsentlastend bzw. -erleichternd wahrgenommen und daher gutgeheißen.

Technikimplizite Vorgaben werden dann negativ wahrgenommen, wenn sie den eigenen existierenden Sinnstrukturen widersprechen, beispielsweise wenn sie den Älteren unlogisch erscheinen. Hier kommt es zu einer Irritation ihres subjektiven Wissensvorrats, der sich aus ihren vergangenen Erfahrungen speist (vgl. Schütz, Luckmann 1979, S. 314f.; Hennen 1992, S. 125). Die den eigenen Deutungen widersprechenden technischen Vorgaben werden nur widerwillig in das alltägliche Handeln aufgenommen, da sie nicht konsistent in den vorhandenen Deutungsrahmen eingebaut werden können.

Positiv hingegen werden technische Vorgaben dann erlebt, wenn sie zu keiner der vorhandenen Sinnstrukturen im Widerspruch stehen oder wenn für den betreffenden Bereich bislang keine Deutungen existieren. In diesen Situationen können die technischen Vorgaben allein der Handlungsentlastung dienen und lösen keine Widerstände aus.

Gleichzeitig werden dem technischen Handeln aber auch die Sachlogiken der Älteren „aufgedrückt" bzw. die Techniknutzung durch von den Älteren selbst entwickelte „Regeln" strukturiert (N → T → ALF). Ein Beispiel hierfür sind Ältere, die vor allem im Umgang mit der neuen Technik aktiv eigene Bestimmungen entwerfen, denen sie im Umgang mit dem Gerät folgen. Meist werden eigene Notizen über einzelne Handlungsschritte gemacht, es wird schriftlich fixiert, was wann geschehen muss, um das gewünschte Ziel zu erreichen. Unabhängig von den allgemeinen Bedienungsanleitungen wird hier eine eigene, individuelle Anleitung entworfen, die sich in der Vergangenheit als erfolgversprechend erwiesen hat. Insofern wird hier der Umgang mit Technik – im Rahmen der technischen „Begrenzungen" – nach eigenen Vorstellungen strukturiert.

Sachlich strukturierend wirkt ebenfalls, dass Technik von den Älteren meist zielsicher in ganz konkreten und klar unterscheidbaren Handlungsfeldern (Sachbezügen) eingesetzt wird (N → T → ALF). Das gilt insbesondere für die klassische Technik, deren Einsatz durch den engen Bezug von Gerät und Funktion eindeutig festgelegt ist. Die Küchenmaschine wird beispielsweise für Küchenarbeiten eingesetzt, der Fernseher dient im Bereich Freizeit der Unterhaltung und Information. Auch die neue Technik wird von den Älteren nach Möglichkeit in eindeutig bestimmbaren Handlungsfeldern (Sachbezügen) genutzt. Zum Beispiel wird das Internet häufig zur Informationsbeschaffung genutzt, das E-Mail-Programm erlaubt die Pflege sozialer Kontakte. Und insbesondere die vom Arbeitgeber zur Verfügung gestellten technischen Arbeitsmittel werden (fast) ausschließlich im Rahmen der Erwerbstätigkeit genutzt. Diese Eindeutigkeit in der Zuordnung technischer Artefakte zu bestimmten Lebensbereichen liegt darin begründet, dass der Technikeinsatz maßgeblich durch die Kontrollorientierung der Älteren bestimmt wird (siehe sinnhafte Handlungsdimension). Technische Geräte werden zu konkreten Zwecken eingesetzt, die sich den verschiedenen Tätigkeitsbereichen eindeutig zuordnen lassen. Der Großteil der Älteren schätzt eine klare Unterscheidung, oder genauer *Trennung,* zwischen verschiedenen Lebensbereichen und dementsprechend auch eine klare Zuordnung der technischen Geräte.

Während im obigen Fall die Älteren darüber bestimmen, für welche Tätigkeiten bzw. in welchen Lebensbereichen technische Hilfsmittel eingesetzt werden, kann demgegenüber die Technik mit darüber bestimmen, in welchen Handlungsfeldern (Sachbezügen) sich die Älteren befinden (T → ALF). Wird ein Älterer beispielsweise per Telefonanruf von einem Freund kontaktiert, dann begibt er sich unweigerlich in den Sachbezug „Pflege sozialer Kontakte". Betätigt sich ein anderer internetvermittelt als Trader an der Börse, dann bestimmt das Internet mit darüber, wann er sich „auf dem Markt" bewegen kann und wann nicht, wann er sich dementsprechend anderen Tätigkeiten widmen kann und wann nicht.[21] Insofern kann technikvermittelt gesteuert werden, wann sich die Älteren in welchen Lebensbereichen „befinden". Diese technischen Vorgaben werden von ihnen dann kritisch betrachtet, wenn sie die alltäglichen Handlungsroutinen stören. Da sich an dieser Stelle starke Überschneidungen zu den Entstrukturierungstendenzen zeigen, die in diesem Fall als wichtiger erachtet werden, folgen weitere Erläuterungen an späterer Stelle.

---

21 Und sogar über Gewinne und Verluste beim Handel mit Aktien kann das Internet dadurch mitentscheiden, dass bei technischen Funktionsstörungen der Handel ausgesetzt wird.

Darüber hinaus führen bestimmte Formen technischen Handelns zur Vernachlässigung anderer Handlungen in dem Sinne, dass durch den Einsatz von Technik andere Tätigkeiten vernachlässigt oder überflüssig werden (T → ALF). Wird beispielsweise der Computer zur Erfassung der einzelnen Arbeitsschritte bei Pflegetätigkeiten eingesetzt, entfällt ihre handschriftliche Erfassung. Gestattet das E-Mailprogramm, Freunde über wichtige eigene Erlebnisse per E-Mail zu informieren, wird der persönliche Brief überflüssig. Dieser Fortfall bestimmter, einst als wichtig erachteter oder geschätzter Handlungen wird von vielen Älteren bedauert, da sie mit ihnen teils eine lange Tradition verbinden. Hinzu kommt, dass bei technischen Defekten auf die „alten" Handlungsmuster zurückgegriffen werden muss, diese aber durch mangelnde Übung immer weniger beherrscht werden. Beispielsweise fällt denen, die ihre Korrespondenz durchweg mit dem PC erledigen, das handschriftliche Schreiben von Karten oder Briefen zunehmend schwerer, was als unangenehm erlebt wird.

Aber nicht nur einzelne Tätigkeiten, sondern ganze Lebensbereiche können unter dem Einsatz von Technik „leiden". Eine Ältere widmet sich beispielsweise sehr ausgiebig den PC-Spielen, wodurch sich ihr Partner stark vernachlässigt fühlt. Eine andere surft gerne umfänglich im Internet, wodurch sich ihr Partner ebenfalls zurückgesetzt fühlt. Dementsprechend kann hier von einem technikinduzierten Ausgrenzen bestimmter Lebensbereiche gesprochen werden.

Entstrukturierung

Neben den strukturierenden sind es aber ebenso die technikinduzierten entstrukturierenden Wirkungen, die die Älteren häufig als störend erleben. Insbesondere ein durch Technik „erzwungener" Wechsel zwischen den verschiedenen Lebensbereichen bzw. zwischen verschiedenen Tätigkeiten wird als störend empfinden (T → ALF). An dieser Stelle zeigen sich zahlreiche Überschneidungen mit der zeitlichen Handlungsdimension, denn die Unterbrechung einer Tätigkeit ist zugleich mit ihrer zeitlichen Verschiebung verbunden. Dessen ungeachtet impliziert der erzwungene Wechsel Störungen des Sachbezugs: Ein Älterer ist beispielsweise zu bestimmten, festgelegten Tageszeiten ausschließlich darauf konzentriert, internetbasiert an der Börse zu spekulieren, mit der Folge, dass ein Telefonanruf zu dieser Zeit äußerst unerwünscht ist, da er sich dann nicht mehr voll auf seine „Trades" konzentrieren kann. Ein anderes Beispiel: Eine Ältere widmet sich regelmäßig erwerbsmäßig Pflegediensten und empfindet während dieser Zeiträume „private" Störungen – Anrufe ihrer Tochter auf ihrem Privathandy – als äußerst lästig. In diesen Fällen ermöglicht die Technik ein Auflösen der Grenze zwischen verschiedenen Tätigkeits- oder Lebensbereichen, so dass zeitgleich verschiedenartige „Anforderungen" an die Älteren herangetragen werden. Diese Entgrenzung – oder auch Entstrukturierung – wird als negativ erlebt.

Aber die technikbedingten Entgrenzungen der Lebensbereiche werden auch positiv wahrgenommen, und zwar dann, wenn sie von den Älteren selbst initiiert werden (N → T → ALF). So wird das Arbeiten am PC von vielen Älteren wertgeschätzt, da es ihnen ermöglicht, neben der Erwerbsarbeit beispielsweise durch E-Mails gleichzeitig private Kontakte zu pflegen, online finanzielle Arrangements zu treffen oder einkaufen zu „gehen". Ein Springen zwischen den unterschiedlichen Tätigkeiten wird in diesem Fall gutgeheißen. Oder das „Firmenhandy" wird zugleich für private Anrufe genutzt, da kein eigenes Handy zur Verfügung steht. Selbst veranlasst wird die Entgrenzung des Sachbezugs also durchaus als positiv erlebt.

Dennoch muss festgehalten werden, dass die Älteren insgesamt eine klare Trennung zwischen den Lebensbereichen bevorzugen. Überschneidungen werden meist als verunsichernd wahrgenommen, da sie die volle Konzentration auf eine Tätigkeit verhindern. Es zeigt sich, dass klare und eindeutige bereichs- und tätigkeitsspezifische Strukturen des Alltags fast durchweg der Entgrenzung vorgezogen werden.

12.3 Fazit

An erster Stelle muss festgehalten werden, dass entscheidende Gründe für eine ungleiche Verteilung des Technikeinsatzes im Alltag Älterer existieren, die nur jenseits der von gängigen Theorieansätzen betonten Ungleichheitsfaktoren wie soziale Herkunft, Einkommen, Beruf und Bildung erklärt werden können. Die Untersuchung hat ergeben, dass die (ent-)strukturierenden Wirkungen des Technikeinsatzes auf das System der alltäglichen Lebensführung mit darüber bestimmen, in welcher Weise und in welchem Umfang Technik in den Alltag integriert wird.

Dieses System bedeutet eine Stabilisierung des Alltags, die von den Älteren wertgeschätzt wird. Allen Befragten sind ihre langjährig erprobten und bewährten Alltagsroutinen überaus wichtig, da sie ihnen einen problemlosen Handlungs- und Tagesablauf garantieren (vgl. hierzu auch Voß 2001, S. 210). Insofern ist es naheliegend, dass sie den Einsatz von Technik gutheißen, wenn er sich problemlos – d. h. ohne große Störungen – in die bestehenden Routinen „einbauen" lässt.

Ebenso liegt auf der Hand, dass sie auf Irritationen des Systems eher mit Ablehnung reagieren.

Bemerkenswert ist die Heftigkeit, mit der die Befragten häufig an ihren einmal eingelebten alltäglichen Strukturen festhalten. Ob es sich hierbei um ein Phänomen handelt, dass insbesondere auf Ältere zutrifft, kann aufgrund des Samples nicht zweifelsfrei geklärt werden. Vor dem Hintergrund der Überlegungen von Voß (1995) zur alltäglichen Lebensführung steht zu vermuten, dass stabile Alltagsroutinen aufgrund ihrer entlastenden Funktion in Entscheidungssituationen und bei Strukturierungsanstrengungen einen „Grundmechanismus alltäglichen praktischen Lebens" (Voß 2001, S. 209) für *jeden* darstellen. Inwiefern eine Bereitschaft zur Veränderung alltäglicher Handlungs- und Deutungsroutinen besteht, scheint nach Voß von der „Nachgiebigkeit" bzw. der „Starrheit" der bestehenden sozialen Arrangements der betreffenden Person, ihrer eigenen Praktiken und Gewohnheiten und von der Dauer der vorhandenen alltäglichen Arrangements abzuhängen. Zumindest der letzte Aspekt ist ein Hinweis darauf, dass das höhere Alter ein möglicher Grund für ein sehr stabiles System der alltäglichen Lebensführung sein könnte, da die Alltagsroutinen der Älteren über einen mitunter schon sehr langen Zeitraum bestehen und daher – in dieser Logik – schwerer veränderbar sind.

Der Einsatz von Technik kann in zweierlei Hinsicht auf die gewohnten Alltagsroutinen einwirken: In der Techniksoziologie des Alltags wird vielfach thematisiert, dass sich Technik vor allem *strukturierend* auf den Alltag auswirkt (vgl. z. B. Joerges 1988). Dieser Aspekt kann durch die Empirie gut belegt werden. Beispielsweise ist der Techniknutzer an einen spezifischen Standort gebunden, wenn sein Gerät nicht räumlich flexibel einsetzbar ist. Oder sein PC gibt ihm vor, welche Tasten er drücken muss, um ein bestimmtes Ergebnis zu erzielen. Diese technikinduzierten Vorgaben spielen für die Älteren zwar eine wichtige Rolle und werden z. T. negativ, aber auch positiv betrachtet. Dennoch zeigt sich, dass der Einsatz von Technik – und hierbei insbesondere der *neuer* Technik – bei den Älteren mehr *entstrukturierende* als strukturierende Wirkungen hervorbringt, die darüber hinaus weit mehr Bedeutung für ihre alltägliche Lebensführung haben. Insofern war es im Rahmen dieser Untersuchung wichtig, die Forschungsperspektive über die gängigen Theorieperspektiven hinaus auf den Bereich der entstrukturierenden Wirkungen von Technik auszudehnen, um die mit ihr verbundenen Wirkungen auf den Alltag der Älteren und deren Bewertungen zu erfassen.

Zudem ergab die Analyse, dass die Wechselwirkungen zwischen Technik, Alltag und dem Nutzer – idealtypisch vereinfacht – danach unterschieden werden können, ob sich der Nutzer in der Rolle sieht, die Technik bewusst für eigene (ent)

strukturierende Zwecke einzusetzen (N → T → ALF), oder ob er sich ihren (ent)
strukturierenden Wirkungen in seinem Alltag eher ausgeliefert sieht (T → ALF).
Es liegt auf der Hand, dass hiermit je unterschiedliche Einschätzungen verbunden sind.

Bevor die (ent)strukturierenden Wirkungen des technischen Handelns auf den wesentlichen Handlungsdimensionen des Alltags – Zeit, Raum, Soziales, Sinn, Geschlecht, Sachbezug – zusammengefasst werden, soll noch eine weitere wichtige Einsicht präsentiert werden: Es hat sich unter Einbezug von Studien mit einer ähnlichen Fragestellung[22], aber bezogen auf andere Altersgruppen gezeigt, dass keine nur für die Älteren spezifischen Wechselbeziehungen zwischen ihnen, der Technik und ihrer alltäglichen Lebensführung herausgearbeitet wurden, sondern dass es sich um Ergebnisse handelt, die auf – mehr oder weniger – alle Personen übertragen werden können. Sowohl der Einfluss der Technik auf die alltägliche Lebensführung (T → ALF) als auch der bewusste Einsatz der Technik durch den Nutzer mit ihren Wirkungen auf seine Alltagspraxis (N → T → ALF) unterscheiden sich nicht grundsätzlich zwischen den verschiedenen Altersgruppen. Insofern sind die gewonnenen Ergebnisse verallgemeinerbar. Ausnahmen zeigen sich dort, wo der Einsatz *neuer* Technik von den Nutzern nach „*alten*" Bewertungsmaßstäben beurteilt wird, über die zweifelsohne nur die Älteren verfügen. Diskrepanzen zwischen den Altersgruppen sind also nur dort belegbar, wo die Älteren die neue Technik auf der Basis ihres Erfahrungswissens mit der klassischen Technik bewerten. Vor dem Hintergrund dieses Befundes werden die folgenden Ergebnisse zugleich auf ihre Verallgemeinerbarkeit hin geprüft.

Auf der *zeitlichen Handlungsdimension* wurden folgende Zusammenhänge herausgearbeitet: Ältere setzen Technik zum einen bewusst ein, um damit die zeitlichen Lagen ihres alltäglichen Handelns (z. B. Aufstehen um acht Uhr, Fernsehen um 20 Uhr) zu bestimmen bzw. in ihrem Sinne zu *strukturieren* (N → T → ALF). Insofern wird Technik u. a. zur Ausbildung und Festigung (Institutionalisierung) alltäglicher Handlungsroutinen genutzt.[23] Dementsprechend wird der Technikeinsatz hier gutgeheißen. Zum anderen wird mit Hilfe der Technik die Dauer bestimmter Handlungen verkürzt (z. B. Waschen mit der Waschmaschine) (N → T → ALF). Auch hier wird Technik wertgeschätzt, da Zeitersparnis für die Älte-

---

22 Auch wenn bei diesen Untersuchungen mit anderen theoretischen Konzepten gearbeitet wurde, so lassen sich dennoch Erkenntnisse herausfiltern, die mit denen dieser Studie vergleichbar sind. Vgl. hierzu z. B. Ahrens 2009; Röser 2007; Höflich, Hartmann 2007; Tully 2003.
23 Insbesondere die klassische Technik eignet sich aufgrund ihres eindeutigen Anwendungsbezugs besonders gut für Strukturierungsleistungen.

ren ein Hauptmotiv beim Technikeinsatz ist.[24] Und auch wenn Technik, aus der Sicht der Älteren, die zeitliche Alltagsstruktur „unfreiwillig" mitbestimmt bzw. strukturiert (z. B. unveränderbares Fernsehprogramm, Nutzung von Nachtstrom) (T →ALF), wird sie dennoch nicht unbedingt abgelehnt. Sie wird akzeptiert, wenn sie die Älteren nicht oder nur wenig in ihren Handlungsroutinen einschränkt, und sie wird abgelehnt, wenn sie stark in bestehende Zeitstrukturen eingreift oder zu einem erhöhten Zeitbedarf führt. Gleichzeitig muss berücksichtigt werden, dass auch die alltägliche Lebensführung selbst strukturierende Wirkung hat: Je länger beispielsweise das „Ritual" der Fernsehnutzung am Abend institutionalisiert ist, desto schwerer dürfte es fallen, es zu verändern oder gar abzuschaffen.

Mit der *neuen* Technik sind demgegenüber vor allem zeitliche *Entstrukturierungen* verbunden, die die Älteren überwiegend negativ erleben. Das betrifft zum einen die als uneinschätzbar – und daher als entstrukturiert – erlebte Zeit, die gebraucht wird, um sich die notwendige Technikkompetenz im Umgang mit neuer Technik anzueignen (T → ALF). Zum anderen wird der Einsatz der Technik selbst häufig als „ungewollt" ausufernd erfahren, was sich einerseits schmälernd auf ihr vorhandenes Zeitbudget auswirkt, andererseits ihre gewohnten Alltagsroutinen durcheinanderbringt (T → ALF). Darüber hinaus erleben die Älteren die neue Technik als fehleranfällig, was dazu führt, dass sie häufig Experten zur Problemlösung heranziehen müssen. Und dieses wiederum hat zur Folge, dass ihre Alltagsstruktur durch die Verfügbarkeit von Experten mitbestimmt wird, was sie unter allen Umständen vermeiden wollen (T → ALF).

Entstrukturierende Wirkungen der neuen Technik werden lediglich dann positiv wahrgenommen, wenn sie im Sinne der Älteren absichtsvoll und in instrumenteller Weise zur zeitlichen Organisation und Rationalisierung bzw. Strukturierung des Alltags eingesetzt werden kann (N → T → ALF). Das gilt für die Fälle, in denen die zeitlichen Lagen bestimmter Tätigkeiten durch Technik verschoben werden können, und bei der durch Foto- und Filmtechnik bewusst herbeigeführten Auflösung der Grenze zwischen Vergangenheit und Gegenwart.

Im Vergleich mit den anderen Dimensionen zeigt sich, dass Störungen der zeitlichen Struktur der Alltagspraxis von den Älteren als besonders kritisch eingeschätzt werden.

Betrachtet man nun die Ergebnisse hinsichtlich ihrer Verallgemeinerbarkeit, dann lässt sich vermuten, dass auch andere Altersgruppen die zeitlichen (Ent-)Strukturierungen durch Technik in vergleichbarer Weise erleben und einschätzen.

---

24 Dies impliziert, dass die Älteren vor allem am rein instrumentellen Einsatz der Technik interessiert sind, für die sich besonders gut die klassische Technik eignet.

Allenfalls kann angenommen werden, dass Jugendliche durch weniger langfristige und vielleicht weniger straff institutionalisierte Alltagsroutinen die ausufernde und uneinschätzbare Dauer des Umgangs mit neuer Technik eher weniger negativ oder neutral wahrnehmen. Zudem ist anzunehmen, dass sie die neue Technik trotz der zeitlichen Entstrukturierungen stärker in ihre Alltagsroutinen einbauen, da diese für sie von Geburt an einen unhinterfragten konstanten Rahmen ihres Handelns bildet. Darüber hinaus ist zu vermuten, dass die als uneinschätzbar erlebte Nutzungsdauer von neuer Technik in Abhängigkeit von den eigenen wahrgenommenen Zeitressourcen beurteilt wird: Bei „gefühlten" beschränkten Zeitkapazitäten wird der möglicherweise ausufernde „Gang ins Internet" vermutlich eher abgelehnt, bei großen Zeitreserven eher begrüßt. Eine Studie von Röser (2007, S. 166) greift diesen Aspekt heraus und kann exemplarisch zeigen, dass Personen mit knappen Zeitressourcen das Internet meist nur dann nutzen, wenn sie damit schnell klare und eindeutig abgrenzbare Zwecke erfüllen können.

Auch auf der *räumlichen Handlungsdimension* führt Technik zu *Strukturierungszwängen*, da bei räumlich nicht flexibel einsetzbaren Geräten ihre Nutzung an bestimmte Standorte gebunden ist (T → ALF). Dies wird von den Älteren dann als negativ erlebt, wenn der Standort nicht frei gewählt werden kann. Daher wird Technik nach Möglichkeit bewusst an die räumlichen Strukturen des Wohnraums – meist Begrenzungen – angepasst, indem beispielsweise bei geringem Wohnraum auf zusätzliche Geräte verzichtet oder „kleine" Geräte-Alternativen angeschafft werden (N → T → ALF).

Räumlich *entstrukturierende* Wirkungen des technischen Handelns spielen für die Älteren eine viel bedeutendere Rolle. Das gilt insbesondere für den absichtsvollen Einsatz von Technik, um eine räumlich entgrenzte bzw. ortsunabhängige Kommunikation mit Bezugspersonen (interpersonale Kommunikation) zu ermöglichen (N → T → ALF). Viele Techniken wie Telefon, Handy, das E-Mail-Programm oder das Programm zum Verschicken von Kurzmitteilungen (SMS) per Handy werden von den Älteren begrüßt, da sie es ihnen erlauben, auch mit entfernt lebenden Personen Kontakt aufzunehmen. Auch wenn Letztere mit Hilfe der Kommunikationsmedien die Routinen ihres *Wohn*alltags durchbrechen können, wird enträumlichte Kommunikation in der Regel gutgeheißen. Negativ wird sie nur wahrgenommen, wenn durch sie ausdrücklich geplante Alltagsstrukturen außer Kraft gesetzt werden, wenn sie beispielsweise bei den selteneren außerhäuslichen Aktivitäten stört.

Auch die „Aufhebung" des Raums im Sinne einer *globalen* Entgrenzung durch Technik wird im Alltag der Älteren bewusst angestrebt (N → T → ALF). Insbesondere der von vielen Älteren eingesetzte Fernseher ist sehr beliebt, weil er die

Außenwelt in die Behaglichkeit der eigenen „vier Wände" holt, Information und Unterhaltung bietet und ihnen eine „Flucht aus dem Alltag" ermöglicht. Und das Internet kann in noch stärkerem Maße diese Funktion erfüllen, da es über eine noch größere Vielfalt an „Räumen" (auch virtuelle) verfügt, die von den Älteren eingesehen werden können. Darüber hinaus ermöglicht es – durch das Web 2.0 – zugleich ein „Heraustreten in die Welt", ohne den eigenen Wohnraum verlassen zu müssen. Diese Möglichkeit wird eher ambivalent betrachtet, da sie aus der Sicht der Älteren zugleich andere Aktivitäten wie körperliche Bewegung und direkten sozialen Kontakt verhindert. Grundsätzlich positiv wird ihre Einschätzung erst dann, wenn der Nutzer von körperlichen Mobilitätseinschränkungen betroffen ist.

Eine *lokale* räumliche Entgrenzung (im eigenen Wohnraum), wie sie beispielsweise der Laptop – als nomadisierendes Medium – ermöglicht, wird von den Älteren meist abgelehnt. Die Fixierung an einen festen Ort soll die Computernutzung klar von anderen Alltagsaktivitäten – und überwiegend auch vom Partner – separieren (vgl. hierzu auch Großmann 2007). Das Ziel ist hier, durch räumlich eindeutige Strukturen die Struktur der gesamten Alltagspraxen zu festigen. Dabei wird der PC – als Synonym für Arbeit und Konzentration – nach Möglichkeit in ein wenig genutztes Zimmer ausgelagert. Dies ist einerseits mit Auswirkungen auf der sozialen Ebene verbunden, da beispielsweise bei intensiver PC-Nutzung durch einen Partner zugleich die gemeinsam verbrachte Zeit des Paares abnimmt. Andererseits werden dadurch auch (veränderte) „Raumhoheiten" (Röser 2007) geschaffen, da z. B. der PC-Nutzer den Raum, in dem sich das Gerät befindet, meist dominiert.

Insgesamt sind den Älteren Entstrukturierungen auf der räumlichen Ebene schon lange vertraut – z. B. durch den Fernseher und das Telefon – und werden daher überwiegend positiv, als den eigenen Alltag bereichernd, wahrgenommen.

Hinsichtlich der Verallgemeinerbarkeit dieser Erkenntnisse lässt sich vermuten, dass sie mehrheitlich für alle Altersgruppen zutreffen. Zum Beispiel zeigt eine Studie von Ahrens (2009, S. 159), dass die Fixierung und die gleichzeitige räumliche Separierung des PCs und des Laptops in eher entlegene (Arbeits-)Zimmer – in Deutschland – auch bei anderen Altersgruppen zu finden sind. Das liegt darin begründet, dass in Deutschland – im Gegensatz beispielsweise zu Australien – der PC eher mit Leistung und Arbeit verbunden wird, was ihn für Räume wie das Wohnzimmer, die der Freizeit und der Entspannung dienen, ungeeignet erscheinen lässt (vgl. ebd.).

Eine Diskrepanz zwischen den Altersgruppen zeigt sich aber hinsichtlich der Bevorzugung unterschiedlicher, räumlich entgrenzender Kommunikationsmedien. Während Ältere beispielsweise ihr Handy eher nur im Notfall nutzen, spielt es für Jugendliche eine außerordentlich wichtige Rolle (vgl. Tully 2003). Darüber hinaus lassen Erkenntnisse aus Studien über die Mediennutzung Jugendlicher den Schluss zu, dass ihnen – im Gegensatz zu den Älteren – die Erreichbarkeit zu jeder Zeit und an jedem Ort äußerst wichtig ist (vgl. ebd.). Für Ältere gilt hingegen, dass die technikvermittelte Kommunikation im eigenen Wohnraum vorgezogen wird. Diese Einstellung lässt sich nicht allein darauf zurückführen, dass sich die Älteren in ihren Alltagsstrukturen außerhalb des Wohnraums stärker gestört fühlen. Ein weiterer Grund mag sein, dass das klassische Umfeld der Nutzung von Kommunikationsmedien für Ältere für den größten Teil ihres Lebens der eigene Wohnraum war. In Anlehnung an Höflich und Hartmann (2007, S. 211) gilt, dass mit Beginn der Massenverbreitung von Medien die „Verhäuslichung" der Mediennutzung zum einen ein Zeichen des Wohlstands war[25] und zum anderen mit ihrer *Intimisierung* bzw. *Privatisierung* einhergig. Letzteres verweist darauf, dass der Einsatz von Kommunikationstechniken zu dieser Zeit gleichzeitig die Zurückgezogenheit auf einen beschränkten, aber geschützten privaten Raum bedeutete. Und dieses Verständnis mag für die Älteren und insbesondere für die Hochaltrigen heute immer noch gelten, so dass beispielsweise das Telefonieren in der Öffentlichkeit von ihnen als *zu* persönlich und daher als unangemessen erlebt wird.

Auch auf der *sozialen Handlungsdimension* sind vielfältige, technikinduzierte (Ent-)Strukturierungsprozesse zu verzeichnen. Gerade die zeitlichen und räumlichen Entstrukturierungen durch den Einsatz *neuer* Technik entfalten zugleich wichtige Wirkungen auf sozialer Ebene. Zum einen lässt sich eine technikinduzierte *Verfestigung* der sozialen Strukturen verzeichnen, da die Bezugspersonen der Älteren diese nun jederzeit und an jedem Ort – mit ihren Erwartungen – erreichen können (T → ALF). Damit ist aus der Perspektive der Älteren zum einen eine Zunahme an sozialer Einflussnahme und Kontrolle verbunden, die sie eher missbilligen. Gleichzeitig erfahren sie die vermehrte, technikvermittelte Kontaktaufnahme durch die Bezugspersonen aber auch als positiv, als eine Form der Zuwendung und der Aufmerksamkeit. Ausschließlich positiv hingegen sehen sie den Einsatz neuer Techniken zur Verfestigung ihres sozialen Netzwerks dann, wenn diese nicht von „außen", sondern aus eigener Initiative genutzt werden (N → T → ALF). Das ist zum einen auf ihr großes Autonomiebedürfnis und zum anderen darauf zurückzuführen, dass der Kontakt in diesem Fall ihre Alltagsroutinen nicht durcheinanderbringt.

---

25 Man musste nicht mehr in öffentlichen Räumen telefonieren oder fernsehen, sondern konnte sich ein eigenes Gerät leisten (vgl. Höflich, Hartmann 2007, S. 211).

Eine weitere Form sozialer Einbindung, die der Gebrauch neuer Technik mit sich bringt und die von allen Älteren durchweg negativ beschrieben wird, ist die Abhängigkeit von technischen „Experten" (T → ALF). Dabei ist es irrelevant, ob der Ältere eher weniger oder eher mehr Unterstützung braucht. Zentral ist, dass bei dieser Form des Kontakts die eigene mangelnde technische Kompetenz im Mittelpunkt steht, was den Grund für die ablehnende Haltung der Älteren bildet. Ihre Missbilligung zeigt sich meist besonders deutlich, wenn der Partner die Rolle des „Experten" übernimmt. Insofern wird diese – an sich gemeinschaftsfördernde – soziale Interaktion abgelehnt.

Eine weitere Form sozialer Strukturierung stellt der technikbasierte *Rückzug* Älterer gegenüber anderen Familienmitgliedern – meist dem Partner – dar (N → T → ALF). Durch die meist stark personalisierte Nutzung des PCs beispielsweise, der sich zudem häufig in eher „abgelegenen" Räumen befindet, wird ein „System der Abgrenzung" (Hirsch 1998) geschaffen, das die gemeinsame Zeit des Paares verringert und gleichzeitig die „persönliche" Zeit des Nutzers erhöht. Da es sich hier um eine aktive Strategie der Älteren handelt, wird sie gutgeheißen, wenn auch nicht von Seiten des Partners, wie man vermuten kann. Hieraus resultierende partnerschaftliche Konflikte werden von den PC-Nutzern allerdings regelmäßig bagatellisiert.

Es lassen sich darüber hinaus einige *sozial entgrenzende* Wirkungen der neuen Techniken ausmachen. Eine wichtige Rolle spielt hierbei das Internet, da es eine relativ leichte Kontaktaufnahme zu bislang unbekannten, entfernt wohnenden Personen ermöglicht, beispielsweise in Foren oder Chatrooms (T → ALF). Diese Form der Ausdehnung des eigenen sozialen Netzwerks wird von den Älteren allerdings überwiegend abgelehnt. Sie sind zum einen der Überzeugung, dass ihr „richtiges" soziales Netzwerk durch virtuelle Kontakte leiden würde und dass zum anderen die Glaubwürdigkeit der Personen im Internet fragwürdig ist und diese daher zu meiden seien.

Positiv sehen sie demgegenüber die Vielfalt der durch die neue Technik entstandenen Kommunikations*formen*, die es ihnen ermöglicht, diese an ihre konkreten Mitteilungsbedürfnisse anzupassen (N → T → ALF). Ist beispielsweise eine kurze Nachricht beabsichtigt, wird von einigen eine SMS verschickt, besteht ein großer Mitteilungsbedarf, wird auf das Telefon zurückgegriffen.

Auf die neue Technik ist auch das Eindringen „fremder" Kommunikation in die eigene Privatsphäre zurückzuführen, das gleichfalls als eine Form sozialer Entstrukturierung verstanden werden kann (T → ALF). Diese Entgrenzung von Kommunikation zeigt sich beispielsweise in Form von Spam-E-Mails oder dann, wenn Ältere im öffentlichen Raum quasi gezwungen sind, Handygespräche von anderen zu „belauschen". Insbesondere Letzteres wird von allen Älteren als sehr unangenehm empfunden. In dieser Situation wird aus ihrer Perspektive gegen die kulturelle Regel einer Trennung von Privatheit und Öffentlichkeit verstoßen, zudem wird ihre eigene Fähigkeit zur „höflichen Gleichgültigkeit" auf die Probe gestellt. Noch problematischer erscheint den Älteren diese Form der Entgrenzung, wenn das eigene Gespräch gestört wird, weil der eigene Interaktionspartner einen Handyanruf erhält. In diesem Fall ist das Unbehagen noch größer, weil neben der Regelverletzung gleichzeitig die eigene Anwesenheit dadurch ignoriert wird, dass der Interaktionspartner zwar physisch anwesend, mental aber einer anderen Person zugewendet ist.

Insgesamt zeigen sich auf der sozialen Ebene vor allem strukturierende Effekte des Technikeinsatzes, die danach bewertet werden, ob sie von den Älteren selbst initiiert sind (wertgeschätzt) oder „von außen" an sie herangetragen (eher ambivalent wahrgenommen) werden.

Betrachtet man diese Ergebnisse im Hinblick auf ihre Verallgemeinerbarkeit, dann lassen sich an verschiedenen Stellen Unterschiede zwischen „Jung" und „Alt" herausarbeiten, und zwar dort, wo die „alten" Beurteilungsmaßstäbe der Älteren Bedeutung haben. Die technikinduzierte Entgrenzung des sozialen Netzwerks beispielsweise, die von den befragten Älteren fast durchweg abgelehnt wird, erfreut sich bei den Jugendlichen größter Beliebtheit. Drei Viertel aller Jugendlichen sind im Internet in sozialen Netzwerken „unterwegs" (vgl. z. B. Thomann 2009). Netzwerke wie „Facebook" werden von ihnen stark frequentiert, da sie dort unabhängig von lokalen Gegebenheiten Freunde treffen, Interessen austauschen, Selbstbestätigung und Anerkennung erhalten und ein Gefühl von Gruppenzugehörigkeit entwickeln können. Aus ihrer Sicht bieten diese ortlosen Netzwerke eine geeignete und einfache Möglichkeit, um jederzeit und überall gute Freunde zu treffen und ein Gefühl der Zugehörigkeit erleben zu können. Entgegen der Überzeugung Älterer haben die virtuellen Netzwerke für Jugendliche oft die gleiche Wichtigkeit und Ernsthaftigkeit wie ihre „realen" (vgl. Tully 2003). Die Älteren hingegen sprechen Internetbekanntschaften ihre Glaubwürdigkeit ab, da sie sie nicht – wie im „richtigen" Leben – überprüfen können. Ein weiterer Unterschied wird in einer Studie der Erfurter Universität herausgearbeitet (vgl. Höflich, Hartmann 2007, S. 219): Während Jugendliche den Gebrauch des Handys im öffentlichen Raum der Bibliothek kaum als unangenehm erfahren, die Gehgeräusche und das Rattern der Kopierer hingegen als weitaus störender, erleben es die Älteren umgekehrt. Das mag darauf zurückzuführen sein, dass das Handy für Jugendliche als unentbehrlich gilt und sie sich mit diesem Medium in besonderem Maße arrangiert haben, während Ältere private Kommunikation immer noch an private Räume gebunden sehen und sie daher in öffentlichen Räumen als überflüssig oder störend erleben (vgl. ebd.).

Ein weiterer Aspekt wird von den Jugendlichen anders bewertet als von den Älteren. Während die befragten Älteren den Unterstützungsbedarf beim Umgang mit neuer Technik als problematisch begreifen, betrachten ihn die Jugendlichen neutral. Auch hier sind es die „alten" Bewertungsmaßstäbe der Älteren, die zu dieser Differenz führen: Für Jugendliche gilt es als unhinterfragt selbstverständlich, dass beim Umgang mit der komplexen und vielseitigen neuen Technik immer wieder Beratungs- und Unterstützungsbedarf entsteht (vgl. Tully 2003, S. 26), der bei ihnen häufig in Form von Internetanfragen seinen Ausdruck findet. Die Älteren hingegen sind – hinsichtlich klassischer Technik – mit dem Bewusstsein aufgewachsen, dass Probleme im Umgang mit Technik höchstpersönlich zu lösen sind, indem man allein die Bedienungsanleitung zu Rate zieht. Insofern wird neue Technik mit „alten" Maßstäben gemessen, was ihrer Komplexität und Vielseitigkeit nicht gerecht wird.

Zusammenfassend bleibt festzuhalten, dass sich gerade auf der sozialen Ebene wichtige Unterschiede zwischen den „Jungen" und den „Alten" ergeben: Jugendliche nutzen den Einsatz neuer Technik vor allem zur Ausweitung ihres sozialen Netzwerks, während die Älteren meist am bestehenden Netzwerk festhalten und es mit neuer Technik weiter zu festigen versuchen.

Auf der *sinnhaften Ebene* zeigen sich eher wenige *strukturierende* Aspekte hinsichtlich des technischen Handelns: Zum einen wird dadurch *strukturiert*, dass Technik von den Älteren bewusst dazu eingesetzt wird, um ihre Umwelt zu „kontrollieren" (Hörning 1988) (N → T → ALF). Sie soll ganz konkrete, vorab festgelegte und eindeutige Funktionen erfüllen, um die Umwelt im Sinne der Älteren zu gestalten. Der Technikeinsatz dient dabei der Effizienzsteigerung, der größeren Wirtschaftlichkeit, der Handlungsentlastung oder der Informationsbeschaffung. Gerade klassische Haushaltsgeräte sind für diese Funktionen besonders geeignet, so dass ihr Einsatz von den Älteren wertgeschätzt wird. Aber auch neue Technik wird vor allem in diesem Sinne genutzt.

Darüber hinaus dient den Älteren ihre eigens entwickelte Unterscheidung zwischen „Technik von früher" und „Technik von heute" der Strukturierung ihrer Interpretationen von Technik (N → T → ALF).[26] Diese trägt dazu bei, dass sie schnell und eindeutig darüber urteilen können, ob sie mit einer Technik kompetent und ohne Unterstützung umgehen können oder nicht. In der Folge zeigt sich eine Handlungsentlastung, denn vor dem Hintergrund dieser klaren Struktu-

---

26 Vgl. hierzu Kapitel 11.2.1.

rierung kann beispielsweise bei technischen Problemen schnell entschieden werden, ob die Problemlösung an einen „Experten" delegiert werden sollte (bei neuer Technik) oder ob das Problem selbst bewältigt werden kann (bei klassischer Technik). Diese Dichotomisierung wird von den Älteren wertneutral betrachtet, da sie in ihren subjektiven „fraglos gegebenen" (Schütz, Luckmann 1979, S. 62) Wissensvorrat eingegangen ist.

Besonders vielfältig sind auf der sinnhaften Handlungsebene die *entstrukturierenden* Effekte der neuen Technik. An erster Stelle zeigt sich, dass Ältere mit dieser Technikform häufig keinen eindeutigen (strukturierten) Sinn verbinden können (T → ALF). Von der klassischen Technik gewohnt, dass jedes Gerät einen konkreten und eindeutigen Zweck erfüllt, erleben sie die neue, ergebnisoffene Technik (Tully 2003) oft als uneindeutig, daher überflüssig, und lehnen sie ab. Sie erscheint ihnen darüber hinaus vielfach als eine Art „Blackbox", da sie deren Arbeitsweisen, die Bedienanforderungen und auch die Bedienungsanleitungen häufig nicht durchschauen (T → ALF). Die technikimpliziten „Sinnhorizonte" erscheinen aus der Perspektive der Älteren unstrukturiert, was darauf zurückgeführt werden kann, dass sie nicht mit dem vorhandenen (klassischen) Technikwissen der Älteren kompatibel sind. Ein weiteres Problem zeigt sich für die Älteren darin, dass sie sich Technikkompetenz hinsichtlich neuer Technik nicht mit ihren vertrauten Methoden eines systematischen und strukturierten Lernens aneignen können (T → ALF). Das nötige spielerische, unstrukturierte und improvisierte Lernen, das die neue Technik erfordert (vgl. Tully, 2003), erscheint den Älteren häufig konfus und unmethodisch und wird abgelehnt. Auch ist ihnen oft unklar, wie lange neu erworbenes Wissen gültig ist (T → ALF). Gewohnt, dass „man fürs Leben lernt", sind sie von der unklaren Gültigkeitsdauer neuen Technikwissens irritiert und fühlen sich zugleich vom lebenslangen Lernen überfordert.

Aber nicht nur den Umgang mit der neuen Technik erleben viele Ältere als unstrukturierend und diffus, sondern ebenfalls ihre Inhalte, insbesondere die des Internets (T → ALF). Hier zeigen sich Entstrukturierungen, die sich als *auflösende Dichotomien* beschreiben lassen: Weder ist den Älteren klar, welches „Gewicht" die Informationen im Internet haben (wichtig - unwichtig), da es nicht hierarchisch strukturiert ist, noch welche Internetseiten für sie „gefährlich" werden können und welche nicht. Aus ihrer Perspektive kann zudem nicht zwischen Wahrheit und Lüge unterschieden werden. Sie fühlen sich nicht in der Lage, die Zuverlässigkeit einer Internetseite oder einer „Internetbekanntschaft" zu prüfen. Neben diesen sich auflösenden Dichotomien ist es aber auch die wahrgenommene Entgrenzung der Informationen durch das Internet, die es ihnen erschwert, Entscheidungen zu treffen (T →ALF). Daher wird das Internet in bestimmten Situationen gemieden, um „einfach" und schnell Entscheidungen treffen zu können.

Im Vergleich mit den anderen Dimensionen zeigt sich, dass die entstrukturierenden Wirkungen der neuen Technik auf der sinnhaften Ebene von den Älteren als besonders problematisch wahrgenommen werden.

Betrachtet man diese Befunde hinsichtlich ihrer Verallgemeinerbarkeit, dann lassen sich auch bei anderen Altersgruppen vergleichbare Deutungen finden: Auch Jugendliche sind beispielsweise davon überzeugt, die neue Technik nicht gänzlich durchschauen zu können (vgl. Tully 2003, S. 26), ebenso wie sie wissen, dass die Aneignung von Technikkompetenz hinsichtlich neuer Technik eher nicht systematisch und strukturiert, z. B. auf der Basis eines vollständigen Studiums der Bedienungsanleitung, erfolgen kann. Allerdings ist ihre Bewertung anders: Mit der neuen Technik aufgewachsen – d. h. ohne die „alten" Beurteilungsmaßstäbe" der Älteren – sind für sie die oben genannten entstrukturierenden Effekte unhinterfragt selbstverständlich, insofern „fraglos gegeben", so dass sie auch nicht als problematisch angesehen werden.

Darüber hinaus setzen Jugendliche Technik nicht vornehmlich auf der Basis einer Kontrollorientierung ein. Wichtig ist ihnen vor allem die kommunikative Orientierung (vgl. Hörning, 1988, S. 75 ff.): Technik dient ihnen insbesondere zur Befriedigung grundlegender sozialer Bedürfnisse. Des Weiteren gilt sie ihnen als Mittel zur Gestaltung eines eigenen Lebensstils und einer eigenen Identität, meist in Abgrenzung zu den Eltern (ästhetisch-expressive Handlungsorientierung, Hörning 1988, S. 75) (vgl. auch Tully 2003, S. 106 ff.). Und unter Berücksichtigung kleinerer geschlechtsspezifischer Differenzen gilt, dass Technik zugleich Spaß machen soll (vgl. ebd. 108). Insofern zeigt sich bei den Jüngeren ein sehr viel breiteres Spektrum an Gründen für eine Integration von Technik in ihren Alltag.

Auf der *geschlechtlichen Handlungsdimension* zeigt sich, dass es vor allem die Überzeugungen der Älteren sind, die *strukturierende* Wirkungen auf das technische Handeln haben. Es ist insbesondere die „klassische" Genderlogik, die große Bedeutung hat (N → T → ALF). Der Großteil der – in Partnerschaft lebenden – Älteren schreibt Männern, unabhängig von ihren beruflichen Erfahrungen, eine hohe Technikkompetenz zu, während Frauen als technikskeptisch und wenig technikkompetent angesehen werden. Dies hat eine klare Arbeitsteilung zur Folge: Frauen übernehmen die Tätigkeiten, die wenig Technikkompetenz verlangen (z. B. Geräteeinsatz), während Männer anspruchsvollere technische Arbeiten ausführen (z. B. Gerätereparatur). Ebenfalls der klassischen Genderlogik entsprechend fühlen sich Frauen vor allem für körperlich leichte Tätigkeiten verantwortlich, während Männer die schwereren Arbeiten übernehmen. Das bedeutet, dass sich Frauen vor allem mit Küchen- und Reinigungsgeräten beschäftigen, während Männer eher Gartengeräte etc. einsetzen. Die geschlechtsspezifische Arbeitsteilung bezieht sich sowohl auf den Einsatz klassischer als auch auf den neuer Technik. Dabei gilt für beide Technikformen, dass sich die Überzeugungen der Älteren nicht unbedingt auf der Handlungsebene widerspiegeln müssen, dass der faktische Umgang mit Technik und die jeweilige Technikkompetenz nicht immer ihren Deutungen entsprechen. Konkreter: Das Know-how von Frauen im Umgang mit Technik wird oft nicht als Technikkompetenz konstruiert. Die von beiden Geschlechtern internalisierte „klassische" Genderlogik ist schon lange Bestandteil des subjektiven Wissensvorrats der Älteren, so dass sie sie als „natürlich" ansehen und neutral beurteilen.

Interessant ist, dass sich Alleinstehende beim technischen Handeln *nicht* auf die klassische Genderlogik beziehen. Da sie sich für die Lösung technischer Probleme allein verantwortlich fühlen, greifen sie bei Bedarf auf technische „Experten" zurück, die sie unabhängig vom Geschlecht nach ihrer jeweiligen Kompetenz auswählen.

Eine weitere, „neue" Überzeugung kann belegt werden, die ebenfalls quer zur Genderlogik liegt und – in dieser Studie – nur von Frauen vertreten wird: Beim Einsatz *neuer* Technik sehen viele Ältere keine Kompetenzunterschiede zwischen den Geschlechtern, die Genderlogik wird in diesem Sinne aufgelöst bzw. *entstrukturiert*. Aus der Perspektive dieser Älteren lassen sich die Wissensbestände zur klassischen Technik nicht auf die neue Technik übertragen, da der „Bruch" zwischen beiden Technikformen als zu groß erlebt wird. Demzufolge können Männer hinsichtlich neuer Technik auch nicht über mehr technische Kompetenz verfügen als Frauen, so lautet ihre Überlegung (N → T → ALF).[27] In dieser Logik begreift sich gewöhnlich die Person für ein Gerät zuständig und arbeitet damit, die es angeschafft hat. Und treten Probleme bei der Technikaneignung auf, dann wird ein technischer „Experte" – unabhängig vom Geschlecht – zu Rate gezogen und nicht der männliche Partner. Technikkompetenz wird hier auf die zeitliche Dauer der Beschäftigung mit dem Gerät zurückgeführt, so dass die Person über größere Technikkompetenz verfügt, die sich mehr mit ihm beschäftigt hat. Die klassische Genderlogik hat ihre Bedeutung verloren. Hier liegt möglicherweise ein Ansatzpunkt für ein „De-Gendering" bei der häuslichen Aneignung von Technikkompetenz (vgl. auch Röser 2007, S. 169).

---

[27] Erkenntnisse aus der Expertenbefragung (siehe Kapitel 11) können diese Überzeugung stützen, denn die weiblichen Teilnehmer von VHS-Kursen zur neuen Technik weisen meist eine höhere Kompetenz auf als die männlichen.

Es lässt sich festhalten, dass durch den Einsatz von Technik die „klassische" Genderlogik rekonstruiert, aber gleichzeitig auch dekonstruiert wird. In Sinne des Doing-Gender-Ansatzes (vgl. Hagemann-White 1992) kann daher von einem gleichzeitigen De-Gendering und einem Re-Gendering gesprochen werden. Welche der beiden Perspektiven die bedeutendere ist, lässt sich aufgrund des geringen Umfangs des Samples nicht einschätzen.[28]

Eine Verallgemeinerbarkeit dieser Befunde auf andere Altersgruppen erscheint unter Einbezug weiterer Studien möglich. Zum einen kann Tully (2993, S. 108 ff.) belegen, dass auch für Jugendliche die klassische Genderlogik weiterhin bestimmend ist. Während sich beispielsweise 52 % der Jungen für Technik interessieren, sind es bei den Mädchen nur 5 %. Während sich Mädchen eher für die Technikbereiche Foto, Technik im Haushalt und Umweltschutz interessieren, sind es bei den Jungen die Gebiete Computer, Auto/Motorrad, Multimedia, Weltraumtechnik etc. (vgl. ebd.). Singh (2001) kann zeigen, dass Technik für Frauen eine andere Bedeutung hat als für Männer. Sie kann belegen, dass Frauen verschiedener Altersgruppen Technik als männlich definieren, dass sie die Haushaltstechnik, mit der sie schwerpunktmäßig arbeiten, nicht als Technik deuten und sich selbst nicht als Technikexperten beschreiben (vgl. ebd. 407). Es gilt in diesem Fall: „It is the technologies that women are not comfortable with, that are seen as technologies" (ebd.).

Aber auch die oben präsentierte „neue" Sichtweise im Sinne einer Dekonstruktion der klassischen Genderlogik lässt sich nicht nur für Ältere aufzeigen. Auch Röser (2007, S. 169) weist in ihrer Studie über die Internetnutzung von Paaren unterschiedlichen Alters auf Prozesse des De-Genderings hin; auch bei ihr zeigt sich ein Nebeneinander von klassischer Genderlogik und ihrer Aufhebung.

Wird nun die letzte Ebene, die *sachliche Handlungsdimension,* betrachtet, dann ergibt sich an erster Stelle der Befund, dass die in die Technik „eingeschriebenen" Sinnsetzungen – Kon-Texte (Beck 1997) oder Scripts (Latour 1998) – das Handeln der Älteren entscheidend bestimmen bzw. *strukturieren* (T → ALF). Die Nutzer müssen sich an die technikinduzierten Vorgaben halten, wollen sie das Gerät in dem dafür vorgesehenen Sinne nutzen. Das wird positiv, aber auch negativ bewertet. Negativ wird es dann erlebt, wenn es dem subjektiven Wissensvorrat der Älteren widerspricht, wenn es ihnen beispielsweise unlogisch erscheint. Positiv werden technische Vorgaben dann gesehen, wenn diese nicht im Widerspruch zu bisherigen Deutungen stehen oder wenn dazu keine Erfahrungen existieren. In diesem Sinne werden „scripts" als handlungsentlastend bzw. -erleichternd wert-

---

28 Ausführliche Erkenntnisse hierzu liefert Kapitel 14.

geschätzt. Ebenso wird technisches Handeln aber auch durch die Älteren strukturiert, indem diese aktiv eigene „Regeln" dafür entwickeln, wie sie mit einem Gerät umgehen wollen (N → T → ALF). Eigens entworfene schriftliche Notizen über einzelne Handlungsschritte können den Älteren beispielsweise den Umgang mit dem PC erleichtern und werden positiv erlebt.

Sachlich strukturierend wirkt darüber hinaus, dass Technik von den Älteren meist zielsicher, auf der Basis ganz konkreter Zwecksetzungen (Kontrollorientierung), in klar unterscheidbaren Handlungsfeldern eingesetzt wird (N → T → ALF). Der Technikeinsatz wird hier dementsprechend gutgeheißen. Demgegenüber kann die Technik aber auch darüber bestimmen, in welchen Handlungsfeldern sich der Ältere aufhält (T → ALF). Ein Telefonanruf kann ihn beispielsweise zur Pflege sozialer Kontakte „zwingen", während er gerade einer anderen Beschäftigung nachgeht, was dann meist negativ, als Störung, wahrgenommen wird.

Der Technikeinsatz kann zudem bestimmte Tätigkeiten überflüssig machen, da er in der Lage ist, diese zu kompensieren (T → ALF). Werden beispielsweise E-Mails geschrieben, dann erübrigt sich ein Brief. Wird eine Bestellung online gemacht, dann ist der Gang ins Fachgeschäft überflüssig. Diese Wirkung der Technik wird von vielen Älteren teils bedauert, da sie zu einem Bruch mit vertrauten und eingelebten Gewohnheiten führt.

Aber auch sachlich *entstrukturierende* Wirkungen der Technik werden häufig eher negativ erlebt. Insbesondere die sich durch Technikeinsatz auflösenden Grenzen zwischen verschiedenen Lebensbereichen werden von vielen Älteren als problematisch angesehen (T → ALF). Ein Telefonanruf beispielsweise, der den Älteren beim Kochen unterbricht, wird als störend erlebt, da er nun gleichzeitig verschiedenartige Anforderungen bewältigen muss. Eine technikinduzierte Auflösung der Grenzen zwischen unterschiedlichen Lebensbereichen wird nur dann wertgeschätzt, wenn sie durch den Älteren selbst initiiert wird, wenn beispielsweise während der (Erwerbs-)Arbeitszeit gleichzeitig private Kontakte per E-Mail gepflegt werden (N → T → ALF). Dennoch muss festgehalten werden, dass der Großteil der Älteren klare Trennungen zwischen den Lebensbereichen bevorzugt. Überschneidungen werden als verunsichernd erlebt, da sie die volle Konzentration auf nur eine Aufgabe verhindern.

Zu diesen Befunden existieren keine vergleichbaren Studien. Aber im Sinne der Theorie alltäglicher Lebensführung kann angenommen werden, dass mehr oder weniger alle Personen eine Störung der sachlich eindeutigen Struktur ihres Alltags von „außen" eher ablehnen, da dies zugleich Unsicherheit und einen zusätzlichen Bedarf an aktiver Auseinandersetzung bedeutet. Eine Ausnahme bilden möglicherweise Jugendliche, die auf der Basis ihrer meist umfassenden Technikausrüstung häufig gleichzeitig in unterschiedlichen Kontexten tätig sind (vgl. Rötzer 2006; Ahrens 2009, S. 109). Die Los Angeles Times zitiert beispielsweise einen Siebzehnjährigen laut einer Umfrage, der das Multitasking schätzt: „You can open five or six programs simultaneously: work on a project, type a report, watch Youtube, check e-mail and watch a movie" (Rötzer 2006).

Abbildung 7 (S. 288 f.) fasst die oben gewonnenen Erkenntnisse systematisch zusammen.

Welches Resümee kann aus dieser detaillierten Analyse technikinduzierter (Ent)Strukturierungsprozesse im Lebensalltag Älterer gezogen werden? Als Erstes kann festgehalten werden, dass die konkrete alltägliche Lebensführung mit darüber bestimmt, wie und in welchem Umfang Technik im Alltag eingesetzt wird. Das ist ein Befund, der in den gängigen, repräsentativen Datenerhebungen zur Techniknutzung unberücksichtigt bleibt. Während Letztere – im Sinne des Digital-Divide-Ansatzes (vgl. Kubicek und Welling 2000) – zu dem Ergebnis kommen, dass bestimmte unterprivilegierte Bevölkerungsgruppen wie Personen mit niedrigem Bildungsabschluss, Frauen, Ältere und Nicht-Berufstätige von der Nutzung neuer Technik eher ausgeschlossen bleiben, diese sogenannte „digitale Spaltung" der Gesellschaft aber nicht erklären können, kann die vorliegende Untersuchung gerade diese „blinden" Flecken beseitigen. Sie kann differenziert die jeweiligen Gründe für die (fehlende) Technikaneignung und -nutzung angeben und zudem zeigen, dass diese nur begrenzt auf schicht-, milieu-, alters- und geschlechtsspezifische Unterschiede zurückzuführen sind.

Zweifelsohne ist davon auszugehen, dass beispielsweise die ökonomischen Ressourcen der Älteren Einfluss auf die Größe ihres Wohnraums und ihre finanziellen Spielräume haben (vgl. Clemens 2004) und insofern zugleich mit über die Aneignung (weiterer) technischer Geräte bestimmen. So muss möglicherweise aus Platzgründen auf eine Mikrowelle – zum Aufheizen von Produkten zur gesundheitsfördernden Wärmebehandlung – verzichtet werden. Ebenso verweisen die entdeckten geschlechtsspezifischen Unterschiede darauf, dass die klassische Genderlogik weiterhin große Bedeutung hat, mit der Folge, dass Frauen hinsichtlich ihrer Technikkompetenz immer noch als eher benachteiligt betrachtet werden müssen. Dennoch zeigt sich zugleich, dass es die konkreten Anforderungen des Alltags sind, die mit darüber bestimmen, wann Technik in den Alltag eingebaut wird und wann nicht. Wohnen beispielsweise die Kinder in großer räumlicher Distanz, werden die Älteren eher geneigt sein, sich mit dem E-Mail-Programm ihres PCs zu beschäftigen. Oder wenn sich erste mobilitätsbedingte Einschränkungen zeigen, dann werden sie das Online-Banking vermutlich als eine gute Alternative zu den mühsamen Gängen zur Bank begreifen. Insofern sind die Gründe für die (fehlende) Technikaneignung vor allem in den konkreten Bedingungen ihres Alltags zu suchen.

Darüber hinaus wird deutlich, welche wichtige Rolle das „System der alltäglichen Lebensführung" mit seinen verschiedenen Handlungsebenen hierbei spielt, denn alle Älteren bemühen sich, ihre über lange Zeit eingespielten und bewährten, handlungsentlastenden Alltagsstrukturen aufrechtzuerhalten. Technik wird dann gutgeheißen, wenn sie die Strukturen ihres Alltags unterstützt oder wenn sie aktiv zur Strukturierung eingesetzt werden kann. Der Technikeinsatz wird abgelehnt, wenn die Gefahr besteht, dass existierende Strukturen massiv gestört bzw. aufgelöst werden. Es ist daher einleuchtend, dass hauptsächlich die Entstrukturierungsprozesse der neuen Technik als problematisch erlebt werden. Ausnahmen zeigen sich nur dort, wo die Älteren die entstrukturierende Technik aktiv in ihr eigenes Leben einbauen, um sie in ihrem Sinne zu nutzen. Die klassische Technik hingegen mit ihrem klaren Anwendungsbezug und dem daraus resultierenden Strukturierungspotenzial wird fast durchweg geschätzt.

In der Empirie wird offensichtlich, wie die alltäglichen Handlungs- und Deutungsroutinen durch die neue Technik – mit ihrem Funktionieren, aber auch mit ihrem Nicht-Funktionieren – in Unordnung versetzt und damit entstrukturiert werden, was bei den Älteren einerseits Unsicherheit erzeugt, andererseits aber zugleich auch hin und wieder Zweifel an herkömmlichen, eindeutigen Alltagsstrukturen und an klaren „So-und-nicht-anders"-Überzeugungen nährt. Insofern bieten sich durch die Entstrukturierungsprozesse gleichzeitig Chancen einer positiven Veränderung, wie sich beispielsweise bei der Dekonstruktion der klassischen Genderlogik durch einen Teil der befragten Frauen zeigt.

Werden nun die Ergebnisse abschließend vor dem Hintergrund der theoretischen Vorannahmen aus Kapitel 6.3 betrachtet, dann zeigt sich, dass der (fehlende) Einsatz von Technik weniger als vermutet von den Ungleichheitsfaktoren Bildung und Geschlecht – vermittelt durch die Lebenslagen – abhängt. Es sind häufig die lebenslaufbezogenen (beruflichen) technischen Erfahrungen, die dazu führen, dass die neue Technik leichter in den eigenen Alltag integriert wird. Und es sind insbesondere die konkreten Umstände des Alltags – wie z.B. weit entfernt wohnende Verwandte –, die Ältere dazu veranlassen, sich der neuen Technik zuzuwenden, um dadurch ihre alltäglichen Anforderungen besser bewältigen zu können.

Abbildung 7 (Ent-)Strukturierung des technischen Handelns im Alltag

	Wechselwirkungen	Strukturierung	Entstrukturierung	Wertschätzung
Zeitlich	N → T → ALF	Zeitdauer (Zeiteinsparung)		positiv
	T → ALF	Festlegung der zeitlichen Lagen		positiv und negativ
	N → T → ALF	Festlegung der zeitlichen Lagen		positiv
	T → ALF		uneinschätzbare Dauer bei Technikaneignung und Nutzung neuer Technik	negativ
	T → ALF		uneinschätzbare zeitliche Lagen bei Instandsetzungsarbeiten	negativ
	N → T → ALF		bewusste Entstrukturierung zeitlicher Lagen	positiv
	N → T → ALF		Auflösen der Grenze zwischen Vergangenheit und Gegenwart	positiv
Räumlich	T → ALF	Ortsfestlegung		eher negativ
	N → T → ALF	Ortsfestlegung		positiv
	N → T → ALF		ortsunabhängige interpersonale Kommunikation	überwiegend positiv
	N → T → ALF		Auflösen von globalen Raumgrenzen: • Hereinholen der Welt in den Wohnraum	positiv
			• Heraustreten in die Welt von daheim	ambivalent
	T → ALF		Auflösen von lokalen Raumgrenzen	negativ
Sozial	T → ALF	Verfestigung der Netzwerkstrukturen		ambivalent
	N → T → ALF	Verfestigung der Netzwerkstrukturen		positiv
	T → ALF	Abhängigkeit des Nutzers vom Experten bei neuer Technik		negativ
	N → T → ALF	Rückzug vom sozialen Umfeld		positiv
	T → ALF		Entgrenzung des sozialen Netzwerks	negativ
	N → T → ALF		Entgrenzung der Kommunikationsformen	positiv
	T → ALF		Eindringen „fremder" Kommunikation in die persönliche Sphäre	negativ

Fazit

	Wechselwirkungen	Strukturierung	Entstrukturierung	Wertschätzung
Sinnhaft	N → T → ALF	instrumenteller Technikeinsatz zur Kontrolle		positiv
	N → T → ALF	Dichotomie zwischen Technikformen		neutral
	T → ALF		fehlender Sinnbezug bei neuer Technik	negativ
	T → ALF		neue Technik als unstrukturierte „Blackbox"	negativ
	T → ALF		unstrukturierte Aneignung von Technikkompetenz	negativ
	T → ALF		unklare Gültigkeitsdauer erworbenen Wissens	negativ
	T → ALF		uneindeutige (Internet-)Wissensbestände, aufgelöste Dichotomien: - wichtig – unwichtig - gefährlich – ungefährlich - Wahrheit – Unwahrheit - noch gültig – nicht mehr gültig	negativ
	T → ALF		entgrenzte Wissensbestände	negativ
Geschlechtlich	N → T → ALF	dichotome Genderlogik bzgl. klassischer Technik (bei Paaren)		„natürlich", daher neutral
	N → T → ALF	dichotome Genderlogik bzgl. neuer Technik (bei Paaren)		„natürlich", daher neutral
	N → T → ALF		Auflösung der dichotomen Genderlogik bzgl. neuer Technik	neutral
Sachlich	T → ALF	Festlegung von Sachlogiken		negativ und positiv
	N → T → ALF	Festlegung von Sachlogiken		positiv
	N → T → > ALF	Festlegung des Sachbezugs		positiv
	T → ALF	Festlegung des Sachbezugs		negativ
	T → ALF	Vernachlässigung spezifischer Tätigkeiten/Lebensbereiche		negativ
	T → ALF		Auflösen der Grenzen zwischen Lebensbereichen	negativ
	N → T → ALF		Auflösen der Grenzen zwischen Lebensbereichen	positiv

12.4 Neue Perspektiven

Welche Schlussfolgerungen für technik- und personenzentrierte Interventionen (vgl. Rudinger 1996) und den Bedarf an Veränderung bei weiteren Akteuren können aus diesen Befunden abgeleitet werden? Die Verallgemeinerbarkeit vieler der Erkenntnisse verweist – einmal mehr (vgl. z. B. Harrison 2005) – darauf, wie sinnvoll es ist, bei den technischen Neuerungen das Ziel eines „Design for All" bzw. des „Universal Design" zu verfolgen (technikzentrierte Intervention). Denn der Einsatz von Technik hat auf die Alltagspraxen *aller* Personen sowohl strukturierende als auch entstrukturierende Wirkungen. Ältere sollten dementsprechend nur dann als eine spezielle Klientel berücksichtigt werden, wenn die Entwicklung einer neuen Technik zu bedeutenden Passungsproblemen zwischen dem notwendigen neuen Technikwissen und den Erfahrungsbeständen der Älteren führt.

Bei der technischen Entwicklung sollte zum einen beachtet werden, dass *jeder* die „*Zeithoheit*" über seine Alltagsroutinen anstrebt und daher insbesondere zeitlich entstrukturierende Wirkungen der Technik ablehnt, die er nicht selbst initiiert hat. Der oft als uneinschätzbar – und damit als unstrukturiert – erlebten Zeit zur Aneignung von Technikkompetenz hinsichtlich neuer Technik könnte beispielsweise dadurch begegnet werden, dass Bedienungsanleitungen mit unterschiedlichen Längen verfasst werden – eine knappe und eine ausführliche –, die es den Nutzern erlauben zu wählen, ob sie sich intensiv (und lange) oder weniger umfassend (und kurz) mit der Technik beschäftigen möchten. Ebenso sollten die Bedienungsanleitungen ungefähre Angaben zum Zeitaufwand für die Einarbeitung machen, in Abhängigkeit vom technischen Vorwissen des Nutzers, das dieser selbst einschätzen muss. Auch hierdurch würde die Einarbeitungszeit besser planbar.

Darüber hinaus könnte beim Nutzer selbst angesetzt werden (personenzentrierte Intervention): Beispielsweise könnten Dozenten von Volkshochschulkursen und anderen Weiterbildungskursen für Senioren die Teilnehmer von technikorientierten Kursen ermutigen, für die Einarbeitung in die Technik jeweils konkrete, begrenzte Zeiträume – innerhalb eines Tages oder einer Woche – bewusst einzuplanen, um so die Technikaneignung aktiv in ihren Tagesablauf integrieren zu können. So ließe sich vermeiden, dass die uneinschätzbare Dauer der technischen Einarbeitung als Störung des „normalen" Tagesablaufs wahrgenommen wird.

Hinsichtlich der *räumlichen* Gegebenheiten potenzieller Techniknutzer sollte berücksichtigt werden, dass viele über einen eher begrenzten Wohnraum verfügen, allen voran die Jugendlichen und die Älteren. Insofern sollte bei der Technikentwicklung darauf geachtet werden, Geräte zu produzieren, die sich problemlos auch in eher kleine Wohnungen integrieren lassen. Dies ist ein auf der Basis der weitergehenden Miniaturisierung von Computerchips und technischen Geräten eher leicht zu erfüllender Anspruch. Auch wenn (bislang) die lokale räumliche Entgrenzung (im Wohnraum) der Technik von Älteren eher abgelehnt wird, bieten dennoch insbesondere die kleinen, flexibel einsetzbaren und insofern „nomadisierenden" Geräte den Vorteil, dass sie leicht an die unterschiedlichsten, auch begrenzten Standortbedingungen angepasst werden können. Die Miniaturisierungen sollten sich allerdings keinesfalls auf die Bedienoberflächen der Geräte beziehen, um dem grundlegenden und *allgemeinen* Anspruch an Barrierefreiheit (Zugänglichkeit und Benutzbarkeit der Geräte für *alle* Menschen, „accessibility") entsprechen zu können.

Aufgrund der *Abhängigkeit der Nutzer neuer, komplexer Technik von unterstützenden Experten* – und auch das gilt für alle Altersgruppen – sollte deren Erreichbarkeit bestmöglich organisiert werden. Das kann beispielsweise in der Form geschehen, dass die Produzenten technischer Geräte eine gut funktionierende und kostengünstige Hotline zur Verfügung stellen, deren Mitarbeiter sich auch mit technisch wenig kompetenten Nutzern verständigen können. Oder die (Fach-)Händler müssten so geschult werden, dass sie zumindest die gängigen Fragen von wenig versierten Techniknutzern beantworten können. Aber auch bei den Nutzern selbst könnte angesetzt werden, indem ihnen – z. B. im Rahmen von VHS- und sonstigen Weiterbildungskursen – nahegelegt wird, sich eine regelmäßige Betreuung für ihre technischen Geräte zu sichern, um so mögliche Problemsituationen schneller bewältigen zu können.

Ein weiterer Aspekt betrifft die *Autonomiewünsche* der Techniknutzer. Es hat sich gezeigt, dass den Wirkungen der Technik vor allem dann mit Skepsis begegnet wird, wenn sie „von außen" bzw. vom sozialen Umfeld an die Nutzer herangetragen, also nicht von ihnen selbst initiiert werden. Insofern sollte schon bei der Herstellung technischer Geräte berücksichtigt werden, dass sie den Autonomieansprüchen der Nutzer gerecht werden. Ein Gerät sollte beispielsweise immer von den Nutzern selbst abgeschaltet werden können, um so ihrem „Kontrollbedürfnis" entsprechen zu können. Das ist für den Einsatz gängiger Geräte – wie PC, Telefon, Handy und Internet – leicht möglich, wird allerdings spätestens beim Einsatz medizintechnischer Geräte im Sinne des „pervasive computing"[29] problematisch.

---

29 Der Begriff bezeichnet eine rechnergestützte permanente Kontrolle verschiedener physiologischer Werte von Personen. Die Daten werden kontinuierlich Pflegediensten oder Angehörigen

Denn diese sollen ja gerade in den Situationen Informationen über den Gesundheitszustand der Nutzer sammeln und weitervermitteln, in denen diese nicht in der Lage sind, aktiv die Kontrolle auszuüben.

Einige Probleme beim Einsatz neuer Technik durch die Älteren könnten – abstrakt formuliert – vermieden werden, wenn die *"sinnhafte Struktur" der neuen Technik besser an die Wissensbestände der Älteren anknüpfen* würde. Das wäre z. B. der Fall, wenn im Rahmen von Werbemaßnahmen zur neuen Technik vor allem deren konkrete Anwendungsmöglichkeiten betont würden, wenn insofern dem Bedürfnis der Älteren entsprochen würde, jedem Gerät einen – oder mehrere – konkreten Sinn und Zweck zuordnen zu können. Vor diesem Hintergrund wäre es für die Älteren mit ihrem vorrangigen Wunsch nach instrumenteller Nutzung von Technik leichter einzuschätzen, welche Technik sie sinnvoll in ihren Alltag integrieren sollten. Auch die Handhabung der Geräte sollte einfach zu durchschauen sein. Das Gerät selbst sollte nicht im Vordergrund stehen, sondern lediglich Mittel zum Zweck sein. Darüber hinaus sollten Bedienungsanleitungen so formuliert werden, dass sie auch ohne Englischkenntnisse – über die Ältere häufig nicht (in ausreichendem Maße) verfügen – verstanden werden können. Sie sollten außerdem leicht verständliche Tipps enthalten, wie der Umgang mit dem neuen Gerät eher spielerisch eingeübt werden kann. Sinnvoll wäre es zudem (für alle Nutzer), dass die permanenten technischen Neuerungen besser an bereits bestehende Wissensstrukturen anschließen. An einem einmal eingeführten Design eines Computerprogramms sollte auch bei technischen Weiterentwicklungen nach Möglichkeit festgehalten werden. Veränderungen sollten insofern für den Nutzer eher „unsichtbar" bleiben, so dass ein ausdrückliches Neuerlernen entfällt.

Aber auch auf die *existierenden Wissensbestände der Älteren sollte eingewirkt werden:* Im Rahmen von Weiterbildungskursen (in der VHS, bei Seniorentreffs etc.) sollte immer wieder betont werden, dass die komplexe neue Technik – auch von den Jüngeren – nicht vollständig durchschaut werden kann, dass dies aber auch nicht nötig ist. Denn die Nutzung eines Geräts ist meist nicht (mehr) an umfassendes Wissen um seine Arbeitsweise und an fachliche Qualifikationen gebunden. Um einen PC zu bedienen, muss man nicht wissen, wie er genau funktioniert. Es sollte zudem darauf hingewiesen werden, dass der Bedarf an Unterstützung beim Umgang mit neuer Technik auf die Komplexität der Geräte zurückzuführen ist und *nicht* auf eine mögliche Überforderung der Älteren. Jugendliche nehmen diesen Bedarf als unhinterfragt selbstverständlich hin, weil sie mit der neuen

---

übermittelt, so dass bei gesundheitlichen Veränderungen zeitnah passende Maßnahmen eingeleitet werden können.

Technik aufgewachsen sind. Außerdem sollten Ältere ermutigt werden, sich einen eher spielerischen und improvisierenden Umgang mit der neuen Technik anzueignen, da sie nur so mit den vielfältigen Handlungsoptionen der Geräte vertraut werden und diese nach und nach für sich nutzen können. Auch könnten im Rahmen von Internetkursen die allgemeine Unstrukturiertheit und Entgrenzung der Inhalte des Internets thematisiert sowie Wege aufgezeigt werden, wie sich das Internet gefahrlos nutzen lässt.

Um die beim Umgang mit Technik immer noch häufig benachteiligten Frauen zu unterstützen, sollte – ebenfalls im Rahmen von Weiterbildungen – auf den qualitativen Bruch in der Technikentwicklung hingewiesen werden, um darauf aufbauend deutlich zu machen, dass technische Kompetenz im Umgang mit neuer Technik nicht auf alten Wissensbeständen aufbaut und insofern von jedem erlernt werden kann. Dementsprechend soll dem oben belegten *De-Gendering-Prozess* weiterer Antrieb und Stimulation gegeben werden. Eine weitere, eher „kleinere", Maßnahme wäre es, die Bedienungsanleitungen so zu formulieren, dass sich auch Frauen darin direkt angesprochen fühlen.

Auf das Bedürfnis nach sachlicher und lebensbereichsspezifischer Differenzierung, das vermutlich insbesondere die Älteren verspüren, kann Rücksicht genommen werden, indem den Geräten klare und eindeutige Funktionen zugeordnet werden. Darüber hinaus sollten sie so zu verwenden sein, dass die Nutzer selbst darüber bestimmen können, in welchen Lebensbereichen sie sich aufhalten wollen und ob und wenn ja welche Grenzen aufgelöst werden sollen.

Abschließend bleibt festzuhalten, dass grundsätzlich für alle Techniknutzer gilt, dass sie Technik insbesondere dann in ihren Alltag integrieren, wenn sie sich problemlos an die bestehenden Strukturen anpassen lässt oder sie sogar verstärkt. Diese Forderung hat für die Älteren eine besonders große Bedeutung, da ihre Alltagsroutinen schon über einen mitunter sehr langen Zeitraum bestehen und damit schwerer veränderbar sind. Insofern haben gerade die neuen Techniken eine gute Chance angenommen zu werden, die in der Lage sind, sich gut in bestehende Routinen zu integrieren.

13 Handlungsorientierungen beim Technikeinsatz

Häufig und vor allem in den Technikwissenschaften wird den Innovationsschüben eine größere Bedeutung für die technische Entwicklung zugemessen als der Nachfrage (vgl. Hörning 1989, S. 111). Dennoch entscheiden die Nutzer darüber, ob und welche Technik sie in ihren Alltag integrieren und welche nicht. Und gerade im Bereich der „altengerechten" Technik existiert eine Vielzahl von Prototypen, die Ältere nicht in ihre alltägliche Lebensführung „einbauen" (vgl. Huning 2000, S. 113). Wird nach Gründen hierfür gesucht, dann muss – auch – danach gefragt werden, welche Handlungsorientierungen den Entscheidungen der Älteren für oder gegen den Technikeinsatz zugrunde liegen. Es muss nach ihren zugrundeliegenden Motiven für den Einsatz von Technik in ihren Alltag gefragt werden.

Hörning (1988, 1989) verweist schon früh auf eine sogenannte „doppelte Modellierung der Technik", die hier als theoretischer Anhaltspunkt für die empirische Analyse herangezogen wird. Insbesondere die mit der Technik verbundenen *Deutungsmuster* entscheiden nach ihm darüber, ob Technik akzeptiert wird oder nicht. Und diese werden, so Hörning, in zweifacher Weise produziert: Zum einen sind die Bedeutungen von Technik gesellschaftlich und kulturell vorproduziert. Gleichzeitig werden sie aber auch durch die tägliche Praxis der Technikverwendung konstruiert. „Indem Menschen handeln, produzieren sie sowohl neue Bedeutungen wie sie auch die bisherigen Zeichen immer wieder in verschiedenartige und kontingente Beziehungen zueinander setzen" (Hörning 1989, S. 117).

Um einen differenzierten Einblick in die Deutungen und Überzeugungen der Älteren für oder gegen den Einsatz von Technik in ihrer alltäglichen Lebensführung zu erhalten, werden im Folgenden ihre individuellen Handlungsorientierungen erhoben und erklärt. Die theoretische Basis, die im anschließenden Kapitel erläutert wird, liefern die Überlegungen Hörnings (1988), der Technik vor allem als Medium kultureller Sinnsetzungen versteht (13.1). Im Anschluss daran werden die empirischen Ergebnisse in typologisierter Form präsentiert (13.2).

13.1 Theoretische Vorannahmen: kulturelle Modellierung der Technik

Hörning (1988) betrachtet Technik als Träger kultureller Sinnsetzungen. Und für ihn erlangt sie nur aufgrund dessen Handlungsrelevanz. Der Einsatz von Technik ist nach ihm also weniger ihrer Funktionalität als den mit ihr verbundenen Bedeutungen geschuldet.[1]

Wie oben angedeutet, werden diese Bedeutungen – aus seiner Perspektive – in zweifacher Weise produziert: Zum einen erscheint *Technik als materialisierte Kultur*, denn sie wird vom Menschen erfunden, hervorgebracht, bewertet und verbreitet und in diesen Prozessen zugleich kulturell geprägt (vgl. Hörning 1989, S. 91 f.). Damit verliert sie den Charakter eines reinen Instruments; sie wird mit Bedeutungen versehen, die ihre materiell-technischen Funktionalitäten übersteigen. Und infolge dieser Bedeutungen regt sie gleichzeitig zu spezifischen Formen des Handelns und zu gesellschaftlichen Diskursen (Risiko-, Sicherheits-, Zukunftsdiskurse etc.) an.

Für die vorliegende Fragestellung interessiert insbesondere eine weitere Ebene der Bedeutungsverleihung – die mit der ersten freilich in enger Wechselbeziehung steht –, und zwar die, die sich auf der Basis des *Umgangs der Nutzer mit der Technik* ergibt (vgl. ebd. 96). Hier steht die Bedeutungszuschreibung durch den Nutzer in seinem Alltag im Vordergrund. Technik wird aus dieser Perspektive als Medium „*vielfältiger* – nicht ausschließlich technisch-funktionaler Sinnsetzungen – begriffen" (ebd. 99, kursiv nicht im Original). Zwar kann dem technischen Gerät aufgrund seiner Materialität nach Hörning nicht jede beliebige Bedeutung zugeschrieben werden. Dennoch ist es Träger anderer als nur streng funktionaler Bedeutungen, die der Nutzer selbst hervorbringt (vgl. ebd. 98). Konkreter: Im Prozess der Technikaneignung und -anwendung werden in unterschiedlichen Kontexten differierende Handlungs- und Deutungsweisen im Umgang mit der Technik hervorgebracht. Und im Rahmen dieser Prozesse schreibt der Nutzer der Technik auch Bedeutungen zu, die nicht mit den vom Hersteller entwickelten Nutzungsanweisungen übereinstimmen (müssen).[2] Hörning formuliert es folgendermaßen:

---

1 Vgl. hierzu auch Kapitel 4.2.4.
2 Dieser theoretischen Perspektive liegt die Grundannahme zugrunde, dass der entstehende Kapitalismus im 18. Jahrhundert nicht allein durch die industrielle Revolution zu erklären ist, sondern zugleich auch die gleichlaufende Konsumrevolution beachtet werden muss, die, so Hörning, „einer wachsenden Produktion industrieller Güter Sinn und Richtung vermittelte und ihre Expansion legitimierte" (Hörning 1989, S. 113).

„So transformiert und entfaltet der Verwender Zeichenwerte, damit Sekundärfunktionen des Dings, deren Handlungsrelevanz deutlich zuzunehmen vermag. Wie häufig werden gerade technische Güter des Massenkonsums in spezielle ästhetische und expressive Bezüge eingeführt und dadurch stilistisch und symbolisch modifiziert" (ebd. 106).[3]

Diese Deutungsmuster sind zwar z. T. gesellschaftlich und kulturell vorproduziert, resultieren aber zugleich aus der täglichen Praxis der Technikverwendung (vgl. ebd. 117). Denn trotz der in die Technik eingeschriebenen Nutzungsanweisungen bieten sich nach Hörning häufig erhebliche Spielräume ihrer Nutzung (vgl. Hörning 1988, S. 63). Indem die Nutzer mit Technik handeln, produzieren sie sowohl neue Bedeutungen als auch verschiedenartige, kontextbezogene und kontingente Beziehungen zwischen den bisherigen Zeichen und Symbolen. Insofern muss der Frage nachgegangen werden, welche Umgangsstile mit Technik in welchen gesellschaftlichen Gruppen existieren und welche Technikideologien und -mythen dabei grundlegend sind. Es muss gefragt werden, welche Bedeutungen Technik für den *Einzelnen* hat. Dabei gibt die Bedeutungswelt des Einzelnen nicht nur Aufschluss über die eigene Person, sondern verweist zugleich auf grundlegendere kulturelle Bedeutungen, an die diese anknüpft (vgl. Hörning 1988, S. 67).

Hörning differenziert aus seiner Kulturperspektive analytisch zwischen vier verschiedenen Typen von *Handlungsorientierungen*, die dem menschlichen Handeln im Umgang mit Technik zugrunde liegen und weit über rein technisch-funktionale Gebrauchserwartungen hinausgehen können[4]:

Die sogenannte *Kontrollorientierung* ist noch recht nahe an dem, was unter dem instrumentellen Einsatz von Technik verstanden werden kann. Hier ist es das Ziel des Individuums, mit Hilfe von Technik die Umwelt in seinem Sinne zu steuern bzw. zu kontrollieren. Es geht ihm darum, sein Ziel durch Technikeinsatz „besser, einfacher, angenehmer, schneller, vorhersehbarer ... zu erreichen" (ebd. 73). Die speziellen Eigenschaften der Technik erweitern somit seine Möglichkeiten. Und insbesondere der *Besitz* von Technik vergrößert meist seine Handlungsspielräume: Das eigene Auto erlaubt es beispielsweise, unabhängig vom öffentlichen Personennahverkehr oder von anderen Bezugspersonen, die „Abfahrts- und Ankunftszeit[en], Fahrgäste, Fahrroute[n] und Geschwindigkeit[en]" seiner

---

3   Diese speziellen Praktiken der Technikverwendung sind häufig altersabhängig und geprägt durch Unterschiede zwischen den Generationen (vgl. Hörning 1989, S. 106).

4   Einschränkend gilt, dass nicht alle Geräte einen großen Deutungsspielraum erlauben. Bei einigen ist der funktionale Bezug eindeutig und begrenzt, andere sind schon mit einer symbolischen Botschaft versehen, die kaum geändert werden kann.

Fahrten selbst zu bestimmen (ebd. 74). Hörning betont darüber hinaus, dass die Wichtigkeit eines technischen Geräts häufig darin besteht, dass es *ermöglicht*, auf es zurückzugreifen und mit seiner Hilfe Kontrolle auszuüben, und dass es oft weniger um die tatsächliche Kontrolle geht. Das technische Artefakt kann in diesem Sinne die Macht bzw. Kontrollmacht seines Besitzers widerspiegeln (vgl. ebd. 75).

Neben der Eigenschaft der Technik, die Kontrollpotenziale ihrer Besitzer oder Nutzer zu unterstützen, können aber auch ihr Design und ihre Ästhetik zu Freude und Wohlgefallen beitragen und dadurch den Gebrauch oder die Inbesitznahme des Geräts fördern. Gerade durch den zunehmenden Verlust direkter Erfahrung durch Technik, so argumentiert Hörning (1988, S. 75), gewinnt ihre Ästhetik an Bedeutung. Und insbesondere das sich permanent verändernde, ständig neue Design der Geräte führt nach Hörning zu einer Hervorhebung der Ästhetik, die nicht mit der technischen Funktion in Verbindung stehen muss. Vor diesem Hintergrund lässt sich eine *ästhetisch-expressive Handlungsorientierung* der Nutzer belegen, bei der die Freude und das Wohlgefallen am Gerät auf eine mehr oder weniger zweckfreie affektive Beziehung verweisen. Dinge können in diesem Sinne sogar zum Ausdruck des eigenen Selbst, der eigenen Identität, werden. Ein Beispiel hierzu von Hörning (1988, S. 76): „Ein eigenes Motorrad oder Auto zu fahren, lässt den Jugendlichen die ‚große Freiheit' spüren".

Darüber hinaus beschreibt Hörning (ebd. 76 f.) eine *kognitive Orientierung* beim Technikeinsatz, bei der das Wissen und die Steigerung der Kompetenz des Nutzers von besonderer Bedeutung ist. Hier sucht der Nutzer nach Befähigung im Umgang mit der technischen Welt, was zugleich zur Förderung der persönlichen und sozialen Identität beitragen kann. Die Technik erlaubt nach Hörning (ebd. 77) in diesem Sinne, „Effizienz, interne Kontrolle und vor allem kompetente Beantwortung zu erleben bzw. zu erbringen". Dieses Interesse sei gespeist vom gesellschaftlichen Druck, mit der Technik „rational" und „intelligent" umgehen zu können (vgl. ebd.).

Und insbesondere der letzten, der *kommunikativen Handlungsorientierung* misst Hörning eine besondere Wichtigkeit zu. Denn die Technik erlaubt es vielen zunehmend, an vielfältigen Kommunikationssystemen teilzuhaben und damit ihren Nutzern ein Gefühl der Integration in soziale Interaktionszusammenhänge zu vermitteln. Integration meint bei Hörning in diesem Fall, dass eine Bewertung und Klassifizierung technischer Objekte, in Anlehnung an die Meinung anderer, zu dem Gefühl führt, „richtig zu liegen" bzw. „im ‚sozialen Universum' nicht marginalisiert" zu sein (Hörning 1988, S. 78). Und diejenigen, die nicht genügend an technisch induzierten Interaktionen teilnehmen können, werden so zu Außenseitern. Insofern ist die Kenntnis bestimmter technischer Produkte die Grundlage für einen befriedigenden Interaktionszusammenhang. Hörning (ebd.) formuliert es folgendermaßen: „Oft sind es Objekte und ihre gute Kenntnis, die erlauben, ein soziales Kommunikationsnetz zu betreten, die ‚Botschaft' aufzufangen und an ihm teilzunehmen".

Betrachtet man diese Handlungsorientierungen zusammenfassend, dann wird schnell deutlich, dass sie – je nach technischem Gerät – häufig vielfältig miteinander verschränkt sein dürften und dass sie nicht eindeutig verschiedenen Bereichen zugeordnet werden können. Wie sie sich wo und in welcher Kombination zeigen, ist damit eine empirisch zu beantwortende Frage.

13.2 Empirische Ergebnisse

Die oben entwickelten, analytisch differenzierten Orientierungsmuster dienten bei der empirischen Auswertung als heuristischer Rahmen. Sie sollten für die vielfältigen Handlungsorientierungen der Nutzer sensibilisieren, nicht aber als eine Begrenzung auf die genannten Aspekte verstanden werden. Dementsprechend konnten aus der Empirie Handlungsorientierungen abgeleitet werden, die bereits existierende Beschreibungen ergänzen und differenzieren. Da sie zugleich gesellschaftlich und kulturell mit produziert sind, ist es naheliegend, dass es nur eine begrenzte Anzahl von Orientierungen gibt.

Die erarbeiteten Handlungsorientierungen wurden – in Anlehnung an Hörnings Vorschläge (1985, 1988, 1989) – folgenden, allgemeineren Dimensionen zugeordnet: der *instrumentellen* Dimension, bei der die Funktionen der Technik im Vordergrund stehen, der *ästhetisch-expressiven* Dimension, bei der das äußere Erscheinungsbild der Technik herausgehobene Bedeutung erhält, der *kognitiven* Dimension, bei der die Technik „an sich" und ihre geistige Durchdringung im Mittelpunkt stehen; und die *soziale* Dimension, bei der Technik zur Befriedigung sozialer Bedürfnisse beiträgt. Es muss vorausgeschickt werden, dass in diesem Sample die technischen Funktionen bei jeglichem technischen Handeln eine Rolle spielen. Dennoch können weitere (Zusatz-)Nutzen identifiziert werden, die für die Nutzer zugleich eine grundlegende Bedeutung erhalten können.

Die Handlungsorientierungen werden als Typen[5] konstruiert, um ihre spezifischen Charakteristika besonders anschaulich herausarbeiten zu können. Nach ihrer kurzen, allgemeinen Beschreibung werden die der jeweligen Handlungsorien-

---

5   Die Typen sind hier als Handlungs- und Deutungsmuster zu verstehen und nicht als personenbezogene Typen. Dementsprechend kann eine Person durchaus mehreren Typen zugeordnet

tierung zugrundeliegenden Beweggründe dargestellt – sie können bewusst, aber auch unbewusst sein – und die auf diesen Gründen bzw. Überzeugungen aufbauenden Handlungspraxen erläutert. Daran anschließend wird der Frage nachgegangen, ob sich Verbindungen zwischen den jeweiligen Lebenslage-Aspekten wie Generation, Geschlecht, Bildung etc. und den spezifischen Handlungsorientierungen zeigen.

13.2.1 Instrumentelle Dimension

Diesem Unterkapitel werden die Handlungsorientierungen zugeordnet, bei denen die (arbeitserleichternden) *Funktionen* der Technik im Vordergrund stehen. Ausgangspunkt der Überzeugungen der Älteren ist hier, dass bestimmte alltagspraktische Ziele mit Hilfe von Technik einfacher, schneller, sparsamer und effizienter erreicht werden können. Technik wird in diesem Sinne vor allem als ein Instrument verstanden, das die eigenen Fähigkeiten und Fertigkeiten verbessern bzw. unterstützen kann.

Unterschieden wird zwischen den folgenden Typen: der *„Technik als Invisible Hand"*, der *„Technik als Spar(s)trumpf"* und der *„Technik als Segen"*. Während beim ersten Typus die Wichtigkeit der Unsichtbarkeit von Technik – ihre „Veralltäglichung" – im Mittelpunkt steht, gilt für den zweiten Typus, dass Technik vor allem dem Einsparen von Ressourcen jeglicher Art dient. Der dritte Typus zeichnet sich durch die durchweg positive Bewertung jeglicher Technik – als einer bedeutsamen Errungenschaft – aus und grenzt sich dadurch von den beiden anderen Typen ab.

13.2.1.1 Technik als Invisible Hand

Auf der Basis dieser Handlungsorientierung wird im Einsatz von Technik einerseits eine wertvolle Chance gesehen, die alltäglichen Aufgaben und Anforderungen besser, schneller, einfacher und sicherer zu bewältigen. Technik gerät hier insofern vor allem aufgrund ihrer *Funktionalität* in den Blick. Andererseits dient sie den Älteren aber nur als *Mittel zum Zweck* und hat in deren Wahrnehmung keinen eigenen Wert bzw. keinen Wert „an sich". Sie wird mithin als eher unin-

---

werden, wenn sie gleichzeitig unterschiedlichen Handlungsorientierungen beim Technikeinsatz folgt.

teressant bzw. „alltäglich" wahrgenommen. In der Terminologie Hörnings ausgedrückt, ist es hier das primäre Ziel der Älteren, die Technik einzusetzen, um damit ihr Umfeld zu kontrollieren, ohne dass diese um ihrer selbst willen in den Fokus des Interesses rückt.[6]

Wesentlich für diese Handlungsorientierung ist, dass die Technik bei ihrem Einsatz eher nicht in Erscheinung treten soll. Sie soll sich – einem *„unsichtbaren Helfer"* oder einer *„invisible hand"* gleich – nicht in den Mittelpunkt des Alltags drängen. Das mag auf den ersten Blick merkwürdig klingen, wird aber plausibel, wenn man berücksichtigt, dass es sich hierbei um eine Metapher handelt. Und diese steht für den Wunsch, der verwendeten, unterstützenden Technik kaum Beachtung schenken zu müssen. Der Einsatz von Technik soll die Bewältigung alltäglicher Anforderungen eher aus dem Verborgenen heraus erleichtern. Dabei ist der normative Charakter dieser Überzeugung von besonderer Bedeutung: Es geht weniger darum, Technik als eher „unsichtbaren Helfer" zu betrachten, sondern um das *Verlangen,* dass sie diesem Anspruch genügen möge. Theoretisch gesprochen wird hier eine „Veralltäglichung der Technik" (vgl. Hörning 1988, S. 51) angestrebt, die dann nicht mehr als Technik wahrgenommen werden muss. Oder Ahrens (2009) würde davon sprechen, dass die Technik hier eine *alltagskulturelle Rahmung* erhalten soll.

Die Wahl dieser Metapher kann durch einen weiteren Aspekt plausibilisiert werden: Viele Ältere mit dieser Handlungsorientierung bewahren ihre technischen Geräte tatsächlich eher an Plätzen auf, die sich dem ersten (Ein-)Blick des Besuchers entziehen. Küchengeräte werden in Schränken verstaut, der Computer verbirgt sich hinter einer Trennwand, der Fernseher wird durch seinen Einbau in ein Schranksystem eher unauffällig oder unsichtbar. Diese räumlichen Arrangements verstärken den Eindruck, dass die Nutzer der Technik „an sich" keine besondere Beachtung schenken wollen. Das Spezifische an dieser Überzeugung wird noch deutlicher, wenn man berücksichtigt, dass das Design technischer Geräte bei der Produktentwicklung gegenwärtig immer größere Bedeutung gewinnt, da zunehmend die Geräte nachgefragt werden, die sich durch ihr ansprechendes Design auszeichnen.[7] Und es ist naheliegend zu vermuten, dass diese dann eher den Wohnraum schmücken und nicht „versteckt" werden sollen.

---

6 In Abgrenzung zu den später zu erläuternden kognitiven Handlungsorientierungen steht hier explizit die Kontrolle der Umwelt und nicht die Kontrolle der Technik im Mittelpunkt.
7 Dieses Phänomen kann auf eine allgemeine Ästhetisierung moderner Gesellschaften zurückgeführt werden (vgl. z. B. Lash 1996, S. 234 ff.).

Welche *Beweggründe* liegen der Handlungsorientierung „*Technik als Invisible Hand*" zugrunde? Hier muss zwischen zwei unterschiedlichen Überzeugungsmustern – im Folgenden *Überzeugung I* und *Überzeugung II* genannt – differenziert werden, die in bestimmter Hinsicht deckungsgleich sind, sich zum Teil aber erheblich unterscheiden und hin und wieder auch zu unterschiedlichen Handlungs- und Deutungspraxen führen können.

Vorrangiges Ziel der Älteren beider Untertypen ist es, möglichst schnell, einfach und effizient ihre alltäglichen Anforderungen und Aufgaben zu bewältigen, um sich danach umso stärker den als wichtiger erachteten Beschäftigungen – wie Freunde treffen, Lesen, Wandern, mit dem Hund spielen etc. – widmen zu können. Und nur wenn die Technik ihnen dabei hilft bzw. wenn sie ihnen die Aufgabenerfüllung erleichtert, wird sie akzeptiert und in den Alltag eingebaut. Stellt sie demgegenüber in den Augen der Älteren eher eine zusätzliche Belastung dar, wird sie abgelehnt und gemieden. So wird beispielsweise ein elektrisches Küchengerät zum Zwiebelschneiden abgelehnt, wenn der Aufwand für seine Reinigung größer erscheint als die Zeitersparnis durch seine Anwendung. Oder auf die Installation eines als sinnvoll erachteten neuen Computerprogramms wird dann doch wegen der damit verbundenen hohen Einarbeitungszeit verzichtet. Schon an diesen einfachen Beispielen wird deutlich, dass immer der *Alltag* im Vordergrund steht und Technik nur dann eine Rolle spielt, wenn sie als „Erfüllungsgehilfin" bei den Alltagsaufgaben fungiert.

Dementsprechend werden technische Geräte vor allem mit dem Teil des Tages assoziiert, der zur Bewältigung der alltäglichen Pflichten dient. Sie werden sozusagen dem „Arbeitsalltag" zugerechnet, der in Abgrenzung gesehen wird zu dem Teil des Tages, der den als wichtiger erachteten Dingen – wie die Pflege sozialer Kontakte, Spazierengehen etc. – gewidmet ist. Und der gleichzeitig als wertvoller und befriedigender wahrgenommen wird. Technik gehört in diesem Sinne dem Teil des Alltags an, der im Gegensatz zu den „schönen Seiten des Lebens" steht. Und vor diesem Hintergrund wird auch verständlich, warum Technik den Status der Unsichtbarkeit erhalten soll: Sie erinnert an den eher ungeliebten Arbeitsalltag und soll daher nach Möglichkeit aus dem Sichtfeld verschwinden.

Aber es gibt noch einen weiteren Grund für den Wunsch nach „unsichtbarer" Technik: Die Älteren mit der oben so benannten *Überzeugung I* assoziieren mit der expliziten Beschäftigung mit der Technik „an sich" meist *Schwierigkeiten und Ärgernisse*. Insbesondere der Umgang mit neuer, digitaler Technik wird häufig als äußerst mühselig, problematisch und zugleich beängstigend empfunden. Das ist naheliegend, da diese Älteren in ihrer Wahrnehmung über mangelnde technische Kompetenzen verfügen. Und dies wiederum führt dazu, dass sie in ständiger

Sorge leben, mit der Technik nicht adäquat umgehen zu können und sie dadurch vielleicht sogar zu beschädigen. Besonders deutlich erscheint ihnen ihr wahrgenommenes „Defizit", wenn sie sich mit jüngeren Generationen vergleichen. Insofern erleben sie die Beschäftigung mit (neuer) Technik nicht nur als belastend und beängstigend, sondern zugleich auch als stigmatisierend. Es ist daher naheliegend, dass – insbesondere die neue – Technik möglichst aus ihrem Alltag „verschwinden" soll.

Die Älteren mit *Überzeugung II* hingegen verfügen in der eigenen Wahrnehmung über eine sehr hohe Technikkompetenz. Selbst komplexe Probleme mit der neuen Technik können sie schnell und sachkundig lösen, oder sie delegieren die Problemlösung an „Experten", die auch die eigenen Kinder sein können. Hier liegt der Grund für ihr Widerstreben, sich intensiv mit der Technik „an sich" zu beschäftigen, zum einen in einem grundlegenden *Desinteresse* an technischen Dingen. Dieses Desinteresse begleitet sie meist schon ihr Leben lang. Technik wird zwar als Erfüllungsgehilfin bei den alltäglichen Ausgaben begrüßt und akzeptiert, dennoch wird ihr keine besondere Bedeutung zugewiesen. Der Umgang mit technischen Geräten stellt für sie keine spannende Herausforderung dar, sondern hält sie eher von den als wichtiger erachteten „schönen Seiten des Lebens" ab. Zum anderen können sie es sich in ihrer Wahrnehmung aufgrund ihrer hohen Technikkompetenz durchaus „leisten", über die Technik betont hinwegzusehen und ihr in ihrem Alltag eine „unsichtbare" Rolle zukommen zu lassen.

In der *Handlungspraxis* drücken sich die genannten Überzeugungen zum einen darin aus, dass als einfach wahrgenommene und vor allem hinlänglich bekannte technische Geräte bedenkenlos zur Unterstützung bei den alltäglichen Aufgaben eingesetzt werden. Dabei gilt, dass bewusst nur die Geräte benutzt werden, deren Effizienz als eindeutig erlebt wird. Und diese Eigenschaft besitzt insbesondere die *klassische Technik,* die sich schon seit vielen Jahren bewährt hat.

Abgelehnt hingegen wird nach Möglichkeit der Einsatz zusätzlicher neuer Geräte, da mit ihrer Integration in den Alltag ein gewisses Maß an Beschäftigung mit der Technik „an sich" verbunden wird. Und dieser Prozess wird mit verschiedenen Ärgernissen wie dem „Opfern" von Zeitressourcen und mit ungeliebter „Arbeit" assoziiert. Für die Älteren mit der *Überzeugung I* kommt dabei auch noch die Konfrontation mit ihrer wahrgenommenen eigenen technischen Inkompetenz hinzu, deren Sicht- und Spürbarwerden sie nach Möglichkeit vermeiden wollen. Von ihnen wird daher insbesondere der Einsatz neuer Geräte verweigert, die ihnen als eher komplex, uneindeutig und undurchschaubar erscheinen, wie beispielsweise die neue, digitale Technik. Deren Eigenschaften implizieren für sie einen besonders hohen Bedarf an Einarbeitung in die vielfältigen Facetten des

Geräts und damit eine sehr bzw. zu große Belastung. Der Einsatz neuer Geräte kann insofern nicht dem Anspruch an eine „unsichtbare" Technik genügen und wird daher – wenn nicht gravierende Vorteile dafür sprechen – abgelehnt.

Eine Konsequenz dieser Orientierung ist allerdings, dass viele Chancen technischer Unterstützung im Alltag von diesen Älteren nicht genutzt werden. Und insbesondere die vielfältigen Handlungsspielräume, die sich durch die neue, digitale Technik ergeben, bleiben für Ältere mit dieser Überzeugung eher verschlossen oder werden nur „vermittelt" – durch andere Personen – genutzt. Sei es, dass man sich ein Handy ausleiht, um zu telefonieren, oder dass man Personen des eigenen sozialen Umfelds um eine Internetrecherche bittet. Und diese „vermittelte" Nutzung wiederum wird von den Älteren häufig deswegen als problematisch erlebt, da sie bei ihnen das Gefühl erzeugt, sich für die Widersprüchlichkeit ihrer Einstellung – einerseits die neue Technik abzulehnen, sie andererseits aber zu nutzen – rechtfertigen zu müssen.

Interessant ist die Unterschiedlichkeit bei der Bestimmung von „unsichtbarer" Technik: Während die wenig Technikkompetenten mit *Überzeugung I* vor allem die klassische Technik als unsichtbar begreifen, erscheinen das Handy, der PC, das Internet etc. den Älteren mit hoher Technikkompetenz und *Überzeugung II* auch als „unsichtbare" Geräte, wenn sie schon in den Alltag eingeführt wurden. Ältere, die sich beispielsweise aufgrund beruflicher Anforderungen intensiv mit dem PC beschäftigen (mussten), ordnen diesen meist unhinterfragt selbstverständlich der „unsichtbaren", alltäglichen Technik zu, während ein Älterer, der nie mit einem PC in Berührung gekommen ist, ihn eher als undurchschaubar und komplex erlebt und daher ablehnt.

Zudem herrscht bei den Älteren beider Untertypen eine besondere Vorliebe für „alte" Geräte vor, die schon lange und „unsichtbar" ihre Dienste tun. Fällt eines dieser Geräte aus, wird dies nicht gleich als „Katastrophe" wahrgenommen. Die Folgehandlungen sind allerdings unterschiedlich: Während die Älteren mit *Überzeugung I* den Defekt eher als eine Chance begreifen, über die mögliche Überflüssigkeit des Geräts nachzudenken, sind die Älteren mit *Überzeugung II* bemüht, schnell für Ersatz zu sorgen, um weiterhin in den Genuss technischer Unterstützung zu kommen.

Zusammenfassend bleibt festzuhalten, dass nur die schon „veralltäglichte" Technik akzeptiert wird, die sich dadurch auszeichnet, dass sie meist nicht mehr bewusst als Technik wahrgenommen wird bzw. werden muss.

Betrachtet man diese Handlungsorientierung nun vor dem Hintergrund möglicher *generationsspezifischer Unterschiede,* erscheint es durchaus plausibel, dass die inzwischen durch langjährigen Einsatz veralltäglichte klassische Technik von allen Generationen bedenkenlos genutzt wird, so dass in diesem Sinne „unsichtbare", handlungserleichternde Technik von allen unhinterfragt selbstverständlich akzeptiert wird. Was allerdings die Normativität – den *Wunsch* nach „Unsichtbarkeit" – betrifft, dürfte sich dies je nach Generation unterscheiden. Ich vermute, dass Jugendliche, die insbesondere mit der neuen, komplexen und (bislang[8]) beschäftigungsintensiven Technik aufwachsen, kaum den Anspruch erheben werden, dass Technik „unsichtbar" sein soll, da sie erleben, dass Technik immer mehr in den Mittelpunkt ihres Lebens und ihres Alltags rückt. Der Anspruch an „Unsichtbarkeit" dürfte in ihren Augen zumindest eher ungewöhnlich sein.

Ältere Generationen hingegen haben über eine sehr große Zeitspanne ihres Lebens hinweg erfahren, dass sich die klassische Technik immer besser in ihren Alltag einfügt und durch ihre charakteristische Problemlosigkeit zugleich immer weniger sichtbar – insofern veralltäglicht – wird. Infolgedessen ist es zumindest naheliegend, dass gerade sie sich auch von der neuen Technik Vergleichbares erhoffen. Es wäre insofern aufgrund ihrer „alten" Erfahrungen plausibel anzunehmen, dass sie auch bei der neuen Technik den Anspruch erheben, sie möge „unsichtbar" – im Sinne von problemlos und nicht in den Mittelpunkt des Alltags rückend – sein. Dementsprechend wird diese Handlungsorientierung vermutlich eher bei älteren Generationen auftreten.

Zu fragen ist darüber hinaus, ob sich diese Handlungsorientierung bei allen Generationen der Älteren nachweisen lässt. Im Sample ergeben sich keine Hinweise auf Unterschiede zwischen den befragten Altersgruppen. Es ist naheliegend, dass sich hinsichtlich der klassischen Technik keine Unterschiede ausmachen lassen, da alle Älteren vergleichbare Erfahrungen mit ihrer Problemlosigkeit und Zuverlässigkeit und ihrer dadurch bedingten „Unsichtbarkeit" gemacht haben. Bezogen auf den Umgang mit neuer Technik muss wiederum zwischen den Älteren mit *Überzeugung I* und denen mit *Überzeugung II* unterschieden werden: Die Älteren, die sich als wenig technikkompetent erfahren und der *Überzeugung I* zugeordnet werden, scheinen sich alle in vergleichbarer Weise von der neuen Technik betroffen zu fühlen. Für sie sind die veränderten Ansprüche an die Aneignung von Technikkompetenz im Zuge der Digitalisierung eine neue Erfahrung, der sie mit Misstrauen begegnen. Insofern ist es naheliegend, dass die Älteren mit *Überzeugung I* – unabhängig von ihrer jeweiligen Generationszugehörigkeit – eine Ab-

---

8 Ein zentrales Ziel in der zukünftigen Entwicklung von Technik wird darin gesehen, intuitiv zu bedienende Geräte zu schaffen, die sich dadurch auszeichnen, dass sie ohne intensive Auseinandersetzung und Vorkenntnisse leicht zu verwenden sind. Insofern könnte die Notwendigkeit der Aneignung eines gewissen Maßes an Technikkompetenz im Umgang mit neuer Technik in Zukunft möglicherweise an Bedeutung verlieren (vgl. Mohs et al. 2007).

neigung gegenüber der neuen Technik entwickeln, da diese sich bei ihnen (bislang noch) zu stark in den Mittelpunkt ihres Alltags zu drängen scheint.

Den Älteren mit *Überzeugung II* erscheint die neue Technik in allen befragten Generationen meist als „unsichtbar", da sie über sehr viel technische Erfahrung und ein hohes Maß an Technikkompetenz verfügen. Nur gegenüber Neuerungen sind auch sie skeptisch, da deren Integration in den Alltag die „Unsichtbarkeit" aufheben würde.

Interessant ist, dass sich die Handlungsorientierung mit *Überzeugung I* nur bei *weiblichen* Älteren gezeigt hat. Ein Grund hierfür könnte in der klassischen Genderlogik liegen (vgl. z. B. Jansen 1986). Ist es – in deren Sinne – die Überzeugung der weiblichen Älteren, dass sie aufgrund ihrer Geschlechtszugehörigkeit weniger technikkompetent sind, erscheint es naheliegend, dass sie als kompliziert und problematisch erscheinende Technik eher meiden werden, um möglichen Problemen aus dem Weg zu gehen. Bevorzugt werden folglich die technischen Geräte, die sich durch ihre Problemlosigkeit und damit zusammenhängend durch ihre „Unsichtbarkeit" auszeichnen.

Die Handlungsorientierung mit *Überzeugung II* hingegen zeigt sich geschlechterübergreifend, wobei die Männer dominieren. Auch hier könnte die klassische Genderlogik zumindest in der Hinsicht eine Rolle spielen, dass Männern eine besondere Technikaffinität zugesprochen wird, die sich positiv auf ihre (wahrgenommene) Technikkompetenz auswirken könnte. Ein weiterer Aspekt kommt hinzu: Die Älteren mit *Überzeugung II* verfügen durchweg über einen sehr hohen Bildungsgrad, was die Vermutung nahelegt, dass ein Zusammenhang zwischen Technikkompetenz und Bildung besteht, wenn auch kein zwingender.

Zusammenfassend lässt sich festhalten, dass die Handlungsorientierung „*Technik als Invisible Hand*" in allen Generationen der Älteren und geschlechterübergreifend zu finden ist.

13.2.1.2 Technik als Spar(s)trumpf

Auch bei dieser Handlungsorientierung ist – vergleichbar dem Typus „*Invisible Hand*" – die *Funktionalität* der Technik auf den ersten Blick wichtigster Dreh- und Angelpunkt. Der Einsatz von Technik soll zum *Sparen* beitragen, und zwar zum Sparen von Ressourcen jeglicher Art. Im hier verstandenen Sinne bezieht sich das Sparen allerdings auf zwei verschiedene Ebenen: Zum einen soll durch den Einsatz von Technik Zeit, Geld, Energie, Anstrengung etc. „eingespart" werden, zum anderen wird aber auch der Verzicht auf die Technik selbst als Sparen empfunden. Und gerade der letzten Handlungsoption wird ganz besondere Aufmerksamkeit geschenkt.

Ältere, bei denen diese Handlungsorientierung im Mittelpunkt steht, betrachten die alltäglichen Aufgaben in ihrem Haushalt vor allem aus der Perspektive ihrer *Rationalisierung*. Jede Alltagshandlung verdient es danach, im Hinblick darauf betrachtet zu werden, ob sie noch wirtschaftlicher – im Sinne von ressourcensparender – erledigt werden kann. Ist es beispielsweise insgesamt und langfristig kostengünstiger, empfindliche Wollpullover mit der Maschine oder mit der Hand zu waschen? Verbraucht ein Wasserkocher mehr Strom als der Herd, mit dem Wasser erhitzt wird? Ist es stromsparender, den Wäschetrockner zu benutzen, um sich das Bügeln zu ersparen, oder verbraucht das Bügeln weniger Strom? Solche Fragen bestimmen hier über den Einsatz von Technik. Wird ein Gerät eindeutig und in jeder Hinsicht als „sparend" identifiziert, dann wird sein Einsatz akzeptiert. Letzteres gilt insbesondere für die *klassischen Geräte*, wie Waschmaschine, Staubsauger oder Mixer. Diese werden meist als eindeutig ressourcensparend, konkreter auch als arbeits- und anstrengungsersparend erlebt und eingesetzt. Dennoch kann es auch bei klassischen Geräten Ausnahmen geben: Beispielsweise stößt die Kaffeemaschine dann auf Ablehnung, wenn ihr Entkalken als zu zeitintensiv erlebt wird. Ein Staubsauger wird dann abgelehnt, wenn sein Einsatz mit sehr viel körperlicher Anstrengung verbunden wird. Ältere mit dieser Handlungsorientierung versuchen stets, sich auf der Basis rationaler, Zweck-Mittel-orientierter Argumente und unter Einbezug verschiedener Ebenen – wie Zeit, Geld, Energie, Anstrengung etc. – für die technischen Geräte zu entscheiden, die aus ihrer Sicht in jeder Hinsicht die sparsamsten sind.

Besonders konsequent verfolgen sie jedoch das Ziel, *an der Technik selbst zu sparen* bzw. den Einsatz von Technik in ihrem Haushalt, wo es ihnen möglich erscheint, zu vermeiden. Denn Technik ist in ihrer Wahrnehmung ebenfalls eine Ressource, die eingespart werden kann und *sollte*. Dieser Wunsch ist verbunden mit einer besonderen persönlichen „Betroffenheit", was in den Interviews häufig darin zum Ausdruck kommt, dass die Argumente gegen den Technikeinsatz sehr emotional vorgetragen werden. Besonders deutlich wird die Ablehnung und Missbilligung der Technik bei einer Befragten, die selbst das geführte Interview – über Technik im Alltag – als so belastend erlebt, dass sie es möglichst schnell beendet.

Welcher *Beweggrund* liegt dieser Handlungsorientierung zugrunde? Es ist das offensichtliche, unverkennbare Ziel der Personen mit dieser Einstellung, in jeglicher Hinsicht zu *sparen*. Daher versuchen sie, ihre alltäglichen Tätigkeiten so zu *rationalisieren*, dass diese möglichst einfach, schnell, günstig, effizient – eben ressourcensparend – bewältigt werden können. Und dieses Motiv kann mit Rammert

(1988) durchaus als ein Mainstream-Motiv in (einfach[9]) modernen Gesellschaften bezeichnet werden. Nach ihm bildete sich im Zuge der Modernisierung bzw. der Technisierung eine sogenannte „technologische Mentalität" heraus, die dazu geführt hat, dass Sparsamkeit, Leistungssteigerung und Effizienz zum Selbstzweck bzw. zu einem unhinterfragt selbstverständlichen kulturellen Wertbestand moderner Gesellschaften geworden sind (vgl. z. B. Rammert 1988, S. 192). Auch wenn dieser Wert zunächst auf das Arbeitsleben bezogen blieb, ist es dennoch naheliegend, dass er sich später zunehmend auf die Sphäre des privaten Alltags ausdehnte, je selbstverständlicher er mit der Zeit wurde. Insofern ist das Motiv der Sparsamkeit und Rationalität ein durchaus plausibles und nachvollziehbares.

Dennoch wirkt es für die Gruppe der hier Befragten allein nicht überzeugend, denn diese ist vorzugsweise am Einsparen der Technik selbst interessiert, die ja gerade ein gewisses Maß an Rationalisierungspotenzial bieten soll. Auch wenn in den Ausführungen der Älteren die *Vermeidung* des Technikeinsatzes „rationalisiert" wird – z. B. indem sie als Abfall vermeidend und platzsparend beschrieben wird –, zeigen sich dennoch Widersprüchlichkeiten, die besondere Beachtung verdienen. Beispielsweise wird die Nutzung eines Computers einerseits als zu zeitintensiv und sein Einsatz daher als wenig rational beschrieben, andererseits aber wird eine Internetrecherche durchaus als zeitsparend erlebt. Internetfreundschaften werden einerseits als unaufrichtig, unredlich und oberflächlich dargestellt, als Beziehungen, auf die gesunde und flexible Menschen nicht zugreifen sollten. Andererseits wird aber durchaus gesehen, dass nicht alle Menschen flexibel und gesund sind und daher vielleicht auch des internetvermittelten Kontakts bedürfen.

Solche widersprüchlichen Argumentationen, die zudem sehr emotional vorgetragen werden, verweisen auf ein weiteres – dem vordergründigen zugrundeliegendes – Motiv. Hier zeigt sich eine Betroffenheit durch den Einsatz von Technik, die der genaueren Analyse bedarf: Technik wird auf der Basis dieser Handlungsorientierung vor allem als eine *Bedrohung* wahrgenommen, der man sich hilflos ausgeliefert fühlt und gegen die man sich, sobald man sie einsetzt, kaum noch wehren kann. Denn sie kann im hier verstandenen Sinne dazu führen, dass der Mensch zunehmend die *Kontrolle* über sich, sein Leben und seine Zeitverwendung *verliert*. Und da gerade das Kontrolle-Ausüben für Personen mit dieser Überzeugung eine besonders große Rolle spielt – was sich beispielsweise in ih-

---

9   Die einfache Moderne wird – hier in Abgrenzung zur reflexiven oder späten Moderne – als der Zeitraum der Modernisierung bis ca. 1970 verstanden (vgl. z. B. Beck und Bonß 2001). Danach verändern sich wesentliche Prinzipien moderner Gesellschaften und damit gleichzeitig auch die gesellschaftlichen Wertvorstellungen, lautet die hier verfolgte Argumentation.

ren fortwährenden Rationalisierungsbestrebungen ausdrückt –, müssen sie technische Geräte nach Möglichkeit aus ihrem Leben verbannen.

Speziell mit der neuen, als undurchschaubar und komplex gedeuteten Technik assoziieren sie eine Vielzahl an Phänomenen, die zu einer Vernichtung der eigenen Kontrolle führen würden. Sei es, dass sie sich bei Computerproblemen den unterstützenden Experten hilflos ausgeliefert oder sich als abhängig von der Funktionsfähigkeit der Geräte fühlen. Nutzen sie beispielsweise ein Navigationssystem im Auto, dann ist ihre Befürchtung groß, sich bei seinem technischen Defekt nicht mehr zurechtfinden zu können. Oder Computerspiele werden deswegen als „gefährlich" angesehen, weil sie süchtig machen könnten, was zum Verlust der Kontrolle über die eigene Zeit führen könnte.

Verstärkt werden diese Befürchtungen zum einen durch die Sorge, zur notwendigen Aneignung von Technikkompetenz selbst nicht in der Lage zu sein. Zum anderen kommt das beschämende Gefühl hinzu, dass das soziale Umfeld die mangelnden eigenen technischen Fähigkeiten und Fertigkeiten deutlich wahrnimmt. Folglich ist ihre massive Abwehrhaltung gegenüber der neuen Technik durchaus verständlich. Zusammenfassend kann festgehalten werden, dass der befürchtete und sozial sichtbare Kontrollverlust einen wesentlichen Grund für eine tiefgreifende Technikskepsis, insbesondere gegenüber der neuen Technik, bildet.

Wie stellt sich nun der *Umgang mit Technik* im Alltag auf der Basis dieser Überzeugungen dar? Auch für die Älteren mit dieser Handlungsorientierung ist der Einsatz technischer Geräte im Alltag einerseits selbstverständlich. Auch sie benutzen die gängigen klassischen Geräte wie Fernseher, Waschmaschine, Telefon, Herd etc. Andererseits äußern sie aber schon bei diesen gebräuchlichen Geräten hin und wieder Bedenken, die darauf verweisen, dass ihr Einsatz nicht als unhinterfragt selbstverständlich hingenommen, sondern *kritisch reflektiert* wird. Das geschieht insbesondere dann, wenn eines der Geräte defekt ist, wenn sie über die Anschaffung eines neuen nachdenken oder wenn Anschaffungen in ihrem sozialen Umfeld sie dazu anregen. Im Mittelpunkt stehen dabei ausgeklügelte Überlegungen zur Rationalität dieser Geräte, die sich auf unterschiedlichste Ebenen beziehen. Nicht nur Stromverbrauch, Anschaffungskosten und Einsatzbereiche, sondern auch langfristige Folgen wie ökologische Gefährdungen oder mögliche gesundheitliche Unverträglichkeiten werden berücksichtigt und bestimmen mit darüber, ob ein Gerät für gut befunden oder abgelehnt wird. Bei den klassischen, tendenziell eher einfacheren Geräten fällt den Älteren eine Urteilsbildung recht leicht.

Deutlich zeigt sich aber auch schon bei diesen Geräten die Tendenz, den *Technikeinsatz* nach Möglichkeit zu *vermeiden* oder zu *reduzieren* und diese Entscheidung dann mit der mangelnden Rationalität der Geräte zu begründen. So wird beispielsweise durchaus akzeptiert, dass eine Tätigkeit ohne Technikeinsatz länger dauert, wenn dafür Strom gespart und mögliche gesundheitliche Schäden ausgeschlossen werden können. Ist die Spülmaschine defekt, dann wird das Handspülen unter Umständen durchaus als eine Bereicherung interpretiert, so dass keine neue Maschine angeschafft werden muss. Eine Ältere ersetzt beispielsweise ihren defekten Staubsauger nicht, weil sie die Effizienz eines Besens für ausreichend hält. Und eine andere verschenkt ihre Mikrowelle, weil ein Herd in ihrer Wahrnehmung vergleichbare Funktionen erfüllt. Auffällig ist hier die Neigung, für jede Entscheidung gegen ein technisches Gerät einen rationalen Grund anzugeben, auch wenn er hin und wieder „an den Haaren herbeigezogen" erscheint.

Diese Handlungspraxen sind Ausdruck der Überzeugung der Älteren, dass sie sich durch den Technikeinsatz in eine Abhängigkeit begeben, die ihre Kontrollmöglichkeiten untergräbt. Und da sie auf Kontrolle unter keinen Umständen verzichten wollen, ist ihre Ablehnung der Technik nachvollziehbar. Besonders offensichtlich wird ihre Zurückweisung von Technik bei den *neuen, digitalen Geräten*. Sie zeichnen sich in den Augen dieser Älteren – und insbesondere vor dem Hintergrund ihrer mangelnden Technikkompetenz – durch Undurchschaubarkeit und Komplexität aus und stellen damit eine besonders große Gefahr für ihre Kontrollorientierung dar. Mit dem Einsatz dieser Technik verbinden sie zudem einen hohen Bedarf an Unterstützung, so dass sie damit ihre Kontrollmöglichkeiten in mehreren Hinsichten beeinträchtigt sehen: Zum einen assoziieren sie eine große Abhängigkeit von technischen Experten, sowohl in sachlicher als auch in zeitlicher Hinsicht, zum anderen befürchten sie eine implizite Einflussnahme der Technik auf ihren Alltag und ihr Leben, die sie allerdings nur vage andeuten oder metaphorisch umschreiben können. Der Umgang mit Technik im Alltag ist bei diesen Älteren begleitet von einer tiefgreifenden *Technikskepsis*, die sich in einem möglichst begrenzten technischen Handeln ausdrückt.

Und wer sind nun die Personen, die dieser Handlungsorientierung zugeordnet werden können? Betrachtet man den hier vertretenen Anspruch an eine möglichst vollständige Kontrolle der technischen Geräte, dann lässt sich vermuten, dass dieser Wunsch vor allem bei den *älteren Generationen* zu finden ist. Denn dieser Wunsch kann auf ihre Erfahrungen mit der klassischen Technik zurückgeführt werden, die durch ihre Einfachheit als recht leicht durchschaubar und damit kontrollierbar wahrgenommen werden kann. Da sich die jüngeren Generationen vor allem mit der neuen, digitalen Technik konfrontiert sehen, die von mehr oder weniger allen als kaum kontrollierbar wahrgenommen wird, ist es naheliegend, dass sie derartige Ansprüche gar nicht erst entwickeln. Hinsichtlich der verschiedenen Generationen der Älteren zeigen sich in dieser Studie keine Unterschiede, d. h. diese Handlungsorientierung tritt hier unabhängig vom konkreten, höheren Alter auf.

Aber auffallend ist, dass sie sich insbesondere bei den Älteren zeigt, die über eine ausgesprochen *geringe technische Kompetenz* verfügen. Dies ist einerseits auf fehlende berufliche Erfahrungen mit technischen Neuerungen zurückzuführen, andererseits auf ein Leben jenseits der Berufstätigkeit. Letzteres zeigt sich häufig bei weiblichen Älteren, deren Hauptaufgaben im „Sorgen für die Kinder" und in der Haushaltsführung bestanden. Insofern tritt diese Handlungsorientierung geschlechtsunabhängig sowohl bei sehr wenig technikerfahrenen *Männern* als auch bei *Frauen* auf und ist vermutlich schwerpunktmäßig auf deren mangelnde technische Erfahrung zurückzuführen.

Ihre Technikskepsis kann im Sinne Sackmanns (1993) auch relevanztheoretisch erklärt werden: Technik, die sich für die Nutzer vor allem durch Uneindeutigkeit und Unübersichtlichkeit auszeichnet, wird in erster Linie als „fremd", als wenig vertraut, wenig einschätzbar und nicht kontrollierbar erlebt, so lautet Sackmanns Argumentation. Und damit verbunden ist den Menschen zum einen häufig unklar, welchen individuellen Nutzen sie in ihrem Alltag hätte. Ein technisches Gerät ist für sie aber erst dann sinnvoll, wenn sich damit ein „Problem" sachgerecht lösen lässt. Zum anderen wird in Situationen der Uneindeutigkeit den „problematischen Aspekten" der Technik eine besondere Wichtigkeit eingeräumt. Die Angst vor potenziellen Gefährdungen scheint dann besonders groß, wenn die Bedeutung eines Geräts nicht klar erkannt werden kann, wenn es nicht kontrollierbar erscheint. Die diffuse Angst vor Internetkriminalität beispielsweise hält gerade die Menschen davon ab, „online" zu gehen, die diese Technik wenig einschätzen können (vgl. Pelizäus-Hoffmeister 2007, S. 186). Insofern geht die mangelnde Vertrautheit mit der neuen Technik mit ihrer Problematisierung einher und hindert die Menschen daran, ihr Alltagsrelevanz zuzugestehen bzw. sie in ihre Alltagsroutinen einzubauen.

Abschließend bleibt festzuhalten, dass diese Handlungsorientierung mit großer *emotionaler Betroffenheit* einhergeht. Es ist zu vermuten, dass die hier verorteten Älteren ihre Überzeugungen gegenüber einem sozialen Umfeld verteidigen bzw. „rechtfertigen" müssen, das durch eine weitaus größere Akzeptanz der Techniknutzung geprägt ist.

13.2.1.3 Technik als Segen

Auch bei dieser Handlungsorientierung steht das Interesse an den *Funktionen der Technik* im Mittelpunkt. Technik soll dazu dienen, insbesondere die körperlichen Herausforderungen des Alltags besser zu bewältigen, und damit zur Arbeitserleichterung beitragen. Insofern spielt auch hier die Kontrolle der Umwelt die ausschlaggebende Rolle für ihren Einsatz. Bemerkenswert ist die rein *positive Bedeutung*, mit der die Älteren die Technik versehen, und eine fehlende Differenzierung zwischen verschiedenen Technikformen.

Von Älteren mit dieser Handlungsorientierung wird Technik allein dort eingesetzt, wo sie ihnen *eindeutig sinnvoll* erscheint. Ein Handy wird dann benutzt, wenn eine ständige Verbindung zum sozialen Umfeld als wichtig erachtet wird. Der Wasserkocher kommt dann zum Einsatz, wenn er in ihrer Wahrnehmung schneller und sparsamer arbeitet als der Herd oder der Boiler.

Die Beurteilung der Zweckmäßigkeit eines Geräts ergibt sich hier regelmäßig aus einem *Vergleich* zwischen „früher" und „heute" bzw. zwischen dem „heute" und dem „morgen". Beispielsweise wird überlegt: Führt der zukünftige Einsatz eines neuen Geräts zu einer Arbeitserleichterung bzw. zu einem eindeutigen Fortschritt gegenüber der gegenwärtigen Situation? Nur dann wird es eingesetzt. Bei einem Vergleich zwischen dem „früher" und dem „heute" wird mit „früher" meist der Zeitraum der eigenen Kindheit und Jugend assoziiert, in dem technische Geräte im häuslichen Alltag eine eher untergeordnete Rolle spielten. Das „heute" hingegen bezieht sich auf die Gegenwart mit einer großen Vielfalt an unterschiedlichsten Geräten, die im Haushalt eingesetzt werden können. Und insbesondere der letzte Vergleich hat für diese Älteren große Bedeutung.

Ungewöhnlich erscheint auf den ersten Blick, dass die Älteren mit dieser Handlungsorientierung *nicht zwischen verschiedenen Technikformen* – wie der klassischen und der neuen, digitalen Technik – *unterscheiden,* sondern unter dem Begriff der Technik meist alle Technikformen subsumieren. Aus ihrer Perspektive besteht insofern kein systematischer Unterschied zwischen einem Staubsauger und einem Handy. Diese Überzeugung erscheint vor allem deswegen interessant, weil fast alle anderen Älteren, die nicht diesem Typus zugerechnet werden, eine Differenzierung zwischen verschiedenen Technikformen vornehmen.

Bemerkenswert ist zudem, dass Probleme im Umgang mit technischen Geräten in ihrem Leben keine Rolle zu spielen scheinen. Es wird ihre Überzeugung sichtbar, die technischen Geräte, die im Haushalt eingesetzt werden, durchweg kompetent zu beherrschen.

Welche *Beweggründe* liegen dem Technikeinsatz bei Älteren mit dieser Handlungsorientierung zugrunde? Zunächst ist offensichtlich, dass sie technische Geräte grundsätzlich aufgrund ihrer *Funktionalität* verwenden. Sie dienen ihnen allein zur Arbeitserleichterung bei ihren alltäglichen Herausforderungen, und zwar insbesondere bei den körperlichen. Bezeichnend ist, dass diese Älteren generell allen Formen der Technik gegenüber sehr aufgeschlossen und positiv eingestellt sind. Erscheint ihnen ein Gerät in ihrem Alltag als sinnvoll, wird es ohne jegliche Bedenken eingesetzt und als Gewinn bzw. als Fortschritt betrachtet. Dabei ist völlig unerheblich, ob es sich um ein hochmodernes, digitales oder ein schon lange bekanntes, klassisches Gerät handelt. Wichtig ist allein der Nutzen, den das Gerät in ihren Augen verspricht, und daher wird es *wertgeschätzt*.

Grundlegend für diese „reine" Wertschätzung ist hier *erstens*, dass die Älteren *nicht* den Anspruch erheben, die technischen Geräte „durchschauen" bzw. ihre Arbeitsweise, ihren Aufbau, ihre „Logik" oder auch die mögliche Vielfalt ihrer Verwendungsbezüge verstehen zu wollen. Aus ihrer Perspektive ist es unhinterfragt selbstverständlich, dass sie sich *nicht* mit derartigen technischen Details beschäftigen müssen, weder bei der klassischen noch bei der neuen, digitalen Technik. Selbst das Radio, das eine Ältere von Kindheit an „begleitet" hat, das den ganzen Tag läuft und eines ihrer wichtigsten Geräte im Alltag darstellt, will sie *nicht* in seiner Funktionsweise begreifen. Insofern wird die Technik hier stark einseitig, dafür aber äußerst eindeutig, aus einer reinen Nutzenperspektive betrachtet. Mögliche problematische Seiten – wie Schwierigkeiten mit der Bedienung, Gefährdungen und potenzielle Risiken durch den Einsatz von Technik etc. – werden völlig ausgeblendet, so dass sie rein positiv bewertet werden kann.

Eine intensive Auseinandersetzung mit der Technik „an sich" erscheint diesen Älteren undenkbar, was u. a. auf ihre sehr geringen technischen Vorerfahrungen zurückzuführen ist. Nichtsdestotrotz beschreiben sie sich in der Form als technikkompetent, als sie in der Lage sind, alle ihre Geräte fachkundig einsetzen und darüber hinaus weniger Technikkompetenten deren Handhabung erklären zu können. Eine Ältere beispielsweise erklärt ihrem körperlich und kognitiv stark eingeschränkten Ehemann selbstbewusst – und immer wieder – die Fernbedienung seines Fernsehgeräts. An dieser Stelle wird besonders deutlich, dass der Begriff der Technikkompetenz aus individueller Perspektive völlig unterschiedlich definiert werden kann.

Eine weitere Voraussetzung für diese „Logik" und für die Wertschätzung von Technik scheint – *zweitens* – die Existenz eines zuverlässigen sozialen Netzwerks zu sein, das den Älteren zum einen (neue) technische Geräte präsentiert und gleichzeitig deren Nutzen hervorhebt. Zum anderen ist zu vermuten, dass dieses soziale Umfeld zugleich Sorge dafür trägt, dass die von den Älteren gewünschten Geräte in der Weise in ihrem Haushalt „installiert" werden, dass sie diese problemlos nutzen können. Nur so kann erklärt werden, warum aus der Sicht der Älteren keine technischen Probleme im Alltag bewältigt werden müssen. Insofern liegt hier der Grund für die wahrgenommene Problemlosigkeit der Technik, die infolgedessen von den Älteren durchweg positiv beurteilt werden kann.

Die positive Einschätzung technischer Geräte kann – *drittens* – auf eine weitere Deutungslogik zurückgeführt werden: Wird berücksichtigt, dass dem Einsatz von Technik meist der Vergleich zwischen „früher" und „heute" vorangeht und dass sich das „früher" überwiegend auf eine Zeit bezieht, in der kaum (elektrische) Geräte im häuslichen Alltag zur Verfügung standen, dann ist naheliegend, dass Ältere mit einer funktionalen, sachlichen Handlungsorientierung den heutigen technischen Geräten große Begeisterung, Wertschätzung und Nutzungsbereitschaft entgegenbringen, da diese vor allem als arbeitserleichternd wahrgenommen werden.

Dass diese Älteren keine Unterscheidung zwischen den verschiedenen Technikformen konstruieren, kann zum einen darauf zurückgeführt werden, dass ihnen der Bruch zwischen „früher" und „heute" – also zwischen der „vortechnischen" und der „technischen" Zeit (Sackmann und Weymann 1994) – als so gravierend erscheint, dass die einzelnen Sprünge in der technischen Entwicklung selbst dahinter „verblassen". Zum anderen mag ihnen das nötige Technikwissen fehlen, um Kategorisierungen vornehmen zu können. Dennoch scheint es am plausibelsten, die fehlende Differenzierung damit zu begründen, dass hier vor allem zwischen sinnvoller, hilfreicher und sinnloser Technik im Alltag unterschieden wird, und vor diesem Hintergrund erübrigen sich – für diese Älteren – alle weiteren Unterscheidungen.

Wie spiegeln sich diese Überzeugungen in den *Handlungspraxen* der Älteren wider? Zunächst fällt auf, dass insbesondere Geräte eingesetzt werden, die körperliche Anstrengungen bei der Haushaltsführung verringern helfen. Ihnen wird besonders große Bedeutung beigemessen, was darauf zurückgeführt werden kann, dass diese Älteren häufig unter altersbedingten körperlichen Einschränkungen leiden. Zudem wird der Einsatz eines technischen Geräts davon abhängig gemacht, ob es physisch leicht zu handhaben ist oder nicht. Auch hier spielt insofern die *körperliche Dimension* eine wichtige Rolle, während die kognitive Dimension eher vernachlässigt wird.

Jegliche in den Alltag integrierte Technik wird mit einem Gefühl von *Souveränität* und *Selbstsicherheit* und ohne Scheu eingesetzt, da sich die Älteren ihrer technischer Kompetenz gewiss sind. Dabei kann es sich – unabhängig von der Technikform – um einen Kopfhörer für das Fernsehen handeln, der das Gehör der Nachbarn schonen soll, wenn der schwerhörige Ehemann in voller Lautstärke fernsieht, oder um ein Handy, das beim Spaziergang mit dem Hund mitgenommen wird, um bei Bedarf Hilfe anfordern zu können. Genauso können der Herd, die Waschmaschine und das Radio eine wichtige Rolle in ihrem Alltag spielen, oder auch das schnurlose Telefon, das den ständigen Gang zum Telefonapparat erspart. Immer wird Technik allein daraufhin betrachtet, ob sie funktional für den Alltag erscheint, unabhängig von ihrer Komplexität. Insgesamt wird eine *Vielfalt an unterschiedlichsten Geräten* genutzt.

Auffällig ist, dass diese Älteren auch die moderne, digitale Technik wie das Handy ohne jegliches Problembewusstsein einsetzen, was auf ihre fehlende Sensibilisierung durch technische Probleme bei komplexen Geräten zurückzuführen ist. Hier steht, wie oben erläutert, ein zuverlässiges soziales Netzwerk bereit, um regelmäßig auftretende technische Probleme „aufzufangen" und zu beseitigen.

Wird diese Handlungsorientierung hinsichtlich möglicher *sozialstruktureller* Wechselbeziehungen betrachtet, erscheint es aus mehreren Gründen plausibel zu vermuten, dass sie vor allem bei den Älteren zu finden sein wird, die der – von Sackmann und Weymann (1994) sogenannten – „*vortechnischen Generation*" angehören.[10] Damit werden die Kohorten von Personen bezeichnet, die vor 1939 geboren sind. Ihnen ist gemein, dass es in ihrer Kindheits- und Jugendphase zwar im Allgemeinen schon Strom und damit elektrisches Licht im Haushalt ihrer Eltern gab, das Radio jedoch lange Zeit das einzige komplexe technische Gerät des Haushalts blieb. Und die Hausarbeit wurde durch schwere körperliche Arbeit bestimmt. Dies änderte sich erst in der zweiten Hälfte der 1950er Jahre, als die Einführung des Kühlschranks, des Staubsaugers und der Waschmaschine die Hausarbeit zunehmend erleichterte (vgl. Weymann 2000, S. 47).

Eine Zuordnung zu dieser Technikgeneration ist zum einen naheliegend, da die Befragten mit dieser Handlungsorientierung der *körperlichen Dimension* beim Umgang mit Technik – in zweierlei Hinsicht – große Bedeutung zuweisen: Zum einen bevorzugen sie technische Geräte, die physisch leicht zu handhaben sind,

---

10 Der Kategorisierung von Sackmann und Weymann (1994) liegt die Überlegung zugrunde, dass zum Zeitpunkt der Kindheits- und Jugendphase entscheidende Weichenstellungen für die Formierung einer Technikgeneration getroffen werden. Zu dieser Zeit werden je besondere „konjunktive" Erfahrungen mit den technischen Innovationen dieser Zeit gemacht, die die Werthaltungen der Menschen, ihre Einstellungen zur und ihre Umgangsweisen mit Technik ihr gesamtes Leben prägen können. Siehe hierzu auch Kapitel 6.2.

was darauf beruhen könnte, dass sie unter körperlichen Einschränkungen leiden. Da Letztere tendenziell eher im hohen Alter einsetzen, ist es plausibel, sie insbesondere bei den Hochaltrigen der „vortechnischen Generation" zu vermuten. Zum anderen weist gerade diese Generation der körperlichen Arbeitserleichterung durch Technik eine hohe Bedeutung zu. Und diese Priorisierung mag damit zusammenhängen, dass sie die Mühen einer Haushaltsführung ohne die Unterstützung durch technische Geräte sehr genau kennen und die heutigen technischen Errungenschaften daher besonders zu schätzen wissen. Dementsprechend kann auch die grundsätzlich positive Einstellung zur Technik auf die Zugehörigkeit zu dieser Technikgeneration zurückgeführt werden. Selbst die klassische Technik, die von vielen anderen Älteren gar nicht mehr bewusst wahrgenommen wird, sehen diese Älteren aufgrund ihrer Erfahrungen als eine bedeutende Verbesserung des eigenen Lebens.

Auch die fehlende Differenzierung zwischen den verschiedenen Technikformen verweist aus zweierlei Gründen auf die mögliche Zugehörigkeit zur vortechnischen Generation: Zum einen verfügt diese Generation tendenziell über die geringsten technischen Kenntnisse. Zum anderen muss der Bruch zwischen dem „vortechnischen" und dem „technischen Zeitalter" im Haushalt gerade diesen Geburtskohorten so groß erscheinen, dass sie möglicherweise alle nachfolgenden Fortschritte in der technischen Entwicklung als reine Verstärkung bzw. eine Verstetigung der einmal eingeschlagenen Entwicklungsrichtung interpretieren.

Bemerkenswert ist, dass alle Befragten, die im Rahmen der empirischen Untersuchung diesem Typus zugeordnet werden konnten, *weiblich* sind und über einen sehr *geringen Bildungsgrad* verfügen. So lassen sich die sehr geringen Kenntnisse über die Technik „an sich", über ihre Funktionsweisen, typische Charakteristika, über technische Innovationen etc., vermutlich auf den insgesamt geringen Bildungsgrad dieser Älteren zurückführen. Und berücksichtigt man, dass gerade die Frauen dieser vortechnischen Generation wenig Chancen auf Bildung erhielten, dann ist ihre Dominanz in diesem Typus plausibel. Hinzu kommt, dass sie aufgrund des weitgehenden Fehlens technischer Geräte im Haushalt während ihrer Jugendzeit keine diesbezüglichen Erfahrungen machen konnten.

13.2.1.4 Zusammenfassung

Bei allen beschriebenen Typen stehen die *Funktionen* der Technik im Mittelpunkt. Technik dient den Älteren, die diesen Typen zugeordnet werden, in der Terminologie Hörnings ausgedrückt, vor allem der *Kontrolle* ihrer Umwelt.

Bei Vertretern des Typus „*Technik als Invisible Hand*" soll der Einsatz von Technik im Alltag dazu beitragen, die alltäglichen Arbeitsanforderungen besser, schneller, einfacher und sicherer zu bewältigen. Dabei soll sie allerdings nie selbst in den Mittelpunkt treten, sondern eher „unsichtbar" bzw. unbemerkt ihre Dienste tun. Der Technik wird hier kein Wert „an sich" zugewiesen. Der Anspruch an sie ist vielmehr, dass sie bei der Aufgabenerfüllung nicht als explizite Technik in Erscheinung tritt. Theoretisch gesprochen soll sie alltagskulturell „gerahmt" oder so „veralltäglicht" sein, dass sie nicht mehr als Technik wahrgenommen werden muss.

Wird nach den dieser Einstellung zugrundeliegenden Überzeugungen gefragt, muss zwischen zwei verschiedenen Mustern (*Überzeugung I* und *Überzeugung II*) unterschieden werden, die in bestimmter Hinsicht deckungsgleich sind, zum Teil aber erheblich differieren. Eine dieser Einstellung zugrundeliegende Ursache ist bei allen Älteren mit dieser Einstellung, dass der Technikeinsatz von den Älteren mit (ungeliebter) „Arbeit" assoziiert wird, die nach Möglichkeit aus ihrer „freien, schönen Zeit des Lebens" verdrängt werden soll. Für die Älteren mit *Überzeugung I* gilt darüber hinaus, dass sie die explizite Beschäftigung mit Technik mit Schwierigkeiten, Ärger und vor allem mit eigener Inkompetenz verbinden. Insbesondere der Umgang mit neuer Technik wird meist als problematisch beurteilt und gemieden, um sich ganz den „schönen Seiten des Lebens" widmen zu können. Ältere mit *Überzeugung II* hingegen sind von ihrer hohen Technikkompetenz überzeugt, gleichzeitig aber nicht an der Technik „an sich" interessiert, so dass auch sie eine intensivere Auseinandersetzung mit ihr nach Möglichkeit meiden. Für die Praxis bedeutet diese Einstellung, dass insbesondere die klassische, hinlänglich bekannte Technik bedenkenlos in den Alltag eingebaut wird, während der Einsatz neuer, bis dahin nicht eingeführter Geräte eher verweigert wird und eine Vorliebe für „alte" Geräte vorherrscht.

Diese Handlungsorientierung zeigt sich bei allen hier untersuchten Geburtskohorten. Alle dieser Älteren haben über viele Jahre hinweg erfahren, wie sich die Alltagstechnik immer problemloser und damit immer weniger „sichtbar" in ihren Alltag einfügt. Insofern erhoffen gerade sie sich diese „Unsichtbarkeit" von *allen* technischen Geräten. Verbunden mit *Überzeugung I* wird diese Einstellung im vorliegenden Sample nur von weiblichen Älteren vertreten, was sich möglicherweise auf die klassische Genderlogik zurückführen lässt. Wird auf der Basis dieser Logik von einer wahrgenommenen mangelnden Technikkompetenz der Frauen ausgegangen, ist es naheliegend, dass gerade sie die kompliziert und problematisch erscheinende Technik nach Möglichkeit meiden werden. Die mit *Überzeugung II* verbundene Handlungsorientierung zeigt sich hingegen geschlechtsübergreifend, wobei Männer stark dominieren. Auch hier könnte die klassische Genderlogik eine Rolle spielen, da sie impliziert, dass Männer besonders technikaffin sind, was sich positiv auf ihre (wahrgenommene) Technikkompetenz auswirken könnte. Hinzu kommt allerdings meist ein sehr hoher Bildungsgrad, der häufig mit hohen technischen Kompetenzen korreliert.

Die Vertreter des Typus „*Technik als Spar(s)trumpf*" zeichnen sich – auf den ersten Blick – durch ihren Anspruch aus, mit der Technik und vor allem an der Technik sparen zu wollen. Sie betrachten ihre alltäglichen Aufgaben insbesondere aus der Perspektive der Rationalisierung und suchen beständig nach Möglichkeiten zur Optimierung. Für ihren Einsatz von Technik heißt das, dass diese nur eingesetzt wird, wenn sie von ihrer Wirtschaftlichkeit auf unterschiedlichen Ebenen – wie Zeit, Geld, Energie etc. – überzeugt sind. Dennoch ist es ihr besonderes Anliegen, an der Technik selbst zu sparen.

Das offensichtliche Motiv der Älteren könnte die von Rammert (1988) so bezeichnete „technologische Mentalität" sein, die sich im Zuge der Modernisierung durchgesetzt hat und dazu führt, dass Sparsamkeit, Leistungssteigerung und Effizienz zu selbstverständlichen kulturellen Werten geworden sind. Dennoch erscheint es widersprüchlich, dass diese Älteren insbesondere an der Technik mit ihrem Rationalisierungspotenzial sparen wollen. Diese Paradoxie wird aufgelöst, wenn berücksichtigt wird, dass sie Technik als eine Bedrohung für ihre Kontrollmöglichkeiten wahrnehmen. Sie befürchten, durch den Einsatz von Technik – als etwas ihrem Leben „Fremden" – zunehmend die Kontrolle über sich, ihr Leben und ihren Alltag zu verlieren.

Vor dem Hintergrund dieser Überzeugungen wird die neue, komplexe Technik strikt gemieden. Aber auch die klassische Technik wird immer wieder daraufhin geprüft, ob sie nicht doch entbehrlich ist, ob der Technikeinsatz im Haushalt nicht reduziert werden kann. Diese stark technikskeptische Haltung findet sich vor allem bei den Älteren, die über eine sehr geringe Technikkompetenz verfügen. Gerade diesen Menschen erscheint insbesondere die neue Technik als undurchschaubar, uneindeutig und komplex, so dass ihre Befürchtung des Kontrollverlustes durch deren Einsatz nachvollziehbar ist. Denn gerade wenn etwas als wenig einschätzbar erscheint, wird seinen „problematischen Aspekten" besondere Bedeutung zugewiesen. Diese Handlungsorientierung geht oft mit einer großen persönlichen Betroffenheit einher, die sich darauf zurückführen lässt, dass diese Älteren ihre Überzeugung gegenüber einem sozialen Umfeld rechtfertigen bzw. „verteidigen" müssen, das häufig durch eine größere Technikakzeptanz gekennzeichnet ist.

Betrachtet man die zwei beschriebenen Typen hinsichtlich ihrer Gemeinsamkeiten und Unterschiede, ist für beide eine gewisse „*Technikferne*" bzw. *Technikskepsis* charakteristisch, wenn auch in unterschiedlichem Ausmaß. Während bei Ersterem die Technik dann akzeptiert wird, wenn sie sich eher „unbemerkt" bzw. „unsichtbar" in den Alltag integriert – wenn sie veralltäglicht ist –, überwiegt bei Letzterem der Wunsch, die Technik ganz real aus dem Alltag verschwinden zu lassen. Und während bei Ersterem die klassischen (und problemlosen) Geräte unbedenklich eingesetzt werden, wird bei Letzterem auch ihr Einsatz kritisch geprüft.

Zurückzuführen ist die ablehnende Haltung der Älteren beider Typen auf eine häufig eher geringe Technikkompetenz, verbunden mit der Sorge, von der Technik überfordert zu sein, oder auf ein deutliches Desinteresse an der Technik „an sich".

Ganz anders präsentiert sich der dritte Typus, der „*Technik als Segen*" bezeichnet wird. Diese Älteren zeichnen sich durch eine durchweg positive Bewertung von Technik aus. Aber auch bei ihnen steht das Interesse an der Funktionalität der Technik im Vordergrund. Technik soll ihnen bei der Bewältigung der alltäglichen Aufgaben helfen, und zwar insbesondere in körperlicher Hinsicht. Die Entscheidung für den Einsatz eines technischen Geräts basiert hier regelmäßig auf einem Vergleich zwischen „früher" und „heute", wobei sich „früher" meist auf eine Zeit bezieht, in der für Haushaltsarbeiten nur wenige technische Geräte zur Verfügung standen.

Die absolute Wertschätzung von Technik und ihr bereitwilliger Einsatz bei diesem Typus können auf drei Faktoren zurückgeführt werden: Zum einen gilt für diese Älteren unhinterfragt selbstverständlich, dass sie die Technik „an sich" bei ihrem Einsatz nicht durchschauen müssen, was aufgrund ihrer eher geringen Technikkenntnisse auch nicht möglich wäre. Zum anderen steht ihnen ein soziales Umfeld zur Verfügung, das die Geräte in der Weise in ihren Haushalt „installiert", dass sie diese problemlos nutzen können. Darüber hinaus verweist ihr regelmäßiger Vergleich zwischen „früher" und „heute" auf die großen technikbedingten Arbeitserleichterungen, die zu ihrer grundlegend positiven Einstellung zur Technik geführt haben.

Diese Überzeugungen spiegeln sich in der Weise in ihrem alltäglichen Handeln wider, dass sie jedes ihnen nützlich erscheinende Gerät einsetzen. Dabei wird nicht zwischen klassischer und neuer, digitaler Technik unterschieden; für sie ist diese Unterscheidung völlig unerheblich. Wichtig ist ihnen allein der Nutzen, den ein Gerät verspricht. Dass Geräte bevorzugt werden, die körperliche Arbeiten erleichtern, ist auf das insgesamt eher hohe Alter dieser Älteren und damit verbundene altersbedingte körperliche Einschränkungen zurückzuführen.

Ältere mit dieser Handlungsorientierung sind der vortechnischen Generation (vgl. Sackmann, Weymann 1994) zuzuordnen, sie sind weiblich, haben einen geringen Bildungsgrad und verfügen in der Regel über sehr wenige technische Kenntnisse.

Insgesamt bleibt festzuhalten, dass bei den Älteren aller drei Typen die Funktionen der Technik die Basis für ihren Einsatz bilden.

13.2.2 Ästhetisch-expressive Dimension

Dass Ältere die Technik (auch) aufgrund ihrer äußeren Erscheinung bzw. der – in ihrer Wahrnehmung ansprechenden – Ästhetik bewusst in ihren Alltag integrieren, wird hier als eine ästhetisch-expressive Handlungsorientierung interpretiert. Sie wird als *„Freude an ‚schöner' Technik"* bezeichnet, ist in diesem Sample aber eher selten zu finden. Der Großteil der Älteren schenkt dem Äußeren der Technik wenig Beachtung.

13.2.2.1 Freude an „schöner" Technik

Ältere mit dieser Handlungsorientierung schenken dem *Äußeren der technischen Geräte* ein deutlich erkennbares Maß an Aufmerksamkeit. Auch wenn Technik in erster Linie zur Kontrolle der Umwelt beitragen soll (sachliche Handlungsorientierung), haben dennoch ihr Erscheinungsbild und der sich darin widerspiegelnde Wert eine herausgehobene Bedeutung. Jedes in den Haushalt integrierte Gerät soll durch sein ansprechendes Äußeres gleichzeitig zur „Schönheit" der „eigenen vier Wände" beitragen. Schönheit wird hier im Sinne eines positiv bewerteten Erlebnisses oder Gefühls verstanden. Sie liegt nicht der objektiven Erscheinung eines Geräts zugrunde, sondern wird ihm durch diese Älteren subjektiv zugeschrieben.

Auswahlkriterium für eine Kaffeemaschine ist daher nicht nur ihre Funktionalität, sondern zugleich ihre Größe, ihre Farbe und vor allem ihr Design. Erst wenn alle äußeren Merkmale einer Maschine dem gewünschten Maß an „Schönheit" entsprechen, wird ihr Kauf getätigt. Bei diesem Typus zeigt sich besonders deutlich, wie Technik meisterhaft in den vorhandenen Lebensstil integriert wird.

Welcher *Beweggrund* liegt dieser Handlungsorientierung zugrunde? Zunächst zeigt sich, dass Ältere dieses Typus dem Äußeren allgemein, der *Ästhetik*, grundsätzlich eine hohe Bedeutung zuweisen, was sich z. B. in ihrem Kleidungsstil, aber auch in ihrer Wohnungseinrichtung widerspiegelt: Die Möbel sind klassisch, von hoher Qualität und sehr gepflegt. Das Ensemble von Teppichen, Gemälden, Sitzgarnitur und Möbeln wirkt in sich stimmig und repräsentiert meist eine gehobene Bürgerlichkeit. Die wertvollen, technischen Geräte mit ihrem edlen, schlichten Design fügen sich harmonisch in diese Gesamtkomposition ein. Es herrscht eine „perfekte Ordnung"; jeder Gegenstand scheint an einem extra für ihn vorgesehenen Platz zu stehen. Das perfekte Arrangement aller Artefakte löst bei diesen Älteren ein starkes Genusserlebnis, Freude und Wohlempfinden aus. Sie genießen es, sich mit – in ihrem Sinne – „Schönem" also auch mit „schönen" Geräten zu umgeben.

Aber ist das Streben nach dem sogenannten perfekten „Schönen" allein ihrer Freude und ihrem Genuss daran geschuldet? Es kann vermutet werden, dass die Auswahl erlesener Techniken zudem auch den eigenen „guten Geschmack" hervorheben und dementsprechend das *eigene Prestige erhöhen* soll. Durch den Besitz eines „schönen" und gleichzeitig wertvollen Geräts soll die eigene „besondere" Persönlichkeit unterstrichen werden, denn es verweist zum einen auf Wohlstand und zum anderen darauf, dass sich der Besitzer die Zeit nimmt (und die Zeit hat), sich intensiv dem Genuss des Ästhetischen zu widmen, so lautet die hier vertretene Vermutung. Gleichzeitig vermittelt ihm die „richtige" Auswahl des Geräts ein Gefühl von Sachkenntnis bzw. Kompetenz, da er in der Lage ist, ein Gerät auszuwählen, das der – meist impliziten – gesellschaftlichen Definition eines auserlesenen Gegenstands genügt. Insofern wird mit der Anschaffung eines „schönen" Geräts auch die Zugehörigkeit zu den „besseren Kreisen" demonstriert, deren Mitglieder sowohl die Zeit haben, die zum Erwerb der kulturellen Fähigkeit der „richtigen Auswahl" nötig ist, und die das Geld besitzen, das zur Anschaffung teurer, qualitativ hochwertiger Geräte erforderlich ist (vgl. hierzu auch Schulze 1992, S. 283 ff.). Distinguierte Geräte lassen aus der Perspektive dieser Älteren zugleich auch ihren Besitzer distinguiert und erlesen wirken.

Diese Handlungsorientierung erinnert an Schulzes (1992) Erlebnisgesellschaft bzw. an die dort vertretene These, es sei das Ziel der Menschen (in der Bundesrepublik Deutschland) der späten Moderne, sich ein „schönes" Leben zu gestalten. Und die Form des „schönen Lebens" wiederum, die den Überzeugungen dieser Älteren zugrunde liegt, erinnert stark an Schulzes Beschreibungen zum *Niveaumilieu*, dessen Menschen von ihm umgangssprachlich als „‚Akademiker', ‚Intellektuelle', ‚Bildungsbürger', ‚etwas Besseres'" bezeichnet werden (vgl. ebd. 284). Auch bei ihnen spielt die Perfektion der Ästhetik eine große Rolle. Das kann so weit gehen, dass die Frage nach der äußeren Form wichtiger erscheint als der Inhalt. Schulze beschreibt es folgendermaßen: „Im Vordergrund steht die Frage, wie die Darbietung gemacht ist, nicht, worauf sie hinaus will. Deshalb hat die Kunst, die auf gar nichts hinauswill, sondern nur noch in der Handhabung formaler Möglichkeiten besteht, gute Absatzchancen" (ebd. 288 f.). Diesem Milieu liegt eine Anschauungsweise zugrunde, die zum einen geprägt ist durch das Weltbild einer stark hierarchisierten gesellschaftlichen Struktur und zum anderen durch das Ziel, in dieser Hierarchie einen möglichst hohen Rang einzunehmen. Und diesem Rang kann beispielsweise durch ein gepflegtes Äußeres, einen erlesenen Kleidungsstil, eine qualitativ hochwertige und „geschmackvolle" Wohnungseinrichtung, aber ebenso durch ausgewählte, „besondere" technische Geräte Ausdruck verliehen werden. Insofern kann das äußere Erscheinungsbild der Technik dazu beitragen, den wahrgenommenen eigenen gesellschaftlichen Rang zu symbolisieren.

In welcher Weise kommt diese Handlungsorientierung nun im *praktischen Alltag* zum Ausdruck? Wie oben angedeutet, wird der Auswahl eines geeigneten neuen Geräts viel Zeit und Aufmerksamkeit gewidmet. Denn nicht nur seine möglichen Funktionen sollen sorgfältig geprüft und mit anderen Geräten verglichen werden, sondern auch in seiner Formgebung, Größe und Farbe soll das Gerät dem eigenen „guten" Geschmack entsprechen und sich tadellos in die „Gesamtkomposition" der Wohnungseinrichtung einfügen. Dieser Anspruch kann sogar so weit gehen, dass auf bestimmte technische Funktionen verzichtet wird, wenn das Design eines Geräts als erstklassig wahrgenommen wird. Oder es werden beim Preis Zugeständnisse gemacht, um genau das Gerät zu erwerben, das der angestrebten „Schönheit" am besten entspricht. So entschied sich beispielsweise eine der Älteren für eine Kaffeemaschine, deren Farbe besonders gut mit den Farben ihrer Küchenmöbel harmoniert, und nahm dafür in Kauf, dass es sich nicht um das neueste Gerät mit den meisten Funktionen handelte.

Darüber hinaus werden Markenprodukte, und zwar insbesondere die teuren und allgemein hochgeschätzten Marken, bevorzugt. Mit ihnen wird neben ihrer hohen Qualität zugleich ein gewisses Maß an Prestige assoziiert, das ihnen das Gefühl der Zugehörigkeit zu einer „ranghohen" sozialen Gruppe vermittelt, die sich durch den Besitz dieser Markenprodukte definiert und inszeniert.

Mit dem Markenbewusstsein verbunden ist zumeist die Notwendigkeit, sich zum Kauf von technischen Geräten in *ausgewählte Fachgeschäfte* begeben zu müssen. Und gerade solche Geschäfte werden von Älteren mit dieser Handlungsorientierung bevorzugt aufgesucht, da sie hier eine Atmosphäre vorfinden, die ganz ihrem angestrebten Lebensgefühl entspricht. Hier fühlen sie sich anerkannt, gut beraten und mit ihren individuellen Wünschen und Fragen ernst genommen. Selbst mangelnde technische Kompetenz können sie in ihrer Wahrnehmung dort offenbaren, ohne dass ihnen ein Verlust an Prestige droht. Für die wahrgenommenen Vorzüge sind diese Älteren gerne bereit, einen höheren Gerätepreis zu akzeptieren.

Wichtig ist diesen Älteren auch die *Neuheit* oder Aktualität eines Geräts bzw. seines Designs, so dass die eigenen Geräte in bestimmten Zeitabständen immer wieder durch neuere ersetzt werden. Mit dem „Neuen" werden dabei nicht nur bessere Funktionen, insgesamt ausgereiftere Geräte und ein noch schöneres Design assoziiert. Es wird zugleich mit dem Gefühl verbunden, selbst „up to date" zu sein, denn sein Kauf verweist auf ihre Sachkompetenz hinsichtlich eines sich ständig weiterentwickelnden Gerätemarkts. So kauft sich ein Älterer regelmäßig die neueste Version eines spezifischen, teuren Markenhandys, um zu signalisieren, dass er „auf dem Laufenden" ist, wenn es um den Markt neuer technischer Geräte und ihrer Designs geht. „Auf dem Laufenden" zu sein verbindet er mit Jugend, Fortschritt und Bildung, und durch den Kauf signalisiert er zudem, dass er sich einen „guten Geschmack" leisten kann.

Eine weitere Handlungspraxis der Älteren dieses Typus besteht im Verstecken von Kabeln, Steckern und technischen Ausstattungen, die als unschön und unpassend wahrgenommen werden. Da nichts ihre perfekte Ordnung und ihr perfektes Design stören soll, werden diese Dinge nach Möglichkeit in Schränke und in Wände verbannt. Nichts bleibt sichtbar, das als nicht schön identifiziert wird. Erst vor diesem Hintergrund können sie ihre „vier Wände" in vollen Zügen genießen.

In welchen *Lebenslagen* kann diese Handlungsorientierung identifiziert werden? Zunächst zeigt sich ihre geschlechtsspezifische Unabhängigkeit, denn sowohl Frauen als auch Männer konnten diesem Typus zugeordnet werden. Während der Fokus der *Frauen* allerdings insbesondere auf erlesene Technik im Haushalt gerichtet ist, zeigen die Männer zugleich ein hohes Interesse an portabler „schöner" Technik wie Smart Phones oder Tablet-PCs, die sie vor allem in der Öffentlichkeit nutzen. Man könnte vermuten, dass sich die *Männer* insbesondere in der sozialen Interaktion ihres sozialen Prestiges durch die Geräte versichern wollen, während Frauen dieser Interaktionen weniger bedürfen, um sich an den Geräten zu erfreuen und sie zu genießen. Der Unterschied mag aber auch darin begründet liegen, dass sich Frauen, der klassischen Genderlogik entsprechend, mehr für Haushaltsgeräte interessieren, während das Interesse der Männer vor allem auf Geräte aus der (ehemaligen) Arbeitswelt ausgerichtet ist. Vieles spricht für die letzte These, denn auch den älteren Frauen ist es wichtig, ihre ausgesuchten Haushaltsgeräte Freunden und Bekannten präsentieren zu können.

Darüber hinaus zeigt sich, dass Ältere dieses Typus überwiegend eine höhere bis hohe Bildung besitzen und in eher höheren Berufsgruppen angesiedelt sind bzw. waren (z. B. Unternehmer, Ärztin, leitende Angestellte). Diese Bedingungen bilden eine Grundlage für die Aneignung der für diese Handlungsorientierung notwendigen kulturellen Fähigkeiten bzw. Wissensbestände, wie z. B. das Wissen darüber, welche Markengeräte in den „höheren" sozialen Kreisen als „schön" oder als „in" gelten. Die oben entdeckten Parallelen zu Schulzes Niveaumilieu (1992) legen die Vermutung nahe, dass die Älteren dieses Typus sozial in vergleichbarer Weise verortet werden können wie die dem Niveaumilieu Zugehörigen.

Das Einkommen aller Älteren dieses Typus ist vergleichsweise hoch – ebenso wie im Niveaumilieu –, was die Anschaffung der bevorzugten Technik in Fachgeschäften überhaupt erst möglich macht.

Zusammenfassend lässt sich für diese ästhetisch-expressive Handlungsorientierung festhalten, dass die Technik hier neben ihrer Funktionalität einen wichtigen Zusatznutzen erhält, und zwar den der Förderung des Wohlbefindens und des Genießens ihrer Besitzer. Und darüber hinaus soll sie im hier verstandenen Sinne zugleich ein wichtiges Symbol für deren Rang und Ansehen in der Gesellschaft sein.

13.2.3 Kognitive Dimension

Bei Älteren mit diesen Handlungsorientierungen erhält die Beschäftigung mit der Technik *„an sich"* eine besondere Bedeutung. Im Gegensatz zu den sachlichen Handlungsorientierungen, bei denen Technik vor allem eingesetzt wird, um die Umwelt zu kontrollieren, steht hier auch die Technik selbst mit ihrer Vielfalt an Funktionen und ihren Möglichkeiten im Mittelpunkt. Das Ziel der Älteren ist es hier, die Funktionsweisen der technischen Geräte (kognitiv) zu erfassen und zu verstehen, und das aus verschiedenen Gründen.

Beim Typus *„Herrschaft über Technik"* spielt vor allem der Zuwachs an Wissen bzw. die Steigerung der eigenen Kompetenzen beim Technikeinsatz für die Älteren eine herausragende Rolle. Denn durch das Gefühl der eigenen Befähigung und ihrer Kontrolle über die Technik vergewissern sich diese Älteren ihrer eigenen Kompetenzen auch in einem umfassenderen Sinne. Der Typus *„Technik als Leidenschaft"* hingegen zeichnet sich durch ein stark intrinsisch motiviertes Interesse an der Technik selbst aus. Beim Umgang mit Technik ist hier das Bedürfnis nach ihrer kognitiven Durchdringung zentral, während den damit verbundenen eigenen steigenden Technikkompetenzen kaum Bedeutung zugewiesen wird.

13.2.3.1 Herrschaft über Technik

Charakteristisch für diese Handlungsorientierung ist das Bestreben, durch den Einsatz von Technik die eigenen *Fähigkeiten und Fertigkeiten zu fördern und zu fordern*. Die instrumentelle Funktionalität der Technik (sachliche Handlungsorientierung) wird dabei als selbstverständlich vorausgesetzt. Ihr selbst wird hier zugleich eine weitere Funktion zugesprochen, nämlich die der Ausbildung der kognitiven Fähigkeiten ihrer Nutzer. Das offenkundige Ziel der Älteren mit dieser Einstellung ist es, die Technik zu „beherrschen", um sich dadurch ihrer eigenen technischen Kompetenzen zu vergewissern. Dabei gilt ihnen technische Kompetenz als ein Zeichen für geistige Beweglichkeit und Aufgeschlossenheit, für Bildung und Intelligenz.

Einfache Geräte, die der klassischen Technik zugerechnet werden können, werden von diesen Älteren unhinterfragt selbstverständlich in den Alltag eingebaut. Ihnen wird zwar eher wenig Aufmerksamkeit geschenkt, aber dennoch werden sie aufgrund ihrer Funktionalität geschätzt. Besonders beachtenswert und anregend hingegen erscheint ihnen die neue, digitale Technik, die sich für sie durch „Neuheit" und Komplexität auszeichnet. Und gerade das Unbekannte und vermeintlich Schwierige ist es, das sie an dieser Technik reizt. Sie erleben sie als eine Herausforderung an ihre technischen Fähigkeiten und Fertigkeiten, die sie in Auseinandersetzung mit der neuen Technik schulen können.

Dennoch gilt ihr Interesse nicht den technischen Neuerungen allgemein. Während sie sich mit Ausdauer und Durchhaltevermögen mit den technischen Anforderungen der eigenen Geräte auseinandersetzen, sind ihnen technische Neuerungen, die sie nicht persönlich nutzen (möchten), gleichgültig. Bei Letzteren kann es sich beispielsweise um ein PC-Programm handeln, das für ihre Berufstätigkeit zwar sinnvoll, aber nicht zwingend erforderlich ist, oder um einen MP3-Player, der aufgrund ihres fehlenden Interesses am Musikhören keine Bedeutung für das eigene Leben erhält. Insofern ist ihr Interesse *pragmatisch* darauf fokussiert, alle technischen Herausforderungen, die den eigenen Alltag betreffen, erfolgreich zu bewältigen.

Welche *Beweggründe* liegen dieser Einstellung zugrunde? Nur auf den ersten Blick ist es das Hauptanliegen dieser Älteren, die technischen Geräte in ihrem Alltag sinnvoll und aufgrund ihrer Instrumentalität einzusetzen. Dies mag zwar ein Motiv für den Technikeinsatz überhaupt sein, aber dennoch wird er mit einem Zusatznutzen versehen, der für diese Älteren besondere Bedeutung hat. Als wesentlich erachten sie, durch den Einsatz von Technik ihre eigenen *technischen Fä-*

higkeiten schulen und ausbauen zu können. Der Technikeinsatz bietet ihnen einen willkommenen Anlass, ihre kognitiven Fähigkeiten zu verbessern. Sie erleben ihn als eine Herausforderung, die sich positiv von ihren herkömmlichen und eher „langweiligen" Alltagsroutinen abhebt.

Ihre durch die Auseinandersetzung mit für sie neuer und unbekannter Technik steigende Technikkompetenz – hier verstanden als Kontrolle über Technik bzw. ihre Beherrschung – verschafft ihnen zugleich die Möglichkeit, sich immer wieder der eigenen – in ihren Augen – unübersehbaren Fähigkeiten und Fertigkeiten zu *vergewissern*. Mit Technikkompetenz assoziieren sie dabei kulturelle Qualifikation, Bildung, Intelligenz und geistige Flexibilität, die für sie hohe, erstrebenswerte Lebensziele darstellen. Insofern hat ihre Technikkompetenz zugleich maßgeblichen Einfluss auf ihre *personale Identität*. Sie trägt einerseits zu Stolz und dem Gefühl bei, mit sich selbst zufrieden sein zu können. Und andererseits ermöglicht sie ihnen eine soziale Verortung, die sie positiv von anderen Menschen mit weniger Technikkompetenz – als Metapher für kulturelle Qualifikation – abhebt.

In Anlehnung an Überlegungen von Hörning (1988, S. 77) könnte dieser Beweggrund auf den allgemeinen gesellschaftlichen Anspruch bzw. Druck zurückgeführt werden, in unserer technisierten Welt „rational" und „intelligent" mit Technik umgehen zu können. Aus seiner Perspektive kann eine gelungene Integration in die heutige Gesellschaft nur mit einem gewissen Maß an Technikkompetenz gewährleistet werden (vgl. z. B. auch Reichert 2001). Aber noch ein weiterer Leitgedanke könnte dieser Handlungsorientierung zugrunde liegen: Ebenso plausibel ist, dass das heute gängige Altersbild des „erfolgreichen, produktiven und aktiven Alter(n)s" einen normativen Erwartungsmodus erzeugt, der von diesen Älteren als Aufforderung verstanden wird, ihm durch die Aneignung von Technikkompetenz gerecht zu werden. Damit können sie sich gleichzeitig von den passiven, eher konsumorientierten Älteren abgrenzen. Als Indiz für die altersbezogene These kann gelten, dass diese Älteren ihre Kompetenz häufig mit der jüngerer Kollegen und Freunde vergleichen und sich darüber hinaus leicht missbilligend hinsichtlich „technikferner" Älterer äußern.

Und wie wirken sich diese Überzeugungen im *praktischen Umgang* mit Technik im Alltag aus? Die oben beschriebenen Beweggründe führen zu einer grundsätzlich positiven Bewertung des Technikeinsatzes im Alltag. Sowohl klassische als auch neue technische Geräte werden einerseits aufgrund ihrer Funktionalität bewusst in den Alltag eingebaut. Andererseits werden die damit verbundenen Anforderungen an die eigene Kompetenz als willkommene Chancen begrüßt, die eigenen kognitiven Fähigkeiten zu aktivieren und zu verbessern.

Insbesondere dem *Studium von Gebrauchsanleitungen* wird viel Zeit gewidmet. Für Vertreter dieses Typus sind sie *der* Schlüssel zur Kompetenzaneignung. Sie sind überzeugt, mit Disziplin und Ausdauer jede Bedienungsanweisung verstehen und die dazugehörige Technik beherrschen zu können. Schritt für Schritt und in der nötigen Ruhe eignen sie sich das dort bereitgestellte Wissen an und genießen es, die eigenen Fortschritte erleben zu können. Es erfüllt sie mit Genugtuung, die eigene Technikkompetenz sukzessive und planmäßig ausbauen zu können und damit gleichsam ihrem Ideal einer „höheren Bildung" näher zu kommen.

Auch *Schulungen* sind für sie willkommene Möglichkeiten, ihre technischen Kompetenzen zu erweitern. So besuchen sie beispielsweise gerne Internetkurse an der Volkshochschule, um zu lernen, sich „sicherer" im Netz zu bewegen, oder auch Weiterbildungskurse, um beruflich „auf dem Laufenden" zu bleiben. Immer werden Fortbildungen als Chancen für die Ausbildung eigener Erkenntnis, Kompetenz und der eigenen Klugheit wahrgenommen.

Und insbesondere *Schwierigkeiten* mit den eigenen Geräten werden von den Älteren dieses Typus als gute Gelegenheiten interpretiert, sich intensiver mit der Technik beschäftigen zu können. Es wird dementsprechend auch weniger von Schwierigkeiten oder Problemen, sondern allenfalls von zeitweisen Ausfällen gesprochen, die es gilt, systematisch aufzuklären. Mit viel Geduld und ohne dabei an den eigenen Kompetenzen zu zweifeln, wird die jeweilige Problemlage analysiert und geduldig und kreativ nach möglichen Lösungsstrategien gesucht. Und nur in Ausnahmefällen und erst nach ausdauernden eigenen Anstrengungen werden zur Unterstützung „Technikexperten" – wie Dozenten von Fortbildungskursen oder Freunde aus dem EDV-Bereich – zur Problemlösung hinzugezogen.

Bemerkenswert ist bei ihnen auch das relativ große Ausmaß an Zeit, das bewusst der Technik bzw. ihrem Einsatz gewidmet wird. Vielen Älteren dieses Typus gilt insbesondere das Internet als unverzichtbar für ihr alltägliches Leben. Der PC wird von ihnen meist mehrmals am Tag eingeschaltet, um sich per Internet über Neuigkeiten zu informieren, E-Mails zu lesen oder auch „einfach so" zu surfen. Eine der Älteren informiert sich beispielsweise regelmäßig im Internet über die jeweiligen tagesaktuellen Themen aus der Region und liest mit Interesse Online-Zeitungen und die von ihr abonnierten Newsletter. Ihr Argument für das Online-Lesen ist, dass die Berichte im Internet deutlich aktueller sind als die in gedruckten Zeitungen und Zeitschriften. Darüber hinaus spielt sie mit größtem Vergnügen eine Vielzahl von Online-Spielen. Und beim Spiel geht es ihr – neben dem Spaß – auch und vor allem um die Steigerung ihrer Fähigkeiten und Fertigkeiten. Sie will durch das Spielen „fit" bleiben, ihre Reaktionsfähigkeit, ihre Augen und ihre Fingerfertigkeit schulen.

Interessant erscheint bei diesem Typus, dass die zeitintensive Auseinandersetzung mit technischen Geräten – und insbesondere mit den neuen Techniken – von den Älteren dennoch oft als *rechtfertigungsbedürftig* erlebt wird. Sie wird als eine Zeit beschrieben, die einerseits großes Vergnügen bereitet, aber andererseits wenig zum „richtigen, vernünftigen" Leben beiträgt. Sie wird insofern als eine unnötige Annehmlichkeit oder als ein überflüssiger Zeitvertreib interpretiert. Das könnte darauf zurückzuführen sein, dass diese Älteren aufgrund ihrer langjährigen Erfahrungen mit der problemlosen, klassischen Technik eine sehr intensive Auseinandersetzung mit technischen Geräten für eher ungewöhnlich halten.

Fragt man nach der *sozialstrukturellen Verortung* dieser Handlungsorientierung, dann zeigt sich, dass sie sowohl bei Männern als auch bei Frauen zu finden ist, was auf den ersten Blick ihre Unabhängigkeit von möglichen Genderlogiken impliziert. Interessant sind allerdings die geschlechtsspezifisch unterschiedlichen Kontextbedingungen, die zur Herausbildung dieser Handlungsorientierung führen.

Für die *Frauen* des Samples, die diesem Typus zugeordnet wurden, gilt häufig, dass sich ihre Partner – oder in einigen Fällen auch ihre Arbeitgeber – dadurch auszeichnen, dass sie über eher wenig Technikkompetenz verfügen und den Umgang mit komplexen und anspruchsvollen Geräten nach Möglichkeit vermeiden. Ihre „Unzulänglichkeit" wird von den Frauen auf eine mangelnde technische Ausbildung, auf altersbedingte (kognitive) Einschränkungen oder auch auf ihr mangelndes Interesse an Technik zurückgeführt. Um aber dennoch die Vorteile komplexer Technik nutzen zu können, übernehmen es daher die Frauen selbst, sich um die Anschaffung und Bedienung neuer Techniken zu kümmern und sich dementsprechend die nötige Technikkompetenz anzueignen. Insofern ist die fehlende technische Kompetenz der Männer ihres näheren sozialen Umfelds Auslöser für die zunehmende Technikkompetenz der Frauen. Bei einer Frau des Samples zeigen sich diese Wechselbeziehungen besonders deutlich: Ihr Partner – ehemals Leiter einer technischen Abteilung und selbst ausgebildeter Techniker – leidet an den Spätfolgen seines langjährigen Diabetes, die sich vor allem in zunehmenden kognitiven Einschränkungen manifestieren. Zwar fühlt er sich noch für die Geräte im Haushalt zuständig, die er einstmals angeschafft hat, aber den Umgang und die Beschäftigung mit neu angeschafften und komplexeren Geräten – wie einem PC – vermeidet er strikt. Aus der Sicht der Partnerin eröffnet sich ihr dadurch ein neuer Handlungsspielraum, den sie als einen willkommenen Anlass nimmt, ihre eigenen Fähigkeiten und Fertigkeiten zu schulen. Begeistert ergreift sie ihre Chance, setzt sich intensiv und ausgiebig mit dem für sie neuen Themenfeld auseinander und genießt ihre sichtbaren Erfolge. Hier zeigt sich, abstrakt formuliert, ein De-Gendering-Prozess, der die „alte" Polarisierung zwischen den Geschlechterstereotypen „Frau als technisch inkompetent" und „Männer als technikkompetent" aufhebt.

Bei den *Männern* hingegen scheint diese Handlungsorientierung eher aus einer Situation des deutlich wahrgenommenen praktischen Nutzens der neuen Technik und den eigenen technikbezogenen Defiziten heraus zu entstehen. Vom praktischen Nutzen der komplexen, neuen Technik in ihrem Alltag überzeugt, sehen sie keine andere Möglichkeit, als sich selbst die nötige Technikkompetenz im Umgang mit dieser Technik anzueignen. Und auch bei ihnen führt jeder noch so kleine Lernerfolg zu Zufriedenheit und Stolz auf das bislang Erreichte, ebenso wie zu einer Abgrenzung gegenüber den „Technikfernen", die von ihnen leicht missbilligend betrachtet werden.

Gemeinsam ist den Männern und Frauen dieses Typus meist ein eher *niedriger bis mittlerer Bildungsgrad*, aber ein gewisses Maß an (beruflicher) Erfahrung mit technischen Geräten. Letzteres mag auch der Grund dafür sein, dass sich diese Älteren den Umgang mit neuer Technik bis zu einem gewissen Grade zutrauen. Dennoch nehmen sie ihre Kapazitäten zugleich als begrenzt wahr, was sie selbst auf ihre eher niedrige Bildung zurückführen. Vor diesem Hintergrund wird ihre Zufriedenheit mit ihren Lernfortschritten ebenso plausibel wie ihr pragmatisch orientiertes Interesse allein an den Geräten, die sie für ihren Alltag als notwendig erachten. Wesentlich in diesem Zusammenhang ist ihr Gefühl, mit ihrer zunehmenden Technikkompetenz und durch die Präsentation ihrer Erfolge die eher geringere Bildung kompensieren zu können.

Zusammenfassend lässt sich für diese Handlungsorientierung festhalten, dass die Technik neben ihrer Funktionalität einen wichtigen Zusatznutzen erhält, und zwar den der Förderung der eigenen Fähigkeiten und Fertigkeiten, mit der Folge einer steigenden Technikkompetenz. Die „Beherrschung" der Technik trägt bei Vertretern dieses Typus zur persönlichen Identität bei, schafft Selbstvertrauen und vermittelt ihnen das Gefühl, geistig flexible und aufgeschlossen zu sein, was für sie ein Ausdruck für Bildung und Intelligenz ist.

13.2.3.2 Technik aus Leidenschaft

Für die Älteren dieses Typus hat Technik eine ganz besondere Bedeutung. Nicht nur als „Gehilfin" bei der Bewältigung ihrer alltäglichen Anforderungen, sondern vor allem als ein besonderer Lebensinhalt, sozusagen als eine *Leidenschaft*, spielt sie eine wichtige Rolle. Ihr wird ein großer Teil des Tages gewidmet, und jeder wahrgenommene technische Fortschritt erzeugt bei diesen Älteren ein ausgeprägtes Interesse bzw. das Bedürfnis, mehr über die technische Neuheit zu erfahren.

Ein Indiz dafür, wie wichtig die Beschäftigung mit Technik für diese Älteren ist und wie wenig sie daher – nur – als ein Hobby bezeichnet werden kann, mag die deutliche, wenn auch eher unbewusst formulierte Abgrenzung eines Älteren zwischen seinem „Technikeinsatz" und seinem „privaten Leben" sein. Diese Unterscheidung erinnert an die Abgrenzung zwischen „Arbeit" und „Leben" (vgl. Voß 1995), und diese wiederum impliziert die herausgehobene Stelle der (Erwerbs-)Arbeit im Leben eines jeden Menschen. Dass dieser Ältere seinen Technikeinsatz in vergleichbarer Weise vom Privaten abgrenzt – und ihn insofern mit „Arbeit" gleichsetzt –, kann als Hinweis auf ihre herausgehobene Stellung in seinem Leben interpretiert werden. Untermauern lässt sich diese Vermutung noch dadurch, dass die Beschäftigung mit Technik bei Älteren dieses Typus den größten Teil des Tages ausmacht. Und dabei steht weniger ihre Funktionalität im Hinblick auf die Bewältigung der alltäglichen Aufgaben im Mittelpunkt, sondern die Technik wird vor allem vor dem Hintergrund ihrer Potenziale, ihrer bislang unbekannten Aspekte und Herausforderungen beachtet.

Dementsprechend können hier auf den ersten Blick Parallelen zum Typus „*Herrschaft über Technik*" vermutet werden, denn auch dort steht das Interesse an technischen Herausforderungen im Mittelpunkt. Dennoch zeigt sich ein gravierender Unterschied: Während die Älteren, die dem Typus „*Herrschaft über Technik*" zugeordnet werden, durch ihre Auseinandersetzung mit Technik bewusst ihre technische Kompetenz fördern wollen und sich dadurch ihrer Kompetenz und ihrer Identität vergewissern, steht bei den Vertretern des Typus „*Technik aus Leidenschaft*" die Technik „an sich" – als Selbstzweck – im Mittelpunkt.

Eindrucksvoll zeigt sich bei Letzteren zudem eine ausgeprägte Gewissheit hinsichtlich ihrer *Technikkompetenz*. Unhinterfragt selbstverständlich gehen sie beispielsweise davon aus, Bedienungsanleitungen nicht lesen zu müssen, da sie auch bei der Anschaffung neuer Geräte über genügend technische Kompetenz verfügen, um diese problemlos auswählen und einsetzen zu können. Und anders als beim Typus „*Herrschaft über Technik*" besteht bei ihnen zugleich ein großes Interesse auch an den technischen Geräten, die nicht in den eigenen Alltag integriert werden (können).

Wird nach den *Beweggründen* gefragt, die dieser Handlungsorientierung zugrunde liegen, dann zeigt sich an erster Stelle ein überaus großes, grundsätzlich *intrinsisch motiviertes Interesse* an der Technik selbst, an der Technik „an sich".

Zwar wird beispielsweise der Kauf eines neuen Geräts im Rahmen der Interviews zunächst mit „rationalen" Gründen gerechtfertigt, wie etwa es sei energiesparender. Dennoch stehen im weiteren Verlauf der Schilderung vor allem die technischen Eigenschaften des Geräts im Mittelpunkt, die für den Älteren von besonderem Interesse sind und die meist wenig mit den vorab genannten rationalen Gründen gemein haben. Im Gegensatz zu den sachlichen Handlungsorientierungen, bei denen es vor allem um die technikunterstützte Kontrolle der Umwelt geht, ist hier also die Technik selbst, mit ihren besonderen Charakteristika, zentraler Dreh- und Angelpunkt.

Die Älteren dieses Typus widmen sich jeder wahrgenommenen technischen Neuerung mit großer Aufmerksamkeit und Freude und genießen es, mit neuen technischen Herausforderungen konfrontiert zu werden. Aber anders als beim Typus *„Herrschaft über Technik"* ist es für sie völlig ohne Belang, ob bzw. inwieweit sie sich dadurch ihrer technischen Kompetenz vergewissern können. Ihnen geht es allein um die Chance, die Technik bzw. die technischen Prozesse erfassen und „verstehen" zu können. Sie müssen sich „nichts beweisen".

Und noch ein weiteres Motiv existiert, das mit Ersterem in engem Zusammenhang steht: Die Beschäftigung mit Technik hat für diese Älteren einen der (einstigen) Erwerbsarbeit vergleichbar hohen Stellenwert. Und es liegt die Vermutung nahe, dass sie einen Ersatz hierfür bildet. Die These lässt sich durch verschiedene Indizien stützen: Einerseits wird dem Technikeinsatz ein großer, wenn nicht der größte Teil des Tages gewidmet. Ein Älterer beschäftigt sich beispielsweise – sehr zum Missfallen seiner Frau – täglich von früh bis zum Spätnachmittag mit seinem PC, und erst dann ist er bereit, sich dem „privaten Leben" zu widmen. Andererseits nehmen die Älteren dieses Typus jederzeit und gerne Aufträge, die technischer Kompetenz bedürfen, aus ihrem sozialen Umfeld entgegen, um diese dann zeitnah, äußerst pflichtbewusst, sorgsam, ja fast schon professionell zu erledigen. Sei es, dass sie Fotos technisch bearbeiten, Filme erstellen oder Bücher und Einladungen für andere konzipieren. Die mit diesen Aufgaben verbundene Arbeit erfüllt sie mit Befriedigung und steigert gleichzeitig ihre Motivation, sich noch intensiver mit den technischen Möglichkeiten der Geräte zu beschäftigen. Darüber hinaus zeigt sich gerade bei Vertretern dieses Typus gleichzeitig ein großes Bedauern über den Verlust ihrer Erwerbsarbeit. Eher unfreiwillig aus der Arbeitswelt ausgeschieden, sehen sie in der „Erwerbsarbeit" – nach wie vor – den eigentlichen Sinn ihres Lebens. Umso naheliegender erscheint es, dass sie sich hierfür einen zumindest kleinen Ersatz in Form einer Intensivierung ihres technischen Interesses suchen, das, ebenso wie die Erwerbsarbeit, zur Anerkennung im sozialen

Umfeld beitragen kann.[11] Insofern kann unter Berücksichtigung sachlicher, zeitlicher und sozialer Indizien vermutet werden, dass die *Beschäftigung mit Technik für diese Älteren auch eine Kompensation für die fehlende Erwerbsarbeit* bedeutet.

Und worin spiegelt sich diese Handlungsorientierung im alltäglichen Leben konkret wider? An erster Stelle fällt – wie oben schon mehrfach erwähnt – das große Ausmaß an Zeit auf, das der Technik gewidmet wird. Viele Stunden täglich stehen technische Herausforderungen auf dem Programm, und nur in Ausnahmefällen wird auf diese Beschäftigung verzichtet. Bei einem Älteren dieses Typus ist der Laptop selbst im Urlaub ein unverzichtbarer Begleiter. Äußerst kreativ wird stets nach Betätigungsfeldern gesucht, in denen er eingesetzt werden kann. Das kann dazu führen, dass der Ältere einen Film vom Hotel dreht, den er den anderen Gästen am Abend vorführt, dass er Fotos und Filme vom Urlaub sofort am Laptop bearbeitet oder dass er im Internet nach wichtigen Ausflugszielen in der Umgebung „surft". Der Tagesablauf wird so geplant, dass die Technik darin immer eine Rolle spielen kann.

Das intrinsische Interesse an Technik spiegelt sich darüber hinaus in der intensiven Auseinandersetzung der Älteren mit *neuen* technischen Herausforderungen wider. Gerade das bislang Unbekannte impliziert für sie ein großes Potenzial an Chancen und Möglichkeiten, die sie zu gerne kennenlernen und nutzen möchten. Das geht sogar so weit, dass nachdrücklich nach Möglichkeiten gesucht wird, ein von ihnen als besonders interessant erlebtes neues technisches Gerät in ihren Alltag zu integrieren. Und das Bedauern ist groß, wenn sich keine passende Chance bietet. So bedauert es ein Älterer außerordentlich, dass ihm das „Musikhören" nicht liegt, da er sich zu gerne mit den neuen MP3-Playern beschäftigen würde. Dennoch schafft er sich immer wieder interessengeleitet auch solche technischen Geräte an, deren faktischer Nutzen für seinen Alltag eher gering ist.

Als Konsequenz dieser Vorliebe für neue Geräte findet sich auch bei den anderen Älteren dieses Typus eine *beträchtliche Vielfalt an Geräten* im eigenen Haushalt. Vom elektrischen Dosenöffner über den Schuhputzautomaten und ein elektrisches Messer-Schleifgerät bis hin zum Eierkocher werden viele technische Geräte für die Bewältigung der alltäglichen Aufgaben eingesetzt. Und alle Geräte werden dabei intensiv auf ihre vielfältigen Funktionen hin geprüft.

Besonders auffällig – und im Unterschied zu vielen anderen – ist, dass diese Älteren in erster Linie *positiv auf technische Probleme reagieren*, denn sie verbinden mit ihnen die Möglichkeit, sich verstärkt der Technik widmen zu können.

---

11 Hier zeigen sich Überschneidungen mit den sozialen Handlungsorientierungen, die an anderer Stelle ausführlich erläutert werden.

Sorgfältig und ausdauernd wird in diesen Situationen zunächst allein nach den Fehlern und möglichen Bewältigungsstrategien gesucht. Und erst wenn das Problem ihnen allein nicht lösbar erscheint, werden Freunde und Bekannte um Unterstützung gebeten. Insofern bieten technische Probleme ihnen zugleich eine Gelegenheit für soziale Interaktionen, die sie gerne nutzen. Und auch die technischen Probleme anderer sind ihnen willkommene Anlässe zum sozialen Austausch. Sei es, um mit anderen „Technikexperten" zu fachsimpeln, oder um anderen – als Schüler bezeichneten – Älteren unermüdlich Hilfe und Unterstützung beim Umgang mit Technik zu gewähren.

Auch wenn die Lektüre von Gebrauchsanleitungen bei diesen Älteren keine Rolle spielt, hat das Lesen von Berichten über Technik überaus große Bedeutung für sie: Lange vor dem Kauf eines technischen Geräts wird beispielsweise intensiv nach differenzierten Informationen gesucht, die die Entscheidungsfindung erleichtern könnten. Es werden Testzeitschriften und Fachzeitschriften studiert, ebenso wie online Informationen über das betreffende Gerät gesammelt und verglichen werden. Und erst nach einem ausgiebigen Studium vielfältiger Informationen und unter Berücksichtigung vieler Quellen wird ein Gerät gekauft.[12] Zudem werden regelmäßig Fachzeitschriften angeschafft, um immer „auf dem Laufenden" zu sein und sich qualifiziert mit anderen über die technische Neuerungen austauschen zu können.

Bei welchen Älteren lässt sich nun diese Handlungsorientierung feststellen? Diesem Typus sind aus dem vorliegenden Sample *nur Männer* zuzuordnen. Vor dem Hintergrund der „klassischen" Genderlogik erscheint dies plausibel, denn danach erleben sich insbesondere Männer als technikkompetent und technikinteressiert, was den grundlegenden Charakteristika dieses Typus entspricht.

Aber nicht für alle Männer ist die Technik eine „Leidenschaft". Die Männer dieses Typus zeichnen sich darüber hinaus durch ihre *langjährige berufliche und „private" Erfahrung* mit „anspruchsvollen" technischen Geräten aus. Sowohl im Beruf als auch in ihrem Alltag setzen sie schon lange eine Vielfalt technischer Geräte ein und beschäftigen sich intensiv mit ihnen und ihren Funktionen. Eine Grundlage ihrer ausgereiften Technikkompetenz bildet daher zum einen ihre langjährige Erfahrung, zum anderen aber zugleich ihr *hoher Bildungsgrad*, der sich meist in einem akademischen Abschluss ausdrückt. Ihre meist natur- oder technikwissenschaftlich orientierte Ausbildung erleichtert ihnen den Zugang zur Technik. Und auch ihr schon früh im Leben entwickeltes Interesse an der Tech-

---

12 Dass bei der Anschaffung weniger die „Rationalität" des Geräts für den Alltag im Vordergrund steht, wurde oben schon angedeutet.

nik trägt dazu bei, dass sie es im Alter fast schon zu einem Ersatz für ihre nun fehlende Erwerbsarbeit ausbauen können.

13.2.3.3 Zusammenfassung

Die oben vorgestellten Typen verfügen über gewisse Gemeinsamkeiten, weisen aber auch deutliche Unterschiede auf. Bei beiden besteht ein *großes Interesse an (neuen) technischen Herausforderungen*, denen sich die Älteren dieser Typen mit Ausdauer und Disziplin widmen. Es zeigt sich bei beiden ein deutliches Interesse an der Technik „*an sich*", auch wenn der Wunsch nach einem sinnvollen Einsatz der Technik im Alltag nicht unwichtig ist. Im Gegensatz zu den sachlichen Handlungsorientierungen geht es bei diesen Typen weniger um die Beherrschung bzw. die Kontrolle der Umwelt als um die Beherrschung der Technik selbst.

Dennoch unterscheiden sich beide Typen in ihren Beweggründen: Vertreter des Typus „*Herrschaft über Technik*" wollen durch die systematische Beschäftigung mit technischen Geräten ihre diesbezüglichen Kompetenzen erweitern. Für sie ist Technikkompetenz ein Ausdruck für Bildung, geistige Flexibilität und Aufgeschlossenheit, so dass sie mit ihren steigenden technischen Fähigkeiten und Fertigkeiten an Selbstvertrauen gewinnen, sich dadurch ihrer persönlichen Identität vergewissern und sich bewusst von anderen eher „Technikfernen" – meist Älteren – abgrenzen. Demgegenüber scheint den Älteren, die dem Typus „*Technik aus Leidenschaft*" zugeordnet werden, der Zuwachs an eigener technischer Kompetenz als Selbstzweck eher unwichtig zu sein. In ihrem Leben spielt die Beschäftigung mit Technik eine der einstigen Berufstätigkeit vergleichbare Rolle. Der Technik selbst gilt ihr großes Interesse, und sie erleben die Beschäftigung mit ihr als besonders sinnerfüllend. Zudem ist der Fokus des Interesses bei beiden Typen unterschiedlich: Während das Interesse an technischen Geräten beim Typus „*Herrschaft über Technik*" auf die in ihrem Alltag bezogen bleibt, gilt das Interesse der Vertreter des Typus „*Technik aus Leidenschaft*" allen technischen Neuerungen. Während es bei Ersteren insofern pragmatisch auf die Nutzung eigener Geräte bezogen bleibt, ist es bei Letzteren eher unabhängig von den alltäglichen Anforderungen, die technikunterstützt bewältigt werden.

Gemeinsam ist den Älteren beider Typen zum einen die Beschäftigung mit Technik über viele Stunden des Tages. Und wenn sich der Partner daran stören sollte, werden die Zeiten der Techniknutzung so geschickt eingeplant, dass dieser möglichst wenig davon betroffen wird. Zum anderen – und im Unterschied zu sehr vielen anderen – werden technische Probleme von diesen Älteren als willkommene Anlässe begrüßt, sich intensiver mit der Technik auseinanderzusetzen. Ausdauernd und geduldig wird das Problem gesucht und bewältigt, meist ohne Unterstützung von außen. Aber im Gegensatz zu den Älteren des Typus „*Herrschaft über Technik*", die sich vor allem intensiv mit den Gebrauchsanleitungen ihrer Geräte beschäftigen, ist es für die Vertreter des Typus „*Technik aus Leidenschaft*" unhinterfragt selbstverständlich, dass sie dieser Anleitungen aufgrund ihrer umfassenden Technikkompetenz nicht bedürfen. Ihre bevorzugte Lektüre stellen Fachzeitschriften und Testberichte dar. Und während Erstere den Besuch von Fortbildungskursen als gute Gelegenheit zur Steigerung ihrer Technikkompetenz interpretieren, sind Letztere davon überzeugt, eine derart intensive Unterstützung „von außen" nicht zu brauchen. Während Letztere eine Vielzahl an – auch eher entbehrlichen – technischen Geräten in ihren Haushalten sammeln, ist der „Gerätepark" bei Älteren des Typus „*Herrschaft über Technik*" pragmatisch an ihren konkreten Bedürfnissen und auch an ihren räumlichen Beschränkungen orientiert.

Zum Abschluss werden die typenspezifischen Unterschiede der jeweiligen sozialstrukturellen Faktoren präsentiert: Dem Typus „*Herrschaft über Technik*" lassen sich sowohl Männer als auch Frauen zuordnen, allerdings aus unterschiedlichen Beweggründen: Während sich Frauen diese Handlungsorientierung vorrangig vor dem Hintergrund der fehlenden Technikkompetenz der Männer ihres sozialen Umfeldes zu eigen machen, ist bei den Männern das Wahrnehmen des praktischen Nutzens der Technik in ihrem Alltag der Auslöser für den Wunsch, sich ein gewisses Maß an Technikkompetenz anzueignen. Die Handlungsorientierung „*Technik aus Leidenschaft*" lässt sich in dieser Studie allein bei Männern finden. Vor dem Hintergrund der klassischen Genderlogik war dies erwartbar, da in deren Sinne insbesondere Männer als technikkompetent und technikinteressiert angesehen werden, was den wesentlichen Charakteristika dieses Typus entspricht.

Diese Männer zeichnet zugleich ein hohes Maß an Technikkompetenz und ein hoher Bildungsgrad aus. Die Technikkompetenz ergibt sich bei ihnen vor allem aus ihrer langjährigen (beruflichen) Erfahrung mit anspruchsvollen technischen Geräten, und ihr Bildungsgrad drückt sich häufig in akademischen, meist technik- oder naturwissenschaftlich orientierten Titeln aus. Die Älteren des Typus „*Herrschaft über Technik*" hingegen weisen tendenziell einen eher niedrigen bis mittleren Bildungsgrad auf – und darauf führen sie auch ihre als begrenzt wahrgenommenen Kapazitäten zurück –, sowie ein „pragmatisches" Interesse an den technischen Geräten, die sie in ihrem Haushalt nutzen. Und vor dem Hintergrund dieses Lebenslagekriteriums wird auch verständlich, dass sie eine hohe Technikkompetenz als eine Möglichkeit des Ausgleichs von fehlender Bildung und Qualifikation begreifen.

13.2.4 Soziale Dimension

Bei den sozialen Handlungsorientierungen steht Technik als Mittler grundlegender sozialer Bedürfnisse im Mittelpunkt. Sie dient zur Integration in soziale Interaktionszusammenhänge, was sie in zweifacher Weise leisten kann: Zum einen führt die Kommunikation über Technik dazu, dass sich Ältere einem Kreis von eher „Technikinteressierten" zugehörig und darin akzeptiert fühlen (*„Technik zur Inszenierung des sozialen Selbst"*), zum anderen erlaubt ihnen die Technik selbst, soziale Kommunikationsnetzwerke zu „betreten" und dadurch an ihnen teilzuhaben (*„Kommunikation mit Hilfe von Technik"*). Der letzten Handlungsorientierung liegt insofern zugleich ein funktionales Interesse an der Technik zugrunde, so dass sie auch den sachlichen Orientierungen zugeordnet werden könnte. Sie wird dennoch hier verortet, da der Wunsch nach sozialer Einbindung von ganz besonderer Bedeutung ist.

13.2.4.1 Technik zur Inszenierung des sozialen Selbst

Bei dieser Handlungsorientierung existieren Überschneidungen zu zwei anderen Typen. Dennoch wird sie hier als eigener Typus vorgestellt, weil der Wunsch nach dem „Sozialen" beim Umgang mit Technik hier eine zentrale Bedeutung erhält. Eine Nähe zum Typus *„Herrschaft über Technik"* zeigt sich darin, dass bei beiden Handlungsorientierungen der Wunsch besteht, sich der eigenen Kompetenz im Umgang mit Technik zu vergewissern. Dem liegt bei beiden das Bedürfnis zugrunde, sich hierdurch der eigenen Identität zu versichern. Doch zugleich zeigt sich ein deutlicher Unterschied, der es rechtfertigt, einen neuen Typus zu konstruieren. Während die Älteren des Typus *„Herrschaft über Technik"* überzeugt sind, mit einem kompetenten Umgang mit Technik ihrem Lebensziel der Bildung, der geistigen Flexibilität und Aufgeschlossenheit näher zu kommen, und für sich selbst ein Gefühl der Zufriedenheit und des Stolzes entwickeln, gewinnen die Älteren dieses Typus ein Gefühl der Kompetenz und des Stolzes auf die eigenen Erfolge vor allem in Auseinandersetzung mit anderen. Eine zweite Parallele zeigt sich zum Typus *„Freude an ‚schöner' Technik"*, denn auch dort spielt die Inszenierung des Selbst bzw. der eigenen Identität vor anderen eine gewisse Rolle.

Eine Differenzierung wird auch hier vorgenommen, weil für diesen Typus der Wunsch nach sozialer Anerkennung bzw. nach *sozialer* Identität beim Umgang mit Technik im Mittelpunkt steht, beim Typus „*Freude an ‚schöner' Technik*" hingegen das individuelle Genießen und die Stiftung der *individuellen* Identität durch die „schönen" eigenen Geräte.

Ältere mit dieser Handlungsorientierung zeichnen sich dadurch aus, dass sie technische Geräte meist versiert und fachkundig in ihren Alltag einbauen. Auch technische Probleme können sie in der Regel kompetent lösen. Ein gewisses Maß an *technischer Kompetenz* ist für sie unabdingbar, da sie sich ansonsten der „technisierten Welt" nicht zugehörig fühlen könnten. Sie legen zudem Wert darauf, dass ihre technische Kompetenz *sozial sichtbar* wird, dass andere Personen sie als technikkompetent wahrnehmen und anerkennen und dass sich durch ihr technisches Wissen ein reger sozialer Austausch ergibt. Bei ihnen bildet der Umgang mit Technik im Alltag dementsprechend einen wichtigen Anknüpfungspunkt für Gefühle der sozialen Zugehörigkeit, der gesellschaftlichen Integration und der sozialen Anerkennung.

Dem Bedürfnis nach gesellschaftlicher Integration durch Technikkompetenz liegt die Überzeugung zugrunde, ohne technische Kompetenzen von der gegenwärtigen und zukünftigen „technisierten Welt" ausgeschlossen bzw. kein gleichwertiges Mitglied der Gesellschaft zu sein, oder wie es eine Ältere treffend formuliert: „*irgendwie nur halb zu sein*". Erst durch die Aneignung technischer Kompetenzen erfahren sich diese Älteren als fortschrittlich, als „up to date", und vor diesem Hintergrund als vollwertige Mitglieder der Gesellschaft. Sie vergewissern sich insofern ihrer *sozialen Identität* durch die Aneignung von Technikkompetenz, auf der Basis der Überzeugung, dass diese ihren Einschluss in oder ihr Fehlen den Ausschluss aus der Gesellschaft (mit)begründet. Alle verspüren hier eine Art „Gruppenzwang" zur Aneignung von Technikkompetenz, dem sie sich kaum erwehren können.

Aber nicht nur zum Gefühl grundlegender gesellschaftlicher Zugehörigkeit trägt ihre technische Kompetenz bei. Gleichzeitig dient sie diesen Älteren in ihrem privaten sozialen Umfeld als ein *gemeinschaftsstiftendes Thema*, über das man sich exzellent austauschen kann. Eine Ältere beispielsweise diskutiert gerne und ausgiebig mit ihrem Partner über die Anschaffung neuer Geräte. Sorgfältig studieren sie gemeinsam Testzeitschriften, besuchen viele Fachgeschäfte und diskutieren ausgiebig über die Vor- und Nachteile der unterschiedlichen Geräte. Und nach der Anschaffung eines Geräts ist es beiden ein besonderes Vergnügen, gemeinsam seine neuen Funktionen auszuprobieren und sich gemeinsam daran zu erfreuen.

Insbesondere im Rahmen von Gesprächen und Diskussionen über technische Geräte und deren Weiterentwicklungen im Kreise von Freunden und Verwandten wird die unter Umständen sehr hohe Technikkompetenz dieser Älteren deutlich sozial sichtbar. Und diese Sichtbarkeit wiederum befriedigt ihr Bedürfnis nach *sozialer Anerkennung*. Sie erfahren aufgrund ihrer technischen Fähigkeiten und Fertigkeiten allgemein Bewunderung. Ein Älterer, der sich intensiv mit Programmen zur Fotobearbeitung beschäftigt und sich auf diesem Gebiet nahezu zum Experten entwickelt hat, erfährt beispielsweise im Kreise seiner Freunde hohe Wertschätzung, weil er ihnen bei Bedarf in dieser Hinsicht große Unterstützung zukommen lassen kann. Oder eine Ältere wird von ihrem Chef hoch geschätzt, weil sie – im Gegensatz zu ihm – in der Lage ist, für die anfallende Büroarbeit unverzichtbare Computerprogramme zu bedienen. Den grundlegenden Wunsch nach sozialer Anerkennung können sich diese Älteren insofern durch ihre technischen Kompetenzen erfüllen.

Die soziale Sichtbarkeit der technischen Kompetenz hat aber auch ihre Schattenseiten, denn immer könnten dabei auch eigene „Schwächen" zutage treten. Die Älteren fühlen sich ständig mit einem rapiden technischen Fortschritt konfrontiert, mit dem sie aus ihrer Sicht mithalten müssen, wollen sie nicht an sozialem Prestige verlieren. Dementsprechend fühlen sie sich – was ihren Umgang mit Technik betrifft – zum lebenslangen Lernen verpflichtet, um ihre Kompetenz zu erhalten.

In diesem Zusammenhang zeigt sich ein weiterer Grund für ihr lebenslanges Erarbeiten neuer technischer Kompetenzen: Es geht einher mit der Angst, beim Versagen ihrer technischen Fähigkeiten und Fertigkeiten *als „alt" stigmatisiert* zu werden. Ihre Sorge ist groß, insbesondere von den Jüngeren aufgrund ihres Alters nicht mehr ernst genommen und anerkannt zu werden. Und das „Alter" wiederum spiegelt sich in ihrer Wahrnehmung vor allem darin wider, technisch nicht mehr „auf dem Laufenden" zu sein. Ihnen erscheint technische Kompetenz als ein Symbol für Jugendlichkeit, Fortschrittlichkeit und Modernität und mit diesen Charakteristika möchten auch sie sich „schmücken".

Wie wirken sich diese Überzeugungen im *praktischen Alltag* aus? An erster Stelle fällt auf, welch hoher Stellenwert der permanenten Beschäftigung mit technischen Geräten zukommt, vor allem in *zeitlicher Hinsicht*. So widmet beispielsweise eine Ältere der Anschaffung neuer Geräte einen großen Teil ihres Alltags, indem sie intensiv die Vor- und Nachteile unterschiedlichster Gerätetypen sichtet und gegeneinander abwägt. Dabei zieht sie meist das Internet zu Rate; aber es werden auch Fachzeitschriften und Verkäufer in Fachgeschäften zur Unterstützung herangezogen. Und erst nach einer intensiven Auseinandersetzung wird eine Kaufentscheidung getroffen. Bei diesem Prozess kann sie – meist sozial sichtbar – ihre eigenen Kompetenzen weiterentwickeln. Ein anderer Älterer beschäftigt sich jeden Vormittag intensiv mit den vielfältigen Möglichkeiten seiner Foto- und Filmbearbeitungsprogramme, um seine Kompetenzen zu steigern. Mit der Folge, dass er große Bewunderung und Anerkennung von seinen Freunden erntet, denen er gerne mit Rat und Tat zur Seite steht. Und auch für seine zahlreichen selbst gedrehten Filme, die er nur mit Hilfe seiner ausgeprägten technischen Kompetenzen bearbeiten kann, erntet er Beifall und Begeisterung.

Darüber hinaus ist das Thema Technik bei diesen Älteren allgegenwärtig und bestimmt viele Gespräche und Diskussionen sowohl in der Partnerschaft als auch im Freundeskreis. So ist beispielsweise das Einräumen der Spülmaschine bei einer Älteren immer wieder ein wichtiges Thema, das sie insbesondere in ihrem Freundeskreis häufig diskutiert. Bedingt durch das individuell unterschiedliche „Beladen" der Maschine treten immer wieder Konflikte zwischen ihr und ihrem Partner auf, die sie gerne im größeren Kreis diskutiert und für die sie mit ihren Freunden gemeinsam nach Lösungsmöglichkeiten sucht. Auch neue Entwicklungen bei technischen Geräten der Unterhaltungselektronik dienen ihr als willkommene Anlässe zu ausführlichen Gesprächen. Dass ein Älterer bei technischen Problemen gerne intensiv und kompetent mit „Experten" diskutiert, macht zum einen seine eigene Kompetenz sozial sichtbar und demonstriert zum anderen seine Aufgeschlossenheit gegenüber der Technik. Damit will er – gemäß der Überzeugung dieser Älteren – signalisieren, dass er nicht zu den „Alten" gehört.

Aber nicht nur im Freundes- und Bekanntenkreis, sondern auch im Rahmen *institutioneller Angebote* – wie Volkshochschulkurse – befassen sich diese Älteren gerne mit der Technik, einerseits um sich fortzubilden, andererseits um die eigenen Kompetenzen im sozialen Austausch sichtbar zu machen. So besucht eine Ältere regelmäßig Fortbildungskurse für den Bereich Buchhaltung, mit der Konsequenz, dass sie von ihrem Chef dafür bewundert wird, dass sie im Umgang mit dem Computer deutlich sicherer ist als er selbst.

Aber nicht nur in der Rolle als Kursteilnehmer, sondern auch in der als „*Lehrer*" können sich diese Älteren sehr wohlfühlen. So bezeichnet ein Älterer zwei befreundete Ältere als seine „Schülerinnen", da er sie regelmäßig im Umgang mit dem Computer, dem Internet, dem E-Mail-Programm etc. schult. Jeden Morgen ist sein erster Blick am Computer auf seine Mailbox gerichtet, um eventuelle Fragen seiner Schülerinnen zu beantworten und ihnen zudem weitere Anregungen und Hinweise zum Lernen zu geben. Dieses „Gebraucht-werden" ist für ihn zugleich ein Zeichen von Anerkennung und Wertschätzung seiner Kompetenzen.

Eigene technische Kompetenzen werden von einem Älteren sogar in fast *professioneller Weise genutzt*. Er macht regelmäßig – sowohl im Rahmen von Familienfeiern als auch bei zahlreichen Veranstaltungen seiner Seniorengruppe – Fotos und Filme, um diese im Anschluss daran zu bearbeiten, auszudrucken bzw. auf DVD zu brennen und an Interessierte zu verkaufen. Und das Interesse ist aufgrund der hohen Qualität seiner Produkte groß. Für diese Arbeit, und damit implizit für seine großen technischen Kompetenzen, die sozial sichtbar werden, erntet er außerordentlich hohes Lob und Anerkennung.

Es ist unmittelbar einleuchtend, dass die Älteren dieses Typus über eine *Vielzahl an technischen Geräten* im Haushalt verfügen, die sie alle mit größter Souveränität bedienen. Die Geräte fordern ihnen in ihren Augen eine intensive Auseinandersetzung ab, die sie als Gewinn und willkommene Herausforderung betrachten, da sie hierbei ihre technischen Fähigkeiten schulen können.

Welche Älteren können diesem Typus zugeordnet werden? Deutlich wird, dass alle Älteren über eine mittlere bis hohe Bildung verfügen und dass alle im Rahmen ihrer beruflichen Erfahrungen technisches Wissen ansammeln konnten oder mussten. In einigen Fällen ist das Interesse an technischen Entwicklungen eher intrinsisch motiviert, in anderen dagegen war die Beschäftigung mit der Technik zu Beginn aufgrund beruflicher Erfordernisse eher erzwungen. So musste sich beispielsweise eine Ältere allein deswegen mit den Office-Programmen des Computers beschäftigen, weil weder ihr Chef noch andere Angestellte über ausreichende Kenntnisse verfügten. Insofern kann die Beschäftigung mit Technik sowohl intrinsisch als auch extrinsisch motiviert sein.

Diese Handlungsorientierung zeigt sich sowohl bei den männlichen als auch bei den weiblichen Älteren. Ein Unterschied zwischen ihnen besteht allerdings darin, dass bei den Männern das intrinsische Interesse an der Technik bei weitem überwiegt. Die älteren Frauen hingegen wurden häufiger von ihrem sozialen Umfeld in die Rolle einer „Technikversierten" gedrängt, zum Beispiel weil der Arbeitgeber diese Kompetenz verlangte, oder auch durch die eigenen Kinder, die einen kompetenten Umgang mit Technik in jedem Alter für unhinterfragt selbstverständlich hielten und daher auch von ihnen einforderten. Eine Missachtung dieser Forderung hätte aus der Sicht dieser älteren Frauen zu einem Verlust ihres sozialen Prestiges geführt.

13.2.4.2 Kommunikation mit Hilfe von Technik

Ältere mit dieser Handlungsorientierung sind vor allem an den Funktionen der Technik interessiert, so dass dieser Typus einerseits den sachlichen Handlungsorientierungen zugeordnet werden könnte. Andererseits werden hier in hohem Maße die technischen Funktionen nachgefragt, die einen zufriedenstellenden Austausch mit anderen Personen ermöglichen, so dass eine Zuordnung zu den *sozialen* Handlungsorientierungen gerechtfertigt erscheint.

Bemerkenswert bei den Interviews mit Älteren dieses Typus ist die besonders nachdrückliche Hervorhebung der technischen Geräte und Infrastrukturen im Alltag, die die zwischenmenschliche Kommunikation erleichtern, ermöglichen oder verbessern. Wird nach den wichtigsten technischen Geräten im Alltag gefragt, dann steht die Nennung von Kommunikationsmedien wie Telefon, Handy, Internet oder E-Mail-Programm des Computers an oberster Stelle. Diese Älteren verfügen häufig über ein großes Netzwerk an Freunden, Bekannten und Verwandten, mit denen sie in ständigem, intensivem Kontakt stehen (wollen). Für sie bedeutet daher insbesondere die neue, digitale Technik eine Vergrößerung ihrer kommunikativen Handlungsspielräume, die sie eifrigst nutzen. Und gerade wenn ein regelmäßiger Face-to-Face-Kontakt aufgrund schwer zu überwindender räumlicher Distanzen zwischen den Bezugspersonen schwierig bis unmöglich ist, wird dankbar auf die technischen Kommunikationsmedien zurückgegriffen.

Infolgedessen sind gerade diese Geräte *ständige Begleiter* der Älteren in ihrem Alltag; mit ihrer Nutzung wird ein großer Teil des Tages verbracht. Schwierigkeiten bei ihrer Anwendung werden – auch von den Älteren mit sehr geringer technischer Kompetenz – als eher belanglos beschrieben. Wenn sie erwähnt werden, dann meist nur auf Nachfrage und nur, um schnell die Lösung des Problems knapp zu erläutern.

Der offensichtliche, oben schon angeklungene *Grund* für einen derart intensiven Einsatz von Kommunikationsmedien ist der Wunsch dieser Älteren nach einer *permanenten* und *engen Einbindung* in ihr großes privates soziales Netzwerk. Der soziale Austausch gilt ihnen als die wichtigste und schönste Beschäftigung in ihrem Alltag. Immer wollen sie „auf dem Laufenden" sein, wenn es um ihre (engsten) Bezugspersonen geht. Und gerade die neuen Medien wie Handy, SMS- und E-Mail-Programm ermöglichen ihnen einen so intensiven Kontakt, wie er in ihrer Wahrnehmung in früheren Zeiten – in ihrer Jugend und ihrem jungen Erwachsenenalter – nicht möglich war. Insofern werden gerade die neuen Medien von ihnen als besonders attraktive technische Geräte hoch geschätzt.

Dabei geht es diesen Älteren – auch wenn es auf den ersten Blick so scheinen mag – *nicht* darum, unablässig zu kommunizieren. Vielmehr reicht ihnen meist schon die Gewissheit, ständig von anderen erreicht werden zu können und zugleich selbst immer über die Möglichkeit zu verfügen, aktiv Kontakt zu den Bezugspersonen aufzunehmen. Insofern kann beispielsweise das Handy in der Manteltasche bei einem „einsamen" Spaziergang ein Gefühl der Zugehörigkeit zum sozialen Netzwerk vermitteln, auch wenn es nicht benutzt wird. Eine Ältere wünscht sich z. B., dass ihr Partner bei seinen außerhäusigen Aktivitäten ein Handy mit sich führt, um sich stets mit ihm verbunden fühlen zu können und nicht, um sich ständig mit ihm auszutauschen. Oder ein anderer Älterer trägt auch während der Arbeit sein privates Handy ständig bei sich, um im Bedarfsfall immer für seine Familie erreichbar zu sein. Zusammenfassend gilt: Diese Älteren fühlen sich nicht allein, solange sie sich durch den Einsatz von Kommunikationsmedien ihrer *Möglichkeiten* des sozialen Austauschs gewiss sein können. Insofern vermitteln ihnen die Medien ein Stück Verbundenheit mit ihrem sozialen Netzwerk, auch wenn sie nicht genutzt werden. Eine räumliche Abwesenheit zwischen wichtigen Bezugspersonen wird so durch Kommunikationsmedien zur ortsungebundenen interaktiven „Anwesenheit".

Aber noch andere Vorteile der neuen Kommunikationsmedien werden von diesen Älteren gesehen, geschätzt und daher für sich in Anspruch genommen: Einige von ihnen weisen darauf hin, dass durch technische Kommunikationsmedien verschiedene *individuelle „Schwächen" ausgeglichen* werden können. Beispielsweise können altersbedingt zittrige Hände und damit verbunden ein eher zittriges Schriftbild in einem Brief vermieden werden, wenn der Brief am PC getippt oder als E-Mail verschickt wird. Genauso wie eine SMS oder eine E-Mail dann beantwortet werden kann, wenn sich die Älteren dazu in der Lage fühlen. Und bei der Beantwortung können sie die Geschwindigkeit wählen, die für sie die passende ist. Die technisch vermittelte Kommunikation kann insofern leichter an die jeweiligen individuellen Bedürfnisse und auch Schwächen angepasst werden.

Neben den Kommunikationsmedien werden von diesen Älteren aber auch andere technische Geräte in Anspruch genommen, die dazu beitragen können, den sozialen Austausch zu stärken. So nutzt ein Älterer seine Kamera und seinen Computer dazu, Filme mit für ihn wichtigen politischen Botschaften zu produzieren, um sie dann seinen Freunden und Bekannten zu präsentieren und mit ihnen darüber zu diskutieren. Oder er entwirft mit Hilfe seines Computers Plakate, die er der Öffentlichkeit zur Verfügung stellt, um einen Anreiz für Diskussionen zu geben. Im Mittelpunkt seines technischen Handelns steht insofern immer der Austausch mit anderen.

Wie findet diese Handlungsorientierung in den alltäglichen *Handlungspraxen* der Älteren ihren Ausdruck? Es wird meist eine *Vielfalt unterschiedlichster Geräte* zum sozialen Austausch genutzt und je nach Situation das jeweils passende eingesetzt. Das bedeutet beispielsweise: Soll eine Freundin kontaktiert werden, die sich sehr viel auf Reisen befindet[13], wird zunächst eine eher kostengünstige SMS geschrieben, um zu erfahren, wo sie sich gerade aufhält, um sie dann später evtl. auf ihrem Handy zu kontaktieren. Soll ein ausführliches Gespräch mit der weit entfernt wohnenden Tochter geführt werden, wird über den meist kostengünstigeren Festnetzanschluss telefoniert. Geht es darum, eine oder mehrere Personen über einen komplexen Sachverhalt detailliert zu informieren, dann wird unter Umständen die E-Mail als adäquates Kommunikationsmittel eingesetzt. E-Mails werden gerade auch dann von vielen der Älteren zur Kommunikation eingesetzt, wenn sie davon ausgehen, dass ein Anruf den jeweiligen Adressaten zur gegebenen Zeit stören könnte. Eine SMS wird dann geschrieben, wenn nur eine kurze Nachricht – wie „ich komme später" – vermittelt werden soll. Kurz: Die Älteren wählen sehr bewusst den jeweils als adäquat wahrgenommenen Kommunikationsweg aus der Vielfalt an Möglichkeiten aus, um ihren sozialen Austausch zu optimieren. Dabei ist ihre grundlegende Überzeugung, dass sich insbesondere durch die neuen Kommunikationsmedien der Austausch mit ihrem sozialen Netzwerk intensiviert hat, dass die Kontakte enger und damit für sie zufriedenstellender geworden sind.

Aufgrund dieses als gravierend wahrgenommenen Vorteils der technischen Geräte nehmen die Älteren technische Schwierigkeiten und Defekte als gegebene, unvermeidbare Begleiterscheinungen eher gelassen in Kauf. Da ihnen die Einsatzbereitschaft der Geräte unverzichtbar erscheint, sorgen sie dafür, dass auftretende Probleme unverzüglich und umfassend – meist durch den Einsatz von Experten – behoben werden. Zwar sind diese Älteren aufgrund ihrer intensiven Nutzung neuer, digitaler Geräte eher häufiger mit technischen Problemen konfrontiert, dennoch spielen diese in ihrer Wahrnehmung eine untergeordnete Rolle.

Bemerkenswert ist das zeitliche Ausmaß des sozialen Austauschs im Alltag dieser Älteren. Insbesondere das Telefonieren mit Bezugspersonen, die aufgrund großer räumlicher Distanzen oder altersbedingter Mobilitätseinschränkungen nicht „face-to-face" getroffen werden können, nimmt hier viel Raum ein. Daher

---

13 Ausgiebige Reisen werden von einer immer größeren Gruppe der sogenannten „Jungen Alten" unternommen, was Kohli und Künemund (2005, S. 368) auf ihre – im Vergleich zu älteren Kohorten – im Durchschnitt bessere Gesundheit, bessere materielle Ausstattung etc., also auf mehr Ressourcen für eine mobile Lebensführung zurückführen.

gehört eine Telefon-Flatrate – neben der Flatrate für das Internet – zur Grundausstattung des Haushalts. Für einen Anruf müssen meist keine konkreten Anlässe existieren. Das Telefonieren über „sweet nothings" (Peil 2007, S. 231, vgl. auch Ito 2004, S. 12) dient hier der Aufrechterhaltung und Intensivierung einer Beziehung, so dass das Telefon in diesem Fall auch als Beziehungsmedium bezeichnet werden kann.

Es wird eine eher einseitige Nutzung von technischen Geräten wie Handy und Computer erkennbar, bei der Funktionen, die nicht für den sozialen Austausch bestimmt sind, eher vernachlässigt werden bzw. eine der Kommunikation untergeordnete Rolle spielen.

Aber nicht nur die technikvermittelte Kommunikation selbst, sondern allein das Bewusstsein der permanenten Erreichbarkeit – anderer und für andere – trägt bei diesen Älteren zum Wohlbefinden und zur Zufriedenheit bei und führt dazu, dass Kommunikationsmedien zu *„ständigen Begleitern"* ihres Alltags werden. Zu Hause wird beispielsweise das E-Mail-Programm mehrmals täglich geöffnet, um nach eingetroffenen Nachrichten zu schauen oder selbst eine E-Mail zu verfassen. Und bei außerhäusigen Aktivitäten wird das Handy stets mitgeführt, um immer erreichbar zu sein. Ihm kommt dabei nicht allein die Funktion eines Kommunikationsmediums zu, sondern zugleich die als Garant sozialer Einbindung. Man könnte hier mit Matsuda (2005, S. 30) von einer „full time intimate community" sprechen, die das Handy diesen Älteren vermittelt.

Wo kann diese Handlungsorientierung *sozialstrukturell verortet* werden? Es zeigt sich, dass sie sowohl bei den weiblichen als auch bei den männlichen Älteren quer zu allen Bildungsschichten und zu allen Altersgruppen zu finden ist. Und auch die Technikkompetenz oder ihr Fehlen scheint für diese Orientierung ohne Belang. Es wird deutlich, dass auch sehr wenig Technikversierte die unvermeidlichen Probleme im Umgang mit komplexer, neuer digitaler Technik bereitwillig in Kauf nehmen, nur um technikvermittelt ihre sozialen Beziehungen pflegen zu können. Insbesondere wenn Kommunikationsformen wie „Face-to-Face"-Kontakte – aus unterschiedlichen Gründen – versagen, ist die Bereitschaft groß, neue Medien in den eigenen Alltag einzubauen.

Gemeinsam ist den Älteren diese Typus allein, dass sie meist über ein eher großes soziales Netzwerk verfügen und der intensive soziale Austausch in ihrem Alltag eine herausragende Rolle spielt.

13.2.4.3 Zusammenfassung

Zentral für beide Handlungsorientierungen ist das Interesse am sozialen Austausch und der sozialen Integration bzw. dem Gefühl der Zugehörigkeit. Bei beiden wird den Interaktionen im Alltag große Bedeutung zugewiesen, sie machen den „schönen" Teil des Tages der Älteren aus. Dennoch führt der Umgang mit Technik bei ihnen auf ganz unterschiedliche Weise zur Befriedigung dieses Kontaktbedürfnisses.

Bei den Älteren, die dem Typus *„Technik zur Inszenierung des sozialen Selbst"* zugeordnet werden, spielen die eigene Technikkompetenz und zudem ihre soziale Sichtbarkeit eine bedeutende Rolle. Einerseits erleben sich diese Älteren nur dann der gegenwärtigen und zukünftigen „technisierten Welt" als zugehörig, wenn sie souverän mit der Technik umgehen können. Insofern stellt für sie die Aneignung eigener hoher Technikkompetenz eine unabdingbare Notwendigkeit, ein „Muss", dar, um nicht aus der Gesellschaft ausgeschlossen zu werden. Andererseits ist die Technik aus ihrer Perspektive ein Thema mit gemeinschaftsstiftender Wirkung. Indem sie in der Partnerschaft und im Freundes- und Bekanntenkreis häufig über technische Weiterentwicklungen und den eigenen Technikeinsatz diskutieren, fühlen sie sich in dieser technikinteressierten Gemeinschaft gut aufgehoben. Darüber hinaus wird im Rahmen dieses Austauschs ihre hohe Technikkompetenz sozial sichtbar. Deren Wahrnehmung durch andere wiederum hat zur Folge, dass die Älteren dafür Anerkennung und Bewunderung ernten, was für sie einen wichtigen Grundpfeiler ihrer sozialen Identität ausmacht. Basierend auf ihrer Überzeugung, dass man alt ist, wenn man technisch nicht mehr „auf dem Laufenden" ist, fühlen sie sich zugleich „jung, fortschrittlich und modern" und dadurch auch von den Jüngeren „ernst genommen". Ältere mit dieser Handlungsorientierung sind sowohl männlich als auch weiblich und zeichnen sich durch eine mittlere bis hohe Bildung aus.

Dieser Typus steht in engem Zusammenhang mit den kognitiv orientierten Typen, was darauf verweist, dass die Aneignung hoher technischer Kompetenz mehrere Bedürfnisse gleichzeitig befriedigen kann. Zum einen kann sie – wie hier – zu sozialer Anerkennung, Wertschätzung und Integration führen, zum anderen kann sie zugleich zur individuellen Sinnstiftung und Identität beitragen.

Ganz anders wird beim Typus *„Kommunikation mit Hilfe von Technik"* der soziale Austausch angeregt: Hier ist es vor allem die Funktionalität der Kommunikationsmedien, die zur Interaktion beiträgt. Ziel der Älteren mit dieser Handlungsorientierung ist es, mit Hilfe dieser Medien eine ständige und intensive Verbindung zu ihren Bezugspersonen aufzubauen. Gerade wenn Face-to-Face-

Kontakte aufgrund schwer zu überwindender Distanzen zwischen den Bezugspersonen nicht möglich sind, führen insbesondere die neuen Medien zu vergrößerten kommunikativen Handlungsspielräumen, die von diesen Älteren eifrig genutzt werden. Die Geräte übernehmen hier die Rolle von ständigen „*Begleitern*", die es ihnen ermöglichen, immer für das soziale Netzwerk erreichbar zu sein und zugleich selbst aktiv Kontakt aufnehmen zu können. Aber nicht die faktische Kommunikation allein steht hier im Mittelpunkt: Die *Gewissheit* der kommunikativen Erreichbarkeit reicht häufig völlig aus, um bei diesen Älteren ein Gefühl der Zugehörigkeit zum sozialen Netzwerk zu erzeugen. Insofern wird hier die räumliche Abwesenheit zwischen den Bezugspersonen durch die Kommunikationsmedien überwunden und eine ortsungebundene interaktive „Anwesenheit" erzeugt. So vermittelt das Mitführen eines Handys bei einem Spaziergang beispielsweise Verbundenheit mit und Zugehörigkeit zu dem sozialen Netzwerk.

Diese Älteren setzen eine Vielfalt an Kommunikationsmedien ein und suchen je nach Situation geschickt das jeweils passende heraus. Dabei ist es völlig unerheblich, ob sie über einen geringen oder einen hohen Grad an Technikkompetenz verfügen. Der Vorteil dieser Techniken erscheint ihnen so bedeutend, dass sie bereit sind, dafür viele technische Probleme und auch Kosten gelassen in Kauf zu nehmen. Da ihnen die stete Einsatzbereitschaft der Techniken unverzichtbar erscheint, werden bei Schwierigkeiten sofort technische „Experten" zu Rate gezogen, um das Problem möglichst schnell zu lösen.

13.3 Fazit

Bei der zusammenfassenden Betrachtung der oben ausführlich vorgestellten Handlungsorientierungen fallen insbesondere drei Aspekte ins Auge:

Zum einen herrscht ein deutliches *Übergewicht der sachlichen Handlungsorientierungen* vor, insbesondere dann, wenn man auch den Typus „*Kommunikation mit Hilfe von Technik*" mit zu dieser Kategorie zählt.[14] Dem eher rationalen, zweckorientierten Einsatz der Technik kommt bei den Älteren insofern eine zentrale Bedeutung zu. Das könnte einerseits auf die von Rammert (1988, S. 192) so bezeichnete „technologische Mentalität" zurückgeführt werden, die sich nach ihm im Zuge der modernen, technischen Entwicklung herausgebildet und dazu

---

14 Dies ist grundsätzlich auch plausibel, da sich der Wunsch nach Kommunikationsübermittlung auf die Funktionalität der Technik bezieht.

geführt hat, dass technische Effizienz und Leistungssteigerung zum Selbstzweck und zum kulturellen Wertbestand wurden und werden. Technisch-ökonomische Zweckrationalitäten haben sich in die Alltagshandlungen der Menschen „eingefressen", lautet eine vergleichbare Formulierung von Hörning (1988, S. 62). Auf der Ebene des Alltags hieße dies konkret, dass es den Älteren vor allem um eine rational orientierte Kontrolle ihrer Umwelt geht, dass die Technik ihnen hierbei gute Dienste erweisen kann und daher eingesetzt wird. Vor dem Hintergrund dieser allgemeinen Argumentation müsste der vorrangige Wunsch nach Rationalisierung und Optimierung der Alltagspraxis durch Technikeinsatz allerdings in allen Generationen zu finden sein.

Dieser These widersprechen allerdings beispielsweise die empirischen Befunde von Tully (2003), die belegen, dass Jugendliche – und hiermit meint Tully (ebd. 102) in Anlehnung an das Kinder- und Jugendhilfe-Gesetz von 1990 Personen zwischen ca. 14 bis 27 Jahren – mit der Technik sehr viel mehr Bedeutungen verbinden, die zugleich als wichtiger wahrgenommen werden als ihre reine Funktionalität zur Erleichterung alltäglicher Arbeiten. Für Jugendliche gilt meist: Je *ergebnisoffener* die Technik ist, desto größer ist die Rolle, die sie in ihrem Alltag spielen kann (vgl. ebd. 127). Technik wird beispielsweise als höchst prestigeträchtig betrachtet und damit als unmittelbar relevant beim sozialen Austausch mit Bezugspersonen oder auch beim Zusammentreffen mit anderen Personen, die beeindruckt werden sollen. Oder der Umgang mit ihr mach einfach Freude und Spaß. Die vielen neu entstehenden technischen Optionen werden von den Jugendlichen meist als Chancen für die Befriedigung unterschiedlichster Wünsche begriffen, wobei die Kontrolle der Umwelt durch Technikeinsatz nur eine untergeordnete Bedeutung erhält.

Auf der Basis der von Sackmanns und Weymann (1994) beschriebenen Unterschiede zwischen den jeweiligen Technikgenerationen ist es viel eher plausibel anzunehmen, dass das vorrangig zweckrational orientierte Interesse der Älteren an der Technik auf ihre spezifische Techniksozialisation zurückzuführen ist. Man kann vermuten, dass alle hier befragten Älteren – sie sind zwischen 1923 und 1952 geboren – in ihrer Jugend „gelernt" haben, dass der Einsatz von Technik vor allem der (körperlichen) Arbeitserleichterung dienen soll.[15] Die technischen Neuerungen sollten das Leben *einfacher,* die Bewältigung der alltäglichen Herausforderungen *effizienter* machen. Dem gesellschaftlichen Diskurs der damaligen Zeit folgend sollten die technischen Geräte genau in der ihnen zuge-

---

15 Es wird insofern davon ausgegangen, dass der Wunsch nach der Funktionalität technischer Geräte bei *allen* dieser älteren Generationen in ihrer Jugend im Mittelpunkt stand.

dachten Weise funktionieren und damit berechenbar und kalkulierbar, effizienzsteigernd und arbeitsvereinfachend eingesetzt werden. Vor dem Hintergrund dieses in der Jugend erlernten Musters, das ihnen – gemäß der Argumentation Sackmanns und Weymanns – auch heute noch als Maßstab zur Beurteilung technischer Entwicklungen dient, wird nachvollziehbar, dass gerade bei den Älteren ein starkes Interesse an den zweckrational orientierten Funktionen der Technik besteht.

Dieses „generationsspezifische Lernprogramm", so kann – zweitens – weitergehend gefolgert werden, führt darüber hinaus dazu, dass der *ästhetisch-expressiven Dimension* beim Technikeinsatz nur eher wenig Bedeutung zugewiesen wird. Indizien für diese These ergeben sich daraus, dass dieser Dimension nur eine Handlungsorientierung zugeordnet werden kann und dieser wiederum nur wenige Befragte. In der Jugend der Älteren ist der gesellschaftliche Diskurs geprägt von Werten wie Sachlichkeit, Verstand und Vernunft (vgl. Tully 2003, S. 148), für Ästhetisches im Umgang mit Technik bleibt kein Raum. Selbst expressive Technikbezüge müssen diesem Denkmuster folgend „klar und mit kühlem Kopf" bedacht werden (ebd.). „Alles sollte seinen Platz haben und in der zugedachten Weise funktionieren, insofern wurde Bürokratie, im Sinne geordneter Verhältnisse, wie sie Max Weber vorschwebten, gelebt", beschreibt Tully die betonte Sachlichkeit im Umgang mit Technik (ebd.). Insofern ist es naheliegend, dass die ästhetisch-expressive Dimension hier unterrepräsentiert bleibt.

Eine dritte Erkenntnis darf nicht unerwähnt bleiben. Es zeigt sich, dass den Befragten überwiegend mehrere Handlungsorientierungen zugleich zugeordnet werden können. Das lässt sich darauf zurückführen, dass die Älteren mit ihrer Art des Technikeinsatzes meist mehrere Bedürfnisse gleichzeitig befriedigen. So kann beispielsweise ein kompetenter, sachgerechter Technikeinsatz zur Kontrolle der Umwelt, zugleich aber auch zum Selbstbewusstsein, zu sozialem Austausch und zu sozialer Anerkennung beitragen. Ebenso wie die möglichst weitgehende Vermeidung des Technikeinsatzes im Alltag zugleich als eine Befreiung von der Angst eines technikinduzierten Kontrollverlustes und vom Zwang des Eingeständnisses eigener Inkompetenz im Umgang mit Technik wahrgenommen werden und darüber hinaus dem Wunsch nach „Unsichtbarkeit" von technischen Geräten entsprochen werden kann. Insofern scheinen Zusammenhänge zwischen den hier entwickelten Typen von Handlungsorientierungen auf, die der eindeutigen Typologisierung auf den ersten Blick widersprechen. Hierbei ist allerdings zu beachten, dass bewusst idealtypische Konstruktionen im Sinne Webers entwickelt wurden, um die jeweiligen impliziten Handlungs- und Deutungslogiken der Älteren in ihrer Unterschiedlichkeit deutlicher herausarbeiten zu können. Dass sie in der

Realität meist nicht isoliert auftreten, liegt in der Komplexität des menschlichen Handelns und Deutens begründet und widerspricht nicht den herausgearbeiteten, systematisch unterscheidbaren Logiken.

Es lässt sich insgesamt festhalten, dass die Älteren, die Technik als einen sinnvollen Beitrag zu ihrem alltäglichen Leben begreifen und dementsprechend der Technik gegenüber recht aufgeschlossen sind, bei weitem überwiegen. Technikskepsis hingegen zeigt sich nur bei einigen, die sich einerseits durch sehr geringe technische Kompetenzen auszeichnen und gleichzeitig das Gefühl haben, sie könnten aufgrund der wahrgenommenen Undurchschaubarkeit der neuen Technik ihre Kontrolle über den Alltag verlieren. Diese Wahrnehmungen der Technik können auf die jeweiligen *biografischen Erfahrungen* der Älteren zurückgeführt werden. Weniger bis keine Aussagekraft hat hingegen ihr chronologisches Alter. Zwar bestimmt es über die Zugehörigkeit zur jeweiligen Technikgeneration; dennoch lassen sich aus dem Alter einer Person allein keine Prognosen hinsichtlich einer möglichen Technikakzeptanz oder -aversion ableiten.

In der Abbildung 8 (S. 380 ff.) werden die oben beschriebenen Handlungsorientierungen zur Veranschaulichung zusammenfassend dargestellt. Dabei ist zu beachten, dass es sich hierbei um stark zugespitzte idealtypische Konstruktionen handelt.

13.4 Neue Perspektiven

Wenn es das Ziel ist, Ältere durch den verstärkten Einsatz technischer Geräte bei der Bewältigung ihrer alltäglichen Herausforderungen zu unterstützen und ihnen damit ihren Alltag zu erleichtern, dann können aus den oben erläuterten Ergebnissen folgende Schlussfolgerungen gezogen werden:

Basierend auf der Erkenntnis, dass Ältere vor allem an den *Funktionen* der Technik interessiert sind (sachliche Handlungsorientierungen), um ihre Umwelt kontrollieren zu können, müssten bei der Vermarktung technischer Produkte deren spezifische Funktionen deutlich(er) in den Mittelpunkt gerückt werden. Ihre *konkreten Anwendungsmöglichkeiten und ihr Nutzen* müssten nachdrücklich hervorgehoben werden, um das Interesse der Älteren zu wecken. Nicht die Technik selbst sollte dabei im Zentrum stehen, sondern die Zwecke, die mit ihr erfüllt werden können. Technik sollte als ein „geeignetes Mittel zum Zweck" dargestellt werden. Dieses Vorgehen würde den Wunsch vieler Älterer nach einer eher „unsichtbar" funktionierenden Technik berücksichtigen, die als zentrales Kennzeichen der Handlungsorientierung *„Technik als Invisible Hand"* gilt. Denn nur wenn

Abbildung 8 Zentrale Handlungsorientierungen beim Technikeinsatz

Bezeichnung	Allgemeine Charakteristik	Beweggründe (bewusst, unbewusst)	Handlungspraxen	Lebenslage-Kriterien
		Instrumentelle Dimension		
Technik als Invisible Hand	<ul><li>Technikeinsatz zur Kontrolle der Umwelt</li><li>Technik ohne Wert „an sich"</li><li>(räumliche) Verdrängung bzw. „Veralltäglichung" der Technik</li></ul>	<ul><li>Technik als „Erfüllungsgehilfin" bei Alltagsaufgaben</li><li>Technik als Aspekt des ungeliebten „Arbeitsalltags", der im Gegensatz zum „schönen Leben" steht</li><li>*Überzeugung I*: Technik assoziiert mit Schwierigkeiten, Ärgernissen, Angst und eigener Inkompetenz</li><li>*Überzeugung II*: Desinteresse an Technik (bei gleichzeitig hoher Technikkompetenz)</li></ul>	<ul><li>Einsatz von einfacher, bekannter, klassischer Technik</li><li>Neigung zum Vermeiden des Einsatzes zusätzlicher neuer Geräte</li><li>Vermeiden des Einsatzes von komplex erscheinender (digitaler) Technik bei wenig Technikkompetenten (*Überzeugung I*)</li><li>Vorliebe für „alte" Geräte</li></ul>	<ul><li>Ältere</li><li>alle Generationen der Älteren</li><li>*Überzeugung I* zeigt sich nur bei weiblichen Älteren</li><li>*Überzeugung II* zeigt sich geschlechterübergreifend und bei hoher Bildung</li></ul>
Technik als Spar-(s)trumpf	<ul><li>Technikeinsatz zum Sparen und Rationalisieren</li><li>Vermeidung vom Technikeinsatz als rational</li><li>Technikskepsis</li><li>große emotionale Betroffenheit</li></ul>	<ul><li>Sparsamkeit und Effizienz als unhinterfragt selbstverständliche Werte</li><li>befürchteter, sozial sichtbarer Kontrollverlust beim Technikeinsatz</li></ul>	<ul><li>Nutzen von eindeutig sparsamer Technik</li><li>kritische Reflexion gängiger, klassischer Geräte</li><li>Neigung zur Reduktion des Umfangs an technischen Geräten im Haushalt</li><li>Vermeidung des Einsatzes von neuer Technik</li></ul>	<ul><li>Ältere</li><li>alle Generationen der Älteren</li><li>Ältere mit sehr wenig Technikkompetenz</li><li>Männer und Frauen</li></ul>

Bezeichnung	Allgemeine Charakteristik	Beweggründe (bewusst, unbewusst)	Handlungspraxen	Lebenslage-Kriterien
Technik als Segen	▪ Technikeinsatz zur Arbeitserleichterung ▪ rein positive Bewertung von Technik ▪ Einschätzung ihrer Zweckmäßigkeit durch Vergleich zwischen „früher" und „heute" ▪ keine Differenzierung zwischen verschiedenen Technikformen	▪ Technik zur (körperlichen) Erleichterung des Arbeitsalltags ▪ hohe Wertschätzung der Technik, da sie: 1) nicht „durchschaut" werden muss 2) durch soziale Unterstützung als einfach erlebt wird 3) durch den Vergleich zwischen „früher" und „heute" als reiner Fortschritt erlebt wird	▪ bevorzugter Einsatz von Geräten, die körperliche Anstrengungen verringern helfen ▪ Souveränität beim technischen Handeln ▪ Benutzung sowohl klassischer als auch neuer Technik ▪ Nutzung einer großen Vielfalt an Geräten ▪ keine Scheu vor komplexer Technik	▪ „vortechnische Generation" ▪ körperlich eingeschränkte Hochaltrige ▪ Frauen ▪ geringer Bildungsgrad ▪ geringe Technikerfahrung
Ästhetisch-expressive Dimension				
Freude an „schöner" Technik	▪ hohe Bedeutung des Äußeren der Technik ▪ technisches Design als Ausdruck des Lebensstils	▪ „schöne" Technik trägt zum Genuss bei ▪ Erhöhung des eigenen Prestiges und Ranges durch „schöne" Technik ▪ Vergewisserung der eigenen kulturellen Kenntnisse	▪ zeitintensive Beschäftigung mit der Geräteanschaffung ▪ Bevorzugung prestigeträchtiger Markenprodukte ▪ Besuch ausgewählter Fachgeschäfte ▪ Bevorzugung aktueller Technik, die „in" ist ▪ Verstecken von als „unansehnlich" wahrgenommener Technik	▪ Männer und Frauen ▪ mittlerer bis hoher Bildungsgrad ▪ hohes Einkommen

Abbildung 8 Fortsetzung

Bezeichnung	Allgemeine Charakteristik	Beweggründe (bewusst, unbewusst)	Handlungspraxen	Lebenslage-Kriterien
		Kognitive Dimension		
Herrschaft über Technik	<ul><li>Beherrschung der Technik</li><li>Schulung eigener technischer Kompetenz</li><li>pragmatisch auf die Beherrschung eigener Geräte bezogen</li></ul>	<ul><li>Schulung eigener Technikkompetenz</li><li>Vergewisserung der eigenen Kompetenz</li><li>Technikkompetenz zur Identitätsstiftung und zur Inszenierung von „Jugendlichkeit"</li></ul>	<ul><li>Einsatz von als sinnvoll erlebter, für sie neuer Technik</li><li>Studium von Gebrauchsanleitungen</li><li>Besuch von Fortbildungen</li><li>Technikprobleme als willkommene Herausforderungen, die selbst bewältigt werden</li><li>zeitintensive Techniknutzung</li></ul>	<ul><li>Männer und Frauen</li><li>niedriger bis mittlerer Bildungsgrad</li></ul>
Technik aus Leidenschaft	<ul><li>Technik als persönliche Leidenschaft</li><li>Technikeinsatz in Abgrenzung zum „Privaten"</li><li>Gewissheit hoher Technikkompetenz</li></ul>	<ul><li>intrinsisch motiviertes Interesse</li><li>Technik als Kompensation für (Erwerbs-)Arbeit</li></ul>	<ul><li>zeitintensive Techniknutzung</li><li>Beschäftigung mit technischen Neuerungen</li><li>Einsatz einer Vielfalt technischer Geräte</li><li>positives Erleben technischer Probleme</li><li>intensive Beschäftigung mit Fachinformationen</li></ul>	<ul><li>Männer</li><li>hohe Technikkompetenz</li><li>hoher Bildungsgrad</li></ul>

Bezeichnung	Allgemeine Charakteristik	Beweggründe (bewusst, unbewusst)	Handlungspraxen	Lebenslage-Kriterien
		Soziale Dimension		
Technik zur Inszenierung des sozialen Selbst	- kompetenter Umgang mit Technik - soziale Sichtbarkeit der Technikkompetenz - Technik, um „dazuzugehören"	- gesellschaftliche Integration durch Technikkompetenz - Technik als gemeinschaftsstiftendes Thema - soziale Anerkennung durch technische Kompetenz - Bedürfnis, nicht als „alt" stigmatisiert zu werden	- zeitintensive Beschäftigung mit der Technik - Technik als bevorzugtes Thema im Alltag - Weiterbildung im Rahmen institutioneller Angebote - Übernehmen der Rolle als technischer „Lehrer" - Professionalisierung der technischen Kompetenzen - Besitz einer Vielzahl an Geräten	- Männer und Frauen - mittlerer bis hoher Bildungsgrad
Kommunikation mit Hilfe von Technik	- Kommunikationsmedien haben eine zentrale Bedeutung - Kommunikationstechnik als permanenter Begleiter - technische Probleme spielen keine Rolle	- Gewissheit über die Möglichkeit des permanenten sozialen Austauschs - Gefühl der Zugehörigkeit - Kompensation individueller „Schwächen" durch technisch vermittelte Kommunikation	- Einsatz einer Vielfalt technischer Kommunikationsmedien - schnellste Instandsetzung defekter Kommunikationsmedien, meist durch Experten - intensiver technikvermittelter Austausch - eher einseitiger Technikeinsatz zu Kommunikationszwecken - Kommunikationsmedien als ständige Begleiter	- Personen mit eher großen sozialen Netzwerken - Männer und Frauen - alle Bildungsschichten - alle Altersgruppen

die Technik „an sich" aus dem Fokus geraten kann, besteht die Chance, dass sie schnell „veralltäglicht" oder „alltagskulturell gerahmt" wird. Und das bedeutet, dass sie aus dem Sichtkreis der Nutzer verschwinden und damit ihre entlastenden Funktionen erfüllen kann.

Auch die *Effizienz* technischer Geräte – im Sinne der durch sie bewirkten Zeit-, Geld- oder Arbeitsersparnisse – wird von vielen Älteren *(„Technik als Spar(s)trumpf")* als ihre wesentliche Eigenschaft angesehen, so dass diese bei der Vermarktung der Geräte deutlich herausgestellt werden sollte. Denn erst wenn der Einsatz eines neuen Produkts im Vergleich zum „alten" eine deutliche Verbesserung darstellt, steigt die Chance, dass es eingesetzt wird. Einschränkend ist allerdings zu berücksichtigen, dass viele der Älteren meist erst dann ein Gerät durch ein neues ersetzen, wenn ihr „altes" defekt ist, unabhängig davon, ob bereits effizientere Produkte auf dem Markt existieren. Außerdem zeigen sich gerade die Vertreter der Handlungsorientierung *„Technik als Spar(s)trumpf"* als eher technikskeptisch, so dass die Effizienz eines Geräts allein oft nicht ausreicht, um ihnen ihre Aversion gegen Technik zu nehmen.

Da ein Teil der Älteren den Umgang mit komplexer, digitaler Technik eher meidet, aus Angst, sie nicht korrekt bedienen zu können, sollte es das Ziel der Entwickler sein, solche Geräte zu produzieren, die *einfach* und *intuitiv* zu handhaben sind. Intuitiv bedeutet im hier verstandenen Sinne, dass der Nutzer auf der Basis seines allgemeinen Vorwissens spontan und ohne reflexive Wissensverarbeitung die relevanten Funktionen und Interaktionsanforderungen des Geräts erkennen und es dadurch sinnvoll und schnell einsetzen kann (vgl. Mohs et al. 2007, S. 30). Eine intuitive Nutzung impliziert dabei zugleich einen gewissen Grad an Vertrautheit mit dem jeweiligen Phänomen, ebenso aber auch dessen erwartungsgemäße Darstellung. Ein Beispiel für eine *nicht* intuitiv zu nutzende Technik ist der PC, bei dem der Nutzer das Bedienelement mit der Bezeichnung „Start" betätigen muss, um das Gerät auszuschalten. Dieses Vorgehen mag dem langjährigen Nutzer des Windows-Betriebsystems zwar vertraut und erwartungsgemäß sein, dem neuen Nutzer hingegen erscheint es widersprüchlich, so dass er bei dieser Anforderung nicht ohne Weiteres und intuitiv in der Lage sein wird, seinen PC auszuschalten.

Durch die Produktion intuitiv zu nutzender Geräte würde die bei der Einführung technischer Geräte häufig beobachtete Phase, in der die neue Technik zunächst eine „Spielwiese" für die Außenseiterkultur der technisch Versierten – den „Tüftlern" und „Bastlern" – darstellt, entfallen (vgl. auch Peil 2007, S. 228). Ist die Bedienung intuitiv und einfach, kann das Produkt ohne Umschweife einer breiten Öffentlichkeit zur Verfügung gestellt werden.

Entsprechende Produkte hätten dann sogar bei sehr wenig Technikversierten eine Chance, eingesetzt zu werden. Und insbesondere für *Hochaltrige*, die tendenziell über eher geringere technische Kompetenzen verfügen, wäre eine einfach zu bedienende, intuitive Technik eine große Hilfe, um mögliche altersbedingte körperliche und kognitive Einschränkungen zu kompensieren. Und gerade bei dieser Gruppe der Älteren – die hier überwiegend der Handlungsorientierung „*Technik als Segen*" zugeordnet werden konnte – ist die Wahrscheinlichkeit groß, dass sie einfach zu bedienende Geräte akzeptiert und gerne einsetzt. Denn sie zeichnet sich durch ihre Aufgeschlossenheit und ihre Offenheit gegenüber der Technik aus. Der Technikeinsatz im Haushalt wird von diesen Älteren meist allein als ein *Gewinn* für das alltägliche Leben erlebt, da sie in einer Zeit aufgewachsen sind, in der ihnen technische Geräte zur Erleichterung der Hausarbeit noch nicht oder kaum zur Verfügung standen. Und insofern ist es naheliegend, dass sie jede einfach zu handhabende Technik, die ihnen ihr Leben erleichtern kann, begrüßen werden.

Und auch den Älteren, die sich eine „unsichtbare" Technik wünschen, käme eine solche Entwicklung entgegen. Denn die „Unsichtbarkeit" von Technik zeigt sich ja auch darin, dass sich der Nutzer nicht intensiv mit ihr auseinandersetzen muss, sondern sie intuitiv nutzen kann. Ein Beispiel für eine in diese Richtung gehende Produktentwicklung ist die Entwicklung sogenannter *smarter* oder intelligenter Technik. Diese ist einfach zu bedienen und agiert autonom – im Sinne des Nutzers –, indem sie mittels Sensoren eine Einschätzung der Umweltbedingungen vornimmt und aufgrund dieser selbstständig tätig wird. Insofern erlaubt sie es, dass Menschen zunehmend nicht mehr eingreifen müssen und sich auf die Selbststeuerungsfähigkeit der Technik verlassen zu können. Oder anders formuliert: Diese Technik agiert eher „unsichtbar" und entsprechend den Bedürfnissen ihrer Nutzer.

Betrachtet man nun die sozialen Handlungsorientierungen aus der Perspektive eines möglichen Interventionsbedarfs, dann wird deutlich, dass eine beständige *Kommunikation* mit dem sozialen Netzwerk und das damit verbundene Gefühl von *Zugehörigkeit* für viele Ältere eine grundlegende Rolle spielt (*„Kommunikation mit Hilfe von Technik"*). Und insofern sollte diesem Wunsch durch geeignete Technik entsprochen werden. Als geeignet können solche Geräte bezeichnet werden, die aufgrund ihrer Funktionalität zu beständiger Kommunikation zwischen den Bezugspersonen beitragen können. Und da in allen Altersgruppen, Bildungsschichten und unabhängig von der Ressourcenlage oder der Technikkompetenz der Wunsch nach technikvermittelter Interaktion besteht, sollten diese Geräte möglichst einfach zu bedienen und kostengünstig sein, und bei technischen Schwierigkeiten sollten schnell Experten zur Problemlösung zur Verfügung stehen. Und da die vor allem am sozialen Austausch interessierten Älteren ihre Kommunikationsmedien zudem meist allein zur Kommunikation mit den Bezugspersonen nutzen, sollte darüber nachgedacht werden, komplexere Kommunikationsgeräte so zu vereinfachen, dass sie nur der Funktion der Gesprächs- oder Nachrichtenübermittlung gerecht werden.

Aber auch aus den kognitiven Handlungsorientierungen können Kriterien für technikzentrierte Interventionen abgeleitet werden. Bei Vertretern des Typus *„Herrschaft über Technik"* zeigt sich beispielsweise ein starkes Interesse daran, die eigenen Fähigkeiten und Fertigkeiten im Umgang mit der Technik schulen zu können. Dementsprechend könnte ein Interesse an neuen technischen Geräten auch dadurch geweckt werden, dass diese – zusätzlich – mit „Spielen" und „(Lern-)Aufgaben" ausgestattet werden, die die Motivation der Älteren steigern, sich mit dem Gerät zu beschäftigen. So könnte zudem die Aneignung der nötigen Technikkompetenz auf eher spielerischem Wege – durch das Ausprobieren von Spielen – erfolgen, was den Zugang zu einem neuen Gerät vereinfachen könnte.

Zusammenfassend gilt es festzuhalten, dass sich die Mehrheit der hier befragten Älteren der Technik gegenüber recht aufgeschlossen zeigte. Daraus kann gefolgert werden, dass geeignete technik- und vertriebszentrierte Interventionen zur Förderung des Technikeinsatzes Älterer durchaus viel- und erfolgversprechend sind. Nur für die Älteren mit wenig Technikkompetenz und einer gleichzeitig eher großen Technikskepsis müssten zusätzliche Maßnahmen entwickelt werden, die bei den Personen selbst ansetzen. Ziel sollte es hier sein, die Technikakzeptanz dieser Älteren – beispielsweise durch Angebote von Einrichtungen zur Weiterbildung oder zur Betreuung von Senioren – zu erhöhen. Denkbar wäre hier ein individualisiertes Heranführen der Älteren an die (neue) Technik, wobei an den jeweiligen subjektiven Kompetenzen und Technikaversionen angesetzt werden müsste, um diese zu überwinden.

14 Technisches Handeln und Genderlogik

Bei der Auswertung der Interviews haben sich immer wieder Hinweise darauf ergeben, dass die vielfach belegte Annahme, der Umgang mit Technik und die Technikkompetenz würden in einer typischen, „klassischen" Weise geschlechtsspezifisch differieren, nicht (mehr) so uneingeschränkt gilt. Als „klassische" Muster werden hier Annahmen wie die des Differenz- und des Defizit-/Distanzmodells verstanden, die in dichotomer Weise Frauen als technikskeptisch und -distanziert und Männer als technikaffin und -kompetent bezeichnen.[1] Bei den Überzeugungen und Handlungen einiger älterer Frauen und Männer konnten „neue" Muster identifiziert werden – und zwar besonders beim Umgang mit der neuen, digitalen Technik –, die der „klassischen" Genderlogik widersprechen. Diese neuen Muster sollen im Folgenden – neben den „klassischen" Handlungs- und Deutungsmustern – aus einer *Prozessperspektive* heraus analysiert werden. Die Berücksichtigung des Entwicklungsgangs der Muster ist wichtig, um ihre spezifischen Entstehungsbedingungen herausarbeiten zu können.

Vor der Präsentation der empirischen Ergebnisse werden zunächst kurz die Annahmen zum Geschlechterverhältnis beim Umgang mit Technik historisch und aus der prozessorientierten Perspektive des „Doing Gender" erläutert (14.1.1). Im Anschluss daran werden einige empirische Befunde zu geschlechtsspezifischen Differenzen beim Einsatz neuer, digitaler Technik präsentiert (14.1.2). Daran schließen sich die empirischen Ergebnisse an (14.2).

14.1 Theoretische Vorannahmen

14.1.1 Technik und „Doing Gender"

Ein Blick in die Technikgeschichte offenbart, dass um etwa 1800 im Bereich der Technik Zuschreibungen entstehen, die klare Unterschiede zwischen „typisch" männlichen und weiblichen Persönlichkeitsmerkmalen konstruieren (vgl. Collmer 1997, S. 42). Frauen gelten nun als zu passiv, zu subjektiv und zu emotio-

---

1 Vgl. hierzu auch Kapitel 6.3.

nal, um mit der Technik umgehen zu können. Männer hingegen gelten als aktiv, objektiv und rational und dementsprechend als geeignet, Technik zu entwickeln und zu gebrauchen. Frauen werden vor dem Hintergrund dieser Deutungen aus dem Technikbereich ausgeschlossen, und Technik wird – im deutschsprachigen Raum – zu einem „tertiären Geschlechtsmerkmal" für Männer, wie es beispielsweise Janshen (1983, S. 298) formuliert. In diesem Sinne verkörpert die Technik selbst patriarchale Werte, so Wajcman (1992, S. 18). Erst der Modernisierungsprozess mit seinen zunehmenden Individualisierungstendenzen bringt langsame Veränderungen mit sich. Durch die vergrößerten Handlungsspielräume jedes Einzelnen scheint die einst strikte Grenze zwischen der „männlichen Technik" und der „weiblichen Frau" allmählich durchlässiger zu werden (vgl. Collmer 1997). Dennoch ergeben empirische Studien der nahen Vergangenheit, dass weiterhin ein „Gefälle" zwischen den Geschlechtern konstruiert wird, das sich darin ausdrückt, dass Männern eine höhere technische Qualifikation zugesprochen wird als Frauen (vgl. z. B. Cockburn 1983; Collmer 1997). Und nach wie vor gelten Frauen als eher technikfeindlich und -ablehnend (vgl. z. B. Brosius, Haug 1987).

Die Rekonstruktion derartiger Geschlechterdifferenzen muss allerdings mit Vorsicht behandelt werden, wird von aktuelleren theoretischen Ansätzen der Genderforschung – wie dem *Ambivalenzmodell* – gefordert (vgl. Collmer 1997). Denn durch ein Festhalten an den Stereotypen als soziale Realität würden diese gleichzeitig weiter verfestigt. Insofern sei es wichtig, einen Erklärungsansatz zu wählen, der nicht schon vorab eine Einengung auf die Dichotomie – Mann versus Frau – vornehme. Es müsse vielmehr geklärt werden, wie es zur Konstruktion der differierenden Geschlechterrollen komme. Da insbesondere die empirischen (re)konstruktivistischen Ansätze zur Geschlechterforschung die Prozessperspektive mit in ihre Konzeption einbeziehen, indem sie das *„Doing Gender"* in den Mittelpunkt rücken, werden sie hier als theoretische Basis gewählt (vgl. Hirschauer 1993).

West und Zimmermann (1987) betonen, dass sich Männer und Frauen durch ihr *Handeln* im Geschlechterverhältnis positionieren und infolgedessen die kulturelle Konstruktion von Zweigeschlechtlichkeit mit konstituieren. Sie vertreten die Annahme des sogenannten *„Doing Gender"*. Unter diesem Begriff wird ein soziales Phänomen verstanden, „durch welches das dichotome Ordnungsschema der mentalen, psychischen und sozialen Attribuierung von Männlichkeit und Weiblichkeit lebensweltlich realisiert wird" (Collmer 1997, S. 83). Das bedeutet, die Subjekte stellen die spezifische Ausgestaltung ihrer Geschlechtszugehörigkeit immer wieder selbst neu her (vgl. Ahrens 2009, S. 62). Daher gilt in diesem Sinne: Wenn eine Gesellschaft eine Kategorisierung in Männer und Frauen für wichtig erachtet und durchsetzt, dann wird diese im konkreten Handeln der Einzelnen mit konstituiert (vgl. Hagemann-White 1993, S. 1). Das „Doing Gender" bedeutet aus dieser Perspektive eine polarisierte binäre Kodierung von Männern und Frauen, die sich in den Identitäten der Individuen widerspiegelt und schließlich als quasi „natürlich" angesehen wird (vgl. Collmer 1997, S. 83). Sie erscheint dann als zentrales Ordnungsprinzip der Gesellschaft.[2]

Aus der Perspektive des „Doing Gender" ist es also möglich, die Konstruktion der Geschlechterrollen auf der Basis einer Analyse ihrer Produktionsbedingungen und ihrer Entstehungsgründe nachzuvollziehen. Dementsprechend müsste es zugleich möglich sein, so lautet die hier verfolgte These, die oben angedeuteten „neuen Muster" zu identifizieren und ihre Entstehungsbedingungen nachzuvollziehen; die Muster, die der herkömmlichen Genderlogik zu widersprechen scheinen. Es muss im Folgenden also einerseits danach gefragt werden, welche Prozesse und Rahmenbedingungen dazu führen, dass „klassische" Genderrollen reproduziert werden, und andererseits, welche Kontexte neue Muster hervorbringen.

Da insbesondere beim Umgang mit der neuen, digitalen Technik neue Formen der „Genderlogik" entdeckt wurden, stehen im folgenden Kapitel bisherige Erkenntnisse zu diesem Technikbereich aus der Geschlechterperspektive im Mittelpunkt.

14.1.2 Geschlechterdifferenzen beim Umgang mit neuer Technik

Eine Untersuchung des Instituts für Arbeitsmarkt- und Berufsforschung aus dem Jahre 1988 kommt zu dem Schluss, dass das „klassische" Genderarrangement durch die neue Technik *nicht* aufgebrochen wird (vgl. Stooß et al. 1988, S. 8). Auch nach der Einführung der neuen Techniken würden Männern nach wie vor die hierarchisch höherstehenden, anspruchsvolleren technikbezogenen Tätigkeitsfelder zugeordnet, während die „feminisierten" Arbeitsbereiche als einfacher und weniger qualifiziert gelten würden. Und die Einschätzung der Arbeit würde sich, nach Ahrens (2009, S. 65), gleichzeitig weniger auf die tatsächlichen Anforderungen als auf das Geschlecht der sie ausführenden beziehen. Das würde auch an der Art ihrer Beschreibung deutlich: Während beispielsweise die Nutzung des Computers von Frauen als „typewriting" (= schreiben) bezeichnet würde, hieße

---

2 Die Schwierigkeit bei der Aufdeckung dieser Muster und ihrer Entstehung in der Empirie ist allerdings, die nötige Distanz zum Phänomen der Zweigeschlechtlichkeit immer mitzudenken. Denn „wenn das ‚Geschlecht' nicht mehr als unhinterfragtes Merkmal einer Person gelten kann, sondern selbst zum Gegenstand wissenschaftlicher Forschung wird, dann steht ein grundlegendes Ordnungsprinzip des sozialen Zusammenlebens zur Disposition" (Collmer 1997, S. 89).

es bei den Männern „keyboarding" (= Tastatur bedienen), wobei Letzterem eindeutig mehr Prestige zugeschrieben werde (vgl. hierzu auch Collmer 1997, S. 90). Collmer (ebd.) betont, dass die Einführung des Computers zwar einerseits als eine Chance für Frauen verstanden werden könne, durch ein Informatikstudium Zugang zu den hochqualifizierten technischen Berufen zu erlangen, andererseits sei der Anteil der Studentinnen aber schon seit 1983 wieder rückläufig.

Beisenherz (1989, S. 93 ff.) hingegen beschreibt einen Wandel der geschlechtsspezifischen Verhältnisse im Technikbereich: Nach ihm drückt sich der Unterschied zwischen den Geschlechtern bis in die 1950er Jahre hinein über „Ausschlussregeln" aus. Frauen würden aus technischen Berufsfeldern ausgeschlossen, ebenso wie ihnen eine geringe technische Kompetenz zugewiesen werde. Später hingegen entfalte die sogenannte *„technische Situation"* eine geschlechtspolarisierende Wirkung. Eine technische Situation ist nach Beisenherz zum einen die, in der Technik konstruiert wird, und zum anderen die, in der eine im Ablauf gestörte Technik wieder funktionsfähig gemacht werden soll. Während Frauen als diesen technischen Situationen ausgeliefert und nicht „gewachsen" angesehen würden, würde Männern die Kompetenz zugesprochen, adäquat mit ihnen umzugehen. Es werde eine Komplementarität zwischen „männlicher Technikkompetenz" und „weiblicher Hilfsbedürftigkeit" sowohl vorausgesetzt als auch erzeugt, die auch im Alltag reproduziert würde.

Betrachtet man die unterschiedlichen Formen der *Technikaneignung* bezogen auf die neue Technik, dann zeigt sich, dass Männern vor allem ein *technikimmanenter Zugang* zur Technik zugeschrieben wird (vgl. z. B. Schönberger 1999). Das heißt, bei Männern wird ein grundsätzliches Interesse an der Funktionsweise der Technik vorausgesetzt, die dann als Auslöser für eine intensive Beschäftigung mit ihr gilt. Aber auch ein *spielerischer Einstieg* wird als eine typisch „männliche" Form der Technikaneignung beschrieben, was sich durch viele Studien auch belegen lässt (vgl. z. B. Lenhart 1995, Schönberger 1999). Frauen hingegen scheinen einen eher *inhaltlich-anwendungsbezogenen Einstieg* zu wählen, indem sie aufgrund ihres Wunsches nach bestimmten technischen Funktionen pragmatisch und effizienzorientiert den Umgang mit einem Gerät erlernen (vgl. Collmer 1997, S. 66). Männer bringen sich die Nutzung neuer Technik vermehrt durch „learning by doing" und mit Hilfe von Fachliteratur bei, während Frauen die Aneignung von Technikkompetenz im Rahmen von Lerngruppen bevorzugen (vgl. ebd.). Auch wenn die beschriebenen geschlechtsspezifischen Unterschiede bei den Formen der Technikaneignung gegenwärtig noch belegt werden können, zeigt sich nach Ahrens (2009) dennoch eine langsame Angleichung der Aneignungsweisen.

Werden die jeweiligen *Einschätzungen der eigenen Technikkompetenz* in den Blick genommen, zeigt sich, dass Männer ein größeres Vertrauen in ihre technischen Fähigkeiten besitzen als Frauen (vgl. Schumacher und Morahan-Martin 2001). Diese Differenzen zeigen sich weniger bei routinemäßigen als bei komplizierteren Aufgaben (vgl. Sarparniene, Merkys 2005, S. 40). Hargittai und Shafer (2006) können zum Beispiel herausarbeiten, dass Frauen dazu neigen, ihre Internetkompetenzen zu unterschätzen, mit der Folge, dass sie neue Onlinetätigkeiten oft gar nicht erst ausprobieren. Und Livingstone (2002) kann zeigen, dass das Geschlecht der Schlüssel zu den häuslichen Kommunikationstechniken ist: Auf der Basis ihrer Untersuchungen sehen sich Brüder und Männer zu Hause doppelt so oft als „Experten" als ihre Schwestern und Mütter. Der Zusammenhang von Männlichkeit und wahrgenommener hoher Technikkompetenz gilt nach Ahrens (2009, S. 68) länderübergreifend.

Darüber hinaus wird Frauen eine eher *ambivalente oder kritische und distanzierte Haltung* gegenüber der neuen Technik zugeschrieben (vgl. Böttger, Mettler-Meibom 1990, S. 7). Denn sie definierten Technik grundsätzlich als eher männlich, und für sie gelte, dass ein Gerät umso technischer = männlicher sei, je weniger sie sich damit auskennen würden (vgl. Ahrens 2009, S. 68). Technische Geräte, die in ihrem Alltag fest etabliert sind, würden hingegen häufig nicht mehr als Technik angesehen. Und infolgedessen nähmen Frauen auch ihre eigene Kompetenz im Umgang mit diesen Geräten nicht wahr, so argumentiert Ahrens (vgl. ebd.).

Zusammenfassend kann festgehalten werden, dass sich Männer und Frauen durch ihre jeweiligen Konstruktionen von Technikkompetenz bzw. Inkompetenz im Geschlechterverhältnis positionieren. Während Männer verstärkt Selbstbewusstsein beim Umgang mit den neuen Techniken zeigen, üben Frauen eher Zurückhaltung. Auch wenn neuere Ergebnisse auf eine langsam zunehmende Durchlässigkeit dieser Grenzziehung hinweisen, zeigt sich nach Ahrens (ebd. 71) dennoch beim Einsatz neuer Techniken überwiegend eine Reproduktion der klassischen, traditionellen Geschlechterarrangements.

14.2 Empirische Ergebnisse

Durch die Analyse der empirischen Daten sollen nun die Rahmenbedingungen und Prozesse aufgedeckt werden, die zu den oben erwähnten sogenannten „neuen" Mustern beim alltäglichen Umgang mit Technik führen, die der „klassischen" Genderlogik zu widersprechen scheinen. Diese werden als *De-Gendering-Prozesse* bezeichnet. Um sie besonders deutlich herausarbeiten und abgrenzen zu können, werden ebenfalls die „klassischen" Muster rekonstruiert, die *Re-Gendering-Prozesse,* die das altbekannte Geschlechterverhältnis stabilisieren. Besonders deutlich zeigen sich die Re- und De-Gendering-Prozesse bei den Älteren, die in einer Partnerschaft leben. Dementsprechend werden diese bevorzugt in die Analyse einbezogen.

Es wird – idealtypisch konstruiert – zwischen den folgenden Mustern unterschieden: Das *„klassische Arrangement"* beschreibt das häufig als „natürlich" angesehene geschlechtsspezifische Deuten und Handeln, das in Bezug auf den Umgang mit Technik ein „Gefälle" zwischen den Geschlechtern konstruiert und den Männern dabei eine höhere Technikkompetenz zuschreibt als den Frauen. Demgegenüber existiert zugleich ein „neues" Muster – als *„Weibliche Technikkompetenz, männliche Technikaversion"* bezeichnet –, das einen deutlichen De-Gendering-Prozess offenbart, der sich in einer Umkehr der Rollenzuschreibungen manifestiert. Diesem können unterschiedliche Motive zugrunde liegen: So kann der Prozess beispielsweise durch zunehmende, altersbedingte physische und kognitive Einschränkungen des männlichen Partners veranlasst werden. Aber auch der Einsatz von neuer, für beide Partner bislang völlig unbekannter Technik kann eine Veränderung ihrer ehemals „klassischen" Überzeugungen bewirken. Ein weiteres Muster, das im Folgenden *„Die heimliche Technikkompetenz der Frau"* bezeichnet wird, beschreibt eine Zwischenposition zwischen den anderen Mustern. Hier wird „offiziell" – vor dem sozialen Umfeld und/oder auch vor dem Partner oder der Partnerin – auf der Deutungsebene an der klassischen Genderlogik festgehalten; diese wird aber im konkreten Alltag an vielen Stellen, vor allem auf der Handlungsebene, überwunden. Ein weiterer Typus wird als *„Quer zur Genderlogik"* bezeichnet. Zentral ist bei den Älteren, die diesem Muster zugeordnet werden, dass sie (fast) keinen systematischen Unterschied zwischen den Geschlechtern beim Umgang mit Technik konstruieren.

Die unterschiedlichen Gendering-Prozesse werden im Folgenden in der Weise herausgearbeitet, dass im ersten Schritt die von den Älteren subjektiv *wahrgenommenen* geschlechtsspezifischen (In-)Kompetenzen im Umgang mit Technik (die Deutungen) präsentiert werden. Daran schließt sich die Beschreibung des technischen Handelns in ihrem praktischen Alltag an, in dem sich die ihren Deutungen implizite „Genderlogik" widerspiegelt. Anschließend werden die Beweggründe bzw. die konkreten Anlässe herausgearbeitet, die die klassische Genderlogik reproduzieren oder auch verändern.

14.2.1 Klassisches Arrangement

Grundlegend für das „*klassische Arrangement*" im Umgang mit Technik ist die Überzeugung der Älteren, dass Männer sowohl technikkompetent als auch technikinteressiert sind. Frauen hingegen werden als wenig technikaffin und als wenig technikkompetent wahrgenommen. Im Alltag spiegeln sich diese Einstellungen in den unterschiedlichsten Praxen wider, denen dennoch ein zentrales Prinzip zugrundeliegt: das der Hierarchisierung des Geschlechterverhältnisses, verbunden mit einem „Abwertungsdiskurs" der Frauen. Es gilt als unhinterfragt selbstverständlich, dass Frauen immer der Hilfe der Männer bedürfen, wenn sie die Technik im Haushalt adäquat einsetzen wollen. Diese Überzeugungen teilen geschlechtsübergreifend sowohl die weiblichen als auch die männlichen Vertreter dieses Typus.

Im *praktischen Alltag* zeigt sich das „*klassische Arrangement*" zum Beispiel darin, dass die Frauen technische Geräte im Haushalt zwar selbstverständlich nutzen, sich bei technischen Problemen aber unverzüglich an ihre Partner wenden. So inszeniert beispielsweise eine Ältere sehr deutlich ihre eigene Hilflosigkeit, wenn sie eine per E-Mail eingegangene Datei ihrer Freundin nicht öffnen kann. Mit der Folge, dass sich ihr Partner sofort ihres Problems annimmt und die Datei so umformatiert, dass sie sie bequem und ohne weiteres Nachdenken öffnen kann. Eine andere Ältere gerät in fast wütende Aufregung, wenn sie – für sie völlig undurchschaubare – Probleme mit ihrem Internetzugang hat, und der Partner steht augenblicklich bereit, um ihr den Zugang wiederherzustellen. Als unangenehm empfinden einige der Frauen in dieser Situation nur, dass ihr Partner bei der Problembewältigung hin und wieder eine Art Lehrer-Schüler-Verhältnis inszeniert und sich in seiner Rolle des „Lehrers" über das technische Unverständnis seiner Partnerin echauffiert.

Aus der Perspektive der Männer bedeuten die weiblichen Hilflosigkeits-„Strategien" in Problemsituationen in erster Linie die Erwartung an sie, ihre männliche Technikkompetenz zu demonstrieren, indem sie das technische Problem ihrer Partnerin erfolgreich bewältigen. Dieser Erwartung kommen sie in der Regel gerne nach. Dadurch erhalten sie zugleich eine Bestätigung ihrer eigenen Technikkompetenz, aber auch die der weiblichen Inkompetenz und der weiblichen Aversion, sich intensiver mit der jeweiligen Technik zu beschäftigen. In einigen Fällen erscheint es durchaus so, als wäre den Männern eher wenig daran gelegen, ihre Partnerin zur Selbsthilfe bzw. zur Aneignung eines gewissen Grads an Technikkompetenz zu ermutigen. Vielmehr scheinen sie viel stärker motiviert, ihrer Partnerin weiterhin als ständiger Helfer und Unterstützer zur Seite stehen zu können. Die Problemlösung durch die Männer trägt wiederum dazu bei, dass sich die Frauen ihrer im Vergleich zu den Männern als deutlich geringer bzw. als fehlend wahrgenommenen Technikkompetenz noch bewusster werden und daraufhin ihre Hilflosigkeits-„Strategien" im Bedarfsfall weiter verstärken.[3]

Neben der Delegation technischer Probleme an ihre Partner tragen weitere Deutungsmuster der Frauen dazu bei, auf ihre angeblich mangelnde Technikkompetenz aufmerksam zu machen bzw. sie in gewisser Weise selbst zu inszenieren, auch wenn ihnen das nicht unbedingt bewusst ist. Es fällt auf, dass sie die Technik, die sie regelmäßig und völlig problemlos in ihrem Alltag einsetzen, häufig nicht (mehr) als Technik wahrnehmen, was dazu führt, dass sie ihre Kompetenz im Umgang mit ihr ebenfalls nicht bemerken. So berichtet beispielsweise eine Ältere ausführlich von ihren vielen Autofahrten, um diverse Einkäufe zu erledigen, stellt das Auto dabei aber nicht explizit als ein technisches Gerät dar. Oder eine andere nutzt problemlos ihr E-Bike, ohne dass es in ihren Erzählungen als eine Technik erscheint. Insofern können diese Frauen mit der Nutzung der Geräte auch keine eigenen (Anwender-)Kompetenzen verbinden.

Zu einem vergleichbaren Resultat führt eine weitere, sehr gängige Deutung: Viele der Frauen, die diesem Typus zugerechnet werden, beschreiben die Geräte, die sie selbst nutzen, als unkompliziert, als einfach zu handhaben oder sogar als „idiotensicher". Selbst eine komplexe, digital gesteuerte Strickmaschine bezeichnet eine der Älteren als ein kinderleicht zu handhabendes Gerät. Und eine andere beschreibt die Nutzung des Internets als Kinderspiel, da die Programme so nutzerfreundlich und verständlich geworden seien. Hier zeigt sich ein vergleichbarer Effekt wie oben: Die eigene Anwendungskompetenz wird aufgrund der als „einfach" wahrgenommenen Technik als minimal eingeschätzt. Die älteren Frauen sind davon überzeugt, dass die von ihnen verwendete Technik keine große technische Herausforderung darstellt, so dass ihr Einsatz keinerlei (weibliche) Kompetenz voraussetzt.

Soll das klassische Rollenarrangement in der Alltagspraxis aus der Perspektive der Männer beschrieben werden, die diesem Typus zugerechnet werden, stößt man schnell auf Probleme. Denn in den mit ihnen geführten Interviews kommen Frauen fast nicht vor. Es scheint so, als würden sie den Frauen beim Thema Technik fast keine Bedeutung zuweisen. Allenfalls als Schülerinnen oder als Per-

---

3   Bei der Beschreibung dieser Handlungsabfolge wird deutlich, wie sich die klassischen, traditionellen Rollenvorstellungen durch die alltäglichen Praxen von Männern und Frauen mitkonstituieren und so weiter verfestigt werden.

sonen, die permanent der Unterstützung durch die Männer bedürfen, finden sie Erwähnung.

Was sind die *Beweggründe bzw. die Ursachen* für die oben beschriebenen, von den älteren Männern und Frauen favorisierten Handlungs- und Deutungsmuster beim Technikeinsatz im Alltag? Immer noch scheint bei diesen Älteren die klassische Genderlogik – die sich durch das Bild der technikfernen und -inkompetenten Frau und des technikaffinen und -kompetenten Mannes auszeichnet – unhinterfragt selbstverständlich. Die dichotome Rollenverteilung im Umgang mit Technik, die ein hierarchisches Geschlechterverhältnis generiert, wird von den Älteren als etwas quasi „Natürliches" erlebt und infolgedessen nicht weiter reflektiert oder gar in Frage gestellt. Es gelten die schon seit ihrer frühen Kindheit erlernten geschlechtsdifferierenden Handlungs- und Deutungsmuster bezogen auf den Umgang mit Technik. Diese orientieren sich immer noch an den Normen und Werten, so die Vermutung, die sich seit dem 19. Jahrhundert im Rahmen der zunehmenden gesellschaftlichen Technisierung herausgebildet haben und Frauen und Technik als einen Antagonismus beschreiben (vgl. hierzu auch Collmer 1997, S. 42).

Insbesondere bei diesem Typus zugeordneten Männern zeigt sich deutlich, dass sie Frauen aufgrund der ihnen zugeschriebenen technischen Inkompetenz aus dem Bereich der Technik eher ausschließen. Das stützt die These von Beisenherz (1989), dass Frauen durch spezifische „Ausschlussregeln" von der Technik ferngehalten werden. Interessant erscheint hierbei, dass Beisenherz die Gültigkeit dieser „Regeln" in den 1950er Jahren bereits beendet sah, während sich in dieser Studie aber dennoch Belege finden, die seine These auch heute noch stützen. Die Vermutung liegt nahe, dass dieses Phänomen auch auf das Alter der hier Befragten zurückgeführt werden kann. Der Argumentation Sackmanns und Weymanns (1994) folgend kann angenommen werden, dass sich die in jungen Jahren erlernten Überzeugungen – hier bezogen auf die Geschlechterdichotomie im Bereich Technik – im Verlaufe des Lebens immer weiter verfestigt haben und dementsprechend nun als „natürlich" angesehen werden. Diese Überzeugungen, so die weitere Argumentation, haben darüber hinaus eine Verstärkung erfahren, weil sie tief in die alltäglichen Handlungsmuster und -routinen eingelassen sind und dadurch ständig reproduziert werden.

Zugleich weisen die empirischen Ergebnisse darauf hin, dass eine geschlechtsspezifische Unterscheidung heute in vielen Fällen entlang einer neuen „Grenzziehung" erfolgt. Ganz im Sinne einer weiteren These von Beisenherz (1989, S. 93 ff.) zeigt sich, dass es heute vor allem die als schwierig beurteilten sogenannten „technischen Situationen" sind, die zu einer geschlechtsspezifischen Dichotomisierung der Handlungsfelder führen. Sowohl von Männern als auch von Frauen wird in problematischen, undurchschaubaren und/oder komplexen „technischen Situationen" den Männern die Verantwortung zugesprochen, während Frauen, so ihre Annahme, nur „einfachen" Situationen – wie einfachen technischen Anwendungen – gewachsen sind.

Diese Dichotomisierung der Handlungsfelder bedeutet für die Männer eine kontinuierliche Bestätigung und Anerkennung ihrer technischen Kompetenz. Das scheint in vielen Fällen mit einer Identitätsstiftung bzw. -stärkung einherzugehen und steigert ihr Selbstbewusstsein, so die Vermutung. So wird auch verständlich, dass einige Männer diese Situation bewusst aufrechterhalten, indem sie ihre Partnerin bei technischen Problemen stets unterstützen und sie nicht oder nur wenig zur Aneignung von eigener Technikkompetenz motivieren.

Für die Frauen bedeutet dieses „Geschlechterdifferential" (Ahrens 2009) einerseits die weitergehende Stabilisierung ihres Zustands der andauernden Hilflosigkeit in „technischen Situationen". Andererseits ist es für sie aber auch mit Vorteilen verbunden, die sie durchaus zu schätzen wissen: Denn es führt gleichzeitig zu ihrer (Arbeits-)Entlastung. Viele der Frauen beschreiben es als sehr bequem, wenn sie die Lösung eines technischen Problems ohne vorherige eigene Anstrengungen an ihren Partner delegieren können. Dass dieses Geschlechterarrangement sowohl von Männern als auch von Frauen mit wichtigen Vorteilen assoziiert wird, macht es verständlich, dass nach wie vor daran festgehalten wird.

Ein weiteres Phänomen, das sich stabilisierend auf das *„klassische Arrangement"* auswirkt, ist die Neigung der Frauen, eine Vielfalt der technischen Geräte, die sie in ihren Alltag integriert haben, nicht als Technik wahrzunehmen. Hier spiegelt sich das wider, was Ahrens (2009) als eine alltagskulturelle Rahmung von Technik bezeichnet: Die problemlos in den Alltag integrierte Technik wird gerade aufgrund ihrer Problemlosigkeit nicht mehr als Technik wahrgenommen. Und diese Deutung wiederum führt dazu, dass eine adäquate Nutzung dieser Geräte nicht mehr als eine Form der Kompetenz wahrgenommen wird. Es erfolgt insofern eine implizite Abwertung der Anwendungskompetenz der Frauen dadurch, dass sie sie selbst nicht als eine Form der Kompetenz wahrnehmen.

14.2.2 Weibliche Technikkompetenz, männliche Technikaversion

Ganz anders denken und handeln die Älteren, die diesem Typus zugeordnet werden. Ihre Überzeugungen implizieren die Umkehr des oben beschriebenen *„klassischen Arrangements"*, was aber nicht auf ihre *allgemeinen* geschlechtsspezifischen Einstellungen und Überzeugungen zurückgeführt werden kann, sondern auf ihre konkrete Alltagssituation. Aus der jeweiligen Situation heraus wird der Frau bzw. der Partnerin ein großes Technikinteresse und eine solide Technikkompetenz zugeschrieben, dem Mann bzw. dem Partner (oder auch dem Arbeitgeber) hingegen wird wenig Technikkompetenz und/oder ein fehlendes Technikinteresse attestiert. Sowohl die Männer als auch die Frauen dieses Typus vertrauen darauf, dass die Frau schwierige technische Probleme – „technische Situationen" – selbstständig lösen kann, und vermuten, dass der jeweilige Mann dazu eher nicht in der Lage wäre.

Für eine Teilgruppe der Frauen dieses Typus – sie werden im Folgenden „*weibliche digitale Profis*" bezeichnet – gilt, dass sie nur bezogen auf die neue Technik von einer Umkehr der Rollenverhältnisse ausgehen, während sie im Bereich der klassischen Technik an der traditionellen, „klassischen" Genderlogik festhalten. Daher gilt für die folgenden Darstellungen zum praktischen Alltag, dass sich diese für die „*weiblichen digitalen Profis*" nur auf die neue Technik beziehen.[4]

Die Frauen, die diesem Typus zugeordnet werden, bewältigen die technischen Herausforderungen in ihrem *praktischen Alltag* mit großer Souveränität und Freude. Sowohl im Rahmen ihrer Berufstätigkeit als auch in den „eigenen vier Wänden" fühlen sie sich für viele technische Geräte verantwortlich und sind daran interessiert, sie zur Zufriedenheit aller adäquat zu nutzen. Technischen Problemen begegnen sie mit großer Offenheit und Kompetenz. Sie werden von ihnen als eine interessante Chance betrachtet, sich näher mit der jeweiligen Technik beschäftigen zu können.

Die Männer dieses Typus hingegen vermeiden technische Herausforderungen. Geräte, mit denen sie sich schon lange beschäftigt haben, nutzen sie zwar selbstverständlich, aber den Einsatz neuer, ihnen unbekannter Geräte lehnen sie eher ab. Lieber verzichten sie auf deren Vorteile, um sich möglichst wenig mit der Technik auseinandersetzen zu müssen. Auch technischen Schwierigkeiten mit den längst eingeführten Geräten gehen sie gerne aus dem Weg, indem sie in Problemsituationen die Partnerin zu Hilfe holen. Dennoch erlauben sie dieser in „normalen" – das heißt in diesem Fall in unproblematischen – Situationen in der Regel eher nicht, „ihre" Geräte zu benutzen. So verweigert ein Älterer beispielsweise seiner Partnerin die Nutzung seines Handys, mit der Konsequenz, dass sie sich selbst eines gekauft hat.

---

4 Dieser Untergruppe konnten im Rahmen der Studie keine Männer zugeordnet werden, so dass deren Perspektive hier nicht beleuchtet werden kann.

Aber nicht nur der Partner, auch ein Arbeitgeber kann sich als wenig technikkompetenter Mann erweisen und stets auf die Hilfe der Frauen angewiesen sein. Beispielsweise muss sich eine der befragten Frauen fortgesetzt über neu auf den Markt gekommene PC-Programme für die Buchhaltung informieren, weil sich ihr Arbeitgeber dazu nicht in der Lage fühlt. Gleichzeitig muss sie ihn regelmäßig bei technischen Problemen mit den vorhandenen Geräten unterstützen. Eine andere Frau besucht zum Beispiel Messen und Fortbildungen, um sich über Technik, die für die Firma ihres Arbeitgebers interessant sein könnte, auf dem Laufenden zu halten, weil der Chef nicht über die nötige Kompetenz dazu verfügt.

Typisch für (Ehe-)Paare, die diesem Muster zugeordnet werden, ist eine mitunter recht strikte Trennung zwischen den eigenen Geräten und denen des Partners bzw. der Partnerin. Meist werden dem Mann die Geräte zugerechnet, mit denen er problemlos umgehen kann, während der Frau alle restlichen Geräte zugeschrieben bzw. überlassen werden. Und nach und nach „übernehmen" die Frauen weitere Geräte von den Männern.

Dementsprechend sind es in der Regel – unhinterfragt selbstverständlich – auch die Frauen, die sich nach einer Geräteanschaffung intensiv mit der jeweiligen Bedienungsanleitung beschäftigen und sich die nötige Technikkompetenz für den Einsatz der Geräte aneignen. Falls es sich um ein Gerät handelt, das beide Ältere nutzen (müssen), dann erklären die Frauen ihrem Partner meist geduldig seine Bedienung. Auch wiederholtem Nachfragen und Unverständnis von Seiten des Partners begegnen sie mit großer Gelassenheit und Ruhe. So muss eine Ältere ihrem Partner die Bedienung des schnurlosen Telefons, das vor allem aufgrund seiner Gehbehinderung angeschafft wurde, immer wieder aufs Neue erklären und ihm die wichtigsten Telefonnummern einspeichern, um ihm das Telefonieren zu erleichtern.

Was sind die *Beweggründe* bzw. die *Ursachen* für diese Umkehr des *„klassischen Arrangements"*? Es können zwei unterschiedliche Bedingungskonstellationen herausgearbeitet werden, die zu den oben beschriebenen De-Gendering-Prozessen führen und in der Folge den Frauen eine höhere Technikkompetenz zuweisen.

Konstellation I: Die am häufigsten belegte Ursache für den De-Gendering-Prozess ist die *fehlende männliche Technikkompetenz* im sozialen Umfeld dieser Frauen. Hierbei kann es sich sowohl um den wenig technikversierten Partner oder einen anderen engen männlichen Angehörigen (wie den Vater) als auch um den Arbeitgeber handeln. Die bei ihnen identifizierte mangelnde Technikkompetenz ist der direkte Auslöser dafür, dass sich die Frauen verstärkt mit der Technik beschäftigen (müssen). Dabei können wiederum zwei Gründe für die mangelnde Technikkompetenz der Männer herausgearbeitet werden:

Ein Teil der Männer (in einer Partnerschaft) ist grundsätzlich und dauerhaft wenig an Technik interessiert und fühlt sich wenig technikkompetent. Seit Bestehen der Partnerschaft beschäftigt sich daher die Partnerin regelmäßig mit den notwendigen technischen Anschaffungen, der Erarbeitung der nötigen Technikkompetenz und der Instandhaltung der Geräte. Ihr wird die Rolle der „Technikkompetenten" von Beginn an zugeschrieben, die sie im Laufe der Zeit immer erfolgreicher erfüllt. Eine vergleichbare Situation ergibt sich für die Frauen, die im Rahmen ihrer Berufstätigkeit die fehlende Technikkompetenz ihres Arbeitgebers durch die Aneignung eigener technischer Kompetenzen „wettmachen" bzw. ausgleichen müssen. Auch hier zeigt sich eine im Laufe der Zeit zunehmende Steigerung der weiblichen Technikkompetenz, die von allen wahrgenommen wird.

Eine weitere Ursache für die mangelnde männliche Technikkompetenz – eine, die in dieser Studie häufig zu finden ist – sind altersbedingte kognitive, physische und/oder sensorische Einschränkungen bei den Männern. Aufgrund ihrer Behinderung sind diese Männer immer weniger in der Lage, sich adäquat um den Einsatz der technischen Geräte im Haushalt zu kümmern. Zwar bestehen sie darauf, die Geräte, die sie schon lange kennen und beherrschen, weiterhin zu nutzen, aber allen Neuanschaffungen gegenüber verweigern sie sich zunehmend. Dabei ist unerheblich, ob sich die Männer früher – in der Phase ihrer Erwerbstätigkeit – intensiv mit Technik beschäftigt haben oder nicht. Sowohl dem ehemaligen Ingenieur als auch dem Krankenpfleger ist hier ein Gefühl zunehmender technischer Inkompetenz gemein, mit der Folge, dass Technik nach Möglichkeit gemieden wird.

Auslöser für die Umkehrung des Rollenarrangements auf der Basis der Bedingungskonstellation I ist also immer (mindestens) ein technisch wenig kompetenter Mann im sozialen Umfeld der Frau. Man kann vermuten, dass das Interesse an einem kompetenten Umgang mit Technik von Seiten der Frauen in diesen Fällen zwar durchaus als Chance und als Bereicherung erlebt wird, aber dennoch bis zu einem gewissen Grad von den konkreten Bedingungen „erzwungen" wurde. Darüber hinaus ist das weibliche Engagement zugleich mit einem gelegentlich stark erhöhten Arbeitseinsatz verbunden. Dennoch lässt sich zeigen, dass die Frauen durch den „Rollentausch" vielfach – und nicht nur von ihren Partnern – große Anerkennung und Respekt erhalten und ihn als identitätsstiftend und das Selbstbewusstsein steigernd vor allem genießen. Dabei kann der Grad der wahrgenommenen weiblichen Technikkompetenz durchaus massiv variieren. Wichtig ist allein, dass die Frauen sich ihrer höheren technischen Kompetenz im Vergleich zu ihrem Partner (bzw. ihrem Arbeitgeber) gewiss sind.

Für die Männer bedeutet dieses Arrangement allerdings nicht nur Arbeitserleichterung, Bequemlichkeit und Freude. Denn ihnen ist – schon allein aufgrund ihres fortgeschrittenen Alters – das „*klassische Arrangement*" meist noch bestens vertraut. Und vor diesem Hintergrund ist es vor allem bedrückend und beschämend für sie, wenn die Partnerin oder – was als noch bitterer erlebt wird – das soziale Umfeld mit der eigenen technischen Inkompetenz konfrontiert wird. Eine Strategie, um die als Blöße erlebte Situation bzw. den damit verbundenen „Prestigeverlust" (auch vor sich) zu verbergen, scheint im strikten Trennen zwischen „ihren" Geräten – die sie (noch) problemlos nutzen können – und denen der Partnerin zu bestehen. So legen sie Wert darauf, dass die von ihnen angeschafften und (noch) beherrschten Geräte allein ihnen „gehören". Ein Älterer stellt beispielsweise seiner Partnerin grundsätzlich nicht sein Handy zur Verfügung. Und ein anderer erlaubt seiner Partnerin nicht die Benutzung seiner Videokamera, mit der Begründung, sie könnte sie beschädigen. Diese Handlungsweisen können als ein Indiz dafür gedeutet werden, dass der Wunsch dieser Männer nach dem „*klassischen Arrangement*" meist vorhanden ist, der praktische Alltag es aber nicht (mehr) zulässt, nach diesem Ideal zu leben.

Da die Frauen diesen Rollentausch fast durchweg als eine Bereicherung erfahren und die Männer den – meist unerwünschten – Zustand nicht (mehr) ändern können, handelt es sich um einen recht stabilen De-Gendering-Prozess. Dieser wird noch dadurch verstärkt, dass die gleichbleibend niedrige oder zurückgehende Technikkompetenz der Männer in einer sich immer weiter technisierenden Gesellschaft eine immer größere Technikkompetenz der Frauen erfordert. Die vermeintliche „Natürlichkeit" des *„klassischen Arrangements"* wird hier durch die alltäglichen Handlungspraxen deutlich widerlegt.

Konstellation II: Bei den „*weiblichen digitalen Profis*" lässt sich der De-Gendering-Prozess auf andere Ursachen zurückführen. Diese älteren Frauen erleben die sogenannte „digitale Revolution" (Rifkin 2004) als eine großartige Chance, ihre Emanzipationsbestrebungen zumindest im Bereich der neuen Technik auch noch im Alter zu verwirklichen.

Grundlegend ist bei ihnen die Überzeugung, dass sich die neuen, digitalen Techniken so gravierend von den klassischen unterscheiden, dass sie zugleich einer neuen Form der Technikkompetenz bedürfen. Sie sind überzeugt, dass das bisherige, „alte" Technikwissen zur Bedienung der neuen Technik entbehrlich bzw. überflüssig ist. Und über das „alte" Technikwissen, das sich auf den Umgang mit klassischer Technik bezieht, verfügen aus ihrer Perspektive vor allem die Männer. Dementsprechend gehen diese Frauen durchaus von einem geschlechtsspezifischen Kompetenzgefälle im Umgang mit Technik aus (das *„klassische Arrangement"*), beziehen dieses aber nur auf die klassische Technik. Ihre Überzeugung ist, dass die neue Technik die Männer vor die gleichen „neuen" Herausforderungen stellt wie sie. In diesem Sinne müssen alle bei „null" anfangen, um sich die nötige Kompetenz für die neue Technik anzueignen. Zu dieser Überzeugung gelangen die Frauen aufgrund der Erfahrung, dass ihre Partner meist große Probleme im Umgang mit der neuen, als undurchschaubar erlebten Technik haben. Dies wird – theoretisch formuliert – als ein Indiz für die mangelnde Passung zwischen „altem" Technikwissen und neuer Technik gedeutet.

Und in dieser Situation wiederum sehen sie zugleich ihre Chance, das einstige Kompetenzgefälle zu überwinden und die Männer durch die eigene Aneignung von Technikkompetenz zur Nutzung neuer Technik zu „überflügeln". Grundlage ist ihr Vertrauen darauf, dass ihr ernsthaftes Interesse, ihr großes Engagement und ihre Disziplin ausreichen, um erfolgreich mit der neuen Technik umgehen zu können.[5] Meist mit der Unterstützung aus ihrem sozialen Umfeld, aber nicht von Seiten ihres Partners, erarbeiten sie sich nach und nach das nötige Wissen, um von ihnen als wichtig erachtete Anwendungen – wie E-Mail-Schreiben, Internetsurfen, Drucken etc. – selbstständig durchzuführen.

Um ihre Kompetenz – in Abgrenzung zum Partner – deutlich hervorheben zu können, legen diese Frauen zudem großen Wert auf die Anschaffung „eigener" Geräte, die dann allein ihnen zur Verfügung stehen. Diesen wird zudem meist ein Platz in ihrem „Refugium" eingeräumt, was die Zurechnung des Geräts zu ihnen noch unterstreichen soll.

Es zeigt sich, dass diese Frauen die neue Technik als ihre Chance zur Emanzipation begreifen und durch deren erfolgreiche Anwendung signalisieren, dass sie das lang vertraute Kompetenzgefälle im Umgang mit Technik zu ihren Gunsten „umgekehrt" haben.[6]

14.2.3 Heimliche Technikkompetenz der Frau

Diesem Typus lassen sich nur Frauen zuordnen. Er zeichnet sich dadurch aus, dass sich seine Vertreterinnen zwar als sehr kompetent im Umgang mit Technik begreifen, diese Kompetenz aber nach Möglichkeit im Verborgenen halten.

---

5 Ihnen kommt entgegen, dass nicht die technischen Zusammenhänge der neuen Technik erfasst werden müssen, um sie anzuwenden. Sogar die Benutzung eines PCs ist mit begrenztem Lernaufwand verbunden, wenn man bedenkt, dass man weder über differenzierte Kenntnisse seiner Arbeitsweise noch über komplexe Programmierkenntnisse verfügen muss, um ihn zu nutzen (vgl. Tully 2003, S. 185).

6 Für diese Älteren ist die neue Technik noch nicht alltagskulturell gerahmt, so dass ihre erfolgreiche Anwendung immer als eine Form der Technikkompetenz erlebt wird.

Ihre Technikkompetenz kann insofern als eine eher „latente" beschrieben werden, da sie häufig nicht zum Einsatz gebracht wird. Dem Partner hingegen wird eher wenig Technikkompetenz zugeschrieben, was aber ebenfalls nicht explizit ausgesprochen wird.

Wie stellt sich unter diesen Bedingungen der *praktische Alltag* dieser Frauen dar? An erster Stelle zeigt sich, dass die technischen Geräte des Haushalts vor allem von ihnen genutzt werden und weniger vom Partner. Kompetent und selbstbewusst werden sowohl klassische als auch neue Techniken vor allem zur Arbeitserleichterung eingesetzt. Aber auch das Handy wird souverän und intensiv zu Kommunikationszwecken genutzt.

Treten technische Probleme – „technische Situationen" – auf, wenden sich diese Frauen sofort an ihren Partner, mit der Bitte um Unterstützung. Und erst wenn dieser das Problem allein nicht erfolgreich bewältigen kann, wird gemeinsam die Bedienungsanleitung studiert und zusammen nach Lösungen gesucht. Das gemeinsame Bearbeiten des Problems wird allerdings nur bei als „einfach" wahrgenommenen Geräten initiiert und nicht bei denen, die als komplex angesehen werden. So darf beispielsweise eine Ältere zwar bei der Instandsetzung der vermeintlich defekten Kaffeemaschine helfen, nicht aber bei dem, aus unerklärlichen Gründen nicht funktionierenden, als komplex angesehenen DVD-Player. Das Ausschließen der Partnerin aus dem Prozess der Problemlösung hat allerdings zur Folge, dass der DVD-Player weiterhin funktionsuntüchtig bleibt.

Und auch beim Gerätekauf existiert eine klare Arbeitsteilung: Der Partner ist grundsätzlich für die Erwerb anspruchsvoller, komplexer Geräte – wie einer Musikanlage – verantwortlich, während sie nur die einfachen Geräte und insbesondere die Küchengeräte anschaffen darf.

Interessant ist auch bei diesem Typus die strikte Trennung der Geräte danach, wer sie nutzen darf. Während der Partner die – innerhalb dieser Partnerschaft – als komplex und anspruchsvoll aufgefassten Geräte nutzt, darf die Partnerin nur über die restlichen Geräte verfügen. Das Besondere ist hierbei, dass die Interpretation dessen, was als anspruchsvolle Technik gilt und was nicht, nicht unbedingt den gängigen Annahmen entspricht. So wird beispielsweise die komplexe, computergesteuerte Nähmaschine als eine einfache Maschine angesehen, die dementsprechend die Partnerin nutzen darf, während der DVD-Player als äußerst komplexes Gerät wahrgenommen wird und daher nur dem männlichen Partner zusteht.

Wie kommt es, dass sich in diesen Fällen die Frauen zwar als kompetenter im Umgang mit der Technik erleben als ihren Partner, sich diese Überzeugung aber kaum in ihren Alltagspraxen widerspiegelt? Eine Ursache kann darin gesehen werden, dass sich diese Frauen – sicher aufgrund ihres meist recht hohen Alters –

immer noch stark am „*klassischen Arrangement*" orientieren. Die darin implizierten gesellschaftlichen Normen haben sie die längste Zeit ihres Lebens begleitet und sind für sie fast unhinterfragt selbstverständlich geworden (vgl. Sackmann und Weymann 1994). Und diese Überzeugung wird noch dadurch verstärkt, dass auch ihre Partner unzweifelhaft am „*klassischen Arrangement*" festhalten. Eine ausdrückliche Anerkennung der weiblichen Technikkompetenz würde in diesen Fällen einen so grundlegenden Bruch mit den einmal erlernten und akzeptierten Mustern bedeuten, dass diese lieber verheimlicht wird. So lässt sich auch erklären, dass diese Frauen nicht bei der Instandsetzung defekter, als komplex angesehener Geräte wie einem Videorekorder oder einem DVD-Player helfen (dürfen). Während sie – insgeheim – davon überzeugt sind, die Geräte wieder in Ordnung bringen zu können, ist der jeweilige Partner davon überzeugt, dass Frauen derartige Geräte nur beschädigen würden.

Wie fest das traditionelle Geschlechterverhältnis im Alltag dieser Frauen verankert ist, zeigt sich u. a. auch daran, dass sie fraglos an der klassischen Rollenverteilung festhalten. So fühlen sie sich unhinterfragt selbstverständlich für den Bereich der Küche und für den Haushalt verantwortlich, und damit auch für die Nutzung der Küchengeräte. Dem Partner hingegen wird die Arbeit außer Haus zugerechnet, weshalb er im Haus eher die Zuständigkeit für Freizeitgeräte erhält. Daher ist es auch plausibel, dass die Frauen eher Küchengeräte anschaffen, während sich die Partner vor allem für die Anschaffung von Musikanlagen oder Fernsehern interessieren.

Auf das Festhalten dieser Frauen an der „*klassischen Genderlogik*" ist es zudem zurückzuführen, dass sie ihrem Partner in „technischen Situationen" zunächst immer den Vortritt lassen. Indem sie die erste Verantwortung für die Problemlösung bei ihm belassen, geben sie ihm gleichzeitig die Chance, sich erfolgreich als einen technikkompetenten Mann zu inszenieren. Und erst wenn er diese Rolle nicht zufriedenstellend ausfüllen kann, greifen sie vorsichtig und behutsam unterstützend mit ihrer eigenen Technikkompetenz ein, ohne diese dabei aber zu sehr in den Vordergrund zu rücken. Es wird offensichtlich, dass diese Frauen der Widersprüchlichkeit, die zwischen dem „*klassischen Arrangement*" und ihrer Wahrnehmung der eigenen Technikkompetenz besteht, möglichst aus dem Wege gehen, indem sie Letztere verbergen. Denn nur so ist es ihnen möglich, ihre grundlegenden Überzeugungen – und vor allem die ihres Partners – annähernd aufrechtzuerhalten. Im Gegensatz zu den sogenannten „*weiblichen, digitalen Profis*", die ihre Technikkompetenz als eine Chance zur Befreiung aus dem „*klassischen Arrangement*" sehen, zeigt sich bei diesen Frauen sehr deutlich der Wunsch, an den überlieferten gesellschaftlichen Überzeugungen festzuhalten. Möglicherweise können sie mit dem Verbergen ihrer Kompetenzen auch vielfältigen partnerschaftlichen Konflikten aus dem Wege gehen.

Dementsprechend ist auch plausibel, dass diese Frauen das Verbot ihres Partners akzeptieren, bestimmte, als komplex angesehene Geräte nicht benutzen zu dürfen. Fast unhinterfragt selbstverständlich leben sie nach der Überzeugung, dass Frauen die „einfachen" Geräte bedienen, Männer die komplexen. Welches Gerät als komplex angesehen wird und welches nicht, wird wiederum daran bemessen, wer das Gerät bedient.

Das Entstehen der oben beschriebenen Widersprüchlichkeit zwischen der *„klassischen Genderlogik"* und der weiblichen Technikkompetenz lässt sich bei diesen Frauen auf ihre Berufstätigkeit und ihr damit verbundenes Technikinteresse zurückführen. Aufgrund ihrer beruflichen Anforderungen wurden sie schon früh mit klassischer und später mit neuer Technik konfrontiert, so dass es für ihr berufliches Fortkommen unabdingbar war, sich ein gewisses Maß an Technikkompetenz anzueignen. Und mit der zunehmenden Kompetenz wuchs zugleich ihr Interesse an neuen, technischen Geräten, auch wenn dies dem klassischen Rollenverständnis widersprach.

Zusammenfassend lässt sich festhalten, dass die Frauen dieses Typus das *„klassische Arrangement"* einerseits durch ihre grundlegenden Überzeugungen und auch in vielen Alltagspraxen reproduzieren; insofern kann man von einem Re-Gendering-Prozess sprechen. Andererseits lässt sich aber zugleich ein vorsichtiger Auflösungsprozess – ein De-Gendering-Prozess – verzeichnen, der auf das relativ hohe Maß an Technikkompetenz der Frauen zurückzuführen ist, das sich aus ihrem beruflichen Betätigungsfeld ableiten lässt. Es zeigt sich zudem, dass diese Frauen durch ihre Technikkompetenz ein gewisses Maß an Selbstbewusstsein und Selbstsicherheit im Umgang mit Technik aufbauen. Diese Wirkungen kommen in ihrer Partnerschaft allerdings fast nicht zum Tragen, da sie zu Spannungen mit dem traditionellen geschlechtsspezifischen Rollenverständnis führen und partnerschaftliche Konflikte hervorrufen würden.

14.2.4 Quer zur Genderlogik

Bei den Männern und Frauen dieses Typus wird (fehlende) Technikkompetenz nicht geschlechtsspezifisch zugerechnet, sondern „quer" zur Genderlogik betrachtet. Diese grundlegende Überzeugung geht in diesen Fällen mit der Wahrnehmung einher, dass der Partner und die Partnerin im Umgang mit Technik vergleichbar kompetent sind.

Wie drückt sich diese Einstellung im *praktischen Alltag* aus? Besonders deutlich zeigt sich, dass die vorhandenen Geräte regelmäßig von *beiden* Partnern genutzt werden. Kein Gerät bzw. seine Nutzung wird jeweils nur einem Partner zugerechnet. So wird bei einem Paar dieses Typus beispielsweise der komplexe Kaffeevollautomat mit seinen vielen Funktionen morgens jeweils von der Person in Betrieb genommen, die zuerst die Küche betritt. Sachkundig wird auch der jeweilige Kaffeewunsch des Partners oder der Partnerin berücksichtigt. Und soll bei diesem Paar zum Beispiel ein notwendiges Software-Update am gemeinsamen PC durchgeführt werden, so fühlt sich die Partnerin unhinterfragt selbstverständlich dafür verantwortlich, wenn sich der Partner gerade auf Dienstreise befindet. Ein anderer Älterer kocht immer an den Tagen das Mittagessen unter Einsatz diverser Küchengeräte, wenn sich seine Partnerin vormittags zum Tennisspielen verabredet hat. In vergleichbarer Weise wird mit „technischen Situationen" umgegangen. Treten bei einem Gerät Probleme auf, setzt sich jeweils die Person mit der Problembeseitigung auseinander, die gerade über die meiste Zeit verfügt. So beschäftigt sich eine Ältere intensiv mit der „Programmierung" ihrer neuen Telefonanlage, die noch nicht einwandfrei arbeitet, weil ihr Partner dringende Termine in seinem Büro wahrnehmen muss.

Wenn sich ein Problem von beiden nicht lösen lässt, wird ein Experte zu Rate gezogen. Und auch beim Gespräch mit dem Fachmann wird es als völlig unerheblich wahrgenommen, wer ihn über die bestehenden Probleme aufklärt und ihm bei der Lösungsfindung behilflich ist. Es gibt allerdings eine Ausnahme, in der sowohl von männlichen als auch von weiblichen Partnern eine Geschlechterdifferenz konstruiert wird: Die Geräte, deren Einsatz in größerem Maße mit Körperkraft verbunden ist, werden bevorzugt dem männlichen Partner zugerechnet.

An der Anschaffung neuer Geräte sind beide Partner in gleichem Maße beteiligt. So recherchiert bei einem Paar diejenige Person im Internet über die verschiedenen Gerätealternativen, die es sich zeitlich am besten einrichten kann. Später werden die zusammengetragenen Informationen ausführlich diskutiert und dann gemeinsam eine Vorauswahl getroffen. Und in den Fällen, in denen sich die Partner nicht auf eine der Alternativen einigen können, darf der- oder diejenige entscheiden, für den oder die die Entscheidung eine größere Bedeutung hat. Für den anschließenden Kauf wird ein Termin ausgesucht, an dem beide über ausreichend Zeit verfügen, und der Kauf selbst wird als ein gemeinsames, schönes Erlebnis inszeniert, an das sich beide gern erinnern.

Die Tatsache, dass eine spezifische Genderlogik im Handeln und Deuten dieser Älteren weitgehend fehlt, ist vor allem auf das hohe Maß an Technikkompetenz zurückzuführen, das sich die jeweiligen Partner selbst, aber auch dem Partner bzw. der Partnerin zuschreiben. Er bzw. sie ist davon überzeugt, dass beide über eine vergleichbare, hohe technische Kompetenz verfügen. Und wenn dennoch zeitweise kleinere Unterschiede wahrgenommen werden, werden sie darauf zurückgeführt, dass der jeweils Kompetentere gerade mehr Zeit hatte, sich mit dem betreffenden Gerät zu beschäftigen. Muss aufgrund eines zeitlichen Engpasses die Lösung eines technischen Problems einem Partner allein übertragen werden, schwingt bei dem anderen mitunter aber auch ein gewisses Vergnügen mit, sich einer anstrengenden Aufgabe entledigen zu können.

Hinter der Annahme einer geschlechterunabhängigen Technikkompetenz verbirgt sich die grundlegende Überzeugung, dass der jeweilige Grad an Technikkompetenz vor allem davon abhängt, wie sehr sich der Einzelne für Technik interessiert und sich aufgrund dessen mit ihr beschäftigt. Das *Technikinteresse* erscheint hier unhinterfragt selbstverständlich als Voraussetzung für eine hohe technische Kompetenz und nicht als geschlechtsspezifische Zuschreibung.

Auch wenn man auf den ersten Blick vermuten könnte, dass den Vertretern dieses Typus das „*klassische Arrangement*" gar nicht bewusst ist, zeigt sich bei näherer Analyse, dass ihnen dieses Muster durchaus vertraut ist. Anhand vieler Beispiele aus ihrem sozialen Umfeld heben sie hervor, dass ihnen die „klassische Genderlogik" im Alltag recht häufig begegnet. Sie interpretieren sie allerdings als altmodisch und unzeitgemäß, und zwar mit dem Argument, dass Frauen heute die gleichen Chancen hätten wie Männer, sich mit Technik zu beschäftigen und sich dabei Technikkompetenz anzueignen.

Die Wahrnehmung eines hohen Grads an Technikkompetenz bei beiden Partnern ist auf jeweils langjährige berufliche Erfahrungen im Umgang mit Technik zurückzuführen. Während die hier vertretenen Frauen vor allem durch ihre Vorgesetzten zum intensiven Einsatz neuer technischer Geräte – auch in nichttechnischen Berufen – gedrängt wurden bzw. werden, zeichnen sich die Männer meist durch explizit technische Berufe aus. Gemeinsam ist den Partnerinnen wie auch den Partnern, dass sie das beruflich bedingte große Interesse an technischen Geräten und ihren Neuerungen auch auf den privaten Bereich übertragen haben. Von den Vorteilen des Technikeinsatzes überzeugt, versuchen daher sowohl die Männer als auch die Frauen, sich stets hinsichtlich der wichtigsten technischen Neuerungen „auf dem Laufenden" zu halten.

Der bei Vertretern dieses Typus sehr gleichberechtigt erscheinende und geschlechterunabhängige Umgang mit Technik geht mit der grundlegenden Überzeugung einher, dass eine Partnerschaft vor allem durch Gleichberechtigung, gegenseitige Rücksichtnahme und Achtung geprägt sein sollte. Und diese Grundhaltung lässt sich bei ihnen insbesondere für den Bereich der Technik problemlos realisieren, da in den Augen der Partner jeweils beide über eine ähnlich hohe Technikkompetenz verfügen.

14.3 Fazit

Als zentrale Quintessenz dieses Kapitels kann gelten, dass der Umgang der Älteren mit Technik in geschlechtsspezifischer Hinsicht heute nicht mehr allein durch die gängige „klassische" Genderlogik bestimmt wird, sondern dass auch „neue" Formen identifizierbar sind, die von dieser Logik abweichen. Insofern können auch De-Gendering-Prozesse festgestellt werden. Besonders erfreulich ist der Befund, dass einige der hochaltrigen Frauen – im Gegensatz zu ihren Partnern – höchst engagiert gerade die neue Technik einsetzen und damit das herkömmliche geschlechtsspezifische Kompetenzgefälle beim Technikeinsatz bis zu einem gewissen Grad umkehren können. Diese *„weiblichen digitalen Profis"* sehen in der neuen Technik *ihre* Chance, sich endlich zumindest in diesem Bereich der Technik emanzipieren und selbstverwirklichen zu können.

Dennoch gilt nach wie vor, dass insbesondere bei in Partnerschaft lebenden Älteren das *„klassische Arrangement"* – in der Logik: Männer sind technikkompetent, Frauen weder kompetent noch interessiert – einen erheblichen Einfluss ausübt. Und das gilt nicht nur für die älteren Generationen, sondern auch für jüngere, wie viele andere Autoren feststellen konnten (vgl. hierzu z. B. Tully 2003; Ahrens 2009). Hier zeigt sich nach wie vor ein „Abwertungsdiskurs" der Frauen, den diese selbst mitkonstituieren. Beispielsweise indem sie bei technischen Problemen unverzüglich ihren Partner um Unterstützung bitten und so ihre eigene Hilflosigkeit inszenieren und demonstrieren. Oder indem sie ihre technischen Kompetenzen dadurch bagatellisieren, dass sie die von ihnen eingesetzte Technik entweder nicht als Technik (an)erkennen oder sie als einfache und unkomplizierte Technik interpretieren. Die Strategie der Inszenierung mangelnder Technikkompetenz bietet ihnen aber auch Vorteile. Denn je weniger sie sich für die Bewältigung technischer Probleme verantwortlich fühlen und zeigen, desto größer ist ihre dadurch hervorgerufene Arbeitsentlastung. Aber auch für den männlichen Partner ist dieses Arrangement mit Vorteilen verbunden. Denn durch seine erfolgreiche Bewältigung technischer Probleme kann er sich seiner technischen Kompetenz immer wieder vergewissern und sie auch dem sozialen Umfeld demonstrieren. Und dieses Handeln wiederum führt zur Stärkung seines Selbstbewusstseins, seiner sozialen Anerkennung und auch zur individuellen Sinnstiftung.

Bemerkenswert ist, dass es fast immer die Männer sind, die *De-Gendering-Prozesse* auslösen. Überwiegend ist es die mangelnde Technikkompetenz ihres Partners, die Frauen dazu veranlasst, sich intensiv mit technischen Geräten zu beschäftigen *(„Weibliche Technikkompetenz, männliche Technikaversion")*. Aber auch Arbeitgeber oder andere enge männliche Bezugspersonen können durch ihre Defizite im Umgang mit Technik Frauen dazu bringen, sich gerade diesem Bereich stärker zu widmen. Es zeigt sich dementsprechend, dass es meist kein intrinsisch motiviertes Anliegen der Frauen ist, sich ein hohes Maß an Technikkompetenz anzueignen. Vermutlich wirkt hier immer noch die über viele Jahre internalisierte „klassische Genderlogik", die Frauen ein geringes Interesse an Technik attribuiert, so dass häufig erst ein äußerer Anlass sie dazu bewegen kann, sich intensiv mit technischen Geräten zu beschäftigen. Diese „äußeren Anlässe" – die mangelnde Technikkompetenz der Männer – lassen sich auf unterschiedliche Ursachen zurückführen:

Zum einen gibt es Männer, die Zeit ihres Lebens nicht an der Technik interessiert waren und insofern den erfolgreichen Umgang mit Technik im Alltag von jeher ganz ihrer Partnerin überlassen haben. Diese Situation betrifft insofern Frauen in allen Altersgruppen. Bei den hier befragten Frauen gilt ohne Ausnahme, dass sie eine derartige Situation als eine Chance für eigene Leistung, Erfolg und Anerkennung erlebt haben und die notwendige Aneignung von Technikkompetenz sie nach wie vor mit Stolz, Selbstbewusstsein und Sinnstiftung erfüllt. Das gilt auch für die Frauen, die durch ihre Arbeitgeber in eine vergleichbare Situation gebracht wurden.

Anders, aber dennoch mit den entsprechenden Wirkungen auf die Frauen, ist die Situation, wenn ein älterer Partner durch zunehmende altersbedingte Einschränkungen wie kognitive, körperliche oder sensorische Einbußen nicht mehr in der Lage ist, sich den technischen Herausforderungen des Alltags, und insbesondere den „technischen Situationen", zu widmen. Auch hier muss die Partnerin, anfangs meist eher unfreiwillig, die Rolle der Technikkompetenten übernehmen. Selbst nun meist im höheren Alter, muss sie Sorge dafür tragen, dass sie sich ein ausreichendes Maß an Technikkompetenz aneignet, um die notwendigen technischen Geräte im Alltag kompetent einsetzen zu können. Und auch für diese Frauen, die ihren Umgang mit Technik erst in einem eher hohen Alter intensivieren, gilt, dass es sie vor allem mit Freude, Sinnstiftung und einem steigendem Selbstbewusstsein erfüllt. Während die männlichen Partner diesen „Rollentausch" als eher beschämend erleben und ihn nach Möglichkeit durch unterschiedlichste Strategien zu verbergen suchen, stellt er für die Frauen eine wichtige Möglichkeit ihrer Emanzipation dar.

Es zeigt sich darüber hinaus, dass Männer, die weiblicher Technikkompetenz grundsätzlich eher ablehnend gegenüberstehen, ihre Missbilligung besonders deutlich zum Ausdruck bringen, wenn dies ihre eigene Partnerschaft betrifft und sie sich dadurch in ihrer Bedeutung gefährdet sehen. So führt beispielsweise die berufsbedingte technische Kompetenz von Frauen in Partnerschaften häufig dann zu Spannungen und Konflikten, wenn der jeweilige Partner am *„klassischen Arrangement"* festhält. Die weibliche Technikkompetenz bewirkt in diesem Falle einen Widerspruch zwischen Anspruch und Wirklichkeit, der von den Frauen allerdings häufig dadurch entschärft wird, dass sie ihre technischen Kompetenzen nach Möglichkeit verbergen *(„Heimliche Technikkompetenz der Frau")*. Insofern ist die eigene technische Kompetenz von Frauen nicht grundsätzlich eine Triebfeder für Emanzipationsbestrebungen, steigendes Selbstbewusstsein, soziale Anerkennung und Erfolg.

In Abbildung 9 (S. 380 f.) werden die in diesem Kapitel herausgearbeiteten Typen zusammenfassend mit ihren wesentlichen Charakteristika dargestellt.

14.4 Neue Perspektiven

Sollen nun aus den herausgearbeiteten Erkenntnissen Anregungen für eine Förderung des Umgangs Älterer mit Technik entwickelt werden, dann ist offensichtlich, dass sie sich in diesem Fall insbesondere auf ältere Frauen konzentrieren sollten. Denn gerade sie sind es, die nach wie vor – auf der Basis (unzeitgemäßer) gesellschaftlicher Vorstellungen über die sogenannte Technikferne von Frauen – benachteiligt sind. Und da sich hier gesellschaftliche Deutungsmuster als besonders prägend für den weiblichen Umgang mit Technik herausgestellt haben, sollte vor allem durch *personenzentrierte Interventionen* versucht werden, diese Muster zu durchbrechen.

Einerseits würden sich Maßnahmen bei den Frauen anbieten, die aufgrund ihrer beruflichen Erfahrungen schon mit komplexer Technik vertraut sind, aber aufgrund des *„klassischen Arrangements"* in ihrer Partnerschaft eher an der Aneignung weiterer Technikkompetenz gehindert werden *(„Heimliche Technikkompetenz der Frau")*. Sie sollten beispielsweise in öffentlichen Einrichtungen wie Seniorentreffs, Computerschulen für Senioren etc. die Chance erhalten, sich zwanglos mit den vielen Neuerungen in der technischen Entwicklung beschäftigen zu können: Neuerungen, die ihnen im eigenen Haushalt meist nicht zur Verfügung stehen. Es sollte ihnen ermöglicht werden, an ihre vorhandenen Kenntnisse anzuknüpfen und diese – im Sinne des lebenslangen Lernens – wei-

Abbildung 9 Gendering im Umgang mit Technik

	Perzipierte Technik(in)kompetenzen	Alltagspraxen	Beweggründe, Ursachen
Das klassische Arrangement	▪ Frauen technikinkompetent und -aversiv ▪ Männer technikkompetent und -interessiert ▪ Hierarchisierung des Geschlechterverhältnisses: Unterordnung der Frauen	▪ Frauen: Inszenieren eigener Hilflosigkeit bei technischen Problemen ▪ Männer: Inszenieren von Problemlösungskompetenz ▪ Frauen: Übersehen ihrer Anwenderkompetenzen ▪ Männer: Ausschluss der Frauen aus dem Bereich Technik und „technischen Situationen"	▪ Geschlechterdichotomie als quasi „natürliches" Phänomen ▪ generationsspezifische Sozialisation im Sinne der „klassischen" Genderlogik ▪ Verfestigung der „klassischen" Genderlogik durch ihre Reproduktion in alltäglichen Handlungsmustern und -routinen ▪ für Männer identitätsstiftend, für Frauen bequem und arbeitsentlastend ▪ Unsichtbarkeit weiblicher Anwenderkompetenz durch alltagskulturelle Rahmung des weiblichen Technikeinsatzes
Weibliche Technikkompetenz, männliche Technikaversion	▪ Partnerin (bzw. Mitarbeiterin) technikinteressiert und -kompetent ▪ Partner (bzw. Arbeitgeber) wenig technikinteressiert und nicht kompetent	▪ Frauen: Nutzung vielfältiger Geräte ▪ Frauen: Bewältigung „technischer Situationen" mit Souveränität ▪ Männer: Nutzung lange eingeführter Technik, Ablehnung von unbekannter Technik ▪ Trennung zwischen eigenen technischen Geräten und denen des Partners ▪ Frauen: intensive Beschäftigung mit Technik	▪ *Konstellation I*: fehlende männliche Technikkompetenz (aufgrund fehlenden Interesses, fehlender Fähigkeiten oder altersbedingter Einschränkungen) als Auslöser weiblicher Kompetenz ▪ Verstärkung weiblicher Kompetenz durch soziale Anerkennung und durch Sinnstiftung ▪ *Konstellation II*: „weibliche digitale Profis" neue Technik bedarf neuer Kompetenzen, „altes" Technikwissen der Männer wird überflüssig; bietet Chance für Frauen, das klassische „Kompetenzgefälle" beim Einsatz neuer Technik umzukehren

Neue Perspektiven

	Perzipierte Technik(in)kompetenzen	Alltagspraxen	Beweggründe, Ursachen
Heimliche Technikkompetenz der Frau	- Partnerin technikkompetent, Partner eher technikinkompetent - Verbergen dieser Überzeugungen	- Frauen: kompetenter Umgang mit klassischer und neuer Technik in „technischen Situationen" Inszenieren weiblicher Hilflosigkeit - Anschaffung und Nutzung von Technik: Männer verantwortlich für komplexe Geräte, Frauen für einfache - Gerätedefinition (komplex/einfach) danach, wer sie nutzt	- Festhalten am „*klassischen Arrangement*" - weibliche Technikkompetenz und Technikinteresse aufgrund beruflicher Anforderungen - Spannungen zwischen „*klassischem Arrangement*" und weiblicher Technikkompetenz
Quer zur Genderlogik	- (fehlende) Technikkompetenz wird nicht geschlechtsspezifisch attribuiert - hohe Technikkompetenz bei beiden Partnern	- Nutzung aller Geräte regelmäßig von beiden Partnern (Ausnahme: Geräte, die große Körperkraft bedürfen, werden dem männlichen Partner zugerechnet) - Bewältigung „technischer Situationen" von dem, der über die nötige Zeit verfügt - gemeinsame Anschaffung von Geräten nach vorheriger gemeinsamer Entscheidungsfindung	- hoher Grad an wahrgenommener Technikkompetenz bei beiden Partnern - großes Technikinteresse bei beiden als Voraussetzung für Technikkompetenz - vielfältige berufliche Erfahrungen beider Partner im Umgang mit Technik - grundlegende Überzeugung, dass partnerschaftliche Gleichberechtigung auf allen Ebenen herrschen sollte

ter auszubilden. Und gleichzeitig sollten sie ermutigt und darin bestärkt werden, auch in ihrer Partnerschaft offensiv zu ihrer Technikkompetenz zu stehen, die in einer hochtechnisierten Gesellschaft wie der unsrigen für alle Mitglieder unabdingbar ist. Es sollte ihnen deutlich gemacht werden, dass ihr kompetenter Umgang mit Technik nicht nur ihnen allein, sondern auch ihrem Partner zugutekommen kann, da der sachkundige Einsatz von Technik unter Umständen eine große Erleichterung für ihr zukünftiges gemeinsames, selbstständiges Leben im Alter bedeuten kann.

Ebenso sollte das ohnehin schon große Engagement der meist hochaltrigen *„weiblichen digitalen Profis"* weiter unterstützt werden. In öffentlichen Einrichtungen für Ältere sollten ihnen Schulungen und Weiterbildungen angeboten werden. Es sollten bevorzugt reine Frauengruppen initiiert werden, da diese Frauen ihr technisches Engagement zugleich als eine Form der Befreiung aus dem „klassischen geschlechtsspezifischen Rollenmodell" begreifen. Darüber hinaus sollten nach Möglichkeit individuelle Beratungsstunden eingerichtet werden, in denen sie ihre konkreten technischen Probleme mit einem „Experten" besprechen können; einem Experten, der auch bei wenig Technikversierten verständnisvoll und geduldig reagiert. Darüber hinaus sollten ihnen „Experten" vermittelt werden, die bereit sind, sie auf der Basis eines erschwinglichen Honorars bei technischen Problemen auch zu Hause zu unterstützen.

Schulungsangebote für reine Anfänger, vorzugsweise in Frauengruppen, sollten insbesondere für die Frauen eingerichtet werden, die sich aufgrund des *„klassischen Arrangements"* eher von der Technik und insbesondere von der neuen Technik ferngehalten haben. Ihnen sollte vermittelt werden, dass sie in unserer hochtechnisierten Welt nicht mehr ohne ein gewisses Maß an Technikkompetenz auskommen werden. Gleichzeitig sollte betont werden, dass ihr Unterstützungsbedarf gerade im Umgang mit der neuen Technik nicht auf ihre mangelnde technische Kompetenz zurückzuführen ist, sondern dass alle Nutzer der neuen Technik aufgrund ihrer Komplexität grundsätzlich der Beratung und Betreuung bedürfen. Ihnen soll damit die Furcht und die Scham vor dem eigenen Unvermögen genommen werden. Darüber hinaus ist es wichtig, diesen Frauen klarzumachen, dass gerade die neue Technik in ihrer Arbeits- und Funktionsweise und in ihrer Komplexität nicht „durchschaut" bzw. vollständig gedanklich durchdrungen werden muss, um mit ihr umgehen zu können. Denn es reicht vollkommen aus, ein Handy oder einen PC *bedienen* zu können. Eine fachliche Qualifikation ist im alltäglichen Leben nicht nötig; das haben beispielsweise die Jugendlichen längst begriffen. Insofern haben auch die Männer mit ihrer vermeintlich größeren Technikkompetenz beim Einsatz der neuen Technik keinen Vorsprung.

Es lässt sich festhalten, dass heute die Chancen für De-Gendering-Prozesse im Umgang mit Technik im Alter recht gut stehen. Mit dem „qualitativen Sprung" in der technischen Entwicklung, der das „alte" Technikwissen – über das vorrangig Männer verfügen – überflüssig werden lässt, werden einerseits beide Geschlechter mit den gleichen „neuen" Lernaufgaben konfrontiert. Frauen sind dementsprechend in dieser Situation nicht mehr benachteiligt. Andererseits hat der Gedanke der Gleichberechtigung zwischen den Geschlechtern gesellschaftlich deutlich an Gewicht gewonnen, so dass Umorientierungen – wie das „Außerkraftsetzen" des klassischen Geschlechterrollenmodells – auch im Alter etwas leichter werden. Und ein weiterer Aspekt spielt hier eine wichtige Rolle: In dem Maße, in dem die männlichen Partner durch altersbedingte Einschränkungen nicht mehr in der Lage sind, die technischen Geräte des Haushalts kompetent zu nutzen, in dem Maße sind ihre Partnerinnen gefordert, diese Problemlagen durch die Aneignung eigener Technikkompetenz zu kompensieren. In dem Fall erfolgt der Zuwachs an weiblicher technischer Kompetenz zwar meist eher unfreiwillig, aber nichtsdestotrotz ist er bei den Frauen mit einem Zuwachs an Selbstbewusstsein, Sinnstiftung und Zufriedenheit verbunden.

Und bedenkt man, dass das Alter heute überwiegend „weiblich" ist (vgl. Backes 1997), müsste gerade den Handlungsempfehlungen dieses Kapitels besondere Aufmerksamkeit geschenkt werden.

15 Alter und Technik: ein Resümee

Das Alter(n) und die Technisierung sind Themen, die wir nicht mehr vernachlässigen können und sollten. Denn einerseits leben wir heute – in den spätmodernen Staaten – in hochtechnisierten Gesellschaften; andererseits ist das demografische Altern zu einem globalen Phänomen geworden. Für beide Prozesse gilt, dass wir heute noch nicht abschätzen können, wie sehr und in welcher Weise sie unsere Gesellschaften in Zukunft verändern werden. Und die Vermutung liegt nahe, dass sich gewaltige, nachhaltige Veränderungen ergeben werden. Aber auch eine Verknüpfung beider „großer" Themen darf meines Erachtens nicht fehlen, denn gerade sie birgt bedeutende Chancen, um einige der zukünftigen Herausforderungen, hier bezogen auf den demografischen Wandel, besser bewältigen zu können.

Ein Ziel dieser Arbeit ist es, auf die große Bedeutung des Alterns und der Technisierung für unsere spätmodernen Gesellschaften hinzuweisen. Beide Phänomene werden hier als Domestizierungsprozesse gedeutet – als das „Zähmen" bzw. Optimieren der Möglichkeiten, die uns Natur und Körper bieten –, die seit der Modernisierung in westlichen Gesellschaften an Relevanz gewonnen haben und noch weiter gewinnen werden.

Technisierung bedeutet heute – aus meiner Perspektive – vor allem eines: Sie bedeutet, dass technische Geräte in alle Lebensbereiche vorgedrungen sind und dort immer mehr die Rolle autonomer, intentional und reflektierend handelnder Akteure einnehmen (können); eine Rolle, die üblicherweise nur mit rein menschlichem Handeln in Verbindung gebracht wird. Ursache hierfür ist die sogenannte dritte technische bzw. die digitale Revolution (vgl. z. B. Weyer 2008, Popitz 1995). Diese führt nach und nach zu einer vollständigen Durchdringung der Gesellschaft mit autonomer, smarter Technik und mit hochautomatisierten Systemen, die zugleich vernetzt agieren können. Die hohe Leistungsfähigkeit der technischen Systeme erlaubt es zunehmend, dass sie untereinander Inputs austauschen, mittels Sensoren selbsttätig Informationen aus der Umwelt gewinnen und ohne Einbezug des Menschen angemessen auf komplexe Situationen reagieren und selbst vielschichtige Probleme adäquat lösen können.

Von den Menschen wird diese Entwicklung einerseits als Bedrohung erlebt. Denn die „Klugheit" der Systeme ermöglicht eine durchaus auch hinter ihrem Rücken erfolgende totale Kontrolle und Überwachung. So ist es heute beispielsweise kinderleicht, den jeweiligen Aufenthaltsort eines Menschen, der sein eingeschaltetes Handy mit sich führt, ohne sein Wissen per Satellit zu ermitteln und jeden Ortswechsel zu verfolgen. Und wenn wir an der Kasse mit einer EC-Karte bezahlen, wissen wir nicht zweifelsfrei, welche der auf der Karte hinterlegten Daten abgerufen werden. Aber nicht nur die vielfältigen, in den Medien stets präsenten Überwachungsszenarien können als Bedrohung oder zumindest als Ärgernis erlebt werden. Hinzu kommt der zunehmende Zwang, die eigenen Verhaltensweisen immer stärker an den technischen Vorgaben ausrichten zu müssen, um erwünschte Effekte zu erzielen.

Dennoch sollte auch den großen Vorteilen des technischen Fortschritts Aufmerksamkeit geschenkt werden. Denn die Existenz kluger „technischer Akteure" kann zugleich einen großen Gewinn an Chancen und Freiräumen für die Menschen bedeuten. Wenn Technik angemessen auf komplexe Umwelten reagieren und anfallende Probleme selbstständig lösen kann, erspart sie den Menschen beispielsweise viel antizipative Planung und die ständige Aufmerksamkeit hinsichtlich unerwarteter problematischer Situationen. Und auf das Thema dieses Buches bezogen kann z. B. smarte telemedizinische Technik das Monitoring von Vitalparametern bei Älteren übernehmen und die Angehörigen und Pflegedienste dadurch entlasten, dass sie bei Problemen unverzüglich und zuverlässig informiert werden. Gerade hinsichtlich der Betreuung Älterer sind vielfältige Szenarien vorstellbar, in denen smarte Technik sinnvoll und entlastend eingesetzt werden kann.

Dass insbesondere die Betreuung und die Versorgung Älterer in Zukunft große Herausforderungen für alle Gesellschaften darstellen werden, ist vor dem Hintergrund des demografischen Wandels unverkennbar. Nach Tews (2000) kann von einem dreifachen Altern unserer Gesellschaft gesprochen werden: Zum einen nimmt die absolute Zahl älterer Menschen stetig zu und wird voraussichtlich – aufgrund der kontinuierlich steigenden Lebenserwartung – noch stärker ansteigen. 2010 waren in der Bundesrepublik Deutschland immerhin schon 21,2 Millionen Menschen über 60 Jahre alt. Zum anderen verändert sich aber auch der relative Anteil der Älteren an der Bevölkerung. So ist nach Vorausberechnungen des statistischen Bundesamtes damit zu rechnen, dass im Jahre 2060 in Deutschland 34 % der Bevölkerung 65 Jahre und älter sein werden, während der Anteil der unter 20-Jährigen bei 19 % liegen wird (vgl. Statistisches Bundesamt 2010). Das demografische Altern wird durch eine dritte Entwicklung verstärkt, und zwar durch den starken Anstieg der Hochaltrigen, der über 80-Jährigen. Das Statistische Bundesamt geht davon aus, dass 2060 etwa 14 % der Bevölkerung zur Gruppe der Hochaltrigen zählen werden (vgl. ebd.).

Von diesen Entwicklungen sind viele gesellschaftliche Bereiche und Politikfelder betroffen. Die Wirtschaft beispielsweise befürchtet einen Verlust von Humankapital und das Sinken des Arbeitskräftepotenzials. Das Alterssicherungssystem mit seinem „Generationenvertrag" wird aufgrund des hohen Anteils der Rentner in der Zukunft von vielen als nicht mehr finanzierbar eingestuft. Zudem scheint das Krankenversicherungssystem durch die Zunahme des Anteils der Älteren an der Bevölkerung gefährdet, da diese das System stärker belasten als jüngere Menschen. Als weiteres Problem wird mit der steigenden Zahl an Hochaltrigen assoziiert, dass sich mit der Vergrößerung dieser Altersgruppe gleichzeitig der Bedarf an Pflege- und Betreuungsleistungen erhöht. Insofern werden vom demografischen Wandel vielfältige Politikfelder berührt. Und die Bewältigung der Herausforderungen wird dadurch erschwert, dass die einzelnen Felder für das Phänomen Alter(n) starke Interdependenzen aufweisen, mit der Folge, dass „Einzellösungen" zu unerwünschten Nebenfolgen in anderen Feldern führen können.

Spätestens beim Thema Betreuung und Versorgung Älterer bietet es sich an, auch über eine Unterstützung durch technische Hilfsmittel nachzudenken. In den USA, Japan und Europa hat dieser Gedanke eine jahrzehntelange Tradition. Schon seit den 1980er Jahren werden dort Forschungsprojekte mit dem Ziel initiiert und gefördert, die Entwicklung technischer Unterstützungssysteme für Ältere voranzutreiben. Die frühe Phase der Forschung zu Alter und Technik in den 1980er Jahren zeichnet sich vor allem durch ihre „Zukunftsvisionen" aus; Visionen, die aus heutiger Sicht durch ihre Treffsicherheit beeindrucken. In der ersten Hälfte der 1990er Jahre etabliert sich auf internationaler Ebene eine neue Forschungsrichtung, die als Gerontotechnik bezeichnet wird. Sie markiert den eigentlichen Beginn der Forschung zum Thema Alter und Technik. Ziel der „Gerontotechniker" ist es, durch ein interdisziplinäres Vorgehen alle zur Entwicklung altersgerechter technischer Geräte wesentlichen Aspekte zu berücksichtigen. Ab Mitte der 1990er Jahre werden die Forschungsbemühungen – vor dem Hintergrund gravierender technischer Fortschritte und zunehmender Förderungen von staatlicher Seite – auf internationaler Ebene stark intensiviert. Und mit Beginn des 21. Jahrhunderts kann diese Disziplin als ein gereifter Forschungsbereich bezeichnet werden. Es existieren erste Lehrbücher und vierteljährlich erscheint eine eigene Fachzeitschrift, während regelmäßige Kongresse dafür sorgen, dass die gerontotechnischen Erkenntnisse und Entwicklungen auch von der Öffentlichkeit wahrgenommen werden.

Obwohl sich die Forscher der Gerontotechnik schon früh zum Ziel gesetzt haben, die Wissensvorräte aller für das Thema relevanten Gebiete – wie die Prozesstechnik, die Sensorik, den Maschinenbau, das Design, die Architektur, Grundlagenforschung aus den Bereichen Gerontologie, Soziologie, Psychologie und Medizin etc. (vgl. Bouma et al. 2007) – zu integrieren, bleibt festzustellen, dass sie diesem Anspruch bislang nicht gerecht geworden sind. Zwar zeigt sich in den letzten Jahren ihre allmähliche Öffnung hin zu den sozialwissenschaftlichen Disziplinen; dennoch herrscht – nach wie vor – ein starkes Übergewicht technikwissenschaftlicher Forschungsrichtungen vor. Infolge der Vernachlässigung der sozialwissenschaftlichen Perspektive werden potenzielle Gerätenutzer mit ihren Bedürfnissen, Wünschen und Kompetenzen nicht in die Entwicklung von Produkten mit einbezogen. Dementsprechend entstehen Geräte, über deren Markttauglichkeit und (Nicht-)Akzeptanz durch die Nutzer kaum etwas ausgesagt werden kann. Huning (2000, S. 113) spricht deswegen auch treffend von „Retorten-Entwicklungen".

An dieser Stelle wird offensichtlich, dass der stärkere Einbezug der sozialwissenschaftlichen Disziplinen unverzichtbar für ein erfolgreiches Vorgehen ist. Denn sie sind es, die die Nutzer mit ihren konkreten Wünschen und Bedürfnissen, mit ihren (Technik-)Deutungen und technischen Kompetenzen ernst nehmen. Die Forderung nach einer stärkeren Berücksichtigung der späteren Gerätenutzer hat sich in den letzten Jahren deutlich verstärkt. Sowohl die „Geldgeber" als auch die Forscher selbst sehen inzwischen einen dringenden Bedarf an sozialwissenschaftlicher Forschung; mit der Folge, dass Projekte gegenwärtig meist nur dann beantragt und bewilligt werden, wenn potenzielle Nutzer bei der Entwicklung der Geräte ausdrücklich mit einbezogen werden. Insbesondere im europäischen Raum hat das nutzerzentrierte Vorgehen stark an Bedeutung gewonnen.

In den Sozialwissenschaften fehlt allerdings bislang ein konzeptuelles Modell, das einen umfassenden Einblick in die Bedeutung von Technik im Alltag Älterer ermöglicht und damit Aufschluss über fördernde und verhindernde Bedingungen für den Technikeinsatz Älterer geben kann. Fast immer werden die Themen Alter und Technik unabhängig voneinander diskutiert. Diese Lücke soll mit dieser Arbeit geschlossen werden. Das Thema Alter *und* Technik wird hier aus einer soziologischen Perspektive in den Blick genommen: zum einen, weil der praktische Umgang mit Technik im Alltag in anderen Disziplinen – wie beispielsweise der Volkskunde, der Sachkulturforschung oder der empirischen Kulturwissenschaft – fast gar nicht behandelt wird; zum anderen, weil die Techniksoziologie die Wechselbeziehungen zwischen Technik und Gesellschaft bzw. deren Gruppen als ihren zentralen Gegenstand begreift und daher besonders passend ist.

Im Folgenden werden zusammenfassend die theoretischen Konzepte aufgezeigt, die dazu beitragen können, die Möglichkeiten und Bedingungen des (nicht) erfolgreichen Einsatzes von Technik im Alltag der Älteren aufzudecken.[1] Sie werden auf der Basis der empirischen Befunde nach ihrer faktischen Relevanz gewichtet und diskutiert.

15.1 Erkenntnisse aus Theorie und Empirie

Den größten Einfluss auf den Einsatz von Technik hat – wie erwartet – der subjektive Sinn, den die Älteren mit dem jeweiligen Gerät verbinden (*subjektive Sinnsetzungen*, Hörning 1988, Rammert 1988). Das heißt, ihre Erwartungen an das Gerät bzw. ihre Vorstellungen von seinem Nutzen entscheiden im Wesentlichen darüber, ob sie es in ihren Alltag integrieren oder nicht. Dabei wird im Allgemeinen dem zweckorientierten, funktionalen Einsatz von Technik die größte Bedeutung zugewiesen. Technik wird von ihnen vorwiegend als ein Instrument betrachtet, mit dessen Hilfe sie ihre alltagspraktischen Ziele körperlich leichter, einfacher, schneller, sparsamer und effizienter erreichen können. Theoretisch formuliert soll Technik vor allem dazu dienen, die eigene Umwelt besser kontrollieren zu können (vgl. z. B. Hörning 1988).

Dieser Wunsch lässt sich bei allen Älteren – unabhängig von ihrem chronologischen Alter – entdecken und kann im Sinne Rammerts (1988) damit begründet werden, dass sich im Zuge der modernen technischen Entwicklung eine sogenannte „technologische Mentalität" herausgebildet und dazu geführt hat, dass technische Effizienz und Leistungssteigerung zum Selbstzweck bzw. zu einem kulturellen Wertbestand geworden sind. Dieser Befund lässt sich allerdings nicht auf jüngere Generationen übertragen. Studien, die sich der Techniknutzung von Jugendlichen und jungen Erwachsenen widmen (vgl. z. B. Tully 2003), verweisen darauf, dass diese Technik mit sehr viel mehr Bedeutungen versehen, die häufig sogar als wichtiger wahrgenommen werden als die reine Funktionalität. Es ist daher plausibel, das vorrangig zweckrational orientierte Technikinteresse der Älteren auf ihre spezifische Techniksozialisation zurückzuführen. Mit Sackmann und Weymann (1994) kann argumentiert werden, dass die Älteren in ihrer Jugend gelernt haben, mit dem Technikeinsatz vor allem zweckrationale Absichten zu verbinden. Dem gesellschaftlichen Diskurs dieser Zeit folgend erwarteten sie von den Geräten daher, dass diese genau in der ihnen zugedachten Weise funktionierten und ressourcen-, zeit- und arbeitssparend eingesetzt werden konnten. Und da ge-

---

[1] Siehe hierzu auch Abbildung 5.

mäß der Argumentation von Sackmann und Weymann den Älteren diese früh erlernten Muster auch heute noch als Maßstab zur Beurteilung technischer Geräte dienen, ist es naheliegend, dass sie die Technik als vor allem zweckrational zu nutzendes Instrument betrachten.[2]

Diese Überzeugungen führen zugleich dazu, dass Ältere dem Äußeren der Technik, ihrem Design, in der Regel meist eher wenig Aufmerksamkeit schenken. Das ist insbesondere vor dem Hintergrund interessant, dass das Design gegenwärtig bei der Produktentwicklung eine immer bedeutendere Rolle spielt und allgemein der Trend zu verzeichnen ist, dass zunehmd Geräte nachgefragt werden, die sich durch ihr „ansprechendes" Design auszeichnen bzw. sich dadurch von anderen Geräten absetzen (vgl. Lash 1996).[3]

Auch wenn für die Älteren die Funktionen der Technik immer im Mittelpunkt stehen, verbinden sie mit ihr dennoch weitere Sinnsetzungen bzw. Zusatznutzen, die ebenfalls mit darüber entscheiden, ob Technik in den Alltag integriert wird oder nicht. So spielt für einige der Älteren die mit dem Technikeinsatz verbundene Chance, ihr technisches Wissen erweitern zu können, eine wichtige Rolle. Diese Älteren haben ein Interesse an technischen Herausforderungen. Sie möchten die Technik durchschauen bzw. kontrollieren können. Und diesem Interesse widmen sie sich mit viel Ausdauer und Disziplin. Einige sehen dabei ihre zunehmenden Technikkompetenzen als Ausdruck für Bildung, geistige Flexibilität und Aufgeschlossenheit (auch oder gerade im Alter). Für andere ist der Technikeinsatz eher eine Form von Leidenschaft, die ihr Leben gleichermaßen mit Sinn erfüllt wie ihr einstiger Beruf. Immer wird bei diesen Älteren der Technik „an sich" große Beachtung geschenkt. Neben ihren instrumentellen Funktionen trägt sie zugleich zur Identitäts- und Sinnstiftung und zur Vergewisserung der eigenen Kompetenzen bei.

Eine weitere Sinnsetzung bzw. ein weiterer Zusatznutzen darf hier nicht vernachlässigt werden: Ein kompetenter Technikeinsatz wird von einem Teil der Älteren mit der Gewissheit sozialer Integration und dem Gefühl der Zugehörig-

---

2 An dieser Stelle gibt es schon einen ersten Hinweis auf eine weitere Bedingung, die maßgeblichen Einfluss auf den Technikeinsatz Älterer hat: nämlich deren Zugehörigkeit zu einer je spezifischen „Technikgeneration" (Sackmann und Weymann 1994). Dieses Konzept wird an anderer Stelle ausführlicher behandelt.

3 Es ist allerdings zu vermuten, dass dem Design der Technik dann besondere Aufmerksamkeit geschenkt wird, wenn die Älteren darin eine mögliche Form ihrer Stigmatisierung sehen. Denn insbesondere die Technik, die als „altengerecht" wahrgenommen wird, kann nach Mollenkopf (1998a, S. 83) zugleich als Ausdruck menschlicher Unzulänglichkeit, als „Prothese" interpretiert werden.

keit assoziiert. Diese Deutung kann auf unterschiedlichen Vorstellungen beruhen. Einige fühlen sich durch ihren kompetenten Technikeinsatz der „technisierten Welt" zugehörig. Und gerade die soziale Sichtbarkeit ihrer technischen Kompetenzen erfahren sie als einen Grundpfeiler sozialer Identität. Aufgrund der Überzeugung, dass Technikkompetenz gleichzusetzen ist mit den – ihnen als erstrebenswert geltenden – Werten Jugendlichkeit, Fortschritt und Modernität, legen sie daher Wert darauf, sich hinsichtlich ihres Umgangs mit Technik ständig weiterzubilden. Aber auch auf der Basis anderer Deutungen wird mit dem kompetenten Technikeinsatz soziale Teilhabe verbunden: Viele Ältere sehen in der Technik vor allem ein geeignetes Hilfsmittel zur Kommunikation. Für sie bedeutet Technik insbesondere die Möglichkeit, über eine Vielfalt von Kommunikationswegen zu verfügen und auf unterschiedlichste Weise in ständigem Austausch mit dem eigenen sozialen Netzwerk stehen zu können. Dabei ist ihnen nicht nur die tatsächlich stattfindende Kommunikation wichtig, sondern zugleich die Gewissheit, durch die Technik immer für andere erreichbar zu sein bzw. selbst Kontakt aufnehmen zu können. Diesen Älteren wird durch moderne Kommunikationstechniken eine Form ortsungebundener interaktiver Anwesenheit vermittelt, die ihnen das Gefühl gibt, niemals allein zu sein.

Es kann zusammenfassend festgehalten werden, dass Ältere der Funktionalität der Technik die höchste Bedeutung zuweisen. Dennoch verbinden viele von ihnen mit der Technik zugleich weitere (Zusatz-)Nutzen, die für sie die Attraktivität des Technikeinsatzes im Alltag noch erhöhen. So kann der Technikeinsatz beispielsweise zugleich einen Zuwachs an Identität und Sinnstiftung bedeuten oder das Gefühl vermitteln, in die Gesellschaft und in das eigene soziale Netzwerk integriert zu sein. An dieser Stelle soll auf einen Zusammenhang zwischen dem individuellen Grad an Technikkompetenz und der Anzahl der Zusatznutzen aufmerksam gemacht werden. Es gilt: Je höher die Technikkompetenz, desto größer ist die Zahl der Zusatznutzen. So wird mit dem kompetenten Umgang mit Technik meist ein Gefühl der Zugehörigkeit zur „technischen Gesellschaft" assoziiert. Gleichzeitig führt er zu einem gestärkten Selbstbewusstsein und zur Anerkennung innerhalb des eigenen sozialen Netzwerks. Und darüber hinaus wird mit ihm meist das Gefühl verbunden, nicht „alt" zu sein. Benachteiligt erscheinen insofern die Älteren, die über einen eher geringen Grad an Technikkompetenz verfügen. Ihnen entgehen viele Zusatznutzen, ein „Gewinn" durch die Technik ergibt sich bei ihnen allein auf der instrumentellen Ebene.

Aber woran kann eine niedrige bzw. eine hohe Technikkompetenz „festgemacht" werden? Und wer entscheidet über die Kriterien, die das Ausmaß der Technikkompetenz bestimmen? Die Älteren selbst, lautet hier die Antwort. Denn allein ihr „Bild" über die eigenen technischen Kompetenzen, ihre subjektiven Einschätzungen liefern ihnen die Entscheidungsgrundlage dafür, ob sie Technik in ihren Alltag integrieren wollen oder nicht (*Selbstbild, Altersbild,* Saake 1998). Die Älteren, die sich selbst als technikkompetent wahrnehmen, sehen im Technikeinsatz vor allem Vorteile – Nutzen und Zusatznutzen – für sich selbst. Ältere hingegen, die sich als sehr wenig technikkompetent erleben, sehen meist keine oder nur wenige (Zusatz-)Nutzen. Letztere begegnen Technik eher mit Vorbehalten und versuchen, sie aus ihrem Leben zu verdrängen. Das findet seinen Ausdruck manchmal sogar darin, dass sie ihre (unverzichtbaren) Geräte möglichst aus ihrem Sichtfeld verbannen, indem sie sie in Schränken oder abgelegenen Räumen unterbringen. Bei diesen Älteren geht die Überzeugung mangelnder Technikkompetenz häufig mit der Furcht einher, durch den Einsatz von Technik – und zwar insbesondere durch den Einsatz von neuer Technik – die Kontrolle über sich, über ihr Leben und ihren Alltag zu verlieren. Sie empfinden gerade die neue, als undurchschaubar wahrgenommene Technik als eine Bedrohung, der sie hilflos ausgeliefert sind und gegen die sie sich, sobald sie eingesetzt wird, kaum wehren können. In ihrem Einsatz sehen sie insofern eine Gefahr für ihre zukünftige Handlungsfähigkeit. So wird beispielsweise der Einsatz eines Navigationssystems im Auto kategorisch abgelehnt, aus Angst, sich bei seinem Versagen nicht mehr zurechtfinden zu können. Hinzu kommt ihre Befürchtung, zur Aneignung der notwendigen Technikkompetenz nicht (mehr) in der Lage zu sein. Darüber hinaus quält sie die Sorge, dass ihre wahrgenommene mangelnde Technikkompetenz, insbesondere beim Einsatz komplexer Geräte, sozial sichtbar wird. Umgeben von einem sozialen Umfeld, das aus ihrer Perspektive über ein weit höheres Maß an Technikkompetenz verfügt, wollen sie sich dieser als beschämend empfundenen Situation erst gar nicht aussetzen. Logisch konsequent vermeiden sie daher nach Möglichkeit insbesondere den Einsatz neuer Technik. Zur Verschärfung ihres tiefen Unbehagens trägt bei, dass sie gleichzeitig überzeugt sind, sich aufgrund der zunehmenden Durchdringung des Alltags mit diesen Geräten in Zukunft nicht mehr vor ihnen „schützen" zu können.

Insgesamt kann allerdings festgehalten werden, dass die Gruppe der Älteren, die sich als wenig technikkompetent begreift und gleichzeitig dem Einsatz von Technik sehr kritisch gegenübersteht, recht klein ist. Hier finden sich überwiegend die Älteren, die keine beruflichen Erfahrungen mit dem Einsatz komplexer Technik gemacht oder die ein Leben jenseits der Berufstätigkeit geführt haben. So sind gerade Frauen, deren Hauptaufgaben in der Betreuung von Kindern und in der Haushaltsführung bestanden und/oder bestehen, hier besonders stark vertreten.

Es hat sich also gezeigt, dass gerade die subjektiv wahrgenommene eigene Technikkompetenz eine entscheidende Rolle für die Akzeptanz der Technik oder ihre Ablehnung spielt. Dennoch bleibt zu prüfen, ob sich Parallelen zwischen der wahrgenommenen und einer „faktischen"[4] – von außen sichtbaren – Technikkompetenz zeigen. Es lässt sich zeigen, dass in vielen Fällen eine Übereinstimmung besteht. Viele der Befragten, die sich selbst als technisch kompetent beschreiben, zeichnen sich dadurch aus, dass sie auch mit komplexen, neuen Techniken relativ souverän umgehen können. Selbst die sogenannten „technischen Situationen" – in denen technische Probleme auftauchen – bewältigen sie in der Regel erfolgreich. An dieser Stelle wird allerdings ein geschlechtsspezifischer Unterschied deutlich: Die Frauen neigen dazu, ihre eigenen technischen Kompetenzen eher zu unterschätzen. Dadurch, dass sie die von ihnen genutzte Technik nicht mehr als Technik wahrnehmen oder als „kinderleicht zu handhaben" interpretieren, scheinen sie ihre eigene Anwendungskompetenz eher zu gering einzuschätzen. Eine „faktisch" hohe Technikkompetenz der Älteren lässt sich, auf der Grundlage dieser Untersuchung, fast ausnahmslos auf ihre beruflichen Erfahrungen zurückführen.[5]

Zugleich gibt es Fälle, bei denen sich die wahrgenommene Technikkompetenz eher nicht mit der von außen eingeschätzten „faktischen" Kompetenz deckt. Das ist insbesondere bei einigen der hochaltrigen Frauen der Fall, die faktisch als eher wenig technikkompetent eingeschätzt werden. Sie zeichnen sich dadurch aus, dass sie eine Vielfalt von Funktionen der klassischen und auch der neuen Technik unhinterfragt selbstverständlich nutzen. Und hieraus leitet sich offensichtlich ihr Gefühl der Kompetenz ab. Allerdings zeigt sich bei genauerem Hinsehen, dass sie grundsätzlich nur sehr einfache Funktionen wählen und komplexe Anwendungen meiden. Zudem verfügen sie über ein sehr zuverlässiges soziales Netzwerk, das sie einerseits auf die als nötig erachteten Geräte aufmerksam macht und sie damit umfänglich „versorgt" und andererseits in „technischen Situationen" sofort helfend eingreift. So werden diese Frauen nie direkt mit technischen Problemlagen konfrontiert. Darüber hinaus sehen sie auch keinerlei Notwendigkeit, sich näher mit den Techniken „an sich" zu beschäftigen. Sie sind nicht interessiert an den Arbeitsweisen, der Logik und dem Aufbau der Geräte. Technik betrachten sie allein aus der funktionalen Perspektive. Und vor dem Hintergrund dieser

---

4   Hierbei kann es sich selbstverständlich nur um Vermutungen handeln, die auf den Erläuterungen der Älteren hinsichtlich ihrer vielfältigen technischen Tätigkeiten im Alltag basieren. Diese Tätigkeiten wurden daraufhin betrachtet, ob sie eines eher hohen oder eines eher geringeren Maßes an Technikkompetenz bedürfen.

5   Diese Berufserfahrungen bilden möglicherweise zugleich die Grundlage für ihre Bereitschaft, sich auch im Privatleben mit komplexen technischen Geräten auseinanderzusetzen.

Voraussetzungen wird verständlich, dass sie sich einen höheren Grad an technischer (Anwendungs-)Kompetenz zuschreiben, und damit zugleich Sinnstiftung und ein gestärktes Selbstbewusstsein verbinden sowie das Gefühl, zumindest in dieser Hinsicht nicht „alt" zu sein.

Die oben beschriebene Gruppe der hochaltrigen Frauen ist nicht nur hinsichtlich ihres Selbstbilds als technikkompetent interessant. Gleichzeitig zeichnet sie sich dadurch aus, dass sie Technik ausnahmslos positiv – als einen Segen – betrachtet. Diese Einschätzung ist bemerkenswert, denn durchweg alle jüngeren Befragten verbinden mit Technik zugleich auch (kleinere) Nachteile wie Einschränkungen, Risiken, „Übergriffe" auf ihre Privatheit etc. Das Reflektieren von und das Abwägen zwischen Vor- und Nachteilen der Technik sind für die „jungen" Älteren selbstverständlich. Diese unterschiedlichen Überzeugungen liefern einen Hinweis auf eine weitere Bedingung technischen Handelns: Es lässt sich belegen, dass sich die Einschätzung technischer Geräte und der Umgang mit diesen zwischen verschiedenen Altersgruppen unterscheidet (*Generationszugehörigkeit*, Sackmann und Weymann 1994).

Sackmann und Weymann (1994) haben sich mit diesem Phänomen beschäftigt. Sie beschreiben eine Abhängigkeit zwischen dem individuellen Verhältnis zur Technik und der jeweiligen (zeitgeschichtlichen) Generationszugehörigkeit. Aus ihrer Sicht sind heutige Unterschiede in der Technikakzeptanz und -kompetenz auch auf die unterschiedlichen Erfahrungen zurückzuführen, die die Älteren in ihrer späten Jugend und im jungen Erwachsenenalter mit technischen Innovationen gemacht haben (vgl. ebd. 9). In Anlehnung an Mannheim (1980) argumentieren sie, dass Menschen durch bestimmte Ereignisse, Zustände, Objekte und kulturelle Diskurse in ihrer Jugend geprägt würden, dass die jeweilige Generation quasi eine „Erfahrungsgemeinschaft" bilde, so dass die eigenen Erfahrungen zu geteilten Bedeutungen würden. Und diese Bedeutungen blieben lebenslang erhalten. Im Sinne dieser Argumentation kann gefolgert werden, dass die frühe generationsspezifische „Techniksozialisation" die technikbezogenen Orientierungen und Beurteilungsmaßstäbe der Menschen ein Leben lang prägt. Und demzufolge ist nicht das konkrete chronologische Alter der Älteren „Auslöser" für einen je spezifischen Umgang mit Technik, sondern die in der jeweiligen Generation gemachten geteilten Erfahrungen mit technischen Entwicklungen. Sackmann und Weymann (1994) stellen fest, dass die jeweils jüngere Generation die neuen Techniken besser beherrscht als die vorhergehende.

Sie unterscheiden zwischen vier sogenannten „Technikgenerationen", die jeweils durch andere Schlüsseltechnologien geprägt seien (vgl. ebd. 41 ff.). Die Alterskohorten, die sie der sogenannten „vortechnischen Generation" zurechnen, sind vor 1939 geboren. Es sind die heute Hochaltrigen oder die demnächst Hochaltrigen. Für diese gilt, dass sie in ihrer Kindheit und Jugend zwar Strom und damit elektrisches Licht im Elternhaus kannten, das Radio allerdings lange Zeit das einzige komplexere Gerät im Haushalt blieb. Gleichzeitig war die Hausarbeit durch teilweise schwerste körperliche Arbeit geprägt. Vor dem Hintergrund dieser Erfahrungen wird verständlich, dass Hochaltrige geneigt sind, arbeitserleichternde technische Geräte uneingeschränkt als einen „Segen" zu betrachten. Für sie steht im Mittelpunkt, dass Technik ihnen eine Menge an (körperlichen) Anstrengungen und Mühen abnehmen oder zumindest erleichtern kann. Mit dem Technikeinsatz assoziieren sie eine überaus deutliche Verbesserung ihrer Lebensqualität.

Die darauffolgenden jüngeren Generationen beurteilen den technischen Fortschritt meist differenzierter und auch kritischer. Zu diesen Generationen zählen Sackmann und Weymann die sogenannte „Generation der Haushaltsrevolution" (etwa zwischen 1939 und 1948 Geborene), die „Generation der zunehmenden Haushaltstechnisierung" (etwa zwischen 1949 und 1964 Geborene) und die „Computergeneration (ab ca. 1964 Geborene). Für die „Generation der Haushaltsrevolution" ist die erste Waschmaschine noch ein entscheidendes, prägendes Erlebnis, so Sackmann und Weymann, während die „Generation der zunehmenden Haushaltstechnisierung" die einsetzende umfassende Haushaltstechnisierung als selbstverständlich hinnimmt.[6] Dennoch zeigt sich auch schon bei der „Generation der Haushaltsrevolution" eine langsame Gewöhnung an den Einsatz von Technik – die alltagskulturelle Rahmung der Technik (Ahrens 2009) –, in deren Folge auch mit ihr einhergehende Nachteile nun deutlicher wahrgenommen werden. Insofern ist es plausibel, dass dem Technikeinsatz dieser Generationen nun vorwiegend eine abwägende Auseinandersetzung mit dem jeweiligen Gerät vorausgeht.

Wie von Sackmann und Weymann (1994) hervorgehoben wird, sind insbesondere die Beurteilungsmaßstäbe der Älteren durch ihre „frühen" generationsspezifischen Erfahrungen geprägt. Gegenwärtige technische Neuerungen werden also regelmäßig anhand der in der Jugend entwickelten Maßstäbe eingeschätzt. Und gerade dieser Aspekt hat große Auswirkungen auf ihre Bereitschaft zum Technikeinsatz. Zwei Beispiele aus der Empirie sollen einerseits den Zusammenhang zwischen früher Techniksozialisation und heutiger Technikeinschätzung veranschaulichen; andererseits sollen sie auf die mit dieser Verknüpfung einhergehenden Probleme für den erfolgreichen Technikeinsatz Älterer aufmerksam machen.

---

6   Die „Computergeneration" ist für diese Arbeit aufgrund ihres Alters nicht direkt relevant; sie dient nur der Abgrenzung von den hier untersuchten Altersgruppen.

So wird etwa die häufig als undurchschaubar wahrgenommene, neue Technik von vielen Älteren als *problematisch* eingeschätzt. Von früher gewöhnt, dass technische Geräte in ihren Arbeitsweisen, ihrer Funktionslogik und in ihren Anwendungsbereichen grundsätzlich durchschaubar sind und auch durchschaut werden müssen, um erfolgreich eingesetzt werden zu können, nehmen diese Älteren die neuen Techniken in ihrer Komplexität und Unübersichtlichkeit vor allem als Problem wahr. So erscheinen ihnen beispielsweise die kaum überschaubare Funktionenvielfalt und die zahlreichen Vernetzungsmöglichkeiten als Problem; ebenso wie die komplexen Bedienungsanleitungen meist als konfus und nicht anwenderadäquat erlebt und problematisiert werden. Diese wahrgenommene Undurchschaubarkeit führt bei vielen Älteren zu einem Gefühl der eigenen Hilflosigkeit und des „Ausgeliefertseins", da sie „gelernt" haben, eine Technik erst umfassend verstehen zu müssen, um sie anwenden zu können. Dass es sich hierbei um eine besondere, generationsspezifische Sichtweise handelt, wird deutlich, wenn man sie mit den Überzeugungen anderer Generationen vergleicht: So kann beispielsweise Tully (2003) belegen, dass Jugendliche im Umgang mit neuer Technik keinerlei „Ohnmachtsgefühle" entwickeln. Sie beschreiben die Undurchschaubarkeit dieser Technik nicht als Problem, sondern nehmen diesen Umstand unhinterfragt selbstverständlich hin – er entspricht ja ihrer gesamten Techniksozialisation – und begreifen ihn darüber hinaus als handlungs- und erfahrungsermöglichend.

Vor dem Hintergrund ihres durch Problemhaftigkeit gekennzeichneten „Bildes" von der neuen Technik ist ein Teil der Älteren geneigt, diese wenn möglich eher zu meiden. Sie erkennen aufgrund ihrer „alten" Maßstäbe nicht, dass die neue Technik häufig gar nicht durchschaut werden muss, um sinnvoll eingesetzt werden zu können. Die Arbeitsweise einer Digitalkamera beispielsweise muss nicht verstanden und ihre Vielfalt an Funktionen muss nicht vollständig nachvollzogen werden, um sie nutzen zu können.

Noch ein weiteres Beispiel kann den Zusammenhang zwischen „alten" Beurteilungsmaßstäben und heutigen Einschätzungen verdeutlichen. Viele Ältere erleben die neue Technik als *sinnlos*, weil sie keinen eindeutigen und konkreten, zweckrationalen Nutzen mit ihr verbinden können. Auch diese Überzeugung wird vor dem Hintergrund ihrer früh gelernten Deutungen verständlich: In ihrer Jugend wurde ein technisches Gerät allein aufgrund seines speziellen Nutzens – im Sinne der Erleichterung der Hausarbeit – angeschafft. Seine Zweckmäßigkeit und seine eindeutige Effizienz waren die alleinigen Kriterien für seinen Einsatz. Insofern ist naheliegend, dass Ältere mit dieser Überzeugung eher geneigt sind, die neue, ergebnisoffene und vielfältige Technik für verwirrend, überflüssig oder nutzlos zu halten. Auch an dieser Stelle werden ihre „alten" Maßstäbe besonders deutlich im Vergleich zur Einstellung jüngerer Generationen. Tully (2003, S. 127) kann zeigen, dass Jugendliche gerade die Technik bevorzugen, die möglichst ergebnisoffen und damit wenig nutzenfixiert ist. Denn nur mit ihrem Einsatz verbinden sie vielfältige Möglichkeiten der Ausgestaltung ihres eigenen Lebensstils und ihrer sozialen Integration (vgl. ebd. 128). Der konkrete zweckrationale Nutzen, den ein Gerät erbringen kann, hat bei ihnen untergeordnete Bedeutung.

An den Gegenüberstellungen zwischen „Jung" und „Alt" und zwischen den Hochaltrigen und den „jungen" Älteren werden die beiden Grenzziehungen deutlich, die durch die empirische Untersuchung belegt werden können. Ganz im Sinne Sackmanns und Weymanns (1994) können – wie oben beschrieben – Unterschiede zwischen den Hochaltrigen und den jüngeren Generationen der Älteren festgestellt werden. Und auch zwischen den heute Jugendlichen bzw. jungen Erwachsenen und den Älteren zeigen sich teils gravierende Unterschiede in ihren Einstellungen zur Technik. Allerdings können – entgegen den Annahmen von Sackmann und Weymann – keine Differenzen zwischen den Alterskohorten der Geburtsjahrgänge zwischen 1940 und 1952 ausgemacht werden. Während die beiden Autoren im Jahre 1994 auf systematische Unterschiede hinweisen, scheinen sich die Generationen heute angenähert zu haben, denn wichtige Unterscheidungen liegen nun quer zu den Technikgenerationen. Worauf könnte das zurückgeführt werden? Eine mögliche Begründung mag sein, dass die aktuellen technischen Innovationen einen so gravierenden Bruch in der technischen Entwicklung bedeuten, dass dahinter alle früheren Unterschiede in der Technikerfahrung und -einschätzung „verblassen". Die neue Technik, so lautet meine These, macht jegliches frühes Erfahrungswissen überflüssig, so dass heute alle Älteren vor die gleichen, neuen Herausforderungen gestellt werden, für die sie keine Anknüpfungspunkte in ihrem Erfahrungsschatz vorfinden.

Ein weiteres Phänomen, das wesentlich mit darüber bestimmt, ob und wie Technik im Alltag der Älteren integriert wird, wird von Voß (2001) und anderen Autoren als das *„System der alltäglichen Lebensführung"* bezeichnet. Es dient nach Voß (2001, S. 206) der „Strukturierung und Koordination der alltäglichen Tätigkeiten einer Person" und sorgt dafür, dass der Alltag eine gewisse Routine, seinen „regelmäßigen Trott" erhält. Diese Strukturierung erfolgt auf unterschiedlichen Ebenen, wie beispielsweise der zeitlichen, der räumlichen, der sozialen, der sinnhaften, der geschlechtlichen etc. Auch wenn dieses System von den Menschen selbst – in Abhängigkeit von ihren jeweiligen gesellschaftlichen und sozialen Bedingungen – hervorgebracht wird, entwickelt es nach Voß dennoch eine strukturelle Eigenlogik. Und gerade diese sichert den Menschen einen problemlosen Handlungs- und Tagesablauf und trägt dazu bei, dass der Alltag durch Gewohnheiten bestimmt und nicht als „holprig und anstrengend" erlebt wird (ebd. 210). Insofern führt das System der alltäglichen Lebensführung zu einer Stabilisierung des Alltags. Es verleiht Kontinuität und erzeugt dadurch Handlungssicherheit und -entlastung.

Und gerade auf die Stabilität des Alltags kann der Technikeinsatz in verschiedener Weise einwirken. Auf der Basis der empirischen Untersuchung kann gezeigt werden, dass Technik sowohl strukturierende als auch entstrukturierende Wirkungen auf die unterschiedlichen Ebenen der alltäglichen Lebensführung ausüben kann. Dabei gilt es zu berücksichtigen, dass den Älteren ihre langjährig erprobten und eingespielten Alltagsroutinen überaus wichtig sind. Sie befürworten dementsprechend den Einsatz von Technik, wenn er sich problemlos, das heißt ohne große Störungen, in die bestehenden Routinen einbauen lässt. Werden die Alltagsroutinen jedoch durch die Technik „gestört", wird sie eher abgelehnt.

Eindrucksvoll ist die Heftigkeit, mit der die Älteren an ihren eingelebten Strukturen festhalten. In Anlehnung an Vermutungen von Voß (2001) kann dies damit begründet werden, dass die Veränderbarkeit alltäglicher Strukturen (auch) von der Dauer des bestehenden alltäglichen Arrangements abhängt. Und da die Alltagsstrukturen der Älteren meist über einen sehr langen Zeitraum bestehen, scheinen sie schwerer wandelbar zu sein. Insbesondere stabile zeitliche und räumliche Strukturen werden von den Älteren als besonders wichtig erfahren.

Von den Älteren werden vor allem die Techniken akzeptiert und eingesetzt, die Strukturen ihrer Alltagsroutinen (unter)stützen, die aktiv zur Strukturierung eingesetzt werden können oder die den üblichen Ablauf ihres Alltags zumindest nicht stören. So wird beispielsweise ein Wecker bzw. sein Weckruf gutgeheißen, weil er mithelfen kann, die zeitlichen Strukturen des Alltags stabil zu halten. Der Fernseher wird akzeptiert, weil er die übliche Entspannungs- und Ruhephase am Abend durch ein passendes Programm „verschönert". Und das Telefon wird – im Gegensatz zum Handy – uneingeschränkt bejaht, weil es den sozialen Austausch an die Räumlichkeiten bindet – die private Sphäre –, die von den Älteren als passend für private Gespräche angesehen werden. Es fällt auf, dass die klassische Technik besonders gut in der Lage ist, die Alltagsroutinen der Älteren zu unterstützen.

Problematisch erscheinen den Älteren die Techniken, die ihre Alltagsroutinen „stören" bzw. zu entstrukturieren drohen. Und insbesondere die neue Technik zeichnet sich durch ihr hohes Entstrukturierungspotenzial aus und wird daher häufig zumindest in diesem Sinne als bedenklich erlebt. Aus der Sicht der Älteren scheint gerade sie beispielsweise die zeitlichen Strukturen des Alltags erheblich durcheinanderzubringen. So wird der Computer von ihnen häufig als „Zeiträuber" gesehen, da ihnen die Dauer seiner Nutzung oft nicht abschätzbar erscheint. Die für die Computernutzung eingeplante Zeit wird nach ihren Berichten meist um ein Vielfaches überschritten. Ebenso wird erklärt, dass insbesondere bei technischen Defekten die Zeit für die Instandsetzung – auch durch Experten – kaum kalkulierbar sei, was den gesamten Tages- oder Wochenablauf durcheinanderbringen kann. Besonders deutlich zeigen sich Entstrukturierungstendenzen durch die neue Technik auch auf der sinnhaften Ebene. Einige der Älteren nehmen zum Beispiel den Computer als eine Art „Blackbox" wahr, da sie ihm keinen eindeutigen Sinn und Zweck in ihrem Alltag zurechnen können und auch seine Bedienung wird oft als uneindeutig und unklar erleben. Und insbesondere das Internet erfährt ein Teil der Älteren als entstrukturierend in dem Sinne, dass sie die Wichtigkeit bzw. den Stellenwert der einzelnen Informationen nicht eindeutig einschätzen kann. Auch können sie kaum zwischen glaubhaften und zweifelhaften Nachrichten unterscheiden, ebenso wie ihnen oft nicht klar ist, welche Internetseiten „gefährlich" und welche unbedenklich sind. Die neue Technik erscheint vielen Älteren auf unterschiedlichen Ebenen als eine Herausforderung für ihre alltäglichen Strukturen, mit der Konsequenz, dass sie ihr mit einer gewissen Zurückhaltung begegnen.

Ausnahmen zeigen sich vor allem dort, wo Ältere aus eigenem Antrieb – aktiv – entstrukturierende neue Technik in ihr Leben integrieren, um sie ganz in ihrem Sinne nutzen zu können. In diesem Fall fühlen sie sich nicht in ihrem Tagesablauf gestört, sondern bauen den Umgang mit der neuen Technik ausdrücklich in ihren Alltag ein. So sind Ältere zum Beispiel gerade dann oft geneigt, sich bewusst Zeit für das Erlernen des – räumlich entstrukturierenden – E-Mailprogramms des Computers zu nehmen, wenn ihre Kinder in großer räumlicher Distanz zu ihnen wohnen. Online-Banking gilt ihnen dann als gute Alternative, die gerne in den Tagesablauf integriert wird, wenn aufgrund altersbedingter Mobilitätseinschränkungen der regelmäßige, gewohnte Gang zur Bank immer mühsamer wird.

Und hin und wieder kommen durch die neue Technik sogar grundlegende Zweifel an den herkömmlichen Strukturen bzw. an den lang eingeübten „So und nicht anders"-Überzeugungen auf, was zugleich eine Chance auf Veränderung in sich birgt. So ist interessant, dass sich die Vorstellung von der Gültigkeit der „klassisch strukturierten Genderlogik" – Männer sind technikkompetent, Frauen sind technikskeptisch und -avers – bei einigen Frauen im Zusammenhang mit der neuen Technik „aufgelöst" hat. Sie sind überzeugt, die „alten" Deutungen nicht auf den Umgang mit neuer Technik übertragen zu können, mit der Folge, dass sie sich nun aktiv mit der neuen Technik beschäftigen, sich die nötige Technikkompetenz aneignen und auch in „technischen Situationen" nicht ihren Partner um Unterstützung bitten. Und diese Situation verändert ihre alltäglichen Routinen maßgeblich, da sie eine Auflösung der klassischen, geschlechtsspezifischen Arbeitsteilung für diesen Bereich bedeutet.

Es zeigt sich zusammenfassend, dass gerade die neue Technik die alltäglichen Handlungs- und Deutungsroutinen eher in Unordnung versetzt, was bei den Älteren überwiegend zu Verunsicherung führt, so dass sie dieser Technik tendenziell eher vorsichtig begegnen. Klassische Technik hingegen, die vor allem dazu genutzt werden kann, die Alltagsroutinen zu stabilisieren, wird (fast) ausnahmslos akzeptiert und in den Alltag integriert.

Eine weitere wichtige Rolle beim Einsatz von Technik im Alltag Älterer spielt die oben schon angesprochene klassische „Genderlogik", die sich darin ausdrückt, dass Frauen als eher technikskeptisch und -distanziert und Männer als eher technikaffin und -kompetent wahrgenommen werden (*geschlechtsspezifische Ungleichheiten*, Ahrens 2009, Collmer 1997). Forschungen aus der jüngeren Vergangenheit offenbaren, dass nach wie vor überwiegend ein „Gefälle" zwischen den Geschlechtern in dem Sinne konstruiert wird, dass Männern allgemein eine höhere Technikkompetenz zugesprochen wird als Frauen, auch wenn diese Grenzziehung langsam etwas durchlässiger wird.[7] Und diese Überzeugung beeinflusst deutlich den Umgang mit Technik im Alltag und insbesondere die geschlechtsspezifische Arbeitsteilung beim technischen Handeln.

Auch auf der Basis der vorliegenden empirischen Studie lässt sich dieser Befund bestätigen. Es zeigt sich, dass die klassische Genderlogik für einen großen Teil der Älteren unhinterfragt selbstverständlich, quasi „natürlich" ist. Mit der Folge, dass den Frauen – von beiden Geschlechtern – der Bereich des Technikeinsatzes zugeschrieben wird, der als einfach wahrgenommen wird, in dem es vor allem um einfache Anwendungen technischer Geräte und um einfach zu handhabende Geräte geht. Männer hingegen werden vor allem den „technischen Situationen" zugeordnet, also den Situationen, in denen komplexe Probleme oder Reparaturerfordernisse auftreten, deren Bewältigung ein gewisses Maß an technischer Kompetenz voraussetzt. Dass diese Genderlogik nach wie vor als gültig angesehen wird, lässt sich zum einen darauf zurückführen, dass es sich hier um ein Deutungsmuster handelt, das immer noch stark im kulturellen Wissensvorrat verankert ist und gerade die Älteren schon eine lange Zeit begleitet hat. Zum anderen ist es aber zugleich mit Vorteilen sowohl für die Frauen als auch für die Männer verbunden, was ebenfalls zu seiner Stabilisierung beiträgt. So erleben es die Frauen vielfach als (arbeits)erleichternd, wenn sie schwierige technische Situationen ganz den Männern überlassen können. Und die Männer erleben diese

---

[7] Vgl. hierzu z. B. Ahrens 2009; Livingstone 2002.

Situationen vielfach als Möglichkeit, ihre technischen Kompetenzen demonstrieren und damit Anerkennung, Bestätigung und Sinnstiftung erhalten zu können.
Dennoch gibt es in der empirischen Untersuchung auch Hinweise darauf, dass das klassische Muster an verschiedenen Stellen durchbrochen wird, dass also De-Gendering-Prozesse stattfinden. In diesen Fällen übernehmen die Frauen die Rolle der „Technikkompetenten" im Rahmen der alltäglichen Lebensführung, während ihre Partner technische Herausforderungen eher meiden. Bemerkenswert ist dabei, dass fast immer die Männer den Anstoß für De-Gendering-Prozesse geben. Dem Auflösen der klassischen Genderlogik geht fast durchweg die wahrgenommene mangelnde technische Kompetenz eines Mannes im sozialen Umfeld der Frau (Partner, Arbeitgeber, Vater etc.) voraus. Ihre Aneignung von Technikkompetenz soll die Defizite des Mannes kompensieren. Sie ist also weniger intrinsisch motiviert – was auf die klassische Genderlogik zurückgeführt werden kann –, sondern entspringt der Notwendigkeit im Alltag.

Die mangelnde Technikkompetenz der Männer kann unterschiedliche Gründe haben: Sie kann beispielsweise darauf zurückgeführt werden, dass ein Mann allgemein eher kein Interesse an der Technik zeigt oder dass er im Rahmen seiner beruflichen Laufbahn keine grundlegenden technischen Kenntnisse benötigte. Sie kann aber auch Folge von kognitiven, sensorischen oder körperlichen Einschränkungen sein, die gerade für die Gruppe der Älteren zunehmende Bedeutung erlangen. Denn auch wenn das chronologische Alter keine Aussage darüber ermöglicht, ob jemand mit Einschränkungen zu kämpfen hat oder nicht, sind diese dennoch mit dem Alter assoziiert, d. h. die Wahrscheinlichkeit ihres Eintretens erhöht sich mit zunehmendem Alter.

Auch wenn die Frauen anfangs meist eher unfreiwillig in die Rolle der „Technikkompetenten" gedrängt wurden, zeigt sich dennoch, dass sie diese Situation vor allem als eine Chance für sich selbst erleben. Die Aneignung von Technikkompetenz erfüllt sie mit Stolz, einem gestärkten Selbstbewusstsein, Sinnstiftung, und bei einigen ist sie mit dem Gefühl der Emanzipation verbunden. Letzteres gilt insbesondere für die Frauen hohen Alters, für die der Technikeinsatz noch nicht vollständig „veralltäglicht" (Hörning 1988, S. 51) ist und die infolgedessen ihre Anwendungskompetenz noch als eine Form der Kompetenz wahrnehmen. Bei den Männern hingegen wird der „Rollentausch" meist als beschämend erlebt, den sie daher durch unterschiedlichste Strategien zu verbergen suchen. Aber auch ein Teil der Frauen versucht, ihre technischen Kompetenzen eher zu verheimlichen. Bei ihnen zeigt sich ein deutliches Spannungsverhältnis zwischen ihren gängigen Überzeugungen, die der klassischen Genderlogik entsprechen, und ihren eigenen technischen Kompetenzen, die sie sich fast durchweg im Rahmen ihrer beruflichen Laufbahnen angeeignet haben. Um diese Diskrepanz aufzulösen, halten sie ihre Kompetenzen eher im Verborgenen. Aber auch Konflikten können sie dadurch aus dem Wege gehen: Denn wenn der Partner am „klassischen Arrangement" festhält, führt die Sichtbarkeit ihrer Technikkompetenz häufig zu Spannungen und Auseinandersetzungen in der Partnerschaft.

Ein weiterer Aspekt, der auf den Einsatz von Technik im Alltag Älterer einwirkt, ist die (fehlende) Unterstützung durch weitere Akteure (*Unterstützungsnetzwerk*, Diewald 1991, Rammert 2007). Im Sinne der Konzeption von Rammert muss das technische Handeln als ein verteiltes Handeln betrachtet werden, da an jeder Handlung jeweils verschiedene Akteure – teils implizit – beteiligt sind. So zeigt sich in der empirischen Untersuchung deutlich, dass der erfolgreiche Einsatz von Technik im Haushalt der Älteren mitunter stark davon beeinflusst wird, in welchem Umfang sie Unterstützung durch andere Akteure erfahren. Hierbei kann es sich um Personen des privaten sozialen Netzwerks, aber auch um technische Experten handeln. Ihre Unterstützungsleistungen können dazu beitragen, dass die Technik erfolgreich von den Älteren eingesetzt und genutzt werden kann. Während der Bedarf an Unterstützung beim Einsatz klassischer Technik von den Älteren als äußerst gering eingeschätzt wird, erleben sie beim Umgang mit neuer Technik einen teils hohen Bedarf an Unterstützung. Letzteres ist allerdings nicht weiter verwunderlich, da die neue Technik aufgrund ihrer Komplexität und ihrer vielfältigen Vernetzungsmöglichkeiten grundsätzlich für alle einen höheren Bedarf an Unterstützung nach sich zieht.

Als wichtigste Ansprechpartner für Unterstützungsleistungen gelten den meisten Älteren ihre Kinder. Diese werden zum einen fast unhinterfragt selbstverständlich als „technische Experten" angesehen, und zum anderen wird von ihnen, aufgrund der in der Regel engen emotionalen Verbundenheit, am ehesten Hilfe erwartet. Hinzu kommt, dass bei Unterstützungsleistungen durch die Kinder die wahrgenommene mangelnde eigene Technikkompetenz, die meist von einem Gefühl der Scham begleitet wird, nur für einen kleinen Kreis von Personen sichtbar wird. Ältere, bei denen eigene Kinder als potenzielle Unterstützer nicht zur Verfügung stehen, wenden sich an Personen, die sie als Technikexperten erleben. Das kann ein Nachbar sein, den sie als technisch versiert einschätzen, oder auch der Mitarbeiter des hin und wieder besuchten Internetcafés. Dennoch zeigt sich insgesamt, dass die Unterstützung durch eigene Kinder den größten Einfluss darauf hat, ob und in welchem Umfang Technik im Alltag der Älteren integriert wird.[8]

---

8   Dieser Befund aus der vorliegenden empirischen Studie könnte allerdings mit einem Bias behaftet sein, da nur eine sehr kleine Zahl der Befragten keine eigenen Kinder hat.

Viele vor allem quantitative Untersuchungen verweisen auf einen Zusammenhang zwischen sozialstrukturellen, horizontalen wie vertikalen sozialen Ungleichheiten und dem Technikeinsatz bzw. der Technikausstattung (Älterer) (*Handlungsspielräume,* Clemens 1994).[9] Dass sowohl das Geschlecht als auch die beruflichen Erfahrungen großen Einfluss auf die Techniknutzung Älterer nehmen, kann durch diese Untersuchung bestätigt werden; es wurde oben schon diskutiert und lässt sich auch durch andere Studien belegen (vgl. z. B. Mollenkopf 2005). Auffallend ist darüber hinaus, dass die Höhe des Einkommens bei den hier Befragten offensichtlich kaum Wirkung auf den Umfang ihrer Technikausstattung – auch bezogen auf die neue Technik – hat. Dieser Befund lässt sich ebenfalls durch andere Studien stützen (vgl. ebd.). Die eher untergeordnete Bedeutung der finanziellen Ressourcen sollte nicht unabhängig von der Preisentwicklung bei technischen Geräten betrachtet werden: Denn heute bedarf es eines eher geringeren finanziellen Aufwands, um sich auch mit hoch leistungsfähigen neuen Techniken ausstatten zu können. Es sind vor allem Faktoren wie biografische Erfahrungen und die Einschätzung der Technik bzw. die mit ihr verbundenen Sinnsetzungen, die darüber entscheiden, wie stark und in welcher Weise Technik für die Bewältigung der alltäglichen Aufgaben angeschafft wird.

Wird der Fokus auf das Ungleichheitskriterium Bildung gerichtet, dann zeigt sich auf den ersten Blick ein Zusammenhang, der folgendermaßen beschrieben werden kann: Je höher die Bildung, desto höher ist die Technikkompetenz und desto intensiver die Techniknutzung (vgl. zur Nutzung auch Statistisches Bundesamt 2011). Bei genauerer Analyse der empirischen Daten wird allerdings deutlich, dass es sich hier viel eher um einen Zusammenhang zwischen dem beruflich erforderlichen technischen Know-how und der Technikkompetenz handelt: Denn je höher die berufliche Position, desto höher sind in vielen Fällen auch die Anforderungen an die technische Kompetenz des Positionsinhabers. Und da ein enger Zusammenhang zwischen Bildung und Beruf besteht, zeigt sich die oben beschriebene Korrelation.

Einem letzten Einflussfaktor auf den Technikeinsatz Älterer soll nun Aufmerksamkeit geschenkt werden, und zwar dem technischen Artefakt selbst mit seinen impliziten „Zwängen" (*Technik als soziale Institution,* Linde 1982, Beck 1997). Den Ausgangspunkt für diese Überlegungen bilden u. a. die Annahmen Becks (1997) und Lindes (1982). Sie vermuten, dass in das technische Gerät Bedeutungen „eingeschrieben" sind, die auf die Nutzer wirken und mit darüber ent-

---

9   Vgl. hierzu z. B. Statistisches Bundesamt 2011; Mollenkopf, Kaspar 2004; Reichert 2001; BMFSFJ 2000.

scheiden, ob diese das Gerät ablehnen oder akzeptieren und nutzen. Beck nennt diese Deutungen auch „Handlungsanweisungen" und verweist darauf, dass sie sozial konstruiert und institutionell oder materiell ausgeformt werden. Er unterscheidet zwischen den sogenannten „weichen" und „harten" Handlungsanweisungen. Die „weichen" Anweisungen (Ko-Texte) verortet er auf der Deutungsebene. Hiermit meint er kulturelle Orientierungen, Dispositive und Habitualisierungen, die das Feld sozial legitimer Nutzungsweisen des technischen Geräts abstecken (vgl. Beck 1997, S. 169 f.). „Harte" Anweisungen (Kon-Texte) beziehen sich auf die Handlungsebene und stecken – auch materiell manifest – den Rahmen dafür ab, in welcher Weise und wofür ein Gerät genutzt werden kann.

Auf der Basis der empirischen Untersuchung zeigt sich, dass diese Aspekte insbesondere bei den Technikskeptikern und denen, die über eher wenig wahrgenommene Technikkompetenz verfügen, Bedeutung erhalten.[10] Gerade diese fühlen sich durch die dem Gerät impliziten Anweisungen unter Druck gesetzt und versuchen, sich diesem häufig durch Technikvermeidung zu entziehen. Insbesondere die „harten" Anweisungen der Technik (Kon-Texte) werden als störend erlebt. So ärgert sich beispielsweise ein Älterer darüber, dass er gezwungen ist, den „Start"-Button seines PCs zu drücken, wenn er ihn ausschalten will. Diese Anforderung widerspricht seinen gängigen Überzeugungen von einem folgerichtigen Vorgehen und vermittelt ihm gleichzeitig ein Gefühl der Hilflosigkeit. Denn um die Funktionen des Geräts zu nutzen, muss er seinen für ihn unlogischen Anweisungen „gehorchen". Ein anderer bezeichnet seine Kaffeemaschine als absurd, da sie keinen Ausschalter besitzt und er dementsprechend das Gerät nach Inbetriebnahme nicht aktiv stoppen kann. Er hält diese Gerätekonzeption für völlig inakzeptabel, muss aber dennoch seine eigenen Überzeugungen überwinden, will er das Gerät erfolgreich nutzen. Dass die Ko- und Kon-Texte der Geräte gerade von weniger technisch versierten Älteren als unangenehm empfunden werden, lässt sich u. a. darauf zurückführen, dass sie die Technik häufig als einen persönlichen Gegner begreifen, gegen den sie glauben, sich nicht wehren zu können, und dem sie sich durch seine impliziten „Zwänge" ausgeliefert fühlen.

Zusammenfassend soll an dieser Stelle festgehalten werden, dass alle oben genannten Einflussfaktoren einen mitunter erheblichen Einfluss darauf haben, ob Ältere Technik erfolgreich in ihren Alltag integrieren (können) oder nicht. Unter der Zielsetzung, durch die Entwicklung technischer Geräte dazu beizutragen, dass Ältere technikunterstützt möglichst lange selbstständig und sicher in ihren

---

10 Häufig geht Technikskepsis mit einer als eher gering wahrgenommenen eigenen Technikkompetenz einher.

eigenen „vier Wänden" wohnen können, sollten diese Faktoren grundsätzlich mit in die Überlegungen und Planungen einfließen.

15.2 Neue Perspektiven

Eine „Übersetzung" dieser Befunde in konkrete *Handlungsempfehlungen* ist allerdings schwierig. Denn je nach geplantem Gerät und der potenziellen Nutzergruppe werden unterschiedliche Aspekte Bedeutung haben. Insofern ist es unerlässlich, bei der Entwicklung von Geräten stets die potenzielle Nutzergruppe mit ihren konkreten Wünschen und Bedürfnissen und mit den sie umgebenden Bedingungen in den Entwicklungsprozess mit einzubeziehen. Nur auf dieser Basis können die Faktoren ermittelt werden, die für die jeweilige Zielgruppe und den konkreten Technikeinsatz relevant sind. Und das Ziel muss es dabei sein, eine möglichst große Übereinstimmung zwischen den Nutzerbedürfnissen und -kompetenzen und den Technikanforderungen zu erreichen.

Nichtsdestotrotz soll im Folgenden versucht werden, beispielhaft einige wesentliche, allgemeinere Hinweise zu geben. In der Forschung zu Alter und Technik wird meist zwischen technikzentrierten und personenzentrierten Interventionen unterschieden, die dazu beitragen sollen, die Passung zwischen Nutzer und Gerät zu optimieren (vgl. Reichert 2001; Rudinger 1996). Vor dem Hintergrund der empirischen Befunde dieser Studie erscheint es allerdings sinnvoll, die Perspektive zu erweitern. Im Folgenden wird daher zwischen personenzentrierten, technikzentrierten und verhältniszentrierten Interventionen unterschieden.[11] Die Ergänzung von verhältniszentrierten Interventionen ist dem Befund geschuldet, dass sowohl der Markt als auch private und öffentliche Organisationen wie soziale Einrichtungen eine wesentliche Wirkung auf die Bereitschaft der Älteren zur Techniknutzung ausüben können.

Unter *technikzentrierten* Interventionen werden nachfolgend die Maßnahmen verstanden, die an der Technik selbst ansetzen und mit deren Hilfe versucht werden soll, diese so zu gestalten, dass sie mit dem Wissen und den Voraussetzungen der Älteren kompatibel ist (Technikgenese). Als *personenzentrierte* Interventionen gelten die Maßnahmen, die dazu beitragen, die technischen Kompetenzen und die Überzeugungen der Älteren den Anforderungen der Technik anzupassen.

---

11 Der Begriff der verhältniszentrierten Intervention kommt aus der Gesundheitspsychologie (vgl. z. B. Dapp et al. 2008). Hier wird zwischen verhaltens- und verhältnisorientierten Maßnahmen unterschieden.

Verhältniszentrierte Interventionen setzen an der Schnittstelle zwischen Technikgenese und Nutzer an. In dieser Arbeit soll damit der Bereich angesprochen werden, in dem die Nutzer in Kontakt mit den technischen Entwicklungen treten. Hierbei kann es sich sowohl um den freien Markt als auch um soziale Einrichtungen handeln, die dazu beitragen können, Ältere auf technische Produkte aufmerksam zu machen und ihre Technikakzeptanz zu erhöhen.

Werden die Möglichkeiten *technikzentrierter Interventionen* in den Blick genommen, dann können die Befunde zur Abhängigkeit der Technikakzeptanz und -kompetenz von der jeweiligen Generationszugehörigkeit wichtige Anknüpfungspunkte liefern. So sollte versucht werden, neue Geräte so zu gestalten, dass sie in ihrer Bedienbarkeit und in ihren Funktionsweisen den Geräten ähneln, die die Älteren aus ihrer Jugend und ihrem jungen Erwachsenenalter kennen. Damit könnte erreicht werden, dass ihnen die Geräte vertrauter erscheinen, so dass die Hemmschwelle zu ihrer Nutzung herabgesetzt wird. Es könnten beispielsweise Tasten-Doppel-Belegungen vermieden werden, um die ehemals typische „Tasten-Funktions-Einheit" wieder einzuführen. Oder die Bedienelemente könnten so gestaltet werden, dass bei ihrer Betätigung ein mechanischer Widerstand spürbar wird. Das hätte zum einen den Vorteil, dass es an die „alten" Geräte aus der Jugend der Älteren erinnert, zum anderen werden dadurch gleichzeitig zwei Sinne angesprochen, was aufgrund möglicher altersbedingter Einschränkungen besonders wichtig ist. Die Liste ließe sich beliebig verlängern. Abstrakt formuliert sollte es hier das Ziel sein, Geräte in der Form zu entwickeln, dass sie auf der Basis der „alten" Bewertungsmaßstäbe der Älteren als vielversprechende und attraktive Geräte erscheinen. Sie sollten insofern den „alten" technischen Standards entsprechen.

Einen weiteren Anknüpfungspunkt für technikzentrierte Interventionen bildet die Analyse der subjektiven Sinnsetzungen der Älteren beim Umgang mit Technik. Die Befunde aus der empirischen Untersuchung verweisen darauf, dass die Älteren Technik vor allem einsetzen, um alltagspraktische Ziele schneller, einfacher, leichter, sparsamer und effizienter erreichen zu können. Ältere sind insofern fast ausschließlich an den konkreten Funktionen der Technik für die Bewältigung ihrer alltäglichen Aufgaben interessiert. Infolgedessen spielen bei ihnen das Design und weitere Zusatznutzen gegenüber den Hauptfunktionen des Geräts eine untergeordnete Rolle. Daher sollte es auch ein Ziel bei der Technikgenese sein, „unnötige" Nebenfunktionen der Geräte zu vermeiden, die zudem von den Älteren häufig gar nicht als solche erkannt werden. Gefragt sind vor allem Geräte, die wenige, aber für die Älteren zentrale Funktionen zur Verfügung stellen. Dieser Befund zeigt sich besonders deutlich bei den Kommunikationsmedien, wie zum Beispiel beim Handy. Gerade dieses wird von den Älteren meist allein zum Telefonieren genutzt, während die Vielfalt an weiteren Funktionen von ihnen unbeachtet bleibt. Insofern sollten den Älteren auch Kommunikationsmedien zur Verfügung gestellt werden, die allein zum Kommunizieren geeignet sind.

Ein weiterer Befund liefert einen Hinweis für die Entwickler von Technik: Die Befragung hat ergeben, dass viele der Älteren die neue Technik als eine Art „Blackbox" wahrnehmen, die sie nicht bedienen können. Dabei werden unterschiedlichste ihrer Merkmale als eher undurchschaubar wahrgenommen: So erleben einige die Vielfalt an Funktionen neuer Geräte als verwirrend, andere die Komplexität und die Unverständlichkeit der Bedienungsanleitungen. Für wieder andere sind die Bedienoberflächen undurchschaubar oder auch die Vielfalt der Vernetzungsmöglichkeiten, die der neuen Technik eigen sind. Gemeinsam ist ihnen allen, dass sie der neuen Technik aufgrund dessen eher vorsichtig bis zurückhaltend gegenüberstehen. Und gerade hier könnte angesetzt werden. Es sollte das Ziel der Entwickler sein, solche Geräte zu produzieren, die einfach und intuitiv zu bedienen sind. Dabei bedeutet intuitiv, dass der Nutzer auf der Basis seines allgemeinen Vorwissens spontan und ohne reflexive Wissensverarbeitung in der Lage ist, die relevanten Funktionen und Interaktionsanforderungen des Geräts zu erkennen und es dadurch schnell und sinnvoll nutzen zu können. Intuitiv zu bedienende Geräte böten den Vorteil, dass sie auch von sehr wenig Technikversierten eingesetzt werden können. Beispielsweise verfügen die der „vortechnischen Generation" zugehörigen heute Hochaltrigen meist über einen eher geringen Grad an technischer Kompetenz, stehen der Technik in der Regel aber sehr aufgeschlossen gegenüber. Gerade für sie könnten einfach und intuitiv zu bedienende Geräte eine große Hilfe bei der Kompensation möglicher körperlicher, kognitiver oder sensorischer Einschränkungen darstellen, die in dieser Lebensphase verstärkt auftreten. Gegenwärtige Beispiele für in diese Richtung gehende Produktentwicklungen sind *smarte* bzw. „intelligente" Geräte. Sie sind einfach zu bedienen und agieren selbstständig und ganz im Sinne des Nutzers, ohne dass dieser tätig werden muss. Mit Hilfe von Sensoren sind diese Geräte in der Lage, eine Einschätzung der Umweltbedingungen vorzunehmen und angemessen darauf zu reagieren.

Die Wichtigkeit eines weiteren, schon existierenden Trends in der Technikgenese kann durch diese Studie bestätigt werden, und zwar die Produktentwicklung mit dem Ziel, einem „Design for All" oder dem „Universal Design" zu genügen. Die empirische Untersuchung liefert Hinweise darauf, dass die Wirkung von Technik bezogen auf die alltägliche Lebensführung für alle Generationen vergleichbar ist. Dementsprechend ist es zumindest in dieser Hinsicht sinnvoll, das angestrebte Ziel des „Design for All" weiterzuverfolgen. Ältere sollten aber insbesondere dann als eine spezielle Klientel berücksichtigt werden, wenn die Entwicklung neuer Technik zu Passungsproblemen mit ihren „alten" Wissensbeständen" führen würde. Betrachtet man die empirischen Ergebnisse jedoch in ihrer Gesamtheit, dann zeigt sich – und auch das ist ein wichtiger Befund –, dass es überaus schwierig ist, allgemeinere Aussagen zu treffen. Es wird deutlich, dass die Lebensbedingungen der Älteren äußerst vielfältig sind, ebenso wie ihre individuellen Überzeugungen, Wünsche und Bedürfnisse. Aber aus der Heterogenität der potenziellen Nutzergruppen kann zumindest der Hinweis abgeleitet werden, dass Geräte, die „starr" und unveränderbar konzipiert werden, eher geringe Chancen haben, in den Alltag der Älteren integriert zu werden. Ein Gerät sollte möglichst modular, quasi wie ein „Baukastensystem", aufgebaut und variabel einsetzbar sein, um jeweils problemlos an die individuellen Bedürfnisse und Kontextbedingungen angepasst werden zu können.

Technikzentrierte Interventionen allein können allerdings bestehende Passungsprobleme zwischen den technischen Anforderungen und den Überzeugungen und Kompetenzen der Älteren nicht bewältigen. Ebenso wichtig sind zugleich die sogenannten *personenzentrierten Interventionen,* die beim potenziellen Nutzer selbst ansetzen und ihn in die Lage versetzen sollen, Technik kompetent zur Erhöhung seiner Lebensqualität zu nutzen (*Empowerment*, Keupp 1996). Auch hier können unterschiedliche Befunde aus der Empirie Hinweise für geeignete Maßnahmen liefern.

So hat sich bei der Analyse der Technikdeutungen ergeben, dass Ältere die Technik, mit der sie heute konfrontiert werden, vor allem auf der Basis der in ihrer Jugend und im jungen Erwachsenenalter erlernten – nun „veralteten" – Beurteilungsmaßstäbe bewerten (*Generationszugehörigkeit*, Sackmann und Weymann 1994). Das führt insbesondere bei der Einschätzung der neuen Technik zu verschiedenartigen Problemen und auch dazu, dass Ältere dieser Technik gegenüber teils Zurückhaltung zeigen. Wichtig wäre es insofern, die Älteren zu einer „Umdeutung" der Technik anzuregen, bzw. konkreter dazu, dass sie ihre „veralteten" Maßstäbe bewusst aufgeben.

Beispielsweise haben Ältere in ihrer Jugend meist gelernt, dass ein technisches Gerät zumindest grob in seinen technischen Zusammenhängen und Arbeitsweisen durchschaut werden muss, bevor es sinnvoll genutzt werden kann. Der adäquate Einsatz eines Geräts wird dann auf der Basis dieser Kenntnisse eingeübt. Aus dieser Perspektive wird zum einen verständlich, dass Ältere sich in der Regel zunächst intensiv mit der Bedienungsanleitung beschäftigen, bevor sie ein Gerät einsetzen, was gerade bei Bedienungsanleitungen zur neuen Technik häufig als problematisch erlebt wird, da diese für wenig Technikversierte nicht immer nachvollziehbar sind. Zum anderen wird begreiflich, dass Ältere die neue Technik aufgrund ihrer Undurchschaubarkeit und ihrer Komplexität – Stichwort „Blackbox" – grundsätzlich als eher problematisch begreifen. Wichtig wäre es daher, die Älteren davon zu überzeugen, dass der Einsatz von neuer Technik meist keine umfassenden Kenntnisse über ihre Arbeitsweise und die Kenntnis all ihrer Funktionen voraussetzt. Mit einem Handy kann zum Beispiel telefoniert werden, ohne zu wissen, wie es funktioniert. Den Älteren sollte deutlich gemacht werden, dass selbst Technikexperten die Geräte aufgrund ihrer Komplexität und der Vielzahl ihrer Funktionen und Vernetzungsmöglichkeiten nie gänzlich durchschauen können.

Eine weitere Diskrepanz zwischen dem „alten" Technikwissen und der neuen Technik kann herausgearbeitet werden: Während Ältere aufgrund ihrer alten Beurteilungsmaßstäbe meist davon ausgehen, dass jedes Gerät wenige, aber eindeutige, klar zu spezifizierende Funktionen erfüllt, lässt sich die neue, ergebnisoffene Technik gerade dadurch charakterisieren, dass sie eine fast unüberschaubare Vielzahl an Funktionen bietet, die in ihrer Gesamtheit – auch aufgrund ihrer Vernetzungsmöglichkeiten – kaum in vollem Umfang erfasst werden können. Den Geräten sind ihre Nutzungsfunktionen zudem immer weniger anzusehen. Diese Diskrepanz hat zur Folge, dass viele Ältere mit der neuen Technik keinen konkreten Sinn und Zweck für ihren Alltag verbinden können und ihr daher eher ablehnend gegenüberstehen. Auch hier wäre eine bewusste Distanzierung der Älteren von ihren „alten" Bewertungskriterien vonnöten, um die vielen Chancen der neuen Technik begreifen und nutzen zu können.

Personen, die die Älteren über die Notwendigkeit zur „Umdeutung" der Technik aufklären könnten, wären beispielsweise Mitarbeiter in kommunalen Weiterbildungs- und Service-Einrichtungen für Senioren, die insbesondere für technikorientierte Kurse und Weiterbildungen verantwortlich sind. Sie sollten den Älteren begreiflich machen, dass ihr „altes" Technikwissen für den Umgang mit neuer Technik meist ungeeignet ist und ihnen dementsprechend zugleich viele Möglichkeiten und Chancen, die mit der Nutzung neuer Technik einhergehen, verschließt. Ziel der Mitarbeiter sollte es sein, die Älteren davon zu überzeugen, dass sie ihre „alten" Maßstäbe beim Umgang mit neuer Technik bewusst beiseiteschieben müssen.

Aber nicht nur ihre „alten" Technikbilder, sondern auch die „alten" Formen der Techniksozialisation werfen für Ältere Probleme beim Einsatz neuer Technik auf. Aufgrund der Komplexität und der Ergebnisoffenheit der neuen Technik ist es immer weniger möglich, sich die notwendige Technikkompetenz durch ein systematisches, umfassendes und strukturiertes Lernen anzueignen, wie es in den Zeiten, als die heute Älteren jung waren, üblich war (vgl. Tully 2003). Das „Studieren" der kompletten Bedienungsanleitung vor dem Einsatz eines neuen Geräts beispielsweise ist heute meist wenig zielführend, während es „damals" entscheidend war. Angemessener zur Aneignung von Technikkompetenz im Umgang mit neuer Technik ist vielmehr ein spielerisches Ausprobieren und ein Experimentieren mit dem neuen Gerät, um nach und nach seine Funktionen kennenzulernen und einschätzen zu können, welche individuell wichtig sind und welche nicht. Auch hierüber sollten die Dozenten technikorientierter Weiterbildungen für Ältere informieren.

Darüber hinaus wird aufgrund des stetigen technischen Fortschritts ein lebenslanges Lernen auch für Ältere immer wichtiger. Durch die rasante Weiterentwicklung der Technik veralten einmal erworbene Wissensbestände heute immer schneller. In der Vergangenheit gemachte Erfahrungen und erprobte Routinen werden dadurch schneller entwertet. Insofern ist die Bereitschaft gefordert, sich ständig mit neuen technischen Entwicklungen auseinanderzusetzen, und noch wichtiger ist die Bereitschaft zum Verlernen bzw. zum Vergessen ehemaliger Wissensbestände. Und auch diese Aspekte sollten im Rahmen technikorientierter Kurse thematisiert werden.

Wenn die Aneignung der nötigen Technikkompetenz zum Umgang mit neuer Technik im Rahmen von (Weiter-)Bildungskursen für Ältere ermöglicht werden soll, dann sollte es sich um wenig starre Bildungseinheiten und -einrichtungen handeln. Vielversprechend wäre es beispielsweise, Gruppen mit eher informellem Charakter zu bilden, die nicht durch feste Regeln und Programme bestimmt werden.[12] Denn gerade diese Gruppen erlauben Improvisationen und spontane (Um-)Entscheidungen, was bei einem grundsätzlich spielerischen und bedürfnisgerechten Lernen ganz wesentlich ist. Und ohne ein festes Ablaufprogramm lassen sich auch individuelle Probleme und Fragen ausführlich bearbeiten und es kann mehr Rücksicht auf die jeweiligen Kompetenzen der Einzelnen genommen werden.

So wäre es zum Beispiel wünschenswert, ein von kommunaler Ebene initiiertes und unterstütztes „Internetcafé" für Ältere einzurichten, das sowohl Kurse anbietet als auch Älteren die Möglichkeit gibt und den Raum zur Verfügung stellt, sich regelmäßig mit Gleichgesinnten treffen können. Dort könnten sie sich dann über ihre Technikprobleme austauschen und mögliche Lösungsstrategien gleich am PC ausprobieren. Darüber hinaus sollte das Personal dieses Internetcafés bereit sein, bei schwierigen Problemen helfend einzugreifen. Eine derartige Einrichtung böte den Älteren darüber hinaus die Möglichkeit, sich zwanglos mit tech-

---

12 Denkbar wäre beispielsweise die Bildung von Interessengemeinschaften oder von Freundeskreisen, die sich explizit mit dem Thema Techniknutzung beschäftigen.

nischen Geräten zu beschäftigen, die ihnen im eigenen Haushalt evtl. nicht zur Verfügung stehen. Selbstverständlich können Ältere ihre Kompetenzen im Umgang mit neuer Technik auch zu Hause, in den eigenen „vier Wänden" ausbilden und trainieren. Diese Strategie bevorzugen vor allem Männer. Dennoch sollte mit bedacht werden, dass der Einsatz neuer Technik grundsätzlich und für alle einen eher höheren Bedarf an Unterstützung mit sich bringt. Insofern sollte zum einen darauf hingewirkt werden, dass Ältere ihren Bedarf an Unterstützung beim Einsatz neuer Technik nicht als eigenes Defizit begreifen, sondern als etwas, das in der Technik selbst begründet liegt. Zum anderen wäre es erstrebenswert, Technik-Beratungsstellen – zum Beispiel auf kommunaler Ebene – einzurichten, die Ältere bei konkreten technischen Problemen aufsuchen können. Hier sollten ihnen Technikexperten auch wenig Technikversierte beraten. Darüber hinaus sollten dort auch Kontaktdaten von (weiteren) „Experten" zur Verfügung gestellt werden, die bereit sind, Ältere auf der Basis eines erschwinglichen Honorars auch in ihrem Zuhause zu unterstützen. Gerade die kommunale Ebene bietet sich für derartige Dienste besonders an, da sie meist eine große Bürgernähe aufweist.

Ein weiterer Befund der empirischen Untersuchung kann einen Hinweis auf personenzentrierte Maßnahmen geben: Einige der hochaltrigen Frauen zeichnen sich durch ihr beträchtliches Interesse an der neuen Technik aus. Mit großer Disziplin und hohem Engagement eignen sie sich das nötige Maß an Technikkompetenz an, um diese Technik erfolgreich nutzen zu können. Dadurch erhalten sie zugleich Selbstbewusstsein und das Gefühl, das lang vertraute Kompetenzgefälle im Umgang mit Technik zwischen sich und ihrem Partner überwunden zu haben. Sie erleben die „digitale Revolution" als ihre Chance, sich zumindest im Bereich der neuen Technik selbstverwirklichen und vor allem emanzipieren zu können. Um diesen Frauen, die meist über eher wenige technische Kompetenzen verfügen, zusätzliche Unterstützung zu gewähren, sollte über Weiterbildungskurse und -einrichtungen allein für Frauen nachgedacht werden Denn diese Frauen erleben ihr technisches Engagement als eine Form der Befreiung vom „klassischen geschlechtsspezifischen Rollenmodell", und insbesondere reine „Frauengruppen" können dazu beitragen, ihr Selbstbewusstsein weiter zu steigern, da Probleme und Fragen nur in einer Runde von Frauen offenbart werden.

In einem letzten Schritt wird über notwendige *verhältniszentrierte Interventionen* nachgedacht, die an der Schnittstelle zwischen Technik(genese) und Nutzer ansetzen. Denn es hat sich gezeigt, dass gerade in diesem Bereich Versäumnisse existieren, die insbesondere den Einsatz von neuer Technik im Haushalt der Älteren eher verhindern. Zunächst wird der Markt in den Blick genommen, da Ältere gerade hier auf die Wichtigkeit von Technik für ihren Alltag aufmerksam gemacht werden können und dort auch über die Anschaffung oder die Ablehnung von technischen Produkten entscheiden. Die folgenden Ausführungen sind auf die neue Technik fokussiert, da die Älteren klassische Technik in der Regel akzeptieren und deren Anschaffung und Nutzung ihnen kaum Probleme bereitet.

Basierend auf dem Befund, dass Ältere (aufgrund ihrer generationsspezifischen Techniksozialisation) vor allem an den konkreten Funktionen und genau spezifizierbaren Anwendungsgebieten der Technik interessiert sind, sollten diese bei der Vermarktung der neuen Technik sehr viel deutlicher als bisher in den Mittelpunkt gerückt werden. Bislang beinhalten die Werbebotschaften überwiegend eine Vielzahl an technischen Daten, die für viele Ältere unverständlich und verwirrend sind und sie eher davon abhalten, sich mit der neuen Technik zu beschäftigen. Ebenso wie die Fülle an englischen Ausdrücken, die die Älteren häufig nicht verstehen, nicht dazu beiträgt, dass sie sich von der Werbung angesprochen fühlen. Für sie sind das Wissen um die Anwendungsmöglichkeiten der Technik und ihr konkreter Nutzen die relevanten Kriterien. Und daher sollten gerade diese in einer für Ältere bestimmten Werbung einen herausgehobenen Stellenwert haben. Nicht die Technik „an sich" mit ihren jeweiligen technischen Details sollte insofern im Zentrum stehen, sondern die Zwecke, die mit ihr erfüllt werden können. Aber auch die Effizienz der technischen Geräte sollte deutlich hervorgehoben werden, denn für Ältere sind durch Technik bedingte Zeit-, Geld- oder Arbeitsersparnisse bzw. Erleichterungen bei körperlichen Anstrengungen wesentliche Gründe für ihren Einsatz.

Es sollte zudem von Herstellerseite darüber nachgedacht werden, wie den Älteren ein zufriedenstellender Kundendienst garantiert werden kann. Speziell die existierenden „berüchtigten" Telefon-Hotlines dienen vielen Älteren als abschreckende Beispiele für einen Kundendienst, der sie gerade davon abhält, sich (weiter) mit neuer Technik zu beschäftigen. Denn steht bei technischen Problemen nach meist langem (und teurem) Warten endlich ein Berater am Telefon zur Verfügung, erleben die Älteren seine Hinweise häufig als unverständlich, da sie nicht an ihr vorhandenes Technikwissen anknüpfen. Hinzu kommt das Gefühl, aufgrund ihrer teils eher geringen Technikkompetenz nicht ernst genommen zu werden. Es lässt sich belegen, dass sich ältere Kunden bei den immer wieder auftretenden technischen Problemen häufig sich selbst überlassen und durch den Hersteller und den Vertrieb nur ungenügend unterstützt fühlen. Aber nicht nur bei technischen Problemen, sondern auch schon bei der Anschaffung von neuer Technik erleben Ältere die Beratung durch die Verkäufer oft als unzulänglich, so dass sie den Kauf delegieren oder ganz auf ein neues Gerät verzichten. Sollen

Ältere als Kunden gewonnen werden, müssten gerade bei der Kundenbetreuung und -unterstützung große Veränderungen vorgenommen werden. Wünschenswert wäre zum Beispiel die Bereitstellung einer immer erreichbaren und kostengünstigen Hotline, bei der keine langen Wartezeiten in Kauf genommen werden müssen und deren Mitarbeiter auch Personen mit einer eher geringeren Technikkompetenz sinnvoll beraten können.

Einen weiteren Anknüpfungspunkt für notwendige marktbezogene Interventionen liefert der Befund, dass viele Ältere von den teils sehr komplexen Bedienungsanleitungen überfordert sind. Und vor allem englische Formulierungen, die häufig nicht verstanden werden, steigern ihre Verständnisprobleme zusätzlich. Hier könnte angesetzt werden, indem darauf geachtet wird, leicht verständliche (deutsche) Formulierungen zu wählen, die darüber hinaus auch für wenig technikversierte Personen gut verständlich sind. Zudem sollte eine Bedienungsanleitung Hinweise darüber enthalten, welchen Zeitaufwand der Nutzer, in Abhängigkeit vom Grad seiner Technikkompetenz, den er selbst einschätzen muss, für die Einarbeitung in das neue Gerät einplanen sollte. Damit wird es ihm ermöglicht, die Zeit zur Aneignung der nötigen Technikkompetenz aktiv in seinen Tagesablauf zu integrieren, so dass dieser Prozess nicht als störend erlebt wird. Und ein weiterer Hinweis lässt sich aus den empirischen Befunden ableiten: Sinnvoll wäre es, Bedienungsanleitungen in unterschiedlicher Länge zu verfassen – eine kurze und eine ausführliche –, so dass die Nutzer selbst darüber entscheiden können, wie lange (und wie tief) sie sich mit der Einarbeitung in das Gerät beschäftigen möchten. Diese Maßnahmen könnten langfristig dazu beitragen, die Hemmschwelle der Älteren bei der Anschaffung und Nutzung neuer Technik zu senken.

Aber nicht nur der Markt bildet eine Schnittstelle zwischen neuer Technik und den Älteren. Ebenso können auch andere Institutionen und soziale Organisationen dazu beitragen, Ältere auf die Wichtigkeit von Techniken, als unterstützende Hilfsmittel zur Bewältigung der alltäglichen Anforderungen, aufmerksam zu machen. Volkshochschulen, Weiterbildungs- und Serviceeinrichtungen für Senioren können hier beispielsweise wichtige Dienste leisten. Bislang widmen sich die Volkshochschulen und vergleichbare Organisationen mit ihren Kursangeboten vor allem den technischen Anwendungen, die sich – im weitesten Sinne – dem Freizeit- und Kommunikationsbereich der Älteren zuordnen lassen. So gibt es Angebote zum Einstieg in die Fotobearbeitung mit dem PC, in das E-Mailprogramm, in diverse Schreibprogramme oder in die Internetnutzung. Diese Kurse liefern den Älteren zum einen wichtige Informationen für einen adäquaten Umgang mit der neuen Technik, und zum anderen können sie ganz allgemein zur Technikakzeptanz und -nutzung der Älteren beitragen.

Damit sind die Möglichkeiten dieser sozialen Einrichtungen aber noch längst nicht ausgeschöpft. Besonders wichtig wäre es darüber hinaus, wenn die Dozenten Ältere auf die technischen Geräte aufmerksam machen – und sie im Umgang damit unterweisen – würden, die bei altersassoziierten Einschränkungen besonders hilfreich sind. Gemeint sind hier insbesondere Pflege- und Rehabilitationstechniken, zur Kompensation von Behinderungen, aber auch „Alltagstechniken", die Älteren bei der Bewältigung ihrer alltäglichen Aufgaben helfen können. Dabei kann es sich beispielsweise um Informationen über (mobile) Notrufsysteme handeln oder auch um eine Einführung in den Umgang mit telemedizinischen Geräten. Die (Kurs-)Angebote dieser Einrichtungen könnten und sollten deutlich in diese Richtung ausgeweitet werden.

Ein großer Vorteil der sozialen Organisationen besteht darin, dass ihre Mitarbeiter im Allgemeinen das Vertrauen der Älteren genießen und daher auch als adäquate Ansprechpartner bei Fragen zu technischen Neuerungen etc. angesehen und anerkannt werden. Ihren Informationen wird große Glaubwürdigkeit zugeschrieben und ihnen wird auch zugetraut, mit der Technik zusammenhängende Probleme lösen zu können.

Zusammenfassend bleibt zu resümieren, dass auf der Basis der empirischen Befunde eine Vielzahl an Maßnahmen zur Intervention auf unterschiedlichen Ebenen entwickelt werden kann – von denen hier nur eine Auswahl präsentiert wurde –, die zu einem erfolgreichen Techniksatz Älterer beitragen können. Darüber hinaus kann vor dem Hintergrund dieser Untersuchung davon ausgegangen werden, dass die Mehrheit der Älteren der Technik gegenüber im Allgemeinen recht aufgeschlossen ist. Während sie die klassische Technik unhinterfragt selbstverständlich nutzen, zeigen sich bei ihrem Umgang mit der neuen Technik allerdings einige Probleme. Diese sind vor allem auf Passungsprobleme zwischen ihrem „alten" Technikwissen und den Anforderungen der neuen Technik zurückzuführen. Aber gerade diese können durch gezielte technik-, verhältnis- oder personenzentrierte Interventionen beseitigt oder zumindest gemildert werden. Und glaubt man Sackmann und Weymann (1994), die davon ausgehen, dass die Passungsprobleme mit jeder jüngeren Generation geringer werden, sind die Aussichten für die Zukunft gar nicht so schlecht.

Nichtsdestotrotz muss besonders nachdrücklich bei den wenig technikversierten und gleichzeitig technikskeptischen Älteren angesetzt werden. Denn durch einen unzureichenden Einbezug von Technik in ihren Alltag entgehen ihnen zugleich vielfältige Chancen auf ein selbstständiges und sicheres Leben im Alter und auf gesellschaftliche Teilhabe. Mit dem Alter assoziierte Einschränkungen, die durch technische Unterstützung kompensiert werden könnten, müssen sie mit all ihren Härten ertragen. Vordringlichstes Ziel sollte es daher sein, die Technikakzeptanz und -kompetenz gerade dieser Älteren zu erhöhen. Nötig wäre hier ein individuelles Heranführen an die (neue) Technik, bei dem die jeweiligen subjektiven Kompetenzen und Technikaversionen der Älteren berücksichtigt und ernst genommen werden.

Diese Arbeit kann einiges über den derzeitigen Stand des technischen Handelns Älterer in ihrem Haushalt aussagen, nichts jedoch über die Zukunft. Es ist zu vermuten, dass sich auch der Umgang mit neuer Technik zunehmend veralltäglichen wird, dass sie bei den zukünftig Älteren immer mehr zu einem selbstverständlichen Bestandteil auch ihrer Haushalte wird. Dennoch wissen wir aufgrund des stetigen technischen Fortschritts nicht, welche *neuen* Herausforderungen und Chancen die technischen Entwicklungen der Zukunft bieten. Insofern sind Forschungen zum Thema Alter und Technik – insbesondere vor dem Hintergrund des demografischen Wandels – weiterhin wichtig. Und die weiteren Forschungsbemühungen sollten in die hier vorgeschlagene Richtung gehen, d. h. die Älteren selbst sollten immer mit in den Forschungsprozess einbezogen werden. Denn nur durch die Kenntnis ihrer alltäglichen Deutungs- und Handlungspraxen im Umgang mit Technik können sinnvolle technische Produkte entwickelt werden, die zu einem selbstständigen und sicheren Leben auch im hohen Alter beitragen können.

Literaturverzeichnis

Ahrens, Julia (2009): Going Online, Doing Gender. Alltagspraktiken rund um das Internet in Deutschland und Australien. Bielefeld: Transcript Verlag.
Alber, Jens (1982): Vom Armenhaus zum Wohlfahrtsstaat. Analysen zur Entwicklung der Sozialversicherung in Westeuropa. Frankfurt/Main: Campus.
Allmendinger, Jutta, Brückner, Hannah, Brückner, Erika (1991): Lebensarbeit und Lebensarbeitsentlohnung. Die Produktion sozialer Ungleichheit im Alter. In: Mayer, Karl Ulrich, Allmendinger, Jutta, Huninink, Johannes (Hrsg.), Vom Regen in die Traufe: Berufsverläufe und Familienentwicklung von Frauen, Frankfurt/Main: Campus, S. 272–303.
Amann, Anton (1983): Lebenslage und Sozialarbeit. Elemente zu einer Soziologie von Hilfe und Kontrolle. Berlin: Duncker & Humblot.
Amann, Anton (1993): Soziale Ungleichheit im Gewande des Alters – Die Suche nach Konzepten und Befunden. In: Naegele, Gerhard, Tews, Hans Peter (Hrsg.), Lebenslagen im Strukturwandel des Alters, Wiesbaden: Westdeutscher Verlag, S. 100–115.
Amann, Anton (1994): „Offene Altenhilfe" – Ein Politikfeld im Umbruch. In: Reimann, Helga, Reimann, Horst (Hrsg.), Das Alter. Einführung in die Gerontologie, Stuttgart: Enke, S. 3419–347.
Amann, Anton (2004): Lebensformen und Lebensführung – Konzepte für die Alternsforschung? In: Backes, Gertrud M., Clemens, Wolfgang, Künemund, Harald (Hrsg.), Lebensformen und Lebensführung im Alter, Wiesbaden: VS Verlag, S. 25–41.
Andrisani, Paul J., Sandell, Steven H. (1984): Technological Change and the Labor Market Situation of Older Workers. In: Robinson, Pauline K., Livingston, Judy, Birren, James E. (Hrsg.), Aging and Technological Advances, New York: Plenum Press, S. 99–111.
Anogianakis, G., Bühler, Christian, Soede, M. (Hrsg.) (1997): Advancement of Assistive Technology. Assistive Technology Research Series. Washington: IOS Press.
Atsumi, B., Kanamori, H., Misugi, K. (2005): Toyota's program for universal design in vehicle development. In: Gerontechnology. International journal on the fundamental aspects of technology to serve the aging society, Band 3, Heft 4, S. 228.
Attias-Donfut, Claudine (1993): Die Abhängigkeit alter Menschen: Verpflichtungen der Familie – Verpflichtungen des Staates. In: Lüscher, Kurt, Schultheis, Franz (Hrsg.), Generationenbeziehungen in „postmodernen" Gesellschaften. Analysen zum Verhältnis von Individuum, Staat und Gesellschaft, Konstanz: Universitätsverlag Konstanz, S. 355–370.
Backes, Gertrud M. (1997): Lebenslage als soziologisches Konzept zur Sozialstrukturanalyse. In: Zeitschrift für Sozialreform, Jg. 43, Nr. 9, S. 704–727.
Backes, Gertrud M. (1997a): Alter(n) als „gesellschaftliches Problem"? Wiesbaden: Westdeutscher Verlag.

Backes, Gertrud M. (1998): Zur Vergesellschaftung des Alter(n)s im Kontext der Modernisierung. In: Clemens, Wolfgang, Backes, Gertrud M. (Hrsg.), Altern und Gesellschaft. Gesellschaftliche Modernisierung durch Altersstrukturwandel, Opladen: Leske + Budrich, S. 23–60.

Backes, Gertrud M. (1998a): Alternde Gesellschaft und Entwicklung des Sozialstaates. In: Clemens, Wolfgang, Backes, Gertrud M. (Hrsg.), Altern und Gesellschaft. Gesellschaftliche Modernisierung durch Altersstrukturwandel, Opladen: Leske + Budrich, S. 257–286.

Backes, Gertrud M., Clemens, Wolfgang (1998): Einleitung: Alter(n) und Gesellschaft im Strukturwandel der Modernisierung. In: Clemens, Wolfgang, Backes, Gerturd M. (Hrsg.), Altern und Gesellschaft. Gesellschaftliche Modernisierung durch Altersstrukturwandel, Opladen: Leske + Budrich, S. 7–20.

Backes, Gertrud M., Clemens, Wolfgang (2000): Lebenslagen im Alter – Erscheinungsformen und Entwicklungstendenzen. In: Dies., (Hrsg.), Lebenslagen im Alter. Gesellschaftliche Bedingungen und Grenzen, Opladen: Leske + Budrich, S. 7–27.

Backes, Gertrud M., Clemens, Wolfgang (2003): Lebensphase Alter. Eine Einführung in die sozialwissenschaftliche Alternsforschung. Weinheim: Juventa Verlag.

Bähr, Jürgen (1992): Bevölkerungsgeographie. Stuttgart: Ulmer (UTB).

Bagley, Shirley P., Williams, T. Franklin (1988). Technology and Aging. The new Frontier. In: Lesnoff-Caravaglia, Gari (Hrsg.), Aging in a Technological Society, New York: Human Sciences Press, S. 19–25.

Baier, Elvira D., Blechinger-Zahnweh, Monika (2005): Erhebung der spezifischen Probleme und Wünsche von Seniorinnen und Senioren zu ausgewählten technischen Problemen. URL: http://www.ihoe.de/files/fachbeitraege/visp01.pdf (26.08.2012).

Baldin, Dominik (2008): Zur Bedeutung (sozialer) Netzwerke für das soziotechnische Handeln älterer Menschen. Diplomarbeit. München: Unveröffentlichtes Manuskript.

Balkhausen, Dieter (1978): Die dritte industrielle Revolution. Wie Mikroelektronik unser Leben verändert. Düsseldorf: Econ Verlag.

Baltes, Margret, Kohli, Martin, Sames, Karl (Hrsg.) (1989): Erfolgreiches Altern: Bedingungen und Variationen. Bern: Huber Verlag.

Bammé, Arno et al. (1983): Maschinen-Menschen. Mensch-Maschinen. Grundrisse einer sozialen Beziehung. Reinbek: Rowohlt.

Barkholdt, Corinna (2001): Das Lebensführungskonzept – Analytisches Potential für eine Weiterentwicklung des sozialpolitikwissenschaftlichen Lebenslagekonzeptes? In: Voß, Günter G., Weihrich, Margit (Hrsg.), tagaus – tagein. Neue Beiträge zur Soziologie Alltäglicher Lebensführung, München: Rainer Hampp Verlag, S. 113–122.

Barkvik, S., Martensson, P. (1998): Development ans Adaptions in Industrial Work for People with Intellectual Disabilities. In: Porrero, Placencia I., Ballabio, E. (Hrsg.), Improving the Quality of Life for the European Citizen. Technology for Inclusive Design and Equality, Amsterdam: IOS Press, S. 122–125.

Barron, B., McMahon, M. (1998): The Balance of Care. In: Graafmans, Jan A.M., Taiplae, Vappu, Charness, Neil (Hrsg.), Gerontechnology. A Sustainable Investment in the Future, Amsterdam: IOS Press, S. 261–265.

Bauer, Hans H., Falk, Tomas, Kunzmann, Eva (2005): Akzeptanz von Self-Service Technologien – Status Quo oder Innovation? Mannheim: Institut für Marktorientierte Unternehmensführung.

Beck, Stefan (1997): Umgang mit Technik. Kulturelle Praxen und kulturwissenschaftliche Forschungskonzepte. Berlin: Akademie Verlag.

Beck-Gernsheim, Elisabeth (1993): Familie und Alter: Neue Herausforderungen, Chancen, Konflikte. In: Naegele, Gerhard, Tews, Hans Peter (Hrsg.), Lebenslagen im Strukturwandel des Alters, Wiesbaden: Westdeutscher Verlag, S. 158–169.

Becker, Simone, Mollenkopf, Heidrun (2002): Guidelines for senior friendly product development. In: Gerontechnology, Band 2, Heft 1, S: 109–110.

Behringer, Luise (1998). Lebensführung als Identitätsarbeit. Der Mensch im Chaos des modernen Alltags. Frankfurt/Main: Campus.

Beisenherz, Gerhard (1989): „Computer und Stratifikation". In: Schelhowe, Heidi (Hrsg.), Frauenwelt – Computerträume. Bremen, S. 93–101.

Bell, Daniel (1985): Die nachindustrielle Gesellschaft. Frankfurt/Main: Campus.

Bellmann, Lutz, Hilpert, Markus, Kistler, Ernst, Wahse, Jürgen (2003): Herausforderungen des demographischen Wandels für den Arbeitsmarkt und die Betriebe. In: Mitteilungen aus der Arbeitsmarkt- und Berufsforschung, 36, S. 133–149.

Bendix, Reinhard (1969): Modernisierung in internationaler Perspektive. In: Zapf, Wolfgang (Hrsg.), Theorien des sozialen Wandels, Köln: Kiepenheuer, S. 505–512.

BerliNews (2007): Fit fürs Informationszeitalter. Eine Innovationsoffensive mit Bundespräsident Herzog. URL: http://www.berlinews.de/archiv/106.shtml (04.11.2007).

Berlo, Ad van (1998): The Role of Elderly Panels in the Design Process of New Products for the Bathroom. In: Graafmans, Jan A. M., Taipale, Vappu, Charness, Neil (Hrsg.), Gerontechnology. A Sustainable Investment in the Future, Amsterdam: IOS Press, S. 365–368.

Berlo, Ad van, Valen, Christel van (1998): First Experiences with Using E-Mail and Internet by Elderly Living in Sheltered Housing. In: Graafmans, Jan A. M., Taiplae, Vappu, Charness, Neil (Hrsg.), Gerontechnology. A Sustainable Investment in the Future, Amsterdam: IOS Press, S. 150–153.

Berndt, Erhard, Gothe, Holger, Oesterreich, Detlef, Schulze, Eva et al. (2009): Marktpotenziale, Entwicklungschancen, gesellschaftliche, gesundheitliche und ökonomische Effekte der zukünftigen Nutzung von Ambient Assisted Living (AAL)-Technologien. Rostock.

Bianchi, Valentina, Grossi, Ferdinando, Matrella, Guido, De Munari, Ilaria, Ciampolini, Paolo (2008): Fall detection and gait analysis in a smart home environment. In: Gerontechnology, Band 7, Heft 2, S. 73.

Bievert, Bernd, Monse, Kurt (1988): Technik und Alltag als Interferenzproblem. In: Joerges, Bernward (Hrsg.), Technik im Alltag, Frankfurt/Main: Suhrkamp, S. 95–119.

Bijker, Wiebe E., Hughes, Thomas P., Trevor J. (Hrsg.) (1987): The Social Construction of Technology Systems. New Directions in the Sociology and History of Technology. Cambridge: MIT Press.

BITKOM (2010): Erst sechs von zehn Senioren haben ein Handy. Presseinformation. URL: http://www.bitkom.org/de/markt_statistik/64046_65332.aspx (07.02.2011).

Bjorneby, Sidsel, van Berlo, Ad (1997): Ethical Issuses in Use of Technology for Dementia Care. Akontes: Knegsel.
Blosser-Reisen, Lore (1990): Selbstständige Lebens- und Haushaltsführung bei Behinderungen im Alter mit Hilfe neuer Technologien. In: Zeitschrift für Gerontologie, Band 23, S. 3–11.
BMFSFJ (2001): Alter und Gesellschaft. Dritter Altenbericht. Stellungnahme der Bundesregierung. Berichterstattung der Sachverständigenkommission. URL: http://www.kcgeriatrie.de/downloads/3._Altenbericht_Teil_1.pdf (06.09.2012).
BMFSFJ (2005): Fünfter Bericht zur Lage der älteren Generation in der Bundesrepublik Deutschland. Potenziale des Alters in Wirtschaft und Gesellschaft. Der Beitrag älterer Menschen zum Zusammenhalt der Generationen. Berlin. URL: http://www.bmfsfj.de/doku/Publikationen/altenbericht/data/haupt.html (26.08.2012).
BMFSFJ (2010): Sechster Bericht zur Lage der älteren Generation in der Bundesrepublik Deutschland. Altersbilder in der Gesellschaft. Berlin. URL: http://www.bmfsfj.de/RedaktionBMFSFJ/Abteilung3/Pdf-Anlagen/bt-drucksache-sechster-altenbericht,property=pdf,bereich=bmfsfj,sprache=de,rwb=true.pdf (04.09.2012).
Böhnisch, Lothar (1999): Altern als biographischer Prozeß. In: Lenz, Karl, Rudolph, Martin, Sickendiek, Ursel (Hrsg.), Die alternde Gesellschaft. Problemfelder gesellschaftlichen Umgangs mit Altern und Alter, Weinheim: Juventa Verlag, S. 121–135.
Bogman, J.A.M. (1992): The Application of (innovative) Technology in the Care for and Service to the Elderly and the Disabled. In: Bouma, Herman, Graafmans, Jan A.M. (Hg.), Gerontechnology, Amsterdam: IOS Press, S. 367–371.
Bolte, Karl Martin (1983): Subjektorientierte Soziologie – Plädoyer für eine Forschungsperspektive. In: Bolte, Karl Martin, Treutner, Erhard (Hrsg.), Subjektorientierte Arbeits- und Berufssoziologie, Frankfurt/Main: Campus, S. 12–36.
Bonß, Wolfgang (2007): Bildung in der Informations- und Wissensgesellschaft. Bisher unveröffentlichtes Manuskript.
Böttger, Barbara, Mettler-Meibom, Barbara (1990): Das Private und die Technik. Frauen zu den neuen Informations- und Kommunikationstechniken. Opladen: Westdeutscher Verlag.
Bouma, Herman (1992): Gerontechnology: Framework on technology and aging. In: Bouma, Herman, Graafmans, Jan A.M. (Hg.), Gerontechnology, Amsterdam: IOS Press, S. 1–5.
Bouma, Herman (1998): Gerontechnology: Emerging Technologies and their Impact on Aging in Society. In: Graafmans, Jan A.M. et al. (Hrsg.), Gerontechnology, A sustainable Investment in the Future, Second International Conference on Gerontechnology 1996, Amsterdam: IOS Press, S. 93–104.
Bouma, Herman, Graafmans, Jan A.M. (1992): Gerontechnology. Amsterdam: IOS Press.
Bouma, Herman, Fozard, James L., Bouwhuis, Don G., Taipale, Vappu (2007): Gerontechnology in perspective. In: Gerontechnology. International Journal on the Fundamental Aspects of technology to serve the ageing society, Jg. 6, Heft 4, S. 190–216.
Bourdieu, Pierre (1979): Entwurf einer Theorie der Praxis auf der ethnologischen Grundlage der kabylischen Gesellschaft. Frankfurt/Main: Suhrkamp.
Bourdieu, Pierre (1987): Die feinen Unterschiede. Kritik der gesellschaftlichen Urteilskraft. Frankfurt/Main: Suhrkamp.

Braun, Ingo (1988): Stoff-Wechsel-Technik. Zur Soziologie und Ökologie der Waschmaschine. Berlin: Ed. Sigma.

Braun, Ingo (1993): Technik-Spiralen. Vergleichende Studien zur Technik im Alltag. Berlin: Ed. Sigma.

Bray, J., Wright, S. (Hrsg.) (1980): The use of technology in the care of the elderly and the disabled. London: Frances Pinter Publishers.

Breuer, Henning (1998): Technische Innovation und Altern – Leitbilder und Innovationsstile bei der Entwicklung neuer Informations- und Kommunikationstechnologien für eine alternde Menschheit. WZB-Paper. Berlin: Abteilung Organisation und Technikgenese des Forschungsschwerpunktes Technik-Arbeit-Umwelt.

Breuer, Stefan (1995): Die Gesellschaft des Verschwindens. Von der Selbstzerstörung der technischen Zivilisation. Hamburg: Rotbuch Verlag.

Breyer, Friedrich, Zweifel, Peter, Kifmann, Mathias (2005): Gesundheitsökonomik. Berlin: Springer Verlag.

Brickfield, Cyril F. (1984): Attitudes and perceptions of older people toward technology. In: Robinson, Peter K., Livingston, Jane, Birren, James E. (Hg.), Aging and technological advances, New York: Plenum Press, S. 31–38.

Brosius, Gerhard, Haug, Frigga (Hrsg.) (1987): Frauen/Männer/Computer. EDV im Büro. Empirische Untersuchungen. Berlin: Argument Verlag.

Brouwer, Wiebo H., Rothengatter, Talib, Wolffelaar, Peter C. van (1992): Older Drivres and Road Traffic Informatics. In: Bouma, Herman, Graafmans, Jan A. M. (Hrsg.), Gerontechnology, Amsterdam: IOS Press, S. 317–328.

Brown, John C. (1990): Public Health Reform and the Decline in Urban Mortality. The Case of Germany, 1876–1912. Paper presented to the 10th International Economic History Congress, Leuven, 20.–24.08.1990.

Bühl, Achim (1997): Die virtuelle Gesellschaft. Ökonomie, Politik und Kultur im Zeichen des Cyberspace. Wiesbaden: VS Verlag.

Bühler, Christian (1995): Förderung altengerechter Technologien im Rahmen des EU-Programms TIDE. In: Institut für Arbeit und Technik, Wissenschaftszentrum Nordrhein-Westfalen (Hrsg.), Zuhause leben – Technik und Dienstleistungen für mehr Lebensqualität. Dokumentation einer Fachtagung am 08.09.1994, Beiträge zur Regionalentwicklung Heft 10, Essen, S. 67–70.

Building Research Institute, Ministry of Construction, Japan International Science and Technology Exchange Center (Hrsg.) (1994): Potential of Information Technology for Solving Housing Problems of Aged People. Tokyo.

Burdick, David C., Kwon, Sunkyo (Hrsg.) (2004): Gerontechnology: Research and Practice in Technology and Aging. A Textbook and Reference for Multiple Disciplines. New York: Springer Verlag.

Bundeszentrale für politische Bildung (2007): Bevölkerungsentwicklung und Altersstruktur. URL: http.//www.bpb.de/wissen/X39RHG,0,Bev%F6Ikerungsentwicklung_und_Altersstruktur.html (04.10.2007).

Callon, Michel (1987): Society in the Making: The Study of Technology as a Tool for Sociological Analysis. In: Bijker, Wiebe E., Hughes, Thomas P., Pinch, Trevor J. (Hrsg.), The Social Construction of Technological Systems, Cambridge: MIT Press, S. 83–106.

Carp, Frances M. (1972): Retired people as automobile passengers. In: The Gerontologist, 12, S. 66–72.
Casey, Bernard (1984): Recent Trends in Retirement Policy and Practice in Europe and the USA: An Overview of Programmes directed to the Exclusion of Older Workers and a Suggestion for an Alternative Strategy. In: Robinson, Pauline K., Livingston, Judy, Birren, James E. (Hrsg.), Aging and Technological Advances, New York: Plenum Press, S. 125–137.
Castells, Manuel (2001): Der Aufstieg der Netzwerkgesellschaft. Teil I der Trilogie. Das Informationszeitalter. Opladen: Leske + Budrich.
Chapanis, Alphonse (1974): Human Engineering Environments for the Aged. In: The Gerontologist, 14(3), S. 228–235.
Chen, Kang, Umemuro, Hiroyuki (2005): Social, cultural, and personal factors influencing the usage of electronic bulletin board system by Chinese elderly people. In: Gerontechnology, Band 3, Heft 4, S. 210.
Chung, W. W. Y., Lam, S. S. Y. (2005): Meeting the challenge: Teaching older adults how to use computers. In: Gerontechnology, Band 3, Heft 4, S. 210.
Cipolla, Carlo M. (1976): Die Industrielle Revolution in der Weltgeschichte. In: Ders. Borchardt, Knut (Hrsg.), Europäische Wirtschaftsgeschichte, Band 3: Die industrielle Revolution, Stuttgart, S. 1–10.
Clemens, Wolfgang (1994): „Lebenslage" als Konzept sozialer Ungleichheit – Zur Thematisierung sozialer Differenzierung in Soziologie, Sozialpolitik und Sozialarbeit. In: Zeitschrift für Sozialreform, Jg. 40, Heft 3, S. 141–165.
Clemens, Wolfgang (2004). Lebenslage und Lebensführung im Alter – zwei Seiten einer Medaille? In: Backes, Gertrud M., Clemens, Wolfgang, Künemund, Harald (Hg.), Lebensformen und Lebensführung im Alter, Wiesbaden: VS Verlag, S. 43–58.
Cockburn, Cynthia (1983): Brothers. Male Dominance and Technological Change. London: Pluto Press.
Cole, Thomas R., Winkler, Mary G. (1988): „Unsere Tage zählen". Ein historischer Überblick über Konzepte des Alterns in der westlichen Kultur. In: Göckenjan, Gerd, Kondratowitz, Han-Joachim von (Hrsg.), Alter und Alltag, Frrankfurt/Main: Suhrkamp, S. 35–66.
Collmer, Sabine (1997): Frauen und Männer am Computer. Aspekte geschlechtsspezifischer Technikaneignung. Wiesbaden: DUV.
Colombo, M., Vitali, S. (1998): Nutritional Problems of Demented Elderly People. In: Graafmans, Jan A. M., Taipale, Vappu, Charness, Neil (Hrsg.) Gerontechnology. A Sustainable Investment in the Future, Amsterdam: IOS Press, S. 266–268.
Constant, Edward W. (1980): The Origins of the Turbojet Revolution. Baltimore: John Hopkins University Press.
Coughlin, Joseph F. (1999): Technology Needs of Aging Boomers. In: Issues in Science and Technology. URL: http://www.issues.org/16.1/coughlin.htm (06.09.2012).
Creedon, Michael A., Malone, Thomas B., Dutra, Lisa A., Perse, Randy M. (1998): Human Factors Engineering Approach to Gerontechnology: Development of an Electronic Medication Compliance Device. In: Graafmans, Jan A. M., Taipale, Vappu, Charness, Neil (Hrsg.) Gerontechnology. A Sustainable Investment in the Future, Amsterdam: IOS Press, S. 288–295.

Cremer, Roel, Meijman, Theo (1993): Technology at Work, Resulting in lower physical but higher mental Task Demands. In: Bouma, Herman, Graafsmans, Jan A. M. (Hg.), Amsterdam: IOS Press, S. 215–218.

Cullen, Simon, und Robinson, Kevin. (Hrsg.) (1997): Telecommunications for Older People and Disabled People in Europe: Preparing for the Information Society. Assistive Technology Research Series. Washington: IOS Press.

Cutler, Riddick, Carol, Drogin, Ellen B., Spector, Sharon G. (1987): The Impact of Videogame Play on the Emotional States of Senior Center Participants. In: The Gerontologist, Band 27, Heft 4, S. 425–427.

Czaja, Sara J. (1988): Safety and Security of the Elderly: Implications of Smart House Design. In: International Journal of Technology & Aging, Band 1, Heft 1, S. 49–66.

Czaja, Sara J., Guerrier, John H., Nair, S. N., Landauer, T. K. (1993): Computer Communication as an aid to independence for older adults. In: Behavior and Information Technology, Jg. 12, Heft 4, S. 197–207.

Czaja, Sara J., Sharit, Joseph (2002): The Usability of Telephone Voice Menue Systems for Older Adults. In: Gerontechnology, Band 2, Heft 1, S. 88.

Dahrendorf, Ralf (1979): Lebenschancen. Anläufe zur sozialen und politischen Theorie. Frankfurt/Main: Suhrkamp.

Dapp, Ulrike, Anders, Jennifer, Renteln-Kruse, Wolfgang von (2008): Aktive Gesundheitsförderung im Alter. Ein neuartiges Präventionsprogramm für selbständig lebende Senioren. Ausgangssituation, Ergebnisse, Wirksamkeit. Fachtagung des Gesundheitsrats Südwest „Die medizinisch-pflegerische Versorgung älterer Menschen" vom 18.–19. 04. 2008 in der Evangelischen Akademie Bad Boll. URL: http://www.google.de/#hl=de&output=search&sclient=psy-ab&q=verh%C3%A4ltnisorientiert e+gesundheitsf%C3%B6rderung+im+alter&oq=verh%C3%A4ltnisori&gs_l=hp.1.1 .0l3j0i3ol2j0i10i3ol2j0i3oj0i5i3ol2.3606.6509.1.9793.13.9.0.4.4.0.240.1381.0j8j1.9.0... 0.0...1c.EikWTvuoiKg&psj=1&bav=on.2,or.r_gc.r_pw.r_qf.&fp=79d5a96631a1a4b7 &biw=1221&bih=688 (28. 8. 2012).

Davis, Richard H., Miller, Robert V. (1983): The Acquisition of Specialized Information by Older Adults through Utilization of New Telecommunications Technology. In: Educational Gerontology, Band 9, Heft 2 und 3, S: 217–232.

Deaton, Angus (2006): The Great Escape: A Review of Robert Fogel's The Escape from Hunger and Premature Death, 1700–2100. In: Journal of Economic Literature, Band XLIV, S. 106–114.

Degele, Nina (2002): Einführung in die Techniksoziologie. München: Wilhelm Fink Verlag.

Degnen, Cathrine (2007): Minding the gap: The construction of old age and oldness amongst peers. In: Journal of Aging Studies, Jg. 21, Heft 1, S. 69–80.

Derra, Ernst, Sykosch, Heinz-Joachim (1968): Der heutige Stand der Schrittmachertherapie mit Rückblick auf 6-jährige Erfahrung. In: Zeitschrift für Gerontologie, Band I, Heft 3, S. 161–174.

Deutsches Zentrum für Altersfragen (2007): Ältere Menschen in Deutschland – online oder offline? GeroStat-Beitrag im „Informationsdienst Altersfragen", Heft 6. URL: http://www.dza.de/gerostat/ida_06_07.pdf (02. 01. 2008).

Dibner, Andrew S., Lowy, Louis, Morris, John N. (1982): Usage and Acceptance of an Emergency Alarm System by the Frail Elderly. In: The Gerontologist, Band 22, Heft 6, S. 538–539.

Dickinson, David (1974): Technology and the Construction of Social Reality. In: Radical Science Journal, Band 1, S. 29–50.

Dieck, Margret (1991). Altenpolitik. In: Oswald, Wolf, Herrmann, Werner, Kanowski, Siegfried, Lehr, Ursula, Thomae, Hans (Hrsg.), Gerontologie, Stuttgart: Kohlhammer, S. 23–37.

Dieck, Margret, Naegele, Gerhard (1993): „Neue Alte" und alte soziale Ungleichheiten – vernachlässigte Dimensionen in der Diskussion des Altersstrukturwandels. In: Naegele, Gerhard, Tews, Hans Peter (Hrsg.), Lebenslagen im Strukturwandel des Alters, Opladen: Westdeutscher Verlag, S. 43–60.

Dietzel, Gottfried T. W. (1997): Gesundheitstelematik in Deutschland. Was kann das FORUM INFO 2000 zur weiteren Entwicklung beitragen? In: Steyer, Günter, Engelhorn, Michael, Fabricius, Wolfgang et al. (Hrsg.), TELEMED ,97. Telematik im Gesundheitswesen, S. 170–177.

Diewald, Martin (1991): Soziale Beziehungen: Verlust oder Liberalisierung? Soziale Unterstützung in informellen Netzwerken. Berlin: Rainer Bohn Verlag.

Dieze, Olaf (2007): SOPHIA – die sympathische Lösung. In: Mieterjournal, August 2007, S. 1.

Dilthey, Wilhelm (1927/1989): Das Erleben und die Selbstbiographie. In: Niggl, Günter (Hrsg.), Die Autobiographie. Zu Form und Geschichte einer literarischen Gattung, Darmstadt: Wissenschaftliche Buchgesellschaft, S. 21–32.

Dinkel, Reiner H. (1994): Demographische Alterung: Ein Überblick unter besonderer Berücksichtigung der Mortalitätsentwicklungen. In: Baltes, Paul B., Mittelstraß, Jürgen, Staudinger, Ursula M. (Hrsg.), Alter und Altern: Ein interdisziplinärer Studientext zur Gerontologie, Berlin: Walter de Gryter, S. 62–93.

Dörr, Gisela (1993): Frauen, Technik und Haushaltsproduktion. Zur weiblichen Aneignung der Haushaltstechnik. In: Meyer, Sibylle, Schulze, Eva (Hrsg.), Technisiertes Familienleben. Blick zurück und nach vorn, Berlin: Ed. Sigma, S. 159–176.

Dolata, Ulrich (2008): Technologische Innovationen und sektoraler Wandel. Eingriffstiefe, Adaptionsfähigkeit, Transformationsmuster: Ein analytischer Ansatz. In: Zeitschrift für Soziologie, Jg. 37, Heft 1, S. 42–59.

Dollhausen, Karin, Hörning, Karl H. (1996): Die kulturelle Produktion der Technik. In: Zeitschrift für Soziologie, Jg. 25, Heft 1, S. 37–57.

Doughty, Kevin, King, P. J., Smith, P. C. et al. (1997): Extra Sensors Promote Independence of Older People. Technology in Healthcare. Pierhouse.

Dunkle, Ruth E., Haug, Marie R., Rosenberg, Marvin (1984): Communications Technology and the Elderly. New York: Springer Publishing Company.

Durkheim, Emile (1893/1992): Über soziale Arbeitsteilung. Studie über die Organisation höherer Gesellschaften. Frankfurt/Main: Suhrkamp.

Durkheim, Emile (1961): Die Regeln der soziologischen Methode. In neuer Übersetzung herausgegeben und eingeleitet von René König. Neuwied: Luchterhand.

Earl, Joseph C. (1984): Anticipatory Sciences. In: Robinson, Pauline K., Livingston, Judy, Birren, James E. (Hrsg.), Aging and Technological Advances, New York: Plenum Press, S. 21–30.

Ecarius, Jutta (1996): Individualisierung und soziale Reproduktion im Lebensverlauf. Konzepte der Lebenslaufforschung. Opladen: Leske + Budrich.

Ehmer, Josef (1990): Sozialgeschichte des Alters. Frankfurt/Main: Suhrkamp.

Ehmer, Josef (2004): Bevölkerungsgeschichte und historische Demographie 1800–2000. München: Oldenbourg Verlag.

Elias, Nobert (1997): Über den Prozeß der Zivilisation. Soziogenetische und psychogenetische Untersuchungen. Frankfurt/Main: Suhrkamp.

Ellul, Jacques (1964): The Technological Society. New York: Alfred Knopf.

Engelhardt, K. G., Edwards, R. (1988): An Overview of Issues in Robotic and Artificial Intelligence Applications for Health and Human Services Domains. In: Lesnoff-Caravaglia, Gari (Hrsg.), Aging in a Technological Society. Frontiers in Aging, Band 6, New York: Human Sciences Press, S: 37–53.

Engstler, Heribert (2004): Geplantes und realisiertes Austrittsalter aus dem Erwerbsleben. Ergebnisse des Alterssurveys 1996 und 2002. DZA-Diskussionspapier Nr. 41. URL: http://www.dza.de/SharedDocs/Publikationen/Diskussionspapiere/Diskussionspapier__Nr__41,templateId=raw,property=publicationFile.pdf/Diskussionspapier_Nr_41.pdf (20.04.2009).

Engstler, Heribert (2006): Erwerbsbeteiligung in der zweiten Lebenshälfte und der Übergang in den Ruhestand. In: Tesch-Römer, Clemens, Engstler, Heribert, Wurm, Susanne (Hg.), Altwerden in Deutschland. Sozialer Wandel und individuelle Entwicklung in der zweiten Lebenshälfte, Wiesbaden: VS Verlag, S. 85–154.

Erkert, Thomas (1992): Elderly persons und communications. In: Bouma, Herman, Graafmans, Jan A. M. (Hrsg.), Gerontechnology, Amsterdam: IOS Press, S. 293–304.

Erkert, Thomas, Salomon, Jürgen (1998): Seniorinnen und Senioren in der Wissensgesellschaft. Bielefeld: Kleine.

Erkert, Thomas (1999): Kommunikation statt Isolation. Teil III: TeleMedizin und TeleCare für alle. Unveröffentlichtes Papier am Sozial- und Seniorenwirtschaftszentrum im Wissenschaftspark Gelsenkirchen.

Evans, Ron L., Jaureguy, Beth M. (1982): Phone Therapy Outreach for Blind Elderly. In: The Gerontologist, Band 22, Heft 1, S. 32–35.

Färber, B. (2000): Neue Fahrzeugtechnologien zur Unterstützung der Mobilität Älterer. In: Zeitschrift für Gerontologie und Geriatrie, Band 33, Heft 3, S. 178–185.

Felder, Stefan, Zweifel, Peter (1996): Gesundheits- und sozialpolitische Implikationen des Alterungsprozesses. In: Zweifel, Peter, Felder, Stefan (Hrsg.), Eine ökonomische Analyse des Alterungsprozesses, Bern: Haupt Verlag, S. 221–249.

Fernandez, J., Martinez, A. B. (2008): A handheld game console as a companion for elder people. In: Gerontechnology, Band 7, Heft 2, S. 101.

Filipp, Sigrun-Heide, Mayer, Ann-Katrin (1999): Bilder des Alters. Altersstereotype und die Beziehungen zwischen den Generationen. Stuttgart: Kohlhammer.

Finkel, Sanford I. (1990): Psychotherapy, Technology and Aging. In: International Journal of Technology and Aging, Band 3, Heft 1, S. 57–62.

Flaschenträger, Pia, Spazzafumo, Liana, Marcellini, Fiorella, Mollenkopf, Heidrun, Ruoppila, Isto (1998). The Perception of Traffic Conditions by Elderly People. In: Graafmans, Jan A. M., Taipale, Vappu, Charness, Neil (Hrsg.), Gerontechnology. A sustainable Investment in the Future, Amsterdam: IOS Press, S. 212–216.

Fogel, William Robert (2004): The Escape from Hunger ans Premature Death, 1700–2100. Europe, America and the Third World. Cambridge: Cambridge University Press.

Folberth, Otto G. (1984): Möglichkeiten und Grenzen der Mikroelektronik. In: Vorträge des Studiums Generale (Hrsg.), Die dritte industrielle Revolution, Heidelberg: Heidelberger Verlagsanstalt, S. 34–52.

Forum Info 2000, Arbeitsgruppe 5 (1998): Senioren in der Informationsgesellschaft. URL: http://ndc.informatik.uni-bremen.de/transfer/downloads/MD467.pdf (06.09.2012).

Fozard, James L. et al. (2000): Gerontechnology: Creating Enabling Environments for the Challenges and Opportunities of Aging. In: Educational Gerontology 24, S. 331–344.

Fozard, James L. (2002): The Future of Gerontechnology. Closing Address of the Third International Conference of Gerontechnology. In: Pieper, Richard, Vaarame, Marja, Fozard, James L. (Hrsg.), Gerontotechnology. Technology and Aging – Starting into the Third Millennium, Aachen: Shaker Verlag, S. 74–83.

Fraunhofer IPA (2010). Care-o-bot. We create your future! URL: In: http://www.care-o-bot.de/ (06.09.2012).

Freyer, Hans (1960): Über das Dominantwerden technischer Kategorien in der Lebenswelt. Mainz: Akademie der Wissenschaften und der Literatur.

Fries, James (1989): Erfolgreiches Altern. Medizinische und demographische Perspektiven. In: Baltes, Margret, Kohli, Martin, Sames, Karl (Hrsg.), Erfolgreiches Altern. Bedingungen und Variationen. Bern: Huber, S. 19–26.

Fugger, Erwin, Prazak, Barbara, Hochgatterer, Andreas (2008): Electronic environments: Support or burden for the elderly? In: Gerontechnology, Band 7, Heft 2, S. 109.

Gasky, John F. (1982): The Cause of the Industrial Revolution: a Brief „Single-Factor" Argument. In: Journal of European Economic History, Jg. 11, S: 227–234.

Gassert, Carole A. (1992): Information Systems for Gerontological Nursing: Today and Tomorrow. In: International Journal of Technology and Aging, Band 5, Heft 2. S. 143–151.

Gershuny, Jonathan (1981): Die Ökonomie der nachindustriellen Gesellschaft. Produktion und Verbrauch von Dienstleistungen. Frankfurt/Main: Campus.

Giddens, Anthony (1988): Die Konstitution der Gesellschaft. Grundzüge einer Theorie der Strukturierung . Frankfurt/Main: Campus.

Giesen, Bernhard (1998): Soziale Differenzierung und technischer Wandel. Eine evolutionstheoretische Bemerkung. In: Rammert, Werner (Hrsg.), Technik und Sozialtheorie, Frankfurt/Main: Campus, S. 245–259.

Gilfillan, S. C. (1935): The Sociology of Intervention. Cambridge: MIT Press.

Giltin, Laura N. (2003): Next Steps in Home Modification and Assistive Technology Research. In: Charness, Neil, Schaie, K.Warner (Hrsg.), Impact of Technology on Successful Aging. New York: Springer Verlag, S. 188–202.

Gläser, Jochen, Laudel, Grit (2006): Experteninterviews und qualitative Inhaltsanalyse als Instrumente rekonstruierender Untersuchungen. Wiesbaden: VS Verlag.

Glaser, Barney, Strauss, Anselm L. (1998): Grounded theory. Bern: Huber.
Glass, Laurel E. (1988): Adventitious Hearing Loss: Some Aspects of Denial. In: Lesnoff-Caravaglia, Gari (Hrsg.), Aging in a Technological Society, New York: Human Sciences Press, S. 91–94.
Glatzer, Wolfgang, Ostner, Ilona (1987): Technik und Alltag – Einführung in die Thematik. In: Lutz, Burkart (Hrsg.), Technik und sozialer Wandel. Verhandlungen des 23. Deutschen Soziologentages in Hamburg 1986, Frankfurt/Main: Campus, S. 199–203.
Glatzer, Wolfgang et al. (1991): Haushaltstechnisierung und gesellschaftliche Arbeitsteilung. Frankfurt/Main: Campus.
Glatzer, Wolfgang (1992): Die Lebensqualität älterer Menschen in Deutschland. In: Zeitschrift für Gerontologie, 25, S. 137–144.
Glatzer, Wolfgang, Hartmann, Dorothea M. (1993): Haushaltstechnisierung und Generationenbeziehungen. In: Lüscher, Kurt, Schultheis, Franz (Hrsg.), Generationenbeziehungen in „postmodernen" Gesellschaften. Analysen zum Verhältnis von Individuum, Staat und Gesellschaft, Konstanz: Universitätsverlag Konstanz, S. 371–381.
Göckenjan, Gerd (Hrsg.) (1990): Recht auf ein gesichertes Alter? Studien zur Geschichte der Alterssicherung in der Frühzeit der Sozialpolitik. Augsburg: Maro-Verlag.
Göckenjan, Gerd (2000): Das Alter würdigen. Altersbilder und Bedeutungswandel des Alters. Frankfurt/Main: Suhrkamp.
Göckenjan, Gerd, Hansen, Eckhard (1993): Der lange Weg zum Ruhestand. Zur Sozialpolitik für das Alter zwischen 1889 und 1945. in: Zeitschrift für Sozialreform, 39, S. 725–755.
Goossen, William T. F. (1998): Teleinformatik. Wiesbaden: Ullstein Medical.
Gottl-Ottilienfeld, Friederich von (1923): Wirtschaft und Technik. Grundriß der Sozialökonomik, Bd. I und II. Tübingen: Keip.
Graafmans, Jan, A. M., Taipale, Vappu, Charness, Neil (1998): Gerontechnology. A Sustainable Investment in the Future. Amsterdam: IOS Press.
Graafmans, Jan A. M., Taipale, Vappu (1998): Gerontechnology. A Sustainable Investment in the Future. In: Dies., Charness, Neil (1998). Gerontechnology. A Sustainable Investment in the Future, Amsterdam: IOS Press, S. 3–6.
Greinert, Wolf-Dietrich (1999): Berufsqualifizierung und dritte Industrielle Revolution. Eine historisch-vergleichende Studie zur Entwicklung der klassischen Bildungssysteme. Baden-Baden: Nomos Verlagsgesellschaft.
Großmann, Nina (2007): Häusliches Medienhandeln der ‚Generation @' – Junge Paare und ihr Umgang mit Internet und Fernsehen. In: Röser, Jutta (Hrsg.), Medien-Alltag. Domestizierungsprozesse alter und neuer Medien, Wiesbaden: VS Verlag, S. 173–186.
Grün, Oskar, Brunner, Jean-Claude (2002): Der Kunde als Dienstleister. Von der Selbstbedienung zur Co-Produktion. Wiesbaden: Betriebswirtschaftlicher Verlag Dr. Th. Gabler.
Gubrium, Jaber F. (1993): Speaking of Life: Horizons of Meaning for Nursing Home Residents. New York: Transaction Pubishers.

Guillemard, Annemarie, Cornet, G. (2002): Ageing and Work: Changes on the European continent. In: Gerontechnology, Band 2, Heft 1, S. 116–117.
Haber, Paul A. L. (1986): Technology in Aging. In: The Gerontologist, Band 26, Heft 4, S. 350–357.
Habermas, Jürgen (1981): Theorie des kommunikativen Handelns. 2 Bände. Frankfurt/Main: Suhrkamp.
Hämäläinen, Harri, Vaarama, Marja (1993): Evergreen – A Microcomputer Simulation in the Planning of Services for the Elderly. In: Bouma, Herman, Graafmans, Jan A. M. (Hrsg.), Gerontechnology, Amsterdam: IOS Press, S. 431–433.
Händel, Konrad (1981): Altersgrenzen für Fahrerlaubnisinhaber? In: Zeitschrift für Gerontologie, Band 14, Heft 4, S. 303–307.
Hagemann-White, Carol (1992): Strategien gegen Gewalt im Geschlechterverhältnis. Bestandsanalyse und Perspektiven. Pfaffenweiler: Centaurus Verlag.
Hagemann-White, Carol (1993): Die Konstrukteure des Geschlechts auf frischer Tat ertappen? Methodische Konsequenzen einer theoretischen Einsicht. In: Feministische Studien, Heft 2, S. 68–79.
Hahn, Hans-Werner (1998): Die Industrielle Revolution in Deutschland. München: Oldenbourg Verlag.
Halfmann, Jost (1996): Die gesellschaftliche „Natur" der Technik. Eine Einführung in die soziologische Theorie der Technik. Opladen: Leske + Budrich.
Hammel, Joy (2004): Assistive Technology as Tools for Everyday Living and Community Participation while Aging. In: Burdick, David C., Kwon, Susie (Hrsg.), Gerontechnology: Research and Practice in Technology and Aging. A Textbook and Reference for Multiple Disciplines, New York: Springer Verlag, S. 119–131.
Hampel, Jürgen u. a. (1991): Alltagsmaschinen. Die Folgen der Technik in Alltag und Familie. Berlin: Edition Sigma.
Hampel, Jürgen (1994): Die Erhaltung und Unterstützung einer selbstständigen Lebensführung im Alter. In: Zapf, Wolfgang et al. (Hrsg.), Technik, Alter, Lebensqualität, Stuttgart: Kohlhammer, S. 103–180.
Hancock, Peter A., Fisk, Arthur D., Rogers, Wendy A. (2001): Everyday products: Easy to us ... or not? In: Ergonomics in Design, Jg. 9, S. 1–18.
Hansson, Robert O. et al. (1997): Successful aging at work: Annual Review, 1992–1996: The older worker and transitions to retirement. In: Journal or Vocational Behavior, 51, S. 202–233.
Hargittai, Eszter, Shafer, Steven (2006): Differences in Actual and Perceived Online Skills: The Role of Gender. In: Social Science Quarterly 87, Heft 2, S. 432–448.
Harke, Werner (2003): Smart Home. Heidelberg: Müller.
Harrington, Thomas L., Harrington, Marcia K. (2000): Gerontechnology. Why and How. Maastricht: Shaker Verlag.
Harris, Helen (1988): Mature Market Overview: Marketing the Smart House. In: International Journal of Technology & Aging, Band 1, Heft 1, S. 67–84.
Harrison, Joshua D. (2005): Universal design to add value to environments for seniors. In Gerontechnology, Band 3, Heft 4, S. 227.
Hartmann, Herbert P. (1981): Alte Menschen als Kraftfahrer. In: Zeitschrift für Gerontologie, Jg. 14, Heft 4, S. 296–303.

Hartwell, Ronald M. (1972): Die Ursachen der Industriellen Revolution. In: Braun, Rudolf, Fischer, Wolfram, Großkreutz, Helmut, Volkmann, Heinrich (Hrsg.), Industrielle Revolution, Köln: Kiepenheuer & Witsch, S. 35–58.

Hendricks, Jon (1984): Impact of Technological Change on Middle-aged and Older Workers: Parallels Drawn from a Structural Perspective. In: Robinson, Pauline K., Livingston, Judy, Birren, James E. (Hrsg.), Aging and Technological Advances, New York: Plenum Press, S. 113–124.

Hennen, Leonhard (1992): Technisierung des Alltags. Ein handlungstheoretischer Beitrag zur Theorie technischer Vergesellschaftung. Opladen: Westdeutscher Verlag.

Heusinger, Winfried (2005): Das intelligente Haus – Entwicklung und Bedeutung für die Lebensqualität. Frankfurt.

Hiatt, Lorraine G. (1988): Smart Houses for Older People: General Considerations. In: International Journal of Technology & Aging, Band 1, Heft 1, S. 11–30.

Hirsch, Eric (1998): Domestic Appropriations: Multiple Contexts and Relational Limits in the Home-making of Greater Londoners. In: Rapport, Nigel, Dwason, Andrew (Hrsg.), Migrants of Identity. Perceptions of Home in a World of Movement, Oxford: Berg Publishers, S. 139–179.

Hirschauer, Stefan (1993): Dekonstruktion und Rekonstruktion. Plädoyer für die Erforschung des Bekannten". In: Feministische Studien, Heft 2, S. 55–67.

Hockes, Jenny, James, Allison (1993): Growing up and growing old: Ageing and dependency in the life course. In: Life course studies: Theory, Culture and society series. London: Sage.

Höflich, Joachim R., Hartmann, Maren (1997): Grenzverschiebungen – Mobile Kommunikation im Spannungsfeld von öffentlichen und privaten Sphären. In: Röser, Jutta (Hrsg.), MedienAlltag. Domestizierungsprozesse alter und neuer Medien, Wiesbaden: VS Verlag, S, 211–221.

Höpflinger, Francois (1997): Bevölkerungssoziologie. Eine Einführung in bevölkerungssoziologische Ansätze und demographische Prozesse. Weinheim: Juventa.

Höpflinger, Francois (2005): Folgen von Langlebigkeit für Gesellschaft und Generationsbeziehungen. Zur Entwicklung der Lebenserwartung. In: Bachmaier, Helmut (Hrsg.), Die Zukunft der Altersgesellschaft. Analysen und Visionen, Göttingen: Wallstein Verlag, S. 21–31.

Hörning, Karl H. (1985): Technik und Symbol. Ein Beitrag zur Soziologie alltäglichen Technikumgangs. In: Soziale Welt, Jg. 36, S. 186–207.

Hörning, Karl H. (1988): Technik im Alltag und die Widersprüche des Alltäglichen. In: Joerges, Bernward (Hrsg.), Technik im Alltag, Frankfurt/Main: Suhrkamp, S. 51–94.

Hörning, Karl H. (1989): Vom Umgang mit Dingen. Eine techniksoziologische Zuspitzung. In: Weingart, Peter (Hrsg.), Technik als sozialer Prozeß, Frankfurt/Main: Suhrkamp, S. 90–127.

Hörning, Karl H., Ahrends, Daniele, Gerhard, Anette (1996): Vom Wellenreiter zum Spieler. Neue Konturen im Wechselspiel von Technik und Zeit. In: Soziale Welt, Jg. 47, S. 7–23.

Hollstein, Betina (2003): Netzwerkveränderungen verstehen. Zur Integration von struktur- und akteurstheoretischen Perspektiven. In: Berliner Journal für Soziologie, Jg. 13, Heft 2, S. 153–174.

Hohmeier, Jürgen (1978): Alter als Stigma. In: ders., Pohl, Hans Joachim (Hg.), Alter als Stigma oder wir man alt gemacht wird, Frankfurt/Main: Suhrkamp, S. 10–30.

Hoorn-van Nispen, Marie-Luise ten (1999): 400 000 Jahre Technikgeschichte. Von der Steinzeit bis zum Informationszeitalter. Aus dem Niederländischen übersetzt von Verena Kiefer. Darmstadt: Primus Verlag.

Hoos, Ida (1984): Aging in a Technological Society: Desiderata and Dilemmas in Decision-Making. In: Robinson, Pauline K., Livingston, Judy, Birren, James E. (Hrsg.), Aging and Technological Advances, New York: Plenum Press, S. 5–20.

Hopf, Christel (1991): Qualitative Interviews in der Sozialforschung. Ein Überblick. In: Flick, Uwe et al. (Hrsg.), Handbuch qualitative Sozialforschung. Grundlagen, Konzepte, Methoden und Anwendungen, München: Psychologie Verlagsunion, S. 177–182.

Hornyak, Timothy N. (2006): Loving the Machine. The Art and Sciences of Japanese Robots. Tokyo: Kondansha International.

Houben, P. P. J. (1992): Communicative Planning for Interdisciplinary Innovation in Housing for the Elderly. In: Bouma, Herman, Graafmans, Jan A. M. (Hrsg.), Gerontechnology, Amsterdam: IOS Press, S. 361–366.

Hradil, Stefan (1987): Sozialstrukturanalyse in einer fortgeschrittenen Gesellschaft. Von Klassen und Schichten zu Lagen und Milieus. Opladen: Westdeutscher Verlag.

Hradil, Stefan (2005): Soziale Ungleichheit in Deutschland. Wiesbaden: VS Verlag.

Hughes, Thomas P. (1986): The Seamless Web: Technology, Science, Etcetera, Etcetera. In: Social Studies, Jg. 16, S. 281–292.

Huning, Sandra (2000): Technik und Wohnen im Alter aus internationaler Perspektive. In: Wüstenrot Stiftung (Hrsg.), Technik und Wohnen im Alter. Dokumentation eines internationalen Wettbewerbs der Wüstenrot Stiftung, Stuttgart: Gutmann + Co, S. 91–143.

Huinink, Johannes, Schröder, Torsten (2008): Sozialstruktur Deutschlands. Konstanz: UVK Verlagsgesellschaft.

Hussain, M. R., Chai, S. T., Sharifah Norazizan, Syed Abdul R. (2008): Computer anxiety and attitudes towards the internet among older Malaysians. In: Gerontechnology, Band 7, Heft 2, S. 126.

Hutchison, Douglas, Eastman, Caroline, Tirrito, Terry (1997): Designing User Interfaces for Older Adults. In: Educational Gerontology, Band 23, Heft 6, S. 497–513.

Ihde, Don (1979): Technics and Praxis. Dordrecht: D. Reidel Publishing Co.

Iki, Kazuhisa (1994): Introduction of Information Technologies for the Benefit of the Ages. In: Building Research Institute, Ministry of Construction, Japan International Science and Technology Exchange Center (Hrsg.), Potential of Information Technology for Solving Housing Problems of Aged People. Tokyo, S. 72–79.

Ikonen, Veikko, Väyrynen, Seppo, Tornberg, Vesa, Prykäri, Tatu (2002): ICT to influence on Elderly People's Well-being and Quality of Life – Process Approach of mmHACS Project. In: Pieper, Richard, Vaarame, Marja, Fozard, James L. (Hrsg.), Gerontotechnology. Technology and Aging – Starting into the Third Millennium, Aachen: Shaker Verlag, S. 304–317.

Ilmarinen, Juhani (1993): Finnage: Action Programme on Health, Work Ability and well Being of the aging Worker. In: Bouma, Herman, Graafmans, Jan A. M. (Hrsg.), Gerontechnology, Amsterdam: IOS Press, S. 233–234.
Imhof, Arthur E. (1988): Von der unsicheren zur sicheren Lebenszeit. Fünf historisch-demographische Studien. Darmstadt: Wissenschaftliche Buchgesellschaft.
ISG (International Society for Gerontechnology) (Hrsg.) (1999). Progress Report (Period: September 1997 – September 1999). URL: http://www.gerontechnology.info/ISG/news/progresrep97-99.html (26.07.2010).
Itil, Turan M., Mucci, Arminda, Itil, Kurt Z. (1990): The Computer Electroencephalogram (CEEG) and Brain Mapping in the Diagnosis of Psychogeriatric Patients. In: International Journal of Technology & aging, Band 3, Heft 1, S. 29–38.
Ito, Mizuko (2004): Personal Portable Pedestrian: Lessons from Japanese Mobile Phones Use. Arbeitspapier für Mobile Communication and Social Change", Internationale Konferenz in Seoul, URL: http://www.itofisher.com/mito/archives/ito.ppp.pdf (16.05.2011).
Itzin, Catherine (1990): As old as you feel. In: Thompson, Paul, Itzin, Catherine, Abenstern, Michele (Hrsg.), I don't feel old: The experience of later life, Oxford: Oxford University Press, S. 107–130.
Jackson, Raymond (1983): Transportation for the Elderly: Sec. 16(b) (2) in Massachusetts. In: The Gerontologist, 23(2), S, 155–159.
Jaeger, Birgit (2005): Young Technologies in Old Hands. An International View on Senior Citizen's Utilization of ICT. Copenhagen: Okonomforbundets Forlag.
Jansen, Sarah (1986): Magie und Technik. Auf der Suche nach feministischen Alternativen zur patriarchalen Naturnutzung. In: Lippmann, Christa (Hrsg.), Technik ist auch Frauensache, Hamburg: VSA Verlag, S. 180–197.
Janshen, Doris (1989). Hat die Technik ein Geschlecht? Denkschrift für eine andere technische Zivilisation. Berlin.
Jaufmann, Dieter (1991): Alltagstechnologien – Großtechnologien. Technikakzeptanz als facettenreiches Objekt mit vielfältigen empirischen Zügen. In: Jaufmann, Dieter, Kistler, Ernst (Hrsg.), Einstellungen zum technischen Fortschritt. Technikakzeptanz im nationalen und internationalen Vergleich. Frankfurt/Main: Campus, S. 71–93.
Joas, Hans (1992): Kreativität des Handelns. Frankfurt/Main: Suhrkamp.
Joerges, Bernward (1981): Zur Soziologie und Sozialpsychologie alltäglichen technischen Wandels. In: Ropohl, Günther (Hrsg.), Interdisziplinäre Technikforschung, Berlin: Erich Schmidt Verlag, S. 137–151.
Joerges, Bernward (1988): Technik im Alltag. Frankfurt/Main: Suhrkamp, S. 20–50.
Joerges, Bernward (1988a): Gerätetechnik und Alltagshandeln. In: Ders., Technik im Alltag. Frankfurt/Main: Suhrkamp.
Joerges, Bernward (1989): Soziologie und Maschinerie – Vorschläge zu einer realistischen Techniksoziologie. In: Weingart, Peter (Hrsg.), Technik als sozialer Prozeß, Frankfurt/Main: Suhrkamp, S. 44–89.
Jokisch, Rodrigo, Lindner, Helmut (1982): Technologischer Wandel in Gesamtdarstellungen. Probleme seiner Strukturierung für die Frühindustrialisierung. In: Jokisch, Rodrigo (Hrsg.), Techniksoziologie, Frankfurt/Main: Suhrkamp, S. 161–183.

Joska, Rolf (1996): Das „Intelligente Haus" im Dienste des älteren Menschen. In: Reents, Heinrich (Hrsg.), Handbuch der Gerontotechnik. Interdisziplinäre Forschung. Praxisbeispiele, Landsberg/Lech: ecomed, S. 1-6.

Kahle, Renate (1989): Frauen ran an den Computer? Technikangst und Technikdistanz von Frauen in kritischen Computerkursen. In: Psychologie & Gesellschaftskritik, Heft 1, S. 95-123.

Kampmann, Birgit, Keller, Bernhard, Knippelmeyer, Michael, Wagner, Frank (2012): Die Alten und das Netz. Angebote und Nutzung jenseits des Jugendkults. Wiesbaden: Gabler Verlag.

Katevas, Nikos (1998): Sensor Aided Intelligent Wheelchair Navigation System: The Results. In: Porrero-Placencia I., Ballabio, E. (Hrsg.), Improving the Quality of Life for the European Citizen. Technology for Inclusive Design and Equality, Amsterdam: IOS Press, S. 327-330.

Kato, Sogen, Takeda, S., Toriumi, Kohsuke, Noguchi, M. (1998): Design of a Life Support Computer Network System for Aged People. In: Porrero, Placencia I., Ballabio, E. (Hrsg.), Improving the Quality of Life for the European Citizen. Technology for Inclusive Design and Equality, Amsterdam: IOS Press, S. 30-33.

Kaufmann, Jean-Claude (1999): Das verstehende Interview. Theorie und Praxis. Konstanz: Universitätsverlag.

Kautz, Henry, Borriello, Gaetano, Etzioni, Oren, Fox, Dieter (2002): Assistive Cognition: Computer Aids for People with Alzheimer's. In: Gerontechnology. International journal on the fundamental aspects of technology to serve the aging society, Band 2, Heft 1, S. 90.

Kelle, Udo, Kluge, Susann (1999): Vom Einzelfall zum Typus. Fallvergleich und Fallkontrastierung in der qualitativen Sozialforschung. Opladen: Leske + Budrich.

Keller, Reiner, Lau, Christoph (2008): Bruno Latour und die Grenzen der Gesellschaft. In: Kneer, Georg, Schroer, Markus, Schüttpelz, Erhard (Hrsg.), Bruno Latours Kollektive, Frankfurt/Main: Suhrkamp, S. 306-338.

Keupp, Heiner, Röhrle, Bernd (1987): Soziale Netzwerke. Frankfurt/Main: Campus.

Keupp, Heiner (1996): Empowerment. In: Kreft, Dieter, Mielenz, Ingrid (Hrsg.), Wörterbuch Soziale Arbeit, Weinheim: Beltz Verlag, S. 165-168.

Kinsella, Kevin, Phillips, David R. (2005): Global Aging: The Challenge of Success. In: Population Bulletin, Jg. 60, Heft 1. S. 1-40.

Klusmann, Dietrich (1989): Methoden zur Untersuchung sozialer Unterstützung und persönlicher Netzwerke. In: Angermeyer, Matthias C., Klusmann, Dietrich (Hrsg.), Soziales Netzwerk. Ein neues Konzept für die Psychiatrie, Berlin: Springer, S. 17-63.

Knell, Sebastian, Weber, Marcel (2009): Länger leben? Philosophische und biowissenschaftliche Perspektiven. Frankfurt/Main: Suhrkamp.

Knorr-Cetina, Karin (1988): Das naturwissenschaftliche Labor als Ort der „Verdichtung" von Gesellschaft. In: Zeitschrift für Soziologie, Jg. 17, S. 85-101.

Knorr-Cetina, Karin (1998). Sozialität mit Objekten. Soziale Beziehungen in post-traditionalen Wissensgesellschaften. In: Rammert, Werner (Hrsg.), Technik und Sozialtheorie, Frankfurt/Main: Campus, S. 83-120.

König, René (1967): Technik. In: Ders., Soziologie, Frankfurt/Main: Fischer Lexikon, S. 324-328.

König, Wolfgang (1997): Propyläen Technikgeschichte (5 Bände.). Berlin: Ullstein Verlag.
Kohli, Martin (1983): Thesen zur Geschichte des Lebenslaufs als sozialer Institution. In: Conrad, Christoph, Kondratowitz, Hans-Joachim von (Hrsg.), Gerontologie und Sozialgeschichte. Wege zu einer historischen Betrachtung des Alters, Berlin: DZA, S. 133–147.
Kohli, Martin (1985): Die Institutionalisierung des Lebenslaufs. Historische Befunde und theoretische Argumente. In: KZfSS, Jg. 37, S. 1–29.
Kohli, Martin (1992): Altern in soziologischer Perspektive. In: Baltes, Paul B., Mittelstraß, Jürgen (Hrsg.), Zukunft des Alterns und gesellschaftliche Entwicklung, Berlin: Walter de Gruyter, S. 231–259.
Kohli, Martin (1994): Institutionalisierung und Individualisierung der Erwerbsbiographie. In: Beck, Ulrich, Beck-Gernsheim, Elisabeth (Hrsg.), Riskante Freiheiten, Frankfurt/Main: Suhrkamp, S. 219–244.
Kohli, Martin (1995): Alter und Altern der Gesellschaft. In: Schäfers, Bernhard, Zapf, Wolfgang (Hrsg.), Handwörterbuch zur Gesellschaft Deutschlands, Opladen: Leske + Budrich, S. 1–11.
Kohli, Martin, Szydlik, Marc (2000): Einleitung. In: Dies. (Hrsg.), Generationen in Familie und Gesellschaft, Opladen: Leske + Budrich, S. 7–18.
Kohli, Martin, Künemund, Harald (2005): Bewertung und Ausblick. In: Kohli, Martin, Künemund, Harald (Hrsg.), Die zweite Lebenshälfte. Gesellschaftliche Lage und Partizipation im Spiegel des Alters-Survey, Wiesbaden: VS Verlag, S. 1368–373.
Kohli, Martin, Künemund, Harald, Motel-Klingenbiel, Andreas, Szydlik, Marc (2005): Generationenbeziehungen. In: Kohli, Martin, Künemund, Harald (Hrsg.), Die zweite Lebenshälfte. Gesellschaftliche Lage und Partizipation im Spiegel des Alters-Survey, Wiesbaden: VS Verlag, S. 176–211.
Kombro, Clara D. (1992): A Cargiover Technology Advance. In: International Journal of Technology and Aging, Band 5, Heft 2, S. 179–185.
Kondratowitz, Hans-Joachim (1998): Vom gesellschaftlich „regulierten" über das „unbestimmte" zum disponiblen" Alter. In: Clemens, Wolfgang, Backes, Gertud M. (Hrsg.), Altern und Gesellschaft. Gesellschaftliche Modernisierung durch Altersstrukturwandel, Opladen: Leske + Budrich, S. 61–81.
Korba, Larry W., Nelson, Bradley .J. Turpin, Betty Ann M., Joly, Remi (1992): Exploring Applications of Advanced Robotics Technology in a Long-Term Care Setting – Part 1: Gathering Data. In: International Journal of Technology and Aging, Amsterdam: IOS Press, Band 5, Heft 1, S. 7–20.
Korupp, Sylvia, Künemund, Harald, Schupp, Jürgen (2006): Digitale Spaltung in Deutschland. Geringere Bildung – seltener am PC. In: DIW Berlin, Wirtschaft, Politik, Wissenschaft, Nr. 19, Jg. 73, S. 289–294.
Krämer, Stefan (2000): Technik und Wohnen im Alter – Eine Einführung. In: Wüstenrot Stiftung (Hrsg.), Technik und Wohnen im Alter. Dokumentation eines internationalen Wettbewerbs der Wüstenrot Stiftung, Stuttgart: Gutmann + Co, S. 7–25.
Krämer, Stefan (2000a): Erkenntnisse aus dem Wettbewerb. In: Wüstenrot Stiftung (Hrsg.), Technik und Wohnen im Alter. Dokumentation eines internationalen Wettbewerbs der Wüstenrot Stiftung, Stuttgart: Gutmann + Co, S. 243–252.

Kreibich, Rolf (2004): Selbstständigkeit im Alter. Neue Dienstleistungen, neue Technik, neue Arbeit. ArbeitsBericht Nr. 3/2004 des IZT (Institut für Zukunftsstudien und Technologiebewertung. Vortrag auf dem Workshop des Bundesministeriums für Bildung und Forschung. Leitvision „Selbstständigkeit im Alter – Dienstleistungen und Technologien" am 25. Februar 2003 in Bonn.

Kroutko, V. N., Potemkina, N. S. (1998): Method and Computer Technology for Creating Psychological Support and Propaganda of Healthy and Life-Span-Increasing Nutrition. In: Graafmans, Jan A. M., Taipale, Vappu, Charness, Neil (Hrg.) Gerontechnology. A Sustainable Investment in the Future, Amsterdam: IOS Press, S. 285–287.

Kruse, Andreas (1992): Altersfreundliche Umwelten. Der Beitrag der Technik. In: Baltes, Paul B., Mittelstraß, Jürgen (Hrsg.), Zukunft des Alterns und gesellschaftliche Entwicklung, Berlin: De Gruyter, S. 668–694.

Kubicek, Herbert; Welling, Stefan (2000): Vor einer digitalen Spaltung in Deutschland? Annäherung an ein verdecktes Problem von wirtschafts- und gesellschaftspolitischer Brisanz. In: Medien & Kommunikationswissenschaft 48, Nr. 4, S. 497–517. URL: http://www.internet.fuer.alle.de/transfer/downloads/MD110.pdf (07.09.2012).

Künemund, Harald, Hollstein, Betina (2005): Soziale Beziehungen und Unterstützungsnetzwerke. In: Kohli, Martin, Künemund, Harald (Hrsg.), Die zweite Lebenshälfte. Gesellschaftliche Lage und Partizipation im Spiegel des Alters-Survey, Wiesbaden: VS Verlag, S. 212–276.

Kuhn, Margaret E. (1984): The Social Consequences of rapid Technological Change. In: Robinson, Pauline K., Livingston, Judy, Birren, James E. (Hrssg.), Aging and Technological Advances, New York: Plenum Press, S. 151–154.

Kurakata, Kenji, Sagawa, Ken (2005): Establishment of ISO/IEC guide 71 and subsequent activities in SO/TC 159 ‚Ergonomics'. In: Gerontechnology, Band 3, Heft 4, S. 195.

Kutzik, David M., Glascock, Anthony P. (2004): Monitoring Household Occupant Behaviors to Enhance Safety and Well-Being. In: Burdick, David C., Kwon, Sunkyo (Hrsg.), Gerontechnology: Research and Practice in Technology and Aging. A Textbook and Reference for Multiple Disciplines, New York: Springer Publishing Company, S. 132–144.

Kuznets, Somin (1972): Die wirtschaftlichen Vorbedingungen der Industrialisierung. In: Braun, Rudolf, Fischer, Wolfram, Großkreutz, Helmut, Volkmann, Heinrich (Hrsg.), Industrielle Revolution. Wirtschaftliche Aspekte, Köln: Kiepenheuer & Witsch, S. 17–34.

Kyberd, Peter J., Evans, Mervyn (1998): Clinical Experience with an Intelligent Prosthetic Hand. In: Porrero, Placencia I., Ballabio, E. (Hrsg.), Improving the Quality of Life for the European Citizen. Technology for Inclusive Design and Equality, Amsterdam: IOS Press, S. 239–242.

La Buda, Dennis R. (1988): Education, Leisure, and Older Persons: Implications for Smart House Design. In: International Journal of Technology & Aging, Band 1, Heft 1, S. 31–48.

Landes, David S. (1983): Der entfesselte Prometheus. Technologischer Wandel und industrielle Entwicklung in Westeuropa von 1750 bis zur Gegenwart. München: DTV Verlag.

Langheinrich, Marc, Mattern, Friedemann (2003): Digitalisierung des Alltags. In: Aus Politik und Zeitgeschichte, B 42/2003, S. 6–12.
Lash, Scott (1996): Reflexivität und ihre Doppelungen: Struktur, Ästhetik und Gemeinschaft. In: Beck, Ulrich, Giddens, Anthony, Lash, Scott, Reflexive Modernisierung. Eine Kontroverse, Frankfurt/Main: Suhrkamp, S: 195–286.
Laslett, Peter (1995): Das dritte Alter. Historische Soziologie des Alters. Weinheim: Juventa Verlag.
Latour, Bruno (1988): Mixing Humans and Nonhumans Together: The Sociology of Door-Closer. In: Social Problems, Band 35, S. 298–310.
Latour, Bruno (1998): Über technische Vermittlung. Philosophie, Soziologie, Genealogie. In: Rammert, Werner (Hrsg.), Technik und Sozialtheorie, Frankfurt/Main: Campus, S. 29–81.
Latour, Bruno (1995): Wir sind nie modern gewesen. Versuch einer symmetrischen Anthropologie. Frankfurt/Main: Fischer Taschenbuch Verlag.
Laucken, Uwe (1989): Denkformen der Psychologie. Dargestellt am Entwurf einer Logographie der Gefühle. Berlin: Huber.
Lawton, Powell M. (1980): Environment and Aging. Belmont: Wadsworth.
Lawton, Powell M., Simon, Bonnie (1968): The ecology of social relationships in housing for the elderly. In: The Gerontologist; 8, S. 108–115.
Lawton, Powell M., Simon Bonnie (1984): The Older Person in the Residential Environment. In: Robinson, Pauline K., Livingston, Judy, Birren, James E. (Hrsg.), Aging and Technological Advances, New York: Plenum Press, S. 369–383.
Lehr, Ursula, Schneider, Wolfgang F. (1984): Altersbild. In: Oswald, Wolf, Herrmann, Werner, Kanowski, Siegfried, Lehr, Ursula, Thomae, Hans (Hrsg.), Gerontologie. Medizinische, psychologische und sozialwissenschaftliche Grundbegriffe. Stuttgart: Kohlhammer, S. 38–46.
Leis, Miriam J. S. (2006): Robots – Our Future Partners?! A Sociologist's View from a German and Japanese Perspective. Marburg: Tectum Verlag.
Leisering, Lutz (1992): Sozialstaat und demographischer Wandel. Wechselwirkungen, Generationenverhältnisse, politisch-institutionelle Steuerung. Frankfurt/Main: Campus.
Lemke, Jay (1995): Textual Politics. Discourse and Social Dynamics. London: Taylor & Francis.
Lenhart, Christian (1995): Computer als Sozialisationsfaktor. Der Einfluss des Computers auf die kindliche Sozialisation im familialem Kontext. Münster: LIT.
Lenk, Hans, Ropohl, Günter (1978): Technik im Alltag. In: Hammerich, Kurt, Klein, Michael (Hrsg.), Materialien zur Soziologie des Alltags, Kölner Zeitschrift für Soziologie und Sozialpsychologie, Sonderheft 20, S. 265–298.
Lesnoff-Caravaglia, Gari (Hrsg.) (1988). Aging in a Technological Society. New York: Human Sciences.
Leu, Hans Rudolf (1990): Computer in Familien – Schritte zur Einfügung des Computers in den Alltag. In: Rammert, Werner (Hrsg.), Computerwelten – Alltagswelten. Wie verändert der Computer die soziale Wirklichkeit, Opladen: Westdeutscher Verlag, S. 130–143.

Levy, René (1977): Der Lebenslauf als Statusbiographie: Die weibliche Normalbiographie in makrosoziologischer Perspektive. Stuttgart: Enke.

Linde, Hans (1972): Sachdominanz in Sozialstrukturen. Tübingen: Mohr Siebeck.

Linde, Hans (1982): Soziale Implikationen technischer Geräte, ihrer Entstehung und Verwendung. In: Jokisch, Rodrigo (Hrsg.), Techniksoziologie, Frankfurt/Main: Suhrkamp, S. 1-31.

Lindeman, T., Maijala, J. (2005): Benefits of e-prescription in elderly care. In: Gerontechnology. International journal on the fundamental aspects of technology to serve the aging society, Band 3, Heft 4, S. 247.

Livingstone, Sonia (2002): Young People and New Media. Childhood and the Changing Media Environment. London: Sage.

Löchel, Elfriede (1995): Um einen Tastendruck verfehlt. Macht- und Ohnmachterleben im Umgang mit dem PC. In: Leithäuser, Thomas, Löchel, Elfriede, Scherer, Brigitte, Tietel, Erhard (Hrsg.), Der alltägliche Zauber der digitalen Technik. Wirklichkeitserfahrung im Umgang mit dem Computer, Berlin: Edition Sigma, S. 133-162.

Loo van der, Hans, Reijen van, Willem (1997): Modernisierung. Projekt und Paradox. München: Deutscher Taschenbuch Verlag.

Luckmann, Thomas (1992): Theorie des sozialen Handelns. Berlin: Walter de Gruyter Verlag.

Lüdtke, Hartmut, Matthäi, Ingrid, Ulbrich-Herrmann, Matthias (1994): Technik im Alltagsstil. Eine empirische Studie zum Zusammenhang von technischem Verhalten, Lebensstilen und Lebensqualität privater Haushalte. Marburg: Universitätsdruckerei Marburg.

Lüscher, Kurt (2000): Die Ambivalenz von Generationenbeziehungen – eine allgemeine heuristische Hypothese. In: Kohli, Martin, Szydlik, Marc (Hrsg.), Generationen in Familie und Gesellschaft, Opladen: Leske + Budrich, S. 138-161.

Lüscher, Kurt, Liegle, Ludwig (2003): Generationenbeziehungen in Familie und Gesellschaft. Konstanz: UVK Verlagsgesellschaft.

Lüscher, Kurt, Schultheis, Franz (1993): Generationenbeziehungen in „postmodernen" Gesellschaften. Analysen zum Verhältnis von Individuum, Staat und Gesellschaft. Konstanz: Universitätsverlag Konstanz.

Lutz, Burkart (1987): Das Ende des Technikdeterminismus und die Folgen – soziologische Technikforschung vor neuen Aufgaben und neuen Problemen. In: Ders. (Hrsg.), Technik und sozialer Wandel. Verhandlungen des 23. Deutschen Soziologentages in Hamburg 1986, Frankfurt/Main: Campus, S. 34-52.

Mader, Wilhelm (1994): Emotionalität und Individualität im Alter – Biographische Aspekte des Alterns. In: Kade, Sylvia (Hrsg.), Individualisierung und Älterwerden, Bad Heilbronn: Verlag Julius Klinkhardt, S. 95-114.

Mahony, Dot, Tarlow, Barbara J., Jones, R. (2002): Using multi-media technology to increase older adults knowledge of Alzheimer's disease. In: Gerontechnology, Band 2, Heft 1, S. 90.

Mannheim, Karl (1980): Strukturen des Denkens. Frankfurt/Main: Suhrkamp.

Manz, Rolf, Kirch, Wilhelm, Weinkauf, Birgit (1999): Determinanten subjektiver Beeinträchtigung und Lebenszufriedenheit: Konsequenzen für die Prävention und Ge-

sundheitsförderung. In: Zeitschrift für Gesundheitswissenschaften, Band 7, Heft 2, S. 179–192.
Marcellini, Fiorella et al. (2000): Acceptance and use of technological solutions by the elderly in the outdoor environment: findings form a European survey. In: Zeitschrift für Gerontologie und Geriatrie 33, S. 169–177.
Marcuse, Herbert (1965): Industrialisierung und Kapitalismus im Werk Max Webers. In: Ders., Kultur und Gesellschaft 2, Frankfurt/Main: Suhrkamp.
Margolin, Richard A. (1990): Computerized Brain-Imaging Devices, Aging, and Mental Health. In: International Journal of Technology and Aging, Band 3, Heft 1, S. 7–17.
Marin-Lamellet, Claude (1998): The Drive II: Elderly and Disabled Drivers Information Telematics (EDDIT) project: Could New Telematic Systems really Help Elderly Drivers? In: Graafmans, Jan A. M., Taiplae, Vappu, Charness, Neil (Hrsg.), Geerontechnology. A Sustainable Investment in the Future, Amsterdam: IOS Press, S. 217–222.
Marx, Karl (1867/1962): Das Kapital. Kritik der politischen Ökonomie. Bd. I. Berlin: Dietz Verlag.
Marziali, Elsa (2005): Virtual support groups for family caregivers of persons with dementia. In: Gerontechnology. International journal on the fundamental aspects of technology to serve the aging society, Band 3, Heft 4, S. 233.
Matsuda, Misa (2005): Mobile Communications and Selective Sociality. In: Okabe, Ito D., Matsuda, Misa (Hrsg.), Personal, Portable, Pedestrian: Mobile Phones in Japanese Life, Cambridge; MIT Press.
Matto, D., Oskam, S. (1993): The Use of Technology in Giving Homecare. In: Bouma, Herman, Graafmans, Jan A. M. (Hrsg.), Gerontechnology, Amsterdam: IOS Press, S. 443–444.
Mayer, Karl Ulrich (1987): Lebenslaufforschung. In: Voges, Wolfgang (Hrsg.), Methoden der Biographie- und Lebenslaufforschung, Opladen: Leske + Budrich, S. 51–73.
Mayer, Karl Ulrich, Blossfeld, Hans-Peter (1990): Die gesellschaftliche Konstruktion sozialer Ungleichheit im Lebensverlauf. In: Mayer, Karl Ulrich (Hrsg.), Lebensverläufe und sozialer Wandel, Opladen: Westdeutscher Verlag, S. 197–218.
Mayer, Karl Ulrich, Wagner, Michael (1996): Lebenslagen und soziale Ungleichheit im hohen Alter. In: Mayer, Karl Ulrich, Baltes, Paul B. (Hrsg.), Die Berliner Altersstudie. Ein Projekt der Berlin-Brandenburgischen Akademie der Wissenschaften, Berlin: Akademie Verlag, S. 251–275.
Mayhorn, Christopher B., Stronge, Aideen J., McLaughlin, Anne Collins, Rogers, Wendy A. (2004): Older Adults, Computer Training, and the Systems Approach: A Formula for Success. In: Educational Gerontology, Band 30, Heft, 3, S. 185–203.
McGhee, Jerrie L. (1983): Transportation Opportunity and the Rural Elderly: A Comparison of Objective and Subjective Indicators. In: The Gerontologist, Jg. 23, Heft 5, S. 505–511.
McKeown, Thomas (1976): The Modern Rise of Population. London: Academic Press.
Melrose, Jay (1988): Hearing Loss: Prevention and Intervention. In: Lesnoff-Caravaglia, Gari (Hrsg.), Aging in a Technological Society, New York: Human Sciences Press, S. 95–100.
Menning, Sonja (2008): Report Altersdaten. Ältere Menschen in einer alternden Welt – Globale Aspekte der demografischen Entwicklung. Herausgegeben vom DZA (Deut-

sches Zentrum für Altersfragen. URL: http://www.dza.de/nn_5172/SharedDocs/ Publikationen/GeroStat_20Report_20Altersdaten/GeroStat_Report_Altersdaten_ Heft_1_2008,templateId=raw,property=publicationFile.pdf/GeroSTat_Report_Altersdaten_Heft_1_2008 (16.05.2008).

Metz-Göckel, Sigrid (1990): „Von der Technikdistanz zur Technikkompetenz". In: Dies., Nyssen, Elke, Frauen leben Widersprüche – Zwischenbilanz der Frauenforschung, Weinheim: Beltz Verlag, S. 139–152.

Meyer, Sibylle, Schulze, Eva, Müller, Petra (1997): Das intelligente Haus – selbstständige Lebensführung im Alter. Möglichkeiten und Grenzen vernetzter Technik im Haushalt alter Menschen. Frankfurt/Main: Campus.

Meyer, Sybille, Schulze, Eva (2009): Smart Home für ältere Menschen. Handbuch für die Praxis. Stuttgart: Fraunhofer IRB Verlag.

Meyer-Hentschel, Hanne, Meyer-Hentschel Gundolf (2004): Seniorenmarketing: Generationsgerechte Entwicklung von Produkten und Dienstleistungen. Göttingen: Business Village.

Michael, Mike (2006): Technoscience and Everday Life. The Complex Simplicities of the Mundane. London: Open University Press.

Mies, Maria (1980): Gesellschaftliche Ursprünge der geschlechtlichen Arbeitsteilung. In: Beiträge zur feministischen Theorie und Praxis, 3, S. 61–78.

Mies, Maria (1985): Neue Technologien – Wozu brauchen wir das alles? Aufforderung zur Verweigerung. In: Huber, Michaela, Bussfeld, Barbara (Hrsg.), Blick nach vorn im Zorn. Die Zukunft der Frauenarbeit, Weinheim: Beltz Verlag, S. 211–229.

Mix, S. et al. (2000): Telematik in der Geriatrie – Potentiale, Probleme und Anwendungserfahrungen. In: Zeitschrift für Gerontologie und Geriatrie, Jg. 33, S. 195–204.

Mohs, Carsten, Naumann, Anja, Kindsmüller, Martin Christof (2007): Mensch-Maschine-Interaktion: intuitiv, erwartungskonform oder vertraut? In: MMI (Mensch-Maschine-Interaktion) Interaktiv, Ausgabe 13 – User Experience, S. 25–35. URL: http://www.mmi-interaktiv.de/uploads/media/03-Mohs_et_al.pdf (03.–07.09.2012).

Mollenkopf, Heidrun (1993): Technical Aids in Old Age. Between acceptance and rejection. P 93-106. Arbeitsgruppe Sozialberichterstattung. Wissenschaftszentrum Berlin für Sozialforschung. Berlin.

Mollenkopf, Heidrun, Hampel, Jürgen (1994): Technik, Alter, Lebensqualität. Schriftenreihe des Bundesministeriums für Familie und Senioren. Stuttgart: Kohlhammer, Bd. 23.

Mollenkopf, Heidrun (1998): Altern in technisierten Gesellschaften. In: Clemens, Wolfgang, Backes, Gertrud M. (Hrsg.), Altern und Gesellschaft. Gesellschaftliche Modernisierung durch Altersstrukturwandel, Opladen: Leske + Budrich, S. 217–236.

Mollenkopf, Heidrun (1998a). Soziale Akzeptanz. In: Erkert, Thomas, Salomon, Jürgen (Hrsg.), Seniorinnen und Senioren in der Wissensgesellschaft, Bielefeld: Kleine Verlag. S. 82–85.

Mollenkopf, Heidrun (2001). Technik – ein „knappes Gut"? Neue soziale Ungleichheit im Alter durch unterschiedliche Zugangs- und Nutzungschancen. In: Backes, Gertrud M. et al. (Hrsg.), Zur Konstruktion sozialer Ordnungen des Alter(n)s, Opladen: Leske + Budrich, S. 223–238.

Literaturverzeichnis

Mollenkopf, Heidrun (2005): Techniknutzung als Lebensstil? In: Kimpeler, Simone, Baier Elisabeth (Hrsg.), IT-basierte Produkte und Dienste für ältere Menschen – Nutzeranforderungen und Techniktrends. Tagungsband zur FAZIT Fachtagung „Best Agers" in der Informationsgesellschaft, S. 65–78. URL: http://w.mfg-innovation.de/fileadmin/_fazit-forschung/downloads/fachtagung_lt1_gesamttext.pdf (23.08.2012).

Mollenkopf, Heidrun, Gäng, Karin, Mix, S., Kwon, S. (1998): Alter und Technik. Expertise im Auftrag der „Geschäftsstelle der Sachverständigenkommission für den 3. Altenbericht der Bundesregierung". Heidelberg.

Mollenkopf, Heidrun, Marcellini, Fiorella, Ruoppila, Isto (1998): The Outdoor Mobility of Elderly People – A Comparative Study in Three European Countries. In: Graafmans, Jan A.M., Taipale, Vappu, Charness, Neil (Hrsg.), Gerontechnology. A Sustainable Investment in the Future, Amsterdam: IOS Press, S. 204–211.

Mollenkopf, Heidrun et al. (2000): Neue Technologien im Alltag Älterer. In: Zeitschrift für Gerontologie und Geriatrie, Nr. 33, S. 153–154.

Mollenkopf, Heidrun, Kaspar, Roman (2004): Technisierte Umwelten als Handlungs- und Erlebensräume älterer Menschen. In: Backes, Gertrud M., Clemens, Wolfgang, Künemund, Harald (Hrsg.), Lebensformen und Lebensführung im Alter, Wiesbaden: VS Verlag, S. 193–221.

Mollenkopf, Heidrun, Oswald, Frank, Wahl, Hans-Werner (2004): Neue Person-Umwelt-Konstellationen im Alter: Wohnen, außerhäusliche Mobilität und Technik. In: Sozialer Fortschritt, Heft 11-12, S. 301–310.

Mollenkopf, Heidrun, Kaspar, Roman (2005): Elderly Peoples's Use and Acceptance of Information and Communication Technologies. In: Jaeger, Birgit (Hrsg.), Young Technologies in Old Hands. An International View on Senior Citizen's Utilization of ICT, Copenhagen: DJOF Publishing, S. 41–58.

Moniz-Pereira, Leonor, Lebre, Paula (1998): Videotelephony as a Tool for Recreation Programming for Elderly People. In: Graafmans, Jan A.M., Taipale, Vappu, Charness, Neil (Hrsg.), Gerontechnology. A Sustainable Investment in the Future, Amsterdam: IOS Press, S. 187–190.

Müller, Hans-Peter (1992): Karl Marx über Maschinerie, Kapital und industrielle Revolution. Wiesbaden: Westdeutscher Verlag.

Naegele, Gerhard (1998): Lebenslagen älterer Menschen. In: Kruse, Andreas (Hrsg.), Psychosoziale Gerontologie: Bd. 1: Grundlagen, Göttingen: Hogrefe, S. 106–128.

Nahnsen, Ingeborg (1975): Bemerkungen zum Begriff und zur Geschichte des Arbeitsschutzes. In: Osterland, Martin (Hrsg.), Arbeitssituation, Lebenslage und Konfliktbereitschaft, Frankfurt/Main: Europäische Verlagsanstalt, S. 145–166.

Niederfranke, Annette, Weidmann, Mechthild (1994): Gesellschaftliches Potenzial älterer Menschen. Brauchen wir neue Handlungsfelder? In: Imhof, Arthur E., Weinknecht, Rita (Hrsg.), Erfüllt leben – in Gelassenheit sterben. Geschichte und Gegenwart. Berlin: Duncker & Humblot, S. 349–355.

Nishino, Tatsuo, Nagamachi, Mitsuo (2002): Job Redesign for Elderly Workers and its Application to Japanese Factories. In: Gerontechnology, Band 2, Heft 1, S. 115–116.

Noble, David F. (1978): Social Choice in Machine Design: The Case of Automatically Controlled Machine Tools, and a Challenge for Labor. In: Politics and Society, Band 8, S. 313–347.
Noelle-Neumann, Elisabeth, Hansen, Jochen (1991): Technikakzeptanz und Medienwirkung. In: Jaufmann, Dieter, Kistler, Ernst (Hrsg.), Einstellungen zum technischen Fortschritt. Frankfurt/Main: Campus, S. 27–52.
Ogburn, Williams F., Thomas Dorothy (1922): Are Inventions Inevitable? In: Political Sciences Quarterly, Band 34, S. 83–98.
Ogburn, William F. (1967): Die Theorie des „Cultural Lag". In: Dreitzel, Hans Peter (Hrsg.), Sozialer Wandel. Zivilisation und Fortschritt als Kategorien der soziologischen Theorien, Neuwied: Luchterhand, S. 328–338.
Okumoto, Yasuhisa, Fujiwara, Tetsu (2005): Study of wheelchair handle positions using biomechanical analysis. In: Gerontechnology, Band 2, Heft 4, S. 190.
Oswald, Frank (1991): Das persönliche Altersbild älterer Menschen. In: Zeitschrift für Gerontologie, Jg. 24, S. 276–284.
Ownby, Raymond L., Czaja, Sara J. (2002): Problems in Web Page Design for the Elderly. In: Gerontechnology, Band 2, Heft 1, S. 101.
Pak, Richard, Rogers, Wendy A., Fisk, Arthur D. (2002): An investigation of the relationship between spatial abilities and hypertext navigation – It's not as simple as it seems! In: Gerontechnology, Band 2, Heft 1, S. 100.
Park, Denise C. (1994): Aging, cognition, and driving. VA: Scientex.
Parsons, Henry M., McIlavine, C. (1984): Technological Advances form a Human Factors Point of View. In: Robinson, Pauline K., Livingston, Judy, Birren, James E., (Hrsg.), Aging and Technological Advances, New York, Plenum Press, S. 279–293.
Parsons, Talcott (1964): The Structure of Social Action. New York: McGraw-Hill.
Paulinyi, Akos (1989): Industrielle Revolution. Vom Ursprung der modernen Technik. Reinbek bei Hamburg: Rowohlt Taschenbuch Verlag.
Peil, Corinna (2007): *Keitai*-Kommunikation: Mobiler Medienalltag in Japan. In: Röser, Jutta (Hrsg.), MedienAlltag. Domestizierungsprozesse alter und neuer Medien, Wiesbaden: VS Verlag, S. 223–233.
Pelizäus-Hoffmeister, Helga (2007): Technische Kompetenz im Alter. Notwendige Ressource einer selbst bestimmten Lebensführung. In: Erwachsenenbildung. Vierteljahresschrift für Theorie und Praxis, Heft 4, S. 182–188.
Pelizäus-Hoffmeister, Helga (2011). Das lange Leben in der Moderne. Wechselbeziehungen zwischen Lebensalter und Modernisierung aus reflexiv moderner Sicht. Wiesbaden: VS Verlag.
Perdomo, Dolores, Czaja, Sara J., Rubert, Marc (2002): Tele-REACH: A Telephone Intervention for Caregiver. In: Gerontechnology, Band 2, Heft 1, S. 143–144.
Perrow, Charles (1987): Normale Katastrophen. Die unvermeidlichen Risiken der Großtechnik. Frankfurt/Main: Campus.
Petzold, Hilarion (1982): Leibzeit. In: Kamper, Dietmar, Wulf, Christoph (Hrsg.), Die Wiederkehr des Körpers, Frankfurt/Main: Suhrkamp, S. 68–81.
Pew, Richard W., Hemel, Susan B. van (2003): Technology for Adaptive Aging. Washington D. C.: The National Academies Press.

Pfeuffer, Wolfgang (2005): Technische Innovationen: ein Beitrag zur Sicherstellung der häuslichen Pflege. In: Brandt, Franz (Hrsg.), Im Fokus: Menschen mit Demenz. Dokumentation einer Fachtagung im Rahmen des BMGS-Modellprogramms zur Verbesserung der Situation der Pflegebedürftigen am 9./10. Mai 2005, Bundesministerium für G, S. 99–113.

Pichert, Horst (2002): Comfort and Safety in the Households of Older Persons. In: Pieper, Richard, Vaarama, Marja, Fozard, James L. (Hrsg.), Gerontechnology. Technology and Aging – Starting into the Third Millennium, Aachen: Shaker Verlag, S. 86–100.

Pieper, Richard (2002): Introduction: The Paradigm of Gerontechnology. In: Pieper, Richard, Vaarama, Marja, Fozar, James L. (Hrsg.), Gerontechnology: Technology and Aging – Starting into the Third Millennium, Aachen: Shaker Verlag, S. 2–14.

Pieper, Richard, Riederer, Erwin (1998): Home Care for the Elderly with Dementia. A Social Shaping Approach to a Multi-Media-PC Application. In: Graafmans, Jan A.M., Taiplae, Vappu, Charness, Neil (Hrsg.), Gerontechnology. A Sustainable Investment in the Future, Amsterdam: IOS Press, S. 324–330.

Pieper, Richard, Vaarama, Marja, Fozard, James L. (2002): Gerontechnology. Technology and Aging – Starting into the Third Millennium. Aachen: Shaker Verlag.

Pinch, Trevor J., Bijker, Wiebe E. (1984): The Social Construction of Facts and Artefacts: or How the Sociology of Science and the Sociology of Technology might Benefit Each Other. In: Social Studies of Science, Band 14, S. 399–441.

Pirnes, Hannu E. (2005): New insight for improving productivity in elderly care. In: Gerontechnology. International journal on the fundamental aspects of technology to serve the aging society, Band 3, Heft 4, S. 194.

Placencia-Porrero, I. (2007): The information society in demographically changing Europe. In: Gerontechnology, Band 6, Heft 3, S. 125–128.

Placencia-Porrero I., Puig De La Bellacasa (1997): The European Context for Assistive Technology. Assistive Technology Research Series. Washington: IOS Press.

Placencia-Porrero I., Ballabio, E. (1998): Improving the Quality of Life for the European Citizen. Technology for Inclusive Design and Equality. Assistive Technology Research Series. Amsterdam: IOS Press.

Pol, Robert van de (2004): Der digitale Graben als Faktor des sozio-kulturellen Wandels? Teilaspekt des Themas Towards Cybersociety and „Vireal" Social Relations. URL: http://socio.ch/intcom/t_vandepol.htm (08.09.2012).

Popitz, Heinrich (1995): Der Aufbruch zur Artifiziellen Gesellschaft. Zur Anthropologie der Technik. Tübingen: J.C.B. Mohr Verlag.

Preston, Samuel H. (1975): The Changing Relation between Mortality and Level of Economic Development. In: Population Studies, Band 29(2), S. 231–148.

Priddat, Birger P. (2007): Potenziale einer alternden Gesellschaft: ‚Silver Generation' und ‚kluge Geronten'. In: Pasero, Ursula, Backes, Gertrud M., Schroeter, Klaus R. (Hrsg.), Altern in Gesellschaft, Wiesbaden: VS Verlag, S. 357–387.

Rama, Docampo M., van der Kaaden, Frederiek (2002): Characterisation of Technology Generations on the Basis of User Interfaces. In: Pieper, Richard, Vaarama, Marja, Fozard, James L. (Hrsg.), Gerontechnology. Technology and Aging – Starting into the Third Millennium, Aachen: Shaker Verlag, S. 35–53.

Ramm, Dietolf, Gianturco, Daniel T. (1974): Computers and Technology: Aiding Tomorrow's Aged". In: The Gerontologist, 13(3), Part 1, S. 322–326.
Rammert, Werner (1982): Soziotechnische Revolution: Sozialstruktureller Wandel und Strategien der Technisierung. Analytische Perspektiven einer Soziologie der Technik. In: Jokisch, Rodrigo (Hrsg.), Techniksoziologie, Frankfurt/Main: Suhrkamp, S. 32–81.
Rammert, Werner (1988): Technisierung im Alltag. Theoriestücke für eine soziologische Perspektive. In: Joerges, Bernward (Hrsg.), Technik im Alltag, Frankfurt/Main: Suhrkamp, S. 165–208.
Rammert, Werner (Hrsg.) (1990): Computerwelten – Alltagswelten. Wie verändert der Computer die soziale Wirklichkeit? Opladen: Westdeutscher Verlag.
Rammert, Werner (1993): Technik aus soziologischer Perspektive. Forschungsstand – Theorieansätze – Fallbeispiele. Ein Überblick. Opladen: Westdeutscher Verlag.
Rammert, Werner (2002): Techniksoziologie. In: Endruweit, Günter, Trommsdorf, Gisela (Hrsg.), Wörterbuch der Soziologie, Stuttgart: Lucius und Lucius, S. 594–604.
Rammert, Werner (2002a): The Cultural Shaping of Technology and the Politics of Technodiversity. In: Sörensen, Knut H., Williams, Robin (Hrsg.), Shaping Technology, Guiding Policy: Concepts, Spaces & Tools, Cheltenham: Edward Elgar Publishing, S. 173–194.
Rammert, Werner (2007): Technik – Handeln – Wissen. Zu einer pragmatischen Technik- und Sozialtheorie. Wiesbaden: VS Verlag.
Rammert, Werner, Schulz-Schaeffer, Ingo (Hrsg.) (2002). Können Maschinen handeln? Soziologische Beiträge zum Verhältnis von Mensch und Technik. Frankfurt/Main: Campus.
Rebok, George W., Keyl, P. M. (2004) : Driving Simulation and Older Adults. In: Burdick, D.avid C., Kwon, Sunkyo (Hrsg.), Gerontechnology : Research and Practice in Technology and Aging. A Textbook and Reference for Multiple Disciplines, New York : Springer, S. 191–208.
Reed, Kendra (1998): New Age Technology and New „aged" Workers: The Impact of Age on Computer Technology Skill Acquisition and the Influence of Computer Self-Efficacy, Age-Related Beliefs, and Change Attitudes. Lincoln: University of Nebraska.
Reents, Heinrich (1995): Gerontotechnik-Initiative in Nordrhein-Westfalen. In: Institut für Arbeit und Technik, Wissenschaftszentrum Nordrhein-Westfalen (Hrsg.), Zuhause leben – Technik und Dienstleistungen für mehr Lebensqualität. Dokumentation einer Fachtagung am 08.09.1994, Beiträge zur Regionalentwicklung Heft 10, Essen, S. 71–84.
Reents, Heinrich (Hrsg.) (1996): Handbuch der Gerontotechnik. Landsberg/Lech: ecomed.
Regnier, V. A., Pennekamp, P. H. B., Wagenberg, A. F. van (1992) : Summarizing Conclusions and Questions on Housing. In : Bouma, Herman, Gaafmans, Jan A. M. (Hrsg.), Gerontechnology, Amsterdam: IOS Press, S. 355–359.
Reichert, Andreas (2001): Neue Determinanten sozialer Ungleichheit. Eine soziologische Analyse zur Bedeutung technischer Kompetenz in einer alternden Gesellschaft. Berlin: Mensch & Buch Verlag.

Reischies, Friedel M., Lindenberger, Ulman (1996). Grenzen und Potenziale kognitiver Leistungsfähigkeit im Alter. In: Baltes, Paul B., Mayer, Karl-Ulrich (Hrsg.), Die Berliner Altersstudie, Berlin: Akademie Verlag, S. 351–377.
Richard, Brigitte, Krüger, Heinz-Hermann (1998) : Mediengenerationen. Umkehrung von Lernprozessen? In: Ecarius, Jutta (Hrsg.), Was will die jüngere mit der älteren Generation? Generationenbeziehungen und Generationenverhältnisse in der Erziehungswissenschaft, Opladen: Leske + Budrich, S. 159–181.
Richelson, Elliott (1990): Psychopharmacology, Technology, and Aging. In: International Journal of Technology and Aging, Jg. 3, Heft 1, S. 19–28.
Riederer, Erwin (1999): Explorative Entwicklung informationstechnischer Innovationen. Systementwürfe von Therapie- und Alltagshilfen für Menschen mit Demenz. Aachen: Shaker Verlag.
Rifkin, Jeremy (2004): Das Ende der Arbeit und ihre Zukunft. Neue Konzepte für das 21. Jahrhundert. Frankfurt/Main: Suhrkamp.
Riley, Matilda, Foner, Anne, Waring, Jane (1988) : Sociology of Age. In: Smelser, Neil J. (Hrsg.), Handbook of Sociology, Newbury Park, CA: Sage, S. 243–290.
Rilling, Rainer (1996): Das unpolitische Netz. Oder: Wer Links hat, dem wird Recht gegeben. URL: http://www.bdwi.org/bibliothek/rilling-hattingentext.html (02.01.2008).
Robinson, Pauline K., Livingston, Judy, Birren, James E. (Hrsg.) (1983): Aging and Technological Advances. New York: Plenum Press.
Rocheleau, Kathleen D. (1988): Technology and Aging. A Bibliography. In: Lesnoff-Caravaglia, Gari (Hrsg.), New York: Human Sciences press, S. 284–293.
Rock, D., Jha, K. N., Engelberger, G. (1993): Talking with Rosie: Home Robot Interfaces. In: AI Expert 8 (10), S. 20–27.
Röser, Jutta (2007): Wenn das Internet das Zuhause erobert: Dimensionen der Veränderung aus ethnografischer Perspektive. In: Dies. (Hrsg.), MedienAlltag. Domestizierungsprozesse alter und neuer Medien, Wiesbaden: VS Verlag, S. 157–171.
Rötzer, Florian (2006): Mediale Langeweile. In: Telepolis. URL: http://www.heise.de/tp/artikel/23/23299/1.html (08.09.2012).
Rogers, Wendy A., Meyer, Beth, Walker, Neff, Fisk, Arthur D. (1998): Functional limitations to daily living tasks in the aged: a focus group analysis. In: Human Factors, Jg. 40, Heft 1, S. 111–125.
Ropohl, Günter (1985): Die unvollkommene Technik. Frankfurt/Main: Suhrkamp.
Ropohl, Günter (1988). Zum gesellschaftstheoretischen Verständnis soziotechnischen Handelns im privaten Bereich. In: Joerges, Bernward (Hrsg.), Technik im Alltag, Frankfurt/Main: Suhrkamp, S. 120–144.
Rosenmayr, Leopold (1969): Soziologie des Alters. In: König, René (Hrsg.), Handbuch der empirischen Sozialforschung, Stuttgart: Ferdinand Enke Verlag, S. 306–357.
Ross, D. A., Sanford, John A. (2002): Remotely Monitoring Physical Activity of Older Adults with Moderate Dementia. In: Gerontechnology. International journal on the fundamental aspects of technology to serve the aging society, Band 2, Heft 1, S. 91.
Rostocker Zentrum zur Erforschung des Demografischen Wandels (2008): Die Lebenserwartung der Deutschen steigt bis 2050 mindestens um sechs Jahre – Sinkende Sterberaten auch dank moderner Medikamente. URL: http://idw-online.de/pages/de/news271879 (08.09.2012).

Rostow, Walt Whitman (1960): Stadien wirtschaftlichen Wachstums. Göttingen: Vandenhoeck & Ruprecht.
Rott, Christoph (1988): Einstellungsmuster älterer Menschen zu technischen Innovationen. In: Zeitschrift für Gerontologie, Jg. 21, S. 225–231.
Rubert, Marc, Czaja, Sara, Walsh, S. (2002): Tele-Care: Helping Caregivers Cope with Cancer. In: Gerontechnology. International journal on the fundamental aspects of technology to serve the aging society, Band 2, Heft 1, S. 144.
Rudinger, Georg (1996): Alter und Technik. In: Zeitschrift für Gerontologie und Geriatrie, Jg. 29, S. 246–256.
Rudinger, Georg, Kruse, Andreas (1998): Altersbilder. Abschlußbericht, Forschungsprojekt im Auftrag des Bundesministeriums für Familie, Senioren, Frauen und Jugend, Projekt BIAS – Bilder des Alter(n)a und Sozialstruktur. Unveröffentlichtes Manuskript.
Rudinger, Georg, Kocherscheid, Kristina (2011): Ältere Verkehrsteilnehmer – Gefährdet oder gefährlich? Defizite, Kompensationsmechanismen und Präventionsmöglichkeiten. Bonn: University Press bei V&R unipress.
Russo, H. (2002): Overview of Technology – Telemedicine Developments in the U.S. In: Gerontechnology, Band 2, Heft 1, S. 105.
Saake, Irmhild (1998): Theorien über das Alter. Perspektiven einer konstruktivistischen Altersforschung. Studien zur Sozialwissenschaft; Band 192. Opladen: Westdeutscher Verlag.
Saake, Irmhild (2002): Wenig Neues vom Alter: Ein systemtheoretischer Ausweg aus gerontologischen Denkschleifen. In: Dallinger, Ursula, Schroeter, Klaus R. (Hrsg.), Theoretische Beiträge zur Alternssoziologie, Opladen: Leske + Budrich, S. 275–296.
Sackmann, Reinold (1993): Versuch einer Theorie der Einführung technischer Geräte in den Haushalt. In: Meyer, Sibylle, Schulze, Eva (Hrsg.), Technisiertes Familienleben. Blick zurück und nach vorn. Berlin: edition sigma, S. 253–275.
Sackmann, Reinold, Weymann, Ansgar (1994): Die Technisierung des Alltags. Generationen und technische Innovationen. Frankfurt/Main: Campus.
Sackmann, Reinold, Hüttner, Bernd, Weymann, Ansgar (1991): Technik und Forschung als Thema der Generationen. Zwischenbericht des Forschungsvorhabens. Bremen.
Salomon, Harald (2008): Internet Self-Service in Kundenbeziehungen – Gestaltungselemente, Prozessarchitektur und Fallstudien aus der Finanzdienstleistungsbranche. Wiesbaden: Betriebswirtschaftlicher Verlag Dr. Th. Gabler/GWV Fachverlage GmbH.
Sampson, Barbara C. (1988): The Smart House. In: Lesnoff-Caravaglia, Gari (Hrsg.), Aging in a Technological Society, Volume VI: Frontiers in Aging Series, New York: Human Sciences Press, S. 54–57.
Sarparniene, Diana, Merkys, Gediminas (2005): Mediennutzung und Geschlechtsspezifizität: Von der Diskriminierung zur Emanzipation. In: Merz Wissenschaft, Nr. 49, Heft 5, S. 29–41.
Saup, Winfried (1993): Alter und Umwelt. Eine Einführung in die Ökologische Gerontologie. Stuttgart: Kohlhammer.
Saup, Winfried, Reichert, Monika (1999): Die Kreise werden enger. Wohnen und Alltag im Alter. In: Niederfranke, Annette et al. (Hrsg.), Funkkolleg Altern 2. Lebens-

lagen und Lebenswelten, soziale Sicherung und Altenpolitik, Opladen: Westdeutscher Verlag, S. 245–286.

Schäfer, Ralph I., Goos, Matthias, Göppert, Sebastian (2000): Glossar: Intuition. In: Online-Lehrbuch Medizinische Psychologie. URL: http://www.medpsych.uni-freiburg. de/OL/glossar/body_intuition.html (08.09.2012).

Schäfers, Bernhard (1993): Techniksoziologie. In: Korte, Hermann, Schäfers, Bernhard (Hrsg.), Einführung in Spezielle Soziologien, Opladen: Leske + Budrich, S. 167–190.

Schatz-Bergfeld, Marianne (1990): Das Programm „Technik und Mensch – Sozialverträgliche Technikgestaltung". Einige Bemerkungen zu den Projekten im Programmfeld „Alltag und Lebenswelt". In: Rammert, Werner (Hrsg.), Computerwelten – Alltagswelten: wie verändert der Computer die soziale Wirklichkeit? Opladen: Westdeutscher Verlag, S. 27–36.

Schatz-Bergfeld, Marianne et al. (1995): Jugend – Freizeit – Technik. Kompetenzerwerb Jugendlicher im alltäglichen Technikumgang. Frankfurt/Main: Peter Lang Verlag.

Schelsky, Helmmut (1965): Der Mensch in der wissenschaftlichen Zivilisation. In: Ders., Auf der Suche nach der Wirklichkeit, Düsseldorf: Diederichs, S. 439–480.

Schierl, Thomas (1997): Das Internet auf dem Weg zum Massenmedium? Möglichkeiten und Gefahren. In: Beck, Klaus, Vowe, Gerhard (Hrsg.), Computernetze – ein Medium öffentlicher Kommunikation?, Berlin: Spiess Verlag, 63–81.

Schimany, Peter (2003): Die Alterung der Gesellschaft. Ursachen und Folgen des demographischen Umbruchs. Frankfurt/Main: Suhrkamp.

Schlag, Bernhard (1986): Ältere Autofahrer – ein Problem der Zukunft? In: Zeitschrift für Gerontologie, 19(6), S. 410–418.

Schlag, Bernhard (1990): Empirische Untersuchungen zur Leistungsfähigkeit älterer Kraftfahrer. In: Zeitschrift für Gerontologie 23, S. 300–306.

Schluchter, Wolfgang (1988): Religion und Lebensführung (2 Bände). Frankfurt/Main: Suhrkamp.

Schmitz-Scherzer, Reinhard (1992): Suizid im Alter – Gerontologische Aspekte. In: Imhof, Arthur E., Leben wir zu lange? Die Zunahme unserer Lebensspanne seit 300 Jahren – und die Folgen, Köln: Böhlau Verlag, S. 159–162.

Schmitz-Scherzer, Reinhard et al. (1994): Ressourcen älterer und alter Menschen. Stuttgart: Kohlhammer.

Schneider, Holger K. (1995): Wer war ich, wer bin ich? Vom Wandel des Selbstwertgefühls im Alter. In: Focke, Wenda (Hrsg.), Unterwegs zu neuen Räumen. Die Veränderung des Selbstbildes im Alter. Autobiographische und interdisziplinäre Essays zusammengestellt und herausgegeben von Wenda Focke, Düsseldorf: Parerga Verlag, S. 9–23.

Schönberger, Klaus (1999): Internet zwischen Spielwiese und Familienpost. Doing Gender in der Netznutzung. In: Hebecker, Eike et al. (Hrsg.), Neue Medienwelten. Zwischen Regulierungsprozessen und alltäglicher Aneignung, Frankfurt/Main: Campus, S. 249–270.

Schorb, Bernd (1990): Frauen und Computer: eine problematische Beziehung? Modelle der Erklärung und der pädagogischen Praxis. In: Schorb, Bernd, Wielpütz, Renate (Hrsg.), Basic für Eva? Frauen und Computerbildung, Opladen: Leske + Budrich, S. 9–20.

Schroer, Markus (2005): Soziologie des Körpers. Frankfurt/Main: Suhrkamp.
Schroeter, Klaus R. (2000): Die Lebenslagen älterer Menschen im Spannungsfeld zwischen „später Freiheit" und „sozialer Disziplinierung": forschungsleitende Fragestellungen. In: Backes, Gertrud M., Clemens, Wolfgang (Hrsg.), Lebenslagen im Alter. Gesellschaftliche Bedingungen und Grenzen, Opladen: Leske + Budrich, S. 31–52.
Schroeter, Klaus R. (2001): Lebenslagen, sozialer Wille, praktischer Sinn. In: Backes, Gertrud M., Clemens, Wolfgang, Schroeter, Klaus R. (Hrsg.), Zur Konstruktion sozialer Ordnungen des Alter(n)s, Opladen: Leske + Budrich, S. 31–64.
Schroeter, Klaus R. (2008): Alter(n). In: Willems, Herbert (Hrsg.), Lehr(er)buch der Soziologie, Wiesbaden: VS Verlag, S. 611–630.
Schütz, Alfred, Luckmann, Thomas (1979): Strukturen der Lebenswelt. Bd. I. Neuwied: Luchterhand.
Schütz, Alfred (1981): Der sinnhafte Aufbau der sozialen Welt. Eine Einleitung in die verstehende Soziologie. Frankfurt/Main: Suhrkamp: Suhrkamp.
Schütze, Fritz (1987): Das narrative Interview in Interaktionsfeldstudien: Erzähltheoretische Grundlagen. I. Studienbrief der Fernuniversität Hagen. FB Erziehungs-, Sozial- und Geisteswissenschaften. Hagen: Fernuniversität Hagen.
Schulze, Eva (2011): Smart – Home für Ältere. Eine Analyse von Best-Practice-Beispielen. In: Nachrichtendienst des Deutschen Vereins für öffentliche und private Fürsorge e. V. , Jg. 91, Heft 10, S. 458–462.
Schulze, Gerhard (1992): Die Erlebnisgesellschaft. Frankfurt/Main: Campus.
Schulz-Niewandt, Frank (1997): Person, Relation, Kontext. Zugleich Einleitung und Bausteine zur Grundlegung einer allgemeinen Soziologie und der Alter(n)ssoziologie vom personalistischen Standpunkt. Berlin: Eurotrans.
Schumacher, Phyllis, Morahan-Martin, Janet (2001): Gender, Internet and Computer Attitudes and Experiences. In: Computers in Human Behavior 17, Heft 1, S. 95–110.
Schumpeter, Joseph A. (1951): The theory of economic development. Harvard: Harvard College.
Senior Research Group (2010): Förder- und Forschungsprogramme. URL: http://www.srg-berlin.de/index.php?subsect=11 (08. 09. 2012).
Seyfarth, Constans (1979). Alltag und Charisma bei Weber. Eine Studie zur Grundlegung der ‚verstehenden Soziologie'. In: Sprondel, Walter M., Grathoff, Richard (Hrsg.), Alfred Schütz und die Idee des Alltags in den Sozialwissenschaften, Stuttgart: Enke, S. 155–177.
Simmel, Georg (1908/1992): Soziologie. Untersuchungen über die Formen der Vergesellschaftung. Leipzig: Duncker & Humblot.
Singh, Supriya (2001): Gender and the Use of the Internet at Home. In: New Media & Society 3. Nr. 4, 395–416.
Sixsmith, Andrew, Hine, Nick A., Brown, Steve, Garner, Paul (2005): Monitoring the wellbeing of older people. In: Gerontechnology. International journal on the fundamental aspects of technology to serve the aging society, Band 3, Heft 4, S. 192.
Smith, Adam (1904): The wealth of nations. Band I. London.
Sonderforschungsbereich 333 (1986). Interview-Leitfaden. URL: http://docs.google.com/Doc?id=dhp297jm_16fv9pkjfc (06. 05. 2008).

Literaturverzeichnis

Soziales Gesetzbuch (2010): Hilfsmittel. URL: http://www.sozialgesetzbuch.de/gesetze/05/index.php?norm_ID=0503300 (09.09.2012).

Spehr, Jens (2006): Visuelles Notrufsystem an der TU Braunschweig entwickelt. Durch Automatisierung im häuslichen Bereich mehr Sicherheit für ältere Menschen. URL: http://idw-online.de/pages/de/news188205 (08.09.2012).

Sponselee, A.nnie-mie, Schouten, Ben A. M., Bouwhuis, Don G., Rutten, Paul G. S. (2008): Effective use of smart home technology to increase well-being. In: Gerontechnology, Band 7, Heft 2, S. 211.

Spree, Reinhard (1992): Der Rückzug des Todes. Der epidemiologische Übergang in Deutschland während des 19. und 20. Jahrhunderts. Konstanz: Universitätsverlag Konstanz.

Statistisches Bundesamt (2003): Ausstattung privater Haushalte mit ausgewählten langlebigen Gebrauchsgütern am 1.1.2003. URL: https://www-ec.destatis.de/csp/shop/sfg/bpm.html.cms.cBroker.cls?cmspath=struktur,vollanzeige.csp&ID=1013046 (20.06.2008).

Statistisches Bundesamt (2004): Ausstattung privater Haushalte mit elektrischen Haushaltsgeräten. URL: http://www.destatis.de/basis/d/evs/budtab63.php (02.02.07).

Statistisches Bundesamt Deutschland (2007): Erste demografische Schätzwerte für 2006. URL: http://www.eds-destatis.de/de/downloads/sif/sf_07_041.pdf (09.09.2012).

Statistisches Bundesamt Deutschland (2008): Wirtschaftsrechnungen. Einkommens- und Verbrauchsstichprobe. Ausstattung privater Haushalte mit ausgewählten Gebrauchsgütern. URL: https://www.destatis.de/DE/Publikationen/Thematisch/EinkommenKonsumLebensbedingungen/EinkommenVerbrauch/EVS_AusstattungprivaterHaushalte2152601089004.pdf?__blob=publicationFile (11.09.2012).

Statistisches Bundesamt (2009): Bevölkerung. URL: http://www.destatis.de/jetspeed/portal/cms/Sites/destatis/Internet/DE/Content/Statistiken/Bevoelkerung/VorausberechnungBevoelkerung/InteraktiveDarstellung/Content75/Bevoelkerungspyramide1W1,templateId=renderSVG.psml (26.03.2009).

Statistisches Bundesamt (2011): Wirtschaftsrechnungen. Private Haushalte in der Informationsgesellschaft – Nutzung von Informations- und Kommunikationstechnologien. URL: https://www.destatis.de/DE/Publikationen/Thematisch/EinkommenKonsumLebensbedingungen/PrivateHaushalte/PrivateHaushalteIKT2150400117004.pdf?__blob=publicationFile (03.09.2012).

Statistisches Bundesamt (2012): Bevölkerung nach Altersgruppen. URL: https://www.destatis.de/DE/ZahlenFakten/Indikatoren/LangeReihen/Bevoelkerung/lrbev01.html (06.09.2012).

Statistisches Bundesamt (2012a): Bevölkerung nach Altersgruppen, Familienstand und Religion. URL: https://www.destatis.de/DE/ZahlenFakten/GesellschaftStaat/Bevoelkerung/Bevoelkerungsstand/Tabellen/AltersgruppenFamilienstand.html (06.09.2012).

Statistisches Bundesamt(2012b): Bevölkerung Deutschlands bis 2060. 12. koordinierte Bevölkerungsvorausberechnung. URL: https://www.destatis.de/DE/Publikationen/Thematisch/Bevoelkerung/VorausberechnungBevoelkerung/BevoelkerungDeutschland2060Presse5124204099004.pdf?__blob=publicationFile (06.09.2012).

Stein, Elliot M. (1990): Applications of Consumer Electronics and other Gadgets to the Mental Health and Well-Being of the Elderly. In: International Journal of Technology & Aging, Band 3, Heft 1, S. 63–68.

Steinke, Ines (1999): Kriterien qualitativer Forschung. Ansätze zur Bewertung qualitativ-empirischer Sozialforschung. Weinheim: Juventa Verlag.

Sterns, Anthony A., Sterns, Harvey L. (2005): A low-tech intervention and therapy for large groups of persons with dementia. In: Gerontechnology. International journal on the fundamental aspects of technology to serve the aging society, Band 3, Heft 4, S. 233.

Stooß, Friedemann, Troll, Lothar, Hennings, Hasso von (1988): Blick hinter den Bildschirm: Neue Technologien verändern die Arbeitslandschaft. MatAB/1/1988.

Straka, Gerald A., Nolte, Heike, Schaefer-Bail, Cornelia (1988): Ältere Bürger und neue Technik. Ergebnisse der wissenschaftlichen Begleitung der Kurse „Ältere Menschen und neue Technologien" der Heinrich-Thöne-Volkshochschule der Stadt Mühlheim a. d. Ruhr. Werkstattbericht Nr. 52. Bremen: Institut für interdisziplinäre Altersforschung.

Straub, Jürgen (1989): Historisch-psychologische Biographieforschung. Theoretische, methodologische und methodische Argumentationen in systematischer Absicht. Mit einem Vorwort von Heiner Leggewie. Heidelberg: Roland Asanger.

Strauss, Anselm L. (1991): Grundlagen qualitativer Sozialforschung. München: Fink Verlag.

Strauss, Anselm, L., Corbin, Juliet (1996): Grounded Theory: Grundlagen Qualitativer Sozialforschung. Weinheim: Beltz Psychologie Verlags Union.

Strothotte, Thomas, Johnson, Valerie, Petrie, Helen, Douglas, G. (1998): Evaluation of an Orientation and Navigation Aid for Visually Impaired Travellers. In: Porrero, Placencia I., Ballabio, E. (Hrsg.), Improving the Quality of Life for the European Citizen. Technology for Inclusive Design and Equality, Amsterdam: IOS Press, S. 279–282.

Strübing, Jörg (2002): Just do it? Zum Konzept der Herstellung und Sicherung von Qualität in grounded theory-basierten Forschungsarbeiten. In: KZfSS, Jg. 54, Heft 2, S. 318–342.

Strübing, Jörg (2004): Was ist Grounded Theory? In: Ders., Grounded Theory. Zur sozialtheoretischen und epistemologischen Fundierung des Verfahrens der empirisch begründeten Theoriebildung, Wiesbaden: VS Verlag für Sozialwissenschaften, S. 13–35.

Svanborg, Alvar (1984): Ecology, Aging and Health in a Medical Perspective. In: Robinson, Pauline K, Livingston, Judy, Birren, James E. (Hrsg.), Aging and Technological Advances. New York: Plenum Press, S. 159–168.

Szydlik, Marc (2000): Lebenslange Solidarität? Generationenbeziehungen zwischen erwachsenen Kindern und Eltern. Opladen: Leske + Budrich.

Tacken, Mart, Rosenboom, Herman (1998): Mobility of Elderly Persons in Time and Space in the Netherlands: Flexible Public Transport for the Elderly. In: Graafmans, Jan A. M., Taipale, Vappu, Charness, Neil (Hrsg.), Gerontechnology. A Sustainable Investment in the Future, Amsterdam: IOS Press, S. 195–216.

Takahashi, Yoshiyuki., Komeda, Takashi, Uchida, T., Miyagi, M., Koyama, H., Funakubo, Hiroshi (1998): Development of the Mobile Robot System to Aid the Daily Life for

Physically Handicapped (Interface Using Internet Browser). In: Porrero, Placencia I., Ballabio, E. (Hrsg.), Improving the Quality of Life for the European Citizen. Technology for Inclusive Design and Equality, Amsterdam: IOS Press, S. 2224–227.

Tamura, Toshiyo, Togawa, Tatsuo, Ogawa, M., Yamakoshi, Ken-ichi (1998): Fully Automated Health Monitoring at Home. In: Graafmans, Jan A. M., Taipale, Vappu, Charness, Neil (Hrsg.) Gerontechnology. A Sustainable Investment in the Future, Amsterdam: IOS Press, S. 280–284.

Tartler, Rudolf (1961): Das Alter in der modernen Gesellschaft. Stuttgart: Enke Verlag.

Tesch-Römer, Clemens (2002): Hearing Aid Benefit in Older Adults. In: Pieper, Richard, Vaarama, Marja, Fozard, James L (Hrsg.), Gerontechnology. Technology and Aging – Starting into the Third Millennium, Aachen: Shaker Verlag, S. 165–172.

Tews, Hans Peter (1987): Die Alten und die Politik. In: DZA (Hrsg.), S. 141–188.

Tews, Hans Peter (1990): Neue und alte Aspekte des Strukturwandels des Alters. In: WSI Mitteilungen 8, S. 478–491.

Tews, Hans Peter (1993): Neue und alte Aspekte des Strukturwandels des Alters. In: Naegele, Gerhard, Tews, Hans Peter (Hrsg.), Lebenslagen im Strukturwandel des Alters, Wiesbaden: Westdeutscher Verlag, S. 15–402.

Tews, Hans Peter. (1999): Von der Pyramide zum Pilz. Demographische Veränderungen in der Gesellschaft. In: Niederfranke, Annette et al. (Hrsg.), Funkkolleg Altern 2. Lebenslagen und Lebenswelten, soziale Sicherung und Altenpolitik, Opladen: Westdeutscher Verlag, S. 137–185.

Tews, Hans Peter (2000): Alter – Wohnen – Technik. In: Wüstenrot Stiftung (Hrsg.), Technik und Wohnen im Alter. Dokumentation eines internationalen Wettbewerbs der Wüstenrot Stiftung. Stuttgart: Gutmann + Co, S. 26–90.

Thomann, Jörg (2009): Es war einmal im wilden Westen. In: FAZ.NET. URL: http://www.faz.net/s/RubCF3AEB154CE64960822FA5429A182360/Doc~EACCD783A06464EA7A04D838F72F2229B~ATpl~Ecommon~Scontent.html (09.09.2012).

Tietel, Erhard (1995): Absturz und Sozialer Absturz: Konflikturnarbeitung durch Personifizierung. In: Leithäuser, Thomas, Löchel, Elfriede, Scherer, Brigitte, Tietel, Erhard (Hrsg.), Das alltägliche Zauber einer digitalen Technik. Wirklichkeitserfahrung im Umgang mit dem Computer, Berlin: Edition Sigma, S. 205–216.

TNS infratest, Initiative D21 (2007). (N)Onliner Atlas 2007. Eine Topographie des digitalen Grabens durch Deutschland. URL: http://www.nonliner-atlas.de/ (09.09.2012).

Topping, Mike, Heck, Helmut, Bolmsjo, Gunnar, Weightman, David (1998): The Development of R. A. I. L. (Robotic Aid to Independent Living). In: Porrero, Placencia I., Ballabio, E. (Hrsg.), Improving the Quality of Life for the European Citizen. Technology for Inclusive Design and Equality, Amsterdam: IOS Press, S. 217–223.

Tränkle, Ulrich (1994): Autofahren im Alter: Antworten und offene Fragen. In: Ders., (Hrsg.), Autofahren im Alter, Köln: Verlag TÜV Rheinland, S: 361–376.

Trencher, Ellen (1988): A Sensory Technology Information Service (S. T. I. S.). In: International Journal of Technology and Aging; Band 1, Heft 2, S. 163–165.

Tucker, Suzanne M., Combs, May E., Woolrich, Avis M. (1975): Independent Housing for the Elderly: The Human Element in Design. In: The Gerontologist, Jg. 15, Heft 1, Part 1, S. 73–76.

Tully, Claus J. (2003): Mensch – Maschine – Megabyte. Technik in der Alltagskultur. Eine sozialwissenschaftliche Hinführung. Opladen: Leske + Budrich.

Uhlenberg, Peter R. (1974): Cohort variations in family life circle. In: Journal of Marriage and the Family, Jg. 36, S. 284–289.

Universität der Bundeswehr München (2010): HERMES – ein anthropomorpher Dienst- und Assistenzroboter. URL: http://www.unibw.de/fir/roboter/hermes (29.07.2010).

US Congress (1985): Technology and Aging in America. Washington D.C.: Us Congress, Office of Technology Assessment.

Vercchiotti, Robert A., Small, Arnold M. (1984): The User sets the Pace. In: Robinson, Pauline K., Livingston, Judy, Birren, James E. (Hrsg.), Aging and Technological Advances, New York: Plenum Press, S. 295–300.

Vercruyssen, Max (1998): Intelligent Transportation Systems: Gerontechnological Interventions. In: Graafmans, Jan A.M., Taipale, Vappu, Charness, Neil (Hrsg.), Gerontechnology. A Sustainable Investment in the Future, Amsterdam: IOS Press, S. 223–227.

Vermeulen, Cor, Berlo, Ad van (1998): A Model House as Platform for Information Exchange on Housing. In: Graafmans, Jan A.M., Taipale, Vappu, Charness, Neil (Hrsg.), Gerontechnology. A Sustainable Investment in the Future, Amsterdam: IOS Press, S. 337–339.

Vicente, Kim (2006): The Human Factor. Revolutionizing the Way People Live with Technology. New York: Routledge.

Vömel, Th. (1991): Biologische Alternstheorien. In: Oswald, et al. (Hrsg.), Gerontologie. Medizinische, psychologische und sozialwissenschaftliche Grundbegriffe, Stuttgart: Kohlhammer, S. 47–53.

Vorträge des Studiums Generale (1984): Die dritte industrielle Revolution. Heidelberg: Heidelberger Verlagsanstalt.

Voß, Günter G. (1995): Entwicklung und Eckpunkte des theoretischen Konzepts. In: Projektgruppe „Alltägliche Lebensführung" (Hrsg.), Alltägliche Lebensführung. Arrangements zwischen Traditionalität und Modernisierung, Opladen: Leske + Budrich, S. 23–43.

Voß, Günter G. (2001): Der eigene und der fremde Alltag. In: Ders., Weihrich, Margit (Hrsg.), tagaus – tagein. Neue Beiträge zur Soziologie Alltäglicher Lebensführung, München: Rainer Hampp Verlag, S. 203–217.

Voß, Günter G., Pongratz, Hans (1997): Subjektorientierte Soziologie. Karl Martin Bolte zum Geburtstag. Opladen.

Voß, Günter G., Rieder, Kerstin (2005): Der arbeitende Kunde. Wenn Konsumenten zu unbezahlten Mitarbeitern werden. Frankfurt/Main: Campus.

Voß, Rainer (2002): Analyse der Determinanten der Technikaufgeschlossenheit und des Nachfrageverhaltens in Bezug auf seniorengerechte Technik, untersucht in den Anwendungsbereichen Mobilität, Sicherheit, Kommunikation, Wohnungsgestaltung und Haushalt. Abschlussbericht zur Studie. Wildau.

Wagner, Cosima (2000): „Tele-Altenpflege" und „Robotertherapie": Leben mit Robotern als Vision und Realität für die alternde Gesellschaft Japans. In: Deutsche Institut für Japanstudien (DIJ) (Hrsg.), Japanstudien 21 – Altern in Japan, München: Iudicum, S. 271–298.

Wagner, Ina (1986): Frauen im automatisierten Büro. Widersprüchliche Erfahrungen – Individuelle und kollektive Bewältigungsstrategien. In: Kolm, Paul, Wagner, Ina (Hrsg.), Frauen, Arbeit und Computerisierung, Linz: Gutenberg, S. 43–59.

Wagner, Ina (1991): Organisierte Distanz? Frauen als Akteurinnen im Handlungsfeld Technik. In: Dokumentation des Symposiums „Wer Macht Technik? Frauen zwischen Technikdistanz und Einmischung" der Frauenakademie München in Zusammenarbeit mit der VHS Gasteig und der Gleichstellungsstelle der LHS München, S. 34–42.

Wahl, Hans-Werner, Mollenkopf, Heidrun, Oswald, Frank (1999): Alte Menschen in ihrer Umwelt. Beiträge zur ökologischen Gerontologie. Opladen: Westdeutscher Verlag.

Wahl, Hans-Werner (2001): Das Lebensumfeld als Ressource des Alters. In: Pohlmann, Stefan (Hrsg.), Das Altern der Gesellschaft als globale Herausforderung – Deutsche Impulse, Stuttgart: Kohlhammer Verlag, S. 172–211.

Wajcman, Judy (1994): Technik und Geschlecht. Die feministische Technikdebatte. Frankfurt/Main: Campus.

Walgenbach, Gertrud (2007) : Die Vorteilssituation von Innovatoren auf elektronischen Märkten. Strategische Relevanz des frühen Markteintritts am Beispiel des Online-Buchhandels. Wiesbaden: Deutscher Universitäts-Verlag.

Weber, Max (1922/1968): Gesammelte Aufsätze zur Wissenschaftslehre. Tübingen: Mohr Verlag.

Weber, Max (1976): Wirtschaft und Gesellschaft. Tübingen: Mohr Verlag.

Weber, Max (1988): Gesammelte Aufsätze zur Religionssoziologie I. Tübingen: Mohr Verlag.

Weihrich, Margit (1998): Kursbestimmungen. Eine qualitative Paneluntersuchung der alltäglichen Lebensführung im ostdeutschen Transformationsprozeß. Pfaffenweiler: Centaurus.

Weingart, Peter (1982): Strukturen technologischen Wandels. Zu einer soziologischen Analyse der Technik. In: Jokisch, Rodrigo (Hrsg.), Techniksoziologie, Frankfurt/Main: Suhrkamp, S. 112–141.

Weingart, Peter (1989): Einleitung. In: Ders., (Hrsg.), Technik als sozialer Prozeß, Frankfurt/Main: Suhrkamp, S. 8–14.

Weisbrod, Cecilia Romero de (2004): Das Altersbild in Deutschland und in Peru. Ein interkultureller Vergleich. Hamburg: Verlag Dr. KOVAC.

Weisman, Shulamith (1983): Computer Games for the Frail Elderly. In: The Gerontologist, Band 23, Heft 4, S. 361–363.

Welsch, Johann (2004): „Digital Divide": Eine Dimension sozialer (Un-)gerechtigkeit. In: Haubner, Dominik, Mezger, Erika, Schwengel, Hermann (Hrsg.), Wissensgesellschaft, Verteilungskonflikte und strategische Akteure, Marburg: Metropolis-Verlag, S. 297–316.

West, Candance, Zimmermann, Don H. (1987): Doing Gender. In: Gender and Society 1, Heft 2, S. 125–151.

Weyer, Johannes (2008): Techniksoziologie. Genese, Gestaltung und Steuerung sozio-technischer Systeme. Weinheim: Juventa Verlag.

Weymann, Ansgar (2000): Sozialer Wandel, Generationsverhältnisse und Technikgenerationen. In: Kohli, Martin, Szydlik, Marc (Hrsg.), Generationen in Familie und Gesellschaft, Opladen: Leske + Budrich, S. 36–58.

White, Bonnie (1998): Telematics for the Integration of Disabled and Elderly People – Technology to Help Family Caregivers – Interesting Innovations from the United States. In: Graafmans, Jan A. M., Taiplae, Vappu, Charness, Neil (Hrsg.), Gerontechnology. A Sustainable Investment in the Future, Amsterdam: IOS Press, S. 169–173.

WHO (2002): Aktiv Altern. Rahmenbedingungen und Vorschläge für politisches Handeln. URL: http://www.bmsk.gv.at/cms/site/attachments/6/3/0/CH0106/CMS1056444421691/aktiv-altern-who.pdf (20. 06. 2008).

Wikipedia (2012): Norm ISO 9999. URL: http://de.wikipedia.org/wiki/EN_ISO_9999 (15. 09. 2012).

Wilkening, Karin (1999): Altersbilder – Sichtweisen, Leitbilder und Einstellungen. URL: www.zfg.unizh.ch/static/1999/wilkening.pdf (09. 09. 2012).

Willke, Gerhard (1998): Die Zukunft der Arbeit. Frankfurt/Main: Campus.

Winner, Langdon (1977): Autonomous Technology. Technics-out-of-control as a Theme in Political Thought. Cambridge: MIT Press.

Winner, Langdon (1986): The Whale and the Reactor. A Search for Limits in an Age of High Technology. Chicago: Chicago Press.

Witte, Luc P. de, Vloet, M., Schiricke, H. et al. (1994): Mobility of the Elderly – an Underestimated Problem Area? In: Davis, A., Felix, H. M., Kamphius, H. A. (Hrsg.), Research Development Knowledge-Transfer in the Field of Rehabilitation and Handicap, Hoensbroek: IRV, S. 38–47.

Wohlrab-Sahr, Monika (1993): Biographische Unsicherheit. Formen weiblicher Identität in der „reflexiven Moderne": Das Beispiel der Zeitarbeiterinnen. Opladen: Leske + Budrich.

Woesler de Panafieu, Chr. (1987): Frauen und die Computerisierung des Alltags. In: Lutz, B. (Hrsg.), Technik und Sozialer Wandel, Frankfurt/Main: Suhrkamp, S. 238–242.

Wolter, Friederike (2006): Forschung zu Alter und Technik – Deutschland und die USA im Vergleich. Grin Verlag für akademische Texte, Dokument Nr. V66784. URL: http://www.grin.com/ (09. 09. 2012).

Woolgar, Steve (1991): Configuring the User: the case of usability trials. In: Law, John (Hrsg.), A Sociology of Monsters: Essays on Power, Technology and Domination, London: Routledge, S. 57–99.

Yamauchi, S., Satoh, T. (1998): Research and Development of Assistive Technologies in Japan. In: Placencia Porrero, I., Ballabio, E. (Hrsg.), Improving the Quality of Life for the European Citizen. Technology for Inclusive Design and Equality, Amsterdam: IOS Press, S. XXV–XXX.

Yonemitsu, Satomi, Higashi, Yuji, Fujimoto, Toshiro, Tamura, Toshijo. (2002): Research for practical use of rehabilitation equipment for severe dementia. In: Gerontechnology. International journal on the fundamental aspects of technology to serve the aging society, Band 2, Heft 1, S. 91.

Yoshimura, T., Nakajima, K., Tamura, Toshijo. (2002): An Ambulatory Fall Monitoring System for the Elderly. In: Pieper, Richard, Vaarama, Marja, Fozard, James L. (Hrsg.), Gerontechnology. Technology and Aging – Starting into the Third Millennium, Aachen: Shaker Verlag, S. 204–209.

Young, Jeffry, J. (1989): Advancing the Continuing Learning Activities of Retired Persons: A Challenge for Higher Education. In: International Journal of Technology & Aging, Band 2, Heft 2, S. 135–141.
Zapf, Wolfgang, Mollenkopf, Heidrun, Hampel, Jürgen (1994): Technik, Alter, Lebensqualität. Schriftenreihe des Bundesministeriums für Familie und Senioren. Stuttgart: Kohlhammer.
Zachmann, Karin (2003): Haben Artefakte ein Geschlecht? Technikgeschichte aus der Geschlechterperspektive. In: Schönwälder-Kunze, Tatjana et al. (Hrsg.), Störfall Gender. Grenzdiskussionen in und zwischen den Wissenschaften, Wiesbaden: Westdeutscher Verlag, S. 159–167.
Zeitschrift für Geriatrie und Gerontologie (1996). Band 29, Heft 4, Steinkopff Verlag.

Anhang: Realisiertes Sample*

Geschlecht \ Bildung	Frauen	Männer
Niedriger Bildungsgrad	<ul><li>Hilde Wurm (1924)**, verheiratet, 2 Kinder</li><li>Dorothea Gruber (1948), verheiratet, 4 Kinder</li><li>Eleonore Angerer (1940), verheiratet, 3 Kinder</li><li>Herta Voss (1930), verheiratet, 3 Kinder</li><li>Maria Roth (1930), verheiratet, 2 Kinder</li><li>Maria Müller (1931), verwitwet, 2 Kinder</li><li>Karla Komisch (1940), verheiratet, 2 Kinder</li><li>Agathe Brunnen (1937), verwitwet, 2 Kinder</li></ul>	<ul><li>Josef Meier (1948), verheiratet, 2 Kinder</li><li>Cäsar Mollini (1940), verheiratet, 2 Kinder</li><li>Kurt Wegener (1935), verheiratet, 2 Kinder</li></ul>
Mittlerer Bildungsgrad	<ul><li>Michaela Roth (1941), verheiratet, 2 Kinder</li><li>Lora Mellini (1943), verheiratet, 2 Kinder</li><li>Vicky Landau (1949), verheiratet, 3 Kinder</li><li>Heidi Somme (1940), ledig, 1 Kind gestorben</li><li>Gabi Fricke (1949), in Partnerschaft, 1 Kind</li><li>Verena Seidl (1937), ledig, kein Kind</li></ul>	<ul><li>Franz Specht (1940), verheiratet, 2 Kinder, eines gestorben</li><li>Andreas Stein (1934), ledig, kein Kind</li><li>Jürgen Hoch (1938), verheiratet, 2 Kinder</li><li>Josef Hermann (1926), verheiratet, 1 Kind</li></ul>
Hoher Bildungsgrad	<ul><li>Gerda Streng (1952), verheiratet, 2 Kinder</li><li>Hanni Foster (1944), ledig, kein Kind</li><li>Evi Strobl (1943), verheiratet, kein Kind</li><li>Astrid Österfeld (1941), verheiratet, 4 Kinder</li></ul>	<ul><li>Thomas Gerhard (1923), verheiratet, 3 Kinder</li><li>Gerd Winter (1945), verheiratet, 2 Kinder, 2 Stiefkinder</li><li>Bodo Heinke (1947), verheiratet, 3 Kinder</li><li>Georg Brosius (1930), verwitwet, 2 Kinder</li><li>Tommy Smith (1951), verheiratet, 3 Kinder</li><li>Jörg Fischer (1948), verheiratet, 2 Kinder</li></ul>

* Um die Anonymität der befragten Personen zu wahren, wurden die Namen frei erfunden.

** In Klammern wird jeweils das Geburtsjahr vermerkt.

Printed in Germany
by Amazon Distribution
GmbH, Leipzig